Stierkäfer
Typhaeus typhoeus
—Seite 250

Gerippter Brachkäfer
Amphimallon solstitiale
—Seite 256

Feldmaikäfer
Melolontha melolontha
—Seite 258

Gartenlaubkäfer
Phyllopertha horticola
—Seite 260

Großer Goldkäfer
Protaetia speciosissima
—Seite 262

Gebänderter Pinselkäfer
Trichius fasciatus
—Seite 264

Hirschkäfer
Lucanus cervus
—Seite 266

Kleiner Rehschröter
Platycerus caraboides
—Seite 266

Kopfhornschröter
Sinodendron cylindricum
—Seite 266

KARL WILHELM HARDE
MATTHIAS HELB
KAY ELZNER

— Der Kosmos Käferführer

KOSMOS

Am 15. Oktober 1982 verstarb 60-jährig in Stuttgart Dr. Harde nach schwerer und schmerzhafter Krankheit. Der „Entomologische Verein Stuttgart 1869" verliert mit ihm den langjährigen ersten Vorsitzenden, der die Geschicke des Vereins maßgeblich beeinflusst hat.

Dr. Harde wurde am 1. Januar 1922 in Westfalen geboren. Nach Schule, Arbeitsdienst und Militärzeit studierte er gegen Ende des letzten Krieges in Münster Naturwissenschaften. Nach Erlangung der Doktorwürde arbeitete er einige Jahre am Zoologischen Institut der Universität Münster als wissenschaftlicher Assistent. Am 1. 11. 1956 übernahm er die Leitung des Staatlichen Museums für Naturkunde in Stuttgart. Mit viel Umsicht und Tatkraft ordnete er die durch Kriegswirren und Verlagerungen durcheinander geratenen Bestände. Durch eigene Ansammlungen, vor allem in Spanien, durch Sammelreisen der Mitarbeiter, durch Zuwendungen, sowie durch Erwerb von Spezial- und Lokalsammlungen von Schmetterlingen und Käfern erreichte Dr. K. W. Harde, dass die Stuttgarter Sammlung dieser Tiergruppen heute zu den bedeutendsten und umfangreichsten gehört.

Als Mitherausgeber des 11-bändigen Bestimmungswerkes der Käfer Mitteleuropas von FREUDE–HARDE–LOHSE hat sich Dr. Harde große Verdienste um die Koleopterologie erworben. Von 1957 – 1979 war er Schriftleiter der Museumszeitschrift „Stuttgarter Beiträge zur Naturkunde".

Ein großes Anliegen war ihm, die Insektenkunde der breiteren Öffentlichkeit nahezubringen, was er in Vorträgen, Büchern und vorzüglichen Sonderausstellungen versuchte. Hierher gehörte auch seine intensive Mitarbeit im „Entomologischen Verein Stuttgart 1869", dessen 1. Vorsitzender er seit 1958 war. Sein gut fundiertes Wissen um Käfer und Schmetterlinge, aber auch in Tiergeographie und allgemeiner Zoologie sorgten dafür, daß die Vereinsabende stets ein hohes wissenschaftliches Niveau zeigten. Die Herausgabe einer vereinseigenen Zeitschrift, der „Mitteilungen des Entomologischen Vereins Stuttgart 1869" ist sein Verdienst. Mit dieser Zeitschrift sollen zusammenfassende Sammelergebnisse von Insekten, besondere Einzelfunde und Beobachtungen festgehalten werden. Von großer Bedeutung ist auch, dass der Entomologische Verein Stuttgart einmal im Monat in den Räumen des Staatl. Museums für Naturkunde Stuttgart, Zweigstelle Ludwigsburg, wo die Entomologische Abteilung untergebracht ist, einen Vereinsabend abhalten kann, wo die Sammlungen des Museums zu Vergleichs- und Studienzwecken zur Verfügung stehen. Auch dieses Entgegenkommen verdanken wir Dr. K. W. Harde.

Faszination Käfer – Dr. Karl Wilhelm Harde auf einer Forschungsreise nach Argentinien 1976.

Der „Entomologische Vereins Stuttgart 1869" nimmt in tiefer Trauer Abschied von seinem langjährigen 1. Vorsitzenden, er dankt ihm für seine vielen Verdienste um den Verein und versichert, dass alle, die Dr. Karl Wilhelm Harde kannten, ihn nicht vergessen werden.

Er wird in uns weiterleben, in seinem Werk, in seinen Schriften und in unseren Herzen.

Dr. Rudolf Köstlin
Arzt und Koleolepterologe

Der Autor der überarbeiteten Neuausgabe

Matthias Helb begleitete schon als kleiner Junge seinen Vater, einen Biologen und Vogelforscher, auf seinen Exkursionen. Ein Schmetterlingsnetz, die väterliche Insektensammlung und ein naturnaher Garten taten ein Übriges, um seine Begeisterung noch anzustacheln.

Später kamen das Fernweh und das große Interesse für weiter entfernte Welten und die dort lebenden Arten dazu. Durch das Biologie-Studium konnte Matthias Helb mehrere weit entfernte Länder bereisen und die dort lebenden Arten erforschen. Auf einer Reise 2013 in die Dominikanische Republik gelang ihm der Fund eines Bockkäfers, der in keiner Spezialliteratur verzeichnet war. Ein Experte am Naturkundemuseum in Washington DC erkannte sofort, dass es sich um eine neue Art handelte und benannte sie nach ihrem Entdecker: *Solenoptera helbi*

Für den KOSMOS Verlag überarbeitete der vielseitige Biologe das unersetzliche Werk von Heiko Bellmann, „Bienen, Wespen, Ameisen" und veröffentlichte ein eigenes Buch „Insekten überlebensgroß". Heute liegt ein Schwerpunkt der Arbeit von Matthias Helb darin, Kinder und Jugendliche (und ihre Eltern) für die Natur in all ihren Facetten zu begeistern.

Der Zeichner

Der Illustrator und Maler Kay Elzner illustriert schon seit über zwanzig Jahren Natur- und Sachbücher mit breitem Repertoire für den KOSMOS Verlag. Der passionierte Naturfreund hat hier schon viele Bücher mit Themen wie Angeln und Fische, Jagd und Hund, Schlangen und Spinnen mit seinen Zeichnungen gestaltet. Zudem hat er sich in Belletristik und Jugendbuch mit seinen Titeln von Mittelalter-Literatur bis Fantasy einen Namen gemacht. Hier sind besonders seine Zeichnungen in Büchern über Hobbits (Halblinge) erfolgreich.

Das Spektrum von Kay Elzners Arbeiten reicht bis hin zu Spielen und Filmen und nicht zuletzt zu seinen sehr begehrten Bildern mit maritimen Motiven. Dabei liegen ihm besonders Szenen aus der Wikingerzeit am Herzen. Und nicht zu vergessen seine Fresken in der restaurierten Kirche in Emmeringen

Kay Elzners gestalterisches Schaffen wurde bereits zweimal mit dem Kulturpreis und dem „Blauen Herz für Kinderfreundschaft" geehrt.

Vorwort zur Neuausgabe

Genau 40 Jahre nach dem Erscheinen der von Dr. Karl Wilhelm Harde geschriebenen 1. Auflage steht die vorliegende Ausgabe im Kontext von Tradition und Moderne.

Bestimmungsliteratur über Käfer hat beim Kosmos Verlag eine sehr weit zurückreichende Tradition, denn bereits 1924 wurde von Dr. Kurt Floericke mit „Käfervolk" ein Buch über vorrangig einheimische bemerkenswerte Käfer verfasst.

Weitestgehend traditionell sind im Käferführer Anordnung und Auswahl der vorgestellten Arten geblieben, da bereits von Anfang an viele besonders häufige mitteleuropäische Arten oder sehr repräsentative Vertreter ihrer jeweiligen Gruppen dargestellt wurden. Dem Klimawandel und damit einhergehenden Areal-Verschiebungen etlicher südeuropäischer Spezies wurde jedoch durch die Aufnahme einiger neuer Käferarten Rechnung getragen. So sind nun unter anderem die Bockkäfer *Callimoxys gracilis*, *Purpuricenus budensis*, *Purpuricenus globulicollis* und *Trichoferus holosericeus* neu vertreten. Die aus Ostasien stammende Art *Trichoferus campestris*, mit Importholz nach Westeuropa verschleppt und inzwischen eingebürgert, wurde ebenso aufgenommen wie der Asiatische Laubholzbockkäfer (*Anoplophora glabripennis*), der seit 2001 in Mitteleuropa heimisch ist. Ebenfalls aus dem Fernen Osten hat sich der Asiatische Marienkäfer (*Harmonia axyridis*) vor ca. 20 Jahren als festes Faunenelement bei uns etabliert, während der gefürchtete Rote Palmrüssler (*Rhynchophorus ferrugineus*) mittlerweile schon Norditalien, Belgien und die Niederlande erreicht hat und auch bei uns bald anzutreffen sein könnte.

Erweitert wurde der Bestimmungsteil aber auch um schon seit jeher heimische Arten, die früher äußerst selten waren und inzwischen entweder positive Bestandsentwicklungen durchlaufen haben oder dank gezielter Suche kundiger Coleopterologen häufiger erfasst werden konnten wie z.B. der Wiener Sandlaufkäfer (*Cylindera arenaria*), der Genetzte Puppenräuber (*Calosoma reticulatum*) oder der Kleinkreuz-Prunkläufer (*Lebia cruxminor*). Ein echter Gewinner des Klimawandels ist der Wacholderprachtkäfer (*Lamprodila festiva*), der sich mittlerweile nicht ganz konfliktfrei im Bewusstsein zahlreicher Besitzer von Thujahecken eingeprägt haben dürfte.

Ebenfalls Eingang in den Artenteil fanden darüber hinaus häufige, aber bisher fehlende Vertreter wie der Kleine Eichenbock (*Cerambyx scopolii*), der Weiden-Prachtkäfer (*Anthaxia salicis*) oder der Große Tatzenkäfer (*Timarcha tenebricosa*). Nur dank genetischer Analysen konnte vor gut 10 Jahren geklärt werden, dass sich unter dem Namen Eremit zwei verschiedene Arten (*Osmoderma eremita* und *Osmoderma barnabita*) verbergen, deren Areal sich in Deutschland überschneidet.

Großen Veränderungen wurde notwendigerweise die Taxonomie unterworfen. Zu sämtlichen Arten des Buches wurde der aktuelle Artname recherchiert, wobei sehr gut gepflegte, umfangreiche Datenbanken und neueste Arbeiten zu einzelnen Spezies konsultiert wurden. Dennoch sind fortwährend Änderungen zu verzeichnen, sodass sowohl die exakten Artnamen als auch die Zugehörigkeit zu gewissen Gruppen einem stetigen Wandel unterliegen. Soweit bekannt wurden allen Käfern ihre Populärnamen hinzugefügt.

Neu erstellt wurde der Abschnitt über den Natur- und Artenschutz sowie das Sammeln von Insekten.

Gänzlich neu wurden sämtliche Arten von Kay Elzner illustriert. Ihm sowie Monika Weymann (Redaktion und Lektorat) und Mathis Weymann (Gestaltung und Satz) sei ganz herzlich für eine hervorragende Zusammenarbeit gedankt.

—Matthias Helb

Der Körperbau der Käfer ist – im Verhältnis zur unübersehbaren Artenzahl und der Vielfalt verschiedenartiger Lebensweisen – recht einheitlich. Stellt man sich einen Marienkäfer, Kartoffelkäfer oder Maikäfer vor, dann hat man den allgemeinen Typ „Käfer" vor Augen. Wie alle Insekten besitzen auch die Käfer ein Außenskelett, eine feste Chitinhülle, die bei ihnen meist besonders hart ist. Nur ausnahmsweise ist das chitinige Außenskelett weich, so bei den Weichkäfern und Zipfelkäfern (Bilder 1 und 2). Für die Käfer typisch sind die den Hinterleib meist ganz bedeckenden Flügeldecken (Elytren). Sie stellen das 1. Flügelpaar dar, das nicht mehr zum Fliegen gebraucht wird, sondern das dem Schutz des Hinterleibs und der empfindlichen membranösen Flügel (Alae), dem 2. Flügelpaar, dient. Die Flügeldecken können mehr oder weniger stark verkürzt sein; das ist innerhalb der Familie der Staphyliniden (Kurzflügler) die Regel, in einigen anderen Familien die Ausnahme (bei Cerambyciden, Meloiden, Silphiden, Carabiden u. a.). Gelegentlich sind die Flügeldecken an der Naht miteinander verwachsen und bilden dann einen geschlossenen Panzer. In dem Fall sind meist auch keine Hautflügel mehr vorhanden, die Käfer sind flugunfähig (z. B. bei manchen Carabiden und vielen Curculioniden). In einigen wenigen Familien gibt es Käfer-Imagines, die völlig flügellos sind und larvenähnlich aussehen. Am bekanntesten ist das von den Weibchen unserer Leuchtkäfer (Lampyriden). In der Regel werden die Flügeldecken vor dem Abflug schräg hochgestellt, sodass die Alae entfaltet werden und ihre Aufgabe als Antriebsorgane erfüllen können. Am deutlichsten zeigt uns das ein abfliegender Maikäfer oder Hirschkäfer; wer gute Augen hat, kann es auch schon beim Marienkäfer oder Kartoffelkäfer sehen. Bei den Rosenkäfern bleiben die Flügeldecken auch während des Fluges geschlossen; die Alae werden dann unter den Flügeldecken hervorgestreckt. Wie bei allen Insekten gliedert sich der Körper der Käfer in drei Hauptabschnitte: Kopf (Caput), Brust (Thorax) und Hinterleib (Abdomen). Bei den meisten Käfern ist diese Gliederung recht deutlich. Die einzelnen Abschnitte bestehen entwicklungsgeschichtlich wieder aus verschiedenen Segmenten, die teils noch mehr oder weniger deutlich erkennbar sind (die des Hinterleibs und der Brust), teils aber nicht mehr zu identifizieren sind (die des Kopfes). Der Kopf ist Träger der meisten Sinnesorgane und der Mundwerkzeuge. Vorn am Kopf sitzen die Augen. Bei verschiedenen Arten (Höhlenbewohnern) sind sie allerdings zurückgebildet oder ganz verschwunden. Die Augen sind Komplexaugen, das heißt, sie setzen sich aus Einzelaugen (Ommatidien) zusammen (Bild 3). Der Aufbau eines Komplexauges und der Strahlengang sind in Bild 4 dargestellt. Das Appositionsauge stellt den einfachen Grundtyp des Komplexauges dar. Die Ommatidien sind optisch völlig voneinander isoliert. Eine Fortbildung stellt das Superpositionsauge dar. Es ist besonders bei in der Dämmerung fliegenden Insekten ausgebildet. Die Ommatidien sind hier nicht optisch isoliert, und Lichtstrahlen, die von einem Objektpunkt ausgehen, gelangen über verschiedene Ommatidien zu einem Rhabdom. Dadurch wird die Lichtstärke auf ein Vielfaches der Lichtstärke der Appositionsbilder erhöht. Die Komplexaugen sind bei Käfern nicht immer rund wie z. B. die Kameraaugen der Säugetiere. Meist liegen sie mehr oder weniger

Bild 1 – Oberseite eines Käfers

a	Fühler (Antenne)
lip	Unterlippentaster (Labialpalpus)
M	Oberkiefer (Mandibel)
mp	Unterkiefertaster (Maxillarpalpus)
l	Oberlippe (Labruin)
c	Kopfschild (Clypeus)
A	Auge
g	Wange (Gena)
f	Schläfe (Tempus)
f	Stirn (Frons)
v	Scheitel (Vertex)
Hs	Halsschild (Pronotum)
Fd	Flügeldecke (Elytre)
FN	Flügeldeckennaht
at	Analtergit (Pygidium)
VB	Vorderbein
MB	Mittelbein
HB	Hinterbein
fe	Schenkel (Femora) der 3 Beinpaare
ti	Schienen (Tibiae) der 3 Beinpaare
tr	Füße (Tarsen) der 3 Beinpaare

Bild 2 – Unterseite eines Käfers

a	Fühler (Antenne)
Up	Unterlippentaster (Labialpalpus)
M	Oberkiefer (Mandibel)
mx	Unterkiefer (Maxille)
mp	Unterkiefertaster (Maxillarpalpus)
li	Unterlippe (Labium)
K	Kinn (Mentum)
G	Kehle (Gula)
ep	Epipleure des Halsschildes
epf	Epipleuren der Flügeldecken
es	Episternen (1–3 der Vorder-, Mittel-, Hinterbrust)
co	Hüften (Coxen) der Beine
sr	Bauchspangen (Sternite 1–5)
ast	Afterspange (Analsternit)
t	Schenkelringe (Trochanteren) der 3 Beine
VBr	Vorderbrust
MBr	Mittelbrust
HBr	Hinterbrust
em	Epimeren 1–3 von Vorder-, Mittel- und Hinterbrust

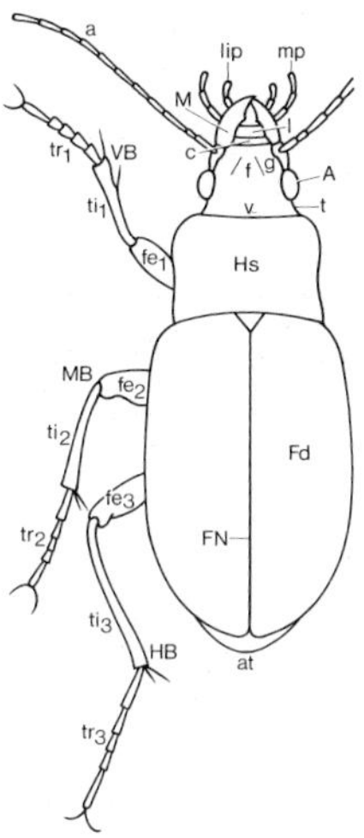

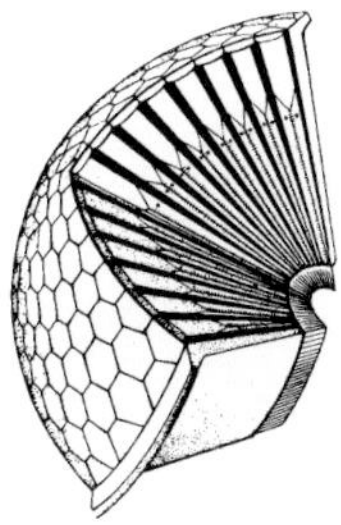

Bild 3 – Komplexauge eines Käfers. Zusammengesetzt aus vielen Einzelaugen (Ommatidien), die an der Augenoberfläche als Sechsecke erkennbar sind. Ein Sektor ist herausgeschnitten, um den inneren Bau zu zeigen.

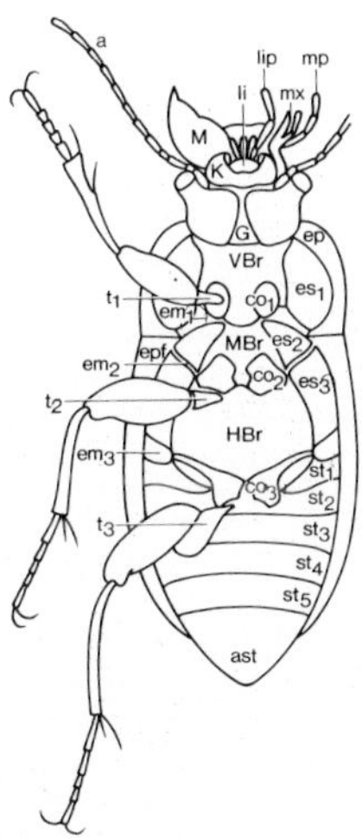

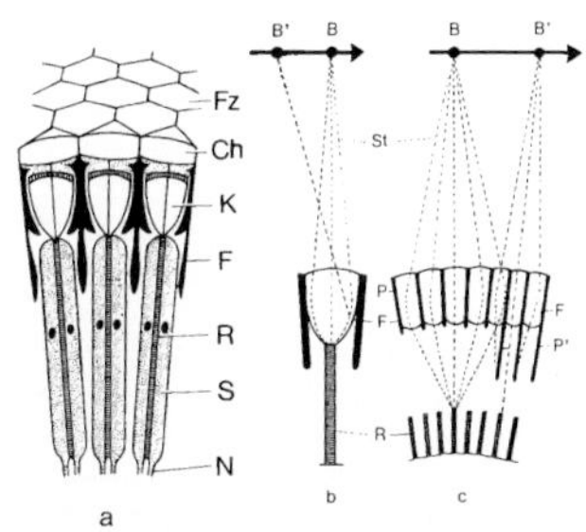

Bild 4 – 3 Ommatidien, ihr Bau und der Gang der Strahlen. **a** Ommatidien, **b** Appositionsauge, **c** Superpositionsauge, **B + B'** Objektpunkte, **Ch** Chitin-Cornea, **F** Farbstoffzellen (Pigment), **Fz** Fazetten, **K** Kristallkegel, **NF** Nervenfasern, **P** Dämmerungsstellung des Pigmentes, **P'** Hellstellung des Pigmentes = Appositionsauge, **R** Rhabdom, **S** Sehzelle, **St** Strahlengang.

nierenförmig um die Ansatzstelle der Fühler herum mit einem Teil oben am Kopf, einem anderen Teil unten am Kopf. Bei einer Käferfamilie, den Gyriniden, sind obere und untere Augenhälfte völlig voneinander getrennt, das heißt, diese Käfer haben 4 Augen. Das ist biologisch sehr sinnvoll, denn die Gyriniden leben auf der Wasseroberfläche. Die oberen Augenteile beobachten den Luftraum über der Wasserfläche, die unteren Augenteile sehen gleichzeitig, was im Wasser vor sich geht. Am Kopf setzen die Fühler oder Antennen an. Sie sind verschieden gestaltet und können fadenförmig, gekeult, gefächert oder gekniet sein (siehe Bild 5). Auf ihnen sitzen oft

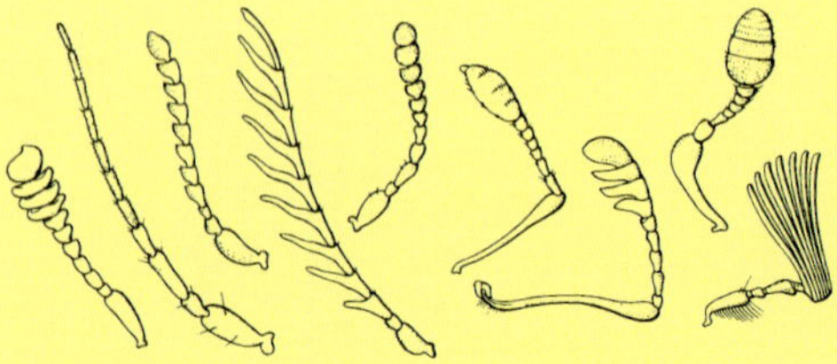

Bild 5 – Verschiedene Käferfühler
1 – Laufkäfer (*Carabidae*),
2 – Schnellkäfer(*Elateridae*),
3 – Schnellkäfer (*Elateridae*),
4 – Blattkäfer (*Chrysomelidae*),
5 – Aaskäfer (*Silphidae*),
6 – Borkenkäfer (*Scolytidae*),
7 – Rüsselkäfer (*Curculionidae*),
8 – Hirschkäfer (*Lucanidae*),
9 – Maikäfer (*Melolonthinae*).

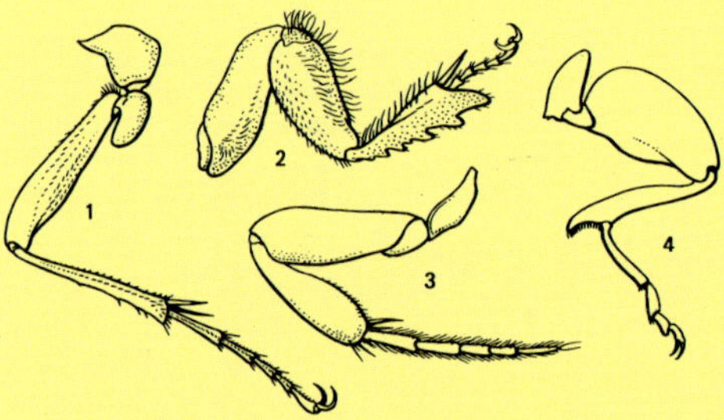

Bild 6 – Verschiedene Käferbeine
1 – Laufbein (*Carabus*),
2 – Grabbein (*Geotrupes*),
3 – Schwimmbein (*Dytiscus*),
4 – Sprungbein (*Psylliodes*).

Geruchsorgane, mitunter in sehr großer Zahl (beim Maikäfer), jedoch kennen wir ihre genaue Funktion noch zu wenig; in den meisten Fällen dürfte ihnen aber die Funktion zukommen, sich im Raum zu orientieren. Die Mundwerkzeuge sind bei Käfern im Prinzip immer gleich, im Detail aber je nach Lebensweise unterschiedlich. Am wichtigsten sind die besonders stark chitinisierten Oberkiefer (Mandibeln), die bei den meisten Pflanzenfressern zum Abschneiden und Zerkleinern der Nahrung verwendet werden, bei den Räubern meist spitz und scharf sind und zum Fangen und Festhalten der Beute dienen. Nur in wenigen Fällen sind sie funktionsuntüchtig, wie bei den männlichen Hirschkäfern, bei denen sie geweihartig vergrößert sind. Der aus verschiedenen Stücken bestehende Unterkiefer (Maxille) trägt mehrgliedrige Unterkiefertaster (Maxillarpalpen). Auch die den Abschluss der Mundteile nach unten bildende Unterlippe (Labium) trägt mehrgliedrige Taster, die Unterlippentaster (Labialpalpen). Für die Nahrungswahl sind diese Tastorgane mit ihren Sinnesorganen sicher von entscheidender Bedeutung. Die Oberlippe (Labrum) schließt nach oben die Mundwerkzeuge ab. Der Brustabschnitt (Thorax) setzt sich aus 3 Segmenten zusammen, Vorder-, Mittel- und Hinterbrust (Pro-, Meso- und Metathorax). Diese Gliederung ist von oben nicht erkennbar, weil dort die Teile zu einem Brustschild verschmolzen sind. Auf der Unterseite des Körpers ist die Segmentierung deutlicher, dort aber verwirrender, weil die Segmente zum Teil nach hinten verlängert sind und wegen der großen Zahl verschiedener Chitinplatten. Jedes Brustsegment trägt normalerweise je ein Paar gegliederter Beine, die bei Käfern verschieden gestaltet sein können (Bild 6), generell aber zur Fortbewegung (Laufen, Schwimmen, Springen) dienen und aus Trochanter, Coxa, Femur, Tibia und den mehrgliedrigen Tarsen bestehen. Am 2. und 3. Brustabschnitt setzen die 2 Paar Flügel an, das 1. Paar sind die Flügeldecken (Elytren), das 2. Paar sind die häutigen Flügel (Hautflügel, Alae). Der Hinterleib (das Abdomen) setzt sich aus mehreren, meist 8–9 Segmenten zusammen. Jedes Segment hat einen Rückenteil (Tergit) und einen Bauchteil (Sternit), mehr oder weniger feste, chitinisierte Platten, die durch Segmental häute miteinander verbunden sind. Dadurch erhält der Hinterleib zum Teil eine gewisse Beweglichkeit, er ist nicht so starr wie Kopf und Brustabschnitt. Die letzten Segmente sind meist umgebildet, enthalten die Geschlechtsorgane und spielen in der Regel als Hilfsorgane bei der Begattung eine Rolle. In vielen Fällen wird bei der Bestimmung der Arten auf den Bau der Genitalien zurückgegriffen, von denen einige Teile vor allem bei den Männchen besonders stark chitinisiert, sehr kompliziert gebaut und als Bestimmungshilfen gut geeignet sind. In manchen Fällen lassen sich Käferarten nur auf Grund von

Untersuchungen der männlichen Genitalien exakt bestimmen. Der innere Bau der Käfer soll hier nicht eingehend behandelt werden; einige Besonderheiten verdienen aber erwähnt zu werden. Die Sauerstoffversorgung der Körperorgane erfolgt nicht über die Blutbahn wie bei den Wirbeltieren, sondern direkt durch das Tracheensystem, ein System sich immer feiner verzweigender Luftröhren, die an den Seiten des Hinterleibes mit den Stigmen beginnen und dort mit der Außenluft in Verbindung stehen. Beim „Pumpen" oder „Zählen" forciert der Maikäfer die Luftzirkulation im Tracheensystem, bringt Frischluft in den Körper und damit den nötigen Sauerstoff zu den Organen (Bild 7). Käfer besitzen auch Blut, allerdings ohne Hämoglobin oder andere sauerstoffbindende Stoffe. Es kann farblos, aber auch gelb, rot oder grün sein. Es kreist nicht in Adern, sondern strömt in Körperhöhlungen und Gewebelücken. Das Blut wird vom Herzen gepumpt, das als schlauchförmiges Rohr mit paarigen seitlichen Öffnungen im oberen Teil des Abdomens liegt. Auf der Bauchseite zieht der seiner Lage wegen Bauchmark genannte Nervenstrang, der in jedem Segment eine Verdickung, ein Ganglion, zeigt, von der aus Nerven in das Segment ziehen. Im Thorax sind die drei Segmentganglien zum größten Nervenzellenkomplex im Käferkörper verschmolzen, dem großen Thoraxganglion. Ihm gegenüber sind die im Kopf ober- und unterhalb des Ösophagus liegenden Ganglien (Ober- und Unterschlundganglion) verhältnismäßig klein.

Bild 7 – Vor dem Abflug pumpt der Maikäfer Luft in sein Tracheensystem, um die Luftzirkulation zu verbessern.

Bei den Insekten haben sich zwei verschiedene Entwicklungstypen herausgebildet. Bei dem ersten, der sogenannten unvollkommenen Verwandlung, schlüpft aus dem Ei eine Larve, die dem ausgewachsenen, adulten Tier – auch Imago genannt – bereits sehr ähnlichsieht. In der Entwicklung dieser Heterometabolen, zu denen z. B. Heuschrecken und Wanzen gehören, häuten sich die Larven mehrmals und werden dabei jeweils größer. Erst bei der Häutung vom letzten Larvenstadium zur Imago treten bei geflügelten Arten die Flügel auf. Ganz anders verläuft die Entwicklung bei dem 2. Typ, zu dem Käfer und viele andere Insekten wie Schmetterlinge, Mücken, Fliegen gehören, bei der man von einer echten, vollkommenen Verwandlung – einer Metamorphose – sprechen kann. Hier schlüpfen aus dem Ei Larven, die den Imagines überhaupt nicht gleichen. Wenn sich die Larven Mehrmals häuten, wachsen sie zwar dabei, werden aber den Adulten Tieren nicht ähnlicher. In einem von der Larve zur Imago zwischengeschalteten Stadium, der „Puppe", erfolgt der Organumbau. Nach einer gewissen Zeit sprengt die Imago die Puppenhülle und verlässt sie. Im gesamten Entwicklungszyklus treten also zumindest vier voneinander völlig verschiedene Stadien auf: Ei – Larve – Puppe – Imago. Die Eier der Käfer sind allgemein sehr klein und fallen kaum auf, es sei denn, sie werden in mehr oder weniger großer Anzahl zusammen abgelegt und sind auffallend gefärbt. Das ist z. B. beim Pappelblattkäfer der Fall, und darum findet man dessen Gelege bei genauer Nachsuche nicht allzu schwer an Pappelblättern. Auch die Eigelege von Marienkäfern (Bild 9) kann man häufig in der Nähe von Blattlauskolonien beobachten. Die Zahl der von einem Weibchen gelegten Eier schwankt je nach Art gewaltig, von wenigen Dutzend bis zu tausend und mehr Eiern. Um die Eier der Käfer hat man sich bisher aber kaum gekümmert. Die Larven der Käfer sind ungewöhnlich vielgestaltig (Bild 8). Auch für sie liegt – selbst bei den mitteleuropäischen Arten – bisher kein zusammenfassendes Bestimmungswerk vor. Für bestimmte Gruppen (bodenbewohnende Arten) hat man in neuerer Zeit Bestimmungsschlüssel für Familien und Gattungen (Klausnitzer 1978) erarbeitet. Käferlarven leben in und an allen möglichen Substraten, im Wasser wie an Land. Räuberisch lebende Larven, wie Marienkäfer (Bild 10), Laufkäfer und Gelbrandkäfer (Bild 12) oder solche, die frei an Pflanzen leben (Blattkäfer), besitzen gut ausgebildete Extremitäten und können mehr oder weniger schnell laufen oder schwimmen. Viele Käferlarven leben aber im Substrat (in Dung, Mulm, Holz usw.), in dem sie Beine zum Laufen kaum oder gar nicht nötig haben. Im Laufe ihrer Entwicklung haben sich diese darum entweder stark oder ganz zurückgebildet. Zuweilen übernehmen Kriechschwielen die Extremitäten Funktion. Die Puppen der Käfer findet man sehr oft in Höhlen (im Boden, unter Baumrinde, in Mulm, in Pflanzen). Es gibt aber auch frei an Pflanzen hängende Käferpuppen (Marienkäfer). Keine Käferpuppe kann sich fortbewegen, manche vermögen allerdings schlagende, abwehrende Bewegungen zu machen. In der Puppe erfolgt der Abbau der Larvalorgane und die Neubildung der Imaginalorgane. Nicht selten kann man schon bei der Puppe die Konturen des Käferkörpers erkennen. Käfer besitzen eine freie Puppe (Pupa libera; Bild 11), bei der die Anhänge, wie. Flügel und Extremitäten scheiden, frei sind und vom Körper abstehen. Selten kommt auch eine bedeckte Puppe (Pupa obtecta; Bild 13) vor, bei der die Anhänge, wie bei einer Schmetterlingspuppe, mit dem Körper fest verbunden sind.

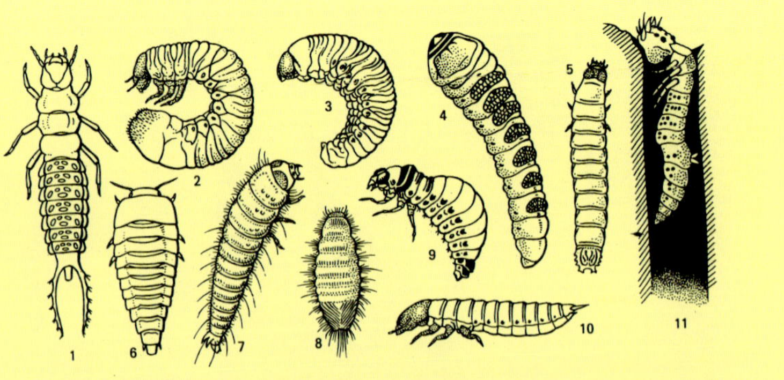

Bild 8 – Verschiedene Käferlarven – 1 Laufkäfer, **2** Maikäfer, **3** Waldgärtner, **4** Heldbock, **5** Schnellkäfer, **6** Aaskäfer, **7** Speckkäfer, **8** Museumskäfer, **9** Kartoffelkäfer, **10** Moorweichkäfer, **11** Sandlaufkäfer.

Bild 9 – Marienkäfer, Eigelege (*Coccinellidae*).

Bild 10 – Marienkäfer – Larve (*Coccinellidae).*

Bild 11 – Puppe des Schrotbockes, *Rhagium inquisitor* (*Cerambycidae*), in ihrer Puppenwiege unter Kiefernrinde.

Bild 12 – Larve des Gemeinen Gelbrandes, *Dytiscus marginalis* (*Dytiscidae*) mit Beute.

Bild 13 – Marienkäfer-Puppen (*Coccinellidae).*

Die Imago (Mehrzahl Imagines), die aus der Puppe schlüpft – der Käfer – häutet sich nicht mehr und kann deshalb nicht mehr wachsen. Die oft im Volksmund vertretene Meinung, ein kleiner Käfer wäre ein junger Käfer, der mit der Zeit noch größer werden könnte, ist also falsch. Die geschilderte Metamorphose gilt allgemein für alle Käfer. Es kommt jedoch zuweilen vor, dass im Laufe der Entwicklung einer Art nicht nur eine Larvenform auftritt, sondern mehrere, die voneinander abweichen. Das bezeichnet man dann als Hypermetamorphose. Eine solche soll an einem besonderen Beispiel verdeutlicht werden (Bild 14). Im Frühjahr kann man auf Grastriften nicht selten einen eigentümlichen, unförmigen Käfer schwerfällig herumkriechen sehen. Der bis über 3 cm lange Ölkäfer (Meloë), auch Maiwurmkäfer genannt, ist stahlblau, violett bis schwarz. Kurze, stummelähnliche Flügeldecken bedecken nur etwa ein Drittel des dicken, aufgetriebenen Hinterleibs, vor allem bei den Weibchen, die zu wahren „Eierlegemaschinen" geworden sind. Sie legen in kleine Erdhöhlen große Mengen von Eiern ab. Die aus dem Ei schlüpfende Larve (Bild 14) ist etwa 3 mm lang und sehr beweglich. Ihr Körperbau zeigt eine Besonderheit, wie sie bei anderen Insekten nicht vorkommt: An jedem Fuß hat die Larve anscheinend 3 Krallen. Man hat ihr darum den Namen *Triungulinus* gegeben. In Wirklichkeit handelt es sich jedoch nur um eine Mittelkralle und zwei krallenähnliche Auswüchse daneben. Instinktiv klettern diese Larven nach dem Schlüpfen an Pflanzen hoch, an Gras, an Kräutern und Blütenstängeln. Nur diejenigen von ihnen, die zu einer Blüte gelangen, haben Aussicht, sich weiterentwickeln zu können – in der Blüte lauern die Larven auf anfliegende Insekten, die sie anspringen, an die sie sich klammern und von denen sie sich forttragen lassen. Nur diejenigen Larven, die dabei eine Erdbiene erwischen, haben die Möglichkeit, sich weiterentwickeln zu können, alle anderen müssen zugrunde gehen. Erdbienen sind Verwandte der Honigbiene, die aber einzeln leben, in der Erde jeweils eine Zelle graben, diese mit Nektar füllen, ein Ei dazulegen, die Zelle verschließen und wieder mit der Arbeit an einer neuen Brutzelle beginnen. Wenn sich im Pelz einer Erdbiene eine Ölkäferlarve angeklammert hat, und die Biene in ihre Nestzelle zurückkehrt, um Nektar hineinzubringen, springt die Triungulinus-Larve ab. Hat die Biene noch kein Ei auf den Nektar gelegt, ertrinkt die Käferlarve – nur die Larven, die das „Glück" haben, ein Bienen Ei vorzufinden, können überleben: Sie benutzen das Ei als Floß Die Larve beginnt nun aber gleich, „ihr Floß" zu fressen, häutet sich anschließend zu einer ganz anderen Sekundärlarve, die im Nektar schwimmen kann. Sie ist blind, weich, kurzbeinig und hat Ähnlichkeit mit einem winzigen Maikäfer-Engerling. In diesem Stadium nährt sich die Ölkäferlarve vom Honig in der Zelle und häutet sich noch zweimal, ohne dabei ihre Gestalt zu ändern. Die 3. Häutung führt zu einem Ruhestadium, das aber noch nicht das eigentliche Puppen- oder Nymphenstadium darstellt. Diese sogenannte Pseudonymphe hat rückgebildete Beine und Kopfanhänge und bleibt mit dem Hinterende in der alten Larvenhaut stecken. So erfolgt die Überwinterung. Nach einer neuerlichen Häutung im Frühjahr erscheint wieder eine bewegliche Larve, die der Sekundärlarve ähnelt. Ohne dass eine wesentliche Nahrungsaufnahme erfolgt, häutet sich diese Larve dann zur Puppe, aus der schließlich der fertige Käfer schlüpft.

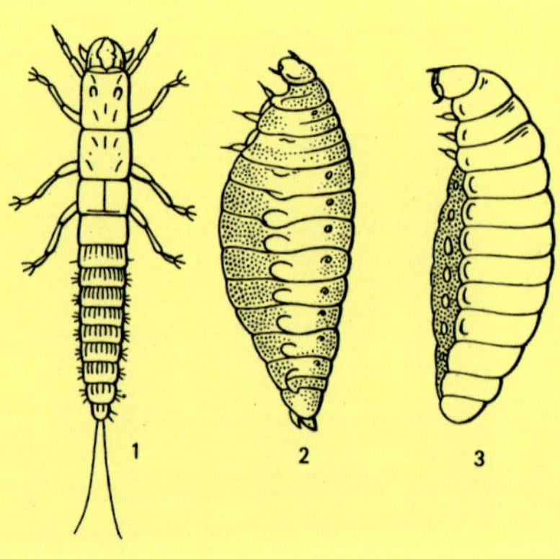

Bild 14 – Die verschiedenen Larvenstadien von Meloë (Hypermetamorphose).
A 1 – Larvenstadium (Triungulinus),
B 2 – Larvenstadium,
C 3 – Larvenstadium.

Bild 15 – Kaum ein anderer Käfer als der Ölkäfer stellt seine Larven vor ein ähnlich kompliziertes Programm zum Überleben.

Im Laufe der Stammesgeschichte haben sich die Käfer an die verschiedensten Biotope angepasst. Als luftatmende Landtiere besiedeln sie alle ökologischen Nischen auf dem Lande; die einen haben sich hoch spezialisiert, die anderen können sich verschiedenen Umweltbedingungen anpassen. Ganze Käfergruppen, wie die Familie der Dytisciden und Hydrophiliden (Schwimmkäfer und Wasserkäfer) sind (ähnlich wie bei den Säugetieren die Robben) sekundär ins Wasser gegangen, machen dort den Hauptteil ihrer Entwicklung durch und haben manche Besonderheiten ausgebildet, die sie in die Lage versetzen, im Wasser existieren zu können. Auch ins Brackwasser sind Käfer eingedrungen, während Salzwasser fast ganz gemieden wird. Es gibt allerdings halophile (salzliebende) Arten, die vorwiegend oder ausschließlich an den Meeresküsten oder an Binnenlandsalzstellen leben. Eng an diesen Lebensraum gebundene Arten nennt man halobiont. Im Tafelteil dieses Buches werden jeweils die Lebensräume der Arten, Gattungen oder Familien angegeben; um Wiederholungen zu vermeiden, kann hier auf eine Zusammenfassung verzichtet werden; generell ist zu sagen: Käfer gibt es in allen Landbiotopen. Eine besondere Lebensgemeinschaft soll hier noch besprochen werden: Käfer oder Käferlarven als „Haustiere" bei anderen Insekten, speziell die bei Ameisen lebenden (myrmecophilen) Arten. Nicht alle Käfer oder Käferlarven, die man bei Ameisen findet, leben dort als „Haustiere", die von den Wirten versorgt werden, und von denen die Wirte wiederum Vorteile haben. Das Zusammenleben von Käfern und Ameisen kann eine sehr unterschiedliche Basis haben, mitunter liegt sogar Parasitismus vor. So haben zum Beispiel die Ameisen von den bei ihnen lebenden Larven der Chrysomelidengattung *Clytra* keinerlei Vorteile. Wenn das Käferweibchen seine Eier in ein Ameisennest legen will, fliegt es einfach hinein und wird sofort von den Nestbewohnern heftig angegriffen. Der Käfer ist jedoch in der Lage, alle Körperanhänge (Beine und Fühler) in Körperfurchen einzulegen. So bildet er eine Trutzform, außerdem verhält er sich völlig ruhig, stellt sich tot. Schon bald lassen die Ameisen von dem unangreifbaren Käfer ab, der allmählich den Nestgeruch annimmt; dann kann er ungestört seine Eier legen. Er bringt sie allerdings nicht ungeschützt im Ameisennest unter, sondern fertigt für jedes Ei einen Kotmantel an, durch den die Eier vor dem Fraß der Ameisen geschützt sind. Schlüpft die Larve, durchbricht sie den Kotmantel an einer Seite, bleibt aber mit dem Hinterleib darin. Wenn die Larve im Laufe ihrer Entwicklung, die sehr langsam vor sich geht und zwei oder noch mehr Jahre dauern kann, wächst, baut sie aus Kot, Erde und Speichel immer weiter an ihrem Larvensack, in den sie sich auch ganz zurückziehen kann. Dieser Larvensack hat außen besondere Rippen, an denen die Ameisen „anfassen" können, denn die Larven werden -wie die Ameisenbrut – mitgenommen, wenn die Ameisen in ein anderes Nest umziehen. Zur Verpuppung verschließt die Käferlarve ihren

Bild 16 – Die Larve des Variablen Goldkäfers wächst in Ameisennestern heran, wo sie sich von Holzabfällen ernährt.

Sack vollständig. Sie lebt wohl vor allem von totem Insektenmaterial, das von den Ameisen eingetragen wird, sicher aber auch von Ameisenbrut und fügt damit ihren Wirten Schaden zu. Ein anderer Ameisengast ist die Larve des bei uns überall häufigen Variablen Goldkäfers *Protaetia cuprea*, der zu den Rosenkäfern (*Cetoniinae*) gehört. Sie lebt von den vermodernden Holzabfällen in den tieferen Nestabschnitten der Waldameise. Um diese indifferenten Einmieter, Synökien, die ihren Wirten keinerlei Schaden zufügen, kümmern sich die Ameisen gar nicht. Das ist anders bei den sogenannten Symphilen, den eigentlichen Ameisengästen aus mehreren Käferfamilien, die von ihren Wirten gepflegt und gefüttert werden. Unter den mitteleuropäischen Staphyliniden ist in dieser Hinsicht der Große Büschelkäfer *Lomechusa strumosa* zu erwähnen, ein 5,5–6,5 mm großer Käfer, der bei Formica-Arten zu finden ist, sowie drei 3,7–5 mm große *Atemeles*-Arten. Diese sogenannten Büschelkäfer tragen an den Rändern der ersten Rückenschilder des Hinterleibs Borstenbüschel (Trichome), von denen die Ameisen besondere Sekrete (Exsudate) ablecken. Solche Trichome stehen auch mitunter an den Enden der Schenkel und an der Hinterleibsspitze. Die Ameisen sind offenbar auf diese Stoffe sehr erpicht, weil sie ihre „Haustiere" wie „Kühe" melken und sie immer wieder zu diesem Zweck aufsuchen. Bei den Sekreten handelt es sich aber nicht um notwendige Nahrungsstoffe, sondern um etwas, was wir vermenschlicht als Genussmittel bezeichnen würden. Die Käfer betteln nach Ameisenart ihre Wirte außerdem durch Betrillern mit den Fühlern an und werden dann von ihnen bereitwillig gefüttert; aber sie fressen zusätzlich auch noch die Brut ihrer Wirte. Die Käferlarven leben sogar ausschließlich davon. Wie sich die Käfer an die Ameisen angepasst haben, ist ganz erstaunlich; ein selbständiges unabhängiges Leben können sie gar nicht mehr führen. Selbst in diffizilen Einzelheiten haben sich die Gäste auf ihre Wirte eingestellt. Wenn die Verpflegungslage im Ameisennest schlecht wird – das kann zum Beispiel durch eine besonders lange Schlechtwetterperiode eintreten, in der die Ameisen nicht genug Futter eintragen können – kann es vorkommen, dass die Ameisen von ihrer eigenen Brut fressen. Der Risikofaktor, dass dabei auch Brut der Ameisenkäfer gefressen wird, wird dadurch herabgesetzt, dass die Käfer im Gegensatz zu ihren anderen, freilebenden Verwandten lebende Larven absetzen (vivipar sind) oder aber Eier legen, aus denen unmittelbar nach der Ablage die Larven schlüpfen (ovovivipar). Dadurch wird die Entwicklungsdauer und damit die Gefahr des Gefressenwerdens verkürzt. Ameisennester können von Büschelkäfern so stark befallen werden, dass eine Ameisenkolonie ganz zugrunde geht. Die *Atemeles*-Arten haben noch eine besondere Eigentümlichkeit: Sie wechseln ihre Wirte. Als erwachsene Käfer leben sie vom Herbst bis zum Frühjahr bei verschiedenen *Myrmica*-Arten. Die Käferweibchen legen dann aber im Frühjahr ihre Eier bei *Formica*-Arten ab, in deren Nestern auch die gesamte Entwicklung der Käfer erfolgt. Alle *Atemeles*-Arten sind in Färbung und Halsschildausbildung sehr variabel; sie bevorzugen bei ihrem Aufenthalt weitgehend die Ameisenarten oder sogar die Rassen, an die sie angepasst sind. Aus der Familie der Pselaphiden (Palpenkäfer) gibt es zahlreiche Arten, die ähnlich wie die besprochenen Staphyliniden in Ameisennestern leben, die einen nur gelegentlich, die anderen streng an Ameisen gebunden. Alle diese Käfer sind sehr klein, nur 1–3 mm lang. Dazu gehört auch der zur Familie der Clavigeriden (Keulenkäfer) gehörende und vielfach als Ameisenkuh bezeichnete Rotbraune Keulenkäfer *Claviger testaceus*. Der 2,1–2,3 mm lange Käfer lebt vor allem in den Nestern von *Lasius flavus*. Der Käfer ist völlig blind, die Augen sind atrophiert; Fühler und Beine besitzen nicht mehr so viele Glieder wie bei anderen Käfern. Diese Tiere sind außerhalb der Ameisennester nicht mehr existenzfähig. Die wenigen noch vorhandenen Fühlerglieder sind aber verbreitert, an ihnen können die Ameisen ihre Haustiere transportieren. ähnlich wie die *Atemeles*-Arten sondern auch die Keulenkäfer Exsudate ab, die von den Ameisen begierig aus Haarbüscheln abgeleckt werden. Die Käfer selbst betteln Ameisen um Nahrung an, fressen aber auch von der Ameisenbrut.

Die Käfer haben es nicht nur verstanden, alle erdenklichen Lebensräume zu besiedeln, sie schöpfen auch alle Nahrungsquellen aus. Es gibt wohl keinen organischen Stoff, der nicht irgendwelchen Käfern als Nahrung dient. Aber selbst anorganische Stoffe, sogar Blei, werden zernagt, wenn auch nicht als Nahrung verwendet. Infolge der ungeheuren Vielfalt können auch hier nur wenige Beispiele und allgemeine Bemerkungen gebracht werden. Der Speisezettel einer Käfer Art ist sehr unterschiedlich. Es gibt Arten, die sehr stark spezialisiert sind und nur eine bestimmte Nahrung zu sich nehmen. Als Beispiel sei der Kartoffelkäfergenannt, den man fast nur auf der Kartoffel findet, deren Laub er und seine Larve fressen. Allerdings ist er nicht so monophag, dass er andere Nachtschattengewächse ganz verschmähen würde, man kann ihn daher nicht als monophag, sondern als oligophag bezeichnen. Das andere Extrem sind die polyphagen Käfer, von denen der Brotkäfer *Stegobium paniceum* sicher eine der umfangreichsten Speisekarten hat. Zwischen solchen Allesfressern (Omnivore und Polyphage) und Nahrungsspezialisten (Mono- und Oligophage) gibt es alle Übergänge. Die Arten mancher Familien sind vorwiegend Räuber, zum Beispiel die Laufkäfer (Bild 17), Kurzflügler und Gelbrandkäfer. Würmer, Schnecken, andere Insekten, ja sogar Wirbeltiere wie Kaulquappen oder Jungfische sind die Opfer solcher Raubkäfer. Die Räuber nehmen ihre Nahrung im Allgemeinen nicht in Brocken zu sich, sondern saugen ihre Beute aus. Dazu werden Verdauungssäfte in das Opfer injiziert, erst später werden die Nahrungssäfte dann eingesaugt. Ein Teil des Verdauungsvorganges läuft also außerhalb des Körpers ab (extraintestinale Verdauung). Aber so streng ist häufig das Räubertum auch nicht. Nicht selten sieht man auf jungen Fruchtständen von Doldengewächsen zum Beispiel Laufkäfer, die an den jungen milchigen Samen fressen. Der Laufkäfer *Harpalus rufipes*, der im Kulturland meist recht häufig ist, kann zu einem gefürchteten Schädling in Erdbeerkulturen werden, weil er gern die Nüsschen auf der fleischigen Erdbeerfrucht frisst. Besonders groß ist die Artenzahl der Käfer, die an Pflanzen fressen. Die einen bevorzugen bestimmte Pflanzen und haben danach ihre Namen bekommen (Spargelkäfer, Pappelblattkäfer, Erlenblattkäfer), die anderen sind weniger wählerisch. Alle Pflanzenteile werden gefressen: Blüten, Blätter, Stiele, Wurzeln. Viele Käferarten leben in festem Holz, einige in noch lebendem, andere in abgestorbenem. Ganz besonders organische Stoffe werden oft von Spezialisten gefressen, darunter spielen zwei Gruppen eine besonders wichtige Rolle: Dung, der von den Dungkäfern gefressen wird (Koprophagen) und Leichen, die von den Nekrophagen verzehrt werden. Dung- und Mistkäfer sorgen dafür, dass diese Abfallstoffe schnell verschwinden. Wir werden bei der Brutfürsorge darauf zurückkommen. Ohne die Arbeit dieser „Müllmänner" würde es sehr bald zu solch starker Anreicherung von Dung – vor allem von dem der Wiederkäuer – kommen, dass das Wachstum der jungen Vegetation gefährdet wäre. Außer Nahrung braucht ein Käfer Wasser. Ist es das Lebensmedium (bei im Wasser lebenden Käfern), muss die Möglichkeit bestehen, dass beim Austrocknen des Gewässers neue Biotope besiedelt werden können. Das ist dadurch gewährleistet, dass Wasserkäfer ihre Flugfähigkeit nicht eingebüßt haben, sondern in vielen Fällen sogar recht fluglustig sind. Oft verlassen Wasser-

Bild 17 – Gestreifter Schaufelläufer, *Cychrus attenuatus* (*Carabidae*), beim Fressen einer Schnecke.

käfer ihr Gewässer selbst bei guten Bedingungen und suchen neue Biotope auf. (Bild 18) Gelbrandkäfer fliegen bei Dunkelheit. Nicht selten landen sie dann aber nicht in anderen Gewässern, sondern auf Gewächshausdächern oder Teerstraßen. Der Grund dafür liegt darin, dass diese käferoptischen Täuschungen unterliegen. Im Mondschein reflektieren Grasflächen und Straßen das Licht ähnlich wie Wasserflächen. Die Bindung der Käfer an Wasser ist recht unterschiedlich. Es gibt viele Arten, die hohe Feuchtigkeit lieben oder eng daran gebunden sind (hygrophile, hygrobionte). Dazu zählen vor allem Käfer an Gewässerrändern, in Sümpfen und Mooren. Sie ertragen keine Trockenheit. Andere Arten findet man dagegen vornehmlich oder fast nur an trockenen Plätzen, in Heidegebieten oder an sonnenexponierten, trockenwarmen (xerothermen) Hängen. Die Wasserunabhängigkeit dieser Tiere wird allerdings meist nur vorgetäuscht – sie ertragen auch größere Feuchtigkeit, sind aber infolge ihres Wärmebedürfnisses an die trockenen, warmen Biotope gebunden. Zu den extrem trockenen Lebensräumen gehören die Wüsten. Doch auch dort gibt es eine Menge Arten, vor allem Schwarzkäfer (Tenebrioniden), die mit sehr geringen Flüssigkeitsmengen auskommen. Außerdem haben sie sich in ihrer Verhaltensweise an die Verhältnisse in der Wüste angepasst. Tagsüber verbergen sie sich vor der austrocknenden Hitze am Grunde der Pflanzen oder an anderen geschützten, schattigen Stellen, und nur nachts, wenn es kühler ist und gelegentlich Tau auftritt, sind sie aktiv. Diese Arten in der Wüste sind vorwiegend Allesfresser (omnivor), die ihr Leben auch von pflanzlichen und tierischen Abfallstoffen fristen können und diesen Stoffen die nötige Feuchtigkeit entnehmen. Aber auch bei uns in Mitteleuropa gibt es Biotope, die für Käferextrem „wüstenhaften" Charakter haben. Dazu gehören vor allem die Arten, die sich in trockenem Holz entwickeln – und das sind sehr viele Arten aus zahlreichen Familien, vor allem aber Nagekäfer, Bockkäfer und Borkenkäfer. Denken wir nur einmal an den Holzwurm, die Larve des Nagekäfers *Anobium punctatum*. Sie macht ihre Entwicklung in völlig trockenem Holz durch, indem keine Feuchtigkeit vorhanden ist, die ausgenutzt werden könnte. Diese Larven können nur dadurch in ihrer absolut trockenen Umgebung überleben und sich weiterentwickeln, weil sie in der Lage sind, durch Zersetzung ihres Körperfettes Wasser zu gewinnen. Auf Grund ähnlicher chemischer Prozesse vermögen andere Arten ebenfalls in solch trockenem Holz zu existieren. Außer Nahrung und Wasser benötigen Käfer Luft, vor allem den darin enthaltenen Sauerstoff. Für die allermeisten Käfer und ihre Larven ergeben sich keinerlei Probleme in dieser Hinsicht, da die Luft sie umgibt und sie diese durch die Stigmen an den Seiten des Hinterleibes in das Tracheensystem aufnehmen. Komplizierter ist die Sauerstoffversorgung allerdings bei den im Wasser lebenden Formen. Sie mussten sich dem neuen Element anpassen und im Laufe ihrer Stammesgeschichte vielerlei Sonderheiten entwickeln. Am einfachsten – und bei Käfern auch der am meisten beschrittene Weg – ist es, unter Wasser ein Luftreservoir mitzunehmen. Die Gelbrandkäfer (Bild 18) benutzen dazu den Raum zwischen

Bild 18 – Gemeiner Furchenschwimmer, *Acilius sulcatus* (*Dytiscidae*), auf Beute lauernd.

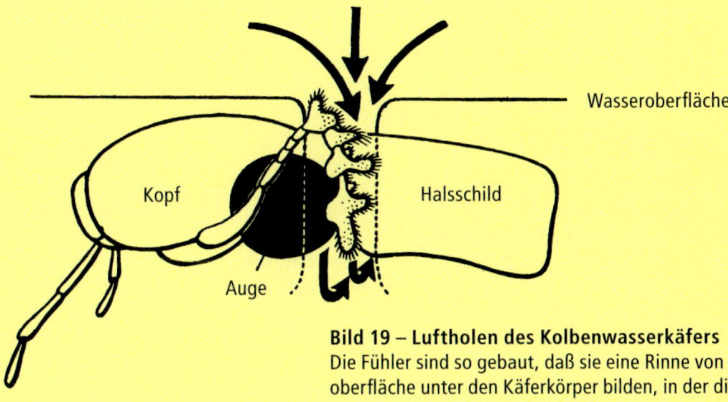

Bild 19 – Luftholen des Kolbenwasserkäfers
Die Fühler sind so gebaut, daß sie eine Rinne von der Wasseroberfläche unter den Käferkörper bilden, in der die Luft ins „Reservoir" geleitet wird (Pfeile).

Hinterleibsoberseite und Flügeldecken. In diesem sogenannten Subelytralraum wird unter Wasser die Luft gespeichert, sie entweicht auch nicht, das Reservoir ist dicht. Diese gespeicherte Luft hat allerdings den Nachteil, dass sie dem Käfer im Wasser einen starken Auftrieb gibt. Er kann nur durch kräftige Schwimmbewegungen tauchen und bleibt nur dadurch unter der Wasseroberfläche, dass er sich an Pflanzen anklammert. Das ist mit ein Grund dafür, dass Gelbrandkäfer vor allem in Gewässern mit starkem Bewuchs zu Hause sind. Die Wasserkäfer (Hydrophiliden) gehen einen ganz anderen Weg, sie speichern Luft in einem Haarbesatz an der Bauchseite. Andere kleine Wasserkäfer halten zwischen Haaren Luft fest, die zur Atmung verwendet wird. In verbrauchter Luft ist kaum oder gar kein Sauerstoff mehr vorhanden. Der Käfermuss darum von Zeit zu Zeit seine Luftreserven erneuern. Auch das erfolgt auf verschiedene Weise. Wer sich einmal an einen Teich oder Tümpel setzt, in dem Gelbrandkäfer leben, wird nicht sehr lange warten müssen, bis er Käfer an die Wasseroberfläche hochsteigen sieht. Durch den Auftrieb kommen sie nach oben, ohne aktiv schwimmen zu müssen. Mit dem Hinterleibsende hängen sie eine Zeitlang an der Oberfläche und tauchen dann wieder schwimmend ins tiefere Wasser. In der Zeit ihres Aufenthaltes an der Wasseroberfläche wird die alte verbrauchte Luft unter den Flügeldecken durch frische, sauerstoffreiche Luft ersetzt. Es gibt auch kleine Wasserkäferarten, die nicht über einen solchen Subelytralraum verfügen, aber dennoch Luftreserven unter Wasser mitführen, und zwar in Form einer kleinen Luftblase am Hinterleibsende. Auch diese Blase wird von Zeit zu Zeit ersetzt, wenn die Käfer mit dem Hinterleibsende an die Wasseroberfläche kommen. Unauffälliger erfolgt der Luftaustausch bei den großen Hydrophiliden. Sie kommen meist im Pflanzengewirr zur Wasseroberfläche, und darum sieht man sie kaum. Im Gegensatz zu den Gelbrandkäfern hängen sie nicht mit dem Hinterleibsende an der Wasseroberfläche, sondern kommen mit dem Kopf voran hoch. Bei diesen Käfern haben die Fühler eine wichtige Rolle beim Luftaustausch. Sie sind so umgebildet, dass sie eine rinnenförmige Verbindung zwischen der atmosphärischen Außenluft und dem Luftreservoir unter der Körperunterseite bilden (Bild 19). Es gibt noch eine weitere Möglichkeit, an Luft heranzukommen, die ebenfalls von Wasserkäfern ausgenutzt wird, und zwar nicht die atmosphärische Luft, sondern die Sauerstoffbläschen, die von Wasserpflanzen abgesondert werden. Ein besonders eindrucksvolles Beispiel dafür bieten die Rohrkäfer der Gattungen *Macroples*, *Donacia* und *Plateumaris*. Die beiden in Mitteleuropa vorkommenden *Macroples*-Arten leben unter Wasser, die etwa 30 Arten der beiden anderen Gattungen findet man dagegen auf Pflanzen, die im Wasser oder an Gewässerrändern stehen. Hervorragend ans Leben unter Wasser haben sich die Larven dieser Rohrkäfer angepasst. Die Eier werden vom Weibchen unter Wasser ins Pflanzengewebe abgelegt und von der Pflanze mit Sauerstoff versorgt. Die ausschlüpfenden Larven, die vom Pflanzengewebe leben, bleiben entweder in der Pflanze und entnehmen den Luftleitungsbahnen der Wirtspflanze den Sauerstoff, oder aber sie leben im Wasser auf den Pflanzen. Dann schließen sie sich aber gewissermaßen an eine Luftleitungsbahn der Pflanze an, und zwar mit einem hakenförmigen Gebilde am Hinterleibsende. Die meisten im Wasser lebenden Käferarten gehen zur Verpuppung ans Land, die *Donacia*-Larven aber nicht. Bei der Verpuppung sorgt die Larve nämlich dafür, dass die Puppenhülle Anschluss an eine Leitungsbahn in der Pflanze hat. Erst die ausschlüpfenden Jungkäfer kriechen aus dem Wasser heraus.

Bei den meisten Käferarten ist die Larvenzeit sehr lang, nicht selten dauert sie mehrere Jahre, während der Käfer selbst relativ kurzlebig ist. Er wird gewöhnlich nicht älter als ein paar Wochen, wie das zum Beispiel beim Maikäfer allgemein bekannt ist. Das Imaginalstadium dient vornehmlich der Fortpflanzung: Käfermännchen und -weibchen müssen für die Erhaltung der Art sorgen. Zur Erfüllung dieser wichtigen biologischen Aufgabe haben sich im Laufe der stammesgeschichtlichen Entwicklung viele morphologische Besonderheiten herausgebildet, vor allem aber wird eine Fülle von erstaunlichen Verhaltensweisen in den Dienst der Fortpflanzung gestellt. Eine wichtige Voraussetzung für eine erfolgreiche Fortpflanzung ist es, dass sich Männchen und Weibchen finden. Vielfältig sind die Wege dazu, dass dieses Ziel erreicht wird; nur beispielhaft können einige Möglichkeiten skizziert werden. In den meisten Fällen fällt wohl dem Geruch eine wichtige Rolle zu, dass ein Käfer seinen Partner aus mehr oder weniger großer Entfernung „erkennt" und ihn aktiv aufsuchen kann. Meist ist es das Männchen, das sein Weibchen ortet und zu ihm findet. Die Geruchsorgane der Insekten sind denen der Wirbeltiere allgemein weit überlegen. Ihre Empfindlichkeit ist besonders groß, ein einziges Geruchsmolekül kann bereits wahrgenommen werden. Auf den Fühlerblättern eines Maikäfermännchens stehen Zehntausende solcher Geruchsorgane dicht gedrängt; sie gewährleisten eine „Witterung" der Weibchen auf große Entfernungen. Dem Gesichtssinn kommt bei der Partnersuche sicher nur eine geringe oder gar keine Bedeutung zu. Das gilt nicht nur für weite, sondern auch für verhältnismäßig geringe Entfernungen. Höchstens aus nächster Nähe besteht die Möglichkeit, dass sich Männchen und Weibchen optisch erkennen. Offenbar bleibt aber auch zuweilen ein so wichtiger und entscheidender Schritt wie das Sich finden der Geschlechter manchen Zufälligkeiten überlassen. Vielleicht war es gar nicht nötig, besondere „Sicherheiten" einzubauen, weil Männchen und Weibchen automatisch zusammenkamen und dann durch „Versuch und Irrtum" den Partner kennenlernten. Die Prachtkäfer der Gattung *Anthaxia* (aber auch noch viele andere Käfer) fliegen zur Nahrungsaufnahme speziell (mitunter vielleicht sogar ausschließlich) gelbe Blüten an. Das ist nicht nur für Sammler dieser Käfer eine großartige Erleichterung im Gelände, sondern auch für die Partner automatisch der „Treff". Und kann man dann auf so einem engen Raum den Artgenossen und Geschlechtspartner nicht geruchlich oder optisch erkennen, dann versucht man eben die Kopula. Gar nicht so selten findet man gerade bei blütenbesuchenden Käfern wohl aus diesem Grunde Kopula-Pärchen zwischen Tieren ganz verschiedener Gattungen. Meist ist das Männchen der aktivere Teil der Paarbildung, aber es gibt auch Fälle, in denen dem Weibchen die Hauptrolle zukommt. Erst vor wenigen Jahren konnte ich einen solchen interessanten Fall beobachten: Der zu den Blatthornkäfern gehörende und im westlichen Europa vorkommende *Hoplia coerulea* zeigt eine besonders große Sexualdifferenz. Das Männchen ist oberseits leuchtend azurblau gefärbt, unterseits silbern glänzend. Demgegenüber wirkt das Weibchen mit fahler lederbrauner Oberseite und gelblicher Unterseite sehr bescheiden. Doch die Weibchen sind scheinbar äußerst selten, das Geschlechterverhältnis scheint etwa 1:1000 zu sein. Auch in großen Sammlungen findet man fast ausschließlich Männchen, nur selten einmal ein Weibchen. Aber aus der Biologie kann dieses in Wirklichkeit gar nicht existierende Missverständnis erklärt werden. Die Männchen sitzen während der Flugzeit der Art (Juni) im warmen Sonnenschein an allen möglichen Pflanzen; sie klammern sich mit Vorder- und Hinterbeinen fest; die besonders kräftigen, an Fanghaken erinnernden Hinterbeine werden wie der ganze Körper nach hinten ausgestreckt – der Käfer steht so in einem Winkel (Bild 20) von der Pflanze ab. In dieser ungewöhnlichen Haltung kann er stundenlang verweilen und ist weithin sichtbar. Das unscheinbare Weibchen bleibt nach dem Schlüpfen offenbar im Boden, aus dem es sich nur herausgräbt, wenn es paarungsbereit ist. Dann klettert es an Pflanzen empor (in den beobachteten Fällen an Schilf, Gras, Tamarisken, Disteln usw.). Trifft es auf seinem Wege nach oben zufällig auf ein Männchen der gleichen Art, dann kommt es sofort zur Kopula, die nur Sekunden (10–20 im Mittel) dauert. Danach lässt sich das Weibchen fallen oder kriecht die Pflanze wieder hinab, um sich sofort wieder zur Eiablage in die Erde einzugraben. Findet das Weibchen auf seinem Wege nach oben aber kein Männchen,

Bild 20 – Männchen von *Hoplia coerulea* (*Scarabaeidae*) in Wartestellung.

Bild 21 – Kämpfende Hirschkäfermännchen, *Lucanus cervus* (*Lucanidae*).

lässt es sich – an der Spitze der Pflanze angekommen – fallen und klettert an einer anderen Pflanze hoch. Nichts deutet darauf hin, dass sich die Partner „wittern". Dass es nur dem Zufall überlassen bleibt, geht auch aus dem Verhalten aufeinandertreffender Männchen hervor. Sie versuchen nämlich zunächst eine ganze Zeitlang, sich miteinander zu paaren. Wenn das immer wieder vergeblich ist, kommt es dann schließlich zu „Auseinandersetzungen", die bei dieser Art an oberbayerisches Fingerhakeln erinnern. Die konkurrierenden Männchen verhaken sich nämlich mit ihren starken Hinterbeinen und beginnen, einander hin- und herzuzerren. Das kann längere Zeit andauern, bis einer der Beteiligten das Feld räumt. Der „Sieger" setzt sich dann gleich wieder in die typische Wartestellung. Auseinandersetzungen, die das Maß heftiger Kämpfe annehmen können, sind bei Käfern weit verbreitet und finden in der Regel zwischen Individuen gleichen Geschlechts statt, zumeist wohl unter Männchen, aber auch unter Weibchen. Hört man von Kämpfen zwischen Käfern, dann denkt man unwillkürlich an den Hirschkäfer. Die Männchen sind zweifellos die imposantesten Käfer der heimischen Fauna, und ihre gewaltigen Mandibeln erwecken den Eindruck, ideale Waffen zu sein. Doch der Schein trügt: Diese Exzessivorgane sind kaum zum Kneifen geeignet. Die Weibchen mit ihren kleinen Mandibeln können erheblich kräftiger zubeißen. Die Männchen lecken gern ausfließenden, in Gärung übergehenden Baumsaft. Sie lecken so lange davon, bis sie, ihrer Trunkenheit erlegen, vom Baum fallen. An solch einer Saftstelle kann es natürlich zwischen Männchen (Bild 21) zu Raufereien kommen, bei denen man jedoch kaum von Kämpfen sprechen kann. Wenn Hirschkäfer Löcher in den Elytren haben, rühren diese kaum von Partnerkämpfen her, vielmehr von Schnabelhieben der die Käfer verfolgenden Vögel. Zu heftigen Kämpfen zwischen gleichgeschlechtlichen Artgenossen kommt es aber bei unseren einheimischen Totengräbern, über deren Biologie noch zu berichten ist. Fliegen an einer kleinen Tierleiche mehrere Käfer an, so wird um den Kadaver gekämpft, und zwar so lange, bis nur ein Weibchen und ein Männchen als Sieger zurückbleiben. Dadurch wird gewährleistet, dass die stärksten und kräftigsten Tiere zur Fortpflanzung kommen. Kämpfe finden vor allem dann statt, wenn Reviere verteidigt werden. Ich konnte beobachten, dass die Männchen des Zimmermannsbockes ein gewisses Revierverhalten zeigen. Man findet den Zimmermannsbock vorwiegend an Kiefernstubben. Die Käfer sitzen in den Rissen der Borke, in die sie ihre Fühler der

Länge nach hineinlegen; so sind sie nur sehr schwer zu sehen, da die Farbe ihres Körpers der der Ringe hervorragend angepasst ist. Die ungewöhnlich langen Fühler, die beim Männchen die fünffache Körperlänge erreichen können, sind auch schlecht zu sehen, da sie infolge unterschiedlicher ringelartiger Färbung nicht als einheitlich lange Gebilde auffallen. Leben in einem bestimmten Gebiet sehr viele *Acanthocinus*, dann fällt auf, dass die Männchen ziemlich regelmäßig an den Stubben verteilt sind. Ich fand in einem Frühjahr in Südtirol auf einer frisch geschlagenen Kiefernschonung an jedem Stubben ein Männchen von *Acanthocinus aedilis*. Nur an besonders dicken Stubben saßen zwei oder drei Käfer. Ich konnte auch beobachten, wie es zu solch einer Verteilung der Käfer im Biotop kam: durch Kämpfe. Diese sind beim Zimmermannsbock sehr instruktiv. Die rivalisierenden Männchen stehen sich Kopf an Kopf gegenüber, die Fühler sind zur Seite genommen. Wie zwei Ziegenböcke drücken die Käfer dann mit der Stirn den Gegner zurück. Der Verlierer verlässt den Kampfplatz und sucht sich einen anderen Stubben. Dass man diese Kämpfe nur selten zu Gesicht bekommt, hat sicher mehrere Gründe. Erstens sieht man die Käfer infolge ihrer ausgezeichneten Tarnung nicht häufig. Zweitens ist die Stärke der Population meist nicht so groß, dass sich 2 Männchen häufig begegnen, und drittens sind die Größenunterschiede der Käfer (12–20 mm) so bedeutend, dass bei einer Begegnung zweier Männchen meist sehr schnell entschieden ist, wer der Stärkere ist. Haben sich zwei Partner gefunden, dann kommt es zur Kopula (Bild 22) Diese kann kurz dauern, aber auch stundenlang wehren. Es gibt Arten, bei denen die Verbindung nur sehr locker ist. Die Partner trennen sich bei der geringsten Störung. Bei anderen kann aber die Verbindung so fest sein, dass man die Tiere kaum trennen kann, ohne sie zu verletzen. Bei der Paarung überträgt das Männchen Samenzellen in den Körper des Weibchens, die die Eier befruchten. Nach der Paarung kann es schon bald zur Eiablage kommen, es kann aber auch eine mehr oder weniger lange Zeit vergehen. Der Samen kann lange im Körper des Weibchens gelagert werden, ehe er zu den Eiern kommt. Die Speicherung erfolgt in einem besonderen weiblichen Organ, dem Receptaculum seminis (Samenbehälter). Die befruchteten Eier werden vom Weibchen nur selten wahllos fallengelassen. Zumeist ist die Ablage gezielt. Das Weibchen sorgt damit bereits für die ausschlüpfenden Larven.

Bild 22 – Hirschkäfer bei der Paarung, *Lucanus cervus* (*Lucanidae*).

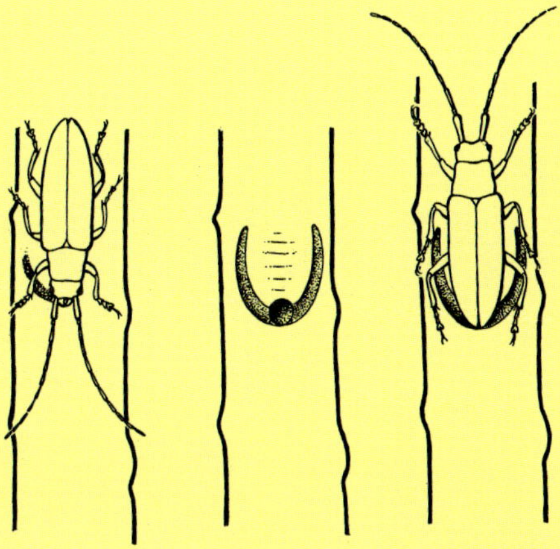

Bild 23 – Die Brutfürsorge des Kleinen Pappelbocks.
Links – Das Weibchen nagt einen nach oben offenen hufeisenförmigen Schnitt in die Rinde.
Mitte – Fertige Schnittfigur mit Hufeisenschnitt, Querfurchen und Einische.
Rechts – Weibchen bei der Eiablage.

Brutfürsorge und Brutpflege gehören zu den reizvollsten und interessantesten Kapiteln der Biologie. Die Wege, die die Natur eingeschlagen hat, um einen Verlust des Nachwuchses möglichst in Grenzen zu halten, sind oft so vielfältig und wundersam, dass es immer wieder faszinierend ist, welche Möglichkeiten Wirklichkeit geworden sind. Und dabei kennt man heute erst einen Teil dieser interessanten Lebensgewohnheiten – hier ist noch ein weites Feld, Entdeckerfreuden zu genießen. Die einfachste Möglichkeit einer Brutfürsorge ist die, dass das Weibchen seine Eier an die Pflanzen ablegt, die den Larven als Nahrung dienen. Kartoffelkäfer legen ihre Eier an Kartoffellaub, Erlenblattkäfer an Erlen, Pappelblattkäfer an Pappeln, also an Pflanzen, die sie selbst auch fressen. Um kompliziertere Verhaltensweisen handelt es sich aber, wenn die erwachsenen Käfer Blütenbesucher sind und sich von Pollen und Nektar ernähren, zur Ablage der Eier aber andere, ganz bestimmte Pflanzen aufsuchen, wie es zum Beispiel viele Bockkäfer und Blattkäfer machen. Durch solche Art von Fürsorge wird erreicht, dass die Larven sofort am Futter sind, wenn sie aus dem Ei schlüpfen. Das ist sehr wichtig, denn für eine kleine Eilarve wäre es in den meisten Fällen unmöglich, aktiv die richtige Futterpflanze aufzusuchen. Viele Arten begnügen sich nicht damit, die Eier einfach an die Pflanze zu legen, sondern sie bringen sie in der Pflanze unter, in Holz oder in anderen Nahrungssubstraten. Solche Käferweibchen haben vielfach besondere Organe, wie Legebohrer oder Legesäbel, mit deren Hilfe sie die Eier ins Gewebe bringen. Die ausschlüpfenden Larven fressen meist von dem pflanzlichen Gewebe. Dabei kann es zu komplizierten Verhältnissen zwischen Pflanze und Käfer kommen. Ein besonders eindrucksvolles und interessantes Beispiel ist die Brutfürsorge des Kleinen Pappelbocks, *Saperda populnea* (Bild 23). Zur Ablage jedes Eies läuft beim Weibchen eine ganze Folge verschiedener Verhaltensweisen und Tätigkeiten ab. Zuerst nagt der weibliche Käfer am Ast einer Zitterpappel einen nach oben offenen hufeisenförmigen Schnitt in die Rinde. Dadurch wird an dieser Stelle der aufsteigende Saftstrom unterbrochen, die Rinde wird schlaffer und bleibt nicht mehr so straff. Um diesen Welkungsprozess noch zu beschleunigen, nagt das Weibchen dann innerhalb des Hufeisens noch Querfurchen. Erst danach wird am Grunde des Hufeisens eine Nische in die Rinde genagt, in die das Ei gelegt wird. Auf die Beschädigung durch den Käfer reagiert die Pflanze mit Wucherungen. Es bildet sich ein gallenartiges Gewebe, von dem die ausschlüpfende Larve frisst. In der ersten Entwicklungszeit kommt es zu einem Wettlauf zwischen Käferlarve und Pflanze – für erstere geht es um Leben oder Tod. Das Wuchergewebe wächst ständig auf die Larve zu und droht sie zu erdrücken. Die Larve frisst aber immer wieder um sich herum eine Höhlung frei. Es kommt jedoch auch vor, dass die Larve durch das Pflanzengewebe erdrückt wird; das hängt weitgehend von der Witterung ab. Herrscht nach der Eiablage, beziehungsweise nach dem Schlüpfen der Larve eine längere Zeit lang feuchtes, kühles Wetter, dann wächst das Gallengewebe recht schnell, die Larve hält unter für sie so ungünstigen Bedingungen nicht Schritt und geht

Bild 24 – Haselnußbohrer, *Curculio nucum* (*Curculionidae*).

zugrunde. Nur die erste Zeit ihres Lebens verbringt die Larve des Kleinen Pappelbockes in der Rindengalle – später nagt sie sich in das Innere des Zweiges und frisst dann das Mark. Im Inneren des Zweiges erfolgt auch die Verpuppung. Nach dem Schlüpfen bohrt sich der Käfer ins Freie. Der ganze Entwicklungszyklus dauert zwei Jahre. Entgehen diese Käfergallen im Allgemeinen der Aufmerksamkeit auch guter Naturbeobachter, so werden gelegentlich sogar Laien mit den Folgen der Brutfürsorge eines Käfers konfrontiert. Nicht immer erntet ein Liebhaber von Haselnüssen seinen Erfolg, wenn er eine Nuss aufgeknackt hat – es kommt vor, dass statt des erhofften Kernes nur eine braune, bröselige Masse in der Schale ist. In diesem Fall hat aber der Nussknacker ein kleines rundes Loch in der Schale übersehen. Woher kommt dieses Mehl, was ist es? Wenn die Haselnüsse heranwachsen und noch grün und weich sind, der Kern erst als Samenanlage vorhanden ist, dann kommt das Weibchen des Haselnussbohrers (*Curculio nucum*). Der Käfer (Bild 24) gehört zur Familie der Rüsselkäfer (Curculioniden) und besitzt einen extrem langen Rüssel. Er ist eine Verlängerung des Kopfes, die Mundwerkzeuge sitzen an der Rüsselspitze. Damit nagt das Weibchen ein Loch in die heranwachsende Haselnuss. Danach dreht sich der Käfer um, sucht mit der Hinterleibsspitze das Loch und legt ein Ei hinein. Nun dreht sich das Haselnussbohrer-Weibchen erneut um und stopft das Ei tief in das ausgenagte Loch. Schließlich verstopft es das Loch noch mit einem Tropfen Sekret, damit das Ei nicht herausfallen kann oder eine leichte Beute von Räubern wird. Wenn die Larve des Käfers schlüpft, geht sie in den jungen Kern und frisst davon. Mit der Zeit verzehrt die Larve die ganze Nuss in der Schale, in der schließlich nur der bröselige Kot übrigbleibt. Wenn der Nusskern aufgefressen ist, ist die Larve erwachsen. Dann bohrt sie sich durch ein rundes Loch in der inzwischen hart gewordenen Nussschale heraus, lässt sich zu Boden fallen und gräbt sich in die Erde ein, wo die Verpuppung stattfindet. Eine mit dem Haselnussbohrer nahe verwandte und sehr ähnliche Art ist der Eichelbohrer, *Curculio glandium*. Seine Biologie ähnelt der seines Vetters, allerdings sucht das Weibchen bei dieser Art zur Eiablage junge Eicheln auf, deren Kerne später von den ausschlüpfenden Larven gefressen werden. In Mitteleuropa kommen noch weitere Arten der Gattung *Curculio* vor, die als Larven Einwohner von verschiedenen Gallen sind. Einen anderen sehr interessanten Typ von Brutfürsorge kennen wir von den im Wasser lebenden Gelbrandkäfern (Dytisciden). Die Weibchen schneiden mit ihrem „Legesäbel" das Blatt einer Wasserpflanze an. Gerade stark assimilierende Pflanzen, wie Pfeilkraut, Kalmus, Schwertlilie, Froschlöffel oder Laichkraut werden dabei bevorzugt. Das Loch wird dann noch erweitert, damit das ungewöhnlich große, 7 mm lange Ei hineingeht. 2–3 Monate ist ein Weibchen damit beschäftigt, bis zu 1000 Eier in dieser Weise unterzubringen. Die ausschlüpfenden Larven fressen dann aber nichts vom

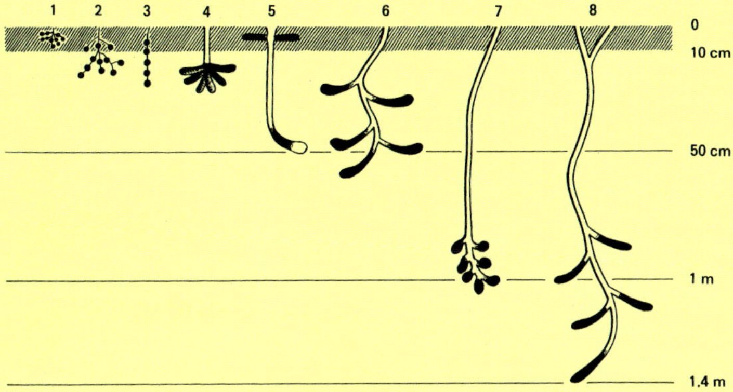

Bild 25 – Brutbauten kotfressender Blatthorn- und Mistkäfer
1–3 *Onthophagus*-Arten, **4–6** *Geotrupes*-Arten,
7 Rebenschneider (*Lethrus apterus*), **8** Stierkäfer (*Typhoeus typhoeus*).

Pflanzengewebe, sondern schwimmen im Wasser und leben dort räuberisch. Das Einbohren der Eier hat den Zweck, sie zu schützen und vor allem, sie mit Sauerstoff zu versorgen. Wenn die Eier nicht in Pflanzen eingeschoben werden, sinken sie sofort zu Boden und schimmeln. Höhere instinktive Leistungen sind von den Weibchen nötig, die vor der Ablage Bauten aus verschiedenen Materialien herstellen. Relativ einfach sind Konstruktionen, wie sie von Staphyliniden der artenreichen Gattung Bledius errichtet werden. Viele Bledien leben an feuchten, salzigen Stellen. Die Käfer legen sich im Boden eine Wohnröhre an und fressen Algen. Zur Eiablage gräbt das Weibchen von seiner Wohnröhre aus nach allen Seiten Eikammern, die in 6–7 Stockwerken übereinander liegen und nach der Ablage verschlossen werden. Da die Gefahr besteht, dass die Eier im Boden überschwemmt werden oder zumindest feucht werden, fertigt das Weibchen für jedes Ei einen Kotsockel an. Dieser Eitriger ragt jeweils schräg in die Kammer hinein und sorgt dafür, dass das Ei nicht mit dem Boden in Berührung kommt. Manche Bledien-Arten tragen auch Futter – Algen – in den Bau ein. Bei einer Art konnte nachgewiesen werden, dass die Eier auf einem Häufchen Algen abgelegt werden – das Käfer-Weibchen versorgt also seine ausschlüpfende Brut gleich mit der nötigen Nahrung. Eine solche Brutfürsorge in allen Stufen der Entwicklung treiben die kotfressenden Blatthornkäfer und Mistkäfer (Scarabaeiden, Geotrupiden, Bild 25). Am einfachsten ist das bei den Dungkäfern der Gattung *Aphodius*. Die meisten der 85 in Mitteleuropa vorkommenden Arten leben im Dung verschiedener Tiere, einige auch in fetter Gartenerde oder in faulenden Pflanzenstoffen. Die Weibchen legen die Eier direkt ins Substrat, in dem sich die Larven entwickeln. Die Brutfürsorge besteht hier weitgehend darin, dass die Weibchen den für die Larven richtigen Entwicklungsstoff aussuchen. Es deutet sich allerdings schon eine gewisse Weiterentwicklung an, denn die Weibchen leben nach der Eiablage noch ungewöhnlich lange. Sie erleben das Schlüpfen der neuen Generation oder sind auch danach noch mit der Brut im Dung zusammen. Dem gegenüber sterben die Männchen bald nach der Paarung. Bei den Kotfressern der Gattung *Onthophagus* ist die Brutfürsorge schon höher entwickelt. Die Weibchen legen ihre Eier nicht im Dung ab, sondern graben paarweise Brutbauten, die für jede Art charakteristisch sind. In dem Boden unter einem Dunghaufen werden Stollen ausgehoben, die sich verschieden verzweigen. Zumeist ist ein Hauptstollen vorhanden, von dem aus Nebenstollen abgehen. An diesen Stollen oder in von ihnen ausgehenden Nischen werden die Brutkammern angelegt. In sie wird Dung eingetragen, und je ein solcher Brutpfropfen wird mit einem Ei belegt. Die Hauptarbeit bei solch einem Brutbau obliegt dem Weibchen, während das Männchen nur „Handlangerdienste" leistet, indem es beim Ausheben des Baus Erde fortschafft oder später auch Kot einträgt. Die Tiefe des Baus schwankt zwischen 5 und 20 Zentimetern. Die kleinen Arten gehen nur wenig in die Erde, die größeren Arten tiefer. Die Larven entwickeln sich in etwa 30 Tagen; dann bauen sie aus ihrem Kot einen Puppenkokon. Die Puppenruhe dauert etwa 14

Tage. Ähnliche Brutbauten wie Kotfresser graben die größeren Mistkäfer der Gattung *Geotrupes*. Man findet sie vor allem am Kot von Pflanzenfressern. Für die Brut gräbt ein Pärchen unter den Dung einen meist 40–60 cm tiefen Erdstollen, von dem etwa 4–6 Seitenstollen abzweigen. Die Seitenstollen enden in einer erweiterten Kammer, in die jeweils ein Ei gelegt wird. Dann holen die Käfer Dung von oben und stopfen die Kammern damit voll. Von ihm leben die heranwachsenden Larven, ja, die Käfer tragen regelmäßig so viel Dung ein, dass von der Larvennahrung noch etwas übrigbleibt. Durch den Rest gräbt sich der frisch geschlüpfte Käfer hindurch. Da die Larvenentwicklung meist 12–13 Monate dauert, währt der ganze Entwicklungszyklus zwei Jahre. Außer den Brutstollen legen die Mistkäfer auch noch Vorratsstollen an. Diese sind nicht so tief und werden mit Dung vollgestopft, der den Käfern 4–5 Tage lang als Nahrung dient. Die tiefsten Brutbauten gräbt der Stierkäfer, *Typhaeus typhoeus*, der wegen der drei Hörner auf dem Halsschild des Männchens auch Dreihorn-Mistkäfer genannt wird. (Bild 26). Dieser Käfer – bei uns die einzige Art der Gattung – ist mit keinem anderen Käfer zu verwechseln. Er bewohnt vorzugsweise sandige Heidegebiete und lichte Kiefernwälder, wo er zuweilen nicht selten ist. Die Brutbauten bestehen aus einem 1–1,5 m tief reichenden Hauptstollen, von dem Nebenstollen ausgehen. In die Brutkammern wird Kot eingebracht. Der Käfer bevorzugt Kaninchenlosung, aber auch Kot von Schafen und Rotwild wird nicht verschmäht. Das Weibchen des Stierkäfers legt die Eier aber nicht unmittelbar an den Kot, wie es die anderen Mistkäfer tun, sondern abseits davon in die Erde. Die ausschlüpfenden Larven müssen sich darum zuerst zu ihrer Nahrung hinarbeiten. Eine Sonderstellung unter den „Mistkäfern" nimmt der Rebenschneider *Lethrus apterus* ein, der keinen Kot in seine Brutbauten einträgt. Die Käfer ernähren sich von Pflanzentrieben. Das Weibchen gräbt bis fast 2 m tiefe Gänge mit Seitengängen, in die frische Blätter und Triebe gebracht werden. Diese Pflanzenteile vergären im Bau und dienen dann den Käferlarven als Futter. Da der Käfer sehr gern Rebentriebe abbeißt, was ihm seinen deutschen Namen eingetragen hat, kann er dem Weinbau schädlich werden. Während der Paarungszeit belagern die Männchen regelmäßig die Baue der Weibchen. Schon seit Jahrtausenden weiß der Mensch von der Tätigkeit der Pillendreher. Bereits die alten Ägypter sahen die Brutfürsorge, wenn sie auch die biologischen Zusammenhänge nicht erfassten, sondern den Käfer mit einem geheimnisvollen Mythos umgaben. Heute kennen wir alle Einzelheiten seiner Tätigkeit, die weder „heilig" noch „mythisch", eher „anrüchig" sind. Die Pillendreher fressen Kot verschiedener Herkunft und erwerben sich wegen dessen Beseitigung große Verdienste. Zur Aufzucht der Brut vergraben sie Kot; aber nicht an der Stelle, an der sie ihn finden, sondern sie transportieren ihn ein Stück weit fort. Von einem mit Hilfe des Geruchs aufgefundenen Kothaufen wird zunächst eine Portion abgetrennt und zu einer Kugel geformt. Die kräftigen, schaufelartigen Vorderbeine und die ungewöhnlich langen Hinterbeine sind dazu hervorragende Werkzeuge. Ist der Kotballen zu einer Art Pille (Bild 26) geformt, dann wird diese vom rückwärts laufenden Käfer mit Hilfe der langen Hinterbeine fortgerollt. Nichts kann den Transport aufhalten, wenn die Pille meist auch erheblich, oft vielfach schwerer ist als der ganze Käfer selbst, aber seine Kraft ist ungeheuer. Meist fertigt das Männchen die Kugel und rollt sie fort; das Weibchen folgt bei dem Transport dem Männchen entweder Kopf an Kopf oder aber es setzt sich auf die Pille, klammert sich daran fest und lässt sich mitrollen. Die Pillendreher haben ein ausgezeichnetes Geruchsvermögen und fliegen von weither Kot an. Selbst in der Nähe eines „Pillentransportes" können andere Käfer landen und dem ersten Besitzer die Kugel streitig machen. Es kommt zu heftigen Kämpfen; dabei kann auch ein weiterer Neuankömmling der „lachende" Dritte sein. Der erbitterte Kampf endet damit, dass der „Unterlegene" – meist ist es der später gekommene – still verharrt, dann lässt der Sieger von ihm ab und setzt seinen Weg mit der Kugel fort. Auch zwischen den Weibchen kommt es zu heftigen Raufereien. Hat das Männchen mit Pille und Weibchen eine gewisse Strecke – meist viele Meter weit – zurückgelegt, dann wird die Kugel abgelegt, der Käfer untersucht die Beschaffenheit des Untergrundes. Ist der Boden geeignet – viele Prüfungen können nötig sein, zwischen denen immer wieder gerollt wird –, beginnen die Eingrabungsarbeiten. Die Pille mit dem Weibchen darauf wird

Bild 26 – Langbeiniger Pillendreher, *Sisyphus schaefferi* (*Scarabaeidae*), mit Brutpille.

abgelegt, und ein Loch wird im Boden ausgehoben. Der Käfer kriecht hinein, dreht sich um, stemmt sich mit der breiten Stirn gegen das Erdreich, meist Sand, und schiebt es wie ein Bulldozer fort. Dieser Arbeitsgang wird ständig wiederholt, bis die Kotkugel mitsamt dem Weibchen darauf entweder allein in die entstandene Vertiefung rollt oder aber das Männchen sie mit der Stirn hineinstößt. Dann wird die „Baggerarbeit" unter der Kugel fortgesetzt – der Boden wird zur Seite geschoben, so dass die Kugel immer tiefer einsinkt, bis sie ganz verschwunden ist. Das Eingraben in lockerem Boden geht überraschend schnell vor sich. Unterirdisch wird nun die Arbeit vor allem vom Weibchen fortgesetzt. Zunächst wird die Kotkugel in einer richtigen Krypta untergebracht und liegt dann nicht völlig vergraben in der Erde, sondern steht unterirdisch frei im Raum. Dann wird die Kugel umgearbeitet und erhält eine birnenförmige Gestalt. Das Ei kommt in eine kleine Kammer am oberen, dünnen Ende. Die ausschlüpfende Larve frisst die Kotkugel und verpuppt sich dann. In eine Pille kommt nur ein Ei. Die Pillendreher der Gattung *Scarabaeus* leben in vielen Arten vor allem rund um das Mittelmeer, in Mitteleuropa sind sie nicht heimisch. Doch in unserer Fauna gibt es einen anderen Pillendreher, *Sisyphus schaefferi*. Der 6,5– 12 mm große Käfer hat besonders lange Hinterbeine und lebt auf Kalkböden im südlichen Mitteleuropa. Er ist jedoch auch in seinem Verbreitungsgebiet nicht häufig und tritt nur stellenweise auf. Diese Käfer verarbeiten vor allem Schaf- und Menschenkot zu erbsengroßen Brutpillen, die von Männchen und Weibchen gemeinsam fortgerollt und vergraben werden. Ein anderer Pillendreher ist *Gymnopleurus geoffroyi*. Dieser Käfer ist wie die *Scarabaeus*-Arten in Südeuropa zu Hause, wurde aber im vorigen Jahrhundert mehrfach auch aus dem südwestlichen Deutschland gemeldet (aus Baden, Franken und dem südlichen Rheinland). Diese Art verwendet für die Brutpille Kuhmist. Auch die beiden anderen *Gymnopleurus*-Arten *mopsus* und *Sturmi* dringen gelegentlich von Süden her ins südwestliche oder südöstliche Mitteleuropa ein. Eine ganz andere, sehr interessante Art der Brutfürsorge findet man bei manchen Dickkopfrüsslern (*Attelabidae)*, bei den sogenannten Blattrollern. Der bekannteste und verbreitetste unter diesen Blattrollern ist wohl der Birkenblattroller, *Deporaus betulae*. Der ganz schwarze Käfer ist 3–5 mm groß. Man bekommt ihn nur im Frühjahr (Mai) zu sehen, wenn er seinem Brutgeschäft nachgeht. Auffälliger als er selbst sind seine Brutbauten. Ein jeder, der mit offenen Augen durch die Natur geht, kennt die Werke des Birkenblattrollers (Bild 27 und 28). An Birken sieht man oft in großer Zahl tütenförmig zusammengerollte Blätter. Nur die Basis des Blattes ist noch erhalten, die übrige Blattspreite hängt welk und zusammengerollt herab, mit der Mittelrippe am Blattgrund festsitzend. Dies sind die Brutbauten der Birkenblattroller-Weibchen, die so entstehen: Sobald die Eier im Weibchen herangereift sind, zeigt es höchst komplizierte Verhaltensweisen. An einem Birkenblatt beginnt es in der Nähe des Blattstieles vom Außenrand her in einer stehenden S-Kurve das Blatt einzuschneiden. Dann wird die Mittelrippe angebissen und schließlich auf der anderen

Bild 27 – Das Weibchen des Schwarzen Birkenblattrollers schneidet eine Rille in ein Blatt und rollt es dann zusammen.

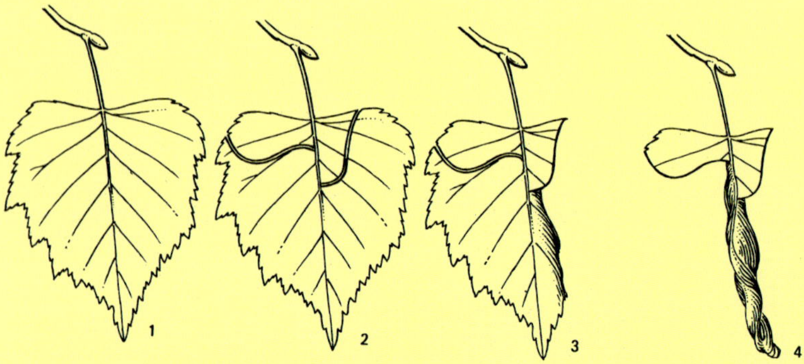

Bild 28 – Die Anlage eines Birkenblattwickels durch den Birkenblattroller (*Deporaus betulae*)
1 unbearbeitetes Blatt, **2** die durch den Käfer ausgeführten Schnitte im Blatt, **3** eine Hälfte der Blattspreite fast aufgewickelt, **4** beide Blattspreitenhälften aufgerollt, fertige Wickel.

Blatthälfte eine liegende S-Kurve genagt. Von der welkenden Blattspreite wird zuerst die eine Seite zum Innentrichter aufgewickelt und die andere Seite als Außentrichter darüber gewickelt. Die Blattspreite wird meist umgebogen und – wie die Wickel selbst – durch Rüsselstiche festgenäht. Während der Wickelarbeit sticht das Weibchen Taschen in die welkende Blattoberfläche. In je eine Tasche kommt ein Ei. Insgesamt werden in einem solchen Wickel 2–5 Eier untergebracht. Einen derartigen Brutbau fertigt ein Weibchen in etwa einer Stunde an. Das welkende Pflanzengewebe dient den Käferlarven als Nahrung. Aber selbst fünf Larven brauchen nicht das ganze Birkenblatt zu ihrer Entwicklung. Zur Verpuppung gehen die Larven in die Erde. Außer an Birken findet man den Birkenblattroller auch an Buche, Erle und Hasel. Mit dem Birkenblattroller nahe verwandt ist der Ahornblattroller, *Deporaus tristis*, der allerdings in Mitteleuropa erheblich seltener ist. Dieser mehr blau gefärbte Käfer fertigt seine Blattrollen ausschließlich an Ahorn an. Die Schnittführung ist bei diesem Käfer eine andere als bei seinen Verwandten. Er durchbeißt das Ahornblatt von einem Rand in der Nähe des Blattstieles aus bis zur Mittelrippe, durchschneidet auch diese und führt den Schnitt noch bis zur Mitte der anderen Blatthälfte. Auf der Oberseite dieser Blatthälfte, zur Spitze hin, nagt das Weibchen dann vom Rand bis zur Mittelrippe hin fast kreisrunde Löcher. Diese Lochnaht ist die Begrenzung des aufzurollenden Blatteiles. Das Ahornblattroller-Weibchen legt in den Blattwickel, der mit einem Analsekret festgeklebt wird, 1–4 Eier. Diese werden nicht in Taschen untergebracht, sondern frei in den Wickel gegeben. Ein weiterer Blattroller ist der Rebenstecher, *Byctiscus betulae*. Der herrlich gefärbte metallisch grün oder blau glänzende Käfer wird 6–9 mm groß. Er legt seine Wickel an verschiedenen Laubbäumen an, bevorzugt aber meist Weinreben. Die Weibchen schneiden nicht die Blattspreite ein, damit das Pflanzengewebe welkt, sondern nagen den Blattstiel dazu an. Das daraufhin welkende Blatt wird zigarrenförmig aufgerollt, mit einem Analsekret zusammengeklebt und mit 4–6 Eiern, manchmal sogar bis 15, beschickt. Der Rebenstecher wickelt zuweilen ein Blatt ein, zuweilen aber auch mehrere. Die Vermutung, bei kleinen Blättern würde er mehrere verarbeiten, entspricht wohl nicht den Tatsachen. Vielmehr dürften bei weniger elastischen Blättern meist mehrere zusammengerollt werden, bei elastischen, wie es Weinblätter sind, genügt ein einziges Blatt. Diese Art ist bei uns weit verbreitet und überall nicht selten. Zuweilen kann es zu Massenauftreten und zu schweren Schäden im Weinbau kommen, weil die Traubenansätze verdorren, wenn zu viele Blätter zusammengewickelt sind. Die drei bisher besprochenen Blattroller wickeln alle die Blattspreite längs auf, darum fasst man sie als Längsroller zusammen. Ihnen stehen die Querroller gegenüber. Der bekannteste Querroller in unserer Fauna ist der Rote Eichenkugelrüssler, *Attelabus nitens*. Der schwarze Käfer mit leuchtend roten Flügeldecken ist 4–6 mm groß. Man findet ihn im Frühjahr, wenn die Eichen ihre jungen Blätter entfaltet haben. Das Käferweibchen durchschneidet ein Eichenblatt auf beiden Seiten von den Rändern zur Mittelrippe hin. Die Mittelrippe und die Blattadern der Spreite werden angestochen, damit das Blatt welk und geschmeidig wird. Dann klappt der Käfer die Blatthälften so aufeinander, dass Oberseite auf Oberseite liegt. Danach rollt er das Blatt von der Blattspitze her zusammen und schlägt dabei auch die Außenränder ein, so dass eine wohlgeformte Rolle entsteht, die einer kurzen Geldrolle ähnelt. Damit sich das Blatt nicht entrollt, sticht der Käfer immer wieder mit dem Rüssel hinein und „näht" so die Blattflächen fest. Während dieser Tätigkeit werden in den Wickel 1–7 Eier gelegt. Die ausschlüpfenden Larven fressen von dem welken Wickellaub; der Wickel fällt bald ab, die Larven bleiben den Winter über darin und verpuppen sich erst im Frühjahr in der Erde. Auf die gleiche Weise werden auch an den Blättern von Esskastanie (Bild 29), Erle und Hasel tännchenartige Wickel hergestellt. In Zusammenhang mit dem Roten Eichenkugelrüssler muss hier eine ganz andere Art von Brutfürsorge beschrieben werden, die bei den Käfern einmalig sein dürfte, die ihre Parallele aber in der Vogelwelt hat. Ein jeder weiß, dass der Kuckuck weder ein Nest baut noch seine Jungen aufzieht, sondern diese Arbeit Pflegeeltern, denen er seine Eier ins Nest legt, überlässt. Etwas ähnliches gibt es auch bei Käfern. Der zu den Dickkopfrüsslern zählende Kuckucksrüssler *Läsiorhynchites sericeus* sucht nämlich die Rollen des Roten Eichenkugelrüsslers auf und legt seine Eier mit hinein. Das kann er tun, wenn der Rote Eichenkugelrüssler noch an der Arbeit ist oder aber später, wenn die Rolle bereits fertig ist -dann sticht er sie nachträglich an und legt die Eier hinein. Wenn man eine Rolle öffnet, erkennt man gleich, ob sie parasitiert ist, denn das Ei des Parasiten ist weiß und größer als das seines Wirtes. Hier liegt also ein echter Brutparasitismus vor; der Käfer hat danach seinen deutschen Namen Kuckucksrüssler erhalten. Ein anderer Querroller unserer heimischen Fauna ist der Haselblattroller, *Apoderus coryli*. Auch er hat rote Flügeldecken wie der Rote Eichenkugelrüssler, aber schwarzrote Beine, im Gegensatz zu seinem schwarzbeinigen Verwandten. Der Haselblattroller schneidet die Blätter nur von einem Rande aus ein, aber über die Mittelrippe hinaus. Das Blatt wird von der Spitze aus aufgerollt. Die Rolle ist wegen der Schnittführung weiter mit dem Blatt in Verbindung und bleibt noch länger grün. Die Entwicklung dieser Art geht sehr rasch vor sich, in einem Jahr werden zwei Generationen hervorgebracht. Obwohl der Haselblattroller die Blätter des Haselstrauches bevorzugt, brütet er auch an Erle, Buche, Pappel und Eiche. Ist im Allgemeinen – von Ausnahmen abgesehen – die

Bild 29 – Blattwickel an Eßkastanie, erzeugt vom Roten Eichenkugelrüssler, *Attelabus nitens* (*Attelabidae*).

Beschädigung der Pflanze durch Blattroller nicht nennenswert, so treten immer erhebliche Schäden durch viele Dickkopfrüssler und Rüsselkäfer auf, die eine andere Brutfürsorge betreiben, indem sie ihre Eier in Pflanzenteile ablegen, die Saftzufuhr dorthin aber unterbrechen. Es sind die Trieb-, Knospen- und Blütenstecher. Zu den bekanntesten und gleichzeitig auch gefürchtetsten „Stechern" zählt der Apfelblütenstecher, *Anthonomus pomorum*. Der 3,5–4,5 mm große Käfer überwintert, meist in der Bodenstreu an Waldrändern. Im zeitigen Frühjahr, in der Regel schon im März, kommt er aus seinem Winterquartier und sucht Apfelbäume auf. Das Weibchen legt je ein Ei in eine ganz junge Blütenknospe. Zunächst wächst die Knospe weiter. Wenn die Käferlarve aus dem Ei schlüpft, frisst sie in der Knospe Staubbeutel, Narbe und den Blütenboden. Die Blütenblätter entfalten sich nicht, weil sie an der Basis angeschnitten werden. Sie bilden für die Larve ein schützendes Gehäuse, werden auch nicht weiß, sondern sind welk und braun. Eine befallene Knospe sieht im Endzustand wie erfroren aus, sie fällt auch nicht so früh ab wie die nicht befruchteten Blüten. Meist kommt es bei einer befallenen Blüte nicht zum Fruchtansatz, aber es muss nicht immer zu einem Fruchtausfall kommen. Wenn die Larve einen Teil des Blütenbodens unbeschädigt lässt, kann daraus noch ein Apfel wachsen. Gelegentlich tritt der Apfelblütenstecher in großer Zahl auf und verursacht schwere Schäden im Obstbau. Er befällt nicht nur Äpfel, sondern auch Birnen. An Birnbäumen, aber auch an Apfelbäumen, findet sich ein naher Verwandter des Apfelblütenstechers, der Birnenknospenstecher, *Anthonomus cinctus*. Er geht bereits im Herbst von Ende September bis zum Dezember seinem Brutgeschäft nach, indem er seine Eier in die kleinen Knospen legt. Die ausschlüpfenden Larven fressen die Knospen ganz aus, so dass diese erst gar nicht zum Treiben kommen. Ein Obstbaum, der von dieser Art befallen ist, behält im Frühjahr sein winterliches, kahles Aussehen. Es gibt noch eine ganze Reihe anderer *Anthonomus*-Arten; eine von ihnen, der Beerenstecher *Anthonomus rubi*, kommt auch in unsere Gärten. Der kleine, 2–3 mm große, schwarze, grau beschuppte Käfer hat einen ziemlich langen Rüssel. Im Frühjahr legt das Weibchen nach der Überwinterung Eier in die Knospen von Rosengewächsen, vor allem bei Himbeere, Brombeere und Erdbeere. Der Käfer sorgt aber noch weiter für seine Brut, indem er den Stiel unterhalb der belegten Knospe annagt. Dadurch welkt die Knospe, die Larve frisst sie innen aus, die Knospe fällt bald ab. Zur Verpuppung geht die Käferlarve in die Erde, der Käfer schlüpft schon im Juni oder Juli, überwintert dann aber. Findet man unter

Bild 30 – Der Rotbraune Fruchtstecher bohrt Löcher in die Früchte – Äpfel oder Pflaumen – und legt darin seine Eier ab.

den Beerenpflanzen abgeschnittene Knospen, kann man sicher sein, dass es das Werk des Beerenstechers ist. Eine *Anthonomus*-Art, *varians*, hat sich auf Nadelbäume spezialisiert. Sie hebt sich mit ihren roten Flügeldecken auch farblich von ihren Verwandten ab. Das Weibchen legt seine Eier in die männlichen Blüten der Kiefer. Die Larven fressen Pollen und verpuppen sich im Blütenstand. In Mitteleuropa ist die Art nicht häufig. Eine ähnliche Brutfürsorge haben die Arten der Dickkopfrüssler-Gattung *Rhynchites*. Ein wichtiger Vertreter ist der Kupferrote Pflaumenstecher, *Rhynchites cupreus*, der vor allem Pflaumen befällt. Wenn die grünen, unreifen Früchte 1 -1,5 cm groß sind, bohrt das Weibchen mit dem Rüssel ein tiefes Loch in das Fruchtfleisch und legt ein Ei hinein. Darauf nagt es den Fruchtstiel an, so dass die unreife Pflaume abfällt. Die Larve ernährt sich von dem welkenden Fruchtfleisch und verpuppt sich dann in der Erde. Die Käferlarven darf man nicht mit den „Maden" verwechseln, die man in reifen Pflaumen findet – das sind die Raupen des Pflaumenwicklers, eines Kleinschmetterlings. Der Kupferrote Pflaumenstecher befällt nicht nur Pflaumen, sondern auch noch andere Kernfrüchte, wie Kirschen. Verwandte *Rhynchites*-Arten (*aequatus*, *auratus*, *bacchus*) treiben eine ähnliche Brutfürsorge wie *cupreus*. Nicht auf die Früchte, sondern auf junge, grüne Triebe von Obstbäumen ist *Rhynchites coeruleus* spezialisiert. Er trägt darum auch den Namen Obstbaumtriebstecher. Seine Arbeitsweise entspricht der seiner Verwandten: Das Weibchen legt ein Ei nahe der Spitze eines jungen Triebes ab und nagt dann den Trieb unterhalb der Ablagestelle an. Daraufhin welkt der Trieb, bricht ab und fällt zu Boden. Die Larve frisst von dem Pflanzenmaterial und verpuppt sich in der Erde. Auch der Blattrippenstecher, *Coenorhinus interpunctatus*, kommt an Obstbäumen vor. Das Weibchen nagt an der Stelle, an der der Blattstiel ansetzt, ein Loch in die Mittelrippe und legt meist zwei Eier hinein. Der Eichenknospenstecher, *Coenorhinus aeneovirens*, wählt zur Eiablage Eichenknospen. Diese werden am Grund so angeschnitten, dass sie sich nicht entfalten. Oberhalb wird dann das Ei hineingelegt. Auch hier nagt das Weibchen zunächst mit den Mundwerkzeugen an der Spitze des Rüssels ein Loch, dreht sich herum, legt das Ei und steckt es schließlich mit dem Rüssel tief ins Loch. Die Blattroller und Stecher bringen ihre Eier, wie wir sahen, in Behältern unter, die aus pflanzlichem Gewebe bestehen und die zum Teil in kunstvoller Arbeit angefertigt werden. Andere Käfer bauen aber für ihre Eier Gehäuse aus anderen Substanzen. Bei der Besprechung der Ameisengäste haben wir bereits davon gehört, dass Blattkäfer der Gattung *Clytra* ihre Eier mit einer schützenden Hülle aus Kot umgeben. Die Wasserkäfer (Hydrophiliden) und die mit ihnen verwandten Langtasterwasserkäfer (Hydraeniden) haben einen anderen Weg eingeschlagen, um für ihre Brut zu sorgen. Bei diesen meist im Wasser lebenden Tieren ist es sinnvoll, die Eier vor Feuchtigkeit und Nässe zu schützen. Die Weibchen besitzen am Hinterleibsende besondere Drüsen, die ein Sekret absondern, das mit Hilfe der Vaginalpalpen zu einem Gespinst verarbeitet wird. Die Käfer verfügen also – ähnlich wie die Spinnen – über einen Spinnapparat, der nicht zum Beutefang verwendet wird, sondern in den Dienst der Brutfürsorge gestellt wird. (Spinnen umgeben ihre Eier ebenfalls mit einem Gespinst.) Am einfachsten sind diese Gespinste bei kleinen, meist nur wenige Millimeter großen Hydraeniden sowie den beiden Hydrophiliden-Gattungen *Sphaeridium* und *Cercyon*. Die Weibchen bedecken die einzelnen Eier oder Eigruppen mit einem lockeren Gespinst. Zwar werden die Eier dadurch kaum geschützt, aber an der Unterlage befestigt. Dann werden die Eier ganz umsponnen, das heißt, es wird für sie ein richtiger Behälter angefertigt. Die Arten der Hydraeniden-Gattung *Helophorus* spinnen flaschenförmige Eibehälter, die Hydrophiliden der Gattung *Laccobius* runde Kokons und die ebenfalls zu den Wasserkäfern zählenden *Enochrus*-Arten napfförmige Behälter. Am höchsten entwickelt ist diese Art der Brutfürsorge bei den großen Hydrophiliden, den Kolbenwasserkäfern, die zu den größten Käfern unserer heimischen Fauna gehören und die bis zu 5 cm groß werden können. Diese Käfer bauen für ihr Gelege richtige auf dem Wasser schwimmende Schiffchen. Der „Schiffsrumpf" besteht aus einem Gespinst. Die Eier werden in je einer Seidenpatrone unten im Schiffchen untergebracht, darüber liegt nur ein lockeres Gespinst. Dadurch ist sichergestellt, dass das Schiffchen nicht kentert. An einem Ende spinnt das Weibchen dann noch einen Fortsatz nach oben, den „Schornstein". Wahrscheinlich dient er zur Luftversorgung, wenn das Schiffchen in der Vege-

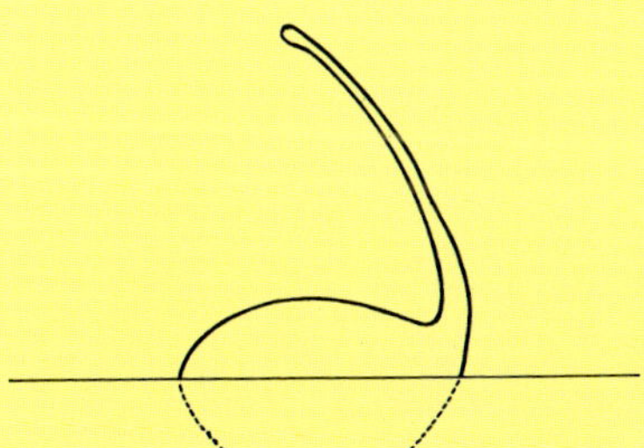

Bild 31 – Eierbehälter (Schiffchen mit Schornstein) des Kolbenwasserkäfers (*Hydrous piceus*).

Bild 32 – Das Weibchen des Mondhornkäfers bleibt bei seiner Brut und bewacht sie, bis die Larven geschlüpft sind.

tation eingeklemmt und überflutet wird (Bild 31). Als Brutfürsorge wird es bezeichnet, wenn Käferweibchen ihre Eier so ablegen, dass für die Larven „gesorgt" ist. Die Elterntiere kümmern sich aber nicht weiter um ihre Nachkommen, sie lernen sie nicht kennen. Das ist anders bei der Brutpflege. Dabei ist die Sorge der Eltern um die Brut mit der Eiablage nicht beendet, sondern Eier oder auch die Larven werden in irgendeiner Weise betreut, gepflegt – vielfach kommt es zu einer direkten Beziehung zwischen Mutter und Kind. Im einfachsten Fall der Brutpflege tragen Mutter (oder Vater) die Eier mit sich herum. Dann sind sie natürlich erheblich besser geschützt, als wenn sie irgendwo abgelegt und Räubern schutzlos preisgegeben wären. *Helochares lividus* ist ein 4–6 mm großer Hydrophilide, der in Mitteleuropa nur gebietsweise und selten vorkommt, in der Ebene anscheinend völlig fehlt. Das Weibchen versieht vor der Eiablage die Unterseite seines Hinterleibes mit einem Gespinst. Auf dieses kommen die Eier in ganz bestimmter Anordnung. Schließlich wird das fertige Gelege übersponnen, und damit liegen die Eier in einem geschlossenen Gespinstsack unter dem Hinterleib des Weibchens. Dieses trägt das Eipaket mit sich herum, bis die jungen Larven schlüpfen. In unserer heimischen Fauna gibt es einen seltenen, in weiten Gebieten ganz fehlenden Käfer, der in nährstoffreichen stehenden Gewässern zu Hause ist: *Spercheus emarginatus*. Da die Larve dieses Käfers ganz anders gebaut ist als die der Hydrophiliden, sieht man heute die Art als eigene Familie an: Spercheidae. Das Weibchen treibt eine ähnliche Brutpflege wie *Helochares lividus*. Es trägt in einem Gespinstsack an der Unterseite des Hinterleibs etwa 60 Eier mit sich herum, bis die Junglarven schlüpfen. Man sieht auch deutlich, dass das Weibchen bei Gefahr mit den Hinterschenkeln den Sack hochdrückt, so dass er ganz unter den Flügeldecken liegt und dort gut geschützt ist. Einen anderen Fall von Brutpflege kennen wir von einem mitteleuropäischen Blatthornkäfer, dem 16–24 mm großen Mondhornkäfer (Bild 32) *Copris lunaris*. Früher war er bei uns weiter verbreitet und häufiger, heute findet man ihn nur noch an besonderen Wärmestellen und meist selten. Paarweise legen die Käfer unter Rindermist, selten unter Pferdedung, Kammern an, in die Mist eingetragen wird. Dieser wird zu Brutbirnen geformt, von denen schließlich sieben oder acht, selten noch mehr, in der Kammer stehen und mit je einem Ei beschickt werden. Das Weibchen verlässt nach der Eiablage die Kammer nicht, es bleibt bei der Brut und bewacht sie. Eine weitergehende Pflege übt das Weibchen wohl nicht aus, es harrt jedoch aus, bis die neue Generation schlüpft – erst mit den Jungkäfern zusammen verlässt das Weibchen die Kammer. Von Brutpflege kann man auch bei den holzbrütenden Borkenkäfern (Scolytiden) sprechen, deren Brutbiologie am Linierten Nutzholzborkenkäfer, *Xyloterus lineatus*, aufgezeigt werden soll. Dieser bei uns überall vorkommende, oft häufige, 3–4 mm große Käfer lebt an Nadelholz. Das Weibchen nagt 5–6 cm tief ins Holz hinein eine Eingangsröhre, von der zwei Brutgänge in entgegengesetzte Richtung abzweigen. An beiden Seiten der Gänge werden dann in Nischen die Eier untergebracht. Die ausschlüpfenden Larven fressen nach zwei Seiten kurze Larvengänge. Sie ernähren sich aber nicht von Holz, sondern von einem Ambrosia-Pilz, den die Mutter in den Gängen züchtet. Das Weibchen hat stets Sporen dieses Pilzes im Magen, die aber nicht verdaut werden, auch wenn der Käfer monatelang hungert. Die Bindung des Pilzes an den

Käfer ist so eng, dass die Sporen offenbar erst ihre Keimfähigkeit im Verdauungstrakt des Käfers bekommen. Von den Sporen bringt das Weibchen einen Teil auf die Gangwände, wo die Pilzrasen gut wachsen. Doch würden diese Beete sehr schnell „verpilzen", das heißt, andere Pilze, Hefen und Bakterien würden die Ambrosia-Pilze überwuchern. Das Käferweibchen jätet ständig die Kulturen und transportiert das Bohrmehl und den Kot der Larven aus dem Gangsystem, es hält also die Gänge frei. Andererseits verstopft es aber auch Teile des Gesamtsystems, offenbar zur Regulierung der Luftfeuchtigkeit. Das Weibchen pflegt also in diesem Fall nicht die Brut direkt, aber deren Lebensraum, und es bereitet die Nahrung. Wie wichtig die Arbeit des Käferweibchens ist, geht aus den Folgen hervor, wenn es seine Funktionen nicht erfüllen kann. Dann überwuchern tatsächlich in kurzer Zeit Bakterien, Hefen und Pilze die Ambrosia-Pilzkulturen. Die Larven finden nicht mehr genug Futter und gehen zugrunde. Es gibt eine ganze Anzahl verwandter, Ambrosia züchtender Borkenkäfer-Arten, vor allem an Nadelholz, einige befallen aber auch Laubbäume, zum Beispiel Eiche, Buche, Birke. Prinzipiell ist die Brutpflege dieser Käfer die gleiche. Allerdings kann die Arbeitsteilung unter den Geschlechtern verschieden sein. Während bei *Xyloterus lineatus* das Männchen kaum am Brutgeschäft beteiligt ist – und das ist bei den meisten Arten der Fall – leistet bei einigen Arten das Männchen Hilfsarbeiten, es schafft Kot und Nagespäne aus dem Gangsystem hinaus. Die am höchsten entwickelte Brutpflege kennen wir von den Totengräbern. Die meisten Käfer leben in „Unehe", das heißt außer der kurzen Zeit der Kopula leben die Geschlechter nicht zusammen. Nur bei einigen Arten oder Gruppen von Arten kommt es für die Dauer einer Brut bereits zu einer Art Saisonehe: Eine Zeitlang bleiben Männchen und Weibchen beieinander. Das ist bei den Totengräbern, ganz schwarzen oder orange-schwarz gebänderten Käfern der Fall. Man sieht diese *Necrophorus*-Arten verhältnismäßig selten, doch lassen sie sich leicht ködern. Wenn man eine Blechdose mit einem Tierkadaver (Maus oder Kleinvogel) oder auch mit einem Stück Fleisch am Waldrand eingräbt, aber nicht zuschüttet und nach zwei oder drei Tagen wieder kontrolliert, findet man nicht selten 20 bis 30 Totengräber darin. Diese Käfer fliegen bei Nacht und suchen nach einem Tierkadaver. Ihr Geruchsvermögen ist ausgezeichnet entwickelt, vermutlich wittern die Käfer ein Aas auf Hunderte von Metern. An einem Tierleichnam können sich im Laufe einer Nacht zahlreiche Totengräber versammeln. Sie beginnen sofort, Erde unter dem Kadaver fortzugraben. Bei fortschreitender Arbeit sinkt der Tierleichnam allmählich in die Erde hinein. Arbeiten dabei mehrere Käfer zusammen, kommt es mit der Zeit zu Auseinandersetzungen zwischen ihnen, sogar zu heftigen Kämpfen, die dazu führen, dass schließlich nur ein Pärchen (Bild 33) übrigbleibt, das nun gemeinsam den Leichnam, der inzwischen zu einer Art Aaskugel geworden ist, „beerdigt". Nach 3–10 Stunden liegt die Aaskugel in einer geschlossenen „Krypta", 5–10 cm tief im Boden. Wenn diese Arbeiten zu Ende geführt sind, wird nach einer anschließenden Kopula das Männchen vertrieben. Das Weibchen gräbt dann von der Krypta aus noch einen kurzen Seitengang. Dann legt es etwas über ein Dutzend Eier an den Seiten dieses Ganges in die Erde ab. Nach etwa 5 Tagen schlüpfen die Larven. Die Mutter ist inzwischen nicht untätig gewesen. Sie hat an der Oberfläche des Kadavers ein Loch genagt und Darmsekrete hinein erbrochen. Dadurch wird in einem kraterähnlichen Loch die Substanz des Aases zu Brei aufgelöst. Am fünften Tag nach der Eiablage wird das Weibchen unruhiger. Leise zirpend umkreist es das Aas und lockt so die Larven herbei. Nach dem Schlüpfen arbeiten sich diese nämlich zur Aaskugel hin und sammeln sich im Krater. Nun drängen sich die Larven zum Mund des Totengräberweibchens und lassen sich – ähnlich wie Vogelnestlinge – von der Mutter mit dem Nahrungssaft von Mund zu Mund füttern. Das ist aber nur in den ersten Stunden nach dem Schlüpfen und jeweils unmittelbar nach den ersten Häutungen der Fall. Danach fressen die Larven bald selbst von dem Aas und bohren sich hinein. Die Entwicklung verläuft außerordentlich schnell. Nach etwa sieben Tagen sind die Larven ausgewachsen und gehen zur Verpuppung in die Erde. So lange bleibt der Mutterkäfer in der Krypta und verteidigt seine Brut gegen alle Eindringlinge, wie aasfressende oder räuberische Insekten. Wird die Brutkammer beschädigt, bessert das Weibchen sie auch sofort wieder aus. Bei Totengräbern kommt es also zu einer direkten Beziehung zwischen Mutter und Nachkommenschaft, was – abgesehen von den staatenbildenden Insekten – bei Kerbtieren sehr selten ist. Die Brutpflege beim Totengräber erlischt erst, wenn sich die Larven verpuppen.

Bild 33 – Schwarzfühleriger Totengräber *Nicrophora vespilloides*, füttert Larve mit vorverdauter Nahrung.

Die Käferhaben vielerlei Handlungsweisen entwickelt, ihre Brut zu schützen. Im Allgemeinen gilt die Regel: Je besser der Schutz für die Nachkommenschaft ist, umso weniger Eier brauchen gelegt zu werden. Sorgen Käfer gar nicht für die Brut, müssen sehr viele Eier gelegt werden, damit die Verluste ausgeglichen werden und die Art erhalten bleibt. Wie steht es aber mit den Käfern, den Imagines, selbst? Sind auch sie in irgendeiner Weise gegenüber Räubern geschützt? Vielfach leben Käfer nur sehr kurz. Ihre biologische Aufgabe ist es, sich fortzupflanzen. Bald nach dem Schlüpfen suchen sie sich einen Partner und paaren sich. Danach geht das Männchen meist gleich zugrunde, das Weibchen legt die Eier und stirbt ebenfalls. Wenn das Imaginalstadium allerdings das Überwinterungsstadium ist, wird die Lebensdauer stark verlängert, von einigen Wochen auf viele Monate. Nur relativ wenig Käferleben länger als ein oder mehrere Jahre. Unabhängig von der Lebensdauer haben sich auch bei den Käfern verschiedenartige Schutzmöglichkeiten entwickelt; die einen sind rein passiver Art, es gibt aber auch Fälle aktiver Verteidigung. Am einfachsten sind Käfer vor Feinden geschützt, wenn sie farblich getarnt sind. Viele Blattkäfer (Chrysomeliden) und Rüsselkäfer (Curculioniden) sind grün gefärbt und fallen dadurch in der Vegetation nicht auf. Das extremste Beispiel in dieser Richtung sind wohl die Schildkäfer (*Cassididae*), die nicht nur grün gefärbt sind, sondern einen ungewöhnlich flachen Körper haben. Halsschild und Flügeldecken bilden zusammen einen leicht gewölbten Panzer, unter dem der ganze Körper – wie bei einer Schildkröte – verborgen ist. Die Larven der Schildkäfer zeigen noch eine besondere Eigenheit – sie leben wie die Käferfrei auf der Pflanze. Ihr Körper ist allerseits mit Dornen besetzt, und am Hinterende sind zwei längere Fortsätze vorhanden, die über den Rücken geschlagen werden können. Die Larven bringen ihren Kot auf diese Dornen und tragen ihn wie einen Regenschirm über dem Körper. Der Gedanke ist naheliegend, dass dieser Schirm eine Schutzfunktion hat, und zwar zum einen gegen zu starke Besonnung (die Larven sind sehr zart gebaut), zum anderen gegen Räuber, die sicher ungern einen Kotballen zu sich nehmen (Bild 34). Aber gewisse Tatsachen deuten darauf hin, dass die Kotmasken gar keine biologische Bedeutung haben. Gerade die im Schatten lebenden Larven der Schildkäfer tragen besonders große Kotmasken mit sich herum und gerade in der Zeit vor der Verpuppung, in der die Larven besonders empfindlich sind, werfen sie die Masken ab. Auch über die Tarnfärbung selbst wäre zu diskutieren. Die meisten Feinde der Käfer (vor allem Parasiten) suchen nämlich gar nicht optisch ihre Beute, sondern mit Hilfe des Geruchs – und dagegen ist eine Sichttarnung völlig zwecklos. Entgegengesetzte Meinungen werden auch bei der umgekehrten Erscheinung vertreten, bei der sich Käfer nicht tarnen, sondern gerade auffallen. Unter den Bockkäfern gibt es eine ganze Anzahl von Arten, die als Wespenböcke bezeichnet werden. Die einen, weil ihre Hautflügel wespenartig frei auf dem Hinterleib liegen, die anderen wegen ihrer markanten gelbschwarzen Zeichnung. Offenbar ahmen also die Käfer Wespen nach – man bezeichnet das als Mimikry. Die wehrhaften Hautflügler – so argumentieren die Verfechter der Mimikry-Hypothese – werden weitgehend von Vögeln und anderen Räubern gemieden. Die harmlosen Nachahmer genießen wegen ihres Kleides den gleichen Schutz. Die Skeptiker gegenüber dieser Theorie führen mit Recht an, dass nicht selten auch Wespen von Vögeln gefangen und gefressen werden. Ein weiterer Blick auf eine andere Eigentümlichkeit: Wir kennen im Tierreich – nicht nur bei Käfern – die Warnfarben. Auch hier geht es darum, dass sich das Tier nicht tarnen, sondern gerade auffallen will. Das sind zumeist Tiere, die giftig sind oder schlecht schmecken. Um dies ganz deutlich zu zeigen, sei ein Wirbeltier-Beispiel genannt. Unter den Lurchen gibt es die Gelbbauchunken und die Rotbauchunken. Ihre Haut ist mit Giftdrüsen besetzt. Fühlen sich diese Unken bedroht, dann drehen sie die leuchtend gelbschwarz beziehungs-

Bild 34 – Schildkäferlarve
Oben – Larve mit Kotmaske.
Unten – Seitenansicht einer Larve, die die Kotmaske weit über den Körper geschlagen hat.

Bild 35 – Bei diesem Käfer, einem Lederlaufkäfer, ist Vorsicht geboten. Mit seinen kräftigen Mandibeln setzt er sich zu Wehr, wenn er sich bedroht fühlt.

weise rotschwarz gefärbten Partien ihrer Körperunterseite nach oben, gleichsam um dem Feind entgegenzuhalten „Vorsicht! Ich bin giftig!" Und diese gelbschwarze und rotschwarze Färbung kehrt auch im Insektenreich immer wieder. Zumeist sind es schlecht schmeckende Tiere (Blutströpfchen), oft auch Gift enthaltende Arten (Kartoffelkäfer). Doch was für den einen Räuber ein Gift, kann für den anderen ein Leckerbissen sein – Fasanen fressen Kartoffelkäfer mit Vorliebe! Wäre die Lösung solcher Probleme so einfach, gäbe es schon lange keine Meinungsverschiedenheiten mehr. Aber vielleicht reicht ein geringer Vorteil, den man durch seine Tarnung, Nachahmung oder Warnfarbe hat, schon aus, dass sich im Laufe langer Zeiträume solche Dinge entwickelt haben. ähnliche Probleme treten auf, wenn man sich mit den aktiven Schutzmöglichkeiten der Käfer beschäftigt. Nehmen wir zum Beispiel die Großlaufkäfer der Gattung *Carabus*, die jedem Naturfreund wenigstens in manchen Arten – Lederlaufkäfer, Goldlaufkäfer (Bild 35) – bekannt sind. Will man sie greifen, muss man sich vor ihren kräftigen Mandibeln in Acht nehmen. Mit ihnen können sie sich heftig zur Wehr setzen – sie durchbeißen unter Umständen sogar die Haut des Menschen. Außerdem sind sie in der Lage, einem Feind Verdauungssäfte entgegen zu spritzen. Die Flüssigkeit ist so ätzend, dass man sich hüten muss, sie in die Augen zu bekommen. Das ist vielfach noch nicht alles; oft besitzen Caraben Pygidial-Drüsen, die ein nach Moschus riechendes Sekret erzeugen und absondern. Hält man einen Käfer mit solchen Drüsen auch nur kurz in der Hand, haftet einem dieser Geruch stundenlang an. Vom menschlichen Standpunkt aus gesehen müsste man annehmen, dass die Caraben Feinden gegenüber besonders gut geschützt sind. Sie wehren sich beißend und spritzend und stinken zudem noch. Für uns erstaunlich ist es jedoch, dass gerade Caraben in den Mägen von Raubvögeln und Eulen besonders häufig sind, viel häufiger als andere große Käfer– zum Beispiel Mistkäfer – die weit weniger geschützt sind. Man hat dies bei Untersuchungen von Mageninhalten der Vögel nachweisen können. Außerdem fressen auch Füchse, Igel und Kröten besonders gern und viel Caraben. Eine ungewöhnliche Art der Verteidigung zeigen die Bombardierkäfer. An besonders warmen Plätzen auf Kalkboden kommen in Mitteleuropa die beiden Arten *Brachinus explodens* und *crepitans* vor. Größer ist der im Südosten des Gebietes verbreitete *Aptinus bombardus*. Diese Käfer besitzen einen paarigen, in der Nähe der Analöffnung angeordneten, kompliziert gebauten Apparat, der ein von Drüsen geliefertes und in Explosionskammern umgewandeltes Sekretgemisch durch den bei einer chemischen Reaktion entstehenden Gasdruck des Sauerstoffs nach außen spritzt. Dadurch entsteht ein explosionsartiger Knall, verbunden mit einer Rauchwolke. Diese Gaswolke riecht nach salpetriger Säure. Bombardierkäfer verfügen also gewissermaßen über kleine Geschütze, die sie abfeuern. Flüssigkeiten, die abgesondert werden, und

Gifte sind bei Käfern überhaupt nicht selten. Sicher hat jeder schon einmal Marienkäfer in der Hand gehabt. Lässt man sie einfach laufen, dann passiert nichts. Hält man sie aber fest, dann bekommt man gleich die Folgen zu spüren – man hat in der Hand eine gelbe, klebrige Flüssigkeit, die recht unangenehm und intensiv riecht. Es gehört schon eine gute Beobachtungsgabe dazu, wenn man sehen will, wie sich die Käfer „wehren". Bei der Flüssigkeit handelt es sich um das Blut der Tiere. Es wird bei Beunruhigung reflektorisch durch kleine Öffnungen in den Gelenkhäuten zwischen Schenkel und Schiene, also an den Knien, ausgepresst. Die Blutströpfchen sind im Verhältnis zum Käfersehr groß. Ein Marienkäfer kann nur wenige Male hintereinander „bluten". Auch ist der Schutz, den sie durch das „Bluten" genießen sollen oder durch den zusätzlich zu beobachtenden Totstellreflex recht fraglich. Außer von Parasiten, die sie in großer Zahl haben, werden Coccinelliden von vielen anderen Tieren gefressen – oft sogar mit Vorliebe. Zu ihren Feinden gehören vor allem Amseln, Kuckucke, Gartenlaubsänger, Sperlinge, Frösche und Kröten, auch andere Insekten wie Sandlaufkäfer, Aaskäfer, Weichkäfer, Libellen, Raubwanzen und Raubfliegen. Aber sicher gibt es eine ganze Anzahl von Tieren, denen Marienkäfer nicht schmecken, die sie darum meiden – und das könnte schon ein Vorteil für diese Tiere sein, der sie überleben ließ. Marienkäfer sind nicht die einzigen, die auf die beschriebene Weise Blut ausstoßen. Seit langem bekannt ist es auch von den Maiwurm Käfern bzw. Ölkäfern, Käfer der Gattung *Meloe* aus der Familie *Meloidae* (Bild 36). Das Blut der Meloiden ist sehr reich an Cantharidin, einem Stoff, den auch Weichkäfer enthalten, die danach ihren Familiennamen, *Cantharidae*, bekommen haben. Bei anderen Käferfamilien kann dieses Cantharidin ebenfalls nachgewiesen werden. Es wirkt bei vielen Tieren als heftiges Gift. Für einen Menschen sind 0,03 g bereits tödlich. Dem gegenüber ist nachgewiesen, dass Igel, Fledermäuse, Frösche und manche Vögel wie Hühner, Enten, Truthühner und Schwalben Cantharidin nicht nur vertragen, sondern cantharidinhaltige Käfer sogar gern und oft fressen. Ein naher Verwandter der Ölkäfer ist die „Spanische Fliege", *Lytta vesicatoria*, ein grüner Käfer, der mit den Fliegen nichts zu tun hat (Bild 37). Dieser stark cantharidinhaltige Käfer ist vor allem im Mittelmeerraum heimisch, gelegentlich tritt er aber auch im mitteleuropäischen Raum auf, sporadisch sogar häufig. Noch im vorigen Jahrhundert war die Art bei uns viel weiter verbreitet und zahlreicher. So liest man in einer Zeitschrift aus dem Jahre 1870, dass frisch gefangene Spanische Fliegen auf dem Stuttgarter Wochenmarkt kiloweise gehandelt wurden. Im Mittelalter wurden diese Käfergetrocknet und pulverisiert und spielten eine wichtige Rolle als Aphrodisiakum. Damit ist sicher viel Unheil angerichtet worden. Im Altertum verwendeten Ärzte wie Hippokrates und Galenus vielfach Cantharidin, denn in geringen Mengen und schwachen Konzentrationen kann es sehr wohl bei gewissen Krankheiten als Heilmittel verwendet werden. Heutzutage dient es zur Herstellung blasenziehender Pflaster.

Bild 36 – Schwarzblauer Ölkäfer, *Meloe proscarabaeus* (Meloidae), mit ausgepreßtem Blutstropfen (Körperflüssigkeit) am Hinterbein.

Bild 37 – Das Gift der Spanischen Fliege wurde im Altertum und Mittelalter getrocknet und in winzigen Mengen als Heilmittel verwendet.

Liest man von Lauterzeugungen bei Insekten, dann denkt man entweder an Heuschrecken, deren Zirpen im Sommer und Herbst Wiesen und Felder erfüllt, oder an Feldgrillen und ihre Verwandten, die Hausgrillen oder Heimchen, deren Name sogar in die Weltliteratur eingegangen ist. Mancher wird sich aber auch an das laute Zirpen der Zikaden erinnern, das man aus den Pinien am Mittelmeer hörte. Die Lauterzeugung von Käfern ist nur Kennern bekannt, denn ihre Lautstärke ist weit geringer. Die Töne, die die Käfer hervorbringen, werden – wie bei Heuschrecken und Grillen – vor allem durch das Aneinanderreihen von Chitinstrukturen erzeugt. Zu den Käfern, die mit dem Hinterrand des Thorax und dem Vorderrand des Hinterleibes zirpen, gehört eine Gruppe von Blattkäfern, die wegen ihrer Lauterzeugung den Namen „Hähnchen" erhalten haben. Lilienhähnchen, Spargelhähnchen und Getreidehähnchen bewegen den Thorax auf und ab und reiben dabei Chitinleisten gegeneinander. Die dadurch entstehenden zirpenden Geräusche sind deutlich hörbar, vor allem, wenn man die Tiere zwischen den Fingern hält und sie ans Ohr führt. Natürlich zirpen die kleinen Getreidehähnchen leiser als die größeren Lilienhähnchen. Die gleiche Art der Lauterzeugung am Hinterrand der Brust ist bei Bockkäfern weit verbreitet. Auch sie zirpen vor allem bei Erregung – und erregt sind sie, wenn man sie mit der Hand festhält. Andere Käferarten bewegen das Hinterleibsende auf und ab und reiben damit an Chitinleisten am Rande der Flügeldecken, wie die Mistkäfer der Gattung *Geotrupes*. Lauterzeugende Organe können bei Käfern an vielen anderen Körperstellen ausgebildet sein: Zwischen Scheitel und Halsschildvorderrand – bei Laufkäfern, Glanzkäfern, Schwarzkäfern, Blattkäfern – zwischen Kehle und Vorderbrust bei Saftkäfern, Pochkäfern, Schwarzkäfern, Borkenkäfern – zwischen Vorderbrust und Mittelbrust bei Blatthornkäfern. Aber auch die Beine, vor allem Schenkel und Hüften und Flügeldecken können an verschiedenen Körperteilen gerieben werden und dadurch Laute erzeugen. Außerder Tonerzeugung durch Aneinanderreihen von Chitinleisten gibt es bei Käfern noch eine ganz besondere und ungewöhnliche Art, Laute hervorzubringen. Der Bunte Pochkäfer, *Xestobium rufovillosum*, gehört zur Unterfamilie *Anobiinae*, Nagekäfer. Er lebt in trockenem, auch in verbautem Holz. Männchen und Weibchen bleiben zur Paarung in den finsteren Gangsystemen tief im Holz. Um sich dort zu finden, haben sie einen einmaligen „Lockruf" entwickelt: Die Käfer schlagen mit Kopf und Halsschild auf die Unterlage, auf der sie sitzen. Eine Schlagserie besteht aus einer schnellen Folge von einzelnen Schlägen. Ton und Lautstärke hängen vor allem von der akustischen Beschaffenheit der Unterlage ab. Gewöhnlich sind die Töne als tickendes Geräusch auch vom menschlichen Ohr zu hören – die Käfer tragen daher auch den Namen „Totenuhr". In verschiedenen Tiergruppen – von Einzellern bis zu hoch entwickelten Organismen – kennt man ein Leuchtvermögen, Biolumineszenz. Ganz besonders eindrucksvoll ist das bei den Leuchtkäfern (*Lampyridae*), die mit einigen wenigen Arten in unserer heimischen Fauna vertreten sind. Wer hat an warmen Sommerabenden das Aufblitzen der winzigen Lichter bei den umherfliegenden Käfern noch nicht gesehen? Oder das intensive Glühen im Gras? Die umherfliegenden Käfer sind die Männchen, die nach einem bestimmten Rhythmus ihre „Lampen" an und ausmachen. Die Familie ist in wärmeren Gegenden artenreicher, und man weiß heute, dass jede Art das ihr eigene Lichtsignal hat. Die Weibchen (Bild 30) unserer Leuchtkäfer können nicht fliegen, sie haben stark verkümmerte oder gar keine Flügeldecken mehr. Leuchtend sitzen sie im Gras und geben damit den Männchen das Signal: „Hier bin ich, Dein Partner." Sie tragen den Namen Glühwürmchen in gewisser Weise zu Recht. Die Leuchtorgane dieser Käfer liegen auf der Bauchseite (Bild 38) der letzten Hinterleibsringe. Entwicklungsgeschichtlich handelt es sich bei ihnen um Abkömmlinge von Fettkörpern. Die eigentliche Leuchtschicht, eine Schicht heller Zellen, liegt oben. Darunter findet man eine Schicht dunkler Zellen – sie dient als Reflektor. Das erzeugte Licht ist ein kaltes, ideales Licht. Im Gegensatz zu den vom Menschen entwickelten Leuchtkörpern, die größtenteils Wärme und prozentual nur wenig Licht abgeben, wird bei der Biolumineszenz der Leuchtkäfer mit geringem Energieverbrauch nahezu 100% Licht und keine Wärme erzeugt. Das Leuchten beruht auf chemischen Reaktionen. Ein Leuchtstoff wie Luciferin oder Pyrophorin wird durch einen Katalysator, zum Beispiel Luciferase, aktiviert. Es muss allerdings noch Sauerstoff hinzutreten, was wahrscheinlich durch Erregung des Nervensystems gesteuert wird. In allen Einzelheiten kennt man das Geheimnis des Leuchtens noch nicht, obwohl man die Organe toter Käfer wieder zum Leuchten bringen kann. Der biologische Sinn des Leuchtens erscheint eindeutig. Das umherfliegende Männchen sieht das Lichtsignal des Weibchens und findet dadurch den Partner. Diese Erklärung ist auch darum naheliegend, weil die leuchtenden Weibchen ihre Leuchtorgane auf der Körperunterseite nach oben drehen, damit die fliegenden Männchen sie leicht erkennen. Aber warum leuchtet auch das Männchen? Ja, warum leuchten sogar die Puppen, Larven und schon die Eier? Einen Hinweis gibt uns vielleicht die Tatsache, dass die Weibchen nach der Kopula besonders intensiv leuchten. Das Leuchten scheint nämlich vor allem ein Ausdruck starker Erregung zu sein. Zunächst hat es wohl keine biologische Bedeutung gehabt (und es hat sie vielleicht bei Eiern, Larven, Puppen und Männchen auch heute noch nicht). Als die Lichterzeugung aber erst einmal „erfunden" war und in der weiteren Stammesgeschichte auch beibehalten wurde, trat sie dann – zumindest bei den Weibchen – in den Dienst der Fortpflanzung.

Bild 38 – Weibchen vom Großen Leuchtkäfer, *Lampyris noctiluca* (*Lampyridae*).

Viele Insekten haben direkte und unmittelbare Beziehungen zum Menschen. Man denke nur an Wespen und Bienen, deren Stachel aus schmerzhaften Erfahrungen gefürchtet sind, an die vielen Stechmücken und Stechfliegen, die einem die Lust an einem erholsamen Spaziergang am Sommerabend nehmen können, oder an die echten Parasiten, die sich in ihrer Lebensweise ganz auf den Menschen spezialisiert haben: Kopfläuse, Menschenflöhe und Bettwanzen. Ja selbst die winzigen Blasenfüße, auch Thripse oder Gewitterwürmchen genannt, können auf der Haut unangenehme Juckreize auslösen. Solche unmittelbaren Beziehungen gibt es aber zwischen Käfern und Menschen kaum, es sei denn, man bekäme einen winzigen Staphyliniden oder anderen Kleinkäfer ins Auge. Dem gegenüber sind die indirekten Beziehungen umso intensiver. Die Käfer besiedeln seit 100 Millionen und mehr Jahren die Erde. Alle erdenklichen Lebensräume haben sie erobert. Da der Mensch erst seit knapp 2 Millionen Jahren von der Erde Besitz genommen hat, ist nicht verwunderlich, dass er mit den Käfern in vielerlei Hinsicht in Konkurrenz geriet und dass sich die „Interessengebiete" von beiden zum Teil erheblich überschneiden. Der Mensch, der den Käfern viele Dinge streitig macht, die früher nur ihnen gehörten, nennt seine Konkurrenten von seinem egozentrischen Standpunkt aus „Schädlinge". Als solche sind viele Arten aus Haus, Hof, Garten, Feld und Wald bekannt. Da wir immer wieder mit ihnen konfrontiert werden, sollen hier die Lebensgeschichten der wichtigen Arten eingehender besprochen werden. Dabei möge der Leser aber nicht nur daran denken, welche Schäden ihm durch die Kerbtiere entstehen, er sollte sich auch die erstaunliche Fülle biologischer Wundersamkeiten vor Augen halten, um dadurch mehr Verständnis für andere Kreaturen zu bekommen.

Bild 39 – Dieser kleine Käfer– der Siebenpunkt Marienkäfer – hat es im Ranking der beliebtesten Tiere bis ganz nach oben geschafft.

Vom Dach bis zum Keller können verschiedene Käfer ihr oft heimliches Treiben führen. Einer unserer gefürchtetsten Mitbewohner ist der Hausbock, *Hylotrupes bajulus*. Diesen Bockkäfer findet man bei uns kaum im Freien, häufig aber im Gebälk der Häuser. Das Hausbock Käferweibchen legt mit seiner teleskopartig lang ausstreckbaren Eilegeröhre etwa 120 Eier tief in die Spalten verbauten Nadelholzes. Die ausschlüpfenden Larven nagen sich dann durch das Holz. Dabei lassen sie die Holzoberfläche papierdünn unbeschädigt, so dass ein Befall äußerlich nicht zu sehen ist. Sie fressen nur im Splintholz und meiden das Kernholz. Der Grund dafür liegt darin, dass die Larven auf die geringen Eiweißspuren im Holz angewiesen sind. Nur das Eiweiß ist ihre Nahrung, die Energie und Wachstum liefern muss, denn das Holz (Lignin) können die Larven nicht verdauen, auch verfügen sie am Darmtrakt nicht über Kammern, in denen diese Spaltarbeit von Pilzen oder Bakterien übernommen wird, wie es bei vielen anderen holzfressenden Insekten der Fall ist. Die Entwicklungsdauer ist sehr verschieden und richtet sich vorwiegend nach dem Alter des Holzes. Im günstigsten Fall ist die Entwicklung nach 3 oder 4 Jahren abgeschlossen. Je älter das Holz ist, umso weniger Eiweiß ist darin vorhanden. So kann die Entwicklung immer weiter verzögert werden und 6,10, 15 und noch mehr Jahre dauern. Wenn die Eiweißzufuhr gerade den Energiebedarf deckt, kann die Larve ständig fressen, ohne dabei zu wachsen. Sinkt der Eiweißgehalt noch mehr, geht die Larve zugrunde. Da im Kernholz kaum mehr Eiweiß vorhanden ist, ist es als Nahrung nicht geeignet und wird gemieden. Bei starkem Befall können Balken in Dachkonstruktionen zentimetertief ausgefressen werden, nur die äußerste millimeterdünne Holzschicht bleibt unversehrt. Drückt man mit einem Bleistift dagegen, versinkt er tief in lockerem Bohrmehl. Die Tragfähigkeit der befallenen Balken ist je nach der Stärke des Fraßes herabgesetzt. Die Verpuppung der fertigen Larven erfolgt im Holz. Erst der Käfer nagt sich durch ovale, etwa 3x5 mm große Löcher heraus. Nach der Paarung belegen die Weibchen erneut verbautes Holz. Darum ist äußerste Achtsamkeit geboten. Man sollte nicht erst warten, bis man Fluglöcher oder Käfer sieht, sondern von Zeit zu Zeit das Dachgebälk des Hauses überprüfen. Das kann man einmal durch Abklopfen, zum anderen auch durch Abhorchen. Wenn man sein Ohr an befallene Balken legt – es muss dann ganz still sein – hört man in der warmen Jahreszeit die Nagegeräusche, die die Larven beim Befressen des Holzes verursachen. In neuerer Zeit hat der Hausbock Käferbefall stark zugenommen, woran der Mensch selbst die Hauptschuld trägt. Während früher vor allem Kernholz verbaut wurde, nimmt man heute auch das Splintholz für Dachkonstruktionen. Damit hat man dem Hausbockkäfer eine erheblich günstigere Brutmöglichkeit gegeben. Nicht selten erlischt der Hausbockbefall wieder, denn auch dieser Käfer hat Feinde. Vor allem Schlupfwespen-Larven stellen den Larven des Käfers nach. Gelegentlich trifft man auf dem Dachboden oder auch in anderen Räumen, wo Holz verbaut ist, andere Bockkäfer an, so den schillernden Blauvioletten Scheibenbock, *Callidium violaceum*, oder den sehr farbvariablen Schönbock, *Phymatodes testaceus*. *Callidium violaceum* befällt trockenes Nadel- und Laubholz. Die Weibchen legen ihre Eier im Freien an abgestorbenes, altes Holz ab, in dem sich die Larven entwickeln. Die Käfer könnendann aus frisch verbautem Holz schlüpfen. Findet man einen solchen Scheibenbock im Hause, ist aber kein Grund zu Befürchtungen gegeben, denn die Weibchen belegen verbautes Holz kaum wieder mit Eiern, wie es der Hausbock tut. Das gleiche gilt für *Phymatodes testaceus*. Diese Art entwickelt sich als Larve nur unter der Rinde verschiedener Laubhölzer, vor allem der Eiche. Zur Verpuppung nagt die Larve allerdings einen Hakengang 3–6 cm tief ins Holz. Wird dieses verarbeitet, kann im nächsten Frühjahr der Käfer aus verbautem Holz schlüpft. *Callidium* und *Phymatodes* können entsprechend ihrer Biologie also nur aus neu verbautem Holz schlüpfen. Sie richten, außer den Schlupflöchern, keine größeren Schäden an, weil sie verbautes Holz sekundär nicht wieder belegen. Dachböden sind – abgesehen von Lagerhallen oder Mühlen - auch der Ort, an dem ein anderer großer Konkurrent des Menschen auftreten kann, wenn Getreide dort aufbewahrt wird: Der Kornkäfer, *Sitophilus granarius*, aus der Familie der Rüsselkäfer (Curculioniden). Die 2,7–3,7 mm großen Käfer können nicht fliegen, haben sich aber durch Verschleppung aus ihrer ursprünglichen Heimat, die im Orient zu suchen ist, heute über die ganze Welt ausgebreitet

Bild 40 – Gemeiner Holzwurm, *Anobium punctatum* (*Anobiinae*).

und sind zu Kosmopoliten geworden. Die Käferweibchen bohren mit ihrem Rüssel Getreidekörner an, legen ein Ei hinein und verstopfen das Loch mit einem Sekret, so dass man den Befall kaum sehen kann. Die ausschlüpfende Larve frisst das Getreidekorn innen aus, die äußere Schale wird dabei nicht beschädigt. Erst der geschlüpfte Käfer nagt sich durch ein Loch nach draußen. In einem Korn können sich bis zu zwei Käfer entwickeln. Bevorzugt werden zur Ablage Weizen und Roggen, aber auch Gerste und Malz werden nicht verschmäht. Hafer kann nur befallen werden, wenn er geschält ist, denn die Käfer können die festen Spelzen nicht durchnagen. Die langlebigen Käfer fressen auch in Mehl und Mehlprodukten sowie in Nudeln und Makkaroni. Die Kornkäfer Weibchen legen im Durchschnitt 150 Eier. Nur bei Kälte tritt eine Pause in der Entwicklung ein. Normalerweise werden im Jahr 3–4 Generationen hervorgebracht. Ein einziges Weibchen hat im Idealfall schon in der dritten Generation mehr als 6 Millionen Nachkommen. Sehr leicht und schnell kann es darum zu Massenvermehrungen kommen. Der dann entstandene wirtschaftliche Schaden ist oft ungewöhnlich hoch. Er bezieht sich nämlich nicht nur auf den Ausfall des Gutes, das gefressen wird, oder auf die Hemmung der Keimfähigkeit der Saatkörner. Ein starker Befall führt auch zu einer Erhöhung der Feuchtigkeit. Dadurch wird das Wachstum von Schimmel- und Spaltpilzen gefördert. Es kommt im Gut zur Klumpenbildung und Erwärmung, schließlich zum Muffigwerden des Getreides. Eine verwandte Art der gleichen Gattung ist *Sitophilus oryzae*, der Reiskäfer. Er befällt vor allem Reis, aber auch Nudeln und andere Stoffe. Seine Biologie ist der des Kornkäfers sehr ähnlich, aber er kann – im Gegensatz zu seinem Verwandten – fliegen und befällt Reis oft schon draußen auf den Feldern. Der Reiskäfer ist viel wärmebedürftiger, seine Generationenfolge ist darum in unseren Breiten
viel länger, die Gefahr von Massenauftreten dementsprechend geringer. Nur in warmen Lagerräumen kann er zu einer Gefahrenquelle werden. In wärmeren Ländern gehört er zu den gefürchtetsten Vorratsschädlingen. Er befällt auch Mais und entwickelt sich in allen Arten von Getreide, sowie in Kichererbsen, Eicheln und Baumwollsaat. Die Speisekarte des erwachsenen Käfers ist noch weit umfangreicher. Er frisst auch an Früchten, wie Pfirsichen, Weinbeeren, Äpfeln, an Kastanien und verarbeitetem Tabak. Kommen wir vom Dachboden in die unteren Etagen, in die Wohn- und Schlafräume, dann haben wir dort vor allem in zweierlei Hinsicht mit Konkurrenten aus dem Reich der Käfer zu tun. Die eine Gruppe befällt Holz, die andere Gewebe (Teppiche, Pelze und Textilien aller Art). Beim Kapitel Lauterzeugung haben wir schon kurz die „Totenuhr" kennengelernt. Sie gehört zu einer Gruppe von Nagekäfern (*Anobiinae*), die in altem Holz bohren. Besonders alte Holzskulpturen und alte Möbelstücke sind den Angriffen dieser Tiere ausgesetzt. Jeder kennt wohl die kleinen runden Löcher oder das ausrieselnde Bohrmehl. Der häufigste und am weitesten verbreitete unter ihnen ist *Anobium punctatum* (früher auch *Anobium striatum* genannt), der in Hölzern aller Art – in Nadel- und Laubholz – bohrt und Bauholz, Möbel und Kunstschätze aus Holz (Bild 41) befällt. Er wurde früher als „Totenuhr" bezeichnet, aber sehr wahrscheinlich liegt bei dieser Art kein Pochverhalten vor. Der Name „Gemeiner Holzwurm" trifft schon eher zu und gilt mit Recht für die Larve, die Holz bis ins Innere wie ein Sieb durchlöchern kann. Diese Art kommt aber nicht nur in verbautem Holz in unserem Heim vor, sondern ist auch im Freien an trockenem Nadel- und Laubholz, unter anderem Efeu, zu finden (Bild 40). Außer der Totenuhr und dem Gemeinen Holzwurm können aus der Familie der Nagekäfer noch eine ganze Reihe anderer Arten Mitbewohner in unserem Heim sein. *Ernobius mollis*, der Weiche Nagekäfer, ist bei uns überall häufig. Er tritt an berindetem Bauholz auf und kann gelegentlich auch Möbel befallen. *Oligomerus ptilinoides* ist vor allem in Südeuropa, Südwest- und Westeuropa heimisch und dort

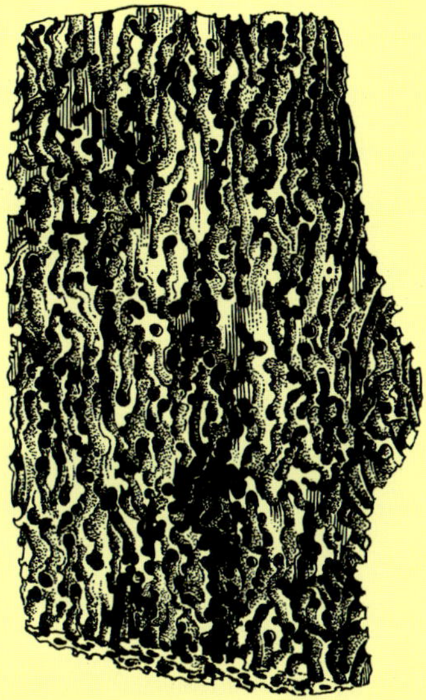

Bild 41 – Von Larven des Gemeinen Holzwurms, *Anobium punctatum*, zerfressener Schrankfuß.

aus Bauholz und Möbeln bekannt. Er ist aber auch schon aus dem südlichen Mitteleuropa gemeldet, vielleicht ist er aber dort nur eingeschleppt. *Anobium rufipes* ist ein naher Verwandter des Gemeinen Holzwurms. Er kommt in ganz Mitteleuropa vor, ist aber viel seltener als sein Vetter. Früher wurde auch er als Schädling aus Möbeln gemeldet. *Anobium pertinax*, der Trotzkopf, die dritte Art der Gattung, ist bei uns wieder überall vertreten. Zwar kommt die Art meist im Freien vor, gelegentlich findet man sie aber auch in Häusern. Sie bevorzugt altes Nadelholz, geht mitunter aber auch in Laubhölzer. Offenbar war der Trotzkopf früher häufiger als heute. *Priobium carpini* ist in Mitteleuropa vielfach aus verbautem Nadelholz bekannt geworden, aber er kann nicht als häufig bezeichnet werden. Der Gekämmte Nagekäfer, *Ptilinus pectinicornis* (Bild 43), der durch die lang gekämmten Fühler im männlichen Geschlecht gekennzeichnet ist, tritt von Mai bis Juli in harten Laubhölzern auf, vor allem in Buche. Neuerdings kommt er zunehmend in verarbeitetem Holz vor, in dem er zusammen mit dem Gemeinen Holzwurm schwere Fraßschäden verursachen kann. Es sind bereits Massenvorkommen bekannt geworden. Der verwandte *Ptilinus fuscus* hat eine ähnliche Lebensweise. Das ist zwar eine ganze Reihe von Nagekäfern, aber die Mehrzahl der Arten dieser Familie, die im Holz bohrt, lebt doch im Freien, und auch die im Haus vorkommenden sind vielfach draußen aktiver als in unserer Gesellschaft. Im Freien haben diese Holztiere die wichtige Aufgabe, abgestorbenes Holz möglichst schnell wieder in den Kreislauf der Stoffe zurückzuführen. Sie fressen nicht nur einen großen Teil davon, sondern sie schließen das Holz für andere Organismen wie Pilze und Bakterien auf, beschleunigen den Zerfallsprozess und sind zuerst wichtige Glieder im Haushalt der Natur. Wenn sie ihrer Lebensweise entsprechend dann allerdings auch an unsere Habe, unseren wertvollen Besitz gehen, wollen wir sie verdammen! Außer den Nagekäfern gibt es noch einen kleinen Bockkäfer, dessen Larve ebenfalls in altem Holz bohrt und der im Haus auftreten kann: *Gracilia minuta*, das Weidenböckchen. Die Larven fressen im Holz verschiedener Pflanzen, wie Eiche, Buche, Pfaffenhütchen, Weißdorn, Rose und Brombeere. In den dünnen Ästen leben sie zuerst unter der Rinde; erst später gehen sie ins Holz. Im Freien findet man bei uns die Art kaum, sie ist vor allem im Mittelmeergebiet verbreitet. Nach Mitteleuropa wird sie aber immer wieder mit Korbwaren eingeschleppt, denn sie befällt auch gern Weidenruten. Flaschenkörbe können völlig zerfressen werden. Aus Holland wird berichtet, dass dort im Jahr 1932 12 000 Weidenkörbe verbrannt wurden, weil sie von diesem Bock zerstört worden waren. Nicht minder unangenehm ist der Befall von Fassreifen aus dem Holz der Edelkastanie, wie er aus Frankreich bekannt ist. Es ist gewiss nicht beruhigend, in der Wohnung Mitbewohner zu wissen, das Gebälk, Möbel und anderes Holz zernagen, selbst wenn die Bohrlöcher des Holzwurmes zu alten Holzskulpturen geradezu dazugehören. Wer aber mag schon einen wertvollen Pelz tragen, den man mit Löchern aus dem Schrank herausholt? Wer mag einen Teppich noch liegenlassen, aus dem Stücke herausgefressen sind? Wollkleider und Jacken, die von Löchern durchsiebt sind, mag man nicht mehr sehen! Einer der schlimmsten Übeltäter, der in aller Munde ist, ist die Kleidermotte, ein Schmetterling, dessen Raupe an Textilien aller Art und an Pelzen frisst. Zum Schutze vor diesen Konkurrenten muss man sein Hab und Gut „einmotten“. Aus dem Reich der Käfer gibt es ebenfalls Vertreter, die auf ihrer Speisekarte „Textilien“ stehen haben. Der Gemeine Pelzkäfer, *Attagenus pellio*, gehört hierher. Man erkennt diese bei uns nicht seltene 4–5 mm große Art aus der Familie der Speckkäfer an dem weisen Haarfleck auf der Mitte jeder Flügeldecke. Den Käfer sieht man im Frühjahr, von März bis Mai, im Freien auf verschiedenen Blüten, auf Schlehen, Weißdorn, Obstbäumen und Gartenstauden. Er frisst dort Blütenstaub. Käfer, die im Haus geschlüpft sind, findet man zu dieser Zeit an den Fenstern. Sie versuchen, ins Freie zu gelangen, um

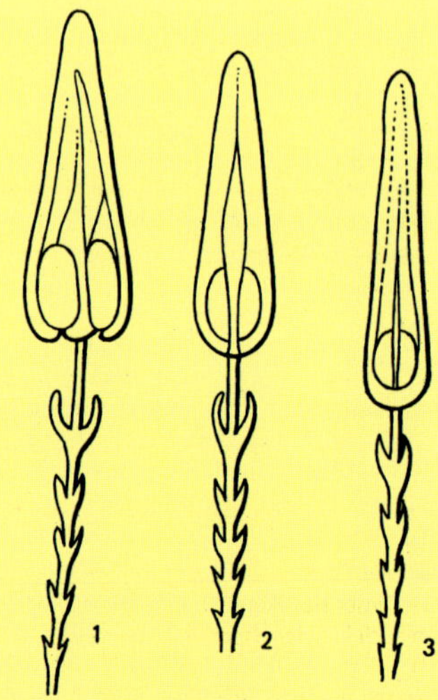

Bild 42 – Pfeilhaare von Anthrenus Larven
1 *Anthrenus museorum*,
2 *Anthrenus verbasci*,
3 *Anthrenus fuscus*.

Bild 43 – Dieser Nagekäfer *Ptilinus pectinicornis* richtet nicht nur in Laubhölzern sondern auch in gelagertem Holz schwere Schäden an.

Pollen fressen zu können. In diesem Zustand sind die Käfer positiv phototaktisch, das heißt, sie fliegen zum Hellen hin, also an die Fenster. Die befruchteten Weibchen werden dagegen negativ phototaktisch: Sie fliegen dunkle Stellen an – und das sind von draußen gesehen auch offene Fenster von Häusern. Sie gelangen aber auch in Baumhöhlen und an andere dunkle Plätze, zum Beispiel Niststellen von Höhlenbrütern, wo sich die Käferlarven von Federn, Haaren und anderen keratinhaltigen Stoffen ernähren. Das sind allgemein die ursprünglichen Lebensstätten solcher heute in Gesellschaft des Menschen lebender (synanthroper) Arten. Im Haus legt der Pelzkäfer seine Eier an Pelz- und Wollwaren, an Teppiche und andere Textilien. Die gelben Larven sind sehr beweglich und leicht kenntlich an dem Schopf langer Haare an ihrem Hinterende. Ein Verwandter des Gemeinen Pelzkäfers ist *Attagenus piceus*, dem die weißen Haarflecken auf den Flügeldecken fehlen. Seine Lebensweise ist ähnlich, doch befällt er in stärkerem Maße Mehl und andere pflanzliche Stoffe. Zusammen mit dem Pelzkäfer findet man sowohl im Freien auf Blüten als auch in der Wohnung einen kleinen, runden, 3–4,5 mm großen bunten Käfer aus der gleichen Familie der Speckkäfer. Sein Name, Teppichkäfer, *Anthrenus scrophulariae*, deutet schon an, wo er, beziehungsweise seine Larve zu finden ist. Die Lebensweise dieser Art entspricht ganz der des Gemeinen Pelzkäfers. Allerdings scheinen sich beim Teppichkäfer schon zwei ökologische Rassen entwickelt zu haben: eine Freilandrasse, die nicht in die Häuser kommt, sondern als Larve in Vogelnestern lebt, und eine Hausrasse, die gar nicht mehr ins Freie geht. Die Käfer sollen sich auch bereits in ihrer Färbung unterscheiden: Die Tiere im Freien sind an der Flügeldeckennaht hellgelb, im Haus jedoch rot. Eine Sonderheit der *Anthrenus*-Larven sind ihre Pfeilhaare (Bild 42). Sie stehen zwischen den normalen Körperhaaren vielfach in Büscheln zusammen und können nach allen Seiten hinbewegt und gespreizt werden. Sehr leicht brechen sie ab. Einem Räuber, der die Larven angreift, richten sie die Pfeilhaar-Batterien entgegen. Beißt er zu, hat er seine Mundwerkzeuge voll von Pfeilhaaren, und bis er sich von ihnen befreit hat, hat die sehr bewegliche Larve Zeit, sich davonzumachen. Eine andere Art der Gattung, *Anthrenus verbasci*, der Wollkrautblütenkäfer, ist etwas kleiner und weniger bunt gefärbt. Seine Lebensweise ist der des Teppichkäfers ähnlich, doch bevorzugt die Larve als Nahrung tote Insekten. Der Wollkrautblütenkäfer ist die häufigste Art der Gattung. Im Freien findet man die Käfer häufig auf Blüten. Sie fressen dort Pollen. Die Larven vagabundieren größtenteils herum, denn überall finden sie Insektenleichen, von denen sie leben. Sie kommen auch in Vogelnestern, Baumhöhlen und dergleichen vor. Im Haus kann ihr Erscheinen böse Folgen haben: Wenn die Larven zum Beispiel in Naturaliensammlungen gelangen, vor allem in Insektensammlungen, können sie dies ein kurzer Zeit total vernichten. Ständige Kontrollen genügen allein nicht. Man muss die Sammlungen immer wieder vergiften, wenn man sie nicht gefährden will. Erst in neuerer Zeit kennt man die Biologie der Anthrenen genauer und weiß, wie gefährlich sie wirklich sind. Eine Eilarve dieser Käfer ist nicht nur in der Lage, sich durch kleinste Ritzen hindurch zu quetschen und in geschlossene Insekten-

Bild 44 – Messingkäfer, *Niptus hololeucus* (*Ptinidae*).

kästen hineinzukommen. Sie bohrt sich auch durch millimeterdicke Plastikbehälter hindurch. In Naturaliensammlungen tritt bei uns die Art *verbasci* am häufigsten auf. Eine nahe verwandte Art hat der gleichen Lebensweise wegen den Namen Museumskäfer, *Anthrenus museorum*, erhalten. Zu diesen Museums- oder Kabinettkäfern, wie man alle Anthrenen auch nennt, gehört weiter die Art *Anthrenus pimpinellae*. Die übrigen Arten der Gattung – im mitteleuropäischen Raum sind 16 Arten beheimatet – die alle ähnliche Lebensweisen haben, sind entweder selten oder kommen nur in bestimmten, eng begrenzten Gebieten vor, so dass sie meist keine wirtschaftliche Bedeutung haben. In unserem Heim kann noch ein anderer kleiner Käfer lästig und unangenehm werden, der Messingkäfer, *Niptus hololeucus* (Bild 44). Seinen Namen trägt er, weil sein ganzer Körper gelb, messingglänzend behaart ist. Ursprünglich gehörte er nicht zu unserer heimischen Fauna. Er wurde erst Mitte des vorigen Jahrhunderts mit Schweineborsten aus Kleinasien und mit Rhabarberwurzeln aus Südrussland importiert und ist bei uns heimisch geworden. Als es in den zwanziger Jahren dieses Jahrhunderts mehrfach zu Massenvermehrungen kam, konnte man in Zeitungen fürchterliche Geschichten über ihn lesen: „Wo der Messingkäfer sich einmal eingenistet hat, gibt es keine Rettung mehr. Er vernichtet, wenn man ihn ungestört arbeiten lässt, das Haus bis auf die Grundmauern. Er setzt nun in Europa seine Zerstörungsarbeit fort, die ihn in Asien zum Schrecken der Eingeborenen und Europäer macht. Er frisst ganze Häuser auf!" Das ist natürlich reiner Unsinn. Meist ist der Messingkäfer nicht selten. Nur gelegentlich kommt es zu Massenvermehrungen, allerdings immer nur in Gebäuden, in deren Zwischenböden Dreschabfälle als Isoliermaterial eingefüllt sind. Die Larven des Messingkäfers fressen nämlich stärkehaltige Stoffe und sind weitgehend auf Getreide, Getreideprodukte und deren Abfälle angewiesen. In den Dreschabfällen ist eine Menge zerschlagener Getreidekörner. Ungestört kann bei einem Befall die Vermehrung der Käfer erfolgt, bis sie massenhaft hinter Scheuerleisten hervorquellen und Wohnungen oder Speicher überschwemmen. Zur Verpuppung suchen die Larven ein festeres Material. Besonders geeignet ist morsches Holz, in dem eine Puppenwiege angelegt wird. Der Käfer selbst benagt gern Textilien, Polstermöbel, Wolldecken, Teppiche und Kleidungsstücke und kann dadurch Schaden anrichten. Im Allgemeinen ist er aber eher lästig als schädlich. Räumt man die Brutstätte der Larven aus, hat man auch vor den Käfern Ruhe. Aus der gleichen Käferfamilie wie der Messingkäfer, den Diebskäfern, kommt der „Kräuterdieb", *Ptinus* für, bei dem Männchen und Weibchen verschiedene Körpergestalt haben. Die Käfer wie ihre Larven sind sehr polyphag und fressen Stoffe tierischer und pflanzlicher Herkunft. So werden Textilien, Pelze, Leder, Getreide, Mehl und Backwaren befallen. Da der Käfer in Apotheken Samen, Wurzeln und Kräuter frisst, hat er den Namen Kräuterdieb bekommen. Im Freien findet man den Käfer in Bäumen und Vogelnestern. Meist tritt er aber in Häusern auf und ist dort mehr lästig als schädlich. In Mitteleuropa gibt es mehr als 20 Arten aus dieser Gattung. Nicht nur die Art für kommt synanthrop vor, auch andere Arten leben in Häusern. Ihre Bestimmung ist oft recht schwierig, vor allem bei den Weibchen. *Ptinus raptor* ist im Freien selten. In Gebäuden findet man ihn an trockenen Abfällen, an Drogen und Mehl. *Ptinus pusillus*, der Kleine Diebskäfer, lebt unter morscher Baumrinde, häufiger allerdings in Häusern. Seine Lebensweise entspricht der des Kräuterdiebs, mit dem zusammen er auch nicht selten auftritt. *Ptinus latro* ist bei uns weit verbreitet, allerdings meist nicht häufig. Man findet ihn an alten Bäumen, an blühenden Sträuchern und in Holzlagern. In Häusern kommt er gelegentlich mit verwandten Arten zusammen vor. *Ptinus villiger* tritt in Nord- und Ostdeutschland, aber auch in Österreich auf, und zwar nur synanthrop. Die Art wurde nach Nordamerika verschleppt und ist dort eingebürgert. *Ptinus tectus* ist aus Australien und Tasmanien zu uns gekommen und gehört heute zu unserer Fauna. Die Art ist bei uns im Freien selten. Man kann sie in Vogelnestern und an blühenden Kiefern finden. Häufiger wird sie aus Häusern oder aus Museen gemeldet. Viele *Ptinus*-Arten gehören zu den Käfern, die man vornehmlich in der Küche findet. Solche Küchenbewohner treten außerdem auch in Lagerräumen auf. Einer der bekanntesten „Lagerschädlinge" ist der Mehlkäfer, *Tenebrio molitor* (Bild 45 und 46). Er führt eine verborgene, nächtliche Lebensweise. Die Larven, die sogenannten Mehlwürmer, leben in Mehl, Kleie, Haferflocken, Kartoffelflocken und anderen Lebensmitteln. Die Eier sind darin nur schwer zu finden, da ihre Oberfläche klebrig ist und darum Staub und Mehlteilchen an ihnen haften und sie tarnen. Auch die Junglarven sind nur schwer zu erkennen. Erst wenn sie größer werden, findet man sie leicht. Im Haushalt kann man sie durch Sieben schnell ausmerzen. In Mühlen und Lebensmittellagern ist das allerdings nicht so einfach. Die Entwicklung des Mehlkäfers dauert 1–2 Jahre, in der Wärme geht es auch schneller. Da die Zucht des Mehlkäfers sehr leicht ist, dienen die Mehlwürmer vielfach als Lebendfutter für Käfigvögel. Sie werden in Mehlwurmhecken gezüchtet. Findet man einen Mehlkäfer im Haus, dann braucht er nicht unbedingt dort geschlüpft zu sein. Er kann ins offene Fenster eingeflogen sein, denn die Art kommt auch im Freien vor und fliegt ans Licht. Draußen leben die Larven in Baummulm, Moder, unter der losen Rinde alter Bäume oder in Vogelnestern. Eine ähnliche Lebensweise führt der verwandte *Tenebrio obscurus*, der im Freien selten ist, synanthrop meist in Kellern und in Stallungen zu finden ist. Von ihm werden ebenfalls Mehl, Mehlprodukte und Getreide befallen. Zur gleichen Familie der Schwarzkäfer gehört noch eine ganze Reihe von Arten, die ebenfalls Nahrungsmittel befallen. Die Reismehlkäfer der Gattung *Tribolium* sehen wie kleine, nur 3–5,5 mm große Mehlkäfer aus. Die Weibchen legen ihre winzigen Eier in Mehl oder Backwaren. Da sie mit einem klebrigen Sekret überzogen sind, haften Mehl- und Staubteilchen daran und tarnen die Eier. Unter günstigen Bedingungen verläuft die Entwicklung in knapp 1 1/2 Monaten. Die Reismehlkäfer befallen keine unbeschädigten Getreidekörner, nur zerschlagene oder gemahlenes

Bild 45 – Käfer, Larven und Puppen des Mehlkäfers, *Tenebrio molitor* (*Tenebrionidae*).

Gut. Zur Brut besonders geeignet ist Mehl aller Art, Grütze, Schrot, Graupen, Grieß, Flocken und Kleie. Aber die Käfer sind in ihrer Ernährung nicht auf Getreideprodukte allein angewiesen. Es werden auch noch verschiedene andere Stoffe von ihnen befallen, zum Beispiel Erdnüsse, Bohnen, Erbsen, Backpulver, Ingwer, Paprika, Schnupftabak und Kakaobohnen. Die Larven fressen sogar andere Insekten. Auch Kannibalismus ist schon beobachtet worden. Ihren Namen Reismehlkäfer tragen die *Tribolium*-Arten weitgehend zu Recht, denn in Reismehlen wurden die höchsten Befallsziffern festgestellt – in einem Hektoliter bis fast 1/2 Million Käfer. Außerdem Quantitätsverlust durch Fraß tritt zusätzlich noch eine mehr oder weniger starke Qualitätsminderung des befallenen Mehls ein. Es wird muffig, und wegen der Viskositätsänderung lässt es sich oft nicht mehr zu Teig verarbeiten. Die beiden häufigsten Arten, beide Kosmopoliten, sind die 3–3,5 mm großen *Tribolium castaneum* und *confusum* (früher auch *testaceum* und *ferrugineum* genannt). Beide Arten findet man bei uns synanthrop. *Tribolium madens*, ebenfalls nahezu über die ganze Welt verbreitet, tritt nicht nur in Vorräten auf, sondern lebt auch im Freien. Man findet ihn zum Beispiel im Mulm alter Bäume. Deutlich größer als diese beiden Arten ist *Tribolium destructor*. Der 5–5,5 mm große Käfer stammt ursprünglich wahrscheinlich aus Südamerika. Heute ist er in Mittel-und Nordeuropa ein sehr häufiges Tier in Vorräten aller Art. Seine Speisekarte ist sehr umfangreich und umfasst außer Getreide und den verschiedensten Samen auch Mehl, Kleie, Hundekuchen und anderes. Zwei den Tribolien sehr ähnliche Tenebrioniden kommen ebenfalls in Vorräten vor: der bei uns weit verbreitete und nicht seltene *Alphitobius diaperinus* und der seltenere *Alphitobius laevigatus*. Beide Käfer können wir aber dennoch nicht als unsere Nahrungskonkurrenten ansehen, denn wir wissen sicher, dass ihre Larven nur in bereits verdorbenen Waren auftreten. Im Freien hat man *Alphitobius* bei uns bisher noch nicht gefunden. Eine weitere Tenebrioniden-Gattung ist *Palorus*, die mit drei Arten in der mitteleuropäischen Fauna vertreten ist. Die 2,8–3 mm großen Käfer leben vielfach im Freien, kommen außerdem aber auch in Getreide oder Mehl vor, zuweilen in großer Menge. *Palorus subdepressus* ist im Mittelmeergebiet zu Hause, wird aber immer wieder nach Mitteleuropa eingeschleppt. Bei uns kennt man ihn nur aus Lebensmittelvorräten. *Palorus depressus* ist in Mitteleuropa weit verbreitet und nicht selten. Man findet ihn im Freien vor allem unter morscher Rinde alter Laubbäume, in Mulm und unterfaulendem Laub. Außerdem tritt er gelegentlich in Getreidespeichern auf. *Palorus ratzeburgi*, der Kleinäugige Getreidemehlkäfer, kommt wohl meist in Getreide, Mehl und Kleie vor, oft in großer Zahl. Im Freien trifft man ihn aber auch unter morscher Rinde alter Laubbäume an, vor allem der Buchen. *Latheticus orizae* sieht einem *Palorus* ähnlich. Die kleinen, 2–2,8 mm großen Käfer sind in den wärmeren Gebieten der ganzen Welt zu Hause, ihre ursprüngliche Heimat ist wahrscheinlich Indien. Bei uns werden sie immer wieder importiert – vor allem mit Reis. Die Art kann bei uns aber nicht als eingebürgert angesehen werden. Außer in Reis entwickeln sich die Larven in Weizen, Roggen, Gerste, Mais und Mehl. Aus der Familie der Tenebrioniden muss noch eine weitere Art erwähnt werden, die durch die besonders großen Kiefer der Männchen auffällt, also winzigen Hirschkäfern ähnlich sieht. Es ist der Vierhornkäfer, *Gnathocerus cornutus*, ein 3,5–4 mm großer Käfer, der bei uns in Mitteleuropa nur in Gesellschaft des Menschen auftritt. In größeren Mengen findet man ihn zuweilen in Mühlen und Getreidespeichern. Man hat die Art in Gerstenflocken, Brot, Schiffszwieback, Mais, Weizen, Reis und Bohnen gefunden. Es gibt noch eine ganze Reihe von Käferarten, die von Getreide oder Getreideprodukten leben, bei uns aber keine wesentliche Rolle spielen, weil sie in wärmeren Zonen zu Hause sind. Gelegentlich werden solche Käfer importiert, halten sich aber nicht bei uns und gehören darum auch nicht zur heimischen Fauna. Zwei Arten aus zwei Familien, die wir bereits als Holz- und Pelzspezialisten kennengelernt hatten, müssen noch erwähnt werden. Sie haben – gegenüber ihren Verwandten – einen eigentümlichen Geschmack: Zu den Dermestiden (Speckkäfern) gehört die Gattung *Trogoderma*, die in Mitteleu-

Bild 46 – Mehlkäfer fühlen sich vor allem in Backstuben wohl. Sie fressen fast alle stärkehaltigen Lebensmittel.

ropa mit vier Arten vertreten ist. Die Käfer findet man gelegentlich im Freien. Zuweilen sind sie als Sammlungsschädlinge aufgetreten. Eine Art ist weit bekannt geworden, obwohl sie nicht heimisch ist: der sogenannte Khaprakäfer, *Trogoderma granarium*. Seine Larve benötigt nämlich zur Entwicklung mindestens 17°C. Die Heimat dieses 1,7–3 mm großen Käfers ist Indien. Dort entwickelt er sich in Weizen, Gerste, Mais und Hülsenfrüchten. Immer wieder wird er nach Europa importiert. Wegen seines hohen Wärmebedürfnisses ist er bei uns aber in größeren Mengen nur in Malzvorräten von Brauereien gefunden worden – nur dort herrschen die notwendigen hohen Temperaturen. Zu den Anobiiden (Nagekäfern) gehört der Tabakkäfer, *Lasioderma serricorne*. Der 2–2,7 mm große Käfer entwickelt sich in Tabak und wird damit immer wieder bei uns eingeschleppt. Aber auch sein Wärmebedürfnis ist so hoch, dass er nicht wirklich eingebürgert ist. Die Larven sind keineswegs an Tabak gebunden, sondern fressen eine Vielzahl pflanzlicher und tierischer Produkte. Der Tabakkäfer legt seine Eier auch in verarbeitetem Tabak ab. Gerade die besonders guten Zigarren sollen er dabei bevorzugen. Ein Kenner – sowohl der Käfer als auch guter Zigarren – schrieb, dass es gerade kein Hochgenuss sei, in einer feinen Zigarre eine bratende *Lasioderma*-Larve zu rauchen. Die Wirkungen wären denen der ersten Rauchversuche ähnlich. Die Reihe der Käferarten, die bevorzugt Getreide und Getreideprodukte befallen, ist – wie wir gesehen haben – sehr groß. Vielfach sind aber Käfer und Larven so polyphag, dass sie auch andere Nahrungsmittel befallen. Eine besondere Gruppe von Käfern hat sich im Laufe ihrer stammesgeschichtlichen Entwicklung auf ein bestimmtes Pflanzensubstrat spezialisiert und danach sogar ihren Familiennamen bekommen: Samenkäfer, *Bruchidae*. In jeder Küche werden Samen aufbewahrt, wie Linsen, Bohnen und Erbsen. Kein Wunder, dass wir dort auch die Schädlinge dieser Hülsenfrüchte wiederfinden können. Der 4–5 mm große Erbsenkäfer, *Brucheis pisorum*, ist bei uns einer unserer wichtigsten Konkurrenten, wenn es um Erbsen geht. Die Maden, die die Erbsen ausfressen – man bekommt sie zu sehen, wenn man junge Erbsen aus der grünen Schale holt – haben mit dem Käfer allerdings nichts zu tun. Das sind die Raupen des Erbsen-Wicklers, eines Kleinschmetterlings. Die Weibchen der Erbsenkäfer erscheinen auf den Feldern, wenn die Erbsen im Frühjahr blühen. Sie legen ihre Eier auf die ganz jungen Schoten. Die Larve bohrt sich hinein und geht in einen Samen. In einer Erbse entwickelt sich nur ein Käfer. Dieser frisst einen Teil der Erbse, die sich trotzdem weiterentwickelt. Frisst die Larve den Keim, erlischt natürlich die Keimkraft,

Bild 47 – Dieser Käfer hat –ein Speisebohnenkäfer *Acanthoscelides obtectus* – es auf Bohnen, Erbsen, Linsen und auch Sojabohnen abgesehen. Er frisst Löcher in die Keime, die dann nicht mehr zum Verzehr geeignet sind.

sonst wird sie nur geschwächt. In wärmeren Ländern schlüpft der fertige Käfer im Herbst aus der Erbse und überwintert in einem Versteck. Bei uns ist das jedoch selten der Fall. Meist bleibt der Käfer bis zum nächsten Frühjahr in der Erbse. Er kann darin bis zu 14 Monaten bleiben. Die Folge ist, dass gekaufte Erbsen mehr oder weniger stark befallen sein können, ohne dass man es zunächst sieht. Wenn in einem Erbsengericht allerdings die Käfer auf dem Teller schwimmen, nimmt das nicht jeder mit Gelassenheit hin. Sind die Erbsen noch verhältnismäßig frisch, dann können auch die Larven noch eine Erbsensuppe fetten. Es gibt Berichte, nach denen Erbsensuppen aus Feldküchen als besonders gut bezeichnet wurden, weil „die vielen kleinen Speckstückchen die Suppe so schmackhaft und herzhaft gemacht haben". Bei diesen „Einlagen" handelt es sich um die Larven des Erbsenkäfers. Werden die befallenen Erbsen nicht bis zum nächsten Frühjahr gekocht, schlüpft der fertige Käfer aus einem kleinen kreisrunden Loch der Erbse – dann kann der Schreck in der Küche allerdings groß sein, weil die Erbsenpackung „schwarz voller Käfer" ist. In diesem Fall ist jedoch der Schaden eigentlich schon vorbei, denn die Reste der Erbsen sind jetzt wieder maden- und Käferfrei, und ein Neubefall der alten Erbsen kann nicht erfolgen. Die Weibchen legen die Eier nur auf die ganz jungen Schoten draußen auf dem Feld. Somit ist der Erbsenkäfer kein eigentlicher Vorratsschädling, sondern ein Vegetationsschädling. Eine Bekämpfung der Käfer, die in reifen Erbsen auftreten ist sinnlos. Man kann das befallene Gut erst recht nicht mehr zu Speisezwecken gebrauchen, denn die abgetöteten Larven und Käfer sind in der Erde geblieben und kommen erst in der Speise wieder zum Vorschein. *Bruchus rufimanus*, der Pferdebohnenkäfer, ist ein naher Verwandter des Erbsenkäfers mit ähnlicher Lebensweise. Er bevorzugt aber Dicke Bohnen, beziehungsweise Pferdebohnen, und geht nur selten an andere Bohnen oder Erbsen. Die Bohnen sind groß genug, dass sich darin mehrere Käfer entwickeln können. Das ist tatsächlich die Regel. Auch der Pferdebohnenkäfer legt seine Eier nur im Freien auf junge Bohnen ab, niemals an reife oder alte Bohnen. Ein kleiner Unterschied zum Erbsenkäfer besteht darin, dass der Pferdebohnenkäfer im Haus bereits im Herbst aus den Bohnen herauskommt. Nicht zu unserer heimischen Fauna gehört der Linsenkäfer, *Bruchus lentis*, der in den Anbaugebieten von Linsen seine Eier in die geöffneten Linsenblüten legt. Seine Lebensweise entspricht der der beiden anderen *Bruchus*-Arten. Er wird hier erwähnt, weil er recht häufig mit Linsen importiert wird. Je eine Larve frisst eine Linse aus. Diese reicht allerdings nicht für eine Larvenentwicklung. Die Larve sucht noch eine andere Linse auf und frisst darin weiter. Dazu kann sie sogar eine Pflanze verlassen, über den Boden kriechen und eine zweite Pflanze aufsuchen. Im September erfolgt die Verpuppung, der Käfer kommt erst im nächsten Frühjahr aus der Linse heraus. Im Winter besteht also die Möglichkeit, dass wir die schwarzen Käfer in einem Linsengericht auf unserem Teller wieder finden. Es gibt auf der Welt zahlreiche *Bruchus*-Arten. Die meisten brüten in Schmetterlingsblütlern. Man könnte eine *Bruchus*-Liste zusammenstellen, die Dutzende von Konkurrenten des Menschen umfasst. Nicht alle gehen an Nahrungsmittel wie Bohnen, Erbsen oder Linsen. Viele befallen Klee- und Wickensamen, Samen von Mimosen, Akazien, auch Erdnüsse und Baumwollsaat. Eine besondere Bedeutung hat der Speisebohnenkäfer, *Acanthoscelides obtectus*. Er war bis vor Jahren ausschließlich in importierten Bohnen zu finden und wurde immer wieder eingeschleppt, oft in ungeheuren Mengen. Eine weiße Bohne kann bis zu 30 Käfer enthalten. Gefährlich dabei ist, dass die Weibchen im Gegensatz zu den *Bruchus*-Arten ihre Eier auch an alten Bohnen ablegen. Das macht diese Art zum ausgesprochenen Speicherschädling. Leider ist der Speisebohnenkäfer nun auch bei uns ins Freie gegangen, das heißt, die jungen Bohnen auf dem Feld und im Garten werden mit Eiern belegt. Der Käfer entwickelt sich nicht nur in Bohnen, sondern auch in anderen Hülsenfrüchten. Die Generationsfolge richtet sich nach der Temperatur der Umgebung. Unter günstigen Umständen werden in einem Jahr 4–5 Generationen hervorgebracht. Es gibt noch eine Vielzahl von Samenkäfern, die wir nicht im Haus finden, aber in sehr großer Zahl im Freien. Einige Arten entwickeln sich in den Samen von Ginster-Arten. Der Ginstersamenkäfer, *Bruchidius fasciatus*, sitzt nicht selten in großer Anzahl in den Blüten. Auch Wicken und Platterbsen haben besondere Samenkäfer, wie den Wickensamenkäfer *Bruchus atomarius*. Gegenüber der Zahl der Konkurrenten an Holz und Lebensmitteln pflanzlicher Herkunft ist die Zahl der Käferarten, die im Haus an tierischen Produkten zu finden sind, recht klein. Im Wesentlichen ist es die Gattung *Dermestes*, die hier zu erwähnen ist. Nach ihr hat die ganze Familie ihren Namen bekommen: *Dermestidae*. Auch der deutsche Name Speckkäfer sagt, was er an Nahrung bevorzugt. Die weitaus häufigste Art unter ihnen ist der Gemeine Speckkäfer, *Dermestes lardarius* (Bild 48), ein Kosmopolit, der bei uns überall häufig ist. In seiner Gestalt gleicht er dem schon erwähnten Gemeinen Pelzkäfer, *Attagenus pellio*. Er hat aber auf dem vorderen Teil der Flügeldecken eine breite graue Binde. Im Freien lebt er, wie alle seine Verwandten, an Aas. Das dürfte sein ursprünglicher Biotop sein. Heute findet man jedoch die meisten Speckkäfer in Häusern und Lagerräumen. Die Larven fressen an Speck, Wurst, Schinken und Rauchfleisch, und zudem an getrocknetem und geräuchertem Fisch, an Fellen, Häuten und Därmen, an Borsten, Haaren, Horn, Hufen, Federn oder an ausgestopften Tieren. Da die Larven auch die winzigsten Fleischfasern vom Knochen abnagen, setzt man sie gelegentlich zum Skelettieren ein. Gibt man eine Tierleiche in einen Behälter mit einer *Dermestes*-Zucht, hat man bald ein sauber gefressenes Skelett des Tieres. Die anderen *Dermestes*-Arten haben eine ähnliche Lebensweise. *Dermestes*

Bild 48 – Gemeiner Speckkäfer, *Dermestes lardarius* (*Dermestidae*).

vulpinus ist in gegerbten Rinderhäuten und Därmen gefunden worden. *Dermestes cadaverinus* zerstört Leder, Seide und Wollstoffe. *Dermestes carnivorus* wird immer wieder aus Süd- und Nordamerika eingeführt. *Dermestes peruvianus* kommt ebenfalls mit Häuten und Därmen aus der Neuen Welt. *Dermestes frischii* wurde an trockenen Därmen und Trockenfisch gefunden, und *Dermestes bicolor* lebt außer in Wohnungen auch in Taubenschlägen, wo er junge Tauben bei lebendigem Leibe annagt. Er soll frisch geschlüpfte Küken von Hühnern und Enten angefressen haben. Die Liste der Käferkonkurrenten in unserem Heim erscheint so lang, dass empfindliche Gemüter nun einen wahren Horror bekommen können. Das ist aber nicht berechtigt. Meist bleiben wir und unser Gut unbehelligt. Für Käferweibchen ist es einfacher, ihre Eier an Stoffe zu legen, die nicht vielfach in Schränken, Dosen, Büchsen, Flaschen und anderen Behältern verschlossen sind. Zu ihrer Entwicklung brauchen sie eine längere Zeit, in der sie ungestört sind. Furcht vor den Käfern braucht man also nicht zu haben, auch nicht vor einer Art, mit der das Kapitel „Käfer im Heim" abgeschlossen werden soll. Dieser Käfer ist ein ganz besonderer Fall. Zwar haben wir schon gehört, dass manche Arten in ihrer Nahrungswahl keineswegs eng spezialisiert sind. Der Brotkäfer, *Stegobium paniceum*, stellt aber ein wahres Extrem dafür dar. Dieser kleine, nur 2–4 mm große Käfer, der zur Familie der Nagekäfer gehört, hat zwar – wie sein Name sagt – eine gewisse Vorliebe für Brot und Backwaren aller Art, aber er brütet in allen pflanzlichen und tierischen Produkten. Selbst in schärfsten Gewürzen und giftigsten Drogen entwickelt er sich, zum Beispiel in den Wurzeln von Tollkirschen. Man hat die Käfer sogar dabei beobachtet, wie sie sich durch Blei und Stanniol fraßen. Ein Kenner schrieb über den Brotkäfer, dass nur Gusseisen, andere Metalle, Glas, Porzellan und Stein vor ihm sicher seien. Wenn die Käferlarven aus dem Ei schlüpfen, sind sie nur 1/2 mm lang und 1/8 mm breit. Sie können sich durch die engsten Spalten zwängen. Mit ihren langen Beinen sind sie sehr beweglich, und sie haben ein ausgezeichnetes Geruchsvermögen – hervorragende Eigenschaften, um leicht zu ihren Nahrungsstoffen zu kommen. Außerdem können sie bis zu acht Tage hungern, ohne Schaden zu nehmen. Der Brotkäfer gehört sicher zu unseren wichtigsten Konkurrenten, im Haus ist er wohl der am häufigsten vertretene.

Bild 49 – Rotbeiniges Lilienhähnchen, *Lilioceris merdigera* (*Chrysomelidae*).

Wenn wir uns nun den Käfern zuwenden, die Gartenbesitzern Sorge machen, dann wollen wir das nicht so ausführlich tun wie bei den Gästen im Haus. Die Zahl der Käfer, die an Kultur- und Zierpflanzen im Garten auftreten können, ist so groß, dass ihnen ein eigenes Buch gewidmet werden könnte. Darum werden hier nur relativ wenige, aber wichtige und ungewöhnliche Arten genannt. Die Familie der Laufkäfer (*Carabidae*) umfasst bei uns sehr viele Arten, und generell sind sie Räuber – bis auf wenige Ausnahmen. Sieht man im Garten Laufkäfer, kann man eigentlich immer froh sein. Sie machen meist Jagd auf andere Insekten, die uns an den Kultur- und Zierpflanzen stören oder sogar Schaden anrichten. Einige sind auch Schneckenräuber und darum gern gesehen. Unter diesen Räubern ist aber eine Art, die einen – wenigstens für Laufkäfer – eigentümlichen Geschmack entwickelt hat. Es ist der Laufkäfer *Harpalus rufipes*, – früher hieß er auch *Pseudophonus pubescens*. Er frisst mit Vorliebe die kleinen Nüsschen auf der fleischigen Frucht der Erdbeeren. Sicher werden die Erdbeeren dadurch nicht vernichtet, aber sie werden unansehnlich, und das Fleisch kann beschädigt werden. Eine Ernteminderung ist bei starkem Auftreten dieses Käfers durchaus möglich. Größeres Kopfzerbrechen machen einem Gartenbesitzer aber sicher die Käfer, die als Imago oder als Larve Pflanzen fressen. Beginnen wir mit einer Art, die keine Nutzpflanzen, sondern eine Zierpflanze befällt. Das Lilienhähnchen, *Lilioceris lilii*, ist ein Blattkäfer (Chrysomelide). Der Käfer überwintert versteckt und erscheint im Frühjahr, wenn die Lilien treiben. Man kann ihn von April bis Juni an den Brutpflanzen finden. Dieses kleine rote „Hähnchen" mit den schwarzen Beinen hat seinen Namen wegen seines Zirpens bekommen. Das ist auch für das menschliche Ohr hörbar. Käfer und Larven fressen an der Pflanze. Das Weibchen legt seine Eier an Lilien ab, gleichgültig ob es weiße Lilien, Feuerlilien oder Türkenbundlilien sind. Gelegentlich werden auch Schachblumen und Maiblumen befallen. Die Larven machen ihre gesamte Entwicklung an den Pflanzen durch und fressen sie nicht selten kahl. Sie haben die Angewohnheit, Kot auf ihrem Rücken zu deponieren Die ausgewachsenen Larven gehen zur Verpuppung in den Boden. Im September erscheinen die frisch geschlüpften Jungkäfer, die dann wieder überwintern. Das Lilienhähnchen hat einen nahen Verwandten, das Rotbeinige Lilienhähnchen, *Lilioceris merdigera* (Bild 49). Diese Art kann man leicht daran erkennen, dass auch die Beine größtenteils rot sind. Der Vetter mit den roten Beinen sieht sonst ganz ähnlich aus, und auch seine Lebensweise ist der des Lilienhähnchens ähnlich. Besonders häufig ist er an Maiblumen, Weißwurz und allen Lilium-Arten. Daneben geht er auch an Laucharten der Gattung *Allium*. In Zwiebelkulturen kann er größere Schäden anrichten. Eine verwandte Gattung ist *Crioceris*. Die Käfer haben eine ähnliche Gestalt wie die *Lilioceris* Arten, sind aber kleiner, und ihre Flügeldecken sind stets mehrfarbig, zum Teil mit Streifen, zum Teil mit Punkten versehen. Innerhalb jeder Art treten ungewöhnlich starke Farbvariationen auf.
Bei uns in Mitteleuropa sind vor allem zwei Arten weit verbreitet und häufig: das Gemeine Spargelhähnchen *Crioceris asparagi* und der Zwölfpunkt-Spargelkäfer *Crioceris duodecimpunctata*. Beide sind 5–6,5 mm groß und treten als Käfer von April bis Oktober in Spargelkulturen auf. Käfer und Larven fressen am Spargellaub und werden in der Literatur als Spargelschädlinge geführt. Im Osten und Südosten unseres Gebietes können noch zwei weitere Arten an Spargel auftreten: *Crioceris quinquepunctata* und *quatuordecimpunctata*. In der Regel sind sie nur sporadisch vertreten und so selten, dass sie kein Unheil anrichten können. Hier muss noch einmal an eine Gruppe von Dickkopfrüsslern und Rüsselkäfern erinnert werden, die wir beim Kapitel Brutfürsorge kennengelernt haben: die Blüten-, Beeren-, Frucht-, Trieb- und Blattrippenstecher, die an Erdbeeren, Himbeeren, Brombeeren, Rosen und Obstbäumen (Pflaumen, Apfel, Birnen) mitunter deutliche Schäden anrichten. Halten sich die eigentlichen Schäden durch die bisher angeführten Käfer im Garten in Grenzen, so können Angehörige einer gan-

zen Unterfamilie der Blattkäfer wahre Verwüstungen anrichten. E sind die Flohkäfer oder Erdflöhe (*Halticinae*), kleine, meist nur 2–4 mm große, einfarbig dunkle oder braune oder gestreifte Käfer. Sie sind an den stark verdickten Hinterschenkeln leicht kenntlich. Mit ihren Hinterbeinen können sie erstaunlich springen. Sie tragen ihren Namen also zu Recht. Bei kaum 2,5 mm großen Arten hat man Sprünge von 50–60 cm Höhe und Weite gemessen. Von diesen Flohkäfern gibt es in Mitteleuropa 23 Gattungen mit Hunderten verschiedener Arten. Die Käfer und ihre Larven leben vor allem an Kreuzblütlern (*Cruciferae*) und fallen darum gern über Kohl- und Rapsarten, Radieschen, Rettich, Kresse usw. her. Die Käfer überwintern, kommen im Frühjahr aus ihren Verstecken und fressen dann die Jungpflanzen unter Umständen ganz auf. Die Larven setzen das Vernichtungswerk an den übrigen älteren Pflanzen fort. Sie fressen an oder in den Wurzeln, minieren in Stängeln oder Blättern oder fressen frei an ihren Futterpflanzen wie die ausgewachsenen Käfer. Natürlich sind nicht alle Flohkäfer auf Kulturpflanzen spezialisiert. Viele Arten sind auch nur in bestimmten Gebieten Mitteleuropas zu Hause oder gar selten. Die im Garten wichtigste Gattung ist *Phyllotreta*. Die zwei Dutzend kleinen, schwarzen, metallischen oder mit gelben Längsstreifen auf den Flügeldecken versehenen Arten leben fast ausschließlich auf Kreuzblütlern und Reseda-Arten. Es sind die eigentlichen Kohlerdflöhe. In ganz Mitteleuropa weit verbreitet und häufig sind die beiden gelbgestreiften Arten *Phyllotreta undulata*, der Gewelltstreifige Kohlerdfloh (Bild 50), und *Phyllotreta vittula*. Nicht minder häufig, oft geradezu gemein und in Cruciferenkulturen oft sehr schädlich sind die beiden einheitlich gefärbten Arten *Phyllotreta atra,* der Schwarze Kohlerdfloh, und *Phyllotreta cruciferae*, der Grünglänzende Kohlerdfloh. Zur gleichen Gattung gehören noch der Gelbstreifige Kohlerdfloh *Phyllotreta nemorum*, der Blauseidige Kohlerdfloh *Phyllotreta nigripes* sowie der Meerretticherdfloh *Phyllotreta armoraciae*. Letzterer zeigt eine besondere Vorliebe für Meerrettich *Armoracia rusticana*. Eine weitere Gruppe von Käfern treibt im Garten unterirdisch ihr Unwesen. Hat man im Garten junge Salatpflanzen gesetzt, verschwinden sie nicht selten bei Nacht, ohne dass man sie wiederfindet. Größere Salatpflanzen welken plötzlich. Auch anderen Gartenpflanzen geht es nicht anders. Gräbt man unter diesen Pflanzen einmal nach, dann findet man die Übeltäter: Es sind die Drahtwürmer. Sie heißen so, weil sie meist drehrund sind und eine sehr harte Körperdecke haben. Es handelt sich dabei um die Larven von Schnellkäfern (Elateriden). Sie leben im Allgemeinen räuberisch. Manche Arten sind aber reine Vegetarier, und vielfach bevorzugen sie Salat und Kartoffeln. Bei Letzteren werden nicht nur die Wurzeln abgefressen, auch die Knollen können befallen und kreuz und quer durchfressen werden. Im Garten kann man einen Trick anwenden, um bei stärkerem Auftreten von Schnellkäfern die größte Menge abzufangen: Man schüttet auf dem

Bild 50 – Gewelltstreifiger Kohlerdfloh, *Phyllotreta undulata* (*Chrysomelidae*).

Boden einen Haufen Gras oder Klee auf. Nach 3–4 Tagen sammeln sich die Käfer darunter, und man kann sie einsammeln. Einer der im Garten am wenigsten gern gesehenen Gäste aus dem Reich der Käfer ist der Kartoffelkäfer, *Leptinotarsa decemlineata*. Aus Amerika eingeschleppt, ist er erst in diesem Jahrhundert bei uns heimisch geworden. Man hat in Mitteleuropa keine Mühen und Kosten gescheut, die Art, die bei uns den Kartoffelanbau zu bedrohen schien, zu vernichten und ihr Vordringen nach Osten zu verhindern. Doch vergebens – der Käfer war auf seinem Vormarsch nach Osten nicht aufzuhalten; der Mensch unterlag bei diesem Kräftevergleich. Die Geschichte seiner Ausbreitung und seines unaufhaltsamen Vordringens zeigt deutlich, wie unterlegen der Mensch trotz all seiner ihm zur Verfügung stehenden Mittel gegen ein Insekt ist, dem nur die Gewalt seiner unendlichen Fruchtbarkeit zur Seite steht. 1824 wurde der Kartoffelkäfer im Staate Colorado (USA) entdeckt. Käfer und Larven lebten auf dem wildwachsenden Nachtschattengewächs *Solanum rostratum*. Häufig waren sie keineswegs. In diese ursprüngliche Heimat des Kartoffel- oder Coloradokäfers wurde in den Jahren nach

Bild 51 – Kartoffelkäfer, *Leptinotarsa decemlineata* (*Chrysomelidae*).

1850 die Kartoffel, *Solanum tuberosum*, zum Anbau gebracht. Nun ereignete sich etwas Unvorhergesehenes: *Leptinotarsa decemlineata* (Bild 51 und 52) verließ seine ursprüngliche Nährpflanze und ging auf die Kartoffel über. Dies allein hätte noch keineswegs genügt, den Kartoffelkäfer zu einem Großschädling ersten Ranges werden zu lassen – auch nicht die Tatsache, dass durch die Monokultur den Käfern und den Larven überreichlich Nahrung zur Verfügung stand. Viel entscheidender war, dass durch ökologische Umstellung des Käfers auf die Kartoffel seine Vermehrungsrate um ein Vielfaches gesteigert wurde. Hierdurch erhöhte sich die Populationsdichte sehr stark, was wiederum einen Wandertrieb auslöste, der bald die verheerendsten Folgen haben sollte. Es dauerte nicht lange, bis die ersten Schäden gemeldet wurden. Nicht nur aus dem Staate Colorado selbst, 1859 auch schon aus Nebraska (USA). In 15 Jahren durchquerte der Käfer den ganzen nordamerikanischen Kontinent von Westen nach Osten und hatte 1874 die Atlantikküste erreicht. Infolge des starken Schiffsverkehrs und Güteraustausches zwischen den Gebieten diesseits und jenseits des Atlantiks bestand nun auch die Gefahr einer Einschleppung nach Europa. Tatsächlich entdeckte man zwei Jahre später bereits Käfer auf einem Dampfer und sogar in einem Bremer Güterschuppen. Im nächsten Jahr, 1877, wurde die Art nicht nur aus Liverpool und Rotterdam gemeldet, sondern man stellte tief im Binnenlande schon zwei Befallsherde fest. Beide lagen in Deutschland, der eine wurde im Juni 1877 bei Mühlheim/Rhein so rechtzeitig erkannt (noch in der ersten Generation), dass der Herd leicht wieder ausgelöscht werden konnte. Viel gefährlicher war die Lage in Schildau bei Torgau in Sachsen. Dort entdeckte man im August des gleichen Jahres 16 Infektionsherde, die offenbar durch die bereits vorhandene zweite Generation gebildet worden waren. Nur unter großen Mühen und Kosten gelang dort die Vertilgung des Schädlings. Es wird immer fraglich bleiben, wie die Tiere in diese beiden Gebiete gekommen sind. Ob bei Torgau auch tatsächlich alle Tiere vernichtet wurden, erscheint unglaubhaft, denn 10 Jahre später, 1887, trat der Kartoffelkäfer wieder dort auf und zudem auch im Kreise Meppen/Oldenburg. Man bemühte

Bild 52 – Schön aber gefährlich: Der Kartoffelkäfer gehört zu den gefüchtetsten Schädlingen.

sich weiterhin mit allen Mitteln, dieses Schädlings Herr zu werden. Das Auslöschen eines Befalls 1914 bei Stade/ Unterelbe hatte etwa 60 000 Goldmark gekostet! Dann brach der erste Weltkrieg aus, in dessen Wirren und Nöten nicht die notwendigen Vorkehrungen und Abwehrmaßnahmen getroffen wurden. Mit großer Sicherheit sind die Tiere mit amerikanischen Transportschiffen nach Bordeaux eingeschleppt worden und konnten von dort aus ihren unaufhaltsamen Vormarsch nach Osten antreten. Als man nach den Kriegswirren seine Aufmerksamkeit wieder auf diesen Schädling richtete, war es zu spät! 1922 waren bei Bordeaux schon etwa 250 Quadratkilometer verseucht. 1934 wurde wieder bei Stade ein Herd entdeckt; auch diese Befallsstelle in Deutschland konnte noch einmal gesäubert werden – zum letzten Mal, denn 1936 hatte der Kartoffelkäfer in breiter Front die deutsch-französische Grenze erreicht und brach nach Deutschland ein. Sein Vordringen nach Osten war nicht mehr aufzuhalten. In den folgenden 25 Jahren hat er trotz intensiver Bekämpfungsmaßnahmen den gesamten Südwest- und mittelgefährlichen Raum als dauerndes Wohngebiet erobert. Heute dringt er bereits nach Skandinavien und auf die Balkanhalbinsel vor und steht auf seinem weiteren Vormarsch nach Osten tief im russischen Raum. In absehbarer Zeit wird er seinen Siegeszug auf der Nordhemisphäre rund um den Erdball vollendet haben! Die im Boden überwinternden Kartoffelkäfer fressen nach ihrem Erscheinen im Frühjahr sofort am Kartoffellaub (Bild 40). Bald beginnt das Weibchen, das über zwei Jahre alt werden kann, mit der Eiablage an den Blättern. Ein Tier legt über 2000 Eier, und da im Jahr zwei Generationen ausgebildet werden, sind unter günstigen Bedingungen die Nachkommenzahlen astronomisch! Zweifellos gehört der Kartoffelkäfer, mit seinen Larven (Bild 51 und 52), heute bei uns zu den Großschädlingen, der Kartoffelanbau ist jedoch durch ihn nicht mehr gefährdet. Einmal kann der Käfer durch wirksame Bekämpfungsmittel in Schach gehalten werden, zum anderen findet er bei uns offenbar nicht überall die für ihn günstigen ökologischen Bedingungen. So meidet die Art zum Beispiel höhere Lagen, die auch ohne Gegenmaßnahmen heute wieder von diesem Schädling nahezu frei sind.

Bild 53 – Rapsglanzkäfer richten nur an den Knospen der Rapspflanze Schäden an. In erster Linie fressen sie Pollen in den Blüten.

Allen Konkurrenten, die es auf unsere Kultur- und Zierpflanzen im Garten abgesehen haben, können wir auch auf den Feldern wieder begegnen. Der Kartoffelkäfer und die Drahtwürmer befallen Kartoffelfelder, Spargelhähnchen machen sich unter Umständen in Spargelkulturen bemerkbar, Blattflöhe fressen an jungen Kreuzblütlern aller Art. Vielfach sind es aber noch andere Arten, die gerade in großflächigen Anbaugebieten unangenehm werden können. Dass Laufkäfer zuweilen auch Vegetarier sind, hörten wir schon. Eine Gattung relativ großer, 11–20 mm langer Laufkäfer, *Zabrus*, ist ganz phytophag geworden. Die häufigste Art ist *Zabrus tenebrioides*, der Getreidelaufkäfer. In Mitteleuropa ist er heute recht selten geworden; wie seine beiden Verwandten lebt er vor allem in den östlichen und südöstlichen Bereichen unseres Faunengebietes. Wie sein Name schon sagt, hat er etwas mit Getreide zu tun. Die Käfer klettern in der Zeit, in der die *Getreidekörner* noch weich sind, an den Halmen hoch und fressen an den Körnern. Dadurch verursachen sie Ernteverluste, die allerdings nicht so gravierend sind, denn die Zeit, in der die Körner befressen werden können, ist verhältnismäßig kurz. Im Sommer halten die Käfer im Boden eine Art Sommer- oder Trockenschlaf. Wenn keine Körner als Nahrung zur Verfügung stehen, fressen die Käfer an Blättern und Halmen der Getreidepflanzen. Das kann im Frühjahr, wenn die Saat klein und jung ist, und die Käfer massenhaft vorkommen, zu schweren Ausfällen auf den Feldern führen. Noch schlimmer als der Käfer ist aber die Larve. Sie lebt auf Feldern in selbstgegrabenen, 20–30 cm tiefen, senkrechten Erdstollen, zieht Blätter der Getreidepflanze dort hinein und frisst sie. Es gibt Berichte aus früherer Zeit, nach denen der Getreidelaufkäfer und seine Larven Weizen- und Roggenfelder im Frühjahr völlig kahlgefressen haben, so dass die Felder neu bestellt werden mussten. Getreide wird auch von einer Gruppe von Blattkäfern (*Chrysomelidae*) befallen, die mit Spargel- und Lilienhähnchen verwandt sind und eine ähnliche Lebensweise haben. In Mitteleuropa gibt es sechs Arten der Gattungen *Lema* und *Oulema*. Die kleinen, 3–5 mm großen Käfer, teils glänzend blau oder grünlich, teils zweifarbig blau und rötlich gefärbt, treten nicht selten im Frühjahr an den Fenster-Kohlscheiben unserer Wohnungen auf. Die Käfer überwintern, einige gelangen im Herbst auch in unsere Wohnungen, und wenn sie wieder aus ihren Verstecken herauskommen, sieht man sie an den Fensterscheiben bei dem Versuch, ins Freie zu gelangen. Von diesen Gattungen tragen zwei Arten – das Kleine Getreidehähnchen *Oulema lichenis* und das Große Getreidehähnchen *Ulema melanopus* den Namen „Getreidehähnchen". Sie heißen so, weil sie wie ihre Verwandten zirpen und an Getreide leben. Käfer und Larven fressen das Gewebe zwischen den Blattnerven der Getreideblätter. Dadurch entstehen ganz charakteristische Fraßbilder, die in Längsstreifen über die Blätter laufen. Die Larven der Getreidehähnchen sehen kleinen Nacktschnecken ähnlich, denn ihre Oberseite ist schleimbedeckt und glänzend. Sie deponieren – wie die anderen Hähnchen auch – ihre Exkremente darauf. Beide Arten sind bei uns überall sehr häufig; ob sie am Getreide aber so großen Schaden anrichten, wie ihnen oft nachgesagt wird, ist recht zweifelhaft, zumal sie gar nicht auf Getreide angewiesen sind, sondern sich auch an anderen Gräsern entwickeln. Das ist sicher anders bei den Drahtwürmern, von denen ein paar Arten eher an Getreide als an Salat und Kartoffeln gehen. Zu den schwersten Schäden kommt es wohl durch die Saatschnellkäfer *Agriotes lineatus* und *A. obscurus* sowie *Selatoso musaeneus.* Deren Larven leben im Boden und fressen vorwiegend Getreidewurzeln. Gelegentlich vertilgen sie jedoch auch als Räuber Engerlinge, Maden und andere Schädlinge. Wenn man sie deshalb auch als Nützlinge einstufen muss, ist jedoch der Schaden, den sie durch den Wurzelfraß anrichten, ungleich höher. Auch auf die Erdflöhe müssen wir noch einmal kurz zurückkommen, denn auf den Feldern werden oft noch andere Pflanzen kultiviert als im Garten. Die Arten der Gattung *Aphthona* leben meist an Euphorbia-Arten. *Aphthona euphorbiae* ist trotz seines Namens ein wichtiger Schädling im Flachsanbau. Der Käfer ist in ganz Europa nicht selten. Man findet ihn von März. bis Oktober an Flachs, *Linum usitatissimum.* An der gleichen Pflanze frisst ein Angehöriger einer anderen Halticinen-Gattung, *Longitarsus parvulus*, der den Namen „Leinerdfloh" trägt. Ein weiterer Erdfloh wird auch noch als Getreideschädling gemeldet: der um 3 mm große *Crepidodera ferruginea*. In ganz Europa ist dieser Käfer heimisch; man findet ihn von Ende Mai bis Oktober. Als letzte Gattung der Flohkäfer sei *Psylliodes* genannt, eine Gattung, die in Mitteleuropa mit etwa 30 Arten vertreten ist. Die Käfer leben auf verschiedenen Pflanzen, vor allem auf Kreuzblütlern. Folgende Arten sind als Hopfenerdfloh (*attenuata*) und Rapsflohkäfer (*chrysocephala)* bekannt geworden. Sie sind in der Landwirtschaft gefürchtet. Besonders hervorzuheben ist der Rapsflohkäfer, der an Raps und Rübsen schwere Schäden verursachen kann. Der Rapsflohkäfer hat eine ganz andere Lebensweise als die meisten Blattkäfer. Gewöhnlich überwintern die Chrysomelden als Käfer. Im Frühjahr kommen sie aus ihren Verstecken heraus, paaren sich und legen Eier. Der Rapsflohkäfer legt dagegen im Herbst seine Eier und geht zugrunde. Die jungen Larven verbringen den Winter in den Stängeln oder Wurzeln der Wirtspflanzen (Raps, Rübsen). Im Frühjahr erfolgt dann die Verpuppung im Boden. Nach dem Schlüpfen machen die Käfer – versteckt in Grasrainen oder an Waldrändern – eine Sommerruhe durch. Im Herbst erscheinen sie dann wieder und fliegen auf die jungen Pflanzen. Die Käfer fressen an den Blättern. Das ist nötig, damit bei den Weibchen die Eier heranreifen. Man nennt diesen Fraß darum auch Reifungsfraß Viele Chrysomeliden haben ihn nötig. Nachdem das Weibchen die Eier gelegt hat, ist der Zyklus geschlossen. Bei Massenauftreten dieser Art sind die Rapsfelder gefährdet. Aber in strengen Wintern können die meisten Junglarven in den Pflanzen auch erfrieren. Am Raps tritt noch ein weiterer Konkurrent aus einer anderen Familie auf, der Rapsglanzkäfer, *Meligethesaeneus* (Bild 53). Der kleine, nur 1,5–2,7 mm große Käfer gehört zur Familie der Glanzkäfer (Nitiduliden). Die bei uns überall vorkommende Art kann in ungewöhnlich großen Mengen auftreten. Käfer und Larven fressen an verschiedenen Kreuzblütlern, vornehmlich an Raps und Rübsen. Insbesondere fressen die Käfer Pollen. Nur selten werden auch der Stempel und der Fruchtknoten angefressen. Das Weibchen legt normalerweise ein Ei an eine Blütenknospe. Die ausschlüpfende Larve nagt sich in die Knospe hinein und frisst darin die Staubblätter. Sie kann auch noch in eine zweite Blüte überwechseln. Wenn die Larve ausgewachsen ist, verlässt sie die Knospe und verpuppt sich in der Erde. Schäden am Raps treten nur auf, wenn *Meligethes* zur Zeit der Knospen auf dem Feld ist. Blüht der Raps erst, dann fressen Käfer und Larven nur noch Pollen. Bei Massenauftreten kann der Fruchtansatz herabgesetzt werden, und es kann zu Missbildungen der Schoten kommen. Unter Umständen betragen dann die Ernteausfälle bis zu 25%. Aus der sehr artenreichen Rüsselkäfer-Gattung *Ceutorhynchus* sind noch einige Arten zu erwähnen, die zusammen mit dem Rapsglanzkäfer auftreten können. Der Gefleckte Kohlstängelrüssler, *Ceutorhynchus quadridens*, legt im Mai und Juni seine Eier an Kohlarten, vor allem an Raps. Die Larven fressen das Innere der Blattstiele, der Blattrippen und der Stängel aus. Zwar sieht man von außen der Pflanze den Befall nicht an, aber sie kümmert. Junge Pflanzen können ganz eingehen. Ernteausfälle sind die Folgen eines stärkeren Auftretens dieses Rüsselkäfers. Der Große Rapsstängelrüssler, *Ceutorhynchus napi*, kommt bereits ab Mitte März auf die Rapsfelder. Das Weibchen legt seine Eier an die Stängel der Pflanzen. Die Larve frisst das Mark und höhlt den Stängel meist ganz aus. Dadurch kommt es zu Gallbildungen; Krümmungen und Knickungen sind die Folgen. Zwar treten dadurch am Raps starke Missbildungen auf, die Ernteausfälle halten sich aber in Grenzen. Gefährlicher wird die Art auf Kohlfeldern. Jungpflanzen werden meist ganz vernichtet, bei Setzlingen tritt Drehherzigkeit auf. Die

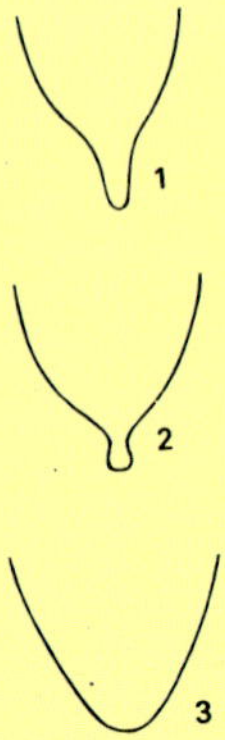

Bild 54 – Das Analschild (Pygidium) der drei einheimischen Maikäferarten
1 – *Melontha melontha* (Feldmaikäfer)
2 – *Melontha hippocastani* (Waldmaikäfer)
3 – *Melontha pectoralis*

dritte Art dieser Gattung ist der Kohlschotenrüssler, *Ceutorhynchus assimilis*. Der Käfer überwintert an Waldrändern, die von der Sonne beschienen sind. Im Frühjahr erscheinen die Käfer an Kreuzblütlern, an denen sie einen Reifungsfraß durchmachen. Schon ab Ende Juni treten dann die Jungkäfer der nächsten Generation auf. Auch sie fressen an Kreuzblütlern. Doch die Schäden durch die erwachsenen Käfer sind nicht groß. Die Larven richten mehr Unheil an. Die Weibchen legen ihre Eier in die jungen Schoten der Ölfrüchte. Die ausschlüpfenden Larven fressen darin die sich entwickelnden Samen. Dadurch kann es bei starkem Auftreten zu erheblichen Ernteausfällen kommen. Die Verpuppung erfolgt im Boden. In unserer mitteleuropäischen Fauna gibt es eine Käferfamilie, die dafür sorgt, dass tierische Abfälle und Leichen verschwinden und abgebaut werden, zum Beispiel die Totengräber. Die meisten Arten dieser Aaskäfer (Silphiden) leben an Aas, sind necrophag, wie man sagt. Einige wenige sind aber auch Räuber. Sie fressen andere lebende Tiere, wie Schmetterlingsraupen, Schnecken und Würmer. Eine Art geht an Kot und faulende Pflanzenstoffe, und eine Gattung mit zwei Artensind die Außenseiter der Familie, die dem Landwirt Sorge bereiten können: *Blitophaga opaca* und *undata* sind die beiden Rübenaaskäfer, die frische Pflanzen, besonders Rüben, fressen. Die Käfer überwintern. Dazu suchen sie vor allem warme, sonnige Waldränder auf, in deren Bodenstreu sie sich verbergen. Im Frühjahr kommen sie wieder zum Vorschein und erscheinen auf den Feldern, wo sie von den Blättern der jungen Rüben fressen. Aus den vom Weibchen in den Boden gelegten Eiern schlüpfen asselförmige Larven, die ebenfalls an den Rüben (Futterrüben und Zuckerrüben) fressen. Massenvorkommen treten nur in besonders warmen Jahren auf, wenn auch der Winter warm und trocken war und der Bestand der Käfer nicht dezimiert wurde. Es leiden dann vor allem die Felder in der Nähe von Wäldern. Sie werden bevorzugt angeflogen. Beide Arten kommen zwar in ganz Mitteleuropa vor, doch nimmt die Häufigkeit von Osten nach Westen merklich ab. Während man zum Beispiel aus Ostdeutschland viele Nachrichten von schädlichem Auftreten der Käfer hat, sind die Tiere im Westen meist sehr selten.

Der auch heute wohl noch bekannteste Käfer ist der Maikäfer, wenn sein Bestand auch in den letzten Jahrzehnten durch Bekämpfungsmaßnahmen stark zurückgegangen ist. Neben den Marienkäfern dient nur der Maikäfer als Vorlage für Schokoladenkäfer. Ihm sind auch Lieder und Gedichte gewidmet worden. Unter dem Namen „Maikäfer" verbergen sich drei verschiedene Arten, die bei uns heimisch sind. Sie lassen sich ohne Schwierigkeiten am Pygidium, dem Analschild des letzten Hinterleibstergits, erkennen (Bild 56). Am häufigsten ist der Feldmaikäfer (*Melolontha melolontha*), der aber im Gebirge oberhalb 1000 m fehlt. (Bild 55) Der Waldmaikäfer (*Melolontha hippocastani*, Bild 56) bevorzugt mehr sandige Heide- und Waldgebiete. *Melolontha pectoralis*, die dritte Art, kommt in Südwestdeutschland nur noch reliktär vor. Die Käfer aller drei Arten erscheinen im Mai und fressen Laubbäume in Flugjahren oft kahl. Die Weibchen legen die Eier in die Erde; die Larven (Engerlinge) ernähren sich von Wurzeln. Die Entwicklung ist drei- bis fünfjährig. Auch unter normalen Verhältnissen ist in einem Gebiet nur jedes dritte, vierte oder gar fünfte Jahr ein Flugjahr, in dem Maikäfer in größeren Mengen fliegen; in den Jahren dazwischen bekommt man kaum einen Käfer zu Gesicht. Wer noch nie einen Massenflug dieser Tiere gesehen hat, kann sich kein Bild davon machen, in welchen Mengen sie auftreten können. In der Rheinpfalz sind im Jahr 1911 in einem Befallsgebiet etwa 22 Millionen Käfer, 1915 14 Millionen Käfer gefangen worden. An der Bergstraße bei Heppenheim fing man 1939 etwa 300 Zentner, was ungefähr 18 Millionen Käfern entspricht. An der Ostseeküste schätzte man die Zahl der Maikäfer in einem Spülsaum 1938 auf 26 Millionen. In dicken Trauben hängen die Käfer von den Laubbäumen herab, die bald kahlgefressen sind. Und dann gehen die Käfer sogar an Nadelholz. Der Schaden, der durch den Käferfraß in der Forstwirtschaft angerichtet wird, ist nicht so groß wie der Fraß der Engerlinge an Pflanzenwurzeln (Bild 44) in der Landwirtschaft. Zuerst fressen sie Wurzelfasern und Humusstoffe, dann alle möglichen Wurzeln. Sie können Wiesen, Getreidefelder und Kartoffeläcker total vernichten. Bei Massenauftreten beschränken sich die Engerlinge nicht auf Wurzeln, sondern sie fressen alles Pflanzenmaterial im Boden.

Bild 55 – Erwachsene Maikäfer-Larve, *Melolontha* (*Scarabaeidae*).

Unter der Pflanzendecke an der Erdoberfläche kann ein zentimeterdicker Hohlraum gefressen werden. Dann kann man zum Beispiel die vergilbte Grasnarbe wie einen Teppich aufrollen. Schätzungen über den Schaden, den die Engerlinge noch vor Jahrzehnten anrichteten, sind enorm: Deutschland 100 Millionen Goldmark, Frankreich zwischen 250 Millionen und einer Milliarde Goldmark, Niederösterreich 20 Millionen Goldkronen. In den 50er und 60er Jahren wurden dann in Maikäfergebieten großangelegte Bekämpfungen durchgeführt. Mit Hubschraubern spritzte man Insektizide, die überall, wo der Maikäfer auftrat, ungeheure Mengen vernichteten. Heute ist der Maikäfer – sicher zum großen Teil durch diese Aktionen – örtlich zu einer Seltenheit geworden. Hin und wieder hört man aber auch schon wieder von Massenvermehrungen, zum Beispiel im südwestdeutschen Raum. Und gleich ist das Profitdenken des Menschen wieder auf dem Plan – das nach Hubschrauberbekämpfung dieses Käfers verlangt.

Bild 56 – Waldmaikäfer, *Melolontha hippocastani* (*Scarabaeidae*).

Bild 57 – Werftkäfer befallen vor allem gelagertes Holz und richten damit in Schreinereien sehr großen Schaden an.

Befassen wir uns zunächst wieder mit dem Maikäfer, der vor allem Laubbäume kahlfressen kann. Die Meinungen über die dadurch entstehenden Schäden gehen auseinander. Selbst nach einem Kahlfraß – der ist stets im Mai – schlagen die betroffenen Bäume mit dem Johannistrieb noch im gleichen Jahr wieder aus. Dadurch kommt es sicher zu einem geringeren Holzzuwachs, der Jahresring bleibt kleiner. Das bedeutet aber gleichzeitig festeres Holz. So trifft auf jeden Fall der durch Maikäfer angerichtete Schaden nicht so sehr die Forstwirtschaft wie die Landwirtschaft. Unsere Konkurrenten im Forst – und das können sehr viele sein – machen sich auf verschiedene Art und Weise bemerkbar. Viele sind Vegetationsschädlinge, das heißt, sie befallen Bäume, schädigen sie oder bringen sie zum Absterben. Manche Arten verursachen rein technische Schäden: Sie befallen erst das geschlagene Holz und entwerten es dadurch, dass sie oder die Larven mehr oder weniger tiefe Gänge hineinfressen. Solches Holz kann danach nicht mehr -oder nur mit großem Abfall – technisch zu Bau- oder Möbelholz verarbeitet werden. Da nicht immer klar zu entscheiden ist, welchen Schaden eine Art anrichtet, sollen hier die Arten in systematischer Reihenfolge abgehandelt und ihre Biologien kurz dargestellt werden. Die Familie der Werftkäfer, *Lymexylonidae*, ist in der mitteleuropäischen Fauna mit nur drei Arten aus zwei Gattungen vertreten, von denen eine (*Hylecoetus flabellicornis*) heute wohl nicht mehr bei uns vorkommt. Den Namen Werftkäfer trägt vor allem *Lymexylon navale* (Bild 57). Er wurde schon 1746 von Linné beschrieben, der ihn auf dem gestapelten Eichenholz der Schiffswerft von Gotenburg fand. Die Art ist bei uns – vor allem im Westen – eine Seltenheit, scheint allerdings in neuerer Zeit im Bestand zuzunehmen. Ungleich häufiger ist *Hylecoetus dermestoides*, dessen Lebensweise der der beiden anderen Arten dieser Familie im Wesentlichen entspricht. Die Käfer selbst leben nur wenige Tage. Nach der Paarung legt das Weibchen die Eier in Ritzen und Spalten von geschlagenem Holz oder an stehende Bäume, die abgestorben oder krank sind. Nur selten werden gesunde Bäume befallen. Die Junglarven bohren sich ins Holz ein. Die Bohrgänge sind zuerst sehr fein, werden mit dem Wachstum der Larve dann aber immer größer. Da sie bis zu 20–25 cm tief ins Holz hineingefressen werden, können Stämme von einem halben Meter Durchmesser unter Umständen völlig zerstört werden. Solches Holz ist nur noch als Brennholz zu verwenden. Die Nahrung der Larven besteht nicht aus dem Holz, sondern aus einem Ambrosia-Pilz (*Endomyces hylecoeti*), der an den Gangwänden wächst. Dieser Pilz benötigt zum Gedeihen Sauerstoff, darum müssen die Bohrgänge vom Nagemehl freigehalten werden. Die Larven besitzen ein langes, spitzes Hinterleibsende, mit dem sie das Bohrmehl aus dem kleinen Eingangsloch nach außen auswerfen können. Stark befallene Stämme erkennt man darum an dem vielen ausgeworfenen Bohrmehl. Bemerkenswert ist auch die Übertragung der Pilze von einer Käfergeneration auf die andere. Das Weibchen besitzt nämlich am Eilegeapparat eine Tasche, die mit Sporen des Pilzes gefüllt ist. Die abgelegten Eier werden mit den Sporen beschmiert. Wenn die Larve aus dem Ei schlüpft, wälzt sie sich zuerst lange in der Eischale und dabei kleben dann Sporen an ihrem Körper, die später im Larvengang keimen. So weit bekannt ist, ernähren sich die Larven von *Lymexylon navale* von dem Holz, das sie abnagen, denn in ihren Gängen ist kein weißer Pilzbelag nachweisbar. Für das Holzfressen spricht auch, dass das Bohrmehl bei dieser Art nicht ausgeworfen wird. Die artenreiche Familie der Prachtkäfer (*Buprestidae*) ist bei uns nur durch verhältnismäßig kleine Tiere vertreten. Während man die Käfer vielfach auf Blüten – vor allem auf gelben Blüten findet, leben die Larven vieler Arten im Holz. Die Schäden, die sie anrichten, sind relativ gering. Ein Teil der Arten befällt vor allem morsches Holz, beziehungsweise Wurzelstöcke, und ein großer Teil der Prachtkäferlarven geht gar nicht ins Holz hinein, sondern nagt zwischen Rinde und Holz. Dadurch kann zwar die Wasserleitung unterbunden werden, doch befallen die Buprestiden vor allem kranke oder schwache Bäume, und nur selten treten sie in größeren Mengen auf. Im Forst sind einige kleine *Agrilus*-Arten ungern gesehen, weil sie an Jungpflanzen Schäden anrichten können. *Agrilus viridis* befällt vor allem Buche, aber auch Weide und wird außerdem von Birke, Erle, Gagel, Ahorn und Pappel gemeldet. *Agrilus angustulus* lebt als Larve vorwiegend in Eiche, aber auch in Buche, Hainbuche und Hasel. *Agrilus biguttatus* findet man in verschiedenen Eichen. Als wir die Konkurrenten in unserem Heim besprachen, lernten wir einen besonders gefürchteten Käfer kennen, den Hausbock. Die Familie der Bockkäfer (*Cerambycidae*) ist bei Liebhabern und Sammlern sehr begehrt, da die Käfer zu den schönsten Arten unserer Fauna gehören. Die Familie stellt aber auch viele Konkurrenten, und gerade in der Forstwirtschaft spielen manche eine wichtige Rolle. In Mitteleuropa gibt es drei *Tetropium*-Arten, Splintböcke, die schlimmsten Forstschädlinge unter den Bockkäfern. Sie befallen stehende Nadelholzstämme, mit Vorliebe solche, die krank oder geschwächt sind. Nach Windbrüchen, Borkenkäferbefall oder Raupenfraß (Nonne) kann der Gemeine Fichtensplintbock einen Bestand innerhalb von drei Jahren ganz vernichten. Auch Nadelholzbestände auf ungeeigneten Standorten sind gefährdet, und bei besonders starken Massenvermehrungen können die Käfer sogar gesunde Bäume befallen. In den letzten Jahrzehnten ist es bei uns nicht mehr zu starkem Auftreten der Splintböcke gekommen. Die sogenannte „Waldhygiene" sorgt dafür, dass holzfressende Tiere keine guten Lebensmöglichkeiten mehr finden. Früher häufige Arten sind stark zurückgegangen oder selten geworden, einst von Naturliebhabern begehrte seltene Bockkäfer stehen vor ihrer völligen Vernichtung. Von den drei *Tetropium*-Arten sind zwei so selten, dass sie gar keine Bedeutung haben. Es sind der nur an Lärche lebende Lärchensplintbock *Tetropium gabrieli* und der an Fichten und Tannen vorkommende Mattschildige Fichtensplintbock *Tetropium fuscum*. Von Mai bis Juli tritt die dritte Art, der Gemeine Fichtensplintbock *Tetropium castaneum*, an Fichten und in östlichen Gebieten auch an Kiefern auf. Die Weibchen legen ihre Eier unter die Schuppen der Borke oder in die Risse der Baumrinde. Die Larven fressen dann zwischen Rinde und Splintholz ihre typischen Gänge. Dadurch werden die Leitungsbahnen unterbrochen, und wenn das bei starkem Befall um den ganzen Stamm herum erfolgt, steigt kein Wasser mehr zum Gipfel hoch, der Baum vertrocknet und geht zugrunde. Gefahr besteht vor allem für kranke und schwache Bäume. Die Schäden werden dadurch noch höher, dass die ausgewachsenen Larven ins Holz hineingehen und einen bis 4 cm tiefen Hakengang fressen. Dadurch wird das Holz auch technisch entwertet, von einem befallenen Stamm können die äußeren Holzteile nicht zu Nutzholz verarbeitet werden. Infolge ähnlicher Lebensweise können die beiden *Criocephalus*-Arten *rusticus* und *tristis* sowie *Asemum striatum* gelegentlich als technische Schädlinge an Kiefernholz, gelegentlich auch an anderem Nadelholz auftreten und aus verarbeitetem Holz schlüpfen. Diese Arten gehen aber auch an Wurzelstöcke oder morsches, technisch nicht verwertbares Holz, oder sie sind so selten, dass man sie kaum als gefürchtete Konkurrenten ansehen kann. Diese Bockkäfer-Arten haben relativ kurze Fühler, jedenfalls verglichen mit anderen Arten der Familie. Zu den imposantesten Böcken unserer heimischen Fauna gehört der Heldbock, *Cerambyx cerdo*. Er wird bis zu 5 cm lang; beim Weibchen sind die kräftigen Fühler so lang wie der Körper, beim Männchen überragen sie ihn weit. Die Käfer findet man von Mai bis August, sie sind besonders abends und nachts aktiv. Die Weibchen legen ihre Eier an Eichen, selten an andere Laubbäume ab. Kranke oder altersschwache Eichen werden bevorzugt, gesunde Bäume werden kaum befallen. Die ausschlüpfenden Larven fressen zuerst in der Rinde, gehen aber bald ins Holz und durchbohren es nach allen Richtungen hin. Da die Entwicklung 3–5 Jahre dauert und die Gänge fingerdick werden, wird das Holz für eine weitere Verarbeitung unbrauchbar. Der hohe Wert alten, starken Eichenholzes macht verständlich, dass Heldböcke ganz empfindliche Schäden anrichten können, allerdings nicht oder kaum physiologischer Art an den Bäumen, denn diese können jahrzehntelang weiter austreiben und leben, auch wenn in ihrem Inneren Generation um Generation von Eichenböcken heranwächst. Aber für Nutzholz ist das Eichenholz verloren. Die daraus gesägten Bretter sehen aus wie von Maschinengewehrsalven durchlöchert. Die Gefahr durch den Heldbock ist heute vorüber! Schon seit langem hat man diesem herrlichen Käfer überall erbarmungslos nachgestellt. Bereits seit Jahrzehnten gibt es ihn in den meisten Gebieten Mitteleuropas nicht mehr, auch die letzten „Heldbockeichen" wurden in vielen der letzten Refugien wissentlich gefällt. Die Zeit ist absehbar, dass *Cerambyx cerdo* bei uns nur noch in Sammlungen zu sehen sein wird – in der Natur hat ihm der Mensch bald den Garaus gemacht. In Südosteuropa hat *Cerambyx cerdo* noch einige ihm ähnlich sehende Verwandte (*velutinus, miles, nodulosus, carinatus*), die zum Teil auch in Gebieten des Mittelmeerraumes und Kleinasiens zu Hause sind. Ihnen allen wird es wohl bald nicht anders ergehen als ihrem Vetter aus dem menschenreichen Mitteleuropa. Ein kleinerer Verwandter, nur 17–28 mm groß, ist *Cerambyx scopolii* (Kleiner Eichenbock, Buchenspießbock). Er hat zwar eine ähnliche Lebensweise, seine Entwicklung dauert aber nur zwei Jahre. Die Larven leben im Holz verschiedener Laubbäume. Da sie gern in Stubben und Äste gehen, sind sie dem Schicksal ihrer größeren Verwandten bisher entronnen. Man findet die Käfer bei uns von Mai bis Juli stellenweise noch recht häufig auf blühenden Sträuchern und auf Holz. Es sind aber auch schon Schäden gemeldet, die auf sein Konto gehen, vor allem aus Obstanlagen. Nicht ganz so gefährlich wie der Heldbock sind eine ganze Reihe kleinerer Bockkäfer, die als Larven zunächst unter der Rinde leben, später aber einige Zentimeter tief ins Holz hineingehen und es darum für eine weitere Bearbeitung technisch entwerten. Diese Arten sieht man – vor allem von Mai bis Juli – auf berindeten, geschlagenen Baumstämmen herumlaufen, mitunter auch auf Baumstubben, Klafterholz oder an Reisig. *Pyrrhidium sanguineum*, der 8–12 mm große Rothaarbock kommt stellenweise zuweilen recht häufig vor. Die Larven leben in verschiedenen Laubbäumen, vor allem in Eichen. Die Käfer laufen von April bis Juni an geschlagenen Stämmen und an Stubben herum. Die Larven nagen sich zur Verpuppung bis zu 6 cm tief ins Holz hinein. *Phymatodes testaceus* kann nicht nur in Holzlagern auftreten, wo er aus eingelagertem Brennholz schlüpft, sondern geht als Larve auch in Holz, das technisch verarbeitet werden soll. Die Art bevorzugt Eiche, kann aber auch andere Laubhölzer befallen. Eine ganze Reihe von Bockkäfern bezeichnet man wegen ihrer gelbschwarzen gestreiften Färbung allgemein als „Wespenböcke" oder aber auch als „Widderböcke". Viele von ihnen leben als Larve unter Baumrinde und gehen zur Verpuppung ins Holz hinein. Dadurch können sie Holzschäden anrichten. Es sind Angehörige der Gattungen *Chlorophorus*, *Clytus*, *Plagionotus* und *Xylotrechus*. Die Arten sind aber meist so selten, dass sie kaum ins Gewicht fallen. Eine Ausnahme macht der Variable Eichenwidderbock *Plagionotus arcuatus* (Bild 58). Er ist mit 6–20 mm Länge einer der größten seiner Verwandtschaft. Die Art kommt bei uns überall vor und ist stellenweise auch häufig. Die Käfer sieht man von Mai bis Juli auf dem Brutholz herumlaufen. Die Weibchen legen ihre Eier vor allem an berindete Eichenstämme, nur selten auch an andere Laubbäume. Die Larven fressen zuerst in der Rinde, erst zur Verpuppung nagen sie sich ins Holz hinein. Da das bis 7 cm tief sein kann, sind die technischen Schäden erheblich, vor allem bei Massenvermehrungen. Die Gattung *Monochamus* ist in unserer Fauna mit vier Arten vertreten. Es sind recht große Bockkäfer, die vor allem im männlichen Geschlecht sehr lange Fühler haben, die mehr als doppelte Körperlänge erreichen. Auch bei den Weibchen überragen sie die Länge des Körpers. Alle Arten leben an Nadelholz und bewohnen vor allem Gebirgswälder. Die Käfer benagen die Rinde junger Zweige und Triebe. Dadurch können sie Schäden anrichten, die aber weit hinter denen der Larven bleiben. Die Käferweibchen legen Eier an berindete Stämme. Die Larven fressen zuerst unter der Rinde, später gehen sie ins Holz, wodurch dieses technisch entwertet wird. Die Art *sartor* ist die größte. Sie befällt Fichten, vor allem gefällte Stämme. Kleiner ist *sutor*, die häufigste Art der Gattung, die aber nicht nur an Fichte, sondern auch an Tanne und andere Nadelbäume geht. *M. galloprovincialis* ist seltener als *sutor*. Die Larven leben vorwiegend in Kiefern. Die vierte Art der Gattung, *saltuarius* ist eine östliche Art, die ostwärts, bis Japan verbreitet ist, im mitteleuropäischen Raum aber nur im Südosten vorkommt. Im Kapitel Brutfürsorge lernten wir den Kleinen Pappelbock, *Saperda populnea*, kennen, der vor allem an Zitterpappeln Gallbildungen hervorruft. Er wird in einschlägiger Literatur als gelegentlicher Kulturschädling bezeichnet. Dies Urteil verdient eher sein größerer Verwandter, der Große Pappelbock, *Saperda carcharias*. Die Käfer verraten sich von Juni bis September dadurch, dass sie große Löcher in Pappelblätter fressen. Die Larven leben im Holz und im Mark der Pappeln. Ihre Entwicklung dauert zwei Jahre. Junge Bäume bis zu 3 cm Stärke sterben durch Larvenfraß ab oder werden so stark beschädigt, dass sie bei starkem Wind knicken. Ältere, dickere Pappeln sterben zwar nicht ab, wenn die Larven des Pappelbocks auch jahrelang in ihnen fressen, aber das Holz wird doch so entwertet, dass es nur noch als Brennholz gebraucht werden kann. Als Abschluss zu den Bockkäfern noch ein Kuriosum. Es ist noch gar nicht so lange her, da wurden Bockkäfer als Schädlinge gemeldet. Mehrere Arten, wie zum Beispiel der Rothalsbock *Leptura rubra* zerstörten Telegrafenmasten. Diese Masten entsprachen als Lebensraum den Baumstubben, die durch den Fraß zersetzt wurden. Aber die Masten dienten dem Menschen, darum

Bild 58 – Eichenwidderbock, *Plagionotus arcuatus* (*Cerambycidae*), ein Vertreter der „Wespenböcke". Das Bild zeigt die Eiablage in Begleitung des Männchens.

wurde das sonst nützliche Treiben dieser Tiere im speziellen Fall „schädlich". Heute brauchen wir uns darüber keine Sorgen mehr zu machen – Telegrafenmasten sind heute aus Stahl oder anderen Materialien, nicht mehr aus Holz. Beim Kapitel Brutfürsorge haben wir schon die Bekanntschaft einer ganzen Reihe von Dickkopfrüsslern und Rüsselkäfern gemacht, den Rollern und Stechern, die Knospen, Blüten, Blätter und Sprosse von Bäumen schädigen können. Als reine Pflanzenfresser haben die Rüsselkäfer auch in der Forstwirtschaft Bedeutung. Am bekanntesten und gefürchtetsten ist der „Große Braune Rüsselkäfer", *Hylobius abietis*. Er ist so bedeutend, dass Forstleute von ihm nur einfach als „Rüsselkäfer" sprechen. Die Art hat anderen Käfern gegenüber manche Sonderheiten. Am wichtigsten ist, dass bei diesem Rüsselkäfer nicht die Larven, sondern die ausgewachsenen Käfer die Schäden verursachen. Die Larven leben nämlich an den absterbenden Wurzeln von Nadelbäumen, meist also an den Stubben, die auch mit Eiern belegt werden. Die Larven fressen Furchen zwischen Bast und Splint und gehen zur Verpuppung ins Holz. Die Entwicklungsdauer ist verschieden. Meist erfolgt die Eiablage im April und Mai, im August und September können schon die ersten Jungkäfer erscheinen. Vor der Verpuppung kann die Larve aber auch etwa ein Jahr lang liegen. Schaden richten die Larven an den Stubben also nicht an. Ungewöhnlich ist die lange Lebensdauer der Käfer. Käfer sterben meist nach der Eiablage ab, der Große Braune Rüsselkäfer wird dagegen bis zu drei Jahre alt. Die Käfer fressen an der Rinde und an den Nadeln von Nadelbäumen, den Hauptschaden richten sie an jungen Pflanzungen an.
Die in die Rinde gefressenen Löcher reichen bis in den Bast oder Splint hinein. Oft liegt Loch neben Loch, die Stämmchen werden grindig und nicht nur beschädigt, oft auch ganz vernichtet. Ein Forstwissenschaftler sagt über den Käfer: „Er ist ein Kulturschädling ersten Ranges, unter allen Forstinsekten das am meisten genannte, gehasste und bekämpfte". Der Mensch trägt aber wieder einen großen Teil der Schuld selbst, dass dieser Käfer so schädlich werden kann. Beim Holzeinschlag werden meist mehr oder weniger große Flächen kahlgeschlagen. Damit bietet man dem Rüsselkäfer besonders günstige

Brutmöglichkeiten. Auf die Kahlschläge werden dann die jungen Nadelbäume gesetzt. Sobald der Käfer schlüpft, stehen ihm gleich nebenan die Fraßpflanzen zur Verfügung. Er erreicht sie sicher und schnell. Unter anderen, normalen, natürlichen Verhältnissen wäre ihm das gar nicht möglich, denn er kann nicht fliegen, er muss „zu Fuß" seine Brut- und Fraßstellen aufsuchen. Forstleute machen sich das anderweitig zu Nutze, indem sie Fanggruben ausheben, in denen sich die Käfer sammeln. Solche Fanggruben sind übrigens für Entomologen wahre Fundgruben, weil sich in ihnen alle möglichen Insekten einfinden. Die Rüsselkäfer-Gattung *Pissodes* ist in Mitteleuropa mit einer ganzen Reihe von Arten vertreten. Sie machen sich als Sekundärschädlinge im Wald bemerkbar, das heißt, sie greifen nur schon von anderen Insekten befallene oder geschwächte Bäume an. Ihre Lebensweise ist weitgehend gleich: Die Weibchen legen die Eier an die Rinde von Nadelbäumen. Die ausschlüpfenden Larven fressen geschlängelte Gänge in der Rinde und im Splint. Zur Verpuppung gehen sie dann tiefer ins Holz hinein. Dazu bauen sie sich aus Nagespänen eine Puppenwiege. Die Weibchen legen die meisten Eier im Frühjahr, setzen aber die Eiablage während der ganzen Vegetationsperiode fort. Sie leben 2–3 Jahre. So findet man stets alle Entwicklungsstadien nebeneinander, im Winter Larven und Käfer. Der Kiefernkulturrüssler, *Pissodes notatus*, wird auch Kleiner Brauner Kiefernrüssler genannt. Das sagt schon, dass er eine gewisse Bedeutung haben muss. Die ausgewachsenen Käfer nagen an den Zweigen und Trieben der Brutpflanzen tiefe Löcher in die Rinde. Aber die Schäden durch die Larven sind noch stärker. Sie fressen gewundene, mit Bohrmehl verstopfte Gänge zwischen Rinde und Holz und unterbinden so den Saftstrom. Die Puppenwiege ragt auch ins Holz hinein. Die Art tritt vorwiegend in jungen Kiefernkulturen (3- bis 15-jährig) auf. Wenn der Standort ungünstig ist, können die jungen Bäumchen durch den Larvenfraß weiterhin geschwächt werden. Bei Wildverbiss, nach Sturm- oder Brandschäden können die Kiefernkulturrüssler ganze Bestände total vernichten. Befallene Bäumchen sind im Sommer daran zu erkennen, dass an der Rinde Harz Tröpfchen erscheinen, und die Nadeln welken und braun werden. Ebenfalls an

Bild 59 – Die Larven des Schwarzen Fichten-Dickmaulrüsslers befallen nicht das Holz sondern die Wurzeln der Fichten.

Kiefern lebt der Kiefernstangenrüssler, *Pissodes piniphilus*. Er ist kleiner, sonst dem Kiefernkulturrüssler ähnlich, auch in seiner Lebensweise. Diese Art tritt aber vorzugsweise an 30- bis 50–jährigen Bäumen auf, an denen die Stellen mit glatter, dünner Rinde befallen werden. Hier fressen die Käfer und legen auch die Eier ab. Der Schaden durch die Art kann dadurch beträchtlich werden, dass bei starkem Auftreten auch gesunde Bäume nicht verschont werden, wenn auch kranke bevorzugt werden. Man erkennt das Auftreten der Käfer daran, dass weiße Harztropfen auf der Rinde erscheinen und die Wipfeltriebe kümmern. Zwei weitere *Pissodes*-Arten leben noch an Kiefern. Der Kiefernaltholzrüssler, *Pissodes pini*, lebt oben im Kronenbereich älterer Kiefern, und der Kiefernzapfenrüssler, *Pissodes validirostris*, entwickelt sich in Kiefernzapfen. Bei beiden bestehen Möglichkeiten, dass sie forstlich Schäden anrichten können, sie sind aber geringer als bei den vorher angeführten *Pissodes*-Arten. Der Harzrüssler, *Pissodes harcyniae*, hat einen anderen Brutbaum als die bisher besprochenen Arten der Gattung. Erlebt an Fichten und befällt 50 bis 100 Jahre alte Bäume. Sie dürfen aber nicht gesund sein. Der Käfer geht an kranke Bäume oder an solche, die durch Schneebruch, Raupenfraß oder ähnliches gelitten haben. Besonders bevorzugt werden Fichten, die durch Rauch geschädigt sind, was vor allem in der Umgebung von Industriegebieten der Fall sein kann. Nach dieser Gewohnheit wird die Art auch einfach als „Rauchrüsselkäfer" bezeichnet. Wenn die Fichten noch saftreich sind, ersticken die Larven im Harz, darum besteht für gesunde Bäume keine Gefahr gegenüber dieser Art, die demnach nur Sekundärschädling ist. Nach der Überwinterung legt das Weibchen in der oberen Stammhälfte in selbst gebohrte Rindenlöcher die Eier ab. Die Larven fressen im Bast unregelmäßige Gänge. Die Verpuppung erfolgt im Splintholz. Der Entwicklungszyklus dauert ein Jahr. Vor allem in bergigem Land kann der Harzrüssler große Schäden anrichten. Mit ihm zusammen tritt nicht selten *Pissodes scabricollis*, der Gefleckte Fichtenrüssler, auf. Seine Biologie ist ganz ähnlich. Daher hat er auch für die Forstwirtschaft die gleiche Bedeutung. Auch die Weißtanne hat ihre *Pissodes*-Art, den Weißtannenrüssler, *Pissodes piceae*. Seine Lebensweise entspricht der seiner Verwandten, aber er kommt nur monophag an Weißtannen vor, wo er am „Tannensterben" mitbeteiligt sein kann, eine Erscheinung, die vielerlei Ursachen haben kann.
Viele Rüsselkäfer benagen Blätter oder Nadeln von Bäumen und können darum bei Massenauftreten gewisse Schäden anrichten. Diese bleiben aber stets in Grenzen. Darum sollen die vielen Arten hier nicht aufgeführt werden. Nur eine Gattung sei noch erwähnt, die Gattung *Rhynchaenus.* Eine der häufigsten Arten ist *fagi*, der Buchenspringrüssler. Er kommt nur dort vor, wo es Buchen gibt, weil er an diesen Baum gebunden ist. Die Käfer nagen an Blättern und Blattstielen sowie an den weiblichen Blüten. Nach der Überwinterung erscheinen die Käfer, wenn das Buchenlaub treibt. Größere Schäden als der Käfer verursacht die Larve, die zuerst eine Gang–, dann eine Platzmine im Blatt verursacht. Die Minen werden braun. Eine stark befallene Buche sieht daher aus, als ob die Blätter erfroren wären. Dann kann es zu Zuwachsverlusten und Bucheckernausfall kommen. Die verwandte Art *Rhynchaenus quercus*, der Eichenspringrüssler, hat eine ähnliche Lebensweise. Er befällt aber Eichen. Andere *Rhynchaenus*-Arten findet man an Birken, Erlen, Weiden und Ulmen.
Zum Abschluss dieses Kapitels muss noch eine Familie erwähnt werden, die unter den Käfern wohl die wichtigste Rolle in der Forstwirtschaft spielt: die Borkenkäfer, *Scolytidae*. Mit wenigen Ausnahmen zählen die etwa 120 in Mitteleuropa vorkommenden Arten zu den gefürchtetsten Schädlingen in unseren Wäldern. Entsprechend ihrer beider völlig verschiedener Brutbiologien liegen die von ihnen angerichteten Schäden in zwei unterschiedlichen Bereichen. Die meisten Arten zählen zu den Rindenbrütern. Die Käfer durchnagen die Baumrinde und legen in oder unter der Rinde Brutgänge an, in die die Eier abgelegt werden. Die ausschlüpfenden Larven fressen ihrerseits Larvengänge. Die Fraßbilder sind sehr verschieden, zumal die Männchen auch polygam sein können. Dann gehen von der Rammelkammer aus mehrere Muttergänge ab. Nicht selten erkennt man anhand eines Fraßbildes die Art. Die Gefährlichkeit dieser Rindenbrüter besteht darin, dass vielfach das Splintholz geschürft wird und damit die Leitungsbahnen des befallenen Baumes unterbrochen werden. Bei starkem Auftreten dieser Käfer können ganze Wälder in kurzer Zeit zum Absterben gebracht werden. Befallen werden vornehmlich kränkelnde, geschwächte oder beschädigte Bäume. Sind die Brutmöglichkeiten für die Käfer günstig, zum Beispiel nach Schnee oder Windbrüchen, kann es sehr schnell zu katastrophalen Kalamitäten kommen. Denn dann werden, vor allem in Nadelwäldern, sogar gesunde Bäume befallen. Auch bei den Schäden durch Borkenkäfer trägt wieder der Mensch einen Teil der Schuld selbst. In einem natürlichen Mischwald finden diese Käfer gar nicht die idealen Brutmöglichkeiten, weil die einzelnen Arten auf bestimmte Bäume mehr oder weniger spezialisiert sind. Nur in den forstlich besonders rentablen Monokulturen kann es sehr schnell zu den Kalamitäten kommen. Anders als bei den Rindenbrütern sind die Schäden der Holzbrüter. Sie nagen Gänge ins Holz und entwerten es dadurch für eine weitere Verarbeitung. Diese Käfer sind also keine Vegetationsschädlinge, sondern technische Schädlinge. Im Allgemeinen bezeichnet man sie auch als Ambrosia-Käfer. Diesen Namen tragen sie nach der Larvenernährung. Die in den von den Altkäfern genagten Gängen im Holz lebenden Larven fressen nicht das Holz selbst, sondern die in den Gängen wachsenden Ambrosia-Pilze, die aus Sporen wachsen, die von den Käfern eingebracht werden. Beide, Rinden- und Holzbrüter, können auch dadurch schwere Schäden anrichten, dass sie Pflanzen

und Krankheiten übertragen. Es können hier nicht alle wichtigen Arten angeführt und besprochen werden, nur die häufigsten und für die Forstwirtschaft schädlichsten. An Laubbäumen kommt eine Reihe von Arten als Rindenbrüter vor. Die von ihnen verursachten Schäden sind selten so schwer, dass sie ins Gewicht fallen. Der Große Ulmensplintkäfer, *Scolytus scolytus*, kann allerdings am Ulmensterben mitbeteiligt sein, und der Bunte Eschenbastkäfer, *Leperisinus varius*, ruft an Eschen die krebsähnlichen Rinden oder Eschenrosen hervor. Von den wenigen Holzbrütern in Laubbäumen ist nur eine Art erwähnenswert, der Ungleiche Holzbohrer, *Xyleborus dispar*. Er befällt fast alle Laubholzarten, mitunter sogar Kiefern. Zuweilen kommt es durch ihn zu schweren Schäden an Obstbäumen, vor allem an Apfel und Pflaume. Stark gefährdet sind Bäume, die infolge großer Trockenheit, durch Frost und dergleichen geschädigt sind. Ungleich größer als an Laubbäumen sind die durch Borkenkäfer hervorgerufenen Schäden an Nadelbäumen. Unter den Rindenbrütern ist der Riesenbastkäfer, *Dendroctonus micans*, in der Forstwirtschaft sehr gefürchtet. Er brütet vor allem in 20- bis 40–jährigen Fichten, aber auch in Tannen. Da er für einen Borkenkäfer sehr groß ist, hält er starken Harzfluss aus und kann darum auch gesunde Bäume befallen, also als Primärschädling auftreten. Ihm folgen häufig andere Käferarten (*Pissodes*) oder Pilze wie der Hallimasch, die das Holz dann vollends zerstören. Aus der Biologie des Riesenbastkäfers ist noch eine interessante Sonderheit zu erwähnen. Das Weibchen frisst keinen Muttergang, sondern einen beilförmigen Raum („Platz") unter der Rinde und legt darin die Eier einzeln oder in Häufchen ab. Die Larven fressen dann nebeneinander in einer Reihe („Platzfraß"). Hinter dieser Phalanx sind einige Larven damit beschäftigt, Nagemehl, Kot, Exuvien und tote Larven nach rückwärts zu transportieren und alles mit dem Kopf zu einer festen Bohrmehlplatte zusammenzudrücken. Nach einiger Zeit drängen sich diese Larven wieder zum Fressen nach vorn, andere Larven übernehmen die rückwärtigen Arbeiten. Einer der bekanntesten und auch schädlichsten Borkenkäfer ist der Buchdrucker (Bild 60), auch Großer Achtzähniger Fichtenborkenkäfer genannt, *Ips typographus*. Man findet ihn in Fichten, manchmal auch in Lärchen und Kiefern. Die Rammelkammer liegt in der Rinde. Da das Männchen polygam ist, gehen von der Rammelkammer bis zu sieben Muttergänge aus. Jedes Weibchen legt 20-100 Eier. So verlaufen von jedem Muttergang 20–100 Larvengänge Diese sind zuerst sehr eng, verbreitern sich aber schnell und sind stark geschlängelt. Durch den Larvenfraß wird der absteigende Saftstrom im Bast unterbrochen, der Stamm trocknet aus, stirbt ab. Der Buchdrucker neigt besonders in Monokulturen, auf ungünstigen Standorten sowie nach Schnee und Windbrüchen zu Massenvermehrungen, zumal da im Jahr bei günstigen Klimabedingungen zwei Generationen hervorgebracht werden. Bei starkem Auftreten werden auch gesunde Bäume befallen. Einzelkäfer ersticken beim Einbohren im Harzfluss. Kommen sie aber in Mengen, besteht auch für einen gesunden Baum keine Hoffnung mehr. Ein naher Verwandter ist der Krummzähnige Tannenborkenkäfer, *Pityokteines curvidens*, der an Tannen, seltener an anderen Nadelbäumen, lebt. Auch diese Art ist polygam. Die Rammelkammer liegt im Splint, und die Verpuppung der Larven findet bis zu 1 cm tief im Splint statt. Gewöhnlich werden in einem Jahr zwei Generationen hervorgebracht, bei günstigem Klima sogar drei. Es ist darum kein Wunder, dass auch dieser Borkenkäfer zu Massenvermehrungen neigt. Gefährdet sind vor allem Weißtannenbestände auf ungeeigneten Standorten sowie zum Beispiel durch Trockenheit geschwächte Bäume. *Pityokteines curvidens* kann auch – zusammen mit *Pissodes piceae* – am Tannensterben mitbeteiligt sein. Der Große Lärchenborkenkäfer, *Ips cembrae*, ist generell in seiner Biologie den beiden Verwandten ähnlich. Sein Brutbaum ist die Lärche und nur selten andere Nadelbäume. Da Brutgänge und Puppenwiegen hauptsächlich in der Rinde liegen, ist der angerichtete Schaden nicht groß. Dafür droht den Lärchen aber eine größere Gefahr durch den Reifungsfraß der Käfer im Wipfel junger Lärchen und an Trieben. Ähnliche Schäden an Kiefern, selten an Fichten oder Lärchen, ruft ein monogamer Rindenbrüter hervor: der Große Waldgärtner, *Blastophagus piniperda*. Der Brutfraß, der vornehmlich in der Rinde stattfindet, ist wirtschaftlich weniger bedeutsam als der Ernährungsfraß der Käfer an vorjährigen Triebspitzen in der Baumkrone. Die angefressenen Triebspitzen verdorren und brechen ab. Nach starkem Befall – der Boden unter den Bäumen kann dann von den Abbrüchen übersät sein – sehen die Bäume wie beschnitten aus. Darum heißt der Käfer auch Waldgärtner. Der Kleine Waldgärtner, *Blastophagus minor*, hat eine sehr ähnliche Biologie wie sein großer Verwandter. Während *piniperda* allerdings ein ausgesprochener Frühschwärmer ist, den man gelegentlich schon im Februar findet, fliegt *minor* erst Mitte März oder im April. Der Kleine Waldgärtner richtet dadurch größere Schäden an, dass die Fraßbilder tief im Splint liegen. Dadurch wird der Saftstrom unterbrochen. Wenn nicht der ganze Baum abstirbt, ist doch zumindest Wipfeldürre die Folge eines starken Auftretens dieser Art. Die durch die Holzbrüter angerichteten Schäden sind stets von gleicher Art: Zum einen wird das Holz der befallenen Bäume technisch entwertet – es kann kaum mehr – oder nur mit starken Verlusten – zu Nutzholz verarbeitet werden. Zum anderen besteht aber durch die Bohrgänge im Holz die Gefahr, dass andere Schädlinge – vor allem auch Pilze – eindringen können und das Zerstörungswerk der Holzbrüter beschleunigen und fortsetzen. *Xyloterus lineatus*, der Linierte Nutzholzborkenkäfer, brütet in Fichte und anderen Nadelbäumen. Die Holzbrüter sind – weil offenbar die Larven kein Holz, sondern Pilze fressen – im Allgemeinen weniger spezialisiert als die Rindenbrüter. *Xyloterus lineatus* neigt unter den im Holz

Bild 60 – Der Buchdrucker oder Borkenkäfer ist wohl der am meisten gefürchtete Schädling in unseren Wäldern.

brütenden Borkenkäfern am meisten zu Massenvermehrungen. Auch unberindete Stämme, die feucht lagern, können von ihm befallen werden. *Gnathotrichus materiarius* ist ein nordamerikanischer Holzbrüter in Nadel- und Laubholz. Im Jahre 1965 fing ich das Tier erstmals in Deutschland, im Schwarzwald. Im gleichen Jahr – so stellte sich später heraus – fingen auch holländische Kollegen die Art in den Niederlanden. Der in Europa eingeschleppte Käfer, der bei uns bisher nur aus Kiefer und Douglasie bekannt geworden ist, hat sich seitdem im Schwarzwald weit ausgebreitet. Er gehört heute zu unserer heimischen Fauna. *Piatypus cylindrus*, der Eichenkernkäfer, sei als letzter Forstschädling genannt. Er ist bei uns der einzige Vertreter einer eigenen Familie: *Platypodidae*, Kernkäfer. Der Käfer sieht ähnlich aus wie ein Borkenkäfer, der Körper ist aber mehr langgestreckt. Biologisch ist er ein pilzzüchtender monogamer Holzbrüter in stehenden oder frisch gefällten Eichen. Mitunter geht er auch in Buchen, Eschen, Kastanien und Linden. Die Käfer schwärmen im Juni/Juli. Zwischen den Geschlechtern findet eine Arbeitsteilung statt: Die Weibchen nagen allein die Brutstollen; die Männchen beteiligen sich nicht daran, sondern halten nur die Gänge sauber. Da die Brutgänge im Kernholz liegen, sind die am Holz angerichteten technischen Schäden erheblich. Der Eichenkernkäfer ist bei uns allerdings meist recht selten.

Bild 61 – Den Großen Puppenräuber *Calosoma sycophanta* kann man durchaus als eine große Hilfe im Kampf gegen Forstschädlinge bezeichnen.

Die vorhergehenden Kapitel haben gezeigt, dass eine große Zahl von Käferarten in vielerlei Hinsicht unsere Konkurrenten sind, die uns als „Schädlinge" in Haus, Garten, Feld und Wald mehr oder weniger große Schäden zufügen. So kommt es natürlich immer wieder zu unliebsamen Konfrontationen. Im Vorausgegangenen konnte aber auch wohl deutlich gemacht werden, dass die unendliche Vielfalt der Arten und die Tatsache, dass Käferpraktisch alle Biotope besiedelt haben, Ursachen für das vielfache überschneiden der Interessengebiete sind. Sehen wir so – von unserem Standpunkt aus – die Käfer an, dann dürfen wir auch den anderen Aspekt nicht vergessen: Käfer, die für uns und für unsere Belange nützlich sind. Nicht nur das Obst und Gemüse zu unserer Ernährung, sondern den Bestand des Großteils der gesamten Vegetation verdanken wir den Insekten, die als Blütenbestäuber für die Fortpflanzung und damit für den Bestand zahlloser Pflanzen unentbehrlich sind. Diese wichtige Arbeit leisten nicht nur die Bienen, andere Insektengruppen – und nicht zuletzt die allgegenwärtigen Käfer– sind ebenso daran beteiligt. Unter den räuberisch lebenden Käfer-Arten gibt es viele, die gerade andere Insekten, die wir als Schädlinge bezeichnen, fressen und vertilgen. Viele Laufkäfer sind in Feld und Wald den Bauern und Förstern wertvolle Helfer im Kampf gegen Larven, Raupen und Schnecken. Besonders hervorzuheben ist der Große Puppenräuber *Calosoma sycophanta* (Bild 61). Käfer und Larven klettern in Bäumen umher und machen Jagd auf Raupen und Puppen, vor allem auf die der Prozessionsspinner, Schwammspinner, Goldafter, Nonnen, Kieferneule und Kiefernspinner. Eine Puppenräuber-Larve frisst, bis sie ausgewachsen ist, etwa 40 Raupen, ein Käfer im Laufe eines Jahres ungefähr 400 Raupen. In Gebieten, in denen der Puppenräuber häufig ist, kann es kaum zu Kalamitäten in der Forstwirtschaft kommen. Als Anfang unseres Jahrhunderts in den USA von Europa eingeschleppte Schwammspinner und Goldafter schwere Schäden in den Wäldern anrichteten, importierte man 6000 Puppenräuber, züchtete sie weiter und ließ sie frei. Sie erreichten, dass die Schäden in Grenzen gehalten wurden. Heute ist der Puppenräuber in ganz Nordamerika heimisch geworden. Diese erfolgreiche Einbürgerung war auch der Grund dafür, dass der Puppenräuber nach dem 1. Weltkrieg – ebenfalls als Verbündeter des Menschen gegen Schädliche Raupen – nach Java geholt wurde. Auch in anderen Käferfamilien gibt es Arten, die in Feld und Forst gern gesehen sind. Der Vierpunkt-Aaskäfer (*Xylodrepa quadripunctata*) klettert wie der Puppenräuber auf Bäumen und Sträuchern herum und jagt Raupen von Frostspannern, Prozessionsspinnern und anderen Schmetterlingen. Die Arten der beiden Aaskäfergattungen *Abiattaria* und *Phosphuga* leben von Schnecken und Würmern. Den Ameisenbuntkäfer (*Thanasimus formicarius*) findet man in Nadelwäldern. Er vertilgt dort die für die Forstwirtschaft so gefährlichen Borkenkäfer. Selbst in unserem Heim erscheint gelegentlich ein Käfer, den wir – falls wir ihn zu Gesicht bekommen – hegen und pflegen sollten. Er führt aber eine nächtliche Lebensweise. Tagsüber hält er sich verborgen, nur in der Dunkelheit ist er aktiv. Es ist der Hausbuntkäfer, *Opilo domesticus*. Er und seine Larven machen Jagd auf im Holz lebende Insekten und deren Brut. Der Appetit der Käfer scheint recht groß zu sein. Es ist beobachtet worden, wie ein Tier innerhalb einer halben Stunde fünf Nagekäfer fraß. Die Larven sind ziemlich lang, aber sehr dünn. Darum können sie nicht nur den Hausbockkäferlarven nachstellen, sondern auch den kleinen Nagekäfern und ihren Larven. Eine sehr ähnlich aussehende zweite Art der Gattung, *Opilo mollis*, ist bisher nur sehr selten in Häusern gefunden worden, als er Bockkäfern nachstellte, die sich in Weidenkörben und Korbflaschen entwickeln. *O. mollis* lebt vorzugsweise im Freien, wo er Borkenkäfern, Tannen-, Harz- und Altholzrüsslern sowie deren Brut nachstellt. So macht er sich für die Forstwirtschaft nützlich. Aus der Familie der Buntkäfer sei noch eine Art genannt: *Tillus elongatus*. Der Käfer ist zwar überall in Mitteleuropa nachgewiesen worden, gehört bei uns jedoch zu den seltenen Arten. Die sehr charakteristisch schwarz bis schwarzblau und hellrot gefärbten Käfer findet man in Wäldern an Buchen oder auch an anderen Laubbäumen. Die weißlichen Larven machen – genauso wie die *Opilo*-Larven – Jagd auf andere Käferlarven. Vor allem Bockkäfer- und Prachtkäferlarven fallen ihnen zum Opfer. Zu den bekanntesten Käfern zählen die Marienkäfer (Coccinelliden). Die Familie ist bei uns mit etwa 100 Arten vertreten. Sie gelten allgemein als Glückskäfer und tragen dementsprechend viele deutsche Namen wie „Herrgottskäfer", „Sonnenkälbchen" oder einfach „Glückskäfer". Einige wenige Arten sind zwar phytophag, das heißt, sie fressen pflanzliche Stoffe, der größte Teil lebt jedoch räuberisch. Da manche Arten eine Vorliebe für Blattläuse haben, helfen sie vor allem im Garten mit, diese Schadinsekten zu vertilgen, und zwar die Käfer und ihre Larven. Die bekannteste Art – auch Vorbild für die Schokoladenkäfer – ist der Siebenpunkt, *Coccinella septempunctata* (Bild 62), bei uns eine der größten Arten der Familie. In der Färbung variiert er bei uns kaum. Man sieht ihn auf der Jagd nach Blattläusen und anderen kleinen Beutetieren überall auf Gras, Kräutern und Büschen herumlaufen. Besonders zahlreich ist er dort, wo es viele Blattläuse gibt. In deren Kolonien sieht man dann auch die sehr beweglichen Larven des Käfers. Noch häufiger, meist ebenso gut bekannt, ist der Zweipunkt, *Adalia bipunctata*. Diese Art ist so farbvariabel, dass ein Nichtkenner die Käfer zu verschiedenen Arten rechnen muss. Es lassen sich zwei Hauptformen unterscheiden. Bei der einen ist die Grundfarbe der Flügeldecken orangegelb, und darauf steht je ein schwarzer Fleck. Diese Form hat der Art ihren wissenschaftlichen und deutschen Namen gegeben: *bipunctata* (zweipunktiert). Die andere Hauptform hat dagegen schwarze Flügeldecken mit vier oder sechs roten Flecken. Außer diesen Hauptformen gibt es

Bild 62 – Marienkäfer – ganz groß und unschlagbar beim Kampf gegen Blattläuse.

noch eine Unzahl Verschiedenster Varianten. Diese Verschiedenartigkeit ist sowohl genetisch wie umweltbedingt: Der Zweipunkt ist insofern besonders gut bekannt, weil er als Käfer gern in Häusern überwintert. Im zeitigen Frühjahr kommen die Tiere aus ihren Verstecken heraus und erscheinen an den Fensterscheiben. Sie versuchen, wieder ins Freie zu gelangen. Nach der Paarung legt das Weibchen 100–150 Eier. Die Larven sind außerordentlich gefräßig und fressen Blattläuse, Blutläuse, Käferlarven, alles, was sie überwältigen können. Es kommt sogar zu Kannibalismus. Schon nach 10–15 Tagen, wenn sie 350–400 Blattläuse gefressen haben, können sie ausgewachsen sein und sich verpuppen. Die meisten Puppen findet man im Juni. Die Puppenruhe dauert 5–10 Tage. Dann schlüpft der Käfer, der wieder überwintert und ebenfalls Blattläuse frisst. So hat der Mensch in verschiedenen Käferarten auch Verbündete gegen andere Insekten, die ihm in vielen Bereichen Konkurrenz machen.

Die Rechtsgrundlagen für den Natur- und Artenschutz werden in der Bundesrepublik **Deutschland** durch zwei Gesetze geregelt. Dabei werden allgemeine Bedingungen für den Naturschutz und die Landschaftspflege im **Bundesnaturschutzgesetz (BNatSchG)** vom 20.12.1976 festgelegt. Aktuell gilt das BNatSchG vom 29.7.2009, das zuletzt durch Artikel 290 der Verordnung vom 19.6.2020 geändert worden ist.
Darüber hinaus erlassen die einzelnen Bundesländer im Rahmen dieses Gesetzes eigene Gesetze über den Natur- und Artenschutz. Ihre Behörden überwachen die Durchführung und können für wissenschaftliche Untersuchungen Ausnahmegenehmigungen erteilen.
Die **Bundesartenschutzverordnung (BArtSchV)** vom 25.8.1980 regelt den Schutz wild lebender Tier- und Pflanzenarten. Sie wurde mehrfach überarbeitet und ist aktuell in der Fassung vom 16.2.2005 gültig, die zuletzt durch Artikel 10 des Gesetzes vom 21.1.2013 geändert wurde. Diese Verordnung stellt eine große Anzahl gefährdeter Arten unter Schutz. Geschützte Käferarten dürfen dadurch weder als Imago noch in Form ihrer Stadien (Ei, Larve, Puppe) gesammelt werden. Auch hier können auf Landesebene für wissenschaftliche Zwecke besondere Ausnahmegenehmigungen erteilt werden.

In Österreich fällt der Naturschutz in den ausschließlichen Kompetenzbereich der Bundesländer. Es bestehen daher neun **Landesnaturschutzgesetze (NSchG)** und kein Naturschutz- oder Naturschutzrahmengesetz des Bundes.

Bild 63 – *Rosalia alpina*, Alpenbock (*Cerambycidae*), ein unter Naturschutz stehender Käfer.

Die **Schweiz** regelt mit dem bereits am 1.7.1966 erlassenen **Bundesgesetz über den Natur- und Heimatschutz (NHG)** die Kriterien des Umwelt- und Artenschutzes. Sieben Verordnungen, darunter die **Artenschutzverordnung (ASchV)** vom 18.4.2007 mit der Artenschutz-Kontrollverordnung vom 16.5.2007, regeln den Schutz von Tieren und Pflanzen sowie die Ein- und Ausfuhr dieser und ihrer Produkte in der Schweiz.

Seit dem 18.7.2018 ist in **Luxemburg** das reformierte **Naturschutzgesetz** in Kraft. In seinem Kapitel 5 wird der Artenschutz geregelt, der hierarchisch aufgebaut ist: es gibt Arten, die nur einen Grundschutz genießen und andere, die inklusive ihrer Lebensräume streng geschützt sind.

Die Autoren weisen darauf hin, dass man sich unter Berücksichtigung geländespezifischer Bedingungen (z. B. Naturschutzgebiet, Nationalpark) mit den jeweils gültigen Rechtsvorschriften vertraut machen muss, bevor ein Gelände betreten, Wege verlassen, Tiere fotografiert oder evtl. sogar gesammelt werden.

Das **Sammeln von Insekten** steht aus o. g. Gründen heutzutage unter deutlich anderen Rahmenbedingungen als noch in den 1970er oder 1980er Jahren. Es ist aus wissenschaftlicher Sicht jedoch nicht minder wertvoll. Im Gegenteil: Durch einen Mangel an fachkundigen Spezialisten und den von ihnen angelegten Daten- und Belegtier-Sammlungen entstanden in den letzten Jahrzehnten vielerorts große Wissenslücken oder Brüche in wertvollen Langzeiterfassungen, die sich nachteilig in der Beurteilung von Bestandsentwicklungen, aber mitunter sogar in der Bewertung des Schutzstatus eines Habitates auswirken können.
Eine wissenschaftliche Sammlung setzt neben der Beachtung rechtlicher Aspekte die Kenntnis entsprechender Präparationsmethoden voraus.

Eine sehr gute online verfügbare Zusammenstellung bietet Dr. Jürgen Schmidl von der Universität Erlangen: https://www.bioform.de/Bilder/Präparation_Wirbellose_JSchmidl_2019.pdf

Unabdingbar sind darüber hinaus Kontakt und Austausch mit Experten. Diese sind heutzutage durch digital verfügbare Publikationen leicht ausfindig zu machen. Entomologisch tätige Forschungsinstitute (z. B. Senckenberg Deutsches Entomologisches Institut Müncheberg, Museum für Naturkunde Berlin, Senckenberg Forschungsinstitut und Naturmuseum Frankfurt/Main, Zoologische Staatssammlung München, Naturhistorisches Museum Wien, Naturhistorisches Museum Basel, Nationalmuseum für Naturgeschichte Luxembourg) und ihre Mitarbeiter stellen ebenso wie äußerst fachkundige Hobby-Entomologen Anlaufstellen dar.

FAMILIE CARABIDAE (LAUFKÄFER)

Gattung *Calosoma* (Puppenräuber):
alle einheimischen Arten
Gattung *Carabus* (Großlaufkäfer):
alle einheimischen Arten

FAMILIE CICINDELIDAE (SANDLAUFKÄFER)

Gattung *Calomera, Cicindela, Cylindera* (Sandlaufkäfer):
alle einheimischen Arten

FAMILIE DYTISCIDAE (SCHWIMMKÄFER)

Dytiscus latissimus (Breitrand)

Überfamilie Cerambycoidea

FAMILIE CERAMBYCIDAE (BOCKKÄFER)

alle einheimischen Arten, aber nicht:
Hylotrupes bajulus (Hausbock)
Gattung *Monochamus* (Langhornböcke)
Gattung *Tetropium* (Fichten- und Lärchenböcke)

Überfamilie Cleroidea

FAMILIE CLERIDAE (BUNTKÄFER)

Clerus mutillarius (Eichen-Buntkäfer)
Gattung *Trichodes* (Bienenkäfer):
alle einheimischen Arten

Überfamilie Cucujoidea

FAMILIE CUCUJIDAE (PLATTKÄFER)

alle einheimischen Arten

Überfamilie Tenebrionoidea

FAMILIE MELOIDAE (ÖLKÄFER)

Sitaris muralis (Schmalflügliger Pelzbienenölkäfer)
Gattung *Meloe* (Ölkäfer, Maiwurmkäfer):
alle einheimischen Arten

Überfamilie Buprestoidea

FAMILIE BUPRESTIDAE (PRACHTKÄFER)

alle einheimischen Arten, aber nicht:
Agrilus biguttatus (Zweifleckiger Eichenprachtkäfer)
Agrilus viridis (Buchenprachtkäfer)
Anthaxia quadripunctata (Vierpunkt-Kiefernprachtkäfer)
Chrysobothris affinis (Goldgruben-Eichenprachtkäfer)
Phaenops cyanea (Blauer Kiefernprachtkäfer)

Überfamilie Scarabaeoidea

FAMILIE GEOTRUPIDAE (MISTKÄFER)

Typhaeus typhoeus (Stierkäfer)

FAMILIE LUCANIDAE (HIRSCHKÄFER, SCHRÖTER)

alle europäischen Arten

FAMILIE SCARABAEIDAE (BLATTHORNKÄFER)

Copris lunaris (Mondhornkäfer)
Gnorimus nobilis (Grüner Edelkäfer)
Gnorimus variabilis (Schwarzer Edelkäfer)
Oryctes nasicornis (Nashornkäfer)
Osmoderma barnabita (Eremit)
Osmoderma eremita (Eremit)
Polyphylla fullo (Walker)
Gattung *Cetonia* (Rosenkäfer):
alle einheimischen Arten
Gattung *Protaetia* (Rosenkäfer, Goldkäfer):
alle einheimischen Arten

Überfamilie Hydrophiloidea

FAMILIE HYDROPHILIDAE (WASSERKÄFER)

Gattung *Hydrophilus* (Große Kolbenwasserkäfer):
alle einheimischen Arten

Darüber hinaus werden im Anhang IV der FFH-Richtlinie (92/43/EWG; 13.5.2013) innerhalb der EU mehrere Käferarten europaweit unter Schutz gestellt. Dabei kommen folgende Arten in Mitteleuropa vor:

Bolbelasmus unicornis (Vierzähniger Mistkäfer)
Buprestis splendens (Goldstreifiger Prachtkäfer)
Carabus hungaricus (Ungarischer Laufkäfer)
Carabus variolosus (Grubenlaufkäfer)
Cerambyx cerdo (Heldbock, Großer Eichenbock)
Cucujus cinnaberinus (Scharlachkäfer)
Dytiscus latissimus (Breitrand)
Graphoderus bilineatus (Schmalbindiger Breitflügel-Tauchkäfer)
Osmoderma barnabita (Eremit)
Osmoderma eremita (Eremit)
Phryganophilus ruficollis (Rothalsiger Düsterkäfer)
Rosalia alpina (Alpenbock)

Nachfolgende Arten sind nicht für Mitteleuropa gemeldet {Verbreitung}:

Carabus rothi hampei {Ungarn, Rumänien, Ukraine}
Carabus olympiae {Italien}
Carabus scheidleri zawadzkii {Polen, Slowakei, Ukraine}
Dorcadion fulvum cervae {Ungarn}
Duvalius gebhardti {Bükk Gebirge, Ungarn}
Duvalius hungaricus {Ungarn, Slowakei}
Leptodirus hochenwarti (Hochenwart's Enghalskäfer) {Italien, Slowenien, Kroatien}
Phytoecia tigrina {Ungarn, Bulgarien, Ukraine, Rumänien, Serbien, Türkei}
Probaticus subrugosus {Ungarn, Ukraine, Rumänien, Griechenland, Slowakei}
Propomacrus cypriacus (Zyprischer Langarmkäfer) {Zypern}
Pseudogaurotina excellens (Prächtiger Blaubock) {Polen, Slowakei, Ukraine, Rumänien, Ungarn}
Pseudoseriscius cameroni {Malta}
Pytho kolwensis {Polen, Schweden, Finnland, Russland}

ORDNUNG	***COLEOPTERA* (KÄFER)**
Unterordnung	*Archostemata*
Familie	*Crowsoniellidae*
	Cupedidae (Genetzte Käfer)
	Jurodidae
	Micromalthidae
	Ommatidae
Unterordnung	*Myxophaga*
Überfamilie	*Lepiceroidea*
Familie	*Lepiceridae*
Überfamilie	*Sphaeriusoidea*
Familie	*Hydroscaphidae*
	Sphaeriusidae (Kugelkäfer)
	Torridincolidae
Unterordnung	*Adephaga*
Familie	*Amphizoidae* (Forellenbachkäfer)
	Aspidytidae
	Carabidae (Laufkäfer)
	Cicindelidae (Sandlaufkäfer)
	Dytiscidae (Schwimmkäfer)
	Gyrinidae (Taumelkäfer)
	Haliplidae (Wassertreter)
	Hygrobiidae (Feuchtkäfer)
	Meruidae
	Noteridae (Uferfeuchtkäfer)
	Rhysodidae (Runzelkäfer)
	Trachypachidae
Unterordnung	*Polyphaga*
Teilordnung	*Bostrichiformia*
Überfamilie	*Bostrichoidea*
Familie	*Bostrichidae* (Bohrkäfer)
	Dermestidae (Speckkäfer)
	Endecatomidae
	Ptinidae (Nagekäfer)
Überfamilie	*Derodontoidea*
Familie	*Derodontidae* (Knopfkäfer)
	Jacobsoniidae
	Nosodendridae (Saftkäfer)
Teilordnung	*Cucujiformia*
Überfamilie	*Cerambycoidea*
Familie	*Cerambycidae* (Bockkäfer)
	Disteniidae
	Oxypeltidae
	Vesperidae
Überfamilie	*Chrysomeloidea*
Familie	*Bruchidae* (Samenkäfer)
	Chrysomelidae (Blattkäfer)
	Megalopodidae (Blattkäfer)
	Orsodacnidae (Punktblattkäfer)
Überfamilie	*Cleroidea*
Familie	*Acanthocnemidae*
	Chaetosomatidae
	Cleridae (Buntkäfer)
	Mauroniscidae
	Melyridae (Wollhaarkäfer)
	Metaxinidae

Phloiophilidae (Doppelzahnwollhaarkäfer)
Phycosecidae
Prionoceridae
Trogossitidae (Jagdkäfer, Flachkäfer)

Überfamilie *Cucujoidea*

Familie *Agapythidae*
Akalyptoischiidae
Alexiidae (Kugelkäfer)
Biphyllidae (Pilzplattkäfer)
Boganiidae
Bothrideridae (Schwielenkäfer)
Byturidae (Blütenfresser)
Cavognathidae
Cerylonidae (Glattrindenkäfer)
Coccinellidae (Marienkäfer)
Corylophidae (Faulholzkäfer)
Cryptophagidae (Schimmelkäfer)
Cucujidae (Plattkäfer)
Cyclaxyridae
Discolomatidae
Endomychidae (Stäublingskäfer)
Erotylidae (Pilzkäfer)
Helotidae
Hobartiidae
Kateretidae (Riedgrasglanzkäfer)
Lamingtoniidae
Latridiidae (Moderkäfer)
Monotomidae (Detrituskäfer)
Myraboliidae
Nitidulidae (Glanzkäfer)
Phalacridae (Glattkäfer)
Phloeostichidae
Priasilphidae
Propalticidae
Protocucujidae
Silvanidae (Raubplattkäfer)
Smicripidae
Sphindidae (Staubpilzkäfer)
Tasmosalpingidae

Überfamilie *Curculionoidea*

Familie *Anthribidae* (Breitrüssler)
Attelabidae (Dickkopfrüssler, Blattroller)
Belidae
Brachyceridae
Brentidae (Langkäfer)
Caridae
Curculionidae (Rüsselkäfer)
Dryophthoridae
Nemonychidae (Schlankrüssler)

Überfamilie *Lymexyloidea*

Familie *Lymexylidae* (Werftkäfer)

Überfamilie *Tenebrionoidea*

Familie *Aderidae* (Baummulmkäfer)
Anthicidae (Blütenmulmkäfer)
Archeocrypticidae
Boridae (Nadelborkenkäfer)

	Chalcodryidae
	Ciidae (Schwammkäfer)
	Ischaliidae
	Melandryidae (Düsterkäfer)
	Meloidae (Ölkäfer)
	Mordellidae (Stachelkäfer)
	Mycetophagidae (Baumschwammkäfer)
	Mycteridae (Haarscheinrüssler)
	Oedemeridae (Scheinbockkäfer)
	Promecheilidae
	Prostomidae
	Pterogeniidae
	Pyrochroidae (Feuerkäfer)
	Pythidae (Drachenkäfer)
	Ripiphoridae (Fächerkäfer)
	Salpingidae (Scheinrüssler)
	Scraptiidae (Seidenkäfer)
	Stenotrachelidae
	Synchroidae
	Tenebrionidae (Schwarzkäfer)
	Tetratomidae (Keulendüsterkäfer)
	Trachelostenidae
	Trictenotomidae
	Ulodidae
	Zopheridae (Gepanzerte Düsterkäfer)
Teilordnung	*Elateriformia*
Überfamilie	*Buprestoidea*
Familie	*Buprestidae* (Prachtkäfer)
	Schizopodidae
Überfamilie	*Byrrhoidea*
Familie	*Byrrhidae* (Pillenkäfer)
	Callirhipidae
	Chelonariidae
	Cneoglossidae
	Dryopidae (Hakenkäfer)
	Elmidae (Klauenkäfer)
	Eulichadidae
	Heteroceridae (Sägekäfer)
	Limnichidae
	Lutrochidae
	Podabrocephalidae
	Psephenidae
	Ptilodactylidae
Überfamilie	*Dascilloidea*
Familie	*Dascillidae* (Moorweichkäfer)
	Rhipiceridae
Überfamilie	*Elateroidea*
Familie	*Artematopodidae*
	Brachypsectridae
	Cantharidae (Weichkäfer)
	Cerophytidae (Mulmkäfer, seltene Schnellkäfer)
	Elateridae (Schnellkäfer)
	Lampyridae (Leuchtkäfer)
	Lycidae (Rotdeckenkäfer)
	Melasidae (Kammkäfer, Schienenkäfer, Falschklickkäfer)

	Omethidae
	Phengodidae (Federleuchtkäfer)
	Plastoceridae
	Rhagopthalmidae
	Rhinorhipidae
	Telegeusidae
	Throscidae (Hüpfkäfer)
Überfamilie	*Scirtoidea*
Familie	*Clambidae* (Punktkäfer)
	Decliniidae
	Eucinetidae (Purzelkäfer)
	Scirtidae (Sumpfkäfer)
Teilordnung	*Scarabaeiformia*
Überfamilie	*Scarabaeoidea*
Familie	*Belohinidae*
	Diphyllostomatidae
	Geotrupidae (Mistkäfer)
	Glaphyridae
	Glaresidae
	Hybosoridae (Aas-Blatthornkäfer)
	Lucanidae (Hirschkäfer, Schröter)
	Ochodaeidae (Sandliebende Blatthornkäfer)
	Passalidae (Zuckerkäfer)
	Pleocomidae
	Scarabaeidae (Blatthornkäfer)
	Trogidae (Erdkäfer)
Teilordnung	*Staphyliniformia*
Überfamilie	*Hydrophiloidea*
Familie	*Helophoridae*
	Histeridae (Stutzkäfer)
	Hydrochidae
	Hydrophilidae (Wasserkäfer)
	Sphaeritidae (Scheinstutzkäfer)
	Synteliidae
Überfamilie	*Staphylinoidea*
Familie	*Agyrtidae* (Scheinaaskäfer)
	Hydraenidae (Langtasterwasserkäfer)
	Leiodidae (Schwammkugelkäfer)
	Ptiliidae (Zwergkäfer, Federflügler)
	Scaphiidae (Kahnkäfer)
	Silphidae (Aaskäfer)
	Staphylinidae (Kurzflügler)

(nach verschiedenen Quellen, u. a. McKenna et al. 2015, abgeändert)

—Bestimmungsteil

Die genaue Bestimmung der einheimischen Käferarten ist auch anhand von Spezialliteratur zumeist nicht einfach, oft sogar recht schwierig und mitunter nur nach mikroskopischen Untersuchungen feinster Strukturen und der Geschlechtsorgane möglich. Will man nach den Illustrationen in diesem Buch einen Käfer identifizieren, dann wird man bald die entsprechende Abbildung finden, denn es sind fast alle bei uns heimischen wichtigen Käfer-„Typen" dargestellt. Es ist allerdings nicht sicher, ob man „richtig" bestimmt hat und vielleicht nicht doch einen nahen Verwandten vorliegen haben könnte. Damit der Leser sofort sieht, ob von einer Gattung noch andere Arten als die abgebildeten bei uns vorkommen, ist im Text jeweils die in Mitteleuropa anzutreffende Artenzahl angegeben. In den Texten haben wir außerdem versucht, biologisch wichtige und interessante Informationen über die Familien, Gattungen und die abgebildeten Arten zu liefern und dem Leser die Vielfalt im Reich der Käfer vorzustellen – der artenreichsten Tiergruppe auf der Erde, die in Mitteleuropa mit über 9000 Arten, auf der ganzen Welt mit fast einer halben Million Arten vertreten ist.

Gewöhnlich enthalten Insektenführer Schlüssel zur Bestimmung der höheren systematischen Kategorien (Ordnungen, Familien, Gattungen). Hier wurde darauf verzichtet. Ein brauchbarer Schlüssel zur Bestimmung der Familien wäre einerseits unverhältnismäßig lang und müsste mit vielen Detailzeichnungen versehen werden. Andererseits setzt er gute Kenntnisse in der Käfermorphologie voraus und verlangt den Besitz eines Binokulars. Anstelle eines solchen Bestimmungsschlüssels ist auf den folgenden Seiten ein typischer Vertreter jeder der in Mitteleuropa vorkommenden Käferfamilien in einer Umrissskizze dargestellt. Diese Abbildungen sind (mit 4 Ausnahmen) dem elfbändigen Werk „Die Käfer Mitteleuropas" von Freude/Harde/ Lohse entnommen.
Außer der Zeichnung wird die taxonomische Gruppe angegeben, wobei Unterfamilien zur besseren Einordnung auch die Familie beigestellt ist. Die Seitenzahl verweist auf die Tafeln des systematischen Teils oder ein kurzes Portrait im Anschluss an die Umrissskizzen. So ermöglicht die Durchsicht dieser Übersicht eine schnelle Orientierung über die Vielfalt der heimischen Käfer. Die Zahl der in Mitteleuropa vertretenen Käferfamilien lag während der 1. Auflage dieses Buches bei 92 und basierte auf dem 1. Band des Standardwerkes „Freude, H., Harde, K. W., Lohse, G. A. (1965): Die Käfer Mitteleuropas". Zwischenzeitlich erhöhte sie sich auf bis zu 139 und liegt gegenwärtig bei 99. Diese Schwankungen führen vor Augen, dass die Taxonomie fortwährend Änderungen unterworfen ist. Entscheidend sind wissenschaftliche Begründungen für die Errichtung einer Familie und nicht etwa praktische Gründe, die möglichst wenige Änderungen an schon bestehenden Systemen zur Folge haben. Weltweit beträgt die Zahl der heute im Gebrauch befindlichen Käferfamilien etwa 200. Im vorliegenden System der Ordnung der Käfer (Coleoptera) sind ca. 200 Familien angeführt, die wiederum in etwa 20 Überfamilien zusammengefasst sind. Dieses System ist ein phylogenetisch begründetes System und stellt die verwandtschaftlichen Beziehungen der Familien untereinander dar, die wiederum in ca. 20 Überfamilien zusammengefasst sind (siehe McKenna et al. 2015).

Bild 64 – Der Bockkäfer *Solenoptera helbi*, einer der weltweit über 26000 Vertreter dieser Familie, kommt in der Dominikanischen Republik vor.

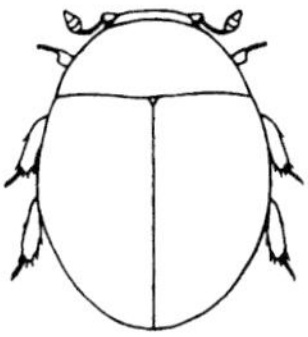

1 Sphaeriusidae

S. 148

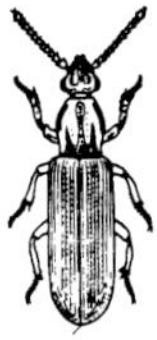

2 Rhysodidae

S. 89

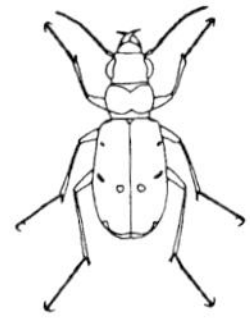

3 Cicindelidae

S. 96

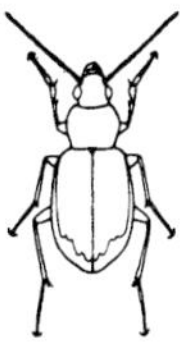

4 Carabidae

S. 97ff

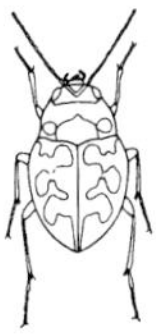

5 Omophroninae Carabidae

S. 106

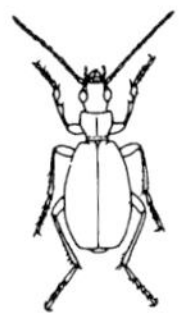

6 Brachininae Carabidae

S. 126

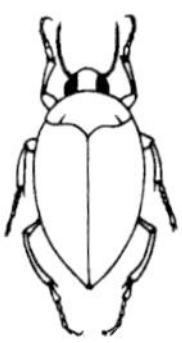

7 Haliplidae

S. 128

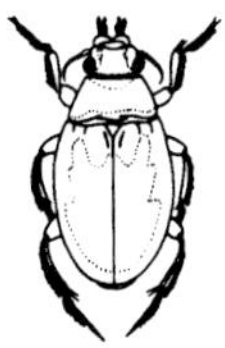

8 Hygrobiidae

S. 89

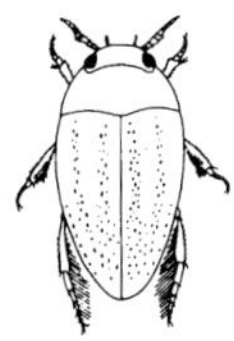

9 Noteridae

S. 128

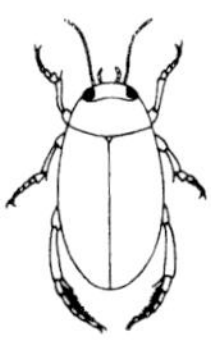

10 Dytiscidae

S. 128

11 Gyrinidae

S. 132

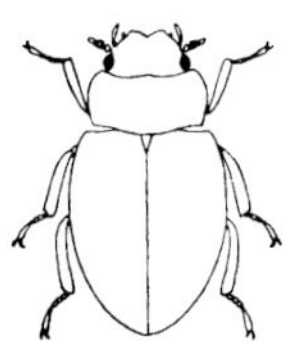

12 Spercherinae Hydrophilidae

S. 89

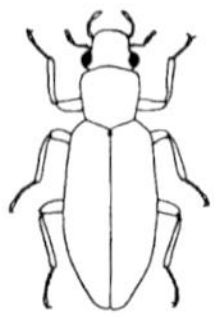

13 Hydrochidae

S. 89

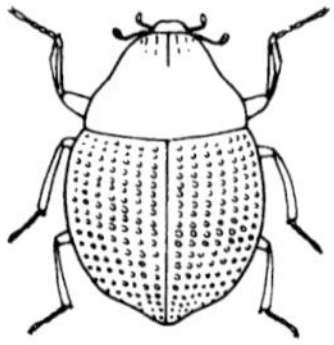

14 Georyssinae Hydrophilidae

S. 89

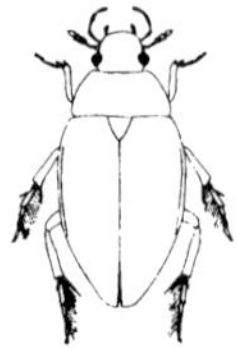

15 Hydrophilidae

S. 134

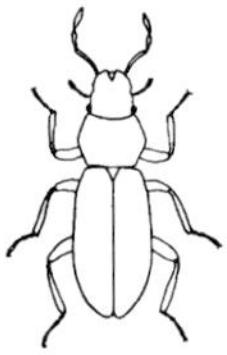

16 Hydraenidae

S. 134

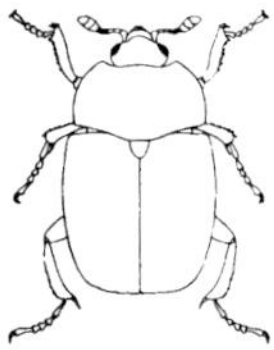

17 Sphaeritidae

S. 89

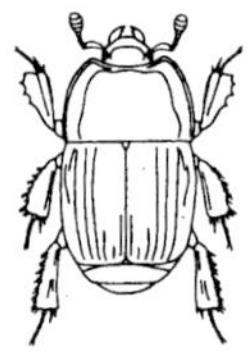

18 Histeridae

S. 138

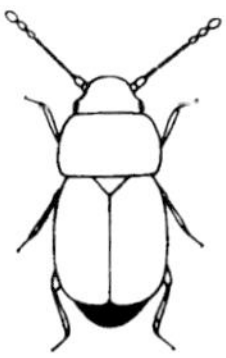

19 Ptiliidae

S. 148

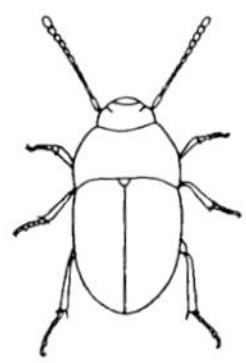

20 Leiodidae

21 Platypsyllinae Leiodidae

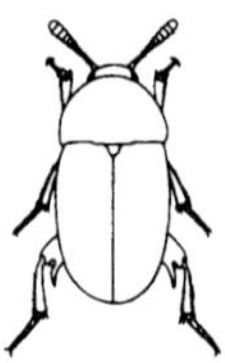

22 Coloninae Leiodidae

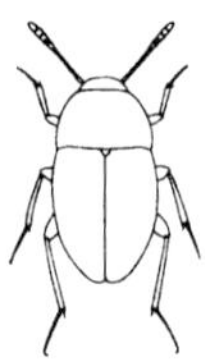

23 Cholevinae Leiodidae

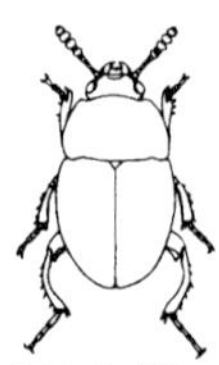

24 Leiodidae

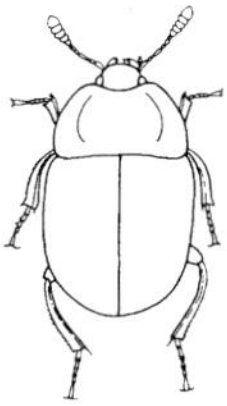

25 Agyrtidae

S. 144

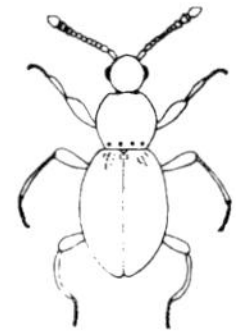

26 Scydmaeninae Staphylinidae

S. 152

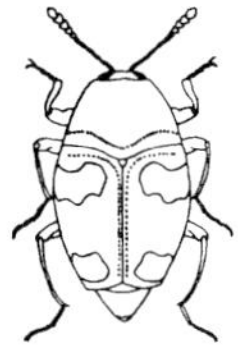

27 Scaphidiidae

S. 150

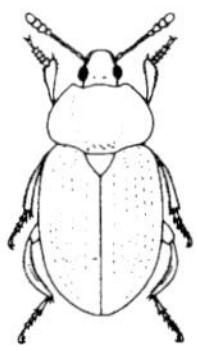

28 Silphidae

S. 142

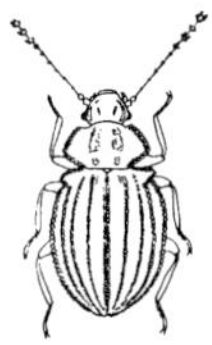

29 Dasycerinae Staphylinidae

S. 89

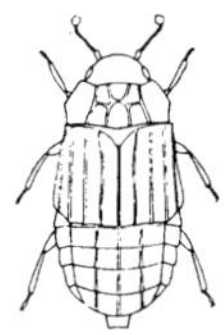

30 Micropeplinae Staphylinidae

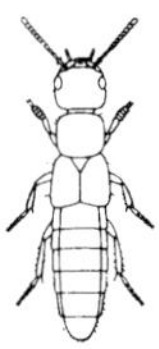

31 Staphylinidae

S. 151

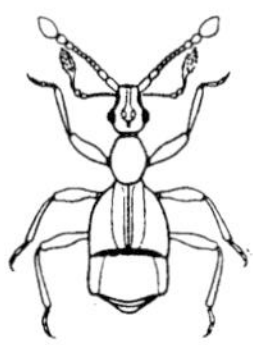

32 Pselaphinae Staphylinidae

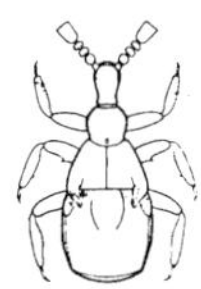

33 Clavigerinae Staphylinidae

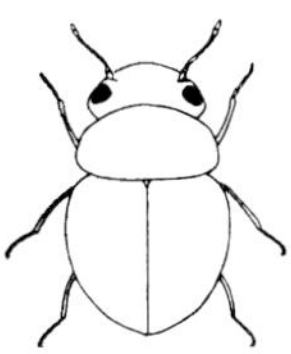

34 Clambidae

S. 146

35 Calyptomerinae Clambidae

S. 146

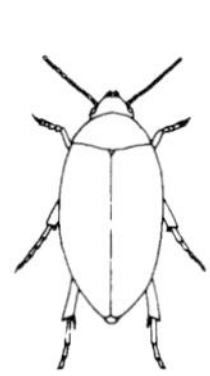

36 Eucinetidae

S. 36

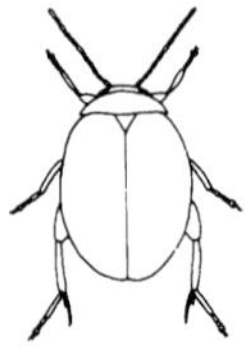

37 Scirtidae

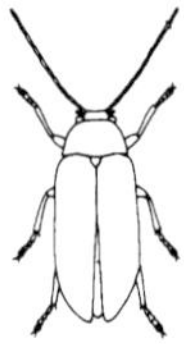

38 Dascillidae

S. 204

39 Lucanidae

S. 266

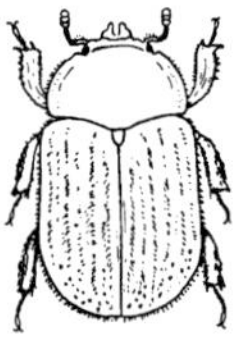

40 Aesalinae Lucanidae

41 Trogidae

S. 250

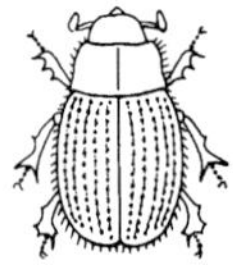

42 Glaresidae Hybosoridae

S. 90

43 Geotrupidae

S. 250

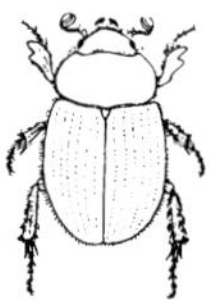

44 Ochodaeidae

S. 252

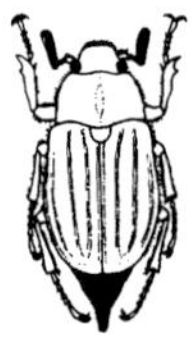

45 Scarabaeidae

S. 252

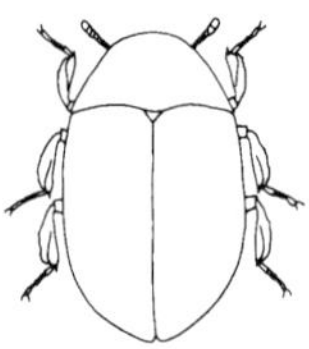

46 Byrrhidae

S. 206

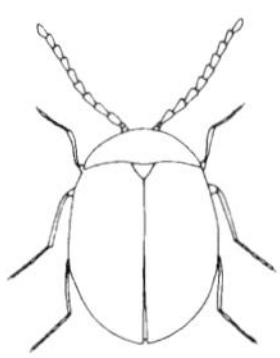

47 Psephenidae

S. 90

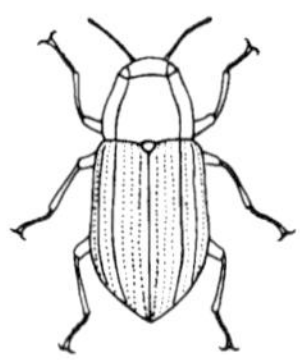

48 Elmidae

S. 204

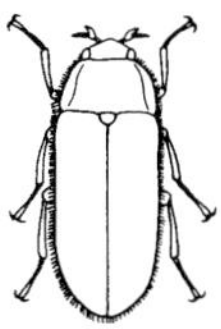

49 Dryopidae

S. 204

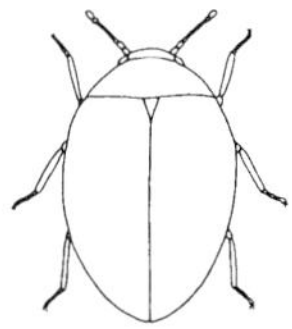

50 Limnichidae

S. 90

51 Heteroceridae

S. 206

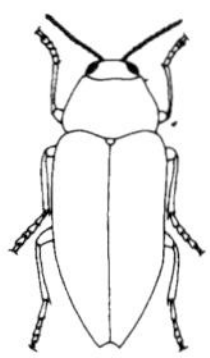

52 Buprestidae

S. 196ff

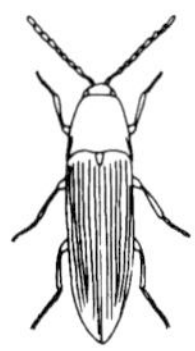

53 Elateridae

S. 188ff

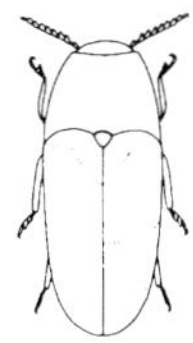

54 Lissominae
Elateridae

S. 90

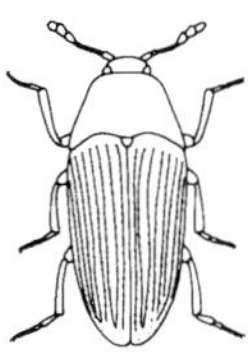

55 Throscidae

S. 194

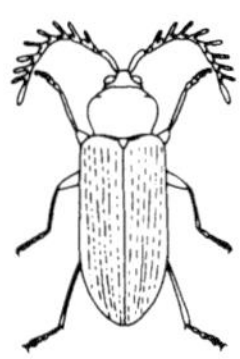

56 Cerophytidae

S. 194

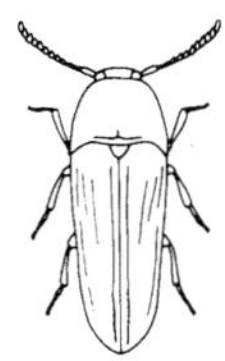

57 Eucneminae
Melasidae

S. 90

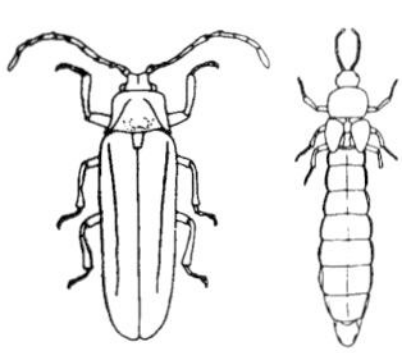

♂ ♀

58 Omalisinae
Elateridae

S. 90

59 Lycidae

S. 182

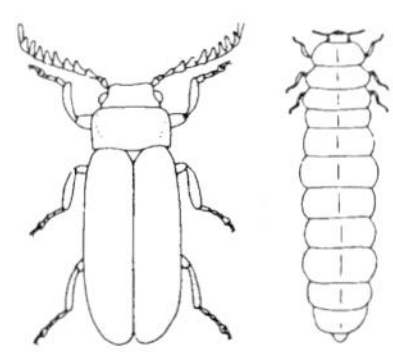

♂ ♀

60 Drilinae
Elateridae

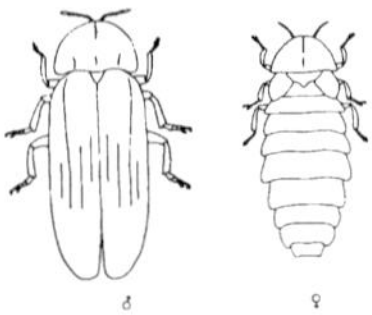

61 Lampyridae

S. 182

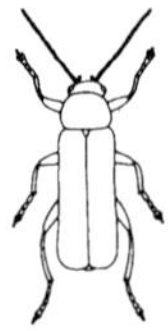

62 Cantharidae

S. 186

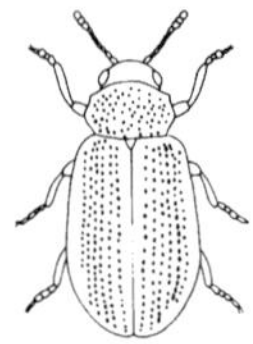

63 Derodontidae

S. 184

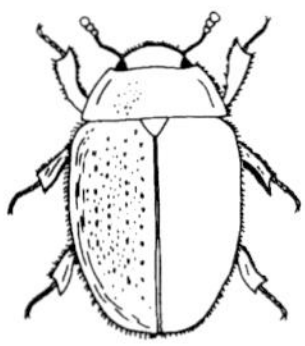

64 Nosodendridae

S. 206

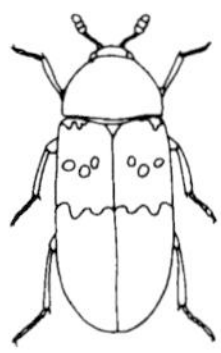

65 Dermestidae

S. 206

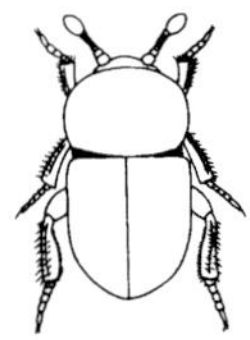

66 Thorictinae Dermestidae

S. 90

67 Bostrychidae

S. 228

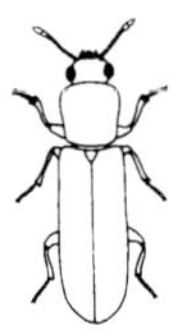

68 Lyctinae Bostrichidae

69 Anobiinae Ptinidae

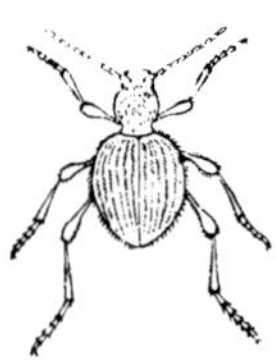

70 Ptinidae

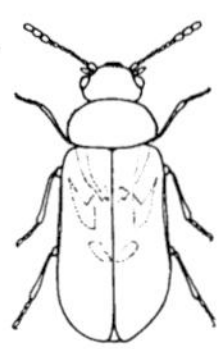

71 Phloiophilidae

S. 90

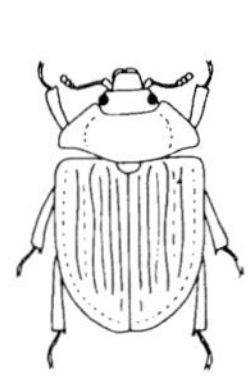

72 Peltinae Trogossitidae

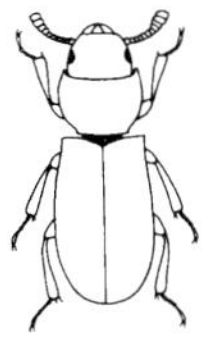

73 Trogossitidae

S. 208

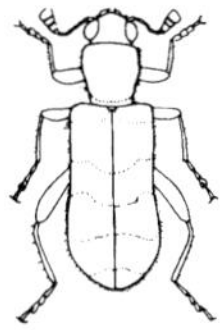

74 Cleridae

S. 188

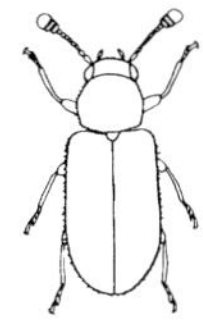

75 Korynetinae Cleridae

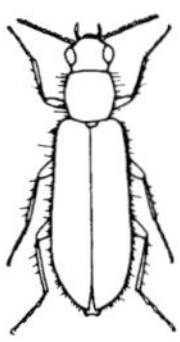

76 Dasytinae Melyridae

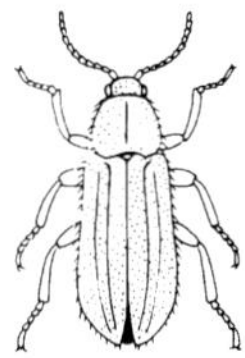

77 Melyridae

S. 91

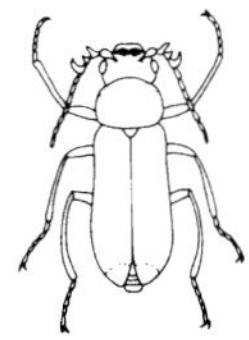

78 Malachiinae Melyridae

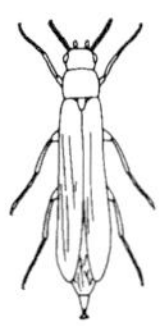

79 Lymexylidae

S. 188

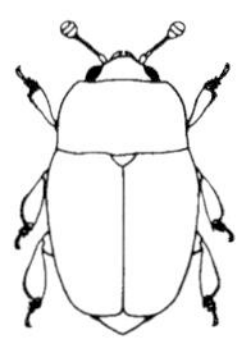

80 Nitidulidae

S. 208

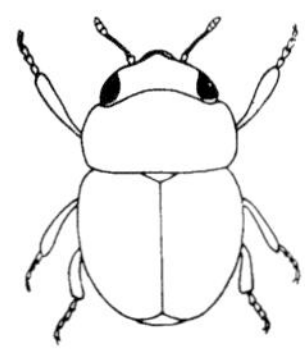

81 Cybocephalinae Nitidulidae

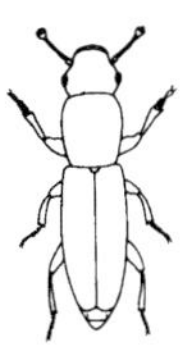

82 Rhizophaginae Monotomidae

S. 212

83 Monotomidae

S. 212

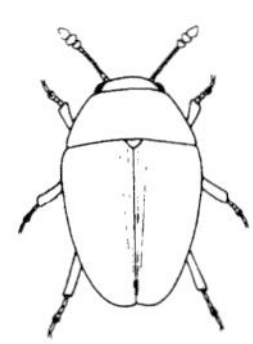

84 Phalacridae

S. 216

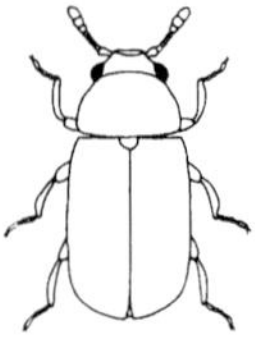

85 Sphindidae

S. 226

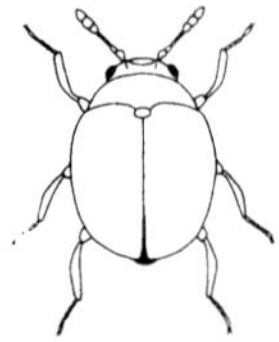

86 Sphindinae Sphindidae

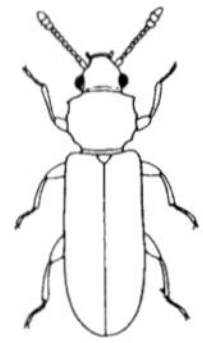

87 Cucujidae

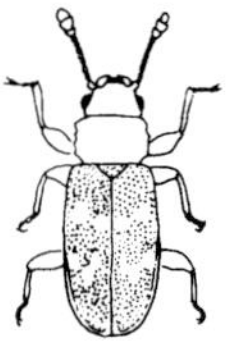

88 Phloeostichidae

S. 91

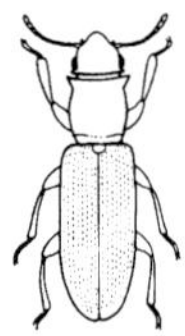

89 Silvanidae

S. 212

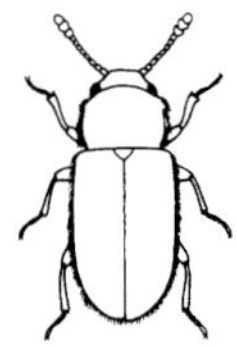

90 Cryptophagidae

S. 214

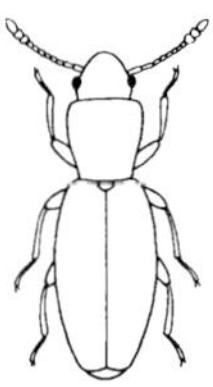

91 Cryptophagidae

S. 91

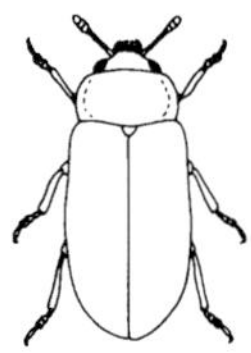

92 Byturidae

S. 208

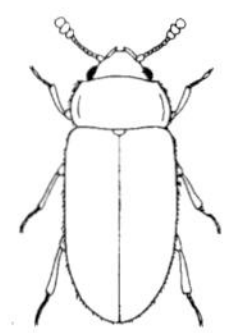

93 Biphyllidae

S. 91

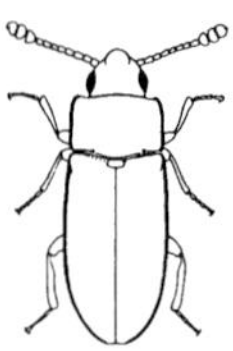

94 Languriinae Erotylidae

S. 91

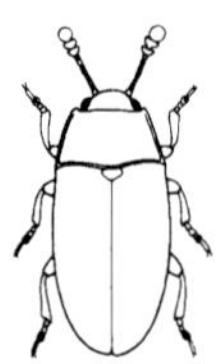

95 Erotylidae

S. 214

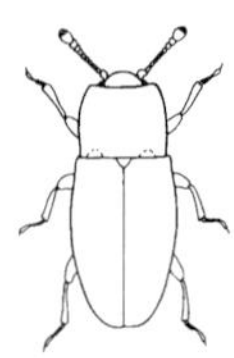

96 Cerylonidae

S. 218

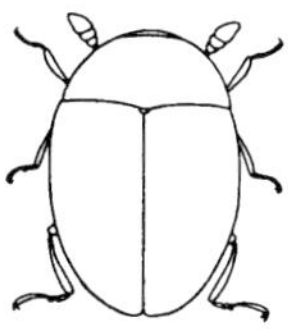

97 Corylophidae

S. 152

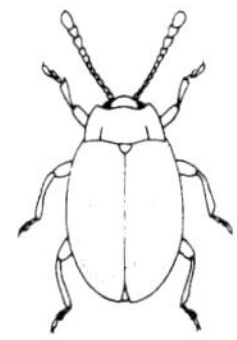

98 Endomychidae

99 Coccinellidae

S. 220ff

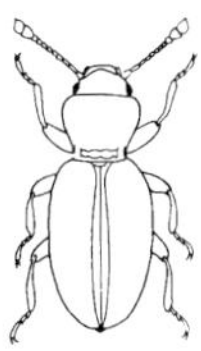

100 Merophysiinae Endomychidae

S. 91

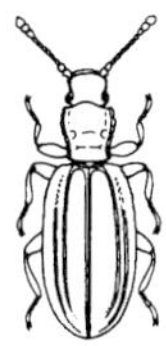

101 Lathridiidae

S. 216

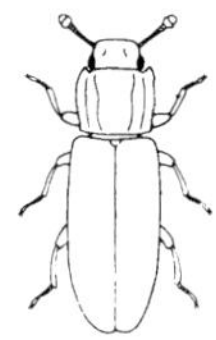

102 Colydiinae Zopheridae

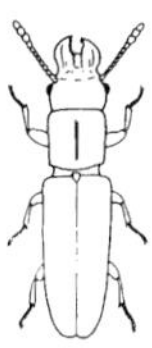

103 Prostomidae

S. 91

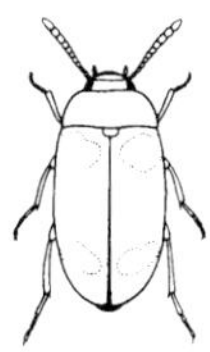

104 Mycetophagidae

S. 218

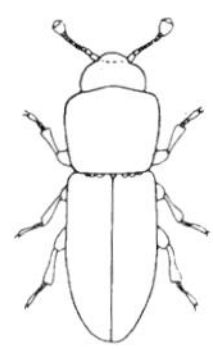

105 Anommatinae Bothrideridae

S. 92

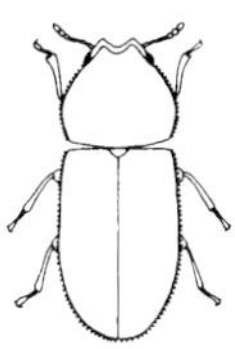

106 Ciidae

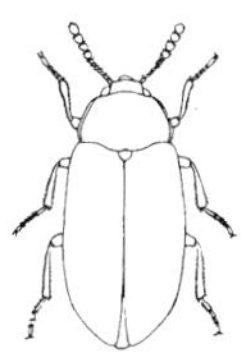

107 Tetratomidae

S. 92

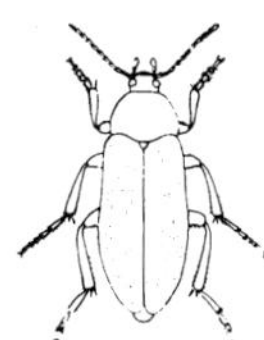

108 Melandryidae

S. 244

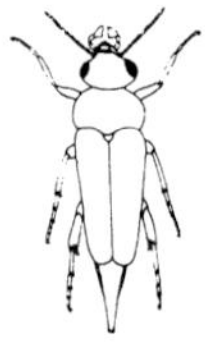

109 Mordellidae

S. 242

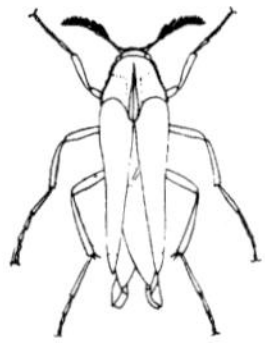

110 Ripiphoridae

S. 242

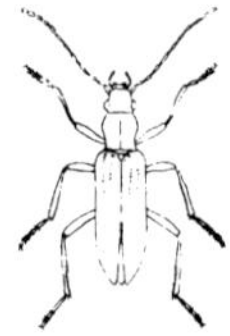

111 Oedemeridae

S. 238

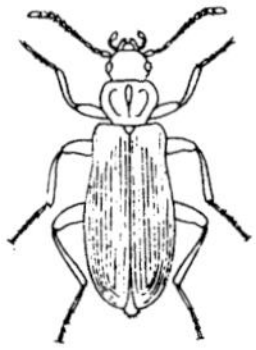

112 Pythidae

S. 92

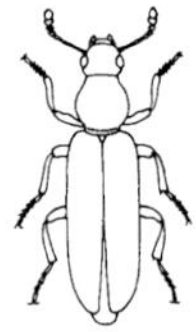

113 Boridae

S. 92

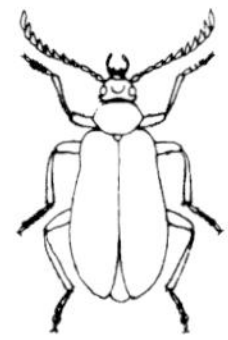

114 Pyrochroidae

S. 240

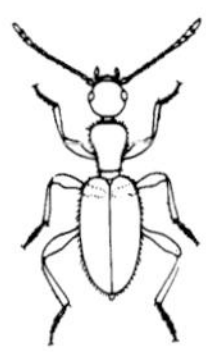

115 Anthicidae

S. 240

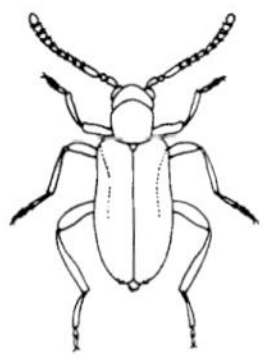

116 Aderidae

S. 240

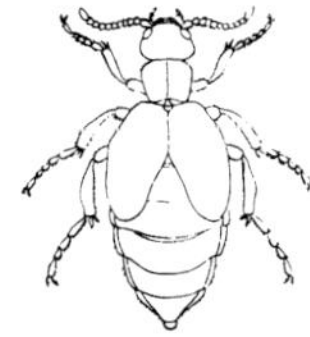

117 Meloidae

S. 242

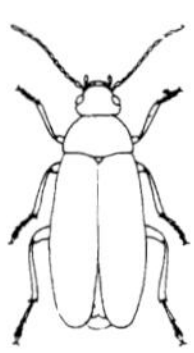

118 Scraptiidae

S. 240

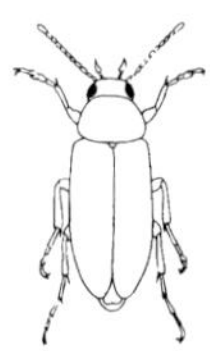

119 Anaspidinae Scraptiidae

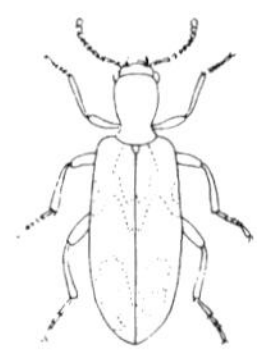

120 Agnatinae Pyrochroidae

S. 92

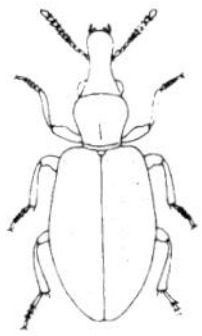

121 Salpingidae

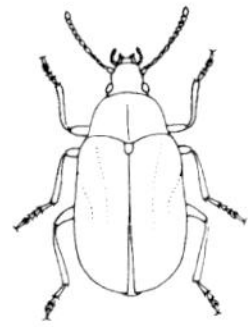

122 Mycteridae

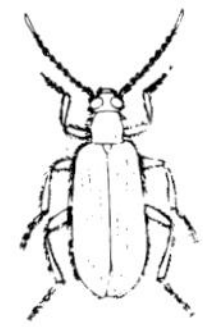

123 Lagriinae Tenebrionidae

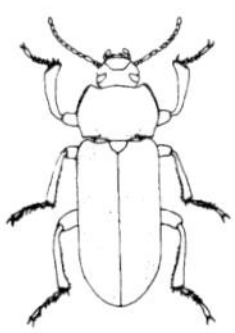

124 Tenebrionidae

S. 244

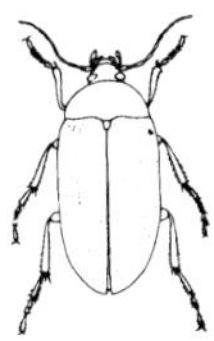

125 Alleculinae Tenebrionidae

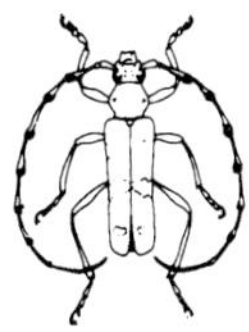

126 Cerambycidae

S. 268

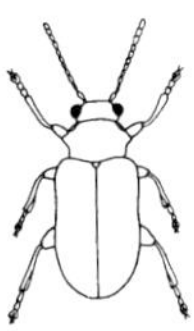

127 Megalopodidae

S. 296

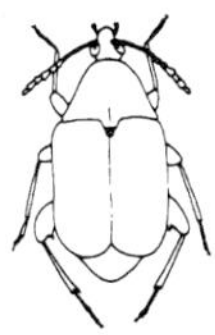

128 Bruchidae

S. 308

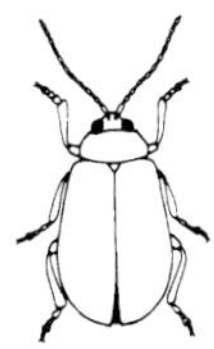

129 Chrysomelidae

S. 296

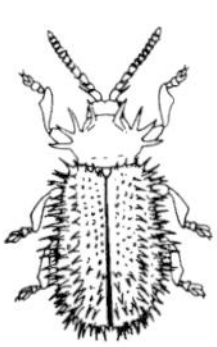

130 Hispinae Chrysomelidae

S. 306

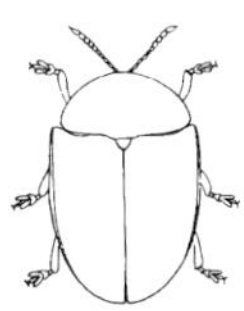

131 Cassidinae Chrysomelidae

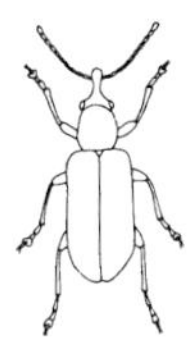

132 Nemonychidae

S. 310

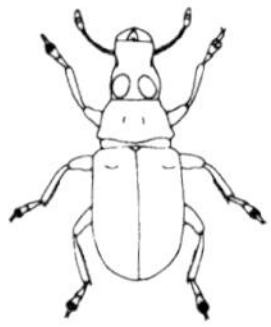

133 Anthribidae

S. 310

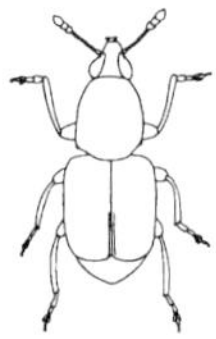

134 Urodontinae Anthribidae

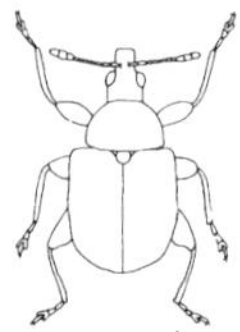

135 Attelabidae

S. 312

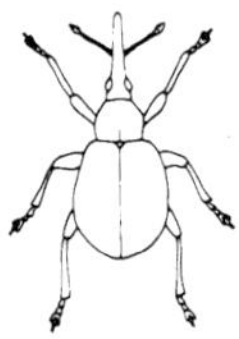

136 Apioninae Brentidae

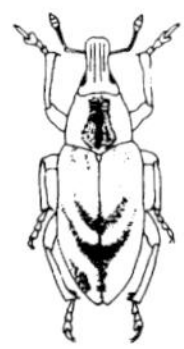

137 Curculionidae

S. 314

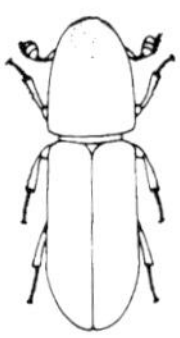

138 Scolytinae Curculionidae

S. 342

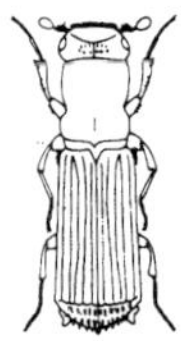

139 Platypodinae Curculionidae

(Die Seitenzahlen hinter den Namen verweisen auf die Seite der Familienübersicht, auf der ein typischer Vertreter abgebildet ist.)

2. Rhysodidae – Runzelkäfer (S. 77)
Rostbraune, etwa 6,5–7,5 mm lange Käfer, die im Aussehen an *Cucujidae* und Zopheridae erinnern. Körper länglich, leicht abgeflacht und stark sklerotisiert. Flügeldecken gestreift und mit Punktmuster. Fühler kurz, elfgliedrig und perlschnurartig. Kopf und Halsschild mit tiefen Furchen. Beine kurz, Füße fünfgliedrig. Langsam kriechende Käfer, die unter der Rinde von morschen Nadel- und Laubbäumen leben. Die Larven leben in morschem Holz. Überwinterung als Käfer. Sehr selten in ursprünglichen Nadel- und Laubwäldern. In Mitteleuropa kommen nur 2 Arten der Gattung *Rhysodes* vor.

8. Hygrobiidae – Feuchtkäfer (S. 77)
Die Familie ist in Mitteleuropa nur mit der Gattung *Hygrobia* und der einzigen Art *H. hermanni* vertreten. Körperlänge 8,5–11 mm. Mit rotbrauner Färbung und gezacktem, dunklerem Fleck auf den Flügeldecken. Fühler 11-gliedrig, das 1. Fühlerglied besonders groß. Ovale Körperform. Schenkel und Füße mit in Zeilen stehenden Schwimmhaaren. Keine guten Schwimmer. Das Schwimmen erfolgt durch rechts-links-alternierende Bewegungen. Mit Stridulationsorgan. In stehenden, schlammigen Gewässern (Tümpel, Teiche).

12. Spercherinae (S. 77)
In Mitteleuropa kommt von dieser früher als *Spercheidae* bezeichneten Familie mit der einzigen Gattung *Spercheus* nur die Art *S. emarginatus* vor. Heute zu *Hydrophilidae*. Nur zwei weitere Arten in Australien. Körperlänge 5,5–7 mm. Mit schwarzer Färbung, Flügeldecken gelbbräunlich, Kopf und Halsschild mit rotbraunem Rand. Der Körper ist kurzoval und hoch gewölbt. Fühler nur sechsgliedrig. Schlechte Schwimmer, die meist an Wasserpflanzen herumkriechen. Sauerstoffaufnahme mit Hilfe der Fühler an der Wasseroberfläche. Beide Geschlechter mit Zirporgan. Schrillfeld auf dem ersten Hinterleibssegment, Höckerfeld auf der Unterseite der Flügeldecke. Mit Brutpflege. Das Weibchen trägt unter dem Hinterleib einen Gespinstsack mit etwa 60 Eiern bis zum Schlüpfen der Larven mit sich herum. Es kann nacheinander mehrere Gespinstsäcke anlegen. Vorkommen in nährstoffreichen, stagnierenden Gewässern.

13. Hydrochidae (S. 78)
Die *Hydrochidae* wurden früher als Vertreter der *Hydraenidae* betrachtet, werden heute aber als eine selbständige Familie angesehen. Kleine, wasserbewohnende Käfer mit Körperlängen von 2–4,3 mm. Sie kommen vorzugsweise in stehenden Gewässern vor. Die Käfer bewegen sich im Wasser nicht besonders schnell. An den Mittel- und Hinterbeinen sind die Schwimmhaare nur mäßig ausgebildet. Länglich-gestreckte, braun bis schwarz gefärbte Käfer, gelegentlich mit stärkerem Metallglanz. Kopf mit großen, vorspringenden Augen und mit siebengliedrigen Fühlern. Flügeldecken mit kräftigen Punktstreifen. Die Männchen sind etwas kleiner und schlanker als die Weibchen. Mit Stridulationsorgan. In Mitteleuropa kommt nur die Gattung *Hydrochus* mit 8 Arten vor.

14. Georyssidae – Uferschlammkäfer (S. 78)
In Mitteleuropa kommt nur die Gattung *Georissus* mit 4 Arten vor. Sie wird den Hydrophilidae zugeordnet. Sehr kleine Käfer mit Körperlängen von 1,0–2,1mm. Körper gedrungen, kräftig sklerotisiert und mit breit glockenförmigem Halsschild. Mit kurzen, neungliedrigen Fühlern. Einfarbig schwarz, Flügeldecken mit Grubenreihen. Die Käfer findet man an sandigen oder schlammigen Ufern von Gewässern. Meist sind sie mit einer Schlammkruste bedeckt. Sie fressen den Uferschlamm und müssen große Mengen aufnehmen, um sich von den geringen organischen Anteilen ernähren zu können. Auch die Larven sind in diesen Uferbereichen zu finden.

17. Sphaeritidae – Scheinstutzkäfer (S. 78)
Die Familie wurde früher in der Nähe der Silphiden (*Staphylinoidae*) eingereiht. Heute stellt man sie zu den *Histeroidea.* Der Habitus ähnelt demjenigen der Histeriden. Im Gegensatz zu den Histeriden bedecken die abgestutzten Flügeldecken praktisch den gesamten Hinterleib. Mit kurzovalem Körper, Oberseite grünblau metallisch gefärbt. Flügeldecken mit deutlichen Punktreihen. Körperlänge 5,5–7 mm. In Mitteleuropa kommt nur die Gattung *Sphaerites* mit der einzigen Art *S. glabratus* vor. Man findet die Art im Herbst und Frühjahr an ausfließendem Baumsaft und in dem vom Saft getränkten Boden.

20. Leiodidae – Schwammkugelkäfer
Diese ehemals als *Leptinidae* bezeichneten Pelzflohkäfer umfassen in Mitteleuropa nur die Gattung *Leptinus* mit 3 Arten. Teilweise werden sie auch den *Platypsyllinae* zugerechnet und sind auf Familienebene den *Leiodidae* zugehörig. Blinde, ungeflügelte Höhlenkäfer, blaßgelb, 1,9–2,6 mm, mit langen Fühlern und Beinen. Flügeldecken lang anliegend behaart. Vorzugsweise in Säugetiernestern (Mäuse, Maulwurf) bzw. unter Schlafplätzen (Fledermäuse), Ernährung von Kot.

22. Coloninae – Kolonistenkäfer
Heute werden die auch als *Colonidae* bezeichneten Arten zu den *Leiodidae* gestellt. Nur die Gattung *Colon* mit 22 Arten in Mitteleuropa. Habitus oval bis länglich, 1,3–3,5 mm Körperlänge. Vermutlich mycetophage Ernährung. An sandigen Stellen sowie unter Rinde und in Moos an alten Baumstrünken.

23. Cholevinae – Nestkäfer (S. 79)
Früher wurden diese Arten *Catopidae* genannt, sind inzwischen jedoch den *Leiodidae* untergeordnet worden. Unter anderem mit 17 Arten der Gattung *Choleva* in Mitteleuropa: schlanke Arten, 4–8 mm, langgestreckte Fühler und Beine. Gattung *Catops* mit 20 Arten in Mitteleuropa, 5–6,5 mm, mit kurzer, anliegender Behaarung, Flügeldecken meist mit Schieferglanz. Nestkäfer finden sich an Kadavern, verfaulten Pilzen, in Säugetierbauen, Höhleneingängen und Köderfallen mit Fleisch und Käse.

24. Leiodidae – Schwammkugelkäfer
Die ehemals auch *Liodidae* bezeichneten Käfer sind klein bis mittelgroß (1,3–7 mm), rundlich oval, deutlich gewölbt und hellbraun bis schwarz. Pilzfresser an Myzelien oder deren Fruchtkörpern, wobei die *Leiodini* an unterirdischen Pilzen leben und Grabbeine haben, während die *Agathidiini* an niederen und höheren oberirdischen Pilzen vorkommen und keine Grabbeine besitzen.

26. Scydmaeninae – Ameisenkäfer
Aus Mitteleuropa sind 12 Gattungen mit 111 Arten dieser zu den *Staphylinidae* zählenden Gruppe bekannt. Die Käfer sind sehr klein (0,7–2,3 mm), von länglicher Gestalt und mit feiner, locker behaarter Oberseite. Die Fühler bilden zur Spitze hin eine Keule. Die Käfer leben vor allem in Moos, feuchter Laubstreu, Mist, faulem Holz, unter Rinde oder Steinen. Einige Arten sind Ameisengäste oder leben in Säugetiernestern. Larven und Imagines fressen Milben.

29. Dasyceridae – Moosschimmelkäfer (S. 79)
Die Dasycerinae wurden früher bei den *Latridiidae* (*Cucujoidae*) eingereiht. Heute gliedert man sie innerhalb der *Staphylinidae* ein. In Mitteleuropa ist nur die Gattung *Dasycerus* mit zwei Arten vertreten. Körperlänge 1,5–2,4 mm, mit hellbrauner bis brauner Färbung. Die Körperoberfläche ist stark skulpturiert. Bei den haarförmigen Fühlern sind die Fühlerglieder 3–8 besonders dünn und langgezogen. Füße dreigliedrig. Die Körperoberfläche ist mit einem erhärteten Sekret bedeckt. In schimmelnder Bodenstreu, im Moosbewuchs von Stämmen und in morschen Stubben, vor allem in Laubwäldern.

32. Pselaphinae – Palpenkäfer
Die Palpenkäfer waren früher eigenständig (*Pselaphidae*), sind mittlerweile aber den *Staphylinidae* angegliedert. Weltweit verbreitet, stets sehr klein (1,5–2,5 mm). Stark entwickelte Kieferntaster mit ausgefallenen Formen. Flügeldecken verkürzt, an der Naht geradlinig zusammenstoßend. Hinterleib stark verhornt, unbeweglich, mit nur 5 freiliegenden Tergiten. Tarsen meistens nur mit einer Klaue. Entwicklung in faulenden Pflanzenresten, Humus und Moos, hygrophil. Einige Arten sind streng oder gelegentlich myrmekophil.

36. Eucinetinae – Purzelkäfer (S. 79)
Die Familie der Purzelkäfer ist in Mitteleuropa nur mit den Gattungen *Eucinetus* und *Nycteus* und insgesamt 3 Arten vertreten. Es sind kleine, 3–4,1 mm große Käfer von eiförmiger Gestalt und mit einer rotbraunen bis schwarzen Färbung. Die Flügeldecken weisen Streifen auf. Im Aussehen ähneln sie Mordellidae und führen bei Beunruhigung ebenfalls purzelnde Bewegungen aus. Man findet die Arten auf trockenen Dünen, Sand- und Lößböden unter faulenden Pflanzenteilen.

37. Scirtidae – Sumpfkäfer
Früher fasste man diese sehr kleinen bis mittelgroßen Käfer (1,5–12 mm) als *Helodidae* zusammen. Habitus langgestreckt oval, zart und relativ weich sklerotisiert, unauffällig dunkel, bräunlich oder gelblich gefärbt, fein behaart. Relativ große Augen ragen aus der Kopfkontur hervor. Einige Arten mit verdickten Femora und auffallend verlängerten Tibiensporen besitzen Sprungvermögen (z. B. Gattung *Scirtes*). Larven wasserlebend, am Boden, kein Schwimmvermögen, Imagines landlebend, meist in Gewässernähe.

42. Glaresidae (S. 80)
Früher wurden sie als Vertreter der *Troginae* innerhalb der *Scarabaeidae* betrachtet oder als *Acanthoceridae* bezeichnet. Heute werden sie als eigene Familie innerhalb der *Scarabaeoidae* eingruppiert. In Mitteleuropa ist die Familie nur mit der Gattung *Glaresis* und der einzigen Art *G. rufa* vertreten. Die Art kommt in der Ungarischen Tiefebene und westlich bis zum Neusiedlersee vor. Körper einfarbig bräunlich. Fühler 9-gliedrig, mit großer Fühlerkeule. Flügeldecken mit breiten Streifen, die sich aus punkt-förmigen Gruben zusammensetzen. Körperlänge 3–3,5 mm. Es besteht eine nahe Verwandtschaft zu den Trogidae.

47. Psephenidae (S. 80)
In manchen Werken trägt die Familie auch den Namen *Eubriidae*. Früher zählte man sie als Unterfamilie *Eubriinae* zu den *Dascillidae*. In Mitteleuropa kommt nur die Gattung *Eubria* mit der einzigen Art *E. palustris* vor. Der Körperist kurzoval und stark gewölbt, Länge 2–2,6 mm. Mit fadenförmigen Fühlern und schwarz- bis rotbrauner Färbung. Die Flügeldecken mit vier glatten Längsstreifen. Vorwiegend in den montanen Bereichen Mitteleuropas. Man findet die Art an feuchten Gewässerrändern, in nassen Moosrasen und überrieseltem Kalkgestein. Die asselförmigen, abgeplatteten Larven leben in schnellfließenden Bächen und besitzen durch Saugnäpfe auf der Köperunterseite ein außerordentliches Haftvermögen.

50. Limnichidae (S. 81)
Die in dieser Gruppe zusammengefassten Arten wurden früher als *Limnichinae* bei den *Byrrhidae* geführt. Heute stellt man sie in die Nähe der *Elmidae*. Die *Limnichidae*

sind in Mitteleuropa mit den Gattungen *Pelochares* (1 Art), *Limnichus* (3 Arten) und *Bothriophorus* (1 Art) vertreten. Sehr kleine, länglich-ovale Käfer mit Körperlängen von 0,6–2,2 mm. Mit schwarzer bis rotbrauner Färbung. Die kurzen Fühler weisen eine dreigliedrige Keule auf. Die Algen fressenden Käfer findet man an sandigen und schlammigen Ufern, die einen feinen Algen-Moos-Bewuchs aufweisen. Die Larven graben feine Gänge im Boden des Uferbereiches.

54. Lissominae – Schnellkäfer (S. 81)
Die heute zu den *Elateridae* gehörenden *Lissominae* (früher *Lissomidae*) sind in Mitteleuropa nur mit der Gattung *Drapetes* und der einzigen Art *D. biguttatus* vertreten. Der ovale Körper ist schwach gewölbt und weist eine Länge von 4,2–4,8 mm auf. Mit gesägten Fühlern und glänzend schwarzer Färbung. Die Flügeldecken mit gelbrotem Fleck oder mit einer gemeinsamen gelbroten Querbinde. Die Käfer findet man im morschen Holz alter Laubbäume.

58. Omalisinae – Schnellkäfer (S. 81)
Diese Teilgruppe der *Elateridae* wurde früher auch als *Homalisidae* oder *Homalisinae* betrachtet. In Mitteleuropa ist die Unterfamilie nur mit der Gattung *Omalisius* (früher *Homalisus*) und der einzigen Art *O. fontisbellaquei* vertreten. Die Männchen sind voll geflügelt und flugfähig, die Weibchen dagegen besitzen stark verkürzte Flügel und können nicht fliegen. Die Weibchen ähneln etwas den Weibchen von *Lamprohiza splendidula* (Kl. Leuchtkäfer). Körper schlank und schwarz bis braunschwarz gefärbt, 5–7 mm, Flügeldecken dunkelrot. Lebensweise noch weitgehend unbekannt. Südlich der Norddeutschen Tiefebene.

66. Thorictinae – Ameisenglattkäfer (S. 82)
Die ehemals auch Thorictidae genannte Gruppe gliedert man heute bei den *Dermestidae* ein. Die einzige, in Europa endemische Gattung *Thorictus* kommt mit etwa 75 Arten im Mittelmeerraum vor. Nur die Art *T. grandicollis* dringt bis in das östliche Mitteleuropa (Slowakei, Ungarn) vor. Die Gattung *Thorictodes* mit der Art *T. heydeni* ist eingeschleppt und stammt wahrscheinlich aus dem indomalayischen Raum. *T. grandicollis* ist einfarbig braunrot und 1,8–2,2 mm lang. Der Körper ist breit und stark gewölbt. Die gedrungenen Fühler sind 11-gliedrig und weisen einen Endknopf auf. *Thorictinae* leben bei Ameisen, werden von ihnen gefüttert, umklammern die Fühler der Ameisen und lassen sich umhertragen. *Thorictus foreli* saugt Blut bei seinem Wirt.

70. Ptinidae – Diebskäfer
Die meist kleinen Käfer (2-5 mm) haben einen rundlichen oder gestreckten, gelblich-weißen, kurz behaarten Körper mit verhältnismäßig langen Beinen. Dadurch erscheinen sie sehr Spinnen ähnlich. Die 11-gliedrigen Fühler liegen im Gegensatz zu denen der nahe verwandten *Anobiinae* dicht beieinander. Imagines und Larven ernähren sich von tierischen und pflanzlichen Überresten und Früchten (besonders Getreide), aber auch von Textilien, Wolle und toten, vertrockneten Insekten. Lebensraum sind oft (sehr) trockene Bereiche wie Strohfüllungen in alten Fachwerkhäusern oder Vogelnester. 146 Arten in 44 Gattungen in Mitteleuropa. Einige Arten wurden durch den Menschen verschleppt und treten heute weltweit auf.

71. Phloiophilidae – Doppelzahnwollhaarkäfer (S. 82)
Früher als eine Unterfamilie der Melyridae (*Phloiophilinae*) angesehen, heute aber als eigenständig betrachtet. In Mitteleuropa kommt nur die Gattung *Phloiophilus* (auch *Phloeophilus*) mit der einzigen Art *P. edwardsii* vor. Körperlänge 2,5–3,3 mm. Die drei letzten Fühlerglieder bilden eine lockere Keule. Kopf und Halsschild rotbraun, Flügeldecken braungelb mit dunklerer Fleckenzeichnung. Larvenentwicklung in dürrem Nadel- und Laubholz. Die Käfer trifft man von Oktober bis in das zeitige Frühjahr an, häufig an frisch geschlagenem Holz.

72. Peltinae – Flachkäfer (S. 82)
Heute zu den Trogossitidae gestellt, waren die Flachkäfer früher auch unter dem Namen *Ostomidae* gelistet. In Mitteleuropa mit den Gattungen *Peltis* (*P. ferruginea* und *P. grossa*), *Calitys* (*C. scabra*) und *Thymalus* (*T. limbatus*) vertreten. Stark abgeplattete Arten mit breitem Halsschild und breiten, punktierten Flügeldecken, 2,7–19 mm. Kopf höchstens halb so breit wie der Halsschild (Gegensatz zu Trogossitidae). Fühler 11-gliedrig mit dreigliedriger Endkeule. Unter verpilzter Rinde von Nadel- und seltener Laubbäumen oder auch in morschem Holz.

75. Korynetinae – Jagdraubkäfer
Diese zu den *Cleridae* zählende Gruppe umfasst 6 Gattungen mit 11 Arten in Mitteleuropa. Die Vertreter der Gattung *Korynetes* (*K. caeruleus* und *K. ruficornis*) und *Necrobia* (*N. ruficollis, N. rufipes, N. violacea*) treten als Aasfresser im Freien an Kadavern, auf Müllplätzen, in Gärten, in Lagerhäusern oder Silos auf, wurden aber sogar auch in ägyptischen Pyramiden an Mumien gefunden. Gleichzeitig sind die Larven durch ihre Präferenz für tierische und pflanzliche Fette Schädlinge an Dörrfleisch, Speck, trockenem und geräuchertem Fisch, Knochenmehl, Käse, Nüssen, Tierfutter oder an Sammlungsgegenständen in Museen.

77. Melyridae – Wollhaarkäfer (S. 83)
Unter diesem Familiennamen werden die Vertreter der *Melyrinae*, *Dasytinae* und *Malachiinae* vereinigt. Von den *Melyridae* kommt im östlichen Mitteleuropa (Slowakei, Ungarn, Österreich) nur die Gattung *Cerallus* mit zwei Arten (*C. rubidus, C. varians*) vor. Die mediterrane Art *Melyris oblonga* (S. 184) wurde mehrmals nach Mitteleu-

ropa eingeschleppt. *Cerallus*: Körper schwach chitinisiert, 3–5 mm. Fühler 11-gliedrig, vom 5. Fühlerglied an stark gesägt. Flügeldecken rotgelb bis bräunlich gefärbt. Man findet die Käfer auf Blüten, ihre Larven leben räuberisch in morschem Holz.

78. Malachiinae – Zipfelkäfer, Warzenkäfer
Aus dieser Unterfamilie (früher Malachiidae) kommen 61 Arten in 19 Gattungen in Mitteleuropa vor. Sie werden heute zu den Melyridae gestellt. Die schwach chitinisierten Käfer sind meist lebhaft gefärbt und leicht an ausstülpbaren Hautblasen am Thorax oder Hinterleib zu erkennen. Weitere typische Organe sind die an verschiedenen Körperteilen sitzenden Excitatoren: dies sind Sekretionsorgane, die einen Stoff absondern, der Weibchen paarungswillig werden lässt, sobald sie ihn aufgeleckt haben. Während die Imagines von Blütenpollen leben und daher meist auf Blüten und Gräsern anzutreffen sind, ernähren sich die Larven räuberisch.

81. Cybocephalinae – Schildlauskäfer
4 Arten der Gattung *Cybocephalus* umfassende Gruppe, die heute zu den *Nitidulidae* zählt, bei manchen Autoren aber auch unter *Cybocephalidae* geführt wird. Mit 1,1–1,6 mm sehr kleine Käfer mit stark gewölbtem Halsschild und hoch gewölbten Flügeldecken, die bei manchen Arten Metallglanz aufweisen. Bei Gefahr ball-ähnliches Zusammenrollen. Die aus Südostasien stammende Art *Cybocephalus nipponicus* ist weltweit in Ausbreitung begriffen und als biologischer Schädlingsbekämpfer von Deckelschildläusen (*Diaspididae*) geschätzt.

87. Cucujidae – Plattkäfer
Die 6–25 mm großen Käfer sind hellrot, gelb oder auch schwarz gefärbt. Auffällig ist der leicht dreieckige Kopf, das schmälere Halsschild, 11-gliedrige Fühler und große Mandibeln. Bei der Gattung *Cucujus* (2 Arten, 11–17 mm) sind backenartig entwickelte Schläfen charakteristisch. Gattung *Pediacus* (3 Arten) deutlich kleiner (3,5–4,5 mm), hell bis dunkel rostbraun, Halsschildrand mit 4 weit voneinander entfernten Kerbzähnchen.

88. Phloeostichidae – Schaufelkäfer (S. 84)
Früher innerhalb der Familie der *Cucujidae* eingereiht. In Mitteleuropa nur mit der Gattung *Phloeostichus* und der einzigen Art *P. denticollis* vertreten. Eine kleine Art (3,5–4,5 mm), Körperoberseite schwarz, Flügeldecken mit zwei gelben Querbinden. In Gebirgsgegenden unter der Rinde von Ahorn, selten auch Buche.

91. Cryptophagidae – Schimmelkäfer (S. 84)
Früher als *Tribus Hypocoprini* in die Unterfamilie *Cucujinae* (*Cucujidae*) eingereiht. In Mitteleuropa unter anderem mit der Gattung *Hypocoprus* und der einzigen Art *H. lathridioides* vertreten. Körperlänge nur 1–1,2 mm. Fühler mit dreigliedriger Keule. Füße fünfgliedrig. Färbung gelbbraun bis fast schwarz. Man findet die Art in Sandgebieten unter trockenem Mist und auch bei Ameisen. Daneben zahlreiche Arten der Gattung *Atomaria* und *Cryptophagus*, Habitat sind oft verschimmelte Substrate.

93. Biphyllidae – Pilzplattkäfer (S. 84)
Auch als *Diphyllidae* bezeichnete, sehr kleine Familie mit lediglich 2 Vertretern der Gattung *Biphyllus* sowie einer Art bei *Diplocoelus*. Kleine, schwarzbraun bis rotbraun gefärbte Käfer mit Körperlängen von 2,3–3,3 mm. Körperoberseite dicht behaart. Flügeldecken mit Punktreihen (*Biphyllus*) oder mit Streifung (*Diplocoelus*). Pilzfresser an Baumschwämmen (*Biphyllus*) oder an verpilzten, dürren Rinden von Laubbäumen (*Diplocoelus*).

94. Languriinae – Getreidekäfer (S. 84)
Diese Gruppe der Getreidekäfer weist verwandtschaftliche Beziehungen zu den *Erotylidae* auf und ist in Mitteleuropa nur durch die eingeschleppte Art *Pharaxonotha kirschii* (Mexikanischer Getreidekäfer) vertreten. Früher wurde die Art innerhalb der *Cryptophagidae* geführt. Eine kleine (4–4,7 mm), langgestreckte Art mit kastanienbrauner Färbung. Kopf mit sehr flachen Augen, Fühler mit dreigliedriger Keule. Mit Getreideimporten aus Amerika öfters eingeschleppt.

100. Endomychidae – Stäublingskäfer
Die Arten dieser Familie leben von Staub- und Schimmelpilzen. Das Hauptverbreitungsgebiet der meisten Vertreter liegt in den Tropen. In Mitteleuropa 22 Arten in 13 Gattungen. Oft stark kontrastierend rötlich-schwarz gefärbt, manche Arten lang abstehend behaart (Gattung *Symbiotes*). Männchen der Art *Pleganophorus bispinosus* mit außergewöhnlich vergrößertem Fühlerendglied.

100. Merophysiinae – Stäublingskäfer (S. 85)
Taxonomisch wurde der früher auch gebräuchliche Name *Holoparamecinae* synonymisiert und die Gruppe den *Endomychidae* unterstellt. Die *Merophysiinae* weisen in Mitteleuropa nur die Gattungen *Cholovocera* (2 Arten), *Merophysia* (1 Art) und *Holoparamecus* (5 Arten) auf. Bis auf eine Art (*H. caularum*) handelt es sich bei *Holoparamecus* um importierte Arten, die aber nicht eingebürgert sind. Kleine, meist hellgelb gefärbte Käfer mit Körperlängen von 1–1,3 mm. Der Kopf ist nicht halsartig abgeschnürt. Fühler 11-gliedrig, mit zweigliedriger Keule. Flügeldecken glatt, ohne Streifen, höchstens mit einem Nahtstreifen. Schimmelfresser, meist synanthrop in Wohnungen, Kellern und Ställen.

103. Prostomidae – Schaufelkäfer (S. 85)
In Mitteleuropa ist die Familie nur mit der Gattung *Prostomis* und der einzigen Art *P. mandibularis* vertreten. Mit dickem Kopf und kräftig entwickelten, innen gezähnten Mandibeln. Glänzend gelbbraun gefärbt, Körperlänge 5–6 mm. Mit relativ kurzen Fühlern. Die Flügeldecken mit

Punktreihen. In morschem, rotfaulem Holz von Laubbäumen, hauptsächlich Eichen.

105. Anommatinae – Schwielenkäfer (S.85)
Das Taxon weist in Mitteleuropa nur die Gattung *Anommatus* mit 11 Arten auf. *Anommatus* zählte früher zur Unterfamilie *Cerylinae* innerhalb der *Colydiidae*, wird nun aber bei den *Bothrideridae* eingereiht. Kleine (1,2–2,2 mm), blinde Käfer mit hellgelber bis rotbrauner Färbung und glänzender, fast kahler Oberseite. Flügeldecken mit Punktreihen. Fühler 11-gliedrig, das 10. Glied auffallend groß und knopfförmig. Mit subterraner Lebensweise, auch unter Steinen und Brettern und an faulenden Pflanzenknollen.

106. Ciidae – Schwammkäfer
Die Schwammkäfer wurden früher auch als *Cisidae* bezeichnet. Die ca. 60 mitteleuropäischen Vertreter dieser kleinen Familie weisen einen oft sehr ähnlichen Habitus mit meist walzenförmigem Körper, viergliedrigen Tarsen und stark vergrößertem Klauenglied sowie am Ende keulenförmig geformten Fühlern auf. Sie leben in Baumschwämmen und anderen holzbewohnenden Pilzen. Ganzjährig anzutreffen mit Schwerpunkt im Hochsommer.

107. Tetratomidae – Keulendüsterkäfer (S.85)
Früher wurde die Gattung *Tetratoma* in die Unterfamilie Tetratominae bei den Melandryidae eingereiht. Sie ist heute die einzige Gattung der Tetratomidae in Mitteleuropa und weist 3 Arten auf. Mit länglich-ovalem Körper und Körperlängen von 3–5,5 mm. Mit viergliedriger Fühlerkeule. Flügeldecken braun oder auch glänzend blau, mit feiner Punktierung. In verpilztem Holz von Laubbäumen und an Baumschwämmen, die sich an Laubbäumen befinden.

112. Pythidae – Drachenkäfer (S. 86)
Nach der Abtrennung der *Salpinginae* und *Mycterinae* als selbständige Familien *Salpingidae* und *Mycteridae* verbleibt bei den *Pythidae* nur noch die Unterfamilie der *Pythinae*. Sie ist in Mitteleuropa nur mit der Gattung *Pytho* und drei Arten vertreten. Dunkel gefärbte Vertreter mit Körperlängen von 7,5–16 mm. Körper abgeplattet, die Flügeldecken nach hinten etwas verbreitert. Die elfgliedrigen Fühler mit leicht verdickten Endgliedern. Flügeldecken mit schwach ausgeprägter Streifung. Die Larven leben unter der Rinde von Nadelhölzern, selten auch unter der Rinde von Laubbäumen.

113. Boridae – Nadelborkenkäfer (S. 86)
Vermutlich besteht eine engere Verwandschaft zu den *Pythidae*. In Mitteleuropa nur die Gattung *Boros* (früher *Borus*) mit der einzigen Art *B. schneideri*. Zwei weitere Arten in Nordamerika, ein weiterer Vertreter in Australien. Gestreckte Form, Körperlänge 11–14 mm. Fühler mit schwach erweiterter dreigliedriger Keule. Die langen, schmalen Flügeldecken mit unregelmäßiger Punktierung. Glänzend kastanienbraun gefärbt. Urwaldrelikt, nur noch von sehr wenigen Fundstellen bekannt.

119. Anaspidinae – Scheinstachelkäfer)
Ehemals eigenständig (*Anaspididae*), stellt man die Scheinstachelkäfer heute zu den *Scraptiidae*. Nur die Gattungen *Anaspis* (32 Arten), *Cyrtanaspis* (1 Art) und *Pentaria* (1 Art) in Mitteleuropa. Imagines oft in großer Zahl auf Blüten, lassen sich bei Störungen zu Boden zu fallen.

120. Agnathinae (S. 86)
In Mitteleuropa nur mit der Gattung *Agnathus* und der einzigen Art *A. decoratus*. Früher zählte man die Gattung zu den *Lagriinae*, heute zu den *Pyrochroidae*. Mit gestrecktem Körper, Länge 4–5 mm. Fühler relativ dünn, die letzten drei Glieder etwas verbreitert. Schwarz gefärbt, Oberseite mit grauer und schwarzer Behaarung. Flügeldecken mit rosarötlichen Flecken und ebenso gefärbter Querbinde. Unter der Rinde von Erlen in Borkenkäfergängen.

121. Salpingidae – Scheinrüssler
Diese mit ca. 20 Arten in Mitteleuropa vertretende Familie weist 2,5–4,5 mm große Arten auf, die rötlich, schwarz, metallisch bronzefarben und bisweilen auch zweifarbig gefärbt sind. Der Kopf ist zu einem breiten, flachen Fortsatz ausgezogen. Lebensweise räuberisch unter der Rinde von Laub- oder Nadelbäumen, einige Arten auch in den Gängen von Borkenkäfern.

125. Alleculinae – Pflanzenkäfer
Die ehemals eigenständige Gruppe wird heute den *Tenebrionidae* zugeordnet. Mitteleuropäische Arten sind zwischen 4–14 mm und meist schwarz, braun oder gelb, selten auch metallisch glänzend gefärbt. Gestreckter Körper, längsgerillte Flügeldecken, 11-gliedrige lange Fühler und große Augen. Die Fühler sind elfgliedrig, lang und vor den Augen und unter den Wangen eingelenkt. Die Krallen sind gekämmt oder gezähnt. Lebensweise sehr verschiedenartig: nachtaktive Arten in Baumschwämmen, verpilzten Bäumen, unter loser Rinde alter Bäume; tagaktive Arten: auf Blüten, an blühenden Bäumen.

136. Apioninae – Langkäfer
Diese sehr kleinen Käfer mit Körperlängen zwischen 1–4 mm werden den *Brentidae* zugeordent, gelegentlich aber auch als eigenständige Familie *Apionidae* angesehen. Die birnenförmig gerundete Gestalt wurde namensgebend für die Gruppe. Die mit ihnen nahe verwandten Nanophyinae sind sehr kleine Rüssler (1,2–2,2 mm) mit ovaler Körpergestalt. Die meisten Arten leben an krautigen Pflanzen, etliche sind mono- oder oligophage Nahrungsspezialisten.

—Die Arten

FAMILIE CICINDELIDAE – SANDLAUFKÄFER

Die Sandlaufkäfer gehören zur Familie der Laufkäfer, werden aber bisweilen als eine eigene Familie betrachtet. In Mitteleuropa kommen 11 Arten vor. Sandlaufkäfer besitzen eine schlanke Körperform und weisen metallische Färbungen auf. Die Larven lauern in senkrechten Erdröhren auf Beute. Die Käfer jagen vorwiegend Insekten und Spinnen. Bei Beunruhigung fliegen sie sofort auf.

UNTERFAMILIE CICIDELINAE

1 | *Cylindera germanica*

Deutscher Sandlaufkäfer, 7,5–10,5 mm.

Diese sehr kleine, dunkelgrüne bis blaugrüne Art aus Mitteleuropa, Südeuropa und Asien ist bei uns nur sehr lokal verbreitet und meist selten. Man findet die Käfer von Mai bis September. Im Gegensatz zu den anderen Sandläufern fliegt sie nur ungern auf.

2 | *Cylindera arenaria*

Wiener Sandlaufkäfer, 6,5-10 mm.

Er ist die kleinste Art der Familie mit grünen oder kupferfarbenen Flügeldecken sowie heller Zackenbinden-Zeichnung, einzelne lange Haare stehen mittig auf dem Halsschild. Ein seltener Bewohner von Sandgruben und Schwemmflächen.

3 | *Cylindera sylvatica*

Wald-Sandlaufkäfer, 14–20 mm.

Die Art *silvatica* ist an der schwarzen Oberlippe, die einen scharfen Längskiel trägt, von allen anderen Arten zu unterscheiden. Bei uns liegt das Hauptvorkommen im Norden und Osten. Man findet die Tiere von April bis August auf Sandböden, oft aber nur an bestimmten Plätzen und selten.

4 | *Cicindela hybrida*

Kupferbrauner Sandlaufkäfer, 11,5–15,5 mm.

Da die Oberseite bei dieser Art unterschiedlich gefleckt ist, sind mehrere Unterarten, Variationen und Aberrationen beschrieben worden. *C. hybrida* zählt bei uns zu den häufigsten Sandlaufkäferarten: Von April bis Oktober kann man die Käfer von Mai bis September. Im Gegensatz zu den anderen Sandläufern fliegen sie nur ungern auf.

5 | *Cicindela campestris*

Feld-Sandlaufkäfer, 10,5–14,5 mm.

Diese meist grün gefärbte und mit einem hellen Fleck auf jeder Flügeldecke gezeichnete Art ist die bekannteste und häufigste der Gattung. Früher war sie bei uns auf Sand- und Lehmböden überall zu finden, neuerdings geht ihr Bestand vielfach stark zurück. Man sieht die Käfer von April bis September.

6 | *Cicindela sylvicola*

Berg-Sandlaufkäfer, 12–16 mm.

Diese Art kann gelegentlich mit *hybrida verwechselt* werden, hat aber stets eine helle Oberlippe. Sie ist montan in Mitteleuropa verbreitet und geht südlich bis Mittelitalien. Von April bis August findet man die Käfer häufig auf sandigen und trockenen Waldwegen im Bergland; in der Ebene fehlt die Art.

7 | *Cicindela maritima*

Küsten-Sandlaufkäfer, 10–13 mm.

Früher war diese Art nur eine Unterart von *hybrida*, sicher ist sie jedoch eine eigene Art. Am leichtesten kann man *maritima* von *hybrida* an dem mittleren Flügeldeckenfleck unterscheiden, der bei ersterer stärker nach hinten geknickt ist. Diese Art lebt litoral in Europa und Asien. Bei uns findet man sie von April bis September nur auf Salzböden an der Nord- und Ostsee.

FAMILIE CARABIDAE – LAUFKÄFER

Diese artenreiche Großfamilie ist in Mitteleuropa mit 82 Gattungen und 708 Arten vertreten. Es bestehen Tendenzen, diese Großfamilie aufzuspalten. Laufkäfer und ihre Larven leben in der Regel räuberisch, relativ wenige Arten sind Pflanzenfresser.
Unterfamilie Carabinae

UNTERFAMILIE CARABINAE

8 | *Calosoma sycophanta*

Großer Puppenräuber, 17,5–28 mm.

Die Gattung Calosoma (Puppenräuber) ist in Mitteleuropa mit 5 Arten vertreten. Diese großen und breiten Laufkäfer vertilgen vor allem Schädlinge des Waldes; sie und ihre Larven klettern auf Bäumen umher und suchen dort ihre Opfer. Die Käfer können auch gut fliegen. Ihre Larvenzeit beträgt meist nur wenige Wochen, die Käfer leben dagegen 2–4 Jahre. Im westlichen Mitteleuropa ist die Art selten, im Süden und Osten dagegen häufiger.

9 | *Calosoma inquisitor*

Kleiner Puppenräuber, 13,5–20 mm.

Diese in Mitteleuropa häufigste Art der Puppenräuber ist in Eichenwäldern beheimatet; wenn schädliche Schmetterlingsraupen auftreten, findet man den Käfer nicht selten sehr häufig. Seine Flügeldecken können auch grün, blau oder schwarz gefärbt sein.

3

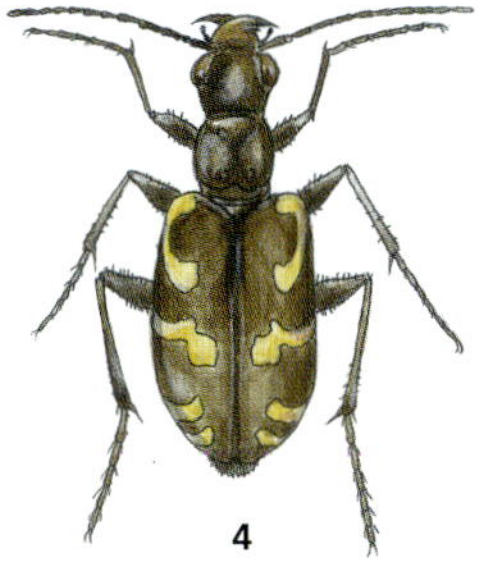
4

5

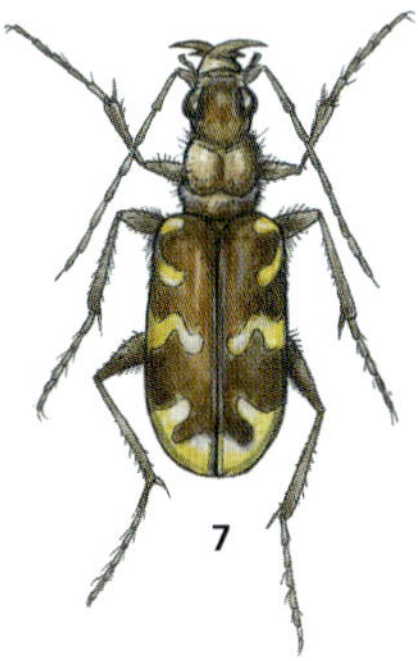
7

6

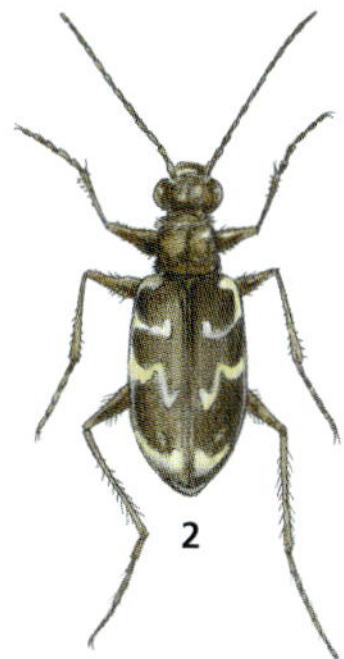
2

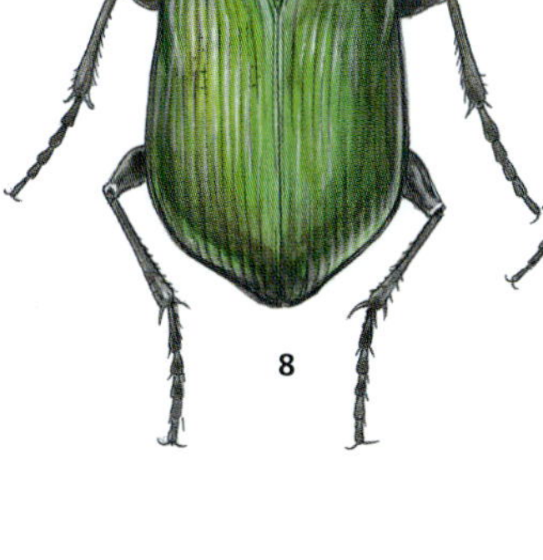
8

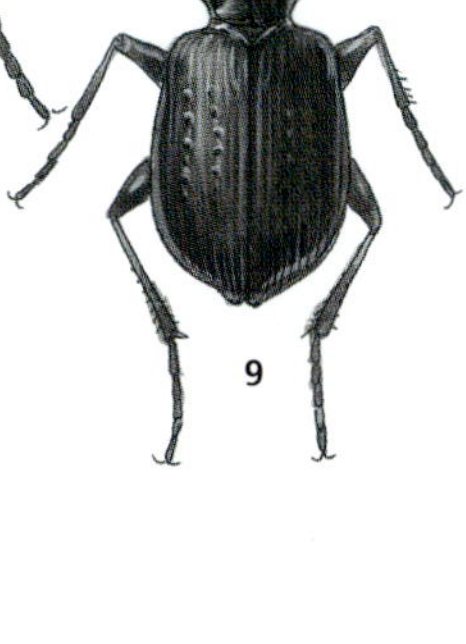
9

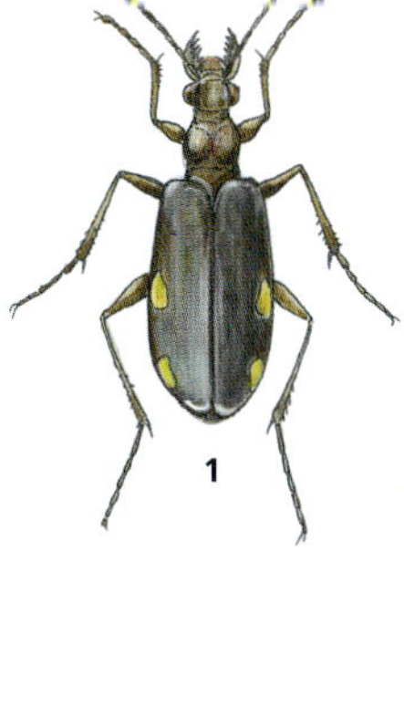
1

UNTERFAMILIE CARABINAE

1 | *Calosoma auropunctatum*
Goldpunktierter Puppenräuber, 20–30 mm.

Die goldgrünen Grübchen auf den Flügeldecken sind kennzeichnend für diesen im Mittelmeergebiet heimischen, bei uns in Mitteleuropa aber seltenen Käfer. Ob er bei uns wirklich vorkommt, dürfte fraglich sein, aus Deutschland liegen jedenfalls nur alte Meldungen vor.

2 | *Calosoma reticulatum*
Genetzter Puppenräuber, 20-26 mm.

Seine netzartige, grünmetallische Flügeldeckenzeichnung war namensgebend für die vorrangig in Nord- und Osteuropa bis Zentralasien verbreitete Art. Für Deutschland liegen nur noch sehr lokale Funde auf sandigen Steppe- und Heidegebieten überwiegend im Osten vor.

3 | *Procerus gigas*
Riesenlaufkäfer, 40–70 mm.

Die Gattung *Procerus,* in Südosteuropa und Vorderasien mit mehreren Arten vertreten, ist in Mitteleuropa nur in dieser einen Art aus Steiermark und Kärnten bekannt. Das Tier gleicht dem überall häufigen Lederlaufkäfer, ist aber erheblich größer. Mit langsamen Bewegungen streift er nachts, gelegentlich auch tagsüber umher und macht hauptsächlich Jagd auf Weinbergschnecken. Der Käfer lebt 3 Jahre und länger.

4 | *Carabus coriaceus*
Lederlaufkäfer, 30–40 mm.

Aus der Gattung *Carabus* gibt es in Mitteleuropa 33 Arten. Diese Großlaufkäfer sind flugunfähig, bei vielen sind die Hautflügel zurückgebildet. Sie leben vor allem räuberisch, verschmähen aber auch Früchte nicht. Die *Carabus*-Arten sondern aus einer Hinterleibsdrüse ein übelriechendes Sekret ab oder verspritzen es sogar aktiv. Die Männchen sind an den verbreiterten Vordertarsengliedern zu erkennen. Der in ganz Europa heimische Lederlaufkäfer ist eine der häufigsten Arten der Gattung und kommt bei uns überall von der Ebene bis hoch im Gebirge vor. Bei Tag und im Winter versteckt er sich; er kann 2–3 Jahre alt werden.

5 | *Carabus irregularis*
Berglaufkäfer, 19–30 mm.

Diese im Mittel- und Hochgebirge Mitteleuropas lebende Art ist an Wald gebunden. Der Käfer ist sehr flach, meist kupfrig metallisch gefärbt und mit auffälligen goldgrünen Grübchen übersät.

6 | *Carabus depressus*
Breiter Alpenlaufkäfer, 18–28 mm.

Auch diese Art aus dem Alpengebiet hat breite flache Flügeldecken mit unregelmäßig verteilten, metallisch leuchtenden Punktgruben. Die zuerst beschriebene Unterart *(Depressus depressus)* kommt in Mitteleuropa nicht vor, bei uns ist die Unterart *depressus bonellii* heimisch, allerdings nur in den Alpen, wo sie im äußersten Osten fehlt. Die Käfer findet man von Juli bis September.

7 | *Carabus violaceus*
Goldleiste, 22–35 mm.

Diese sehr weit, bis Ostsibirien und Japan, verbreitete Art neigt stark zur Bildung von Unterarten. Zweifellos wurden die einzelnen geographisch voneinander getrennten Unterarten in der Eiszeit isoliert und haben sich seither gesondert entwickelt. An ihren Verbreitungsgrenzen verhalten sie sich eindeutig nur als Unterarten, die sich fruchtbar miteinander kreuzen. Die beiden wichtigsten Gruppen bei uns sind die östliche *violaceus*-Gruppe mit gedrungener Gestalt und ungestreiften Flügeldecken und die *purpurascens*-Gruppe, die die westliche Rasse darstellt und die schmaler und langgestreckter ist und deren Flügeldecken leicht gestreift sind. Man findet die Tiere von der Ebene bis ins Gebirge, meist im Wald, aber gelegentlich auch im offenen Gelände. An trockenen Stellen sucht man sie vergebens.

8 | *Carabus intricatus*
Blauer Laufkäfer, 24–36 mm.

Diese Art ist durch ihre einheitlich blaue Färbung meist sehr auffällig. Das wärmeliebende Tier kommt bei uns nur im Süden vor, nördlich des Mains gibt es wenige Nachweise. Von Mai bis August kann man die Käfer in Wäldern mittlerer Höhenlagen finden.

9 | *Carabus problematicus*
Kleiner Kettenlaufkäfer, 20–30 mm.

Die dunklen Flügeldecken tragen feine Längsrippen. Die Käfer findet man von Juni bis September in Wäldern des Hügel- und Berglandes.

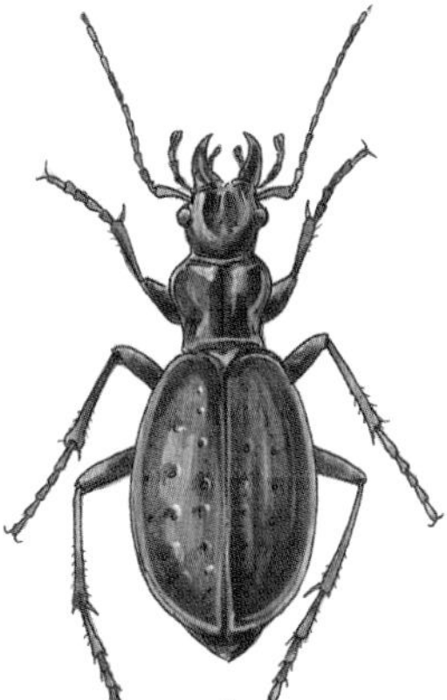

5

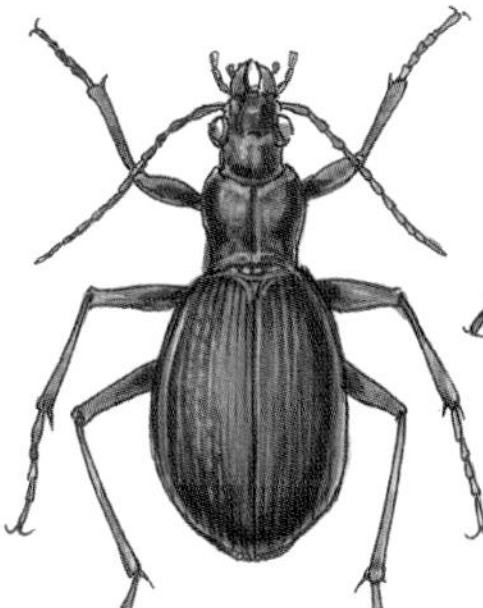

8

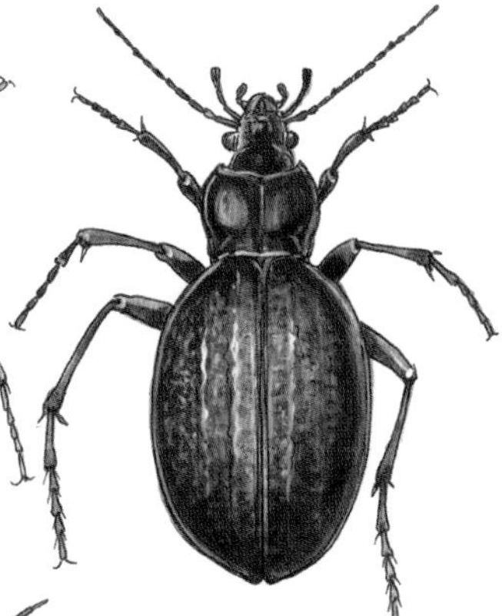

4

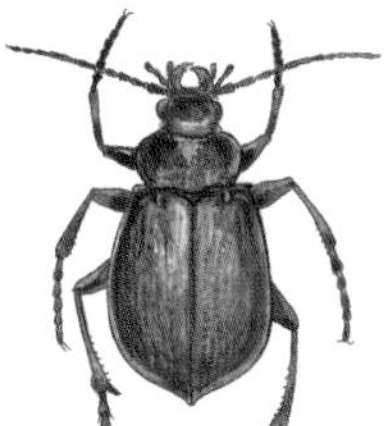

2

3

1

9

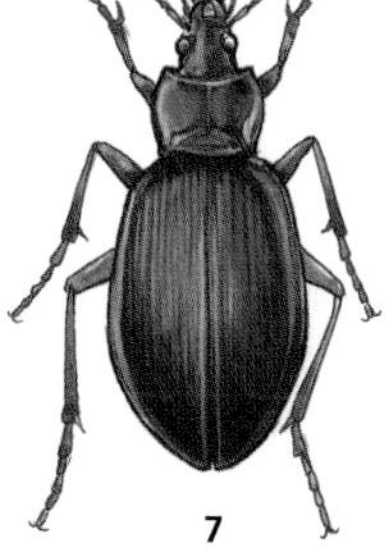

7

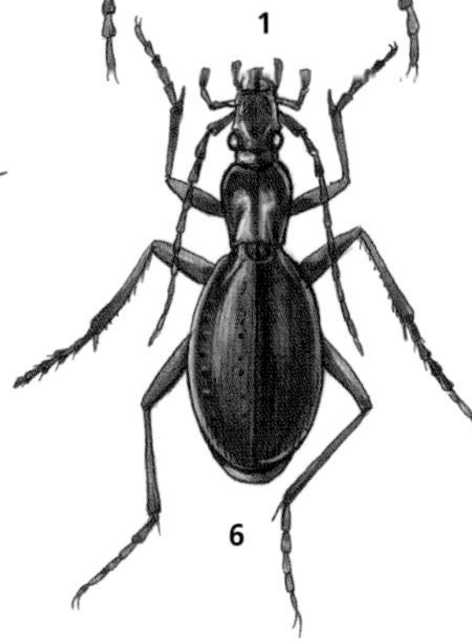

6

UNTERFAMILIE CARABINAE

1 | *Carabus granulatus*
Körniger Laufkäfer, 17–23 mm.

Diese Art, die farblich von Kupferrot bis fast Schwarz variiert, kann mit einigen anderen Arten leicht verwechselt werden. Charakteristisch ist jedoch, dass das erste Fühlerglied schwarz ist, und dass die Fühler besonders lang sind, beim Männchen fast die Mitte der Flügeldecken erreichen. Diese in der ganzen Paläarktis weit verbreitete und häufige Art wurde auch nach Nordamerika eingeschleppt. Von April bis September kann man die Käfer von der Ebene bis ins Hochgebirge finden. Innerhalb der Art treten sowohl Tiere mit verkümmerten als auch mit vollständig entwickelten Hautflügeln auf.

2 | *Carabus auronitens*
Goldglänzender Laufkäfer, 18–34 mm.

Diese glänzend goldrote oder goldgrüne, selten blaue Art aus Mitteleuropa ist dem Goldlaufkäfer ähnlich. Die verschiedene Färbung ist zum Teil von der Feuchtigkeit des Lebensraumes und von der Sonneneinstrahlung während der Puppenzeit abhängig. Von Mai bis September sieht man die Käfer in Wäldern des Hügel- und Berglandes.

3 | *Carabus menetriesi*
Moorlaufkäfer, 18–24 mm.

Diese Art sieht dem Körnigen Laufkäfer sehr ähnlich, hat aber kürzere Fühler; erst bei genauerer Untersuchung erkennt man weitere morphologische Unterscheidungsmerkmale. Nordosteuropäische Art, die bei uns in isolierten Gebieten, vor allem in Waldmooren, aus der Eiszeit übriggeblieben ist. Die westlichsten Fundplätze liegen im Bayerischen und Böhmerwald, im Erzgebirge und in Oberschlesien. Die Käferfindet man von April bis September, die Sommermonate über allerdings in einer Diapause.

4 | *Carabus clathratus*
Uferlaufkäfer, 20–36 mm.

Dieser Käfer ist leicht an den goldglänzenden Gruben auf den Flügeldecken zu erkennen. Die Hautflügel sind oft vollständig entwickelt. Das Verbreitungsgebiet umfasst zwar die gesamte Paläarktis von Westeuropa bis Japan, aber die Verbreitung ist lückenhaft, in weiten Gebieten fehlt das Tier auch. Als Lebensraum werden nur Feuchtgebiete in niedrigen Lagen besiedelt, wie Moore und Seeufer. Die Käfer leben zeitweise unter Wasser, sie klettern an Wasserpflanzen herab.

5 | *Carabus cancellatus*
Körnerwarze, 17–32 mm.

Die Körnerwarze ist dem Körnigen Laufkäfer ähnlich, meist aber heller gefärbt und mit rotem Fühlerbasalglied. Dieses Merkmal ist allerdings nicht ganz eindeutig, da die Art sehr variabel ist. Zusammen mit dem Körnigen Laufkäfer ist die Körnerwarze eine der häufigsten und am weitesten verbreiteten Arten der Gattung. In der ganzen Paläarktis findet man die Käfer von Meereshöhe bis in etwa 1000 m Höhe. Die Tiere gehören zu den wenigen Caraben, die auch tagsüber aktiv sind.

6 | *Carabus auratus*
Goldlaufkäfer, Goldschmied, 17–30 mm.

Der Goldlaufkäfer sieht dem Goldglänzenden Laufkäfer ähnlich, ist von ihm aber an dem ausgeschnittenen Hinterrand der Flügeldecken zu unterscheiden. Der Goldlaufkäfer ist eine westliche Art, die etwa bis zur Oder auftritt, sich neuerdings aber weiter nach Osten ausbreitet. Der wärmeliebende Käfer ist tagsüber aktiv und meidet Sandböden. Man findet ihn von April bis August, vor allem auf Feldern und in Gärten tiefer und mittlerer Lagen.

7 | *Carabus nitens*
Heidelaufkäfer, 13–18 mm.

Diese in Mitteleuropa kleinste *Carabus*-Art glänzt oberseits grüngolden, trägt aber auf jeder Flügeldecke starke schwarze Rippen. Man findet die Käfer nur vereinzelt in Sandgebieten, Heiden und Mooren. Nach Osten zu nimmt seine Häufigkeit etwas zu, aus dem Süden Deutschlands liegen nur sehr wenige Funde vor. Von April bis Oktober kann man diese im Allgemeinen seltene Art finden.

8 | *Carabus ullrichi*
Robuster Laufkäfer, 20–34 mm.

Diese große plumpe Art ist in der Färbung sehr variabel, meist jedoch bronzebraun. Die Flügeldecken sind hinten nicht ausgeschnitten. Aus Mitteleuropa kennt man den wärmeliebenden Käfer nur von wenigen Plätzen, nach Südosteuropa wird er häufiger. Im Bergland geht er nicht sehr hoch, er ist auch am Tage aktiv und bevorzugt schwere Böden.

9 | *Carabus arcensis (c. arvensis)*
Hügel-Laufkäfer, 16–22 mm.

Diese Waldart ist sehr farbvariabel. Von Juni bis August kann man die Käfer von der Ebene bis ins Hochgebirge finden.

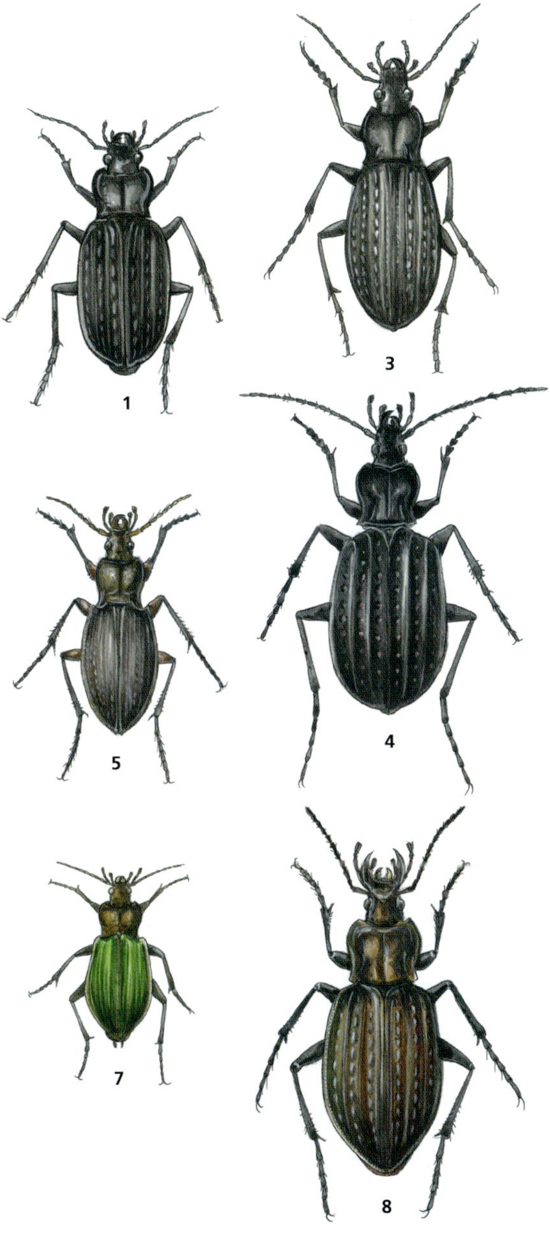
1
2
3
4
5
6
7
8
9

UNTERFAMILIE CARABINAE

1 | *Carabus variolosus*
Schwarzer Grubenlaufkäfer, 20–33 mm.

Der Käfer ist leicht an der einheitlich mattglänzenden schwarzen Färbung und den in Reihen stehenden beulenartigen Erhebungen auf den Flügeldecken zu erkennen. Früher war die Art in Mittel- und Südeuropa verbreitet, aus Nord- und Mitteldeutschland ist er aber bereits verschwunden. Im Bergland lebt er an Ufern und in sumpfigen Brüchen; man kann ihn auch unter Wasser laufen sehen.

2 | *Carabus convexus*
Kurzgewölbter Laufkäfer, 14–20 mm.

Zusammen mit dem Heidelaufkäfer ist diese Art die bei uns kleinste der Gattung. Die Oberseite ist einheitlich schwarz, nur die Flügeldeckenränder können leicht blau getönt sein. Das Verbreitungsgebiet reicht von Westeuropa bis Sibirien. Von der Ebene bis zu einer Höhe von 2000 Metern im Gebirge kommt der Käfer von April bis September stellenweise auf Feldern und in unbewaldetem Gelände häufig vor. In Südeuropa neigt er zur Rassenbildung.

3 | *Carabus monilis*
Feingestreifter Laufkäfer, 17–32 mm.

Diese Art ist bei uns zwar meist bronzefarben, kann aber auch grün oder blau gefärbt sein. Die wärmeliebenden Käfer findet man von Juni bis August in Wiesen und Wäldern der Ebene und der niedrigen Berglagen. In den Jahren mit geraden Zahlen scheint der Feingestreifte Laufkäfer häufiger zu sein.

4 | *Carabus scheidleri*
Gleichgestreifter Laufkäfer, 25–35 mm.

Diese Art ist der vorigen sehr ähnlich, sie ist aber im Osten zu Hause. Von *monilis* ist *scheidleri* durch eine breite Verbreitungslücke getrennt. Am besten lässt sich *scheidleri* von *monilis* am Halsschild unterscheiden, der bei ersterem schmäler und zur Basis hin stärker verengt ist. Auch diese Art ist sehr farbvariabel, meist treten bei uns die dunkleren Exemplare auf. Vorzugsweise leben die Käfer im Wald, aber sie kommen auch auf Feldern und in Weinbergen vor. Aus Mitteleuropa sind nur Fundorte aus Bayern, Tschechien und Österreich bekannt, das eigentliche Verbreitungsgebiet liegt mehr im Osten und Südosten.

5 | *Carabus nemoralis*
Hainlaufkäfer, 18–28 mm.

Dieser kurz und gedrungen gebaute *Carabus* lebt vor allem in Wäldern und an Waldrändern, aber auch in Gärten. Bei uns findet man ihn überall in der Ebene und in niedrigeren Gebirgslagen, meist allerdings einzeln.

6 | *Carabus hortensis*
Gartenlaufkäfer, 22–30 mm.

Diese Art ist leicht an den regelmäßigen Reihen rotgoldener oder grüner Gruben auf den Flügeldecken und an dem ebenso gefärbten, aufgewölbten Flügeldeckenrand zu erkennen. Sein Name ist irreführend, denn er bewohnt Wälder der Ebene und des Berglandes. Er fehlt in großen Teilen Mitteleuropas und ist meist nicht häufig.
Man findet die Käfer von Juli bis Oktober.

7 | *Carabus glabratus*
Glatter Laufkäfer, 22–34 mm.

Wie sein deutscher Name schon sagt, ist dieser Käfer oberseits auffällig glatt, er besitzt keine Streifen oder Ketten wie seine Verwandten. Sein Verbreitungsgebiet umfasst Nord-, Mittel- und Osteuropa. Er lebt in Wäldern der Ebene und des Gebirges bis zur Höhe von 2000 m. Von Juli bis Oktober kann man ihn finden, vor allem an feuchteren Stellen; bei regnerischem Wetter ist er auch tagsüber aktiv.

8 | *Carabus linnei*
Zarter Bergwaldlaufkäfer, 16–22 mm.

Diese kleine, sehr zart gebaute Art ist weniger farbvariabel, meist kupfrig gefärbt, oft aber mit grünem Schimmer. Es ist ein reines Gebirgstier subalpiner und hochalpiner Lagen Mitteleuropas und kommt dort von Juli bis September in feuchten Wäldern und Waldmooren vor. Die Käfer sind nur nachts aktiv, tagsüber findet man sie unter Rinde und Holz. Den Winter verbringen sie wie viele Caraben gesellig in morschen Stümpfen.

9 | *Carabus silvestris*
Robuster Bergwaldlaufkäfer, 17–25 mm.

Diese Art steht der vorigen sehr nahe, ist aber robuster gebaut und viel farbvariabler. Auch sie lebt in Wäldern der Gebirge Mitteleuropas, kommt in den Mittelgebirgen aber tiefer herab und steigt im Hochgebirge noch höher als *linnei.* Auch der Robuste Bergwaldlaufkäfer überwintert gern gesellig in morschen Nadelholzstümpfen.

1

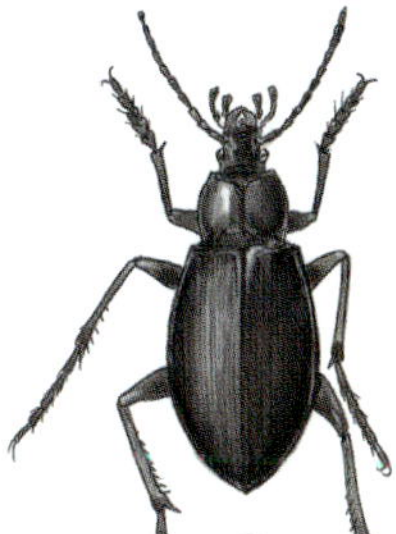

2

3

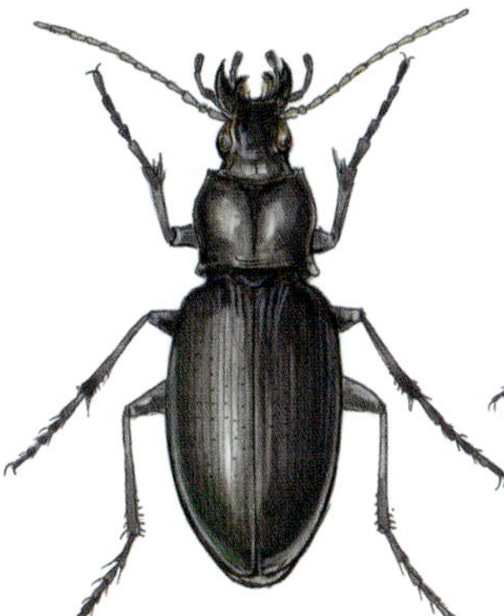

4

5

6

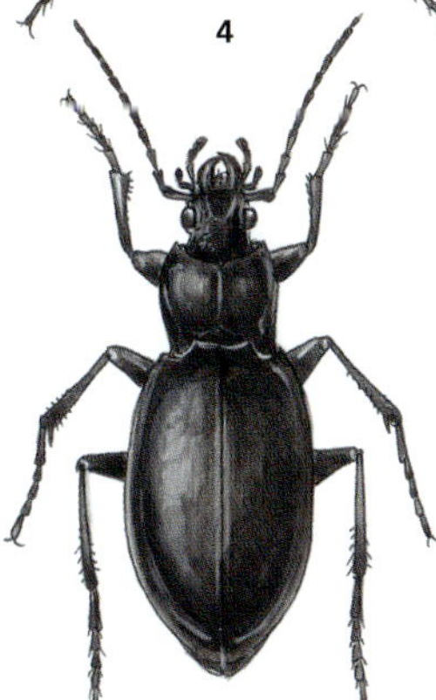

7

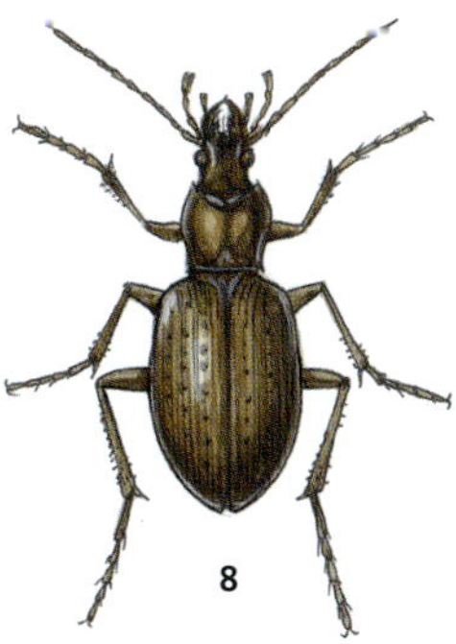

8

9

UNTERFAMILIE CYCHRINAE

1 | *Cychrus caraboides*

Körniger Schaufelläufer, 12,5–20 mm.

Die Arten der Gattung *Cychrus* – in Mitteleuropa kommen 4 Arten vor – erinnern an die *Carabus*-Arten. Unverkennbar sind sie aber durch ihren stark verlängerten Kopf. Das ist eine Anpas-sungserscheinung, denn die Käfer sind Schneckenräuber, fressen allerdings auch Würmer und anderes Kleingetier. Die Gestalt des Kopfes ermöglicht es ihnen, ihre Opfer in Schneckenschalen zu erreichen. Die Käfer sind nachts aktiv, tagsüber verstecken sie sich unter Moos und Rinde. Die Art *caraboides* ist die in Nord- und Mitteleuropa am weitesten verbreitete Art der Gattung, bei uns findet man die Käfer überall in feuchten Wäldern von der Ebene bis ins Hochgebirge, etwa 2000 m hoch.

2 | *Cychrus attenuatus*

Gestreifter Schaufelläufer, 11–17 mm.

Gegenüber der vorigen, ganz schwarzen Art zeigt *attenuatus* einen Bronzeschimmer, auch die Beine sind nicht ganz schwarz, die Schienen gelbrot. Die Lebensweise ist ähnlich wie beim Körnigen Schaufelläufer, aber *attenuatus* fehlt in der Ebene und ist auch in den mitteleuropäischen Gebirgen erheblich seltener als *caraboides.*

UNTERFAMILIE NEBRIINAE

3 | *Leistus rufomarginatus*

Rotrandiger Bartkäfer, 7,5–9,5 mm.

Die Gattung ist in Mitteleuropa mit 9 Arten vertreten. Diese Bartkäfer erkennt man vor allem an den seitlich verbreiterten Oberkiefern, dem großen Kopf mit vorstehenden Augen und dem herzförmigen Halsschild. Die Größe schwankt zwischen 5 und 10 mm. Die abgebildete Art findet man vor allem in Laubwäldern; sie wird von Osten nach Westen seltener, ihr Vorkommen in Südwestdeutschland ist überhaupt fraglich.

4 | *Leistus spinibarbis*

Dornbartkäfer, 7,5–9 mm.

Diese Art ist im Tiefland leuchtend blau bis violett gefärbt, in montanen Lagen treten meist braune, weniger metallische Tiere auf, die sich auch durch die Flügeldeckenstruktur von der Nominatform unterscheiden. *L. spinibarbis ist* ein wärmeliebendes Tier, das bei uns im Westen häufiger ist und nach Osten hin seltener wird.

5 | *Leistus ferrugineus*

Rostfarbiger Bartkäfer, 5,5–7 mm.

Auch diese Art liebt die Wärme und findet sich vor allem auf sandigen, warmen Böden in ganz Mitteleuropa, meist nicht selten. Im Gegensatz zu den anderen Arten der Gattung lebt dieser Käfer auch weitab von Gewässern.

6 | *Leistus fulvibarbis*

Gelbbartkäfer, 6–9,2 mm.

Diese südwest- und südeuropäische Art ist von den 3 anderen hier vorgestellten Arten durch ein einfarbiges Halsschild (bei *rufomarginatus* mit rötlichem Rand) und helle, rötliche Beine (bei *spinibarbis* rötlich braun) unterscheidbar.

7 | *Nebria livida*

Gelbrandiger Dammläufer, 12–15 mm.

Die 19 mitteleuropäischen Arten der Gattung *Nebria,* Dammläufer, leben vorwiegend an fließenden Gewässern, wo man sie unter Steinen finden kann. Sie sind meist flach, haben lange Fühler und als schnelle Läufer lange Beine. Die große Art *livida* ist schwarz und an dem gelben Rand erkennbar. Der Halsschild ist aber immer vorwiegend gelb. Diese Art ist weit verbreitet. Bei uns findet man die Käfer aber selten oder sehr selten. Sie leben nur an Fluss- und Seeufern, wo feuchte, lehmige Stellen vorhanden sind.

8 | *Nebria picicornis*

Flussdammläufer, 10–15 mm.

In Mitteleuropa findet man diese Art an Flüssen des Berglandes unter Steinen, zuweilen nicht selten. Zu ihrem Verbreitungsgebiet gehört auch noch das nördliche Südeuropa. Fortpflanzung im Herbst.

9 | *Nebria brevicollis*

Pechschwarzer Dammläufer, 10–13 mm.

Dieser Dammläufer hat eine andere Lebensweise als seine Gattungsverwandten, denn man findet ihn nicht an Flussufern, sondern in Wäldern, allerdings an feuchten humusreichen Plätzen. Bei uns ist er überall verbreitet und meist häufig. Die Käfer sind pechschwarz, Fühler und Endglieder der Beine aber braun-rot.

1

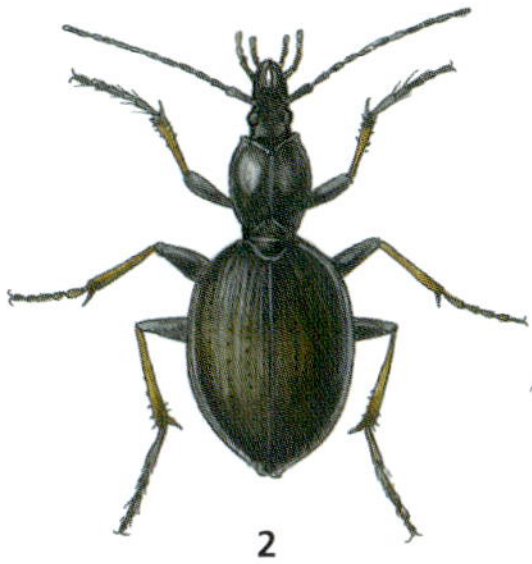

2

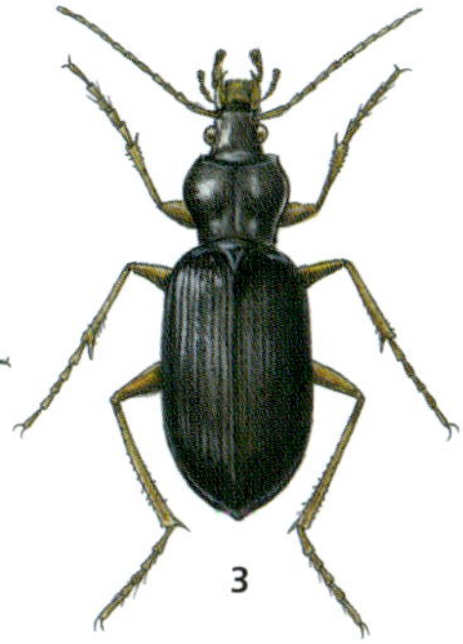

3

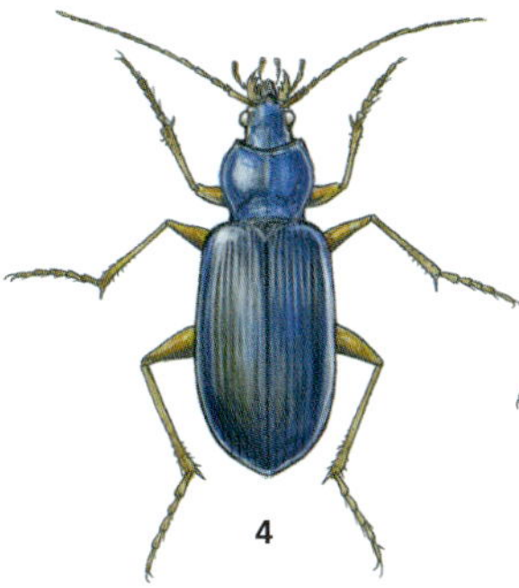

4

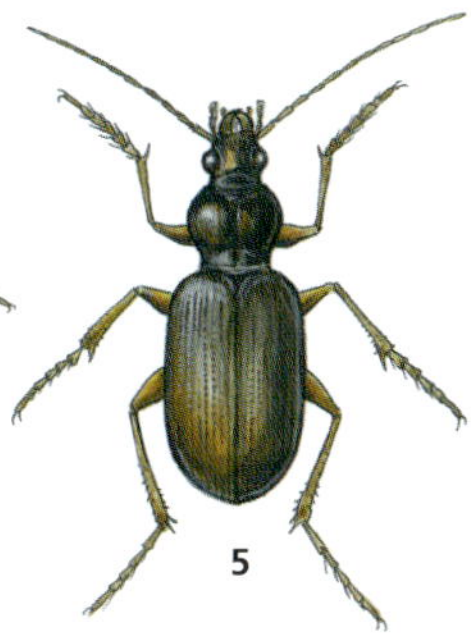

5

6

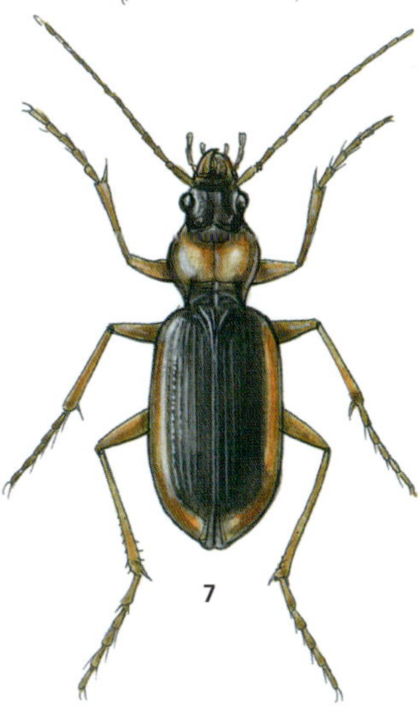

7

9

8

1 | *Nebria castanea*
Brauner Dammläufer, 6–10,5 mm.

Diese dunkel- bis hellbraune Art wurde früher zur Gattung Nebria gerechnet. Sie stammt aus dem montanen bis alpinen Bereich Mittel- und Südeuropas. Im ganzen Alpengebiet findet man die Käfer unter Steinen. Auch in den südlichen deutschen Mittelgebirgen, nördlich bis in den Schwarzwald und den Odenwald kommt die Art vor, oft gar nicht selten.

2 | *Notiophilus biguttatus*
Zweigefleckter Eilkäfer, 3,5–5,5 mm.

Von diesen kleinen, dunklen bis bronzefarbenen Käfern gibt es in Mitteleuropa 8 Arten. Sie zeichnen sich durch sehr große Köpfe und große Augen aus. Die Käfer überwintern und können kurz- und langflügelig sein. Die abgebildete Art ist die häufigste in ganz Europa. Man findet die Käfer von der Ebene bis ins Hochgebirge, vor allem auf Waldlichtungen unter Moos und Steinen.

3 | *Notiophilus quadripunctatus*
Vierpunkt-Eilkäfer, 3,5–5 mm.

Diese metallisch bronzefarbene Art verfügt über einen gelben Spitzenfleck auf ihren mit 9 Punktreihen bestandenen Flügeldecken. Das sogenannte Spiegelfeld, der Raum zwischen der 1. und 2. Punktreihe, ist besonders breit ausgeprägt. Im 4. Zwischenraum finden sich beidseits je 2 tiefe Punktgruben, die namensgebend sind.

4 | *Notiophilus palustris*
Sumpf-Eilkäfer, 4–5,5 mm.

Der häufige, lackglänzend schwarze Käfer weist ein vergleichsweise schmales Spiegelfeld auf. Er bevorzugt feuchte, schattige Bereiche und ist von Europa ohne den äußersten Süden bis Mittelsibirien verbreitet. Im betrachteten Gebiet tritt er von der Ebene bis ins Hochgebirge überall auf.

5 | *Notiophilus rufipes*
Rotbeiniger Eilkäfer, 4–5,5 mm.

Die thermophile Art ist besonders in Buchenwäldern und auf anmoorigen Böden beheimatet. Charakteristisch sind sowohl ihre rötlichgelben Beine als auch die gelben 3–4 ersten Fühlerglieder. Wie alle Eilkäfer ernährt sich die tagaktive Art räuberisch von Springschwänzen und Milben.

UNTERFAMILIE OMOPHRONINAE – GRUNDKÄFER

Die Grundkäfer werden meistens als Unterfamilie *(Omophroninae)* der Laufkäfer geführt, ihre Stellung als eigene Familie ist sehr fraglich. Sie besitzen einen gedrungenen, eiförmigen Körper, der an Dytisciden erinnert. Mit langen Beinen und Fühlern sowie mit einer charakteristischen gelbgrünen Färbung. In Mitteleuropa ist die Familie nur mit der Gattung *Omophron* und der einzigen Art *O. limbatum* vertreten. Man findet die Käfer an sandigen Ufern in geringer Entfernung vom Wasser.

6 | *Omophron limbatum*
Grüngestreifter Grundkäfer, 4,5–6,5 mm.

Einzige Art der Gattung in Mitteleuropa. Wegen ihrer einem Gelbrand ähnlichen Gestalt fällt sie unter den Laufkäfern besonders auf. Die blassgelb und grün gezeichneten Käfer kommen nur an sandigen Ufern von Gewässern vor, wo sie in Gängen leben. Zwar treten diese Käfer nur sehr lokal auf, aber an den Fundstellen findet man sie oft gesellig und in größerer Zahl.

UNTERFAMILIE ELAPHRINAE

7 | *Blethisa multipunctata*
Narbenkäfer, 10–12,5 mm.

Er ist bei uns die einzige Art der Gattung. Der schwarze Käfer mit leichtem Bronzeglanz hat ziemlich kurze Fühler und auf den Flügeldecken feine Punktstreifen und 2 Reihen größerer Punktgruben. Man findet die Käfer an sumpfigen Ufern stehender Gewässer. In der Ebene sind sie häufiger als im Bergland; im Westen und Süden fehlen sie gebietsweise ganz.

8 | *Elaphrus riparius*
Gemeiner Raschkäfer, 5,5–7 mm.

Die 5 in Mitteleuropa vorkommenden Arten dieser Gattung sehen kleinen Sandlaufkäfern ähnlich. Charakteristisch sind bei ihnen die auffälligen Augenflecken auf den Flügeldecken, die innen meist blau oder grün gefärbt sind. Die zierlichen Käfer laufen sehr schnell umher und leben an schlammigen Gewässerufern. Die Art *riparius* ist bei uns die häufigste Art der Gattung.

9 | *Elaphrus cupreus*
Bronzefarbener Raschkäfer, 7–9 mm.

Die Käfer sind der vorigen Art sehr ähnlich, aber der Kopf ist breiter, und die Augenflecken sind besonders tief und deutlich umringt. Oberseits sind die Käfer stärker bronzefarbig. Sie leben in den gleichen Biotopen wie *riparius* und sind ebenfalls meist häufig.

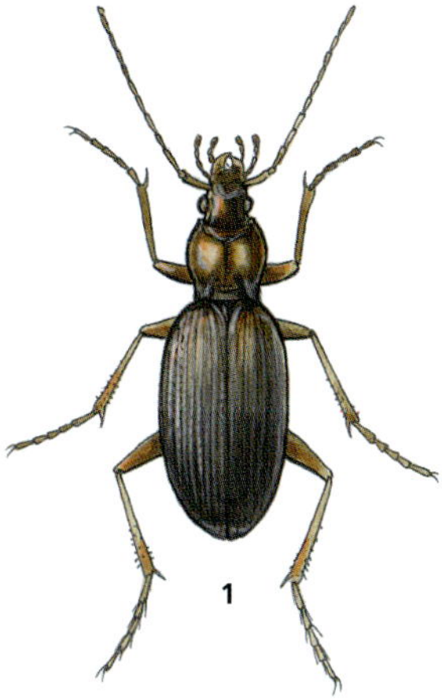

1

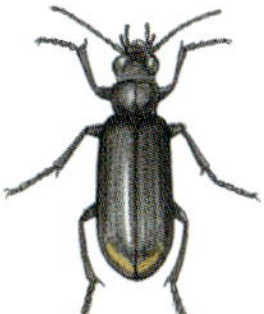

2

3

4

5

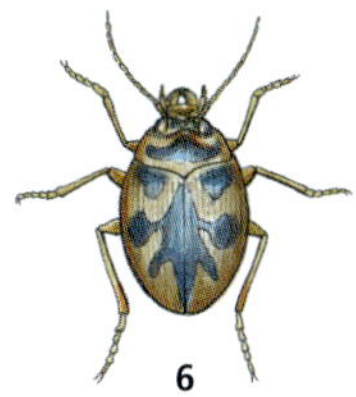

6

7

8

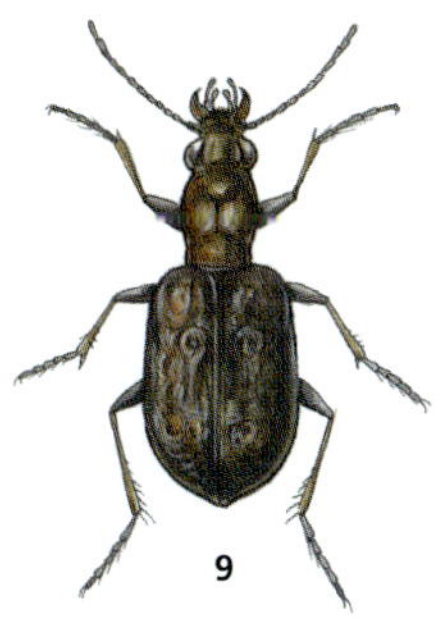

9

UNTERFAMILIE LORICERINAE

1 | *Loricera pilicornis*
Schwarzer Krummhornkäfer, 6–8 mm.

Wenn man genau hinschaut, erkennt man diesen Käfer erkennt man diesen Käfer sofort. Bei uns kommt nur die eine Art in dieser Gattung vor. Sie unterscheidet sich von allen anderen Laufkäfern dadurch, dass die ersten 6 Fühlerglieder lange Borsten tragen. Die Flügeldecken besitzen 11 gleichmäßige Streifen, im 3. Zwischenraum liegen 3 Punktgruben, auch das ist typisch. Die Käfer findet man an nassen, sumpfigen Stellen, in Mooren und an Gewässerufern. In Mitteleuropa sind sie meist überall häufig; die Käfer überwintern gesellig.

UNTERFAMILIE SCARITINAE

2 | *Scarites terricola*
Großer Grabläufer, 14–22 mm.

Diese und die nächsten beiden Gattungen gehören zu einer Unterfamilie der Laufkäfer, deren Vertreter Gravermögen aufweisen. Die verbreiterten Schienen der Vorderbeine deuten darauf hin, dass die Käfer graben können. Ein weiteres Merkmal ist die stielförmige Vorderbrust, dadurch sind Brust und Hinterleib ungewöhnlich stark voneinander getrennt. Die Gattung *Scarites* ist in Mitteleuropa mit nur einer Art vertreten; sie lebt am Neusiedler See und dort auch nur zeitweise und sehr selten. Die Käfer graben Gänge im Sand und verbergen sich tagsüber darin, nachts gehen sie auf Jagd.

3 | *Clivina fossor*
Schwarzbrauner Fingerkäfer, 5–6,5 mm.

Die 3 *Clivina*-Arten unserer Fauna ähneln den Arten der folgenden Gattung, man kann sie aber an dem weniger kugeligen Halsschild erkennen sowie an den 4 Borstenpunkten im 3. Flügeldeckenintervall (die *Dyschirius*-Arten besitzen höchstens 3 solcher Borstenpunkte). Die abgebildete Art ist die häufigste bei uns in Mitteleuropa. Sie lebt auf feuchten Böden und kommt nicht nur an Gewässerufern vor.

4 | *Dyschirius aeneus*
Erz-Handkäfer, 2,6–3,5 mm.

Die metallisch glänzenden, schwarzen Käfer können von Mai bis Juli überall nicht selten angetroffen werden. Bevorzugt leben sie an Ufern von Bächen und Kiesgruben sowie auf feuchten Äckern. Sie sind in ganz Europa und östlich bis Sibirien verbreitet.

5 | *Dyschirius salinus*
Salz-Handkäfer, 3,5–4,8 mm.

Die Flügeldecken dieser Art sind vollständig gestreift. Seinem Namen getreu findet sie sich häufig entlang der Küsten an Ost- und Nordsee sowie an Binnenlandsalzstellen. Auch für den Neusiedler See südöstlich von Wien liegen rezente Funde vor.

6 | *Dyschirius tristis*
3–4,2 mm.

Diese auch als *Dyschirius luedersi* bekannte Art ist in ganz Europa sowie östlich bis nach Sibirien anzutreffen. Im Berichtsgebiet liegen die meisten Funde in Mittel- und Norddeutschland, in der Oberrheinischen Tiefebene und östlich von Wien. Die Flügeldecken des Käfers besitzen am Ansatz kleine Basalhöckerchen, deren Vorhandensein eines von mehreren feinen Unterscheidungsmerkmalen dieser artenreichen Gruppe ist.

7 | *Dyschirius thoracicus*
Glänzender Handkäfer, 3,5–4,5 mm.

Die Gattung ist in Mitteleuropa mit 32 Arten vertreten. Es sind die kleinsten Käfer der Unterfamilie, aber durch die Grabbeine und die schmale „Taille" sehr gut kenntlich. Alle Arten sind schwarz- bis hellbraun, einige zeigen Metallglanz. Die Käfer und ihre Larven machen vor allem Jagd auf Staphyliniden. Die Art *thoracicus* kommt an den Meeresküsten Europas, Nordafrikas und Kleinasiens vor. Sie ist aber nicht an Salzwasser gebunden, man findet sie auch an Flüssen und stehenden Gewässern. Die Art kommt in der Ebene häufig, im Bergland aber selten vor.

8 | *Dyschirius angustatus*
Feinpunktierter Handkäfer, 2,5–3,5 mm.

Diese bronzeschwarze Art mit gelblich-roten Beinen ist in Nord- und Mitteleuropa beheimatet. Im Norden ist sie häufiger, im Süden selten. Da die Käfer Lehmboden bevorzugen, fängt man sie vorzugsweise in Ziegeleien.

9 | *Dyschiriodes globosus*
Gemeiner Handkäfer, 2–2,8 mm.

Die Käfer gehören zu den kleinsten der Gattung; in Mitteleuropa ist es die häufigste Art. Die Tiere leben überall auf feuchtem Lehmboden, kommen aber auch an anderen Stellen vor. Man findet sie von der Ebene bis ins Hochgebirge.

1

2

3

4

5

6

7

8

9

UNTERFAMILIE BROSCINAE

1 | *Broscus cephalotes*
Großkopf, Kopfkäfer, 17–22 mm.

In Mitteleuropa kommt nur diese eine Art der Gattung vor. Kennzeichnend für die Käfer sind ihre großen Köpfe und die kurzen Fühler. Der Halsschild ist vorn viel breiter als hinten. Der Großkopf kommt bei uns überall vor, im Süden aber seltener. Man findet ihn auf kargen, sonnenbeschienenen Böden. Dort graben die Tiere Gänge und lauern an den Öffnungen auf Beutetiere. Im Gegensatz zu den *Scaritinae* haben sie aber keine richtigen Grabbeine.

2 | *Miscodera arctica*
Glänzendschwarzer Arktiskäfer, 6,5–8 mm.

Auch von dieser Gattung gibt es in Mitteleuropa nur eine Art, die der vorigen sehr ähnlich sieht, aber wesentlich kleiner ist. Der Kopf ist nicht so verdickt wie beim Großkopf und der Halsschild mehr rundlich. Der zirkumpolar verbreitete Käfer kommt bis nach Mitteleuropa vor, fehlt aber bereits in Süddeutschland. Allerdings gibt es dann noch ein isoliertes Vorkommen in der Schweiz und in Tirol. Der Käfer lebt auf Sandböden unter Moos und jagt Pillenkäferlarven.

UNTERFAMILIE TRECHINAE

3 | *Thalassophilus longicornis*
Langfühleriger Flinkläufer, 3,4–4,5 mm.

Auch dieser *Trechus*-Verwandte ist die einzige Art der Gattung in Mitteleuropa. Interessant ist die Nordgrenze der Verbreitung. Sie fällt mit der Südgrenze der letzten Binnenlandvereisung zusammen. Man findet die Käfer bei uns an Gebirgsbächen des mittleren und südlichen Mitteleuropas, allerdings recht selten.

4 | *Trechus quadristriatus*
Feld-Flinkläufer, 3,5–4,5 mm.

In Mitteleuropa gibt es 44 *Trechus*-Arten. Wenn hier nur eine davon abgebildet ist, so deshalb, weil man die Arten, die auch noch sehr variabel sind, nach äußeren Merkmalen vielfach gar nicht trennen kann. Oft lassen sich die Käfer nur durch Untersuchungen des präparierten männlichen Geschlechtsorganes trennen. Die meisten Arten leben im Gebirge, oft als Endemiten auf einem Gipfel oder einem Gebirgszug. Die abgebildete Art ist aber weiterverbreitet und meist häufig. Bei uns findet man die Käfer von der Ebene bis ins Gebirge; gern bewohnen sie Äcker, Ödländer und Dünengebiete.

5 | *Trechus obtusus*
Schwachgestreifter Flinkläufer, 3,5–4,5 mm.

Diese Art gehört mit *Trechus quadristriatus* (nicht abgebildet) zu den häufigsten und am weitesten verbreiteten Arten. Man findet die Tiere überwiegend an schattigen, feuchten Orten von der Ebene bis in das Gebirge.

6 | *Blemius discus*
Quergebänderter Flinkläufer, 4,5–5,5 mm.

Das Tier ist in Mitteleuropa zwar überall nachgewiesen worden, tritt aber nur verstreut und selten auf. Am häufigsten findet man die Käfer nach Überschwemmungen im Ufergenist. Wahrscheinlich bewohnen die Käfer Gänge von Säugetieren und anderen Tieren im Boden. Man findet sie aber auch unter tief eingebetteten Steinen auf feuchtem Boden.

7 | *Anophthalmus gobanzi*
Höhlen-Flinkläufer, 3,6–4 mm.

Diese Art, eine von 4 Arten der Gattung, gehört zu einer Gruppe von Käfern, die vielfach Höhlenbewohner sind. Im Laufe langer Zeiträume haben sie sich an das Leben in Höhlen angepasst und spezialisiert; meist kommen die Arten nur in einzelnen oder wenigen Höhlensystemen vor. Die abgebildete Art ist in 3 Unterarten aus Kärnten, den Steiner Alpen, dem Vellachtal, vom Obirmassiv und Jovanberg bekannt. Die Augen sind völlig zurückgebildet; die stark verlängerten Fühler, Beine und Tastborsten übernehmen die Funktionen der Orientierung.

UNTERFAMILIE BEMBIDIINAE

8 | *Tachyura quadrisignata*
Viergefleckter Ahlenkäfer, 2,3–2,7 mm.

In Mitteleuropa gibt es 10 Arten der Gattung *Tachys*. Diese meist bräunlichen oder dunklen Käfer sind nur 2–3 mm groß und leben an Gewässerufern. Die abgebildete Art ist die häufigste ihrer Gattung in Süd- und Mitteleuropa. Man findet sie an fließenden Gewässern der Ebene und der Gebirge; in Norddeutschland fehlt sie allerdings.

9 | *Tachyta nana*
Rinden-Ahlenkäfer, 2,6–3,1 mm.

In Mitteleuropa ist die Gattung mit nur einer Art vertreten. Sie sieht ähnlich aus wie eine *Tachys-Art,* hat aber eine ganz andere Lebensweise: Man findet die Käfer unter Baumrinde. Offenbar ist die Art bei uns boreomontan verbreitet; die Auslöschungszone in unserem Raum liegt in Norddeutschland.

1

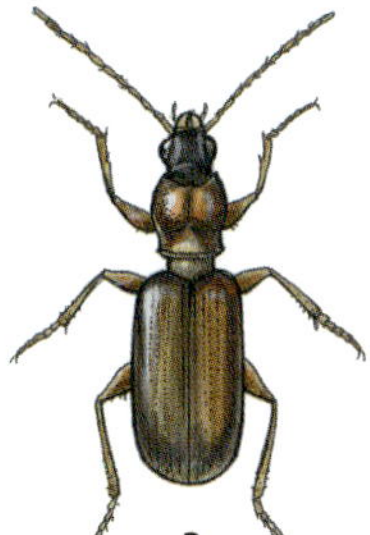

3

2

4

5

6

8

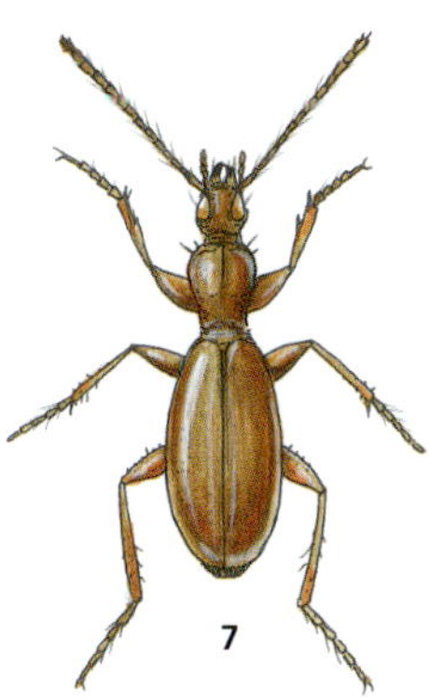

7

9

UNTERFAMILIE TRECHINAE

1 | *Bembidion lampros*
Glatter Ahlenläufer, 3–4 mm.

Die Gattung ist in Mitteleuropa mit 100 Arten vertreten. Ein *Bembidion* erkennt man sofort an dem stiftförmigen Endglied der Kieferntaster. Es sind kleine, bunte oder metallisch gefärbte Käfer, die oft recht schwierig voneinander zu unterscheiden sind. Soviel man weiß, überwintern fast alle Arten als Käfer. Die meisten Arten findet man an den Ufern stehender und fließender Gewässer, einige sind salzliebend. Nur wenige Vertreter leben an trockenen und sandigen Stellen. Die Art *lampros* ist einheitlich schwarz-metallisch gefärbt, nur die Beine sind heller. Man findet die Käfer in Mitteleuropa überall auf Kulturland, in Wäldern und im Gebirge. Sie besiedeln alle Biotope bis auf sandige und steinige Flussufer und sind überall häufig.

2 | *Bembidion tricolor*
Zweifarbiger Ahlenläufer, 4,3–5,2 mm.

Diese Art ist durch die zweifarbigen Flügeldecken gekennzeichnet, die in der vorderen Hälfte rotgelb, in der hinteren schwarz oder bläulich-metallisch gefärbt sind. Die Trennung der Farben ist nicht scharf. Die Art ist bei uns an rasch fließenden Gewässern der Alpen und des Voralpengebietes montan oft häufig.

3 | *Bembidion tetracolum*
Kreuzfleckiger Ahlenläufer, 4,9–6,1 mm.

In älteren Werken wird diese Art *ustulatum* genannt. Typisch ist eine dunkle Kreuzzeichnung auf den Flügeldecken. Man findet die Käfer, die in mehreren Unterarten über Europa, Kleinasien, den Kaukasus und Sibirien verbreitet sind und auch nach Nordamerika eingeschleppt wurden, an schlammigen Ufern mit Vegetation. Dort sind sie überall häufig oder sogar sehr häufig.

4 | *Bembidion illigeri*
Viergefleckter Ahlenläufer, 4–4,9 mm.

Die Art heißt in älteren Werken *quadriguttatus,* was auf die Flügeldeckenzeichnung hinweist; sie sind schwarz oder metallisch grün und tragen 4 gelbe Flecken, die beiden vorderen sind dreieckig, die beiden hinteren kreisrund. Die Käfer leben auf Lehmböden und sind in Mitteleuropa überall häufig.

5 | *Bembidion articulatum*
3–3,9 mm.

Die Flügeldecken dieser Käfer sind im vorderen Drittel gelbbraun, dahinter grün-metallisch, aber noch jeweils mit einem gelbbraunen Querfleck und ebenso gefärbter Spitze. Das Verbreitungsgebiet reicht von Europa über Kleinasien und Sibirien bis Japan. Die Käfer bewohnen feuchte Stellen und bevorzugen Lehmböden in Gewässernähe; sie sind bei uns in Mitteleuropa überall sehr häufig.

6 | *Bembidion biguttatum*
Zweigefleckter Ahlenläufer, 3,5–4,5 mm.

Der Körper der Käfer ist schwarz, schimmert aber bläulich. Die Flügeldecken sind nach hinten heller, bräunlich. Vor der Spitze ist ein schräger gelbrötlicher Fleck vorhanden. In Mitteleuropa ist die Art meist häufig.

7 | *Asaphidion flavipes*
Punktierter Nebelfleckenläufer, 3,9–5,4 mm.

Diese Gattung ist in Mitteleuropa mit 4 Arten vertreten. Die Käfer sehen ähnlich aus wie Bembidien, sie erinnern mit ihren gefleckten Flügeldecken etwas an die *Elaphrus*-Arten. Hier ist es allerdings eine fleckige Behaarung, keine Chitinstruktur wie bei *Elaphrus.* Meist findet man *Asaphidion* an sandigen Ufern unter Steinen, aber die abgebildete Art ist nicht an Ufer gebunden, sondern überall häufig. Die Art pflanzt sich im Frühjahr fort.

8 | *Pogonus luridipennis*
Gelbbrauner Salzuferläufer, 6–8,7 mm.

Alle 4 in Mitteleuropa vorkommenden Arten der Gattung sind zwischen 5 und 9 mm groß und leben an der Meeresküste oder an Binnenlandsalzstellen. Nur bei der abgebildeten Art sind die Flügeldecken gelbbraun, bei den übrigen Arten sind sie dunkel bis schwarz und mehr oder weniger glänzend. *P. luridipennis* ist aus Mitteleuropa von der Nordseeküste und vom Neusiedler See bekannt. Sie kommt in Europa, Nordafrika, im Kaukasus und in Westsibirien vor, ob an der Ostsee, ist fraglich.

UNTERFAMILIE PATROBINAE

9 | *Patrobus atrorufus*
Schwarzbrauner Grubenhaiskäfer, 7–9,5 mm.

Aus der Gattung gibt es in Mitteleuropa 5 Arten. Diese dunklen Laufkäfer, die man an feuchten Stellen unter Steinen findet, sind meist ungeflügelt. Die abgebildete Art, in älteren Werken trägt sie den Namen *excavatus,* lebt in Auwäldern und ist in der norddeutschen Tiefebene häufig. Nach Süden zu wird sie im Bergland aber recht selten. Man kennt sie noch aus Nordeuropa, dem Kaukasus und Westsibirien.

2

1

3

8

4

5

7

6

9

UNTERFAMILIE HARPALINAE

1 | *Anisodactylus binotatus*
Schwarzer Schmuckläufer, 9–13 mm.

Die Größe der 4 in Mitteleuropa vorkommenden Arten der Gattung liegt bei 10 mm. Die Käfer sind schwarz, einige zeigen einen grünen Metallschimmer. Sie ähneln der sehr artenreichen Gattung *Harpalus,* von denen sie sich aber durch das besonders lange 1. Hintertarsenglied deutlich unterscheiden, es ist bei Anisodactylus so lang wie die Glieder 2 und 3 zusammen, bei *Harpalus* dagegen kürzer. Die abgebildete Art kann schwarze (vor allem im Norden) oder gelbe (im Süden) Beine haben. In Mitteleuropa sind die Käfer überall zu finden und meist häufig.

2 | *Harpalus rufipes*
Behaarter Schnellläufer, 11–16 mm.

Die Gattung *Harpalus* ist in Mitteleuropa mit 65 Arten vertreten. Ihre Größe schwankt zwischen 4,6 und 17 mm. Alle gleichen sich im Körperbau: langoval oder mit parallelen Körperseiten, verhältnismäßig kurzen Beinen und nur mäßig langen Fühlern. Die Käfer lieben trockene, sandige Stellen, man findet sie auf Feldern und in Wäldern, in der Ebene wie im Gebirge. Im Gegensatz zu anderen Laufkäfern sind *Harpalus*-Arten keine reinen Fleischfresser, sondern fressen auch Samen. Die Art *rufipes,* in älteren Werken auch unter dem Namen *Ophonus* oder *Pseudophonus pubescens* bekannt, ist auf allen Böden zu Hause, auch auf Kulturland, bevorzugt allerdings Lehmböden. Man findet sie in Mitteleuropa überall häufig. Die Käfer klettern gern auf abgeblühte Doldenblüten und fressen die halbreifen Samen. Da sie auch die kleinen Nüsschen von Erdbeeren fressen, können sie in Kulturen erhebliche Schäden anrichten.

3 | *Harpalus aeneus*
Metallfarbener Schnellläufer, 9–12 mm.

Oberseits können diese Käfer recht verschieden gefärbt sein: grün bis kupfrig, bronzefarben bis schwarz oder blau, immer schimmern sie aber metallisch. Die Fühler sind stets gelbrot, meist auch die Beine, die aber auch viel dunkler sein können. Die Käfer sind auf Feldern und sandigen Böden von der Ebene bis ins Gebirge bei uns überall häufig.

4 | *Harpalus rubripes*
8–11 mm.

Diese Art ist von *rufipes* exakt nur nach diffizilen Merkmalen zu unterscheiden, aber die hier abgebildete Art *rubripes* hat oberseits meist einen grünlichen oder bläulichen Metallschimmer und rote Fühler und Beine. Wie die verwandte Art kommt auch dieser Käfer bei uns überall vor. Man findet ihn vorzugsweise auf Äckern. Er ist recht wärmeliebend.

5 | *Harpalus latus*
Schwarzglänzender Schnellläufer, 8–11 mm.

Die Männchen sind glänzend schwarz, die Weibchen haben mattere Flügeldecken, ein Merkmal, das einige andere *Harpalus*-Arten auch zeigen. Man findet die Art von der Ebene bis ins Gebirge, in lichten Wäldern und auf Sandböden; bei uns ist sie überall nicht selten.

6 | *Stenolophus teutonus*
Bunter Schnellläufer, 5,5–7 mm.

Die Gattung ist in Mitteleuropa mit 5 Arten vertreten. Die Käfer sind bunt und leben meist an nassen, sumpfigen Stellen oder im Detritus von Gewässerufern.
Infolge von Trockenlegungen ist der Bestand stark zurückgegangen.

7 | *Dichirotrichus gustavii*
Küsten-Schnellläufer, 5–7,5 mm.

Die Gattung, auch *Dicheirotrichus* genannt, ist mit 3 Arten in Mitteleuropa vertreten. Die Käfer sind 4–8 mm groß und heller oder dunkler bräunlich gefärbt. Die abgebildete Art wurde in älterer Literatur *Dichirotrichus pubescens* genannt. In Europa kommt sie an Salzwasser vor, in Mitteleuropa an der Nordsee häufig, an der Ostsee dagegen selten. Käfer wurden auch an einigen Binnenlandsalzstellen gefunden.
Da die Art in Holstein an Rüben schädlich wurde, frisst sie zumindest gelegentlich Pflanzen.

8 | *Trichocellus cognatus*
Moor-Schnelläufer, 4–4,8 mm.

In Mitteleuropa gibt es 3 Arten aus dieser Gattung, die den vorher gezeigten Käfern sehr ähnlich sehen, im Allgemeinen aber noch etwas kleiner sind.
Die Art *cognatus* findet man bei uns unter Heidekraut auf moorigen Böden.

9 | *Bradycellus ruficollis*
Kleiner Schnelläufer, 2,8–3,5 mm.

Die in Mitteleuropa vorkommenden Arten der Gattung sind klein, nur 2,8–5,5 mm groß, und heller oder dunkler rotbraun gefärbt. Sie lassen sich oft nur schwer voneinander unterscheiden. *Ruficollis,* in älteren Werken *similis* genannt, ist die kleinste, aber häufigste Art der Gattung. Die Käfer leben nur unter Heidekraut auf Rohhumusboden. Andere Arten leben in lichten Wäldern und an Gewässerufern.

1

2

3

4

6

5

8

7

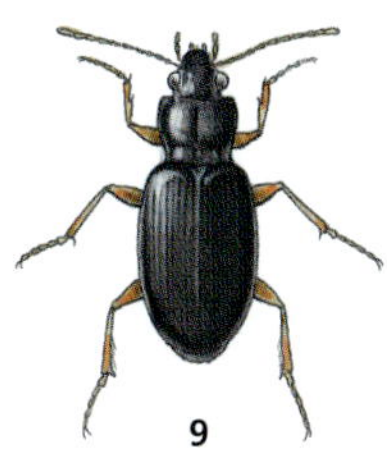

9

UNTERFAMILIE HARPALINAE

1 | *Acupalpus meridianus*
3–4,4 mm.

Die 11 in Mitteleuropa beheimateten Arten der Gattung sind die kleinsten aus ihrer engeren Verwandtschaft, meist unter 4 mm groß. Die gelben bis schwarzen Käfer leben an feuchten, sumpfigen Stellen. Leicht erbeutet man sie, wenn man Anspülicht stehender Gewässer aussiebt. Die abgebildete Art mit dunkelbraunem oder schwarzem Halsschild trägt auf den gelben Flügeldecken hinten einen großen schwarzen, nach vorn spitz zulaufenden Fleck. In Mitteleuropa findet man die Käfer meist häufig auf besonnten Mergel- und Lehmböden, auch auf Ackerland.

2 | *Acupalpus dorsalis*
Schwarzfleckiger Schnelläufer, 3,4–4,2 mm.

Diese Art ist oberseits heller gefärbt, vor allem der Halsschild, der zumindest einen breiten hellen Rand trägt. In Mitteleuropa findet man die Käfer meist in der Nähe von Ufern. In der Ebene und im Mittelgebirge ist die Art häufig, sie fehlt aber in den Alpen.

3 | *Anthracus consputus*
3,7–5 mm.

Von 2 mitteleuropäischen Arten der Gattung ist *consputus* die weiter verbreitete und bei uns häufigere. Sie lebt nur am Ufer in der Nähe vom Wasser unter Laub. Der Käfer überwintert und pflanzt sich im Frühjahr fort. Im Westen Mitteleuropas ist die Art seltener als im Osten. Die Käfer sehen den *Acupalpus*-Arten ähnlich.

UNTERFAMILIE PTEROSTICHINAE

4 | *Stomis pumicatus*
Dunkelbrauner Fressläufer, 6,5–8,3 mm.

Die Gattung kommt mit 2 Arten in Mitteleuropa vor. Die langen schlanken Käfer sind schwarz oder dunkelbraun und haben rote Beine und Fühler. Die abgebildete Art lebt an feuchten Stellen, vor allem auf lehmigem Boden. Man findet die Käfer unter Brettern und Steinen, vor allem im Frühjahr, dann pflanzen sie sich fort. Stellenweise ist die Art in Mitteleuropa häufig, aber nicht überall vertreten.

5 | *Poecilus cupreus*
Kupferfarbener Listkäfer, 9–13 mm.

In Mitteleuropa leben 11 Arten dieser Gattung. Die Käfer sind zwischen 8 und 14 mm lang, dunkel gefärbt und schimmern meist in verschiedenen Farben. Die Weibchen sind im Allgemeinen matter. Die Käfer laufen auf Wegen, in Feldern und an Waldrändern umher, oder man kann sie unter Steinen oder Holz finden. Die Art *cupreus* ist schwarz, schimmert aber in verschiedenen Farben: meist bronzen, aber auch grün, rot, kupfrig, blau oder violett. In Wiesen, auf Feldern und Wegen ist das Tier in ganz Europa häufig, es liebt aber feuchtere Standorte und geht nicht ins Hochgebirge.

6 | *Poecilus versicolor*
8–11,5 mm.

Diese Art heißt in älteren Werken *coerulescens.* Sie ist genau so verschieden gefärbt wie die vorige Art, aber sie hat immer ganz schwarze Beine. Bei der vorigen Art sind meist Teile der Beine hell gefärbt. Beide Arten werden oft miteinander verwechselt. Man findet die Käfer bei uns überall, vor allem auf Wiesen, auch im Hochgebirge.

7 | *Pterostichus vernalis*
Kleiner Grabkäfer, 6–7,3 mm.

Von der Gattung *Pterostichus,* Grabkäfer, gibt es in Mitteleuropa 57 Arten, die teils weit verbreitet und häufig, teils nur sehr lokal im Gebirge vorkommen. Ihre Größe schwankt zwischen 4,6 und 22 mm. Die Flügeldecken sind meist schwarz, seltener schwarzbraun, zuweilen metallisch glänzend; meist sind die Flügeldecken auch deutlich längsgefurcht. Die Käfer leben in Wäldern, auf Feldern und Wiesen, selten am Wasser. Die Art *vernalis* ist meist ganz schwarz, zuweilen sind nur das 1. Fühlerglied und die Enden der Beinglieder etwas heller. Die Käfer sind in Mitteleuropa an feuchten Stellen überall zu finden und meist häufig; man findet sie vor allem unter nassem Moos in feuchten Wäldern, Sümpfen und sumpfigen Wiesen.

8 | *Pterostichus burmeisteri*
Metallfarbener Grabkäfer, 12–14,5 mm.

Diese Art war früher unter dem Namen *metallicus* bekannt. Sie hat sehr glatte, nur sehr fein gestreifte, kurzovale Flügeldecken, die kupfrig, bläulich, grünlich, violett oder golden schimmern. Die Käfer sind in Mitteleuropa in allen Wäldern höherer Lagen häufig, in der Ebene fehlen sie. Es ist also eine rein montane bis alpine mitteleuropäische Art.

9 | *Pterostichus melanarius*
Gemeiner Grabkäfer, 13–17 mm.

Dieser ganz schwarze Laufkäfer heißt in älteren Werken *vulgaris.* Die Käfer sind sehr häufig, kommen in allen Biotopen vor, auch im Kulturland. Die Tiere fressen vor allem Raupen, aber auch an Getreide und Erdbeeren.

1

2

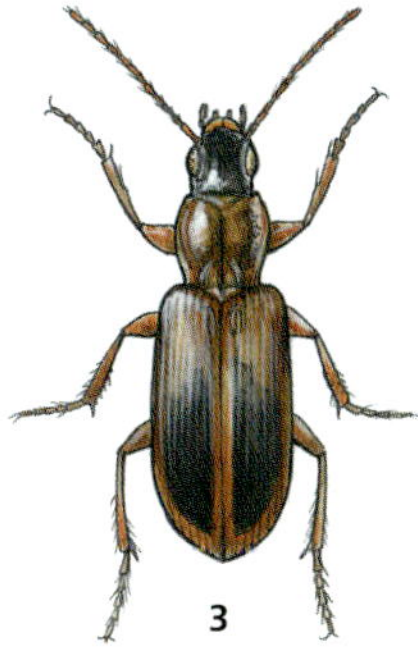
3

5

4

6

8

7

9

UNTERFAMILIE PTEROSTICHINAE

1 | *Pterostichus strenuus*

Spitztasterkäfer, 5–7 mm.

Dieser kleine Käfer hat einen deutlich herzförmig geschwungenen Halsschild. In Mitteleuropa findet man ihn überall in feuchten Wäldern in der Bodenstreu oder im Moos.

2 | *Pterostichus niger*

Schwarzer Grabkäfer, 15–21 mm.

Dieser schwarze Käfer, bei dem nur die äußeren Fühlerglieder heller sind, ist eine von mehreren sehr ähnlichen Arten, die auch oft miteinander verwechselt werden. Er gehört zu den häufigen Vertretern der Gattung. Man findet die Käfer in Wäldern, auf Feldern, in Gärten und in Flussauen in ganz Mitteleuropa meist häufig, sogar bis hoch ins Gebirge hinein.

3 | *Pterostichus oblongopunctatus*

Schultergrabkäfer, 9–12 mm.

Durch seine kleinere Größe ist dieser Käfer von dem Vorigen bereits gut zu unterscheiden. Deutlich erkennbar sind bei ihm die 4–7 tiefen Porenpunkte im 3. Flügeldeckenstreifen. Die schwarzen Käfer schimmern oben meist metallisch grünlich. Überall in Mitteleuropa sind die Käfer in Wäldern häufig. Man kann sie auch im Winter fangen, dann sitzen sie versteckt in morschen Baumstümpfen oder unter Moos

4 | *Molops piceus*

Braunfüßiger Striemenkäfer, 9–14 mm.

Die 4 in Mitteleuropa vorkommenden Arten der Gattung unterscheiden sich von denen der vorigen Gattung durch kürzere Fühler und die gedrungenere Körperform Die Seitenränder des Halsschildes sind stärker herzförmig geschwungen. Oberseits sind die Käfer glänzend schwarz oder braunschwarz, Fühler und Beine heller oder dunkler braun. Sie leben in Wäldern unter Steinen und Moos. Im Gegensatz zu den anderen Arten, die nur in bergigen Gegenden vorkommen, findet man die abgebildete Art in Mitteleuropa auch in der Ebene, im Norden ist sie allerdings selten, im Nordosten fehlt sie wahrscheinlich ganz.

5 | *Abax parallelepipedus*

Großer Breitkäfer, 16–21 mm.

Die 7 mitteleuropäischen Arten der Gattung sind tiefschwarz gefärbt. Ihr deutscher Name weist auf ihre robuste Gestalt hin. Im Gegensatz zu den *Pterostichus*-Arten fehlen den *Abax*-Arten die Porenpunkte in den Flügeldecken. Die Käfer sind zwischen 11 und 25 mm lang. Die Art *parallelepipedus* heißt in älteren Werken *ater.* Man findet die Käfer vor allem in Bergwäldern häufig, nach Norden zu werden sie aber seltener. Charakteristisch ist die Art für die Buchenwälder der Alpen.

6 | *Abax ovalis*

Ovaler Breitkäfer, 11–15 mm.

Diese kleinste Art der Gattung ist kurzoval. Da der Halsschild nach hinten kaum verschmälert ist – nach vorn allerdings stark – bilden Halsschild und Flügeldecken eine einheitlich gekrümmte Linie. Man findet die Tiere bei uns in Mitteleuropa in Wäldern unter Steinen und Holz. Im Gebirge ist die Art häufig, sie kommt aber auch in der Ebene vor, nur im Nordosten Deutschlands fehlt sie ganz.

7 | *Synuchus vivalis*

Dunkelbrauner Scheibenhaiskäfer, 6–9 mm.

Von dieser Gattung kommt in Mitteleuropa nur diese einzige Art vor. In älteren Werken wird sie noch unter dem Namen *nivalis* geführt. Man findet die Käfer vor allem in lichten Wäldern unter Moos, aber auch in offenem Gelände, wenn Schatten vorhanden ist. Fortpflanzung im Herbst, die Larven überwintern.

8 | *Calathus fuscipes*

Braunfüßiger Breithalskäfer, Kreiselkäfer, 9–14 mm.

Die Gattung ist in Mitteleuropa mit 8 Arten vertreten. Sie alle sind länglich oval, in der Körperform recht einheitlich. Ihre Größe schwankt zwischen 6 und 14 mm. Man findet die Käfer an trockenen Stellen. Am Tage verstecken sie sich unter Laub, Moos und Steinen oder zwischen Graswurzeln. Nachts sind sie aktiv. Die Art *fuscipes* ist schwarz, nur die Beine und Fühler meist hell rotbraun. Die Käfer sind in ganz Mitteleuropa häufig.
Sie leben in offenem Gelände und kommen auch in Gebirgslagen vor. Die Hautflügel sind verkürzt.

9 | *Calathus melanocephalus*

Hellschildiger Breithalskäfer, 6–9 mm.

Dieser Käfer ist sehr charakteristisch gefärbt: Halsschild gelbrot, Kopf und Flügeldecken schwarz, Beine und Fühler gelb. In offenem, besonntem Gelände, auch im Kulturland, ist die Art in Mitteleuropa überall sehr häufig. In den Alpen gibt es zwei Rassen dieser Art, bei denen der Halsschild nicht rot, sondern ähnlich gefärbt ist wie die Flügeldecken. Bei ihnen könnte es sich auch um eine eigene Art handeln.

3
1
2
4
5
7
6
9
8

UNTERFAMILIE PTEROSTICHINAE

1 | *Pristonychus terricola*
Grotten-Dunkelkäfer, 12–16 mm.

Die Gattung heißt auch *Laemostenus* oder *Laemosthenes*. Die 3 in Mitteleuropa vorkommenden Arten haben meist mehr oder weniger auffällige blaue Flügeldecken. Ihren deutschen Namen tragen sie nach ihren Fundstellen, vor allem unter Steinen. Die Art *terricola* ist die in Europa am weitesten verbreitete Art. Die Käfer wurden auch nach Nordamerika eingeschleppt und haben sich dort eingebürgert. Im Freien findet man sie in Grotten und kleinen Höhlen, sonst in Kellerräumen. Nach Osten zu wird die Art seltener.

2 | *Olisthopus rotundatus*
Metallfarbener Glattfußkäfer, 6–7,2 mm.

In Mitteleuropa gibt es nur 2 Arten aus dieser Gattung. Man findet die Tiere an trockenen Stellen im Gebirge unter Steinen. *O. rotundatus* ist die weiter verbreitete Art. Sie ist bei uns auf trockenen, besonnten Böden überall häufig. Wärmeliebendes Tier.

3 | *Agonum sexpunctatum*
Sechspunktiger Putzkäfer, 7–9,5 mm.

Die Gattung der Putzkäfer ist in Mitteleuropa mit 29 Arten vertreten. Die oberseits schwarz oder metallisch gefärbten Käfer sind zwischen 4,5 und 10,5 mm groß. Sie sind ziemlich flach und haben schlanke Fühler und Beine. Die Käfer findet man an sumpfigen und feuchten Orten, an Gewässerrändern oder in feuchten Wäldern. Die Käfer überwintern und pflanzen sich im Frühjahr fort. Die Art *sexpunctatum* hat meist einen leuchtend grünen Kopf und Halsschild und rotgoldene Flügeldecken, gelegentlich gibt es aber auch einheitlich grünlich, bläulich und schwarz gefärbte Tiere dieser Art. Man findet sie an sonnigen, aber nicht zu trockenen Stellen in ganz Mitteleuropa meist häufig. Die Art geht auch hoch ins Gebirge.

4 | *Agonum muelleri*
6,9–9 mm.

Auch diese Art kann sehr verschieden gefärbt sein. Meist sind die Käfer metallisch grün oder bronzefarben, seltener bläulich. Fühler und Beine sind schwarz-braun, nur das 1. Fühlerglied und die Schienen meist heller.
In Mitteleuropa sind die Käfer an feuchten Stellen überall sehr häufig.

5 | *Agonum viduum*
Schwarzgrüner Putzkäfer, 7–9 mm.

Die einzelnen *Agonum*-Arten kann man nur nach genauerer morphologischer Untersuchung exakt bestimmen. Die Art *viduum* ist in Mitteleuropa überall häufig, sie lebt an Gewässern aller Art.

6 | *Agonum fuliginosum*
6–7 mm.

In älteren Werken steht diese Art in einer eigenen Gattung, *Europhilus*, die nach heutiger Ansicht aber nur eine Untergattung bildet. Man findet die Käfer in sumpfigen Wäldern, dort sind sie in ganz Mitteleuropa auch häufig, nur in den Alpen wird die Art selten.

7 | *Anchomenus dorsalis*
Buntfarbener Putzläufer, 5,8–7,5 mm.

Die Art wurde früher zur Gattung *Platynus* gestellt. In Mitteleuropa gibt es von der Gattung *Anchomenus* nur 2 Arten. Die Käfer ähneln den *Agonum*-Arten, aber ihr Halsschild ist mehr herzförmig, nach hinten wird er schmäler. Man findet die Arten unter Steinen und unter Baumrinde, einige im Gebirge am Rande von Schneefeldern. Die abgebildete Art trägt in älteren Werken auch den Namen *Idiochroma dorsale*. Sie ist durch ihre Färbung ganz charakteristisch und kann kaum mit einer anderen Art verwechselt werden. In Mitteleuropa ist der Käfer fast überall häufig, er liebt sonnige Hecken und Gebüsche sowie Kulturland. Im Gebirge findet man ihn nur in den Tälern.

8 | *Platynus assimilis*
Schwarzer Putzläufer, 10–12 mm.

Der schwarze Käfer mit mehr oder weniger braunen Beinen und Fühlern ist einer unserer häufigsten Laufkäfer. Man findet ihn bei uns überall sehr häufig unter Moos und loser Rinde.

9 | *Zabrus tenebrioides*
Getreidelaufkäfer, 12–15 mm.

Der Körper dieses Käfers ist für einen Laufkäfer ungewöhnlich stark gewölbt, dick und plump. Die Fühler sind ziemlich kurz. Die Gattung ist in Mitteleuropa mit 3 Arten vertreten. Larven und Käfer sind Pflanzenfresser. Vor allem die Larven können an jungen Getreidepflanzen schwere Schäden anrichten. Die Käfer fressen Getreidekörner, richten dadurch aber weniger Unheil an. Nur die abgebildete Art ist weiterverbreitet. Sie kommt bei uns nur in der Ebene vor und ist allgemein selten geworden, vielleicht durch frühere Bekämpfungsmaßnahmen.

1

2

3

4

8

5

6

7

9

UNTERFAMILIE ZABRINAE

1 | *Amara apricaria*
Dunkler Kanalkäfer, 7–8,5 mm.

Die Gattung der Kanalkäfer ist in Mitteleuropa mit 57 Arten vertreten. Die Körperform der Käfer ist zwar nicht ganz einheitlich, meist aber länger oder kürzer eiförmig. Auch die Größe schwankt ziemlich, zwischen 4 und 15 mm. Die Tiere sind schwarz oder braun gefärbt und glänzen metallisch. Die einzelnen Arten sind sehr schwer zu unterscheiden, oft ist eine genaue Bestimmung nur nach dem männlichen Kopulationsorgan möglich.
Die Käfer lieben im Allgemeinen mehr trockene als feuchte Plätze. Man sieht sie bei Sonne auf Feldern, Wegen und Ödland laufen; sie verbergen sich gern unter Steinen und Moos, unter Blättern und zwischen Graswurzeln. Sie leben von gemischter Kost und fressen sowohl Insektenlarven als auch pflanzliche Stoffe. Nicht selten sieht man Amaren in Ähren von Gräsern oder Getreide; dort fressen sie an den weichen Körnern, verschmähen aber auch andere Pflanzenstoffe nicht. Die Art *apricaria* ist im größten Teil der Holarktis zu Hause; in Mitteleuropa ist sie überall häufig.

2 | *Amara plebeja*
Gemeiner Kanalkäfer, 6–8 mm.

Diese Art besitzt nur feine Streifen auf den Flügeldecken, die meist grünlich, seltener schwarz oder kupfrig sind und glänzen. Die kleinen Käfer sind in ganz Mitteleuropa häufig, zuweilen sogar sehr häufig.

3 | *Amara similata*
7,5–10 mm.

Oberseits sind diese Käfer meist hell erzgrün gefärbt, seltener kupfrig, bläulich oder ganz schwarz. Auch diese Art ist in ganz Mitteleuropa häufig bis sehr häufig, besonders an trockenen Stellen.

4 | *Amara familiaris*
5,5–7,5 mm.

Bei dieser Art sind die Streifen auf den Flügeldecken nach hinten zu vertieft. Die Oberseite ist meistens leuchtend erzgrün, seltener bläulich oder schwarz. In Mitteleuropa findet man die Käfer überall häufig bis sehr häufig, vor allem in der Ebene. Die Ähnlichkeit der Arten und ihre Färbungsvariationen machen deutlich, dass zur sicheren Bestimmung dieser Käfer Spezialliteratur unbedingt nötig ist.

5 | *Amara aenea*
Erz-Kanalkäfer, 6,5–8,5 mm.

Auch diese Art kann oberseits ganz verschieden gefärbt sein, meist sind die Käfer hell kupferfarben, aber es gibt auch dunklere, grünliche, bläuliche oder fast schwarze Käfer. Am auffälligsten sind bei dieser Art die 3 ersten gelbroten Fühlerglieder, die sich vom übrigen dunklen Fühler scharf absetzen. Die Käfer lieben besonders die Sonne und sind auf sehr trockenen Böden in ganz Mitteleuropa überall sehr häufig.

6 | *Amara bifrons*
5,5–7,5 mm.

Diese Art findet man in Mitteleuropa vor allem in der Ebene an sandigen Plätzen überall häufig bis sehr häufig.

UNTERFAMILIE CALLISTINAE

7 | *Chlaenius vestitus*
Gelbgerandeter Grünkäfer, 8,5–11 mm.

Von der Gattung der Grünkäfer gibt es in Mitteleuropa 13 Arten, deren Größe zwischen 8 und 18 mm schwankt. Die mitteleuropäischen Arten sind meist grün oder schwärzlich gefärbt und mehr oder weniger deutlich behaart. Man findet sie an feuchten oder nassen Stellen. Die Art *vestitus* ist an dem gelben Flügeldeckenrand, der an der Spitze verbreitert ist, zu erkennen. Diese in Mitteleuropa häufige Art der Gattung lebt an Flussufern und feuchten Stellen von der Ebene bis in Höhenlagen von etwa 600 m. Zuweilen sind die Käfer häufig, im Nordosten sind sie aber selten.

8 | *Chlaenius nigricornis*
9,5–12,5 mm.

Bei dieser grünen Art ist der Halsschild mehr kupfrig gefärbt. Von den Fühlern ist höchstens das 1. Glied heller gelbbraun. Man findet die Käfer an nassen Stellen, an denen reichlich Vegetation vorhanden ist. Die Art ist überall vertreten, manchmal auch häufig anzutreffen.

9 | *Chlaenius nitidulus*
10–12,5 mm.

Während die grünen Arten der Gattung mit schmalem, gelbem Seitenrand in Mitteleuropa nur sehr lokal verbreitet sind und die dunklen, schwärzlichen Vertreter recht selten zu finden sind, ist die Art *nitidulus,* die grünliche bis grünlichblaue, selten kupfrige Flügeldecken besitzt, bei uns fast überall vertreten. Die Käfer lieben sonnenbeschienene, feuchte Lehmuferfer, zum Beispiel Ziegeleigruben. Sie sind im Alpengebiet oft nur in den Tälern vertreten, in größerer Höhe sieht man sie recht selten.

1

2

3

4

8

5

6

7

9

UNTERFAMILIE CALLISTINAE

1 | *Callistus lunatus*
Mondfleck, 4,2–7 mm.

Dieser Laufkäfer ist mit den Chlaenien verwandt, durch seine auffällige Zeichnung aber leicht kenntlich. Er ist auch der einzige mitteleuropäische Vertreter der Gattung und darum unverkennbar. Die dunklen Flecken auf den Flügeldecken können zwar etwas variieren, ansonsten ist die Zeichnung aber recht konstant. Der Käfer ist wärmeliebend und kommt darum vor allem auf trocken-warmen Kalkhängen vor, zuweilen auch häufig. Er fehlt im nördlichen Mitteleuropa ebenso wie im Bergland. Nur in Süddeutschland kann er häufiger sein.

2 | *Oodes helopioides*
Mattschwarzer Straßenkäfer, 7,5–9,5 mm.

Die Gattung der Straßenkäfer ist in Mitteleuropa mit 2 Arten vertreten. Die Käfer ähneln in der Körperform den Amaren. Die Käfer sind schwarz, die Oberseite ist glatt und kahl, mit 8 Flügeldeckenstreifen versehen. Man findet die Käfer an sumpfigen Stellen, vor allem im Schilf. Die abgebildete Art ist die häufigere der zwei sehr ähnlichen Vertreter. Sie lebt in ganz Mitteleuropa an sumpfigen Stellen und kommt meist eher häufig vor.

UNTERFAMILIE CARABINAE

3 | *Badister bipustulatus*
Zweifarbiger Wanderkäfer, 4,8–6 mm.

Die Gattung der Wanderkäfer mit 9 Arten in Mitteleuropa steht der vorigen Gattung nahe, die Käfer sind aber kleiner, unter 8 mm. Man findet die Tiere an feuchten Stellen unter Steinen, Holz und zwischen Graswurzeln. Die abgebildete Art ist die kleinste mit rotem Halsschild. Man findet sie bei uns überall häufig in sumpfigem Gelände.

UNTERFAMILIE PANAGAEINAE

4 | *Panagaeus cruxmajor*
Großer Scheukäfer, 7,5–9 mm.

Die Gattung der Scheukäfer ist mit ihren beiden Arten in Mitteleuropa durch die auffällige Färbung leicht zu erkennen. Die Art *cruxmajor* ist größer. Der hintere rote Fleck auf den Flügeldecken reicht gewöhnlich bis zum Seitenrand. In Mitteleuropa findet man die Käfer an Gewässerufern oder auf feuchten Wiesen, im Winter am Fuße von Weiden oder Pappeln oder unter loser Baumrinde.

5 | *Panagaeus bipustulatus*
Kleiner Scheukäfer, 6,5–7,5 mm.

Bei dieser kleinen Art reicht der Spitzenfleck auf den Flügeldecken nicht bis zum Seitenrand. Man findet die Käfer an trockenwarmen Hängen, im Gebirge allerdings auch an feuchteren Stellen.

UNTERFAMILIE ODACANTHINAE

6 | *Odacantha melanura*
Schlanker Halskäfer, 6–7,8 mm.

Dieser Käfer, einzige Art der Gattung in Mitteleuropa, ist durch den langen, zylindrischen Halsschild, die schlanke Körperform und die Färbung gut kenntlich. Man findet die Käfer bei uns an schilfbestandenen Gewässern mit Lehmufern.

UNTERFAMILIE LEBIINAE

7 | *Lebia chlorocephala*
Grünblauer Prunkkäfer, 4,8–8,5 mm.

Die Gattung der Prunkkäfer ist in Mitteleuropa mit 6 Arten vertreten. Die Käfer sind meist bunt gefärbt. Sie leben vorwiegend auf Sträuchern und Bäumen und machen Jagd auf Insektenlarven und Blattläuse. Die abgebildete Art kommt an Waldrändern und auf Wiesen vor und jagt abends auf Pflanzen nach Beutetieren.

8 | *Lebia cruxminor*
Kleinkreuz-Prunkläufer, 5,5–7 mm.

Die markante Färbung mit breiter, schwarzer Querbinde hinter der Flügeldeckenmitte und roten Beinen, welche an den Knien, Schienenenden und Tarsen geschwärzt sind, charakterisieren diese seltene Art. Sie bevorzugt xerotherme Stellen.

9 | *Demetrias atricapillus*
Schwarzköpfiger Scheunenkäfer, 4,5–6 mm.

Aus der Gattung der Scheunenkäfer gibt es in Mitteleuropa 6 Arten. Diese kleinen Laufkäfer haben lange schmale Halsschilde, sind gelbrot gefärbt, besitzen aber schwarze Köpfe. Man findet sie meist an stehenden Gewässern. Die abgebildete Art ist die häufigste bei uns. Die Käfer sind nicht selten und leben unter faulen Pflanzen auf Lehmboden. Sie kommen auch in Scheunen vor.

1

2

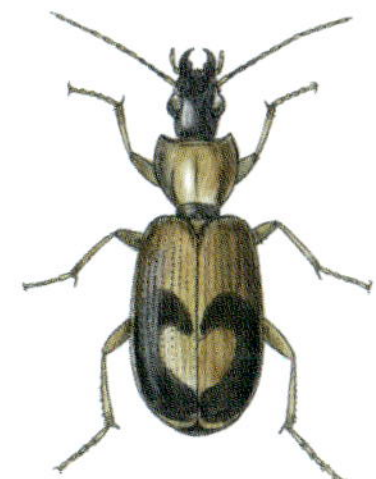

3

4

8

5

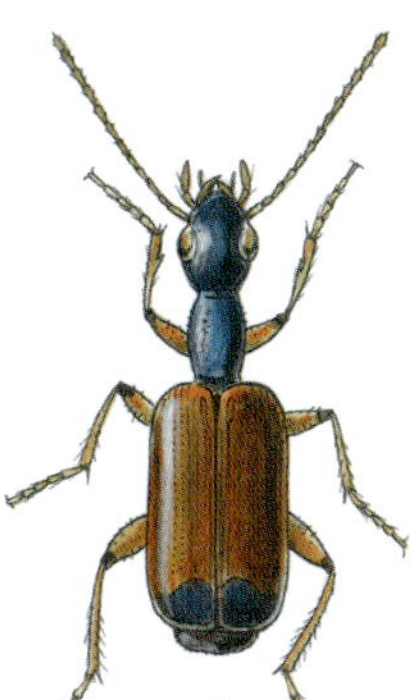

6

9

7

UNTERFAMILIE LEBIINAE

1 | *Cymindis humeralis*
Rotschulteriger Nachtkäfer, 8–11,5 mm.

Die Gattung der Nachtkäfer ist in Mitteleuropa mit 9 Arten vertreten. Die Flügeldecken tragen mehr oder weniger ausgedehnte Rotzeichnungen, wenigstens ein Schulterfleck ist rot. Man findet die Tiere unter Steinen und Moos an Waldrändern, die meisten Arten nur im Gebirge. Die abgebildete Art war in Mitteleuropa früher häufiger als heute, neuerdings geht ihr Bestand mehr und mehr zurück, vor allem im Norden. Man findet die Käfer an sonnigen Waldrändern, in Trockenrasengebieten und auf Heideflächen. Fortpflanzung im Herbst, Käfer und Larven können überwintern.

2 | *Dromius agilis*
Dunkelbrauner Rennkäfer, Rindenläufer, 5,2–7 mm.

Aus der Gattung der Rennkäfer gibt es in Mitteleuropa 17 Arten. Ihr Körper ist flach, was auf ihre Lebensweise unter Baumrinde hindeutet. Einige Arten findet man allerdings auch in der Bodenstreu und in Grashorsten. Die Käfer sind nachts aktiv. Die abgebildete Art ist in Mitteleuropa die größte und häufigste der Gattung. Überall findet man sie unter der Rinde alter Bäume.

3 | *Dromius quadrimaculatus*
Vierfleckiger Rennkäfer, 4,7–6,1 mm.

Dieser Käfer ist in Mitteleuropa ebenfalls überall unter Rinde und Moos zu finden und nicht selten. Bevorzugt werden offenbar Plätze mit Kiefern und Fichten.

4 | *Philorhizus notatus*
3–3,9 mm.

Diese sehr kleine Art wurde früher in die Gattung *Dromius* eingereiht. In älteren Werken trägt sie noch den Namen *nigriventris*. In Mitteleuropa findet man sie an trockenen, sonnigen Stellen überall nicht selten.

5 | *Syntomus truncatellus*
Schwarzer Rennkäfer, 2,6–3,3 mm.

Die 4 in Mitteleuropa vorkommenden Arten der Gattung, die in älteren Werken den Namen *Metabletus* trägt, sind kleine, flache, meist dunkel gefärbte Käfer mit großen Augen und kurzen Schläfen. Die Flügeldecken sind am Ende schräg abgestutzt. Man findet die Käfer an den Wurzeln von Bäumen, unter Baumrinde und unter Steinen an trockenen Stellen. Die abgebildete Art ist fast ganz schwarz, nur Fühler und Beine sind meist etwas heller. In Mitteleuropa ist es die häufigste Art der Gattung.

6 | *Lionychus quadrillum*
Gelbgefleckter Krallenkäfer, 3–4 mm.

Diese in Mitteleuropa einzige Art der Gattung ist an den gelben Flecken auf den schwarzen Flügeldecken leicht kenntlich. Während die vorderen Schulterflecken immer vorhanden sind, können die beiden hinteren Flecken entweder mit den vorderen Flecken verbunden sein oder auch ganz fehlen. Die Käfer findet man an sandigen Ufern unter Anspülicht. In der Norddeutschen Tiefebene fehlt die Art.

7 | *Microlestes minutulus*
3–3,2 mm.

In Mitteleuropa gibt es 6 Arten aus dieser Gattung, die den *Syntomus*-Arten ähnlichsehen. Die meisten Arten sind einfarbig schwarz, etwas glänzend, nur eine Art, die im äußersten Südosten unseres Gebietes vorkommt, trägt an der Naht einen weißgelben Längsfleck. Man findet die Käfer unter Rinde oder Laub am Fuße von Bäumen. Die abgebildete Art ist bei uns meist häufig. Sie bevorzugt sonnige Plätze.

UNTERFAMILIE BRACHININAE – BOMBARDIERKÄFER

Die Bombardierkäfer werden üblicherweise als Unterfamilie der Laufkäfer geführt. Die Familie ist in Mitteleuropa mit zwei Gattungen *(Brachinus* und *Aptinus)* und insgesamt fünf Arten vertreten. Käfer mit gestrecktem Körper, abgestutzten Flügeldecken und behaarten Fühlern. Mit charakteristischem Explosionsapparat am hinteren Ende des Körpers. Die Käfer leben in offenem Gelände, häufig unter Steinen.

8 | *Brachinus explodens*
Kleiner Bombardierkäfer, 4,9–7,5 mm.

Die Arten der Gattung sind zweifarbig rot-blau gefärbt. Bei uns ist die abgebildete Art meist häufig unter Steinen an Wegrändern, Hecken und in lichten Wäldern. Im Norden und in den Alpen fehlt der Käfer allerdings.

9 | *Aptinus bombarda*
Großer Bombardierkäfer, 9,5–15 mm.

Diese Gattung ist mit nur einer Art im mitteleuropäischen Raum vertreten. Die Käfer sind schwarz, nur Fühler und Beine gelbrot. Ihre „Explosionstöne" sind relativ laut. Die Art kommt im mitteleuropäischen Gebiet nur im Südosten, westlich bis Ostbayern vor, wo die Käfer aber sehr selten sind. Montan bis subalpin findet man die Tiere im östlichen Alpenbereich auf Böden, die in der Eiszeit nicht vergletschert waren.

2

1

3

4

9

5

6

7

8

FAMILIE HALIPLIDAE – WASSERTRETER

Die Halipliden gehören zu den Wasserkäfern. In Mitteleuropa gibt es nur 20 Arten dieser kleinen, kahnförmigen, unter 5 mm langen Käfer. Ihre Färbung ist gelb- oder rotbraun mit schwarzer Zeichnung. Man findet die Käfer zwischen Wasserpflanzen in langsam fließenden oder stehenden Gewässern. Sie sind vorwiegend Pflanzenfresser und keine guten Schwimmer. Sie bewegen die Beine abwechselnd, darum tragen sie den Namen Wassertreter. Die Käfer können fliegen und darum auch neue Lebensräume aufsuchen.

1 | *Peltodytes caesus*
Ovaler Wassertreter, 3,5–4 mm.

Diese Gattung kommt in Europa mit 2 Arten vor; in älteren Werken findet man sie unter dem Namen *Cnemidotus*. Die Käfer sind von denen der folgenden Gattung am leichtesten durch ein Klaffen der Flügeldecken vor der Spitze zu unterscheiden. Die abgebildete Art findet man zwischen Wasserpflanzen stehender Gewässer.

2 | *Haliplus ruficollis*
Tropfenförmiger Wassertreter, 2,5–2,9 mm.

Aus dieser Gattung gibt es in Mitteleuropa 18 Arten, die vielfach nur schwer voneinander zu unterscheiden sind. Auf den Flügeldecken der gelblichen, tropfenförmigen Käfer sind Punktreihen sichtbar, meist auch schwarze Flecken. Die Arten leben in sauberem, stehendem und langsam fließendem Wasser unter Wasserpflanzen. Die abgebildete Art ist in Mitteleuropa überall verbreitet und häufig.

FAMILIE NOTERIDAE – UFERFEUCHTKÄFER

In Mitteleuropa mit nur einer Gattung mit 2 Arten vertreten. Sie zählten früher als Unterfamilie *Noterinae* zu den *Dytiscidae*, werden aber heute als eine eigene Familie betrachtet. Man findet sie in stehenden und fließenden Gewässern, und ihre Larven entwickeln sich im Uferschlamm.

UNTERFAMILIE NOTERINAE

3 | *Noterus clavicornis*
Großer Uferfeuchtkäfer, 4,2–4,5 mm.

Die beiden Arten dieser Gattung sind rostrot gefärbt, der Halsschild ist meist heller. Man findet die Käfer in stehenden und fließenden Gewässern der Ebene und der Mittelgebirgslagen, auch in Brackwasser. Die abgebildete Art ist bei uns überall häufig.

FAMILIE DYTISCIDAE – SCHWIMMKÄFER

Diese Familie ist in Mitteleuropa mit 30 Gattungen und 152 Arten vertreten. Ihre Körper sind stromlinienförmig und sie benutzen ihre Hinterbeine als Paddel. Sie können gut fliegen und besiedeln auch neue Lebensräume. An der Wasseroberfläche nehmen sie Luft unter die Flügeldecken auf. Käfer und Larven leben räuberisch.

UNTERFAMILIE HYDROPORINAE

4 | *Hyphydrus ovatus*
Glatter Kugelschwimmer, 4,5–5 mm.

In Mitteleuropa gibt es 2 Arten aus dieser Gattung. Die Käfer leben in stehenden, selten in fließenden Gewässern, zuweilen auch im Brackwasser. Die abgebildete Art trägt in älteren Werken auch den Namen *ferrugineus*. Man findet die Käfer in ganz Mitteleuropa häufig.

5 | *Guignotus pusillus*
Gelbbrauner Zwergschwimmer, 1,75–2,25 mm.

Die Gattung war früher mit der Gattung *Bidessus* vereint. Aus Mitteleuropa kennt man heute 2 *Guignotus*-Arten. Die abgebildete Art heißt in älteren Werken auch *geminus*. Die Tiere gehören zu den kleinsten Käfern der ganzen Familie. Überall in Mitteleuropa findet man die Käfer sehr häufig.

6 | *Bidessus unistriatus*
1,75–2 mm.

Die Gattung ist in Mitteleuropa mit 5 Arten vertreten, zusammen mit der vorigen sind es die kleinsten Tiere der Familie. Die Käfer der abgebildeten Art findet man in fast ganz Mitteleuropa, im Westen und Süden aber seltener.

7 | *Hygrotus impressopunctatus*
4–5 mm.

Früher trennte man diese Gattung, aus der in Mitteleuropa 8 Arten vorkommen, nicht von der Gattung *Hygrotus* ab. Fast alle *Coelambus* tragen auf gelbem bis gelbrotem Untergrund schwarze Längslinien, die Zeichnung ist allerdings selbst innerhalb einer Art recht variabel. Die abgebildete Art ist in ganz Mitteleuropa häufig.

8 | *Hygrotus inaequalis*
3–3,7 mm.

Die 4 in Mitteleuropa lebenden Arten der Gattung sind breiter oval gebaut als die Tiere der vorigen Gattung. Man findet sie in stehenden, pflanzenreichen Gewässern. Die abgebildete Art ist bei uns überall sehr häufig.

9 | *Hydroporus palustris*
Gemeiner Zwergschwimmer, 3–3,2 mm.

Diese Gattung ist in Mitteleuropa mit 34 Arten, 1,75–5,5 mm groß, vertreten. Ihre Bestimmung ist oft recht schwierig und ohne Spezialliteratur kaum möglich. Die abgebildete Art ist farblich sehr variabel, bei uns in Mitteleuropa überall vorhanden und sehr häufig.

1

2

3

4

5

6

7

9

8

UNTERFAMILIE HYDROPORINAE

1 | *Graptodytes granularis*
2,2 mm.

Von dieser Gattung, die früher nicht von Hydroporus getrennt wurde, leben 5 Arten in Mitteleuropa. Die rotgelben Flecken und Längsbinden auf den Flügeldecken sind sehr variabel, auch innerhalb der Arten. Die abgebildete Art ist in Mitteleuropa nicht selten. Man findet die Käfer vor allem im Moor und Schlamm von stehenden und langsam fließenden kleinen Gewässern.

2 | *Porhydrus lineatus*
3–3,5 mm.

In Mitteleuropa gibt es 2 Arten aus dieser Gattung, die früher zur Gattung *Graptodytes* gestellt wurden. Bei beiden Arten sind die Flügeldecken zwischen der Punktierung sehr fein granuliert. Die abgebildete Art ist die weiter verbreitete. Sie kommt in ganz Europa meist häufig vor.

3 | *Nebrioporus assimilis*
4–4,5 mm.

In Mitteleuropa ist die Gattung mit 4 Arten vertreten. Früher zählten sie zur Gattung *Hydroporus* oder *Deronectes.* Die Oberseite der Käfer ist sehr dicht punktiert. Auf den gelben bis gelbroten Flügeldecken sind schwarze Längsbinden vorhanden. Die abgebildete Art ist boreomontan in Nord- und Mitteleuropa sowie in Sibirien verbreitet.
Die Käfer findet man im Nordosten und im Süden von Deutschland in Bächen und Seen des Gebirges.

4 | *Scarodytes halensis*
4–4,5 mm.

Auch diese einzige Art der Gattung in Mitteleuropa findet man in älteren Werken bei der Gattung *Hydroporus* oder *Deronectes.* Auf den lehmgelben Flügeldecken fließen die 6 schwarzen Längsbinden oft zusammen, das ist aber innerhalb jeder Art sehr verschieden. In Mitteleuropa findet man die Käfer meist in stehenden, seltener in langsam fließenden Gewässern oft sehr häufig, vorzugsweise auf Kies- und Lehmgrund.

UNTERFAMILIE LACCOPHILINAE

5 | *Laccophilus minutus*
Grundschwimmer, 4,2–4,8 mm.

Diese Gattung kommt in Mitteleuropa mit 3 Arten vor. Man erkennt die gelb und dunkelbraun gezeichneten Käfer leicht daran, dass sie lebhaft herumspringen. Die abgebildete Art, die in älteren Werken den Namen *obscurus* trägt, ist von Europa und Nordafrika bis Westasien und Turkestan verbreitet. Bei uns findet man sie häufig bis sehr häufig in stehenden Gewässern.

UNTERFAMILIE COLYMBETINAE

6 | *Copelatus haemorrhoidalis*
6,5–8 mm.

Diese einzige Art der Gattung in Mitteleuropa trägt in älteren Werken auch den Namen *ruficollis.* Die Oberseite des länglich eiförmigen Käfers ist rotbraun, Fühler und Beine sind rot. Man findet sie in stehenden, auch kleinen Gewässern wie Gräben und Tümpeln, wo reichlich Pflanzenwuchs vorhanden ist, und dann nicht selten.

7 | *Platambus maculatus*
Gefleckter Schnellschwimmer, 7–8,5 mm.

Die Gattung kommt in Mitteleuropa nur mit einer Art vor, die mit *Agabus nahe* verwandt ist. Die oberseits lebhaft gelbe und schwarze Zeichnung ist sehr variabel. Bei uns findet man die Art überall in leicht fließendem Wasser oder in der Nähe der Zuflüsse in Seen. Die Käfer sitzen gern an Wasserpflanzen oder auf Holz.

8 | *Agabus bipustulatus*
Gemeiner Schnellschwimmer, 8–11 mm.

Die Gattung ist in Mitteleuropa mit 27 Arten vertreten. Die 8–11 mm großen Tiere sind meist dunkelbraun bis schwarz, nur selten gelbrot oder gelbschwarz gezeichnet. Bei den Männchen sind die ersten Glieder der Vorder- und Mitteltarsen erweitert und unten mit kleinen Saugplättchen oder Haarbürsten versehen. Die Käfer leben vor allem in klarem, kaltem Wasser. Die abgebildete Art ist bei uns überall häufig.

9 | *Ilybius fuliginosus*
Rußfarbener Schlammschwimmer, 10–11,3 mm.

Aus dieser Gattung gibt es in Mitteleuropa 10 Arten. Die sehr ähnlich aussehenden, länglich-ovalen, 9–14 mm großen Käfer sind bis auf die abgebildete Art alle tief dunkelbraun bis schwarz gefärbt. Man findet die Käfer in stehenden Gewässern. Die abgebildete Art kommt bei uns überall häufig vor.

1

2

3

4

6

5

8

7

9

UNTERFAMILIE COLYMBETINAE

1 | *Rhantus exsoletus*
9–10 mm.

Die Gattung ist mit 9 Arten in Mitteleuropa vertreten. Die 9–12 mm großen Tiere sind ziemlich flach, die Körperform ist oval. Man erkennt *Rhantus* vor allem an der typischen Färbung: Der Halsschild ist gelb oder rotgelb, oft mit dunklen Rändern, die Flügeldecken erscheinen dunkel, aber an den Seiten, zum Teil auch an der Naht, ist ein gelber Streifen vorhanden. Man findet die Käfer vor allem im Pflanzenbewuchs stehender Gewässer. Die Art ist bei uns überall häufig.

2 | *Colymbetes fuscus*
Dunkler Teichschwimmer, 17–19 mm.

In Mitteleuropa leben 3 Arten dieser Gattung. Typisch sind die stark quergerieften Flügeldecken. Man findet die Käfer vor allem in stehenden Gewässern. Die Art *fuscus* ist bei uns nicht selten.

3 | *Hydaticus transversalis*
12–13 mm.

Aus der Gattung gibt es in Mitteleuropa 5 Arten, die zwischen 9 und 15 mm lang sind. Die Oberseite erscheint glatt. Halsschild und Flügeldecken sind dunkel, tragen aber verschiedene gelbe Zeichnungen. Die Tarsen der Vorderbeine sind scheibenförmig erweitert und mit Saugnäpfen besetzt. Die Weibchen haben zum Teil runzelige Halsschildscheiben. Die Käfer leben vor allem in stehenden, schlammreichen Gewässern. Die abgebildete Art ist bei uns im Norden häufiger als in Süddeutschland.

UNTERFAMILIE DYTISCINAE

4 | *Acilius sulcatus*
Gemeiner Furchenschwimmer, 15–18 mm.

Zwei sehr ähnlich aussehende Furchenschwimmer leben bei uns in stehenden Gewässern. Männchen und Weibchen unterscheiden sich deutlich voneinander: Die Männchen sind oberseits glatt, die Flügeldecken der Weibchen dagegen tief gefurcht. Außerdem sind die Männchen noch an den verbreiterten Vordertarsen mit Saugnäpfen zu erkennen. Die abgebildete Art ist die häufigere. Der ähnliche Verwandte findet sich vorzugsweise in moorigen Gewässern.

5 | *Dytiscus latissimus*
Breitrand, 36–44 mm.

Zu dieser Gattung der eigentlichen Gelbrandkäfer gehören in Mitteleuropa 7 große Arten. Sie sind dunkelbraun, schimmern oft olivgrün und besitzen eine gelbe Randbinde. Die Männchen tragen an den Vordertarsen einen großen, einen mittleren und viele kleine Saugnäpfe. Ihre Flügeldecken sind glatt, während sie bei den Weibchen meist tiefe Längsfurchen besitzen. Käfer und Larven sind Räuber. Die Art *latissimus* ist der größte Vertreter der ganzen Familie bei uns. Früher war er in Mitteleuropa überall beheimatet, in letzter Zeit ist der Bestand aber stark zurückgegangen.

6 | *Dytiscus marginalis*
Gemeiner Gelbrand, 27–35 mm.

Dies ist die häufigste und am weitesten verbreitete Art der Gattung. Die Männchen besitzen an den Vordertarsen 1 große, 1 mittlere und etwa 160 kleine Saugnäpfe. Die Tiere fliegen auch, vor allem nachts. Auf Glasdächern und Straßen landende Käfer sind einer optischen Täuschung zum Opfer gefallen. Die Weibchen haben meist, wenn auch nicht immer, tiefe Furchen auf den Flügeldecken. Man erkennt sie auch am Fehlen der Saugnäpfe an den Tarsen.

7 | *Dytiscus marginalis*
Weibchen, 27–35 mm.

Dies ist die häufigste und am weitesten verbreitete Art der Gattung. Die Männchen besitzen an den Vordertarsen 1 große, 1 mittlere und etwa 160 kleine Saugnäpfe. Die Tiere fliegen auch, vor allem nachts. Auf Glasdächern und Straßen landende Käfer sind einer optischen Täuschung zum Opfer gefallen. Die Weibchen haben meist, wenn auch nicht immer, tiefe Furchen auf den Flügeldecken. Man erkennt sie auch am Fehlen der Saugnäpfe an den Tarsen.

8 | *Cybister lateralimarginalis*
Gaukler, 30–37 mm.

Er ähnelt dem Gemeinen Gelbrand in seiner Größe, ist jedoch breiter und flacher gebaut. Dünne gelbe Streifen finden sich nur am Thoraxrand und setzen sich auf den Elytren fort. Seine breiteste Stelle ist hinter der Körpermitte.

FAMILIE GYRINIDAE – TAUMELKÄFER

In Mitteleuropa gibt es 3 Gattungen mit 13 Arten aus dieser Familie. Die Käfer leben an der Oberfläche von Gewässern, wo sie zuweilen langsam, oft aber wirbelnd ihre Kreise ziehen. Die 2 hinteren Beinpaare sind zu Schwimmrudern umgebildet. Zum gleichzeitigen Sehen über und unter Wasser sind die Augen horizontal geteilt.

UNTERFAMILIE GYRININAE

9 | *Gyrinus substriatus*
Gemeiner Taumelkäfer, 5–7 mm.

Alle 11 Arten dieser Gattung sind oberseits dunkel und glatt. Die Art *substriatus* ist bei uns überall in stehenden Gewässern häufig.

1
2
3
5
9
8
6
4
7

FAMILIE HYDRAENIDAE – LANGTASTERWASSERKÄFER

Die Familie der Hydraeniden, in Mitteleuropa mit 4 Gattungen und 88 Arten vertreten, umfasst kleine, 1–7,5 mm große Käfer, die fast ausnahmslos im Wasser leben.

1 | *Hydraena gracilis*
Gemeiner Langtasterwasserkäfer, 2–2,3 mm.

27 *Hydraena*-Arten kommen in Mitteleuropa vor. Die länglichen Käfer haben extrem lange Kiefertaster, die erheblich länger sind als die kurzen, mit einer kleinen, dreigliedrigen Keule versehenen Fühler. Die Käfer findet man in fließendem Wasser, unter Steinen, in Moos, unter Holz und an Wasserpflanzen, selten in stehendem Wasser. Die abgebildete Art ist bei uns die häufigste Art der Gattung. Man findet sie vor allem in Quellwässern der Gebirge, nur in der Ebene ist sie selten.

2 | *Ochthebius minimus*
1,6–2,2 mm.

Die Gattung ist in Mitteleuropa mit 21 Arten vertreten. Die Käfer sind meist etwas gedrungener gebaut als diejenigen der vorigen Gattung. Das auffälligste Unterscheidungsmerkmal sind aber ihre kurzen Kiefertaster. Man findet die Käfer vor allem in fließenden Gewässern, manche aber auch am Wasserrand auf schlammigem Boden oder an salzigen Lachen. Die Art *minimus*, die in älteren Werken den Namen *impressus* trägt, ist bei uns die häufigste Art. Sie kommt an fließenden und stehenden Gewässern vor.

3 | *Limnebius papposus*
Gelbbrauner Teichkäfer, 1,8–2,1 mm.

Aus der Gattung *Limnebius* gibt es in Mitteleuropa 9 Arten. Sie zählten früher zur Familie der *Hydrophilidae*. Die kleinen, nur 1–2,5 mm großen Käfer können aber leicht von den ähnlichen Hydrophiliden unterschieden werden. Ihre Flügeldecken bedecken den Hinterleib nicht ganz, sondern lassen das Pygidium frei. Die Käfer leben meist in stehenden oder leicht fließenden Kleingewässern. Die Art *papposus* ist bei uns in Wasserlachen meist häufig, nur im Westen und Südwesten selten.

HELOPHORIDAE, HYDROPHILIDAE – FURCHENWASSERKÄFER UNTERFAMILIE SPHAERIDIINAE

4 | *Helophorus flavipes*
Gemeiner Furchenwasserkäfer, 2,5–3,8 mm.

Von der Gattung der Furchenwasserkäfer sind in Mitteleuropa 31 Arten beheimatet. Diese Käfer sind dadurch charakterisiert, dass der Halsschild 5 Längsfurchen trägt, zwischen denen Wülste liegen. Die meisten dieser Käfer leben am Ufer stehender Gewässer, nur wenige an feuchten Plätzen weiter vom Wasser entfernt. Die Art *flavipes*, in älteren Werken *viridicollis* genannt, ist bei uns überall häufig. Die Einordnung von *Helophorus* in die Familie *Hydraenidae* ist umstritten. Häufig wird *Helophorus* in die Familie *Hydrophilidae* eingereiht.

FAMILIE HYDROPHILIDAE – WASSERKÄFER

In Mitteleuropa ist diese Familie mit 18 Gattungen und 72 Arten vertreten. Die runden oder ovalen Käfer unterscheiden sich von den Gelbrandkäfern vor allem durch die Fühler, die an der Spitze eine drei- bis fünfgliedrige Keule tragen. Viele Arten leben im Wasser und haben Beine mit Schwimmhaaren. Manche besiedeln auch nasse Stellen, faulende Stoffe und frischen Dung.

UNTERFAMILIE SPHAERIDIINAE

5 | *Coelostoma orbiculare*
3,5–4,5 mm.

Die einzige Art der Gattung in Mitteleuropa ist bei uns in seichten, stehenden Gewässern überall sehr häufig.

6 | *Sphaeridium scarabaeoides*
Gemeiner Dungkugelkäfer, 5,5–7,5 mm.

Die Gattung kommt in Mitteleuropa mit 4 Arten vor, die nur schwer voneinander zu unterscheiden sind. Sie besitzen variable Färbung und leben alle in frischem Kuhdung. Die Art *scarabaeoides* ist bei uns sehr häufig.

7 | *Cercyon analis*
1,7–2,4 mm.

Diese Art, in älteren Werken unter dem Namen *flavipes* bekannt. Sie ist eine von 23 in Mitteleuropa beheimateten *Cercyon*. Die runden oder ovalen Käfer sind stark gewölbt und nur 1,3–4 mm lang. Die Käfer leben in Dung, Kompost sowie im Detritus an Gewässerrändern. Die abgebildete Art ist bei uns an Gewässerrändern überall häufig.

8 | *Megasternum concinnum*
1,7–2,2 mm.

Die in Mitteleuropa einzige Art der Gattung ist in Pilzen, im Dung und in faulenden Pflanzenstoffen überall häufig.

9 | *Cryptopleurum minutum*
Behaarter Dungkugelkäfer, 1,6–2,0 mm.

Ähnlich wie der vorige Käfer ist auch dieser einem *Cercyon* recht ähnlich. Die Gattung *Cryptopleurum* hat aber eine fein behaarte Oberseite. Von den 3 mitteleuropäischen Arten ist die abgebildete am weitesten verbreitet und bei uns im Dung überall sehr häufig.

1

2

3

4

5

6

7

8

9

UNTERFAMILIE HYDROPHILINAE

1 | *Hydrobius fuscipes*
Braunfüßiger Wasserkäfer, 6–9 mm.

Diese einzige Art der Gattung in Mitteleuropa ist schwarz, metallisch glänzend. Man erkennt sie daran, dass die Flügeldeckenstreifen nach hinten rissig vertieft sind. Die Art kommt in der ganzen Paläarktis und in Nordamerika vor. In Mitteleuropa gibt es 3 Formen, die teils als Rassen, teils sogar als eigene Arten angesehen werden. Sie unterscheiden sich weniger morphologisch als ökologisch. *H. fuscipes* ist bei uns überall sehr häufig.

2 | *Anacaena limbata*
Geränderter Wasserkäfer, 2,3–3,2 mm.

Die 3 in Mitteleuropa beheimateten Anacaenen sind klein und rundlich bis oval, nicht größer als 3,5 mm. Ihre Schienen sind stark bedornt. Die Art *limbata* ist in der ganzen Paläarktis zu Hause und bei uns in allen stehenden Gewässern sehr häufig.

3 | *Laccobius minutus*
2,5–3,4 mm.

Die Gattung ist in Mitteleuropa mit 12 Arten vertreten. Alle sehen sich sehr ähnlich und sind nur 2–4,2 mm groß, kurz-oval und beinahe halbkugelförmig gewölbt. Der Halsschild trägt einen gelben Rand, die Flügeldecken sind bräunlich oder gelblichgrau, zuweilen mit schwärzlichen Flecken. Die Beine sind gelb. Die Arten sind sehr variabel und lassen sich meist nur schwer unterscheiden, mit Sicherheit durch Untersuchungen der männlichen Geschlechtsorgane. Die Art *minutus* ist von Europa über Sibirien nach Japan verbreitet und bei uns in Mitteleuropa überall sehr häufig, vor allem in sauren Gewässern.

4 | *Helochares obscurus*
Mattfarbener Teichkäfer, 4,5–6,5 mm.

Diese ist eine von 2 ähnlichen rötlich-braunen Arten, die in stehenden Gewässern zu finden ist. Die abgebildete Art, in älteren Werken heißt sie *griseus,* ist über ganz Europa verbreitet und bei uns in Wasserlachen überall häufig.

5 | *Enochrus affinis*
3,5–3,9 mm.

8 Arten dieser Gattung leben in Mitteleuropa. Die Käfer sind länglichoval und gelbbraun gefärbt. Die Kiefertaster sind länger als die Fühler. Die abgebildete Art ist über die ganze paläarktische Region verbreitet und bei uns in Mitteleuropa überall häufig. Sie bevorzugt saure Gewässer.

6 | *Chaetarthria seminulum*
1,1–1,7 mm.

Diese einzige mitteleuropäische Art der Gattung ist rundlich und halbkugelig gewölbt. Die Käfer können sich auch fast zu einer Kugel zusammenrollen. Auffällig sind die sehr kurzen Tarsen. Die Art lebt in der ganzen Paläarktis, man findet sie bei uns an nassen Ufern stehender Gewässer unter Anspülicht häufig.

7 | *Hydrophilus caraboides*
Kleiner Kolbenwasserkäfer, Stachelwasserkäfer, 14–19 mm.

Es gibt in Mitteleuropa 2 Arten aus dieser Gattung, die – abgesehen von den folgenden *Hydrous*-Arten – erheblich größer sind als alle anderen Wasserkäfer. Die hier abgebildete Art ist in ganz Mitteleuropa beheimatet, während die verwandte Art aus dem südlichen Europa ins südöstliche Mitteleuropa einstrahlt. *H. caraboides* war früher in Teichen und Tümpeln überall zu finden. In neuerer Zeit ist die Art sehr stark zurückgegangen und fehlt örtlich ganz.

8 | *Hydrous piceus*
Großer Kolbenwasserkäfer, 34–50 mm.

Bei uns gibt es 2 Kolbenwasserkäfer aus dieser Gattung. Die schwarzen Käfer gehören mit zu den größten Käfern unserer Fauna. Im Gegensatz zu den „Gelbrändern" kommen sie zum Luftholen nicht mit dem Hinterleibsende an die Wasseroberfläche, sondern mit dem Kopf. Mit Hilfe der Fühler leiten sie Frischluft unter die Bauchseite. Die Eier werden in an der Wasseroberfläche treibenden Schiffchen untergebracht. Während die Larven räuberisch leben, sind die Käfer Pflanzenfresser. Man findet sie vor allem in pflanzenreichen Tümpeln. Die abgebildete Art war früher bei uns überall häufig. Inzwischen ist sie aber vielfach selten geworden. Dafür nimmt örtlich die zweite Art *(H. aterrimus)* in manchen Gebieten mehr zu. *H. piceus* ist in der ganzen paläarktischen Region verbreitet.

9 | *Berosus luridus*
3,5–4,6 mm.

Die 4 mitteleuropäischen Arten dieser Gattung sind an ihrer Körperform leicht zu erkennen: Hinter der Körpermitte sind sie am breitesten und am stärksten gewölbt. Die Käfer leben in stehenden Gewässern, können gut schwimmen und mit dem Hinterleib Töne hervorbringen. Die dargestellte Art ist in der ganzen Paläarktis zu Hause und bei uns in Mitteleuropa überall nicht selten.

1

2

3

4

5

6

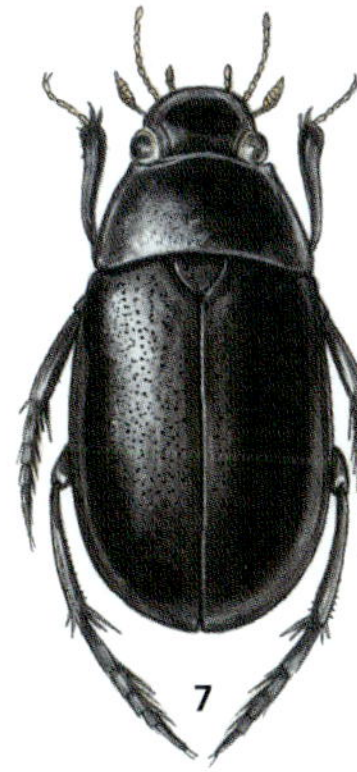

7

8

9

FAMILIE HISTERIDAE – STUTZKÄFER

In Mitteleuropa gibt es 32 Gattungen und 94 Arten aus dieser Familie. Die Käfer sind an einigen markanten Merkmalen sehr gut zu erkennen: Ihr Körper ist besonders stark chitinisiert, die Fühler sind geknickt und an der Spitze knopfförmig verdickt, die Flügeldecken lassen die beiden letzten Tergite frei. Die Tiere können die Köpfe unter den Halsschild einziehen. Larven und Käfer sind Räuber, die in verwesenden tierischen und pflanzlichen Stoffen Jagd auf andere Insektenlarven machen. Man findet sie vor allem an Kadavern, in Dung, faulenden Pilzen, an ausfließendem Baumsaft und unter Baumrinde, einige in Ameisennestern.

UNTERFAMILIE ABRAEINAE

1 | *Plegaderus caesus*

1,2–1,7 mm.

Die 5 mitteleuropäischen Arten der Gattung unterscheiden sich von den anderen Histeriden durch den Seitenrand des Halsschildes, der wulstförmig erscheint. Die Käfer leben unter der Baumrinde und jagen Borkenkäferlarven. Da sie höchstens 2 mm lang werden, übersieht man sie leicht. Die Art *caesus* ist bei uns in Mitteleuropa die häufigste Art der Gattung, vor allem findet man sie unter Laubbaumrinde.

2 | *Abraeus perpusillus*

1–1,5 mm.

Alle 3 in Mitteleuropa vorkommenden Arten der Gattung sind nicht häufig, aber durch ihre starke Körperwölbung charakteristisch. Die abgebildete Art findet man unter Baumrinde und bei Ameisen der Gattung *Lasius*.

3 | *Acritus nigricornis*

1 mm.

Die Gattung ist in Mitteleuropa mit 5 Arten vertreten, die kaum über 1 mm lang, meist noch kleiner sind und darum leicht übersehen werden. Sie leben unter faulenden Pflanzenstoffen, in morschem Holz, unter Baumrinde und bei Ameisen. Die abgebildete Art ist bei uns nicht selten. Man findet sie unter faulenden Pflanzenstoffen. Sie ist die bei weitem häufigste Art der Gattung.

UNTERFAMILIE ONTHOPHILINAE

4 | *Onthophilus striatus*

2–2,5 mm.

In Mitteleuropa gibt es 3 Arten aus dieser Gattung, die unter faulenden Pflanzenstoffen, in Dung und in Nestern von Säugetieren leben. Die Käfer sind rundlich, ihre Flügeldecken stark gerippt. Die Art *striatus* ist bei uns die häufigste Art der Gattung. Man findet sie überall unter faulenden Pflanzen, in Dung, an Aas und Pilzen.

UNTERFAMILIE SAPRININAE

5 | *Gnathoncus rotundatus*

1,8–3 mm.

5 Arten dieser Gattung sind aus Mitteleuropa bekannt. Sie leben alle in Vogelnestern und Hühnerställen. Nur selten findet man einen dieser Käfer an Aas oder faulenden Pilzen. Die abgebildete Art ist in älteren Werken auch unter den Namen rotundatus oder punctulatus bekannt. Sie ist bei uns die häufigste Art.

6 | *Saprinus semistriatus*

Gemeiner Stutzkäfer, 3,5–5,5 mm.

Die Gattung ist in Mitteleuropa mit 15 Arten vertreten. Man erkennt die Käfer am ehesten daran, dass die Flügeldecken vor dem Hinterrand eine deutliche vertiefte Rille tragen, die zu einer Rille neben der Naht umbiegt. Die Käfer findet man unter verfaulenden tierischen und pflanzlichen Stoffen. Die abgebildete Art ist bei uns die häufigste Art der Gattung und vor allem an Aas überall sehr häufig.

7 | *Chalcionellus decemstriatus*

2,8–4 mm.

Die beiden in Mitteleuropa heimischen Arten der Gattung wurden früher noch zur Gattung *Saprinus* gestellt. Sie besitzen aber nicht die vertieften Rillen am Flügeldeckenhinterrand. Die abgebildete Art ist von Mitteleuropa nach Osten bis zum südlichen Sibirien verbreitet. Man findet sie nicht häufig auf sandigen Böden unter tierischen Exkrementen.

8 | *Hypocaccus rugiceps*

3–4 mm.

Auch die 4 mitteleuropäischen Arten dieser Gattung wurden früher nicht von *Saprinus* abgetrennt. Man findet die Arten vor allem auf sandigen Böden in der Nähe von Gewässern. Die abgebildete Art, in älteren Werken heißt sie *quadristriatus*, ist bei uns meist nicht selten an Dung und Aas in Gewässernähe zu finden.

UNTERFAMILIE DENDROPHILINAE

9 | *Dendrophilus pygmaeus*

3 mm.

2 Arten aus dieser Gattung leben in Mitteleuropa. Man erkennt die Käfer daran, dass die Schienen aller Beine stark verbreitert sind, sie tragen aber keine deutlichen Zähne, sind nur fein gekerbt. Die abgebildete Art lebt bei uns nur in Ameisennestern, vor allem bei *Formica rufa*, ist dort aber häufig.

1

2

3

6

4

5

9

8

7

UNTERFAMILIE DENDROPHILINAE

1 | *Paromalus flavicornis*
1,5–2,2 mm.

In Mitteleuropa gibt es 2 Arten aus dieser Gattung, die in älteren Werken zur Gattung *Micromalus* oder *Microlomalus* zählen. Die schwarzen, glänzenden Käfer leben unter Rinde. Die abgebildete Art ist bei uns die häufigere Art und meist unter der Rinde von Laubbäumen zu finden. Ihre Verwandte bevorzugt Nadelbäume

UNTERFAMILIE HISTERINAE

2 | *Hololepta plana*
Abgeplatteter Stutzkäfer, 8–9 mm.

Dieser glänzendschwarze Stutzkäfer, die einzige Art der Gattung bei uns, fällt durch seine langen, sichelförmigen Oberkiefer und noch mehr durch einen wie flachgedrückten Körper auf. Die Käfer findet man bei uns unter der Rinde von Laubbäumen, vor allem von Pappeln. Sie sind nicht häufig und fehlen in Norddeutschland ganz.

3 | *Platysoma frontale*
3–4 mm.

Die Gattung *Platysoma* ist in Mitteleuropa mit 3 Arten vertreten. Die Käfer sind daran zu erkennen, dass alle Schienen verbreitert und am Außenrand gezähnt sind, vor allem aber daran, dass sie tiefe s-förmige Furchen auf den Vorderschienen haben. Käfer und Larven stellen unter Baumrinde Borkenkäfern und Fliegenmaden nach. Die abgebildete Art ist bei uns in ursprünglichen Wäldern nicht selten, vor allem findet man sie unter der Rinde toter Laubbäume.

4 | *Cylister oblongum*
3,5–4 mm.

In älteren Werken ist diese Gattung, die in Mitteleuropa mit 3 Arten vertreten ist, nicht von *Platysoma* abgetrennt. Die Käfer sind zwar ähnlich, aber viel langgestreckter. Auch in der Lebensweise gleichen sie *Platysoma.* Die Art *oblongum* tritt in Europa vor allem im Osten auf. Ihr Verbreitungsgebiet reicht bis Sibirien. In Mitteleuropa findet man sie vorwiegend unter der Rinde von Nadelbäumen, wo sie Borkenkäfer jagt. Sie ist aber nicht häufig und mehr im Südosten beheimatet. Ob sie im Nordwesten überhaupt vorkommt, ist fraglich.

5 | *Paralister stercorarius*
Miststutzkäfer, 3–5,5 mm.

Die Gattung ist in Mitteleuropa mit 7 Arten vertreten. Früher wurde sie nicht von der Gattung *Hister* abgetrennt. Die abgebildete Art ist von Süd- und Mitteleuropa bis nach Westasien verbreitet, bei uns in Mitteleuropa eine der häufigsten Histeriden, die man vor allem an Dung findet.

6 | *Hister cadaverinus*
Aasstutzkäfer, 6–8,5 mm.

Von dieser Gattung gibt es in Mitteleuropa 12 Arten. Von den 3 Streifen in den Vorderecken des Halsschildes ist der mittlere meist kürzer. Die vielen Arten findet man vor allem an und in tierischen Exkrementen, wo sie anderen Insekten nachstellen, aber auch an Kadavern, unter faulenden pflanzlichen Stoffen, an Pilzen oder an ausfließendem Baumsaft. Die abgebildete, ganz schwarze Art ist von Europa über Sibirien bis Japan verbreitet. Bei uns ist sie eine der häufigsten Histeriden, vor allem an Aas.

7 | *Hister quadrimaculatus*
Viergefleckter Stutzkäfer, 7–11 mm.

Mehrere Arten der Gattung haben rote Flecken auf den Flügeldecken. Aber das ist ein recht variables Merkmal, denn auch bei der abgebildeten Art kann die Rotfärbung – wenn auch selten – fehlen. Die Art *quadrimaculatus* ist vom südlichen Mitteleuropa, Südeuropa und Nordafrika über Westasien bis zum Kaukasus verbreitet. In Mitteleuropa findet man die Käfer vor allem in Pferde- und Kuhmist, aber auch unter faulenden Pflanzenstoffen. Die Art ist wärmeliebend und in Mitteleuropa meist nicht selten.

UNTERFAMILIE HETAERIINAE

8 | *Atholus corvinus*
3,5–4,5 mm.

Die mit 4 Arten in Mitteleuropa vertretene Gattung wurde früher nicht von *Hister* getrennt. Aber diese Käfer haben in der Halsschildvorderecke nur 2 Streifen statt 3. Die abgebildete Art ist bei uns in Mitteleuropa im Süden sehr häufig, nach Norden wird sie immer seltener.

9 | *Hetaerius ferrugineus*
Rostroter Stutzkäfer, 1,5–2 mm.

Von dieser Gattung gibt es bei uns nur diese eine Art. Die Käfer sind rundlich, auf den Flügeldecken sieht man 3–4 feine Streifen, außerdem aber in Längsreihen stehende gelbe Härchen. Die Art ist von Mitteleuropa bis zum Kaukasus verbreitet, aber – auch bei uns – nicht häufig. Die rostroten Käfer leben bei verschiedenen Ameisenarten und fressen tote und kranke Ameisen.

1

2

3

4

5

7

8

6

9

FAMILIE SILPHIDAE – AASKÄFER

Zu dieser Familie gehören in Mitteleuropa 8 Gattungen mit 27 Arten. Die meisten dieser Käfer sind mit über 10 mm verhältnismäßig groß. Die Größenvariabilität liegt insgesamt zwischen 4 und 30 mm. Die Käfer sind meist abgeflacht, die Fühler sind an der Spitze meist knopfförmig verdickt, oder die Glieder werden zur Spitze hin allmählich dicker. Nicht alle Arten verdienen den Namen Aaskäfer. Viele leben zwar an Aas, manche aber auch räuberisch, andere wieder an faulenden Pflanzen, einige sogar an frischen Pflanzen.

UNTERFAMILIE NICROPHORINAE

1 | *Nicrophorus humator*
Schwarzer Totengräber, 18–26 mm.

Diese Gattung der Totengräber war früher als *Necrophorus* bekannt. Sie ist in Mitteleuropa mit 10 Arten vertreten. Es sind 10–30 mm große Käfer. Entweder sind sie ganz schwarz gefärbt, oder die Flügeldecken tragen orangefarbene Bänder. Mit Hilfe des Hinterleibs vermögen die Käfer zirpende Töne hervorzubringen. Man findet die Käfer auch an faulen Pflanzen, meistens aber an Aas. Sie graben kleine Tierleichen ein, von denen sich die Brut dann ernährt. Die abgebildete Art, eine von 2 Arten mit schwarzen Flügeldecken, ist in Mitteleuropa an Kadavern und faulen Pilzen meist nicht selten.

2 | *Nicrophorus vespilloides*
Schwarzfühleriger Totengräber, 12–18 mm.

Dieser Totengräber kommt in Mitteleuropa von der Küste bis in das Hochgebirge vor. Man findet diesen tagaktiven Käfer vorwiegend in Wäldern an Kadavern und faulenden Pflanzen.

UNTERFAMILIE SILPHINAE

3 | *Necrodes littoralis*
Ufer-Aaskäfer, 15–25 mm.

In Mitteleuropa ist es die einzige Art der Gattung. Die Flügeldecken der Käfer sind stark gerippt, die Augen für Silphiden besonders groß. In Mitteleuropa findet man die Käfer an größeren Kadavern. Früher waren sie häufiger, heute sind sie selten geworden.

4 | *Thanatophilus sinuatus*
Gerippter Totenfreund, 9–12 mm.

3 Arten dieser Gattung leben in Mitteleuropa. Auch bei diesen schwarzen Käfern tragen die Flügeldecken 3 scharfe Rippen, aber man erkennt sie sofort an dem wie gehämmert aussehenden Halsschild. Die Käfer leben an Aas. Die dargestellte Art findet man in Mitteleuropa überall und häufig an Aas.

5 | *Oiceoptoma thoracicum*
Rothalsige Silphe, 11–16 mm.

Nur wenige einheimische Käfer sind so unverwechselbar wie diese Art, die die einzige der Gattung bei uns ist und infolge ihres roten Halsschildes mit keinem anderen Silphiden zu verwechseln ist. Die Art ist von Europa bis Japan verbreitet. Bei uns findet man die Käfer überall häufig an Kot, Aas und ganz besonders an den Fruchtkörpern der Stinkmorchel.

6 | *Aclypea opaca*
Goldfarbener Rübenaaskäfer, 9–12 mm.

Die Grundfarbe der beiden zu dieser Gattung gehörenden Arten ist schwarz. Die dargestellte Art ist goldfarben behaart, die andere erscheint dagegen unbehaart. Beide sind Pflanzenfresser und werden oft in Rübenpflanzungen schädlich. Die Art *opaca* ist in der ganzen Holarktis verbreitet, in Mitteleuropa tritt sie vor allem im Norden und Osten auf, im Westen und Süden ist sie viel seltener.

7 | *Dendroxena quadrimaculata*
Vierpunkt-Raupenjäger, 12–14 mm.

Auch diese einzige Art der Gattung bei uns ist unverkennbar durch die gelben Flügeldecken mit je 2 schwarzen Flecken. Für Aaskäfer ist ihre Lebensweise ungewöhnlich: Sie laufen auf Büschen und Bäumen umher und jagen Raupen. Durch Vertilgen von Eichenprozessionsspinner-Raupen sind sie sehr nützlich. Die Art ist bei uns stellenweise und gelegentlich häufig. In höheren Gebirgen fehlt sie.

8 | *Silpha obscura*
Flachstreifiger Aaskäfer, 13–17 mm.

Die Gattung ist in Mitteleuropa mit 6 Arten vertreten. Die Käfer sind schwach gewölbt, schwarz oder braun und 11–20 mm groß Sie leben an Aas, mitunter auch räuberisch. Die Art *obscura* findet man überall häufig, mit Ausnahme der Hochalpen.

9 | *Phosphuga atrata*
Schwarzer Schneckenjäger, 10–15 mm.

Die einzige Art der Gattung in Mitteleuropa ist schwarz oder braun gefärbt. Dieser Aaskäfer ist an seinem schnauzenförmig verlängerten Kopf kenntlich, der ihn als Schneckenfresser auszeichnet. Er kann mit dem Kopf in Gehäuse vorstoßen. In Mitteleuropa findet man die Käfer überall und häufig unter Baumrinde und im Moos.

1
2
3
4
5
6
7
8
9

FAMILIE AGYRTIDAE – SCHEINAASKÄFER
Sie wurden früher innerhalb der Silphidae eingereiht, bilden aber heute eine eigene Familie. In Mitteleuropa kommen 4 Gattungen mit je einer Art vor.

UNTERFAMILIE PTEROLOMATINAE

1 | *Pteroloma forstroemi*
5–7 mm.

Die einzige Art der Gattung in Mitteleuropa erinnert in ihrer Gestalt stark an Laufkäfer, zum Beispiel an *Nebria* oder Platy*nus*. Sie ist in Nord- und Mitteleuropa boreomontan verbreitet. An Gebirgsbächen laufen die Käfer im Sonnenschein schnell herum, bei trübem, kühlem Wetter verstecken sie sich zwischen Geröll. Aus Mitteleuropa kennt man sie vom Harz aus südostwärts, in den Ostalpen von den Niederen Tauern an ostwärts, neuerdings auch aus dem Schwarzwald.

UNTERFAMILIE NECROPHILINAE

2 | *Necrophilus subterraneus*
6–8 mm.

Die einzige Art der Gattung in Mitteleuropa ist rundlich, scheibenförmig. Die rotbraunen Käfer sind bei uns im Bergland verbreitet. Da sie nachts aktiv sind, kann man sie nur ködern oder unter Steinen finden. Sie leben vor allem von Schnecken.

FAMILIE LEIODIDAE – SCHWAMMKUGELKÄFER
UNTERFAMILIE PLATYPSYLLINAE – PELZFLOHKÄFER
Aus der mitteleuropäischen Fauna sind von dieser Familie nur 2 Arten aus einer Gattung bekannt.

3 | *Leptinus testaceus*
Großer Mausflohkäfer, 2–2,2 mm.

Von den 2 in Mitteleuropa beheimateten Arten dieser Gattung ist nur die abgebildete weiter verbreitet. Die kleinen, blassen Käfer sind augen- und flügellos. Die Art *testaceus* ist bei uns nicht selten – nur schwer zu fangen, denn sie lebt in Kleinsäugernestern, vor allem bei Mäusen und Maulwürfen und in Höhlen im Fledermauskot.

4 | *Platypsyllus castoris*
Biberlauskäfer, 2,2–3 mm.

Diese einzige Art der Gattung lebt im Fell von Bibern. Man glaubte, der Käfer lebe parasitisch, das ist aber nicht der Fall. Er macht Jagd auf Milben, die ebenfalls auf den Biber spezialisiert sind.

UNTERFAMILIE CHOLEVINAE – NESTKÄFER
Früher wurden diese Arten *Catopidae* genannt, wurden inzwischen jedoch den Leiodidae untergeordnet. Unter anderem mit 17 Arten der Gattung Choleva in Mitteleuropa: schlanke Arten, 4-8 mm, langgestreckte Fühler und Beine. Gattung *Catops* mit 20 Arten in Mitteleuropa, 5-6,5 mm, mit kurzer, anliegender Behaarung, Flügeldecken meist mit Schieferglanz. Nestkäfer finden sich an Kadavern, verfaulten Pilzen, in Säugetierbauen, Höhleneingängen und Köderfallen mit Fleisch und Käse.

5 | *Ptomaphagus sericatus*
Stutz-Nestkäfer, 1,8–3 mm.

Aus dieser Gattung gibt es in Mitteleuropa 5 Arten. Die Käfer leben vor allem in Gängen und Nestern von kleinen Nagetieren und an Kadavern. Die abgebildete Art ist stellenweise häufig.

6 | *Nargus velox*
2,7–3,2 mm.

Die Gattung, in Mitteleuropa mit 5 Arten vertreten, ist mit *Choleva* nahe verwandt und diesen Käfern auch ähnlich, aber mit kürzeren Fühlern und Beinen. Die Käfer leben weitgehend in Säugetiergängen. Die abgebildete Art ist bei uns meist nicht selten.

7 | *Choleva oblonga*
Brauner Langbeinnestkäfer, 4,5–5,5 mm.

Mit 18 Arten in Mitteleuropa ist diese Gattung eine der artenreichsten der Familie. Die ziemlich großen, schlanken, meist nur schwer zu unterscheidenden Käfer haben lange Beine und Fühler. Sie leben vorwiegend in Mäuse- oder Maulwurfsgängen oder in Höhlen, einige auch in faulenden Pflanzenstoffen. Die abgebildete Art ist überall recht häufig.

8 | *Sciodrepoides watsoni*
2,6–3,4 mm.

Diese Gattung mit 3 Arten in Mitteleuropa wurde früher zu *Catops* gestellt. Die Käfer leben an Aas und in Säugetierbauen sowie in Vogelnestern. Die abgebildete Art ist bei uns an Kadavern überall verbreitet und die häufigste Art der Gattung.

9 | *Apocatops nigrita*
Gemeiner Nestkäfer, 3,5–4,5 mm.

Mit 20 Arten in Europa ist dies die artenreichste Gattung der Familie. Die 2,5–6,5 mm großen Käfer leben an Aas, verfaulenden Pilzen, in Säugetierbauen und in Höhleneingängen. Die abgebildete Art ist bei uns eine der häufigsten Catopiden, die vor allem an Kadavern, seltener in Tierbauen lebt.

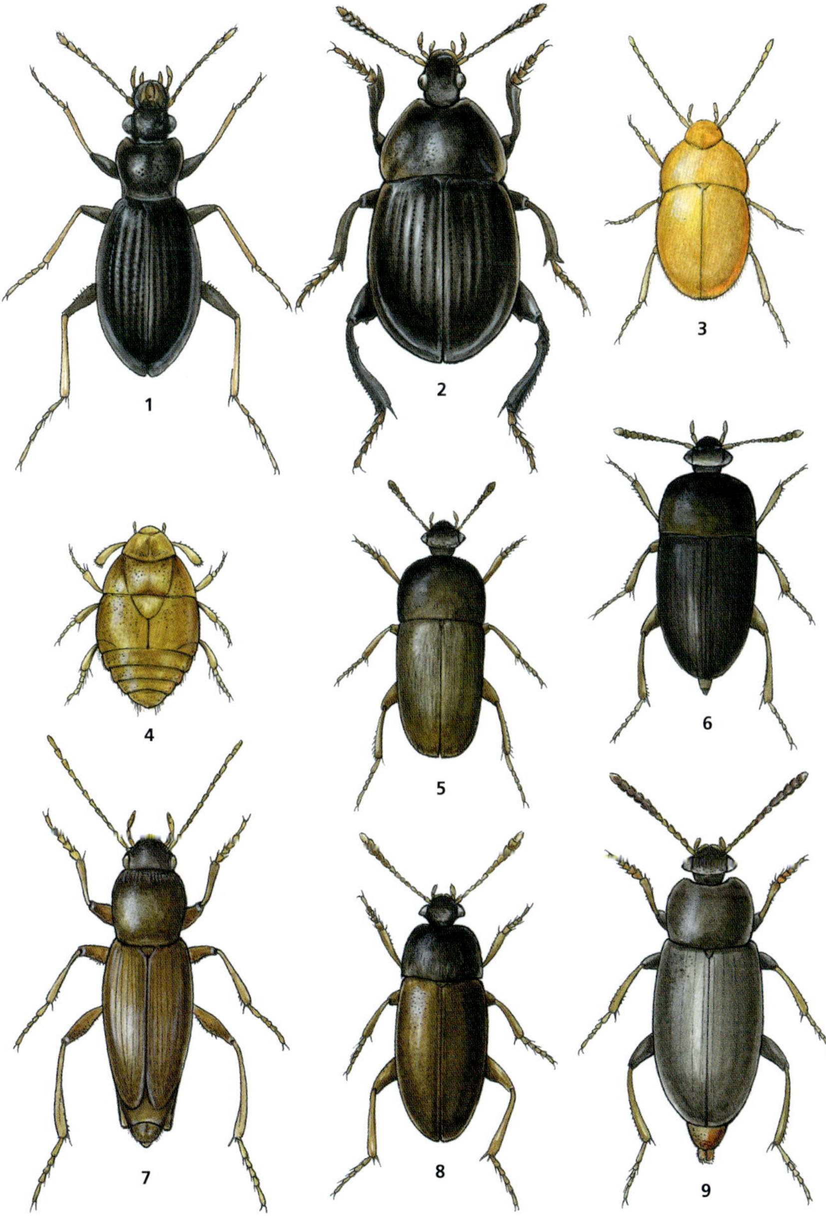
1
2
3
4
5
6
7
8
9

FAMILIE LEIODIDAE – SCHWAMMKUGELKÄFER

Zu dieser Familie, die früher mit den Coloniden zu den Catopiden gezählt wurde, gehören in Mitteleuropa 11 Gattungen und 82 Arten. Ihre Größe schwankt zwischen 1,3 und 7 mm, meist sind sie rundlich und gewölbt (kugelig), zuweilen aber auch etwas länglicher. Ihre Farbe ist hellbraun bis schwarz, die Fühler sind gekeult. Alle Leiodiden sind Pilzfresser. Die einen leben unterirdisch an Pilzen und besitzen Grabbeine, die anderen leben an oberirdischen Pilzen und haben keine Grabbeine.

UNTERFAMILIE COLONINAE – KOLONISTENKÄFER

1 | *Colon brunneum*

Schwarzbrauner Kolonistenkäfer, 1,4–2,7 mm.

Heute werden die auch als Colonidae bezeichneten Arten zu den Leiodidae gestellt. Nur die Gattung Colon mit 22 Arten in Mitteleuropa. Habitus oval bis länglich, 1,3–3,5 mm Körperlänge. Vermutlich mycetophage Ernährung. An sandigen Stellen sowie unter Rinde und in Moos an alten Baumstrünken.

UNTERFAMILIE LEIODINAE – SCHWAMMKUGELKÄFER

2 | *Hydnobius spinipes*

2–2,6 mm.

Diese Gattung ist in Mitteleuropa mit 7 Arten vertreten, die meist selten sind. Die abgebildete Art gehört zu den häufigeren Arten, aber in Teilen Nord- und Westeuropas scheint sie ganz zu fehlen.

3 | *Leiodes polita*

Brauner Trüffelkäfer, 2–3,4 mm.

Zu dieser Gattung gehören 37 Arten in Mitteleuropa. Die meist stark gewölbten Käfer sind hell- bis dunkelbraun gefärbt und besitzen Grabbeine mit starken Dornen. Sie leben an unterirdischen Pilzen (Trüffeln und Schimmelpilzen) und schwärmen eine halbe Stunde vor bis eine halbe Stunde nach Sonnenuntergang auf Waldlichtungen und an Gewässerufern. Man findet sie aber auch unter Steinen und in Hochwassergenist. Die abgebildete Art ist bei uns überall häufig.

4 | *Colenis immunda*

1,3–2 mm.

Einzige Art der Gattung in Mitteleuropa. Die Käfer findet man in verpilztem Laub, in Moos und an Bodenpilzen.

5 | *Liocyrtusa minuta*

1,6–1,8 mm.

In Mitteleuropa gibt es 6 Arten aus dieser Gattung. Die Käfer sind nahezu halbkugelig und besitzen Grabbeine. Man findet sie in Pilzen. Die abgebildete Art ist die häufigste Art der Gattung.

6 | *Anisotoma humeralis*

Gelbschultriger Schwammkugelkäfer, 2,7–4 mm.

Diese und die folgende Gattung gehören zu den Liodiden ohne Grabbeine. Zu der in Mitteleuropa mit 5 Arten vertretenen Gattung gehören stark gewölbte Käfer. Sie leben in Baumschwämmen und unter der Rinde alter Stubben. Die Art *humeralis* ist bei uns überall nicht selten.

7 | *Agathidium seminulum*

2–2,5 mm.

In Mitteleuropa gibt es 19 Arten dieser Gattung. Bei diesen Käfern sind die Hinterecken des Halsschildes völlig abgerundet, und die Tiere können sich mehr oder weniger vollkommen einkugeln. Sie leben an Baumschwämmen, verpilzten Ästen, hinter Baumrinde, in alten Stubben, in verpilzter Laubstreu, seltener in Hutpilzen. Die abgebildete Art ist bei uns überall häufig.

FAMILIE CLAMBIDAE – PUNKTKÄFER

Von dieser Familie kommen in Mitteleuropa 11 Arten aus einer Gattung vor. Die kleinen Käfer können ihren Körper kugelförmig zusammenrollen. Charakteristisch ist ihr breiter Kopf, der der Breite des Halsschildes kaum nachsteht.

UNTERFAMILIE CLAMBINAE

8 | *Clambus armadillo*

Schwarzbrauner Punktkäfer, 1–1,3 mm.

Die 11 Arten der Gattung leben unter faulenden Pflanzen. Die abgebildete Art ist bei uns überall häufig.

UNTERFAMILIE CALYPTOMERINAE – ROLLKÄFER

In Mitteleuropa nur eine Gattung mit zwei Arten. Die Käfer können sich, wie auch die *Clambidae*, kugelförmig einrollen. Die *Calyptomeridae* werden auch als eine Unterfamilie *(Calyptomerinae) der Clambidae* betrachtet.

9 | *Calyptomerus dubius*

Rotbrauner Rollkäfer, 1,1–1,6 mm.

Die beiden mitteleuropäischen Arten der Gattung sind einfarbig rotbraun und tragen eine lange, dichte, gelbliche Behaarung. Die Art *dubius* ist bei uns überall zu finden.

1

3

2

4

5

6

7

8

9

FAMILIE SPHAERIUSIDAE – KUGELKÄFER

Diese zur Unterordnung *Myxophaga* zählende Familie ist auf der ganzen Welt nur mit einer Gattung vertreten, aus der bisher 18 Arten beschrieben sind. Eine davon lebt auch in Mitteleuropa.

1 | *Sphaerius acaroides*
Ufer-Kugelkäfer, 0,7 mm.

Die Käfer sind halbkugelig, glänzend schwarz oder braun. Die Fühler besitzen eine dreigliedrige Endkeule, die Hautflügel sind stark reduziert und am Rande lang bewimpert. Daher hat man diese Familie auch in die Nähe der Ptiliiden gestellt, zu denen sie aber verwandtschaftlich nicht gehören. Die Art ist in Mittel-, Süd- und dem südlichen Nordeuropa, sowie im Kaukasus beheimatet und ist bei uns im Genist und Sand an Gewässerrändern nicht selten, wird aber wegen ihrer Kleinheit oft übersehen.

FAMILIE PTILIIDAE – ZWERGKÄFER, FEDERFLÜGLER

Von dieser Familie sind aus Europa 87 Arten aus 18 Gattungen bekannt. Früher nannte man sie *Trichopterygidae*. Ihre Form ist recht verschieden. Hierzu zählen die kleinsten Käfer, deren Länge zwischen 0,5 und 1,2 mm schwankt. Typisch für sie sind die Hautflügel, die schmal zungenförmig sind und am Rande lange Borsten zur Oberflächenvergrößerung tragen. Käfer und Larven fressen Pilzsporen.

UNTERFAMILIE PTILIINAE

2 | *Nossidium pilosellum*
Ovaler Zwergkäfer, 1,15–1,3 mm.

Die ovalen, glänzend braunen und rot-braunen Käfer, einzige Art der Gattung in Mitteleuropa, findet man in faulem Holz und in Holzpilzen. Die Art ist bei uns nicht selten.

3 | *Ptenidium pusillum*
0,9–1,1 mm.

Die Gattung ist in Mitteleuropa mit 13 Arten vertreten. Während Kopf und Halsschild meist dunkel bis schwarz sind, sind die Flügeldecken heller braun. Die Käfer leben an faulenden Pflanzen und in Dünger, einige bei Ameisen. Die abgebildete Art ist weit über Europa und Nordafrika verbreitet und kommt auch in Nordamerika vor. Sie ist bei uns in faulenden Pflanzenabfällen und in Mist sehr häufig.

4 | *Actidium aterrimum*
0,6–0,65 mm.

In Mitteleuropa leben 5 Arten dieser Gattung. Sie sind schwärzlich gefärbt und matt. Sie bewohnen feuchte Stellen an Sümpfen, Flüssen und an der Meeresküste. Man findet sie in Moos oder in Pflanzenabfällen. Die abgebildete Art ist in fast ganz Europa mit Ausnahme Skandinaviens verbreitet.

5 | *Oligella foveolata*
Hellbrauner Zwergkäfer, 0,55–0,58 mm.

Die 3 Arten dieser Gattung aus Mitteleuropa sind durch eine Mittelfurche und einen deutlichen Basaleindruck auf dem Halsschild charakterisiert. Die Art *foveolata*, die mehr oder weniger hellbraun gefärbt ist, lebt in Mitteleuropa und dem südlichen Nordeuropa. Bei uns ist sie in faulem Stroh und Mist nicht selten.

6 | *Ptilium exaratum*
0,63–0,7 mm.

Die Gattung ist mit 14 Arten in Mitteleuropa vertreten. Meist sind die Käfer an den 3 Längsfurchen auf dem Halsschild kenntlich. Die einzelnen Arten lassen sich nur schwer unterscheiden. Die Käfer leben vorwiegend in faulenden Pflanzenabfällen. Die abgebildete Art ist aus Europa bekannt. Bei uns ist sie in Mist, angetrockneten Kuhfladen und Pferdeäpfeln nicht selten.

7 | *Ptiliola kunzei*
0,55–0,65 mm.

Aus Mitteleuropa sind 2 Arten dieser Gattung bekannt, die früher zur Gattung *Ptiliolum* gestellt wurden. Die abgebildete Art ist dunkelbraun oder schwärzlich gefärbt. Bei uns in Mitteleuropa findet man sie besonders in Mist, angetrockneten Kuhfladen und Pferdeäpfeln. Meist ist sie sehr häufig.

8 | *Ptiliolum fuscum*
0,65–0,75 mm.

In Mitteleuropa gibt es 7 Arten aus dieser Gattung. Die Käfer leben in faulenden Pflanzenabfällen und in den Exkrementen von Tieren. Die Art *fuscum* ist aus Europa und Nordafrika bekannt und bei uns recht häufig.

9 | *Ptinella aptera*
0,6–0,8 mm.

Diese Gattung ist in Mitteleuropa mit 6 Arten vertreten. Alle weisen 2 verschiedene Formen auf. Die eine ist in beiden Geschlechtern voll geflügelt. Die Augen dieser Tiere sind gut entwickelt. Daneben kommen in beiden Geschlechtern aber flügellose Formen vor, die keine funktionsfähigen Augen mehr haben. Diese sind im Allgemeinen häufiger. Die Käfer leben an faulem Holz und unter Baumrinde. Die Art *aptera*, aus Europa und Marokko bekannt, ist die häufigste Art der Gattung, im westlichen Europa sogar sehr häufig.

1

2

3

4

5

6

7

8

9

UNTERFAMILIE PTILIINAE

1 | *Pteryx suturalis*
0,75–0,85 mm.

Diese mitteleuropäische Art hat noch eine Verwandte in Südnorwegen und Südfinnland. Die Käfer können in beiden Geschlechtern in 2 Formen auftreten. Die eine ist oberseits dunkler, die Flügel sind gut entwickelt, die Augen groß. Die ungeflügelte 2. Form hat deutlich kleinere Augen und ist oberseits heller gefärbt. Die Käfer leben vor allem unter faulem Holz und unter Baumrinde. Die abgebildete Art ist aus ganz Europa bekannt und bei uns überall sehr häufig.

2 | *Actinopteryx fucicola*
0,75–0,85 mm.

Diese Art, ebenfalls einzige Art der Gattung in Mitteleuropa, trägt auf dem Halsschild 2 nicht immer ganz deutliche Eindrücke. Die Art ist Kosmopolit und salzliebend. Man findet die Käfer an der Meeresküste. Bekannt sind sie aus Holland, Dänemark und Schweden. Ob sie an der deutschen Nord- und Ostseeküste ebenfalls vorkommen, ist noch nicht sicher erwiesen.

UNTERFAMILIE ACROTICHINAE

3 | *Acrotrichis intermedia*
1–1,1 mm.

Acrotrichis ist eine sehr artenreiche Gattung, die in Mitteleuropa mit 23 Arten vertreten ist. Die Käfer sind gedrungen gebaut, flach gewölbt, dunkel gefärbt und 0,5–1,1 mm groß. Der Hinterrand des Halsschildes umfasst etwas den Vorderteil der Flügeldecken. Die Käfer leben unter faulendem Pflanzenmaterial, an Dung, Aas, Saftflüssen, in Vogelnestern und bei Ameisen. Die abgebildete Art ist in Europa und bis zum Kaukasus verbreitet. In Mitteleuropa kommt sie überall häufig vor, man findet die Käfer im Laub der Wälder oder auch in Kompost, Dung und an Kadavern.

4 | *Nephanes titan*
0,55–0,65 mm.

Diese bei uns einzige heimische Art der Gattung ist der vorigen sehr ähnlich, aber durch die Form des Halsschildes gut von ihr zu unterscheiden. Die Art ist aus ganz Europa bekannt und in Mitteleuropa nicht selten. Man findet die Käfer vor allem in Mist, zum Beispiel in angetrockneten Kuhfladen und Pferdeäpfeln.

5 | *Baeocrara variolosa*
Zweifarbiger Zwergkäfer, 0,9–1,0 mm.

Auch diese Art ist die einzige mitteleuropäische Art der Gattung. Sie ist den vorigen recht ähnlich, unterscheidet sich aber durch die glänzendere Oberseite von ihnen. Die Oberseite kann braun oder schwarz sein. In älteren Werken findet man die Art auch unter dem Namen *variolosa.* Sie kommt in Mittel- und Nordeuropa vor. Vorwiegend findet man die Käfer in hohlen Stümpfen von Tannen.

6 | *Smicrus filicornis*
0,8–0,9 mm.

Diese einzige Art der Gattung in Mitteleuropa hat besonders lange Fühler, deren mittlere Glieder sehr langgezogen sind. Die Gattung trägt in älteren Werken auch den Namen *Micrus.* In ganz Europa sind die Käfer nicht selten. Man findet sie vor allem im Abfall an Gewässerufern.

FAMILIE SCAPHIDIIDAE – KAHNKÄFER

Ihr Name weist auf die Körperform hin, die einem Kahn ähnelt. In Mitteleuropa gibt es 11 Arten aus 4 Gattungen. Die Flügeldecken der Käfer sind hinten abgestutzt, meist schaut die Spitze des Abdomens unter ihnen vor. Die sehr schnell laufenden Tiere leben an Baumschwämmen und anderen Pilzen.

UNTERFAMILIE SCAPHIDIINAE

7 | *Scaphium immaculatum*
5–6,5 mm.

Die Gattung ist in Mitteleuropa nur mit dieser einfarbig schwarzbraunen Art vertreten. Sie ist in Süd- und Westeuropa verbreitet, strahlt aber noch ins südwestliche Mitteleuropa ein, ist jedoch nicht häufig. Man findet die Käfer an warmen Stellen in Moos, in der Bodenstreu, in schimmelndem Holz oder an faulen Pilzen.

8 | *Scaphidium quadrimaculatum*
Vierfleckiger Kahnkäfer, 4,5–6 mm.

Die bei uns einzige Art der Gattung ist unverkennbar. Die Käfer sind glänzend schwarz und auf jeder Flügeldecke sind 2 rote Flecken. In seltenen Fällen kann der vordere Fleck auch fehlen. Man findet die Käfer nicht selten an vermoostem oder verpilztem Holz, an Blätter- und Röhrenpilzen, vor allem in Laubwäldern.

UNTERFAMILIE SCAPHISOMINAE

9 | *Scaphisoma agaricinum*
Pilz-Kahnkäfer, 1,5–1,9 mm.

Aus der Gattung *Scaphisoma,* in älteren Werken als *Scaphosoma* bezeichnet, gibt es in Mitteleuropa 8 Arten. Sie sind kürzer kahnförmig als die anderen verwandten Gattungen. Die abgebildete Art findet man bei uns häufig an Pilzen. Es ist die häufigste Art der Gattung.

1

2

3

4

7

8

6

5

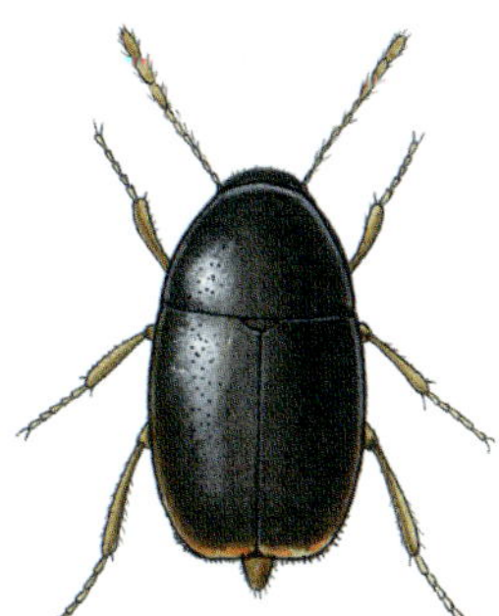

9

FAMILIE CORYLOPHIDAE – FAULHOLZKÄFER

Früher auch als *Orthoperidae* bezeichnete Familie mit 26 Arten in 7 Gattungen in Mitteleuropa. Selten über 2 mm große, ovale oder rundliche Käfer, deren Kopf unter dem Halsschild verborgen ist. Man findet die Tiere an schimmelndem Holz oder faulenden Pflanzenstoffen.

UNTERFAMILIE CORYLOPHINAE

Früher auch als Orthoperidae bezeichnete Familie mit 26 Arten in 7 Gattungen in Mitteleuropa. Selten über 2 mm große, ovale oder rundliche Käfer, deren Kopf unter dem Halsschild verborgen ist. Man findet die Tiere an schimmelndem Holz oder faulenden Pflanzenstoffen.

1 | *Sericoderus lateralis*

Goldfarbener Faulholzkäfer, 0,8–1 mm.

Eine von zwei bei uns anzutreffenden Arten der Gattung und ein Kosmopolit. Überall häufig unter faulenden Pflanzenstoffen.

2 | *Orthoperus atomus*

0,8–0,9 mm.

Eine von 10 Arten in Mitteleuropa. Wie die übrigen Vertreter rundlich, aber rotbraun, die anderen Arten schwarz. An schimmeligem Holz, moderndem Laub oder unter Baumrinde

FAMILIE STAPHYLINIDAE – KURZFLÜGLER

Die *Staphylinidae* sind mit ca. 2000 mitteleuropäischen Vertretern die artenreichste Familie. Sie sind meist an den verkürzten Flügeldecken zu erkennen, aber es auch langflügelige *Staphylinidae* und ebenso Käfer aus anderen Familien mit verkürzten Flügeldecken, die nicht zu dieser Gruppe gehören. Die meisten Kurzflügler haben gut ausgebildete Flügel und leben räuberisch, nur wenige leben auch phytophag. Die Körpergröße ist oft sehr konstant, nicht so variabel wie bei reinen Pflanzenfressern.

UNTERFAMILIE SCYDMAENINAE – AMEISENKÄFER

3 | *Cephennium thoracicum*

1,1–1,2 mm.

In Mitteleuropa ist die Gattung mit 13 Arten vertreten. Die Hautflügel der Käfer sind zurückgebildet, die Flügeldecken vielfach miteinander verwachsen. Die abgebildete Art kommt bei uns vor allem in West- und Süddeutschland nördlich der Alpen vor.

4 | *Neuraphes elongatulus*

1,4–1,5 mm.

In Mitteleuropa gibt es 27 Arten aus dieser Gattung. Man findet die Käfer in Moos, in der Streu des Waldes und in humusreicher Erde, einige Arten leben bei Ameisen. Die abgebildete Art ist bei uns eine der häufigsten.

5 | *Scydmoraphes minutus*

Rotbrauner Ameisenkäfer, 1,1 -1,15 mm.

Die 5 in Mitteleuropa beheimateten Arten der Gattung leben ähnlich wie *Neuraphes.* Die abgebildete Art findet man bei Ameisen der Gattungen *Formica* und *Lasius.*

6 | *Stenichnus collaris*

1,55–1,7 mm.

Die 13 in Mitteleuropa vorkommenden Arten sind überwiegend schwarz gefärbt und mit abstehender Behaarung. Die Art collaris ist besonders häufig. Die Tiere leben in der Bodenstreu des Waldes, einige bei Ameisen.

7 | *Microscydmus nanus*

0,9 mm.

Es gibt in Mitteleuropa 2 Arten der Gattung. Die Käfer sind nur 0,7–0,9 mm groß und leben als Bodenbewohner in der obersten Humusschicht der Wälder. *M. nanus* ist weit verbreitet.

8 | *Euconnus wetterhallii*

Glänzendschwarzer Ameisenkäfer, 1,6 mm.

Die Gattung *Euconnus* ist über die ganze Welt verbreitet und sehr formenreich. In Mitteleuropa treten 23 Arten auf. Die abgebildete Spezies lebt unter faulenden Pflanzenstoffen.

9 | *Scydmaenus tarsatus*

2–2,1 mm.

In Europa ist die Gattung mit 2 Untergattungen und 4 Arten vertreten. Auffallend bei den Käfern ist, dass die Fühler vorn am Kopf sehr nahe beieinander stehen. Während die nicht abgebildeten Arten bei Ameisen leben, findet man *tarsatus* in moderndem Stroh, verrottenden Pflanzen und im Kompost überall recht häufig.

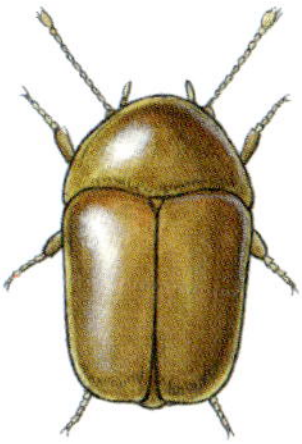

1

2

3

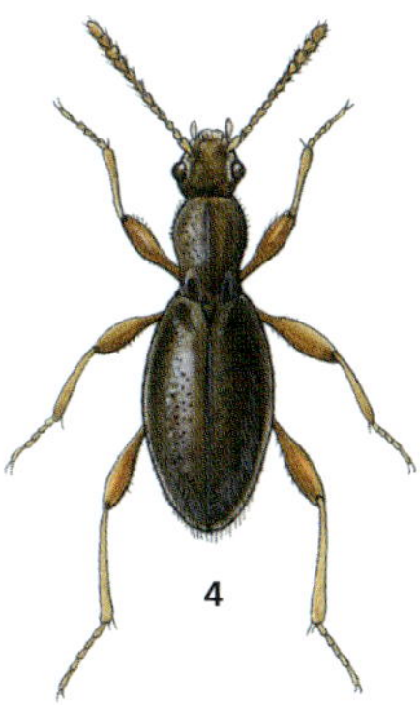

4

5

6

7

8

9

UNTERFAMILIE MICROPEPLINAE – RIPPENKÄFER

Nur die Gattung *Micropeplus* mit 8 Arten.

1 | *Micropeplus porcatus*
Schwarzer Rippenkäfer, 2,3 mm.

In Mitteleuropa gibt es 8 Arten aus dieser Gattung, die sich von den Staphyliniden durch 9-gliedrige Fühler – diese haben 10, meist sogar 11 Glieder – und durch starke Längsrippen auf Flügeldecken und Halsschild und tiefe Gruben auf den Hinterleibstergiten auszeichnen. Sie leben an faulenden, schimmelnden Pflanzenstoffen und fliegen im Sommer abends gern ans Licht. Die Art *porcatus* ist nicht selten. Sie ist aus fast ganz Europa bekannt und lebt bei uns überall in faulenden Pflanzenteilen und im Kompost.

UNTERFAMILIE PHLOEOCHARINAE

2 | *Phloeocharis subtilissima*
1,5–2 mm.

Diese einzige Art der Gattung in Mitteleuropa ist dunkelbraun und deutlich gelb behaart. Die Art ist in ganz Europa verbreitet, bei uns überall vorhanden und nicht selten. Man findet die Käfer unter Baumrinde.

UNTERFAMILIE PROTEININAE

3 | *Metopsia clypeata*
2,5–3 mm.

In älteren Werken wird diese Gattung, die in Mitteleuropa mit einer Art vertreten ist, als *Phloeobium* bezeichnet. *M. clypeata* kommt bei uns unter faulenden Stoffen, Moos und Laub vor. Man kennt sie auch aus Mäusegängen.

4 | *Megarthrus depressus*
2,5–3 mm.

Aus der Gattung *Megarthrus* gibt es in Mitteleuropa 8 Arten. Der Halsschild der Käfer zeichnet sich durch eine rinnenförmige Mittellinie und ausgeschnittene Hinterwinkel aus. Man findet sie an faulenden Stoffen. Sie schwärmen an warmen Abenden. Die abgebildete Art ist bei uns überall sehr häufig.

5 | *Proteinus brachypterus*
Gemeiner Plumpkurzflügler, 1,6–1,9 mm.

Zur Gattung *Proteinus*, in älteren Werken *Pteronius* genannt, zählen in Mitteleuropa 6 Arten. Man findet die Käfer oft schon im zeitigen Frühjahr, meist an Pilzen, aber auch an Aas. Die abgebildete Art ist bei uns überall sehr häufig.

UNTERFAMILIE OMALIINAE

6 | *Eusphalerum minutum*
Kleiner Blütenkurzflügler, 2–2,5 mm.

In Mitteleuropa gibt es 33 Arten dieser Gattung. Die Käfer findet man oft in großer Zahl auf blühenden Pflanzen, es muss aber Wasser in der Nähe sein. Sie ernähren sich hauptsächlich von Blütenteilen. Die Art *minutum* ist bei uns sehr häufig. Die Gattung trägt in älteren Werken den Namen *Anthobium*.

7 | *Acrolocha minuta*
2 mm.

Vier Arten dieser Gattung leben in Mitteleuropa. Auffallend sind das an der Basis sehr dünne 3. Fühlerglied und die rissig gestreiften Flügeldecken. Die Käfer leben in faulenden Pilzen und Pflanzenstoffen. Die Art *striata* ist in Europa weit verbreitet und meist nicht selten.

8 | *Phyllodrepa floralis*
3,5–4,5 mm.

17 Arten gibt es aus dieser Gattung in Mitteleuropa. Die meisten findet man an blühenden Sträuchern. Ihr eigentlicher Lebensraum sind aber wohl Nester und Tierbaue. Die Art *floralis* ist bei uns auf Blüten häufig. Man findet sie auch in Hühnerställen und an Fenstern.

9 | *Omalium rivulare*
Gemeiner Kurzflügler, 3,5–4 mm.

21 Arten dieser Gattung leben in Mitteleuropa. Die Käfer sind durch 2 tiefe Längseindrücke auf dem Halsschild gekennzeichnet. Man findet sie an tierischen und pflanzlichen Abfällen, an Pilzen und in der Bodenstreu. Die Art *rivulare* findet man bei uns überall häufig.

1

2

3

4

5

6

7

8

9

UNTERFAMILIE OMALIINAE

1 | *Phloeonomus pusillus*
Kleiner Rindenkurzflügler, 1,7–2 mm.

Diese Gattung ist in Mitteleuropa mit 7 Arten vertreten, die den Omalien sehr ähnlichsehen. Die Größe schwankt bei diesen Käfern zwischen 2 und 4 mm. Man findet sie vor allem unter der Rinde von Bäumen, die von Borkenkäfern befallen sind. Die abgebildete Art ist in der ganzen Holarktis verbreitet und bei uns überall sehr häufig unter der Rinde von Nadelholz.

2 | *Xylodromus depressus*
3–3,5 mm.

Auch die 4 mitteleuropäischen Arten dieser Gattung sind den vorigen Gattungen ähnlich. Die Art *depressus* lebt in fast ganz Europa, bei uns in Mitteleuropa ist sie sehr häufig. Man findet die Käfer im Sommer auf Wiesen in schimmelndem Heu sowie im Heu und Stroh von Scheunen.

3 | *Anthobium atrocephalum*
Schwarzköpfiger Rindenkurzflügler, 3–3,5 mm.

In Mitteleuropa gibt es 5 *Lathrimaeum*-Arten, die den verwandten Gattungen im Körperbau ähneln. Sie besitzen allerdings besonders lange Flügeldecken, die zuweilen fast den ganzen Hinterleib bedecken. Man findet die Käfer in Wäldern unter Laub und Moos sowie in Baumschwämmen. Die abgebildete Art, deren Kopf dunkler als der übrige rot-braune Körper ist, ist aus weiten Gebieten der Paläarktis von Europa bis nach Japan sowie aus Nordamerika bekannt. Bei uns leben die Käfer in feuchter Bodenstreu, dort sind sie sehr häufig.

4 | *Olophrum piceum*
5–6 mm.

Die 12 in Mitteleuropa beheimateten *Olophrum-Arien* besitzen sehr breite Halsschilde und relativ kleine Köpfe. Die Oberseite ist gewölbt und meist glänzend. Die Art *piceum* ist aus Mitteleuropa und dem südlichen Nordeuropa bekannt. In Mitteleuropa findet man die Käfer in Heide- und Moorgebieten. Dort sind sie nicht selten. Im Süden des Gebietes leben sie in Flussauen, aber nicht so häufig.

5 | *Eucnecosum brachypterum*
3–4,5 mm.

Die Gattung, in Mitteleuropa mit 2 Arten vertreten, wird in älteren Werken als Untergattung zu *Arpedium* gestellt, eine Gattung, die bei uns mit einer seltenen Art vertreten ist. *Arpedium* hat eine glänzende Oberseite, die *Eucnecosum-Arten* eine mattere. Die Art *brachypterum,* in älterer Literatur unter dem Namen *troglodytes* bekannt, lebt in feuchtem Moos von Sümpfen. In der Ebene ist sie selten, im Gebirge häufiger.

6 | *Amphichroum canaliculatum*
4,5–5 mm.

Zwei Arten dieser Gattung kommen in Mitteleuropa vor. Ihre Oberseite ist stark behaart, sie sehen sich sehr ähnlich. Man findet die Käfer montan und subalpin auf Sträuchern und Büschen. Mittags schwärmen sie oft in großer Zahl. Die Art *canaliculatum* findet man in Gebirgsgegenden des mittleren und südlichen Mitteleuropas. Stellenweise können die Käfer sogar häufig sein.

7 | *Lesteva longoelytrata*
3,5–4,5 mm.

Alle 13 Arten aus der mitteleuropäischen Fauna sind oberseits dunkel gefärbt und deutlich behaart. Ihr eindeutiges Erkennungsmerkmal ist das letzte Glied der Kiefertaster, das viermal so lang ist wie das vorhergehende. Man findet die Tiere im nassen Moos an Wasserfällen und Wehren, mitunter auch am Rande von Gewässern. Die abgebildete Art ist bei uns überall sehr häufig, nur im Gebirge steigt sie nicht hoch.

8 | *Geodromicus nigrita*
5–6 mm.

In Mitteleuropa kommen 4 Arten dieser Gattung vor: schwarze oder braune Käfer mit langen schlanken Fühlern. Man findet sie in nassem Moos an den Ufern schnellfließender Gewässer, einige in großer Höhe an Schneefeldrändern. Die abgebildete Art ist im Westen Mitteleuropas die häufigste Art der Gattung. Sie fehlt aber in der Norddeutschen Tiefebene.

9 | *Anthophagus caraboides*
Laufkäferartiger Kurzflügler, 4,5–5,5 mm.

Die Gattung ist in Mitteleuropa mit 17 Arten vertreten, die aber meist auf montane und alpine Gebiete beschränkt sind. Dort findet man die Käfer oft in großen Mengen auf Sträuchern und Blüten in der Nähe fließender Gewässer. Die Flügeldecken und Beine sind fast immer bräunlich-gelb. Die abgebildete Art kommt bei uns zwar überall vor, ist aber in der Tiefebene selten, in bergigen Gebieten meist ziemlich häufig.

1
2
3
4
5
6
7
8
9

UNTERFAMILIE OXYTELINAE

1 | *Syntomium aeneum*
Gedrungener Mooskurzflügler, 2–3 mm.

Zur Gattung *Syntomium* zählt in Mitteleuropa nur diese Art, die durch ihre kurze, gewölbte Körperform und durch den starken Erzglanz des Vorderkörpers ausgezeichnet ist. Man kennt die Art aus Mittel- und Nordeuropa. Bei uns sind die Käfer überall verbreitet und gar nicht selten. Man übersieht sie allerdings sehr leicht, weil sie sehr träge sind. Man findet die Käfer im Moos an Bäumen und an Erdwänden, auch in Mooren. Im Sommer schwärmen die Tiere abends.

2 | *Coprophilus striatulus*
5–7 mm.

Die Gattung wird in älteren Werken als *Elonium* bezeichnet. Sie ist in Mitteleuropa mit 2 Arten vertreten. Auffallend ist der mit unregelmäßigen Punktstreifen versehene Halsschild. Die abgebildete Art ist bei uns in faulenden Pflanzenstoffen und Kompost häufig, die Käfer findet man vor allem im Frühjahr.

3 | *Manda mandibularis*
Hellbrauner Kurzflügler, 6–8 mm.

Diese einzige Art der Gattung in Mitteleuropa unterscheidet sich von der vorherigen Art vor allem durch die behaarte Oberseite und durch die hellere Färbung. Sie ist vom südlichen Nordeuropa über Mitteleuropa bis Südeuropa beheimatet und lebt bei uns an Gewässerufern. Abends schwärmen die Käfer oft in großer Menge in der Nähe nasser Wiesen. Gern kommen sie auch ans Licht.

4 | *Ochthephilus omalinus*
2,5–3 mm.

Aus dieser Gattung leben 8 Arten in Mitteleuropa. Die Käfer haben sehr lange, flache Flügeldecken. Man findet sie vor allem im Gebirge. An Wasserfällen und Wehren kriechen sie zusammen mit den *Lesfeva*-Arten in feuchtem Moos herum. Die abgebildete Art ist boreomontan verbreitet und aus West-, Nord- und Mitteleuropa sowie aus Italien gemeldet. Häufig ist sie jedoch nicht.

5 | *Carpelimus elongatulus*
2,2–2,5 mm.

Diese Gattung, früher auch *Carpelimus* genannt, ist in Mitteleuropa mit 33 Arten vertreten, die alle schwarz und gestreckt sind und sich meist nur sehr schwer unterscheiden lassen. Für einige Arten ist sicher nachgewiesen, dass sie sich von Algen ernähren, vielleicht trifft das für alle zu. Meist leben die Käfer an pflanzenlosen Uferstellen von Gewässern. Wenn man dort den Boden tritt oder klopft, kommen sie an die Oberfläche. Wenige Arten leben in Kompost oder in Lehmwänden.
Die Art *elongatulus* ist bei uns überall sehr häufig.

6 | *Anotylus tetracarinatus*
1,7–2,2 mm.

Die Arten dieser Gattung – in Mitteleuropa sind 27 beheimatet – haben auf der Oberseite charakteristische Skulpturen, sind einander aber sehr ähnlich. Man findet die Käfer oft in großen Mengen in Dünger, im Boden, unter faulenden Pflanzen oder an Kot, hin und wieder auch in Säugetiernestern. An warmen Abenden schwärmen die Käfer. Die abgebildete Art ist nicht nur die bei weitem häufigste Art der Gattung, sondern vielleicht auch die gemeinste Staphylinide.

7 | *Anotylus sculpturatus*
3,5–4,5 mm.

Dieser erheblich größere Vertreter der Gattung ist in der ganzen paläarktischen Region zu Hause. Bei uns findet man die Käfer überall sehr häufig.

8 | *Platystethus arenarius*
Bedornter Kurzflügler, 2,8–5 mm.

Bei einigen der 9 mitteleuropäischen Arten dieser Gattung schwankt die Körpergröße stärker, als man das bei Staphyliniden im Allgemeinen beobachtet. Der Kopf der Männchen ist mit 2 deutlichen Dornen bewehrt. Die Käfer findet man in Dünger oder im Schlamm von Gewässerufern. Die Art *arenarius* ist aus der ganzen Paläarktis bekannt, bei uns ist sie überall sehr häufig.

9 | *Bledius gallicus*
Gemeiner Grabkurzflügler, 4–4,5 mm.

Aus dieser Gattung kennt man in Mitteleuropa 47 Arten. Typisch für die Käfer sind die bedornten Vorderschienen, die ihre grabende Lebensweise verraten, die zylindrische Körperform sowie die deutliche Trennung von Halsschild und Hinterleib. Die Arten, die oft nur sehr schwer zu unterscheiden sind, graben in sandigen und lehmigen Böden an ebenen Flächen oder auch an Steilwänden. Sie sind auch daran leicht zu erkennen, dass sie lockeres Material aus dem Eingang ihrer Bauten werfen. Offenbar fressen sie nur Algen. Sie schwärmen an warmen Abenden und kommen gern ans Licht. Die abgebildete Art ist bei uns überall verbreitet und häufig.

1

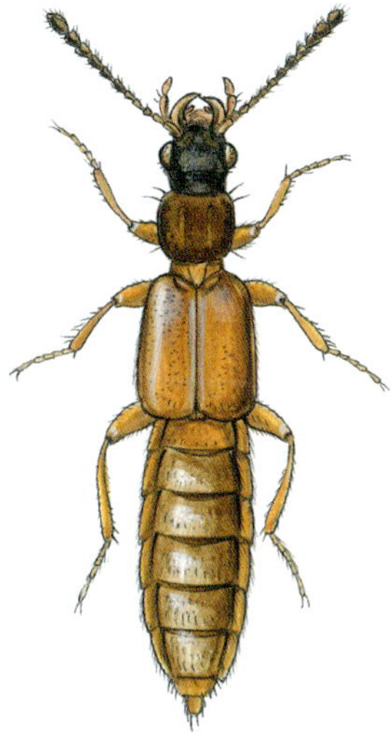

3

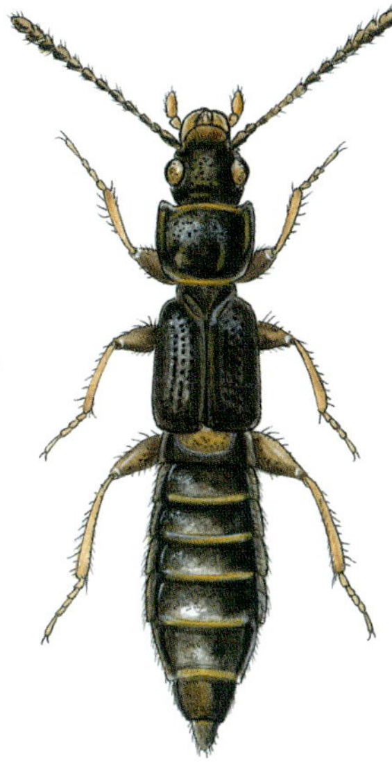

2

7

6

8

4

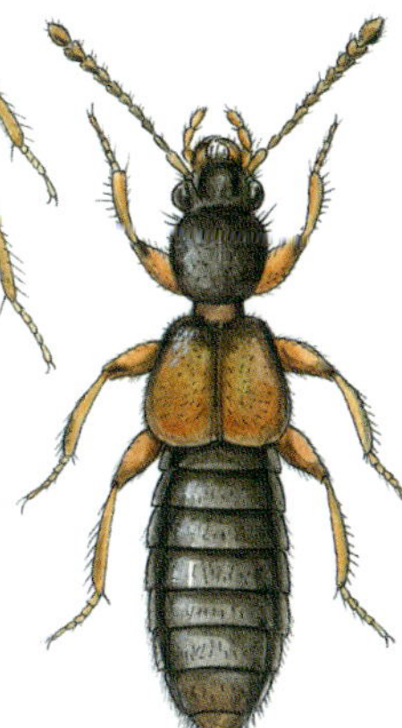

9

5

UNTERFAMILIE OXYPORINAE

1 | *Oxyporus rufus*
Roter Buntkurzflügler, 7–12 mm.

In Mitteleuropa leben 2 Arten dieser Gattung, die bunt gefärbt sind und durch ihre großen, vorstehenden, gekreuzten Mandibeln auffallen. Markant ist auch der große Kopf, der breiter als der Halsschild ist. Man findet die Käfer im Sommer an Hutpilzen. Die abgebildete Art, die man aus Europa, dem Kaukasus und Sibirien kennt, ist die häufigere der beiden, bei uns in Mitteleuropa kommt sie überall an Blätterpilzen nicht selten vor.

UNTERFAMILIE STENINAE

2 | *Stenus clavicornis*
Gemeiner Schmalkurzflügler, 5–5,5 mm.

Diese Gattung ist in Mitteleuropa mit 114 Arten vertreten. Die Käfer sehen sich sehr ähnlich, sind alle dunkel gefärbt. Einige tragen aber auf den Flügeldecken rote Flecken, bei anderen sind die Beinglieder heller gefärbt. Ihre Größe schwankt zwischen 1,7 und 7,5 mm. Bei dem Artenreichtum in dieser Gattung ist es nicht verwunderlich, dass die Artbestimmung oft sehr schwierig ist. Vielfach ist es nötig, die Füße, die Unterseite des Hinterleibes oder die Geschlechtsorgane mikroskopisch zu untersuchen. Die Lebensweise der Käfer ist recht verschieden. Die meisten Arten findet man an Gewässerufern und in sumpfigem Gelände; aber auch in der Bodenstreu der Wälder, an Schneerändern, in der Heide und bei Ameisen kommen *Stenus*-Arten vor. Die abgebildete Art, die in der ganzen Paläarktis beheimatet ist, ist in Mitteleuropa überall sehr häufig.

3 | *Dianous coerulescens*
5–6 mm.

Diese einzige Art der Gattung in Mitteleuropa ähnelt den *Stenus*, ist aber sofort durch die blaumetallische Färbung und den großen roten Fleck (bei *Stenus* kleiner) auf den Flügeldecken zu erkennen. Die Art lebt in Nord- und Mitteleuropa, bei uns findet man die Käfer fast überall an Wasserfällen, in der Ebene an Wehren.

UNTERFAMILIE EUAESTHETINAE

4 | *Euaesthetus ruficapillus*
1,4–1,7 mm.

Von 3 Arten aus dieser Gattung in Mitteleuropa ist die abgebildete die weitaus häufigste. Die Käfer findet man im Anspülicht von Ufern, vor allem im Frühling. *E. ruficapillus* ist die schlankste der 3 Arten.

UNTERFAMILIE PAEDERINAE

5 | *Paederus riparius*
Bunter Uferkurzflügler, 7,5–8 mm.

Zehn Arten dieser Gattung leben in Mitteleuropa. Sie sind auffällig bunt: Alle einheimischen Arten haben einen roten Halsschild und metallisch blaue Flügeldecken. Flink laufen sie mit hoch erhobenem Hinterkörper im Sonnenschein an sandigen Gewässerufern umher. Die abgebildete Art ist in Mitteleuropa an Ufern überall sehr häufig.

6 | *Rugilus rufipes*
Schwarzbrauner Dünnhalskurzflügler, 5,5–6 mm.

Die 8 in Mitteleuropa beheimateten *Stili*cus-Arten haben einen großen Kopf, der nur mit einem dünnen Stiel dem Brustabschnitt ansitzt. Man findet die Käfer vor allem im Anspülicht von Gewässern, aber auch in Kompost. *S. rufipes* ist in Europa und im Kaukasus zu Hause. Bei uns findet man die Art überall sehr häufig.

7 | *Hypomedon debilicornis*
2,5 mm.

Hypomedon ist in Mitteleuropa mit 5 Arten vertreten. Die Art *debilicornis* lebt in Kompost. Man kennt bisher nur Weibchen, so dass die Möglichkeit besteht, dass sie sich parthenogenetisch fortpflanzen. Die Käfer sind fast Kosmopoliten, die sich im Augenblick von Westen her über Mitteleuropa ausbreiten.

8 | *Lithocharis nigriceps*
3,5–4 mm.

Die beiden mitteleuropäischen Arten der Gattung sind den vorigen Käfern ähnlich, haben aber größere Augen. Die Art *nigriceps* findet man in älteren Werken nicht. Sie war in Asien beheimatet, hat sich aber seit 1940 über ganz Mitteleuropa ausgebreitet und ist jetzt in Komposthaufen und unter faulendem Pflanzenmaterial überall sehr häufig anzutreffen.

9 | *Scopaeus sulcicollis*
2,8–3 mm.

In Mitteleuropa leben 14 Arten aus dieser Gattung. Die kleinen Käfer sind nur 2,5–3,5 mm lang. Sie haben einen beinahe viereckigen Kopf, der dem Körper stielförmig ansitzt. Man findet die Käfer an Gewässerrändern unter Steinen und im Anspülicht. Die Art *cognatus* ist bei uns überall zu finden, allerdings nicht allzu häufig. Die anderen Arten sind noch seltener.

1
2
3
7
4
6
5
8
9

UNTERFAMILIE PAEDERINAE

1 | *Lathrobium fulvipenne*
Rotbrauner Uferkurzflügler, 7–8 mm.

In Mitteleuropa leben 37 Arten aus dieser Gattung. Es sind langgestreckte Käfer mit unregelmäßig punktierten Flügeldecken. Die Hautflügel können bei einigen Arten fehlen oder auch voll ausgebildet sein. Die Käfer findet man an feuchten Plätzen, viele an Gewässern unter Steinen, andere unter Laub und Moos im Wald. Die abgebildete Art ist bei uns die gemeinste Art der Gattung, die überall sehr häufig vorkommt.

UNTERFAMILIE STAPHYLININAE

2 | *Leptacinus intermedius*
3,5–4,5 mm.

5 Arten dieser Gattung gibt es in Mitteleuropa. Die Käfer sind meist dunkel, schwarz, haben aber helle braungelbe Beine. Die Bestimmung der Arten nach äußeren Merkmalen ist nicht immer möglich, denn die Tiere sehen sich nicht nur sehr ähnlich, die Unterscheidungsmerkmale variieren auch stark. So muss man die Geschlechtsorgane untersuchen, wenn man die Art richtig erkennen will. Die meisten *Leptacinus* findet man in strohhaltigem Kompost. Die abgebildete Art ist bei uns die weitaus häufigste Art der Gattung.

3 | *Gyrophypnus punctulatus*
7,5–9 mm.

In älteren Werken werden die 4 in Mitteleuropa beheimateten Arten der Gattung zur Gattung *Xantholinus* gerechnet, allerdings in eine eigene Untergattung gestellt. Wie die verwandten Gattungen besitzen die Käfer auf der Stirn einen Fortsatz, der bei den *Gyrohypnus* kräftig entwickelt ist. Die Arten leben meist in faulenden Pflanzensubstanzen und in der Bodenstreu, eine Art bei Ameisen. Die Art *punctulatus* ist nicht nur in der ganzen Holarktis, sondern auch in Südamerika und Asien verbreitet. Bei uns sind die Käfer überall sehr häufig.

4 | *Xantholinus linearis*
6–9 mm.

Der große, lange, nach hinten breiter werdende Kopf ist bei den 17 in Mitteleuropa verbreiteten Arten etwa so groß wie der Halsschild Der Fortsatz auf der Stirn ist kurz und stumpf, viel kleiner als bei den verwandten Gattungen. Weitere Erkennungsmerkmale sind das lange erste Glied der Fühler sowie 2 in Längsreihen stehende Punkte auf dem Halsschild. Die Käfer leben in Kompost, in faulenden Pflanzenresten, im Dünger oder in Baummulm. Die einzelnen Arten sind oft ohne Untersuchung der Geschlechtsorgane nicht auseinanderzuhalten. Die abgebildete Art ist in der ganzen Paläarktis beheimatet und bei uns die häufigste Art der Gattung.

5 | *Xantholinus tricolor*
7,5–11 mm.

Diese Art, die aus Europa, Sibirien und dem Kaukasus bekannt ist, lebt bei uns vor allem in Nadelwäldern und kommt in den Alpen auch in großen Höhen vor. Sie ist bei uns überall nicht selten.

6 | *Atrecus affinis*
Ähnlicher Mulmkurzflügler, 6–7,5 mm.

Die 3 in Mitteleuropa beheimateten Arten der Gattung haben viereckige, abgerundete große Köpfe, die so breit oder breiter als der Halsschild sind. Die Käfer leben unter der Rinde oder im Mulm alter, fauler Bäume. Die abgebildete Art ist die häufigste Art der Gattung.

7 | *Othius punctulatus*
Punktierter Mulmkurzflügler, 10–14 mm.

In Mitteleuropa leben 7 Arten aus dieser Gattung. Die meist kleinen, glänzenden Käfer bewohnen die Bodenstreu. Die abgebildete Art ist für die Gattung besonders groß. Sie ist in Europa, Sibirien und Nordafrika beheimatet und bei uns überall in Wäldern unter Laub, Moos und Steinen nicht selten.

8 | *Cafius xantholoma*
6–9 mm.

Diese bei uns einzige Art der Gattung unterscheidet sich von ihren Verwandten aus ähnlichen Gattungen durch tiefe grubige Punkte im Halsschild und scheckig behaarten Hinterleib. Sie ist eine halophile Küstenart aus Europa und Nordafrika. Bei uns leben die Käfer an der Nord- und Ostseeküste unter Tang auf Sandboden. Dort sind sie häufig.

9 | *Philonthus politus*
10,5–13 mm.

Die Gattung ist in Mitteleuropa mit 75 Arten vertreten. Die Käfer haben an jeder Seite der Mittellinie des Halsschildes eine Punktreihe. Man findet sie vor allem an faulenden Pflanzenstoffen, in Kompost, an Aas, Dünger und Pilzen. Die abgebildete Art, bekannt aus der ganzen Paläarktis, aber auch aus Nordamerika, Tasmanien und Neuseeland, ist bei uns überall sehr häufig.

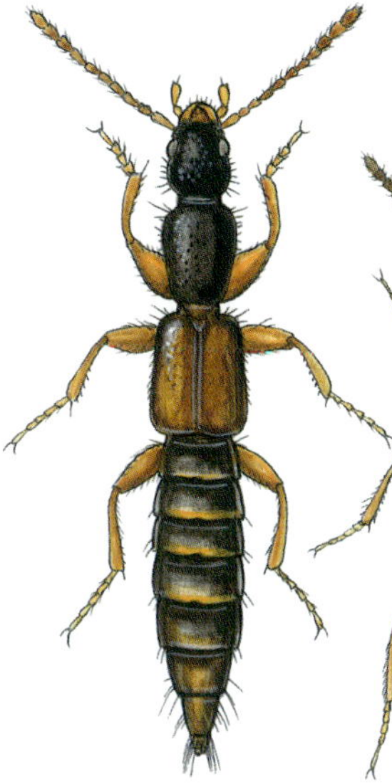

1

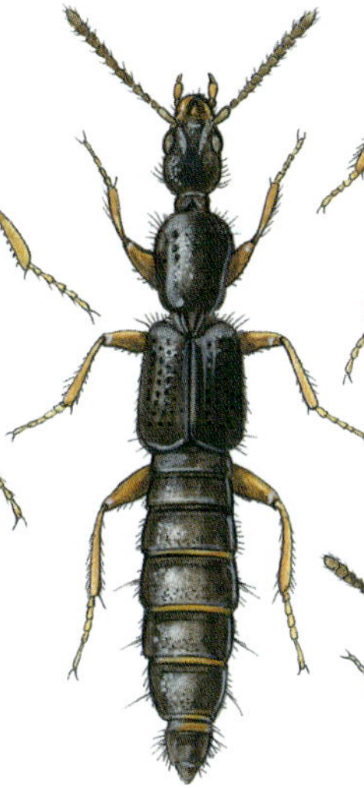

3

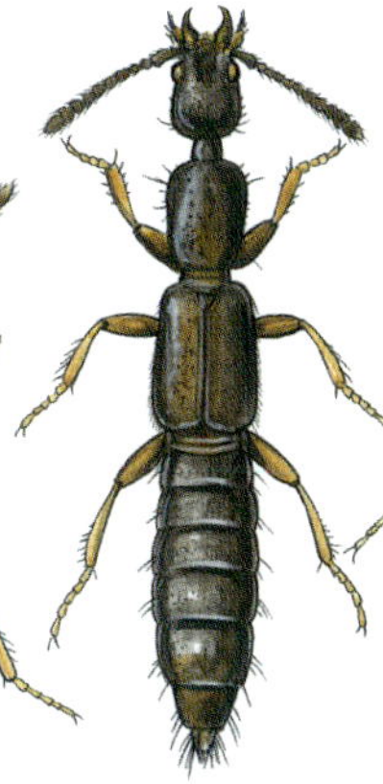

4

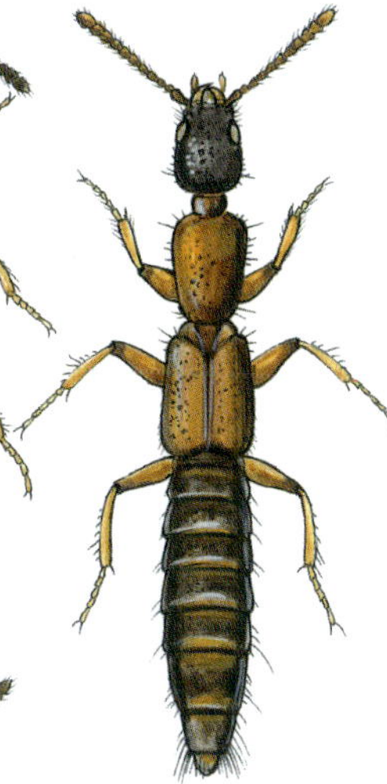

5

6

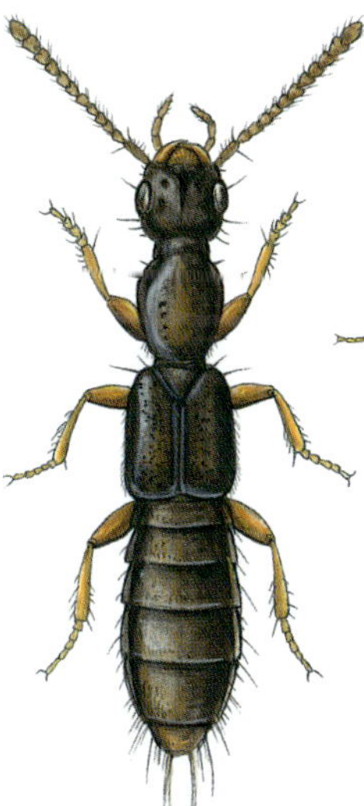

8

7

2

9

UNTERFAMILIE STAPHYLININAE

1 | *Gabrius nigritulus*
4–5,5 mm.

In älteren Werken ist *Gabrius* nur eine Untergattung von *Philonthus*. Die 25 Arten aus Mitteleuropa sehen kleinen *Philonthus* auch ähnlich, haben aber gestrecktere Köpfe und Halsschilde. Auf dem Halsschild stehen 5 oder 6 Punkte in Reihen. Die Käfer leben in der Bodenstreu, in Kompost und Anspülicht. Die abgebildete Art ist in der ganzen Holarktis und Australien verbreitet. Bei uns ist es die häufigste Art der Gattung, die überall vorkommt.

2 | *Creophilus maxillosus*
Aas-Raubkurzflügler, 15–25 mm.

Diese einzige Art der Gattung in Mitteleuropa ist unverkennbar an der schwarzen und weißlichgrauen Scheckung von Halsschild und Hinterleib, die teils durch Färbung, teils durch Behaarung hervorgerufen wird. Bei uns in Mitteleuropa sind die Käfer überall sehr häufig. Man findet sie an Aas, seltener an anderen faulenden Stoffen.

3 | *Ontholestes murinus*
10–15 mm.

Die 3 mitteleuropäischen Arten der Gattung sehen der vorigen Art ähnlich, sind aber schlanker. Die goldgelbe und schwarze Marmorierung kommt allein durch Behaarung zustande. Die abgebildete Art ist in der ganzen Paläarktis verbreitet. Bei uns findet man die Käfer an Aas und frischem Dünger überall häufig.

4 | *Emus hirtus*
Behaarter Kurzflügler, 18–28 mm.

Diese einzige Art der Gattung in Mitteleuropa ist am ganzen Körper dicht goldgelb, grau und schwarz behaart. Aus Mitteleuropa liegen aus allen Gebieten Funde vor, allerdings immer einzeln und selten. Man kann den prächtigen Käfer vor allem an frischem Mist, seltener an Aas finden.

5 | *Dinothenarus fossor*
Braunroter Raubkurzflügler, 15–20 mm.

Die einzige Art der Gattung in Mitteleuropa zählte früher zu der Gattung *Staphylinus*. Diese markante Art ist aus Mitteleuropa bekannt und zählt im westlichen und südlichen Mitteleuropa zu den häufigeren Arten.
Die Käfer leben vor allem in Wäldern.

6 | *Staphylinus caesareus*
Bunter Kurzflügler, 17–22 mm.

In älteren Werken ist die Gattung sehr artenreich. Heute zählen in Mitteleuropa zu ihr nur noch 4 Arten. Sie gehören aber zu den bekanntesten, imposantesten und auch schönsten Staphyliniden. Ihr Körper ist schwarz, die Flügeldecken sind rot, und auf dem Hinterleib befinden sich goldgelbe Haarflecken. Die Art *caesareus* ist bei uns meist nicht selten. In der norddeutschen Tiefebene findet man den Käfer aber nur vereinzelt, oder er fehlt auch ganz.

7 | *Ocypus olens*
Schwarzer Moderkurzflügler, 22–32 mm.

Heute zählt man in Mitteleuropa zu dieser Gattung 25 Arten, die in älteren Werken zur Gattung *Staphylinus* gehörten. Die meisten dieser Käfer sind vollkommen schwarz, einige glänzen aber auch dunkel metallisch oder blau. Die abgebildete Art lebt in Europa, vor allem in Wäldern, wo die Käfer häufig auftreten können. Diese zu den größten Staphyliniden zählenden Tiere, die tagsüber oft unter Holz und anderen Gegenständen versteckt sind, können mit ihren mächtigen Mandibeln auch empfindlich beißen.

8 | *Heterothops dissimilis*
3,8–4,5 mm.

5 Arten kommen aus dieser Gattung in Mitteleuropa vor. Die kleinen Käfer besitzen schmale Köpfe. Sie leben an feuchten Stellen unter Laub und Abfallstoffen. Eine der Arten findet man regelmäßig in Maulwurfsnestern. Vielleicht sind auch andere eng an Erdgänge von Säugetieren gebunden. Die abgebildete Art kommt in der ganzen Paläarktis vor und ist bei uns in Mitteleuropa die bei weitem häufigste der Gattung und überall zu finden.

9 | *Velleius dilatatus*
Hornissenkäfer, 15–24 mm.

Diese einzige Art der Gattung in Mitteleuropa ist nicht nur durch ihre Größe und Breite auffallend. Von allen anderen Staphyliniden unterscheidet sie sich dadurch, dass die Fühlerglieder (vom 4. an) sägezahnartig erweitert sind. Aber auch die Lebensweise dieses Tieres ist besonders bemerkenswert: Man findet die Käfer nämlich regelmäßig in Hornissennestern. Da es nicht gerade bequem ist, die Tiere aus diesen Nestern zu holen, werden sie vielfach für seltener gehalten, als sie wirklich sind. Nachts kommen sie auch aus den Nestern heraus und finden sich an Saftflüssen von Bäumen ein – man kann sie daran auch ködern. Die Art ist aus ganz Mitteleuropa nachgewiesen, aber auch aus China und Japan bekannt.

1
2
3
4
5
7
6
8
9

UNTERFAMILIE STAPHYLININAE

1 | *Quedius nitipennis*
5,5–7 mm.

Die Gattung ist in Mitteleuropa mit 70 Arten vertreten. Kopf und Halsschild der Käfer tragen Borstenpunkte, deren Lage und Anordnung für die Bestimmung der vielen Arten wichtig ist. Die Quedien leben in der Bodenstreu, in Moos, unter Rinde, einige auch in Nestern und Baumhöhlen. Die Art *nitipennis,* in älteren Werken auch *attenuatus* oder *picipennis* genannt, ist bei uns überall sehr häufig.

UNTERFAMILIE HABROCERINAE

2 | *Habrocerus capillaricornis*
3–3,5 mm.

Diese einzige Art der Gattung ist durch ihre haarförmigen Fühler ausgezeichnet. In Mitteleuropa sind die Käfer überall häufig. Man findet sie in Wäldern unter verpilztem und feuchtem Laub.

UNTERFAMILIE TACHYPORINAE

3 | *Mycetoporus lepidus*
4–5 mm.

Von dieser Gattung gibt es in Mitteleuropa 33 Arten. Die kahnförmigen Käfer sind schlank und glänzend. Sie leben vor allem in Moos, aber auch in der Bodenstreu, unter schimmelnden Zweigen und Rinde. Meist findet man sie nur einzeln. Die abgebildete Art, in Europa, Sibirien und Nordamerika weit verbreitet, ist bei uns die häufigste Art, die man überall finden kann.

4 | *Bolitobius castaneus*
Kleiner Rotdeckenkurzflügler, 6–7 mm.

Die 4 in Mitteleuropa beheimateten Arten sind ganz ähnlich gefärbt: schwarz, Flügeldecken rot, der Hinterleib dunkel mit roter Spitze. Man findet die Käfer an feuchten Stellen in der Bodenstreu, seltener auf offenem Gelände. Die abgebildete Art – mit Ausnahme des Nordens aus fast ganz Europa bekannt – ist bei uns wohl überall zu finden, aber ähnlich wie die verwandten Arten ziemlich selten.

5 | *Lordithon thoracicus*
2,5–4,5 mm.

Die 9 in Mitteleuropa vorkommenden Arten sind etwas breiter gebaut als die vorherige Art. Die Käfer sind meist bunt gefärbt und oft in großer Anzahl an Pilzen zu entdecken. Sie leben dort räuberisch. Einige findet man auch an Baumschwämmen. Die Art *thoracicus* heißt in älteren Werken auch *pygmaeus.* Sie ist in der Tat bei uns die kleinste Art der Gattung, die aber in der ganzen Holarktis verbreitet und bei uns überall sehr häufig ist.

6 | *Sepedophilus testaceum*
Gemeiner Spitzleibkurzflügler, 3,5–5 mm.

Aus Mitteleuropa kennt man 7 Arten aus dieser Gattung. Der Hinterleib der Käfer ist stark konisch verengt, die ganze Oberseite fein behaart. Die meisten Arten findet man unter schimmelnder Rinde und in verpilztem Holz, unter moderndem Laub und in Anspülicht, *testaceum* allerdings vorzugsweise in Erdnestern. Diese Art ist aus der ganzen Holarktis bekannt. Sie wird in älteren Werken als *pubescens* bezeichnet und ist bei uns überall sehr häufig.

7 | *Tachyporus chrysomelinus*
Zweifarbiger Schnellkurzflügler, 3,5–4 mm.

In Mitteleuropa gibt es 18 Arten aus dieser Gattung. Die Käfer sind nur 2–4 mm lang, gelbrot und schwarz, meist bunt gefärbt. Ihr Hinterleib ist stark zugespitzt. Für die Unterscheidung der Arten kann man die variable Färbung nicht heranziehen. Wichtig sind aber die Struktur des Halsschildes und die der Flügeldecken. Man muss sie jedoch bei 100facher Vergrößerung untersuchen. Die abgebildete Art ist, wie die Verwandten, in der Bodenstreu und im Winter an Baumstämmen im Moos zu finden. Sie ist in der ganzen Holarktis verbreitet und zählt mit einigen anderen Arten der Gattung zu unseren häufigsten Staphyliniden überhaupt.

8 | *Tachinus signatus*
5–6,5 mm.

Die Gattung ist in Mitteleuropa mit 20 Arten vertreten. Am letzten Segment tragen die Käfer Dornen und Zähnchen, an denen man die einzelnen Arten erkennen kann. Die Käfer leben an faulenden Pflanzenstoffen, Dünger, Aas und ausfließendem Baumsaft. Gelegentlich findet man sie auch in Tiernestern. Die Art *rufipes* ist aus der ganzen Holarktis bekannt, bei uns ist sie überall sehr häufig.

9 | *Cilea silphoides*
3–4 mm.

Durch die bunte Färbung ist dieser Staphylinide sehr gut gekennzeichnet, vor allem durch die schwarze Zeichnung auf den Flügeldecken. Es ist die einzige Art der Gattung in Mitteleuropa. Dieser Kosmopolit lebt bei uns unter faulenden Pflanzenstoffen und unter Dung, vor allem in warmem Kompost, wo er meist sehr zahlreich ist.
Die Käfer schwärmen am Abend.

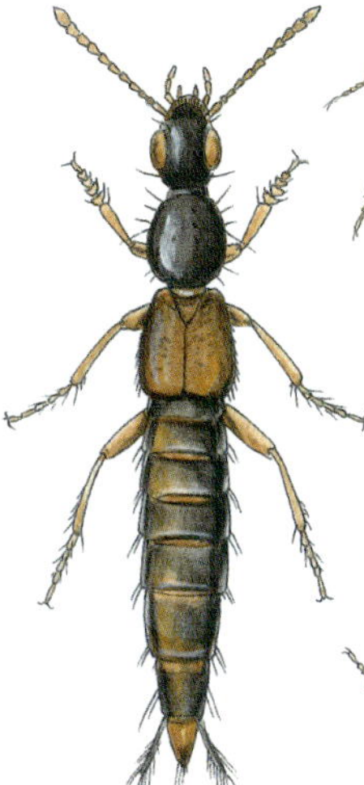
1

2

3

4

5

6

7

8

9

UNTERFAMILIE ALEOCHARINAE

1 | *Cypha longicornis*
1-1,4 mm.

In Mitteleuropa kommen 15 Arten aus dieser Gattung vor. Die Käfer sind nur sehr klein, 0,5–1,5 mm. Ihr zugespitzter Hinterleib kann teleskopartig zusammengeschoben und weitgehend unter die Flügeldecken gezogen werden. Die Käfer können sich nahezu zu einer Kugel zusammenrollen. Sie leben an feuchten Stellen unter Laub, in Moos, in schimmelnden Pflanzenteilen. Gegen Abend kann man sie zuweilen an Gras entdecken. Die abgebildete Art ist bei uns mit Ausnahme des Alpengebietes überall zu finden und sicher die häufigste der Gattung.

2 | *Myllaena intermedia*
Gemeiner Kahnkurzflügler, 2,2–2,6 mm.

Die 8 in Mitteleuropa beheimateten Arten der Gattung sind kahnförmig und oberseits seidig schimmernd behaart. Der Hinterleib läuft nach hinten spitz zu. Die Käfer leben vor allem an nassen Plätzen unter Laub und Moos. Die Art *intermedia* ist bei uns die häufigste Art der Gattung. Sie ist überall an Gewässerrändern und nassen Stellen zu finden.

3 | *Oligota inflata*
1,1–1,4 mm.

Diese Gattung ist in Mitteleuropa mit 10 nur 0,7–1,5 mm langen Käfern vertreten. Sie sind gedrungen gebaut und gewölbt, zum Teil sehen sie sich sehr ähnlich. Sie leben unter faulenden Pflanzenstoffen, unter Laub und Moos. Die abgebildete Art findet man in Kellern und Ställen, in trockenem Dünger und in Kompost.

4 | *Hygromoma dimidiata*
2,5–3 mm.

Die einzige Art der Gattung ist an der Färbung der Flügeldecken und der schlanken Gestalt leicht zu erkennen. Die Unterseite der Tarsen ist sohlenartig behaart. So können die Käfer auf der Wasseroberfläche laufen. In unmittelbarer Nähe des Wassers sind sie bei uns überall häufig an sumpfigen Stellen und an Ufern anzutreffen. Im Westen und im Gebirge sind sie allerdings selten. Im Winter findet man die Käfer in den Blattscheiden von Rohrkolben.

5 | *Gyrophaena affinis*
1,8–2,3 mm.

In Mitteleuropa gibt es 26 Arten aus dieser Gattung. Der Körper der kleinen, 0,9–3 mm langen Käfer ist glänzend, kurz und breit. Die Käfer leben meist in großer Zahl in Hutpilzen, seltener in Baumschwämmen. Man kann sie aber auch im Netz fangen, wenn sie schwärmen. Die Art *affinis* ist bei uns überall häufig.

6 | *Placusa tachyporoides*
2–2,2 mm.

Die 7 in Mitteleuropa vorkommenden Arten der Gattung erinnern in ihrem Körperbau an Arten der Gattung *Atheta*. Die Käfer leben unter Baumrinde. Die abgebildete Art ist bei uns wohl überall die häufigste der Gattung.

7 | *Anomognathus cuspidatus*
Dorn-Kurzflügler, 1,5–1,8 mm.

Dies ist die einzige Art der Gattung in Mitteleuropa. Sie wird in älteren Werken unter dem Gattungsnamen *Thectura* geführt. Typisch für die Käfer ist der dornartige spitze Fortsatz auf dem letzten Hinterleibstergit. Die Art ist bei uns nur im Südwesten seltener, sonst gesellig unter Baumrinde nicht selten zu finden.

8 | *Silusa rubiginosa*
3–3,8 mm.

Drei Arten dieser Gattung leben in Mitteleuropa. Charakteristisch für die Käfer ist die tiefe Ausbuchtung am Flügeldeckenhinterrand. Die Käfer leben an ausfließendem Baumsaft und unter Baumrinde. Die abgebildete Art ist bei uns ziemlich selten. Sie ist wohl überall an Saftflüssen zu finden, vor allem an Ulme und Kastanie.

9 | *Leptusa fumida*
2,4–3 mm.

Die Gattung *Leptusa* wird in älteren Werken auch als *Sipalia* bezeichnet und kommt in Mitteleuropa mit 56 Arten vor. Die vielen Arten bilden 2 verschiedene Gruppen; die eine umfasst Käfer, die oberirdisch, meist unter Baumrinde leben. Sie besitzen größere Augen. Eine zweite Gruppe lebt unterirdisch in feuchtem Humus, zwischen Graswurzeln, und unter Steinen. Ihre Köpfe sind sehr groß, die Augen klein. Die Arten sind meist auf sehr kleine Lebensräume beschränkt, vor allem im Gebirge. Man kann erwarten, dass zu den bisher aus Mitteleuropa bekannten Arten dieser Gruppe noch einmal so viele neu zu beschreiben sind. Die abgebildete Art, in älteren Werken als *haemorrhoidalis* bezeichnet, gehört zu den oberirdischen Arten. Sie ist bei uns überall häufig.

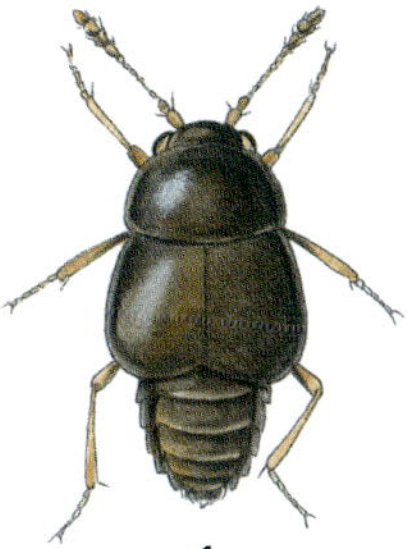

1

2

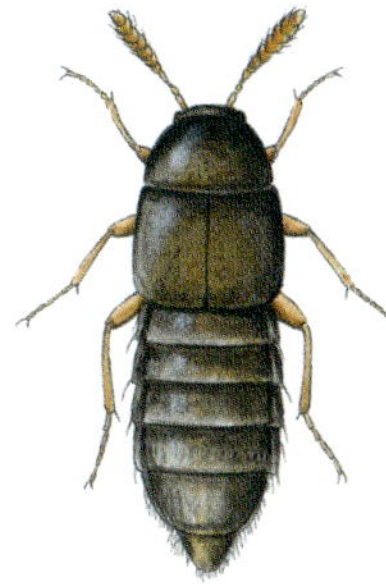

3

4

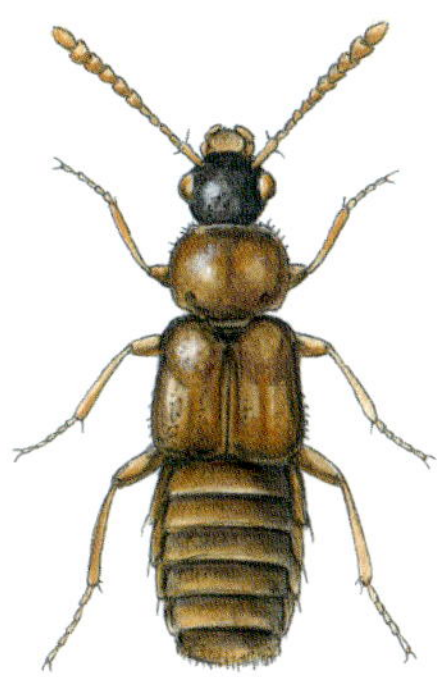

5

6

7

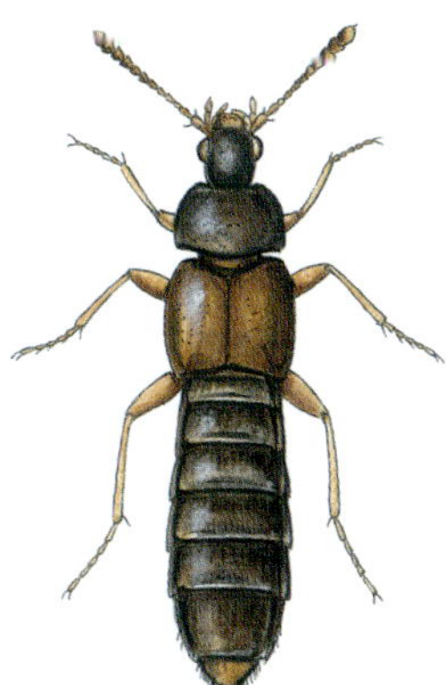

8

9

UNTERFAMILIE ALEOCHARINAE

1 | *Bolitochara pulchra*
Mondfleckiger Kleinkurzflügler, 3,5–4,5 mm.

Die 6 in Mitteleuropa vorkommenden Arten der Gattung sind recht bunt gefärbt und leben an Pilzen. Die abgebildete Art ist über ganz Europa und Sibirien verbreitet. Bei uns sind die Käfer überall nicht selten. Es ist die häufigste Art der Gattung.

2 | *Autalia rivularis*
1,7–2,1 mm.

In Mitteleuropa gibt es 4 Arten dieser Gattung. Die Käfer sind von verwandten Gattungen sehr leicht an den beiden tiefen Längsgruben an der Basis jeder Flügeldecke zu unterscheiden. Sie leben an faulenden Pflanzenteilen, Pilzen, Kompost, Dung und Aas. Die abgebildete Art ist bei uns an Aas und im Kompost überall häufig.

3 | *Cordalia obscura*
Kugelschild-Kurzflügler, 2–2,8 mm.

Diese Gattung trägt in älteren Werken den Namen *Cardiola* und ist in Mitteleuropa nur mit der einen Art vertreten. Auffällig ist der kugelige Halsschild der Käfer. Er ist viel schmaler als die Flügeldecken. Außer in Europa kommen die Käfer auch in Nordafrika und Nordamerika vor. Bei uns sind sie in faulenden Stoffen überall sehr häufig.

4 | *Falagria sulcatula*
2–2,5 mm.

In Mitteleuropa leben 7 Arten aus dieser Gattung. Auch bei diesen Käfern ist der Halsschild viel schmaler als die Flügeldecken. Die Käfer leben unter faulenden Pflanzenstoffen. Die abgebildete Art ist wohl überall zu finden und nicht selten.

5 | *Thinonoma atra*
Schwarzer Langbeinkurzflügler, 3–3,5 mm.

Die Gattung ist in Mitteleuropa mit 10 Arten vertreten. Die Käfer laufen im Sonnenschein flink an Gewässerufern und nassen Stellen umher und biegen dabei den Hinterleib hoch auf. Sie sind sehr schlank und haben lange Beine. Oft ist der Hinterleib, der unter den Flügeldecken herausschaut, nach hinten verbreitert. Die Art kennt man aus Nord- und Mitteleuropa sowie aus dem Kaukasus. Bei uns sind die Käfer überall an Ufern häufig.

6 | *Gnypeta carbonaria*
2,5–3 mm.

Die 4 in Mitteleuropa vorkommenden Arten der Gattung sehen den Tieren der vorigen Gattung recht ähnlich, sie haben nur kürzere Beine. Auch in der Lebensweise gleichen sich beide Gattungen, die *Gnypete*-Arten laufen ebenfalls im Sonnenschein an sandigen und schlammigen Ufern umher. Die Art *carbonaria* ist bei uns in Mitteleuropa an Ufern überall häufig.

7 | *Schistoglossa viduata*
2,5–3,5 mm.

Die Tiere aus dieser und den nächsten Gattungen sind eindeutig nur nach dem Bau der Mundteile zu bestimmen. Das ist nur unter dem Mikroskop möglich. 5 *Schistoglossa*-Arten sind in Mitteleuropa beheimatet. Die schwarzen oder dunkelbraunen Käfer leben vor allem in Sümpfen und an nassen bewachsenen Uferstellen. Die Art *viduata* ist in Mittel- und Nordeuropa verbreitet. Bei uns ist es die häufigste Art der Gattung. Sie kommt aber nur im Norden überall vor und ist dort nicht selten. Sie wird sonst meist selten gefunden

8 | *Hydrosmecta longula*
1,8–2,1 mm.

Diese und mehrere andere Gattungen sind von der Großgattung *Atheta* abgetrennt worden. Es sind schmale, schlanke, abgeflachte Käfer mit parallelen Körperseiten. In Mitteleuropa gibt es 26 Arten dieser und 2 sehr ähnlicher Gattungen. Die abgebildete Art ist bei uns zwar die am weitesten verbreitete Art, aber doch recht selten, vor allem in der Ebene.
Man findet sie an sandigen Gewässerufern.

9 | *Aloconota gregaria*
2,7–3,8 mm.

Die Gattung ist in älteren Werken als Untergattung zu *Atheta* gestellt. Die in Mitteleuropa beheimateten 18 Arten sind schlank und meist braun gefärbt. Sie besitzen lange Beine und leben an Ufern, ganz besonders an fließenden Gewässern. Die einzelnen Arten lassen sich oft nur schwer und sicher nur durch Genitaluntersuchungen voneinander unterscheiden. Die Art *gregaria* wurde früher auch in die *Atheta*-Untergattung *Glossola* gestellt. Sie kommt in Europa und Nordafrika vor. Bei uns ist sie überall sehr häufig und erscheint auch oft in trockeneren Lebensräumen.

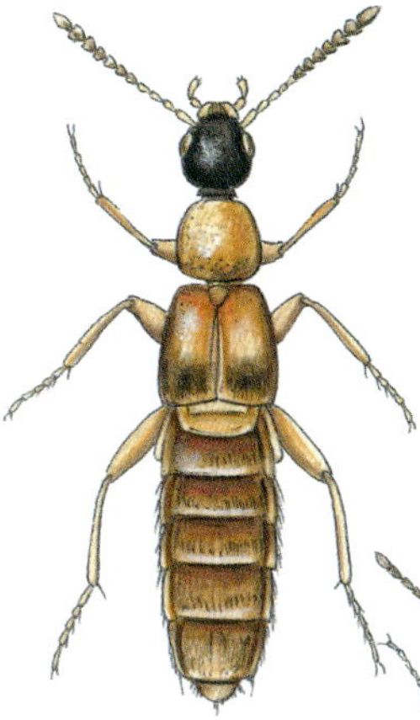

1

2

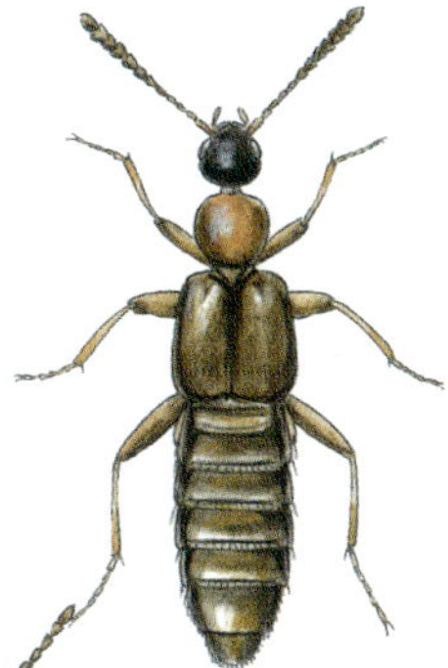

3

4

5

6

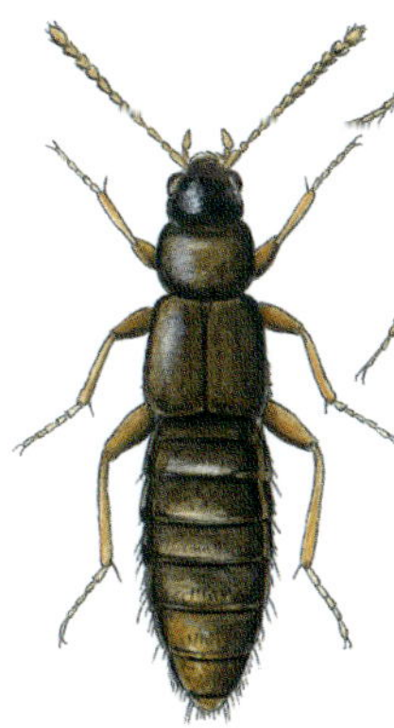

7

8

9

UNTERFAMILIE ALEOCHARINAE

1 | *Pycnota paradoxa*
2–2,5 mm.

Die einzige Art der Gattung heißt in älteren Werken auch *nidorum.* Sie sieht einer *Atheta* sehr ähnlich. Eine 2. Art, die man in diese Gattung stellte, ist auch wirklich eine *Atheta. Pycnota paradoxa* ist aus dem südlichen Nordeuropa und aus Mitteleuropa bekannt. Die Käfer leben in unterirdischen Kleinsäugernestern. Vor allem findet man sie in Maulwurfsnestern, selten auch einmal in Vogelnestern.

2 | *Amischa analis*
1,8–2 mm.

Heute zählt man in Mitteleuropa 8 Arten zu dieser Gattung, die früher als Untergattung zu *Atheta* gestellt wurde. Bei den meisten Arten sind Männchen sehr selten, gebietsweise scheint Parthenogenese die Regel zu sein. Die Käfer leben in der Bodenstreu. Die abgebildete Art ist nicht nur über die Holarktis verbreitet, auch aus anderen Kontinenten liegen Meldungen vor. Bei uns sind die Weibchen überall sehr häufig. Männchen treten selten auf, gebietsweise fehlen sie ganz.

3 | *Amidobia talpa*
Kleinäugiger Ameisenkurzflügler,
1,6–1,9 mm.

Die einzige Art der Gattung in Mitteleuropa, früher auch als Untergattung zu *Atheta* gestellt, hat sehr kleine Augen, was auf eine Lebensweise in der Dunkelheit hindeutet. Man findet die Käfer in Ameisennestern, vor allem bei *Formica rufa,* wo sie oft auftreten und wohl überall zu finden sind.

4 | *Nehemitropia lividipennis*
3–3,5 mm.

Auch diese Gattung mit nur einer Art in Mitteleuropa zählte früher *zu Atheta.* Auffallend sind bei den Käfern die dicht zusammengedrängten Fühlerglieder. Die Art ist bei uns an Dung und faulenden Stoffen überall häufig.

5 | *Nothotecta flavipes*
3–3,5 mm.

Von dieser Gattung leben in Mitteleuropa 2 Arten, deren Fühler ähnlich dicht gedrängte Glieder zeigen wie bei der vorigen Art. Die Endglieder sind aber auffallend lang und spindelförmig. Die Käfer leben bei Ameisen. Im Winter kann man sie leicht in deren Nestern finden. Die abgebildete Art ist bei *Formica*-Arten, vor allem bei *Formica rufa* zu finden und überall häufig.

6 | *Ousipalia caesula*
1,4–1,9 mm.

Heute sind 2 mitteleuropäische Arten in dieser Gattung zusammengefasst, die früher als Untergattung zu *Atheta* gestellt oder auch schon als eigene Gattung behandelt wurde. Die Käfer haben meist sehr kurze Flügeldecken und kleine Augen. Es gibt aber auch Tiere, für die das nicht zutrifft. Die Käfer leben auf dürren Sandböden unter Flechten und in Grasbüscheln, zuweilen mit Ameisen zusammen. Offenbar sind sie nur in der Ebene häufiger.

7 | *Geostiba circeilaris*
2,2–2,9 mm.

Die Gattung, in älteren Werken *Sipalia* genannt, ist in Mitteleuropa mit 7 Arten vertreten. Die Käfer haben sehr kurze Flügeldecken und oben auf dem Halsschild eine nach hinten gerichtete Behaarung. Die braunen oder blassen Käfer leben im Wald in den Humus- und Laubschichten. Bis auf die abgebildete Art haben die Arten nur sehr kleine Verbreitungsgebiete. *Circeilaris* kommt allerdings von Nord- und Mitteleuropa über den Kaukasus bis Westsibirien vor und ist bei uns überall sehr häufig.

8 | *Taxicera deplanata*
1,9–2,2 mm.

Fünf in Mitteleuropa vorkommende Arten der Gattung wurden in früheren Werken auch zu *Atheta* gestellt. Die Käfer tragen auf Halsschild und Flügeldecken eine lange, meist quer gestellte Behaarung. Man kann die einzelnen Arten oft nur schwer auseinanderhalten. Die Käfer leben in trockenem Ufersand, vor allem unter faulenden Stoffen und Aas, meist im Gebirge. Die Art *deplanata* kommt montan in Mittel- und Südeuropa sowie im Kaukasus vor. Sie ist im mittleren und südlichen Mitteleuropa weit verbreitet und dort die häufigste Art der Gattung.

9 | *Dinaraea angustula*
3–3,7 mm.

In älteren Werken eine Untergattung von *Atheta,* ist heute die eigenständige Gattung *Dinaraea* in Mitteleuropa mit 4 Arten vertreten. Die Käfer leben vor allem unter Baumrinde, seltener an feuchten Stellen. Die abgebildete Art bevorzugt feuchte Stellen, wie Anspülicht oder Baummulm unter der Rinde, der schon in Erde übergeht. Die Art ist bei uns überall häufig.

1 2 3 4 5 6 7 8 9

UNTERFAMILIE ALEOCHARINAE

1 | *Liogluta longiuscula*
3,4–4 mm.

Die in älteren Werken als Untergattung zu *Atheta* gestellte heutige Gattung *Liogluta* ist in Mitteleuropa mit 10 Arten vertreten. Ihre Größe schwankt zwischen 3,1 und 5 mm. Die einzelnen Arten sind meist schwer voneinander zu unterscheiden. Darum haben sich immer wieder Namensänderungen ergeben, die zuweilen außerordentlich verwirrend sind. Die abgebildete Art ist von Mitteleuropa, dem südlichen Nordeuropa und Südeuropa und Nordafrika bis zum Kaukasus verbreitet. Wie die anderen Arten leben die Käfer in der Bodenstreu, *longiuscula* ist bei uns überall häufig.

2 | *Atheta crassicornis*
Gemeiner Pilzkurzflügler, 2,8- 3,4 mm.

Die Gattung *Atheta* ist die artenreichste Käfergattung in Mitteleuropa, 226 Arten leben in unserem Faunenbereich. Die Größe der Käfer schwankt zwischen 1 und 5 mm, ihre Färbung ist meist schwarz oder braun, nur selten heller. Die einen glänzen, die anderen sind matt. Zur Unterscheidung der vielen Arten ist eine mikroskopische Untersuchung bei 50facher Vergrößerung unbedingt nötig. Meist müssen auch die Genitalien untersucht werden. Die Gattung wird in 22 Untergattungen und Artengruppen aufgeteilt. Die Art *crassicornis*, in älteren Werken als *inoptata* bezeichnet, ist bei uns eine der gemeinsten Arten. Sie ist überall an Pilzen, aber auch an anderen faulenden Pflanzenstoffen häufig.

3 | *Atheta fungi*
2,4–2,8 mm

Die Art hat eine sehr weite Verbreitung. Man kennt sie nicht nur aus weiten Teilen der Holarktis. Auch aus Ostindien, Neuseeland und anderen Gebieten liegen Meldungen über ihr Vorkommen vor. Bei uns sind die Käfer in der Bodenstreu überall sehr häufig.

4 | *Halobrecta puncticep*
2,4–3,2 mm.

Diese Gattung ist in Mitteleuropa mit 2 Arten vertreten. In älteren Werken werden sie in eine eigene Untergattung zu *Atheta* gestellt. Sie sind aber eindeutig durch die Mundwerkzeuge gekennzeichnet, wenn sie auch im Körperbau einer *Atheta* sehr ähnlich sehen. Die Käfer leben halophil an der Meeresküste, unter faulendem Tang an Sandstränden. Die Art *puncticeps* ist aus den größten Teilen Europas bekannt und bei uns in den entsprechenden Lebensräumen überall häufig.

5 | *Drusilla canaliculat*
4–4,8 mm.

Die Gattung, von der es in Mitteleuropa nur eine Art gibt, hieß in älteren Werken *Astilbus*. Die Käfer haben nur kurze Flügeldecken und sind durch den nach hinten verbreiterten Hinterleib ausgezeichnet. Die Käfer sind bei uns sehr häufig. Man findet sie unter Steinen und Laub, oft zusammen mit Ameisen.

6 | *Pella humeralis*
5,5–6,5 mm.

Die Gattung ist in Mitteleuropa mit 16 Arten vertreten, die früher in mehrere Gattungen *(Myrmedonia, Myrmoecia)* aufgegliedert wurden. Die Käfer sind recht vielgestaltig. Alle leben bei Ameisen. Sie werden auch als Ameisenhalbflügler bezeichnet. Bei einer Anzahl von Arten sind sogenannte Büschelorgane nachgewiesen, die darauf hindeuten, dass die Käfer einen für Ameisen attraktiven Stoff absondern. Die abgebildete Art ist bei uns überall die häufigste der Gattung.

7 | *Lomechusa emarginata*
Kleiner Büschelkäfer, 3,5–4,5 mm.

Die 3 mitteleuropäischen Arten dieser Gattung sind recht charakteristisch gebaut, aber dennoch sehr variabel. Die Käfer leben bei Ameisen. Die abgebildete Art ist bei uns die häufigste der Gattung und in ganz Europa verbreitet. Interessant ist, dass die Larven aller Arten bei *Formica*-Arten, die Käfer dagegen bei *Myrmica*-Arten leben.

8 | *Dinarda dentata*
3–5,5 mm.

Diese einzige Art der Gattung in Mitteleuropa ist im Körperbau sehr typisch. Sie lebt bei Ameisen der Gattung *Formica*. Es lassen sich allerdings 4 Rassen unterscheiden, die jeweils bei anderen Ameisen-Arten leben. Die Art ist in Europa und im Kaukasus zu Hause. Wenn Ameisennester befallen sind, leben die Käfer oft in großer Zahl darin.

9 | *Phloeopora testacea*
Braunschwarzer Schlankkurzflügler, 2,5–3 mm.

Von dieser Gattung gibt es in Mitteleuropa 6 Arten. Sie sind lang und schmal und leben unter Baumrinde. Die Art *testacea* ist bei uns überall die häufigste der Gattung.

1
2
3
4
5
6
7
8
9

UNTERFAMILIE ALEOCHARINAE

1 | *Ilyobates bennetti*
Punktierter Kurzflügler, 3–5,5 mm.

Die Gattung ist in Mitteleuropa mit 6 Arten vertreten. Die Käfer sind oberseits sehr stark punktiert und hell oder dunkel braunrot gefärbt. Im Gegensatz zu anderen Staphyliniden sind diese Arten sehr größenvariabel. Man findet die Käfer auf feuchten Böden, unter nassem Laub und im Detritus in der Nähe von Ameisen. Die abgebildete Art heißt in älteren Werken *nigricollis*.
Bei uns ist es die am weitesten verbreitete und nicht so seltene Art der Gattung.

2 | *Tetralaucopora longitarsis*
3,7–4,7 mm.

Die 8 in Mitteleuropa beheimateten Arten der Gattung sind sehr schlank und haben lange Beine. Die Käfer leben versteckt unter Laub und Detritus an Gewässerufern. Die Art *longitarsis* findet man an den Ufern fließender Gewässer, in der Ebene weniger häufig als im Gebirge, in den Alpen stellenweise sogar sehr häufig.

3 | *Ocalea picata*
4–5 mm.

Vier Arten dieser Gattung leben in Mitteleuropa.
Von verwandten Gattungen kann man die Tiere an den langen Borstenhaaren am Rande des Halsschildes und am Außenrand der Schienen unterscheiden. Die Käfer findet man vor allem an Wasserfällen und Wildbächen, wo sie sich im Moos der Sprühzone aufhalten. Die abgebildete Art ist bei uns wohl überall nicht selten. Sie ist die häufigste der Gattung.

4 | *Meotica exilis*
1,4–1,7 mm.

26 Arten kommen aus dieser Gattung in Mitteleuropa vor. Nur ausnahmsweise sind die Käfer größer als 1,3–2 mm. In älteren Werken sind hierher gehörende Käfer als Untergattung *Moeotica* zur Gattung *Atheta* gestellt worden. Aber *Meotica* ist noch sehr wenig erforscht, von einigen Arten liegen nur Einzeltiere vor. Die Käfer kann man aus dem Wurzelwerk von Grasbüscheln oder ausgestochenem Rasen sieben. Sie bewohnen offenbar die obersten Bodenschichten. Bei Überschwemmungen findet man sie im Genist. Die abgebildete Art ist bei uns weit verbreitet und im Hochwassergenist zahlreich zu finden.

5 | *Oxypoda brevicornis*
2,5–3,2 mm.

Mit 60 Arten in Mitteleuropa ist dies eine artenreiche Gattung mit nicht ganz einheitlicher Körperform. Die Käfer findet man in der Bodenstreu und an faulenden Stoffen. Die meisten Arten sind offenbar an unterirdische Nester von Säugetieren und Hautflüglern gebunden. Darum findet man viele Arten nur vereinzelt, und sicher ist die Zahl der unbeschriebenen Arten noch beträchtlich. Die abgebildete Art ist bei uns überall sehr häufig.

6 | *Thiasophila angulata*
2,3–3,3 mm.

Die 5 in Mitteleuropa vorkommenden Arten dieser Gattung sind gedrungen gebaut, braunrot oder braun gefärbt und leben bei Ameisen. Die Art *angulata* ist bei uns in den Nestern von *Formica rufa* häufig.

7 | *Crataraea suturalis*
2,3–3 mm.

Die einzige Art dieser Gattung in Mitteleuropa kommt in weiten Teilen der Holarktis vor. Bei uns findet man die Käfer oft in Gesellschaft des Menschen in Scheunen, Schafställen und Kellern in schimmelndem Stroh, aber auch in Nestern. Abends schwärmen die Käfer oft.

8 | *Tinotus morion*
1,9–2,6 mm.

Die Gattung mit einer einzigen Art in Mitteleuropa wurde in älteren Werken zu der Gattung *Aleochara* gestellt, der sie auch sehr ähnlich sieht. Die breiten, tiefschwarzen Käfer mit braunen Beinen findet man in weiten Gebieten der ganzen Holarktis. Bei uns sind sie überall häufig in trockenem Mist.

9 | *Aleochara curtula*
Schwarzer Tagkurzflügler, 4–8 mm.

Diese Gattung ist in Mitteleuropa mit 50 Arten vertreten. Die Käfer sind meist durch breitovale, spindelförmige Körper, kleinen Kopf, spindelförmige Fühler und eine weiche Behaarung gekennzeichnet. Sie leben vorwiegend in faulenden Stoffen tierischer und pflanzlicher Herkunft, manche Arten kann man aus unterirdischen Säugetiernestern erbeuten. Die ungewöhnliche Größenschwankung der Arten resultiert wahrscheinlich daraus, dass die Larven halbparasitisch in Fliegenpuparien leben. Die Art *curtula* kommt in den größten Teilen der Holarktis vor, ebenfalls in Südamerika. Bei uns sind die Käfer an Aas überall sehr häufig.

2
1
5
4
6
7
3
9
8

UNTERFAMILIE PSELAPHINAE – PALPENKÄFER

Die Palpenkäfer waren früher eigenständig (*Pselaphidae*), sind mittlerweile aber den *Staphylinidae* angegliedert. Weltweit verbreitet, stets sehr klein (1,5–2,5 mm). Stark entwickelte Kiefertaster mit ausgefallenen Formen. Flügeldecken verkürzt, an der Naht geradlinig zusammenstoßend. Hinterleib stark verhornt, unbeweglich, mit nur 5 freiliegenden Tergiten. Tarsen meistens nur mit einer Klaue. Entwicklung in faulenden Pflanzenresten, Humus und Moos, hygrophil. Einige Arten sind streng oder gelegentlich myrmekophil.

1 | *Bibloporus bicolor*
1,2–1,4 mm.

In Mitteleuropa gibt es 4 Arten aus dieser Gattung. Auffällig sind die Schienen der Mittelbeine, die innen einen Zahn tragen. Die Käfer leben in morschem Holz und unter Rinde. Sie sind schwarzbraun. Fühler und Beine sind gelbrot gefärbt. Die abgebildete Art ist bei uns überall häufig.

2 | *Bibioplectus ambiguus*
1,1–1,25 mm.

Die Gattung ist in Mitteleuropa mit 9 Arten vertreten. Die braunschwarzen, schlanken Käfer sind nur sehr schwer voneinander zu unterscheiden. Sie leben in Sümpfen und in der Nähe von Wasserläufen. In fast ganz Europa kommt die Art *ambiguus* vor und ist überall häufig.

3 | *Euplectus sanguineus*
1,4–1,6 mm.

Die 17 mitteleuropäischen Arten dieser Gattung sind verschieden groß, ihre Körper sind aber alle schmal, langgestreckt und flach. Die meisten leben unter Baumrinde und in morschem Holz. Die Art *sanguineus* ist in Europa und im Kaukasus zu Hause. Bei uns ist sie in faulenden Stroh- und Heuhaufen, in Dünger und Kompost überall häufig.

4 | *Plectophloeus fischeri*
1,4–1,7 mm.

In älteren Werken wurde *Plectophloeus* als Untergattung zu *Euplectus* gestellt. Heute rechnet man zu dieser selbständigen Gattung 9 mitteleuropäische Arten. Alle diese Käfer sind hellrötlich-braun gefärbt. Meist leben sie unter Baumrinde und in morschem Holz. Die Art *fischeri* ist bei uns häufig.

5 | *Trimium brevicorne*
Kurzfühleriger Palpenkäfer, 1,15–1,35 mm.

Aus dieser Gattung sind in Mitteleuropa 4 Arten beheimatet. Kennzeichnend sind die kurzen Fühler mit sehr großem eiförmigem Endglied. Die Käfer leben in Moos und faulendem Laub. Die abgebildete Art ist bei uns überall sehr häufig.

6 | *Batrisus formicarius*
Fühlerhöcker-Palpenkäfer, 3,1–3,5 mm.

Diese einzige Art der Gattung in Mitteleuropa ist die größte Art der Familie. Typisch sind die starken Fühler mit dem dicken, einen Höcker tragenden Endglied. Die Käfer sind aus Mittel- und Südeuropa bekannt. Bei uns leben sie vor allem in Nestern der Ameise *Lasius brunneus*, zuweilen findet man sie auch unter Baumrinde und in morschem Holz. Die Käfer sind nicht selten.

7 | *Batrisodes venustus*
2–2,2 mm.

7 Arten dieser Gattung sind aus Mitteleuropa bekannt. Die Käfer ähneln denen der vorigen Gattung, aber die Fühler sind weniger dick. Nur die beiden Endglieder sind dicker als die übrigen. Die Käfer leben bei Ameisen der Gattung *Lasius* sowie unter Baumrinde und in morschem Holz. Die abgebildete Art ist in fast ganz Europa nicht selten.

8 | *Bythinus macropalpus*
1,2–1,3 mm.

Die Gattung ist mit 6 Arten in Mitteleuropa vertreten. Die kleinen Käfer sind gedrungen gebaut. Das 2. Fühlerglied ist besonders stark entwickelt. Da die Männchen einiger Arten recht verschieden gebaut sind, ist eine genaue Bestimmung oft schwer. Die Käfer leben in Laub und Moos sowie unter Steinen, gern in der Nähe von Gewässern. Die Art *macropalpus* ist bei uns häufig.

9 | *Bryaxis bulbifer*
1,3–1,5 mm.

Zu dieser Gattung zählen in Mitteleuropa 34 Arten, die jeweils ganz typische 1. und 2. Fühlerglieder haben, von denen das 1. zuweilen variiert. Bei verschiedenen Arten kommen 2 Männchenformen vor, die eine mit dünnen, die andere mit verdickten Beinen. Die Käfer leben vor allem in Moos und faulendem Laub, einige auch in Höhlen oder tief im Boden. Die Art *bulbifer* ist bei uns an feuchten Stellen oder in Sümpfen überall sehr häufig.

1

2

3

4

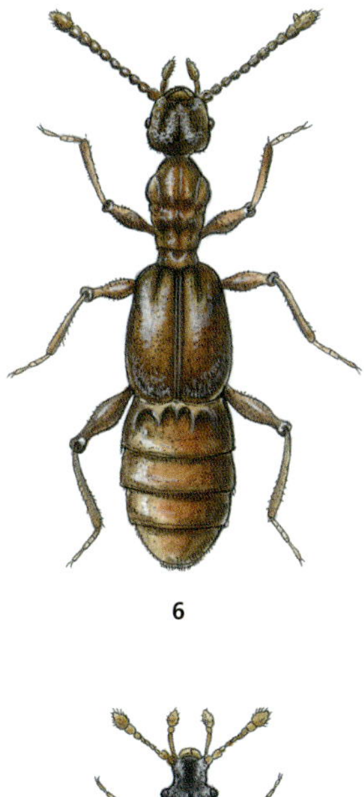

6

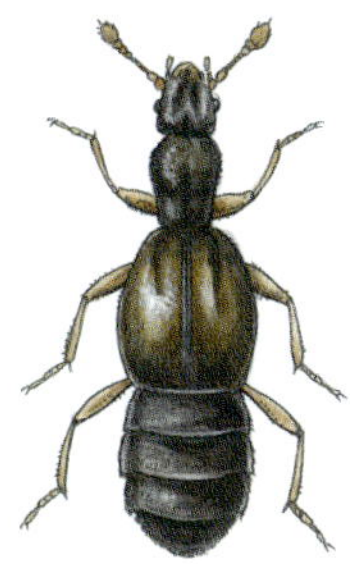

5

7

8

9

UNTERFAMILIE PSELAPHINAE – PALPENKÄFER

1 | *Tychus niger*
1,5–1,6 mm.

In Mitteleuropa kommen 3 Arten dieser Gattung vor. Die Männchen sind an dem verdickten 5. Fühlerglied leicht zu erkennen. Die Käfer haben meist schwärzlich braune Flügeldecken, auf der Scheibe können sie heller rötlich-braun sein. Die Art *niger* kommt in weiten Teilen Europas vor und ist bei uns in Laub häufig.

2 | *Rybaxis longicornis*
1,8–2,2 mm.

In älteren Werken heißt die Gattung *Bryaxis*, die Art *sanguinea*. Die Gattung ist in Mitteleuropa mit 2 Arten vertreten. Die robusten Käfer sind im Allgemeinen schwarzbraun gefärbt, zuweilen auch rötlichbraun. Die Beine und Fühler sind heller. Die abgebildete Art, die in fast ganz Europa, Nordafrika, Kleinasien bis Zentralasien verbreitet ist, ist bei uns in Sumpfgebieten oft sehr häufig.

3 | *Brachygluta fossulata*
Schwarz-brauner Palpenkäfer, 1,6–2 mm.

In älteren Werken zählt *Brachygluta*, von der es in Mitteleuropa 13 Arten gibt, als Untergattung zur Gattung *Reichenbachia*. Die robust gebauten kleinen Käfer können dunkelschwarzbraun bis hellrötlichbraun, einfarbig oder bunt gefärbt sein. Die abgebildete Art ist in fast ganz Europa verbreitet und überall in faulenden Pflanzenresten sehr häufig.

4 | *Reichenbachia juncorum*
1,6–1,8 mm.

Zu dieser Gattung zählt man jetzt in Mitteleuropa 2 Arten von ziemlich kugeliger Gestalt. Nur die abgebildete Art ist bei uns sicher nachgewiesen. Sie lebt in fast ganz Europa und Nordafrika und ist auf feuchten Wiesen und in Sümpfen bei uns überall zu finden, oft sogar in großer Anzahl.

5 | *Trissemus antennatus*
1,7–1,9 mm.

Die Gattung ist mit 2 Arten in Mitteleuropa vertreten. In älteren Werken zählen die Arten noch zu *Reichenbachia*, mit denen sie auch nahe verwandt sind. Die abgebildete Art hat 2 Unterarten ausgebildet, die sich morphologisch unterscheiden lassen. Die westliche Unterart *Antennatus antennatus* ist in Süddeutschland, der Schweiz, Frankreich und Italien sowie auf Elba und Korsika zu Hause. Die Ostrasse, *Antennatus serricornis*, findet man von Oberösterreich über die Slowakei, Ungarn, Jugoslawien, Albanien, Griechenland bis zur Türkei und dem Kaukasus. Die Käfer sind in der Nähe von Wasser und Sümpfen überall häufig.

6 | *Pselaphus heisei*
1,7–1,95 mm.

Von dieser Gattung gibt es in Mitteleuropa nur eine Art. Die Käfer sind an den langen, dünnen Kiefertastern gut zu erkennen, deren Endglied an der Spitze keulenförmig verdickt ist und auf der ganzen Oberfläche Dornen und Haare trägt. Die in ganz Europa, besonders im mediterranen Gebiet vorkommende Art bildet mehrere Unterarten, die sich vor allem im Bau der männlichen Genitalien unterscheiden. Bei uns ist *heisei* in feuchten und sumpfigen Gebieten unter faulenden Pflanzen, im Moos und Laub überall häufig.

7 | *Ctenistes palpalis*
Tuberkel-Palpenkäfer, 1,8–2 mm.

Die einzige Art der Gattung in Mitteleuropa ist durch ihren Körperbau, vor allem durch die Kopfanhänge und die Fühler gut gekennzeichnet. Die Art ist in Mitteleuropa und Südeuropa sowie in Kleinasien und Zentralasien beheimatet. Bei uns leben die Tiere nur an besonders warmen Stellen unter Steinen.

8 | *Tyrus mucronatus*
2,2–2,4 mm.

Nur eine Art dieser Gattung lebt in Mitteleuropa. Die dunkelschwarzbraunen Käfer mit rötlichbraunen Flügeldecken, Beinen und Fühlern findet man in fast ganz Europa unter Baumrinde und in morschem Holz.

UNTERFAMILIE PSELAPHINAE – KEULENKÄFER

Auch die Keulenkäfer der Gattung *Claviger* werden zu den *Staphylinidae* gezählt. Früher wurden sie als *Clavigeridae* bezeichnet. 2 Arten in Mitteleuropa. Die Käfer haben nur 6 Fühlerglieder, von denen das 1. verborgen und nicht sichtbar ist. Sie besitzen keine Augen und weisen kurze Füße auf. Kommensalische Lebensweise bei Ameisen der Gattung *Lasius*.

9 | *Claviger testaceus*
Rotbrauner Keulenkäfer, 2,1–2,3 mm.

Die Art ist in Mittel- und Nordeuropa beheimatet, man findet die Käfer vor allem bei *Lasius flavus*, meist häufig. Sie werden von den Ameisen gefüttert und liefern dafür Sekrete. Bei Gefahr werden sie von den Ameisen in Sicherheit gebracht.

1

2

3

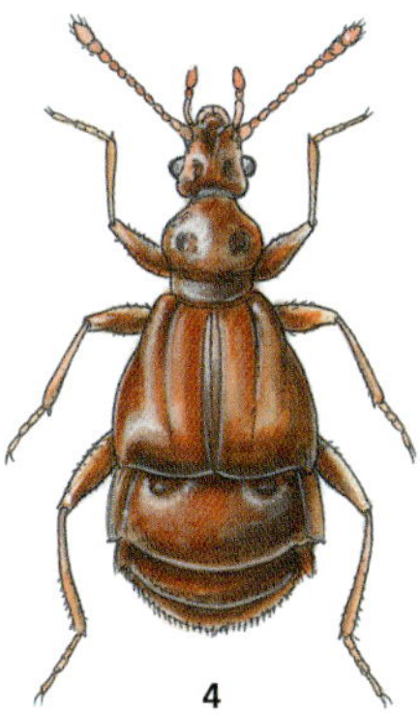

4

5

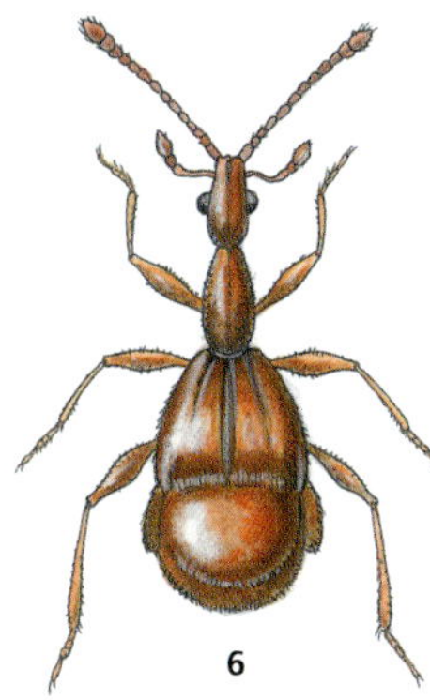

6

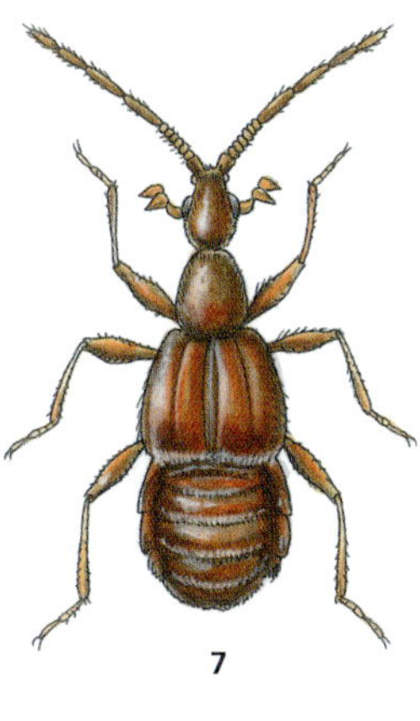

7

8

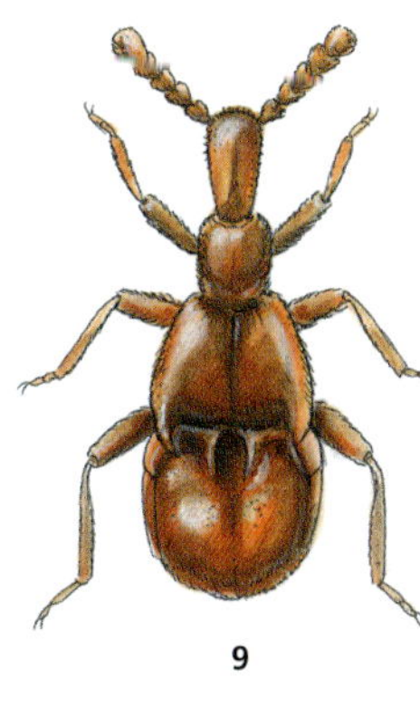

9

FAMILIE LYCIDAE – ROTDECKENKÄFER

Die Familie ist in Mitteleuropa mit 7 Arten aus 5 Gattungen vertreten. Sie sind oben oft auffallend rot gefärbt. Ihre Fühler sind kräftig, der Kopf kann rüsselförmig verlängert sein. Man findet die Käfer auf Blüten, die Larven leben in morschem Holz und machen dort Jagd auf andere Insekten und deren Larven.

UNTERFAMILIE EROTINAE

1 | *Dictyoptera aurora*
Scharlachroter Netzkäfer, 8–13 mm.

Aus dieser Gattung kennt man in Mitteleuropa 2 Arten. Die Käfer haben kleine Köpfe, die meist unter dem Halsschild verborgen liegen. Die zinnoberroten Flügeldecken sind fast ganz quadratisch gegittert. Die abgebildete Art ist bei uns allgemein verbreitet, im Süden seltener.

2 | *Platycis minuta*
5–10 mm.

Von dieser Gattung gibt es in Mitteleuropa ebenfalls 2 Arten, die den vorigen ähnlich sehen, aber am Halsschild unterschieden werden können. Die Gitterung auf den Flügeldecken ist unregelmäßig. Die Art *minutus* ist bei uns überall vorhanden, im Süden nicht selten.

UNTERFAMILIE CHANTARINAE

3 | *Lygistopterus sanguineus*
Rüssel-Rotdeckenkäfer, 7–12 mm.

Die einzige Art der Gattung in Mitteleuropa unterscheidet sich von allen anderen einheimischen Lyciden dadurch, dass der Kopf schnabelförmig verlängert ist. Die Flügeldecken tragen zwar schwache Rippen, sind aber nicht gegittert. Der Käfer ist bei uns nicht selten.

FAMILIE LAMPYRIDAE
LEUCHTKÄFER, GLÜHWÜRMCHEN

Leuchtkäfer sind wegen ihres Leuchtvermögens bekannt. Nur 3 Arten aus 3 Gattungen leben bei uns. Alle 3 Arten werden hier vorgestellt.

UNTERFAMILIE LAMPYRINAE

4 | *Lampyris noctiluca*
Großer Leuchtkäfer, Großes Glühwürmchen, Männchen 10–12 mm, Weibchen 15–20 mm.

Unseren größten Leuchtkäfer kann man an warmen Abenden von Juni bis September überall, aber nicht mehr häufig antreffen. Die Männchen sind flugfähig, die Weibchen haben weder Flügel noch Flügelstummel. Durch Leuchtsignale locken sie die Männchen an.

5 | *Lamprohiza splendidula*
Kleiner Leuchtkäfer, Johanniswürmchen, Männchen 8–10 mm, Weibchen 10 mm.

Früher hieß die Gattung *Phausis*. Außer an der geringeren Größe kann man die Käfer auch dadurch von den vorhergehenden unterscheiden, dass der Halsschild vorn 2 große, transparente Fensterflecken besitzt. Die Weibchen dieser Art haben Flügelstummel. Die Käfer schwärmen bei uns im Juni und Juli stellenweise noch häufig. Nach Norden zu werden sie aber seltener.

6 | *Phosphaenus hemipterus*
Männchen 6–8 mm, Weibchen 10 mm.

Bei uns seltene Art, deren Biologie noch weitgehend unbekannt ist. Die Käfer leuchten nur sehr schwach. Die Männchen besitzen Flügelstummel, die Weibchen sind völlig flügellos.

FAMILIE MELYRIDAE – WOLLHAARKÄFER
UNTERFAMILIE DASYTINAE

Die heute zu den *Melyridae* gestellte Gruppe ist in Mitteleuropa mit 23 Arten in 5 Gattungen vertreten. Die Käfer sind meist lang behaart oder beschuppt. Wegen ihrer schwachen Chitinisierung und des folglich sehr weichen Körpers zählte man sie früher zu den , mit denen sie jedoch nicht näher verwandt sind. Ihre Larven leben räuberisch in altem Holz, die Imagines auf Blüten.

7 | *Aplocnemus nigricornis*
4–4,8 mm.

In Mitteleuropa gibt es 6 Arten aus dieser Gattung. Die Käfer leben vor allem an blühenden Nadelbäumen. Die abgebildete Art ist bei uns überall nicht selten.

8 | *Dasytes plumbeus*
Bleischwarzer Wollhaarkäfer, 3,5–4,6 mm.

11 Arten dieser Gattung kommen in Mitteleuropa vor. Die Käfer sind oberseits einfarbig schwarz oder metallisch blau, die Flügeldecken tragen lange aufrechte Borstenhaare und darunter noch eine anliegende feine Behaarung. Die Larven leben räuberisch in morschem Holz, die Käfer findet man auf Blüten und Sträuchern. *D. plumbeus* ist bei uns überall sehr häufig.

9 | *Danacaea pallipes*
3,2–4,2 mm.

In Mitteleuropa sind 5 Arten aus dieser Gattung beheimatet. Die Oberseite der Käfer ist einfach behaart, darum sehen die sonst grün metallisch gefärbten Käfer grau oder gelblich aus. Die Art *pallipes* ist bei uns im Allgemeinen nicht selten, in der Ebene fehlt sie meistens.

1

2

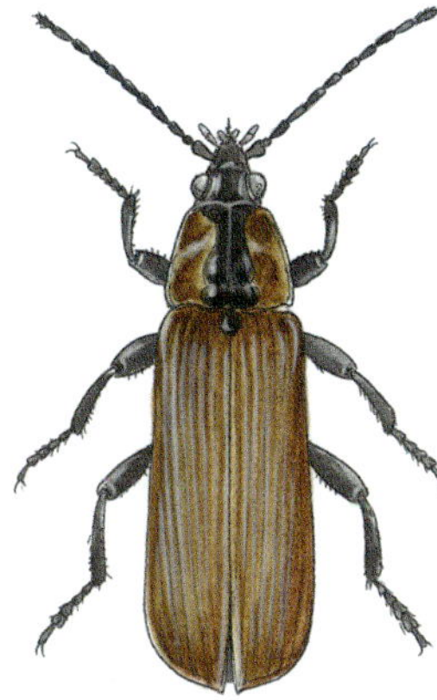

3

7

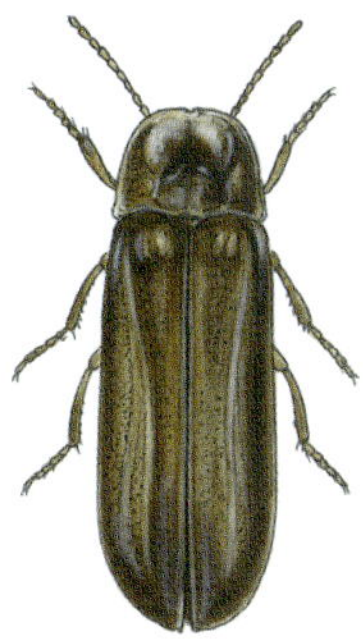

5

6

4 ♂

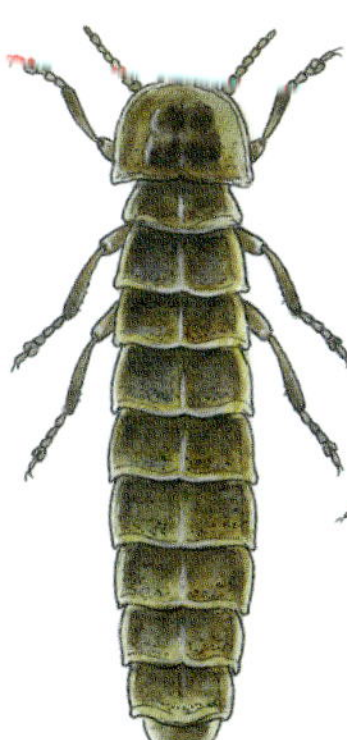

4 ♀

8

9

FAMILIE MELYRIDAE – WOLLHAARKÄFER
UNTERFAMILIE MALACHIINAE – ZIPFELKÄFER, WARZENKÄFER

Aus dieser Familie kommen 50 Arten aus 14 Gattungen in Mitteleuropa vor. Die schwach chitinisierten Käfer sind meist lebhaft gefärbt und leicht an den ausstülpbaren Hautblasen am Brustabschnitt oder Hinterleib zu erkennen. Weitere für Zipfelkäfer typische Organe sind die an verschiedenen Körperteilen der Männchen sitzenden Excitatoren, das sind Sekretionsorgane, die einen Stoff absondern, den die Weibchen auflecken und durch den sie paarungswillig werden. Die Larven leben räuberisch, die Käfer dagegen meist von Blütenstaub, gelegentlich sind sie allerdings auch karnivor. Man findet sie vor allem an Blüten, Sträuchern und Gräsern.

1 | *Troglops albicans*
2,75–3 mm.

In Mitteleuropa sind 2 Arten dieser Gattung zu Hause. Die Käfer mit den ungewöhnlich großen Köpfen leben auf blühenden Bäumen und Sträuchern. Die Art *albicans* ist die häufigste Art der Gattung und kommt bei uns im Süden, im Südosten und im mittleren Mitteleuropa vor, im Nordwesten ist sie selten oder fehlt – wie im Nordosten – auch ganz.

2 | *Hypebaeus flavipes*
1,5 mm.

In Mitteleuropa gibt es 3 Arten aus dieser Gattung. Die abgebildete Art ist die häufigste. *H. flavipes* kommt bei uns vor allem auf Hainbuche vor und ist meist nicht selten. Nur im Nordwesten und Nordosten findet man die Art selten oder gar nicht.

3 | *Charopus flavipes*
Schwarzer Zipfelkäfer, 2,25 mm.

Die 3 in Mitteleuropa heimischen Arten der Gattung sind klein und schwarz. Die Männchen haben schmale, die Weibchen bauchig erweiterte Flügeldecken. Man findet sie auf blühenden Gräsern, vor allem im Schatten. Die Art *flavipes* ist bei uns meist häufig.

4 | *Malachius bipustulatus*
Zweifleckiger Zipfelkäfer, 5,5–6 mm.

Die Gattung ist in Mitteleuropa mit 16 Arten vertreten. Die Färbung der Käfer ist recht variabel. Daher muss zur genauen Bestimmung die Lage der Excitatoren herangezogen werden. Die Käfer leben an blühendem Gras und auf Blüten, die Larven meist unter Baumrinde, einige allerdings auch in Nestern solitärer Wespen. Die Art *bipustulatus* ist in Mitteleuropa überall sehr häufig.

5 | *Anthocomus coccineus*
Herbst-Zipfelkäfer, 4,25–5 mm.

In Mitteleuropa kommen 3 Arten der Gattung vor, die alle bei uns häufig sind. Die abgebildete Art ist bei uns die einzige Malachiide, die erst im Herbst auftritt, alle anderen Arten sind im Frühsommer zu finden. *A. coccineus* lebt auf dem spät blühenden Schilf, auf dem man die Käfer von August bis Oktober sehr häufig finden kann. Die Larven der *Anhocomus*-Arten leben räuberisch von den Larven im Holz bohrender Käfer. Darum kommen die Käfer auch gelegentlich in Häusern vor und laufen nicht selten im Winter an den Fensterscheiben herum

6 | *Ebaeus thoracicus*
2,25–2,5 mm.

9Arten dieser Gattung kennt man aus Mitteleuropa. Die Käfer findet man auf Blüten. Die Larven entwickeln sich wahrscheinlich in den Nestern solitärer Bienen.
Die Art thoracicus ist bei uns nur örtlich häufig, sonst im Allgemeinen recht selten.

7 | *Axinotarsus pulicarius*
3–3,5 mm.

Von den 3 aus Mitteleuropa bekannten Arten ist *pulicarius* bei uns überall sehr häufig. Man findet die Käfer auf blühendem Gras.

UNTERFAMILIE MELYRINAE

8 | *Melyris oblonga*
9 mm.

Blau metallischer Käfer, dessen Halsschild, Fühler und Beine rot gefärbt sind. Ursprünglich eine Art der Küstenregionen des Mittelmeeres, außerdem sind weitere Vertreter in Afrika beheimatet. Sie wurde früher mehrfach nach Hamburg eingeschleppt und könnte erneut in Mitteleuropa anzutreffen sein.

FAMILIE DERODONTIDAE – KNOPFKÄFER
UNTERFAMILIE LACROBINAE

9 | *Laricobius erichsonii*
Gelbbrauner Lärchenkäfer, 2–2,5 mm.

Dieser Käfer ist in Nadelwäldern häufig anzutreffen. Im zeitigen Frühjahr kann man die Käfer von den Zweigen klopfen. Sie vertilgen Nadelholzläuse.

1

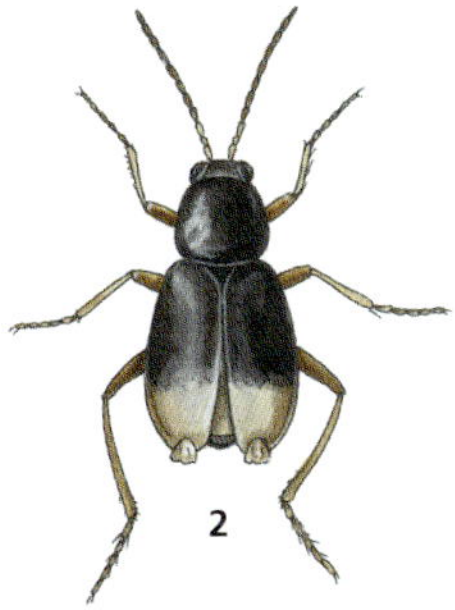

2

3

4

5

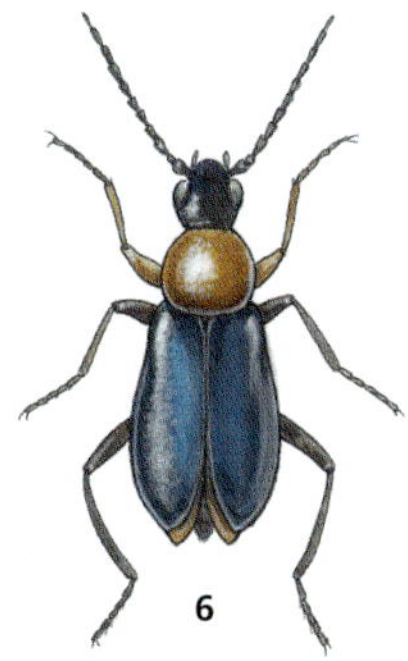

6

7

8

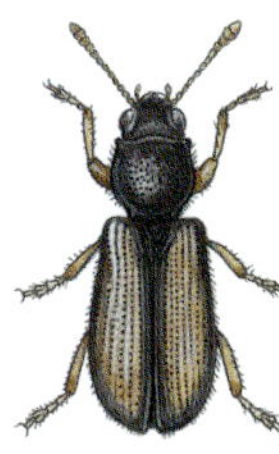

9

FAMILIE CANTHARIDAE – WEICHKÄFER

Die Familie ist in Mitteleuropa mit 103 Arten aus 9 Gattungen vertreten. Körper und Flügeldecken der Käfer sind nur schwach chitinisiert. Darum tragen sie ihren deutschen Namen zu Recht. Da bei manchen Arten Flügeldecken und Halsschild rot, schwarz, blau oder gelb gefärbt sind, heißen sie im Volksmund auch Soldatenkäfer. Die Käfer findet man im Sommer oft in großen Mengen auf Büschen und Blüten. Im Allgemeinen leben sie von anderen Insekten. Sie können jedoch durch Annagen junger Eichentriebe auch Schäden verursachen. Die Larven der Weichkäfer sind dicht samtartig behaar. Sie kriechen am Boden umher und leben hauptsächlich von Schnecken. Den Winter verbringen sie versteckt unter Steinen oder in Laub und Moos. Gelegentlich kommen sie aber auch zum Vorschein und kriechen auf dem Schnee umher. Das hat ihnen den Namen Schneewürmer eingetragen.

UNTERFAMILIE CANTHARINAE

1 | *Podabrus alpinus*
11–14 mm.

Aus dieser Gattung kommen 2 Arten in Mitteleuropa vor, von denen die abgebildete die bei uns am weitesten verbreitete und häufigere ist. Sie ist bei uns überall nachgewiesen, wird nach Norden zu aber selten. Die Tiere findet man vor allem im Gebirge, in der Ebene nur verstreut und selten.

2 | *Cantharis fusca*
Gemeiner Weichkäfer, 11–15 mm.

Von dieser Gattung gibt es in Mitteleuropa 32 Arten aus 3 Untergattungen. Man sieht die Käfer vor allem auf Büschen, an Gräsern und Getreide. Die abgebildete Art ist aus fast ganz Europa bekannt. Sie ist bei uns in Mitteleuropa überall häufig.

3 | *Cantharis livida*
Variabler Weichkäfer, 9–13 mm.

Die Art ist bei uns überall häufig. Die Färbung der Käfer ist sehr variabel. Eindeutige Bestimmungen sind bei vielen Arten der Gattung nur nach Genitaluntersuchungen möglich.

4 | *Podistra pilosa*
7–10 mm.

6 Arten der Gattung kommen in Mitteleuropa vor. In älteren Werken heißt die Gattung auch *Absidia*. Die Käfer sind einförmig gelbbraun oder braunschwarz gefärbt und lassen sich vielfach nur schwer voneinander unterscheiden. Darum sind auch die Verbreitungsgebiete bis heute nicht ganz geklärt. Meist sind es Gebirgsbewohner, die man auf Büschen findet. Die Art *pilosa* ist in Mitteleuropa zwar weit verbreitet, findet ihre Nordgrenze aber wohl am Rande der Mittelgebirge. Aus der norddeutschen Tiefebene liegen nur alte, in neuerer Zeit nicht mehr bestätigte Funde vor.

5 | *Rhagonycha fulva*
Rotgelber Weichkäfer, 7–10 mm.

Aus Mitteleuropa kennt man 16 Arten dieser Gattung, die ebenfalls vielfach nur schwer und mit Hilfe von Genitaluntersuchungen zu unterscheiden sind. Ihre Lebensweise entspricht der der vorigen Art. *R. fulva* ist bei uns ab Ende Juni der häufigste Weichkäfer. Man findet ihn vor allem auf Doldenblüten oft in großer Menge. Dass man viele Pärchen sieht, liegt daran, dass die Kopulation bei diesen Tieren verhältnismäßig lange dauert.

UNTERFAMILIE SILINAE

6 | *Silis ruficollis*
6–7,5 mm.

Von dieser Gattung sind in Mitteleuropa 2 Arten heimisch, von denen *ruficollis* aus dem südlichen Nordeuropa und aus Mitteleuropa bekannt ist. Die Käfer sind zwar aus allen Gebieten nachgewiesen, aber nicht häufig. Meist findet man sie noch in der Ebene, in höheren Lagen werden sie selten. Sie leben an nassen Gewässerufern oder auf feuchten, sumpfigen Wiesen.

UNTERFAMILIE MALTHININAE

7 | *Malthinus biguttatus*
Zweifleckiger Fliegenweichkäfer, 4,5–6 mm.

Die Gattung ist mit 10 Arten in Mitteleuropa vertreten. Die Käfer findet man an Waldrändern, auf Lichtungen und an Hecken auf Bäumen und Sträuchern. Die Art *biguttatus*, die in älteren Werken auch *biguttulus* heißt, ist bei uns vor allem im Osten vertreten, nach Westen zu wird sie selten.

8 | *Malthodes maurus*
3,5–4 mm.

In Mitteleuropa gibt es 33 Arten aus dieser Gattung, die meist schwer voneinander zu unterscheiden sind. Die Käfer findet man auf Bäumen, Büschen und auf Wiesen. Meist sind sie abends aktiv.
Die abgebildete Art ist in Nord- und Mitteleuropa verbreitet und bei uns meist häufig.

9 | *Malthodes minimus*
Kleiner Orangeschildweichkäfer, 3,3–4 mm.

Diese aus Nord- und Mitteleuropa bekannte Art ist bei uns eine der häufigsten der Gattung; sie ist auch noch bis zur nördlichen Balkanhalbinsel verbreitet, fehlt aber in den Alpen.

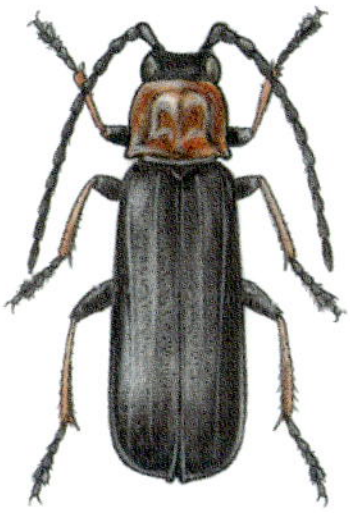

6

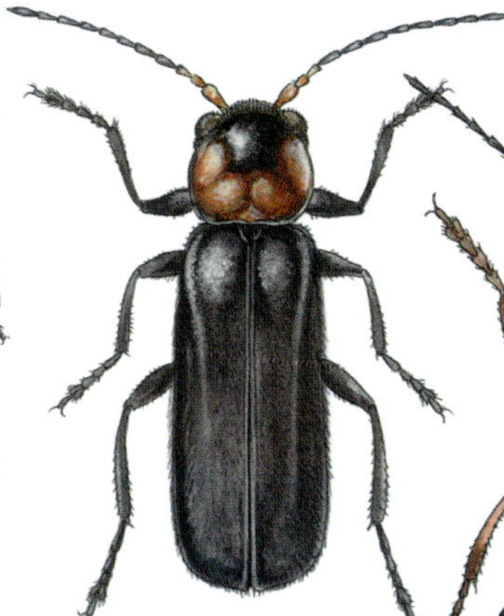

2

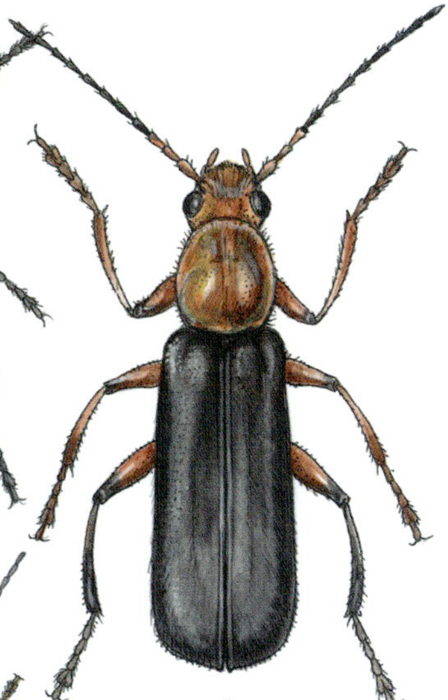

3

1

4

5

7

8

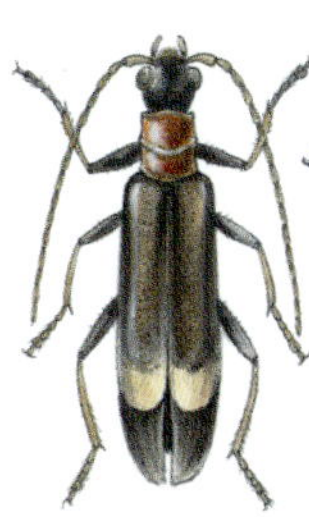

9

FAMILIE CLERIDAE – BUNTKÄFER

Die meisten Buntkäfer sind metallisch oder bunt gefärbt. Ihr Körper ist behaart, die Fühler sind gekeult oder gesägt. In Mitteleuropa gibt es 20 Arten aus 11 Gattungen. Käfer und Larven leben räuberisch. Man findet sie auf Blüten oder an Holz, auch an Knochen und Aas.

UNTERFAMILIE TILLINAE

1 | *Tillus elongatus*

Holzbuntkäfer, 6–10 mm.

Nur diese eine Art der Gattung kommt in weiten Teilen Mitteleuropas vor. Da sie vermutlich nur nachts aktiv ist, bekommt man sie selten zu Gesicht. Ihre Larven machen Jagd auf im Holz lebende Käferlarven. Im Freien findet man sie im Mai und Juni an alten Laubbäumen

UNTERFAMILIE CLERINAE

2 | *Opilo domesticus*

Hausbuntkäfer, 7–12 mm.

Die Gattung ist in Mitteleuropa mit 3 Arten vertreten. Die Larven leben in altem Holz und jagen Insekten. Die Art *domesticus* lebt vorwiegend in Gebäuden. Man sollte sie schützen, denn es sind die besten Helfer im Kampf gegen Holzwürmer und Hausbock. Da sie nachaktiv sind, begegnet man ihnen nur sehr selten.

3 | *Thanasimus formicarius*

Ameisenbuntkäfer, 7–10 mm.

3 Arten dieser Gattung leben in Mitteleuropa. Man findet die Käfer an warmen Tagen im frühen Frühjahr. Sie laufen an Baumstubben und auf Holzklaftern und jagen andere Insekten. Die Larven leben räuberisch unter Baumrinde. Die Art *formicarius* kommt bei uns in Nadelwäldern vor und stellt dem Waldgärtner (*Scolytidae*) nach.

4 | *Trichodes apiarius*

Gemeiner Bienenkäfer, Bienenwolf, 9–16 mm.

In Mitteleuropa gibt es 4 Arten der Bienen- oder Immen käfer. Man findet sie nur im Sommer auf Schirmblüten, die Larven leben räuberisch in Hautflüglernestern. Die Larven dieser Art leben bei Honig- und Wildbienen. Bei uns findet man die Käfer im Mai und Juni. Heute sind sie seltener geworden, besonders im Norden und Osten.

UNTERFAMILIE KORYNETINAE – JAGDRAUBKÄFER

In Mitteleuropa 4 Gattungen mit 7 Arten. Kleine Arten, deren Fühler in einer dreigliedrigen Keule enden. Räuberische Lebensweise. Sie werden auch als eine Unterfamilie *(Korynetinae)* der *Cleridae* angesehen.

5 | *Korynetes coeruleus*

3,5–7 mm.

2 Arten der Gattung leben in Mitteleuropa. Man findet dieKäfer im Freien wie in Gebäuden; sie machen Jagd auf andere Insekten, vor allem auf im Holz lebende Larven.

6 | *Necrobia violacea*

4–5 mm.

In Mitteleuropa gibt es 3 *Necrobia*-Arten. Die Art *violacea* ist Kosmopolit. Bei uns sind die Käfer häufig; sie leben räuberisch im Bereich faulender Stoffe.

FAMILIE LYMEXYLIDAE – WERFTKÄFER
UNTERFAMILIE HYLECOETINAE

Diese Familie ist in Mitteleuropa mit nur 2 Arten aus 2 Gattungen vertreten. Die Käfer besitzen auf dem Scheitel knopfartige Fortsätze.

7 | *Hylecoetus dermestoides*

Buchenwerftkäfer, 6–18 mm.

H. dermestoides ist bei uns nicht selten. Normalerweise sind die Männchen schwarz, die Weibchen hellbraun gefärbt. Die Larven nagen Gänge in geschlagenem Holz und fressen in ihnen wachsende Ambrosiapilze.

UNTERFAMILIE LYMEXYLINAE

8 | *Lymexylon navale*

Eichenwerftkäfer, 7–16 mm.

Die Männchen besitzen büschelförmige Kieferntaster. Man findet die Käfer an stehenden, beschädigten Laubbäumen, Eichen und an geschlagenem Holz.

FAMILIE ELATERIDAE – SCHNELLKÄFER
UNTERFAMILIE – AGRYPNINAE

Die Schneckenhauskäfer sind in Mitteleuropa mit 2 Arten der Gattung Drilus (*D. concolor* und *D. flavescens*) vertreten. Taxonomisch werden sie heute in die Unterfamilie *Agrypninae* innerhalb der *Elateridae* gestellt. Die Familie ist in Mitteleuropa mit 2 nicht häufigen Arten aus einer Gattung vertreten. Männchen mit voll entwickelten Flügeln und Flügeldecken, Weibchen flügellosDie Larven ernähren sich von Schnecken

9 | *Drilus flavescens*

Männchen, 4-8 mm, Weibchen 13-15 mm.

Die Art ist bei uns die häufigere Art. Sie bevorzugt trockenere und wärmere Plätze und ist dort nicht selten. Nach Norden und Osten wird sie selten oder fehlt ganz. Die larvenförmigen Weibchen klettern tagsüber an Grashalmen hoch.

1

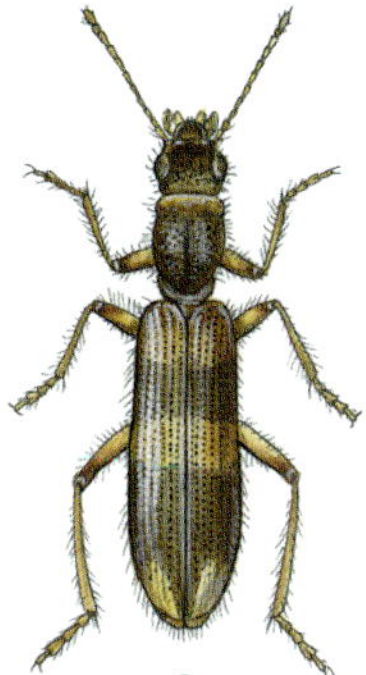

2

3

4

5

6

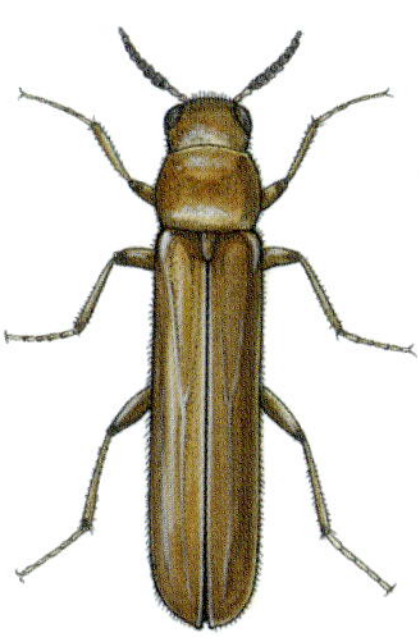

7

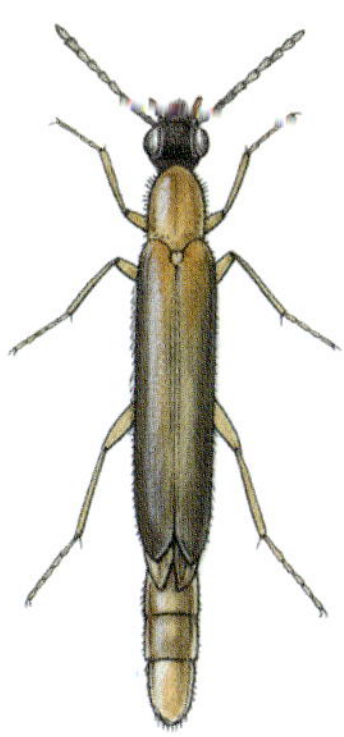

8

9 ♀

9 ♂

FAMILIE ELATERIDAE – SCHNELLKÄFER

Die Familie der Schnellkäfer ist in Mitteleuropa mit 169 Arten aus 51 Gattungen vertreten. Die Käfer sind durch den von der Vorder- und Mittelbrust gebildeten Sprungapparat deutlich gekennzeichnet und wohl jedem bekannt. Die Larven der Schnellkäfer sind sehr charakteristisch: schlank und langgestreckt und als „Drahtwürmer" bekannt. Einige fressen an Pflanzenwurzeln und können schwere Schäden an Kulturpflanzen verursachen, einige ziehen gemischte Kost vor, andere wieder sind ausschließlich Räuber.

UNTERFAMILIE AGRYPINAE

1 | *Adelocera murina*
Mausgrauer Schnellkäfer, 12–17 mm.

Die einzige Art der Gattung in Mitteleuropa ist in ihrer Form und Färbung ganz charakteristisch und kann kaum mit einem anderen Käfer verwechselt werden. In älteren Werken trägt er allerdings andere Gattungsnamen, wie *Lacon* oder *Brachylacon.* Die Art ist bei uns einer der häufigsten Schnellkäfer überhaupt. Den Käfer findet man vom frühen Frühjahr an bis in den Sommer auf Pflanzen oder unter Steinen. Die Larven leben im Boden und fressen Pflanzenwurzeln, sie können darum auch schädlich werden.

2 | *Ampedus sanguineus*
Blutroter Schnellkäfer, 12–17,5 mm.

Die Gattung *Ampedus* hieß in älteren Werken *Bater.* In Mitteleuropa gibt es 27 *Ampedus* Arten. Die Larven leben räuberisch in morschem Holz. Die Art *sanguineus* ist bei uns überall häufig. Man findet sie in Buche und Eiche, noch häufiger aber in Nadelholz, vor allem in Kiefer.

3 | *Ampedus pomorum*
9–12 mm.

Diese Art trägt in älteren Werken den Namen *Elater ferrugatus.* Sie ist bei uns die häufigste Art der Gattung. Das ganze Jahr über findet man diese Käfer. Die erste Generation lebt bis Juli. Ab August treten Tiere der nächsten Generation auf. Die Entwicklung erfolgt in rotfaulem Nadel- und Laubholz.

4 | *Sericus brunneus*
Brauner Schnellkäfer, 8–9 mm.

2 Arten sind aus dieser Gattung in Mitteleuropa beheimatet. Die abgebildete Art ist bei uns überall nicht selten, vor allem auf Sandböden. In den Alpen geht sie über 2500 m hoch. Die Larven leben unter Moos an Pflanzenwurzeln. Die Käfer schlüpfen schon im Hochsommer, bleiben aber bis zum nächsten Frühjahr in der Erde und erscheinen dann auf niedrigen Pflanzen und Büschen.

5 | *Dalopius marginatus*
Geränderter Schnellkäfer, 6–7,5 mm.

Die einzige Art der Gattung in Mitteleuropa sieht einem *Agriotes sehr* ähnlich. Die Gattung wird in älteren Werken *Dolopius* genannt. Die Käfer kommen von April bis Juli überall häufig vor. Die Larven leben im Waldboden, wo sie offenbar vorwiegend Insektenlarven und zusätzlich Pflanzenwurzeln fressen.

6 | *Agriotes lineatus*
Saatschnellkäfer, 7,5–10,5 mm.

Die Gattung ist mit 15 Arten in Mitteleuropa vertreten. Alle haben eine hellbraune bis schwarze Oberseite. Die Larven fressen Pflanzenwurzeln. Sie gehören zu den gefährlichsten Kulturpflanzenschädlingen. Die abgebildete Art ist bei uns überall häufig.

7 | *Synaptus filiformi*
9–12 mm.

Die einzige Art der Gattung in Mitteleuropa sieht aus wie ein langgestreckter *Agriotes.* Die Käfer findet man von Mai bis Juli vor allem auf Weiden. Die Larven leben wahrscheinlich räuberisch im Boden feuchter Wiesen.

8 | *Adrastus pallens*
4,2–5,2 mm.

Alle 6 in Mitteleuropa beheimateten Arten dieser Gattung sind klein, unter 7 mm. Die meisten haben gelblich-braune Flügeldecken mit dunkler Naht. Oft findet man die Käfer auf Weiden, nicht selten in großer Zahl. Die Larven leben im Boden feuchter Wiesen. *A. pallens* ist bei uns die häufigste Art der Gattung.

UNTERFAMILIE MELANOTINAE

9 | *Melanotus villosus*
Rotfüßiger Schnellkäfer, 12–18 mm.

Die 6 in Mitteleuropa vorkommenden Arten der Gattung sehen einander ähnlich, sind langgestreckt, schwarz oder schwarzbraun. Man findet die Käfer auf Blüten und Büschen oder an Holz, in dem sich die Larven entwickeln. Sie fressen allerdings auch im Boden Pflanzenwurzeln. Die Art *rufipes* ist bei uns ab Mai überall häufig. Die Larve entwickelt sich vor allem in rotfaulem Laubholz. Unterfamilie *Agrypininae.*

1

3

2

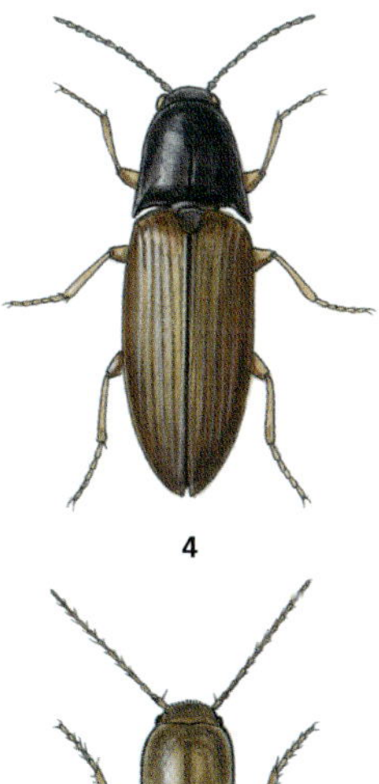

4

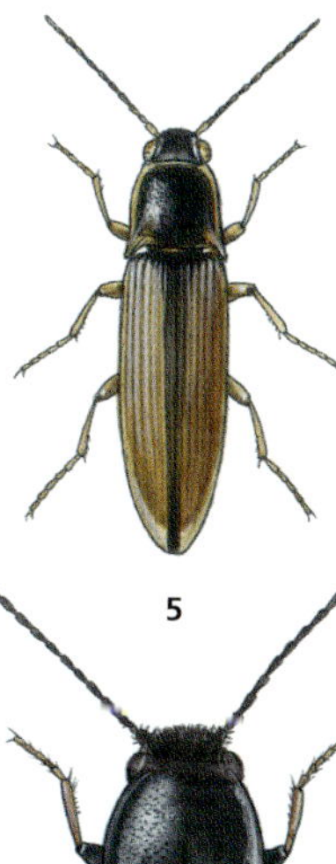

5

6

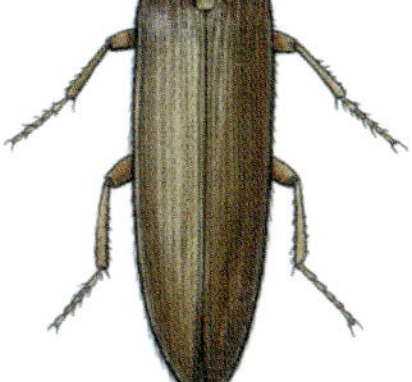

7

9

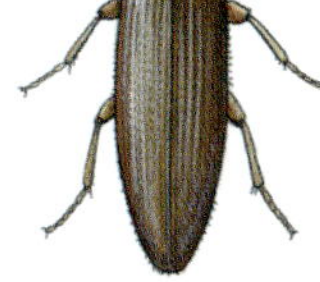

8

UNTERFAMILIE DENDROMETRINAE

1 | *Ctenicera pectinicornis*
Metallglänzender Rindenschnellkäfer, 16–18 mm.

Die Gattung hieß bisher *Corymbites;* in Mitteleuropa gibt es 4 Arten. Die Männchen fallen durch stark gekämmte Fühler auf. Bei den Weibchen sind die Fühlerglieder vom 3. an nur gesägt. Die Larven entwickeln sich im Boden oder in morschem Holz. Die Käfer findet man vom späten Frühjahr an auf niedriger Vegetation, besonders auf blühenden Gräsern und Büschen. Die abgebildete Art ist bei uns auf feuchten Wiesen von Ende Mai bis Juli überall nicht selten.

2 | *Actenicerus sjaelandicus*
12–15 mm.

Diese einzige Art der Gattung in Mitteleuropa findet man in älteren Werken unter dem Namen *Corymbites* (Untergattung *Actenicerus) tessellatus.* Die Männchen haben keine stark gekämmten Fühler, sondern nur – wie die Weibchen – vom 3. Glied an gesägte Fühlerglieder. Bei uns findet man die Käfer von April bis August auf feuchten Wiesen und an Waldrändern. Die im Boden lebenden Larven können an Kulturpflanzen und in Forstkulturen als Schädlinge auftreten.

3 | *Prosternon tessellatum*
10–12 mm.

2 Arten aus dieser Gattung kommen in Mitteleuropa vor. Sie sind durch dichte, wolkige, gewundene Behaarung auf Flügeldecken und Halsschild ausgezeichnet. Die abgebildete Art ist von April bis August auf Nadelholz und niedriger Vegetation überall häufig. Die Larven entwickeln sich in Nadelholzstubben und Humus.

4 | *Selatosomus aeneus*
Glanzschnellkäfer, 10–16 mm.

Die 9 in Mitteleuropa beheimateten Arten der Gattung sind breit gebaut. Man findet die Käfer meist am Boden kriechend oder unter Steinen, mitunter auch auf niedriger Vegetation. Die Larven fressen Pflanzenwurzeln. Die Art *aeneus* ist bei uns vom Frühjahr bis zum Sommer in offenem Gelände überall häufig. Die Larven können an Kulturpflanzen schädlich werden. Sie ernähren sich aber auch zusätzlich karnivor.

5 | *Denticollis rubens*
11–16 mm.

Die 4 in Mitteleuropa vorkommenden Arten der Gattung zeichnen sich durch kleine buckelige Halsschilde aus, die schmaler als die Flügeldecken sind. Die Käfer findet man auf Büschen, die Larven leben unter der Rinde von Laub- und Nadelhölzern.

6 | *Cidnopus aeruginosus*
8–12 mm.

Die Gattung, in Mitteleuropa mit 5 Arten vertreten, heißt in älteren Werken *Limonius.* Die ersten Fühlerglieder können bei diesen Käfern in eine Rinne am Innenrand der Vorderbrust eingelegt werden. Die Larven entwickeln sich an Graswurzeln. Darum findet man die Käfer meist an Gras, aber auch an anderer Vegetation. Die Art *aeruginosus* ist von Frankreich bis nach Asien verbreitet. Bei uns findet man die Käfer besonders in der Ebene häufig.

7 | *Athous haemorrhoidalis*
Rotbauchiger Laubschnellkäfer, 9,5–15 mm.

13 Arten dieser Gattung sind aus Mitteleuropa bekannt. Vielfach sind die Männchen schlank und schmal, die Weibchen dagegen breiter und mit kugeligem Halsschild. Die abgebildete Art gehört bei uns zu den häufigsten Elateriden. Man kann die Käfer überall in großer Zahl auf Büschen und Bäumen, besonders an Waldrändern finden. Die Larven entwickeln sich an Pflanzenwurzeln und können schädlich werden.

8 | *Hypnoidus riparius*
5,3–6,8 mm.

Die 3 in Mitteleuropa beheimateten Arten haben gedrungene, gewölbte Körper. Die abgebildete Art kommt in weiten Teilen Europas und Sibiriens vor. Die Larven entwickeln sich im Boden. Die Käfer findet man überall nicht selten, im Flachland an Flussufern und anfeuchten Stellen, vor allem in Berglagen.

UNTERFAMILIE NEGASTRIINAE

9 | *Oedostethus quadripustulatus*
Zweifarbiger Zwergschnellkäfer, 3–3,8 mm.

Die beiden in Mitteleuropa vorkommenden Arten sind in älteren Werken zur Gattung *Hypnoidus* gestellt. Die kleinen, nicht über 5 mm großen Käfer entwickeln sich in sandigem oder schotterigem Boden. Die Käfer findet man meist unter Steinen oder auf niedriger Vegetation. Die abgebildete Art findet man bei uns vor allem im Juni und Juli oft gesellig, aber nur im Norden und Osten häufiger, sonst verstreut und ziemlich selten.

2

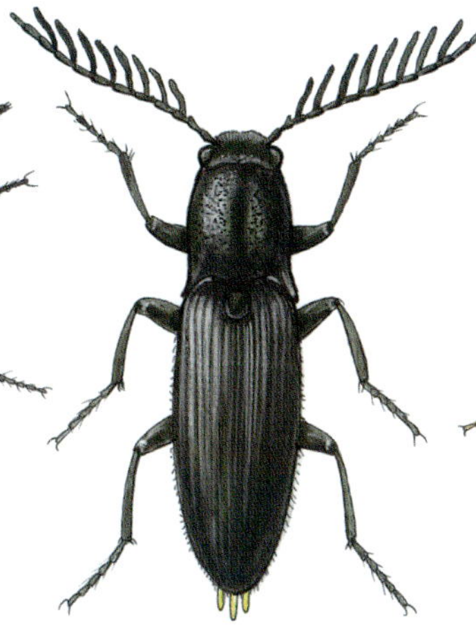

1 ♂

3

4

5

6

8

9

7

UNTERFAMILIE NEGASTRIINAE

1 | *Zorochrus demestoides*
2,5–3,8 mm.

In älteren Werken wird diese Gattung, die in Mitteleuropa mit 7 Arten vertreten ist, als Untergattung von *Hypnoidus* angesehen. Die Käfer sind nur 1,5–3,8 mm groß und leben vor allem im Ufersand fließender Gewässer. Dort findet man sie oft in großer Zahl. Die abgebildete Art ist in fast ganz Mitteleuropa verbreitet. Bei uns fehlt das Tier in der Tiefebene. Sonst ist es aber häufig oder sehr häufig.

UNTERFAMILIE CARDIOPHORINAE

2 | *Cardiophorus vestigialis*
7–8,5 mm.

Von dieser Gattung gibt es in Mitteleuropa 12 Arten, die stark gerundete Halsschilde und herzförmige Schildchen besitzen. Die Art *vestigialis* trägt in älteren Werken den Namen *erichsoni.* Bei uns findet man die Käfer auf niedriger Vegetation, vor allem an warmen Plätzen, nicht in der Tiefebene und im Gebirge. Die Larven leben räuberisch im Boden, am Fuße alter Baumstämme und in Stubben.

3 | *Dicronychus equiseti*
7–9 mm.

Aus dieser Gattung, die in älteren Werken als Untergattung *Platynychus* zur Gattung *Cardiophorus* gestellt wird, kommen in Mitteleuropa 4 Arten vor. Die abgebildete Art findet man bei uns im Mai und Juni auf Büschen und am Boden, vor allem in Sandgebieten, aber nicht häufig.

FAMILIE CEROPHYTIDAE – MULMKÄFER, SELTENE SCHNELLKÄFER

Die Familie ist in Mitteleuropa mit nur einer Gattung und Art vertreten:

4 | *Cerophytum elateroides*
Schwarzer Mulmkäfer, 6–7,5 mm.

Nur die Männchen besitzen die lang gekämmten Fühler. Bei den Weibchen sind die Fühlerglieder gesägt. Die Käfer sind nur aus Mitteleuropa und benachbarten Randgebieten bekannt. Von April bis Juni findet man sie in morschem Holz alter Laubbäume und an Baumstämmen. Heute sind sie wohl überall selten. In den Tiefebenen fehlen sie ganz.

FAMILIE MELASIDAE – KAMMKÄFER, SCHIENENKÄFER

Die früher als *Eucnemidae* bezeichnete Gruppe stellt bei uns 20 Arten aus 12 Gattungen. Sie sind mit den *Elateridae* verwandt und ähneln ihnen auch anatomisch. Ihre Entwicklung vollzieht sich in faulem oder anbrüchigem Holz, nicht selten in noch stehenden Bäumen.

UNTERFAMILIE MELASINAE

5 | *Melasis buprestoides*
6–9 mm.

Die einzige Art der Gattung in Mitteleuropa kommt bei uns im Juni in Laubwaldgebieten vor, allerdings nur zerstreut und selten. Sie bevorzugt Buche, Hainbuche und Ulme.

6 | *Microrhagus pygmaeus*
3,5–6 mm.

Die Gattung heißt in älteren Werken auch *Dirrhagus* oder *Microrhagus*. In Mitteleuropa kommen 4 Arten vor. Die Fühlerglieder der Männchen haben besonders lange Fortsätze. Die Art *pygmaeus* ist bei uns die häufigste Art der Gattung. Man findet sie in und an totem Laubholz, an warmen Sommertagen auch auf niedriger Vegetation.

7 | *Hylis olexai*
3–5 mm.

4 Arten aus dieser Gattung kommen in Mitteleuropa vor. Sie sehen den *Dirhagus*-Arten sehr ähnlich. *H. olexai* ist die häufigste Art der Gattung. Sie kommt aber bei uns nur in alten Waldbeständen vor; aus dem Nordosten liegen noch keine Funde vor. Die Larven leben vor allem in feuchtem und morschem Holz, vor allem an Buche, aber auch an Pappel und Fichte. Die Käfer findet man von Mai bis August.

UNTERFAMILIE EUCNEMINAE

8 | *Eucnemis capucina*
Gemeiner Schienenkäfer, 4,3–6,5 mm.

Die einzige Art der Gattung in Mitteleuropa ist die häufigste Eucnemide bei uns. Man findet sie an kranken Laubbäumen und in Baumschwämmen. An warmen Sommertagen sind die Käfer oft häufig.

FAMILIE THROSCIDAE – HÜPFKÄFER

Die Familie wird auch *Trixagidae* genannt und enthält nur die Gattung *Throscus (= Trixagus).* In Mitteleuropa kommen von dieser Gattung 6 Arten vor. Sie besitzen ein sehr geringes Schnellvermögen. Man findet die Käfer in Bodenstreu.

UNTERFAMILIE THROSCINAE

9 | *Trixagus dermestoides*
Gemeiner Hüpfkäfer, 2,8–3,3 mm.

Die Art ist in fast ganz Europa heimisch und bei uns die häufigste Art der Gattung.

1

2

3

4

5

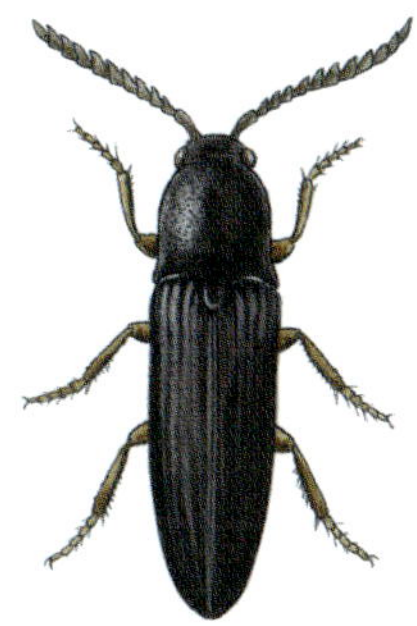

6

7

8

9

FAMILIE BUPRESTIDAE – PRACHTKÄFER

Diese Familie ist in Mitteleuropa mit 118 Arten aus 25 Gattungen vertreten. Viele Arten gehen in neuerer Zeit stark zurück, meist Faunenrelikte aus wärmeren Zeiten. Die Larven der Prachtkäfer entwickeln sich vorwiegend in Holz oder Pflanzenstengeln, einige erzeugen Blattminen. Die Käfer findet man vor allem im Sonnenschein auf den Brutpflanzen oder auf gelben Blüten.

UNTERFAMILIE CHRYSOCHROINAE

1 | *Chalcophora mariana*

Marienprachtkäfer,
Großer Kiefernprachtkäfer, 24–33 mm.

Diese einzige Art der Gattung in Mitteleuropa ist durch ihre Größe und Färbung sowie durch das sehr kleine runde Schildchen sehr charakteristisch. Sie meidet bei uns den atlantischen Bereich, in Nordwestdeutschland fehlt sie ganz. Die Käfer findet man von Mai bis Juli in Kiefernwäldern. Die Larven bohren tief in geschlagenem oder krankem Holz.

2 | *Capnodis tenebrionis*

10–27 mm.

Außer dieser charakteristischen Art der Gattung in Mitteleuropa gibt es noch eine zweite ähnliche, aber größere Art, die aus Südosteuropa bekannt ist und die früher einmal aus Mähren gemeldet wurde. Auch *tenebrionis* kommt nur in Südeuropa bis in Tschechien und Österreich vor. Alte Angaben aus der Schweiz und Bayern sind zweifelhaft. Die Larven leben in den Wurzeln von Steinobstbäumen und wilden *Prunus*-Arten.

3 | *Perotis lugubris*

15–30 mm.

Auch diese einzige Art der Gattung in Mitteleuropa dringt von Südosten her selten bis in Tschechien vor. Aus Österreich und Deutschland gibt es für das Vorkommen nur unsichere oder alte Angaben. Die Larven leben in den Wurzeln von Obstbäumen.

4 | *Sphenoptera antiqua*

13–17 mm.

3 Arten dieser Gattung wurden früher aus den südlichen Teilen Mitteleuropas gemeldet, neue Funde sind nicht mehr bekannt. Die Larven der abgebildeten Art entwickeln sich in den Wurzeln von Tragant, Esparsette und Nelken.

5 | *Poecilonota variolosa*

Espenprachtkäfer, 13–21 mm.

Die einzige mitteleuropäische Art der Gattung sieht ähnlich aus wie eine *Dicerca*, aber die Flügeldecken sind nicht schwanzförmig ausgezogen. Man findet die Art stellenweise im Osten und Süden von Juni bis September an Pappeln. Die Larven entwickeln sich an Pappeln, besonders an Zitterpappeln.

6 | *Lamprodila mirifica*

Großer Ulmen-Prachtkäfer, 7,5–16 mm.

Auch unter den Gattungsnamen *Lampra, Ovalisia, Poecilonota* und *Scintillatrix* wurde dieser Käfer schon geführt. Die Variabilität der metallisch goldgrünen Färbung bot viel Zuordnungsschwierigkeiten. Die Art unterscheidet sich von *decipiens* durch eine Stirn ohne kleinen Höcker und von *rutilans* durch eine schmale schwarze Längslinie auf dem Pronotum. Sie entwickelt sich nur in Ulmen und ist sehr selten.

7 | *Lamprodila rutilans*

Großer Linden-Prachtkäfer, 9–15 mm.

Analog zu *mirifica* existieren Synonyme der gleichen Gattungsnamen. Die sich monophag in kränkelnden Linden entwickelnde Art verfügt oft über einen gelb- bis rotgold-metallischen Außenrand auf ihren Flügeldecken. Sie ist relativ häufig mit einigen Funden in Baden-Württemberg und in der West-Schweiz.

8 | *Lamprodila festiva*

Wacholderprachtkäfer, 6–12 mm.

Ehemals der Gattung *Palmar* zugeordnet, weist diese früher sehr seltene Art dunkelblaue Flecken auf ihrer Oberseite auf. Begünstigt durch den Rekordsommer 2003 fand nicht nur eine enorme Ausbreitung, sondern auch eine Erweiterung des Speiseplanes statt: die Larven vermehren sich nun auch in Thuja.

9 | *Lamprodila decipiens*

Grüner Weidenprachtkäfer,
Metallfarbener Weidenprachtkäfer,
10–16 mm.

Diese früher auch *dives* genannte Art entwickelt sich monophag in kränkelnden Weiden, die sie als wärmeliebender Käfer nur an trockenwarmen Standorten findet. Sie kommt selten und lokal u. a. im Bereich der Oberrheinischen Tiefebene und dem Gebiet zwischen Schwäbischer Alb und Bodensee vor.

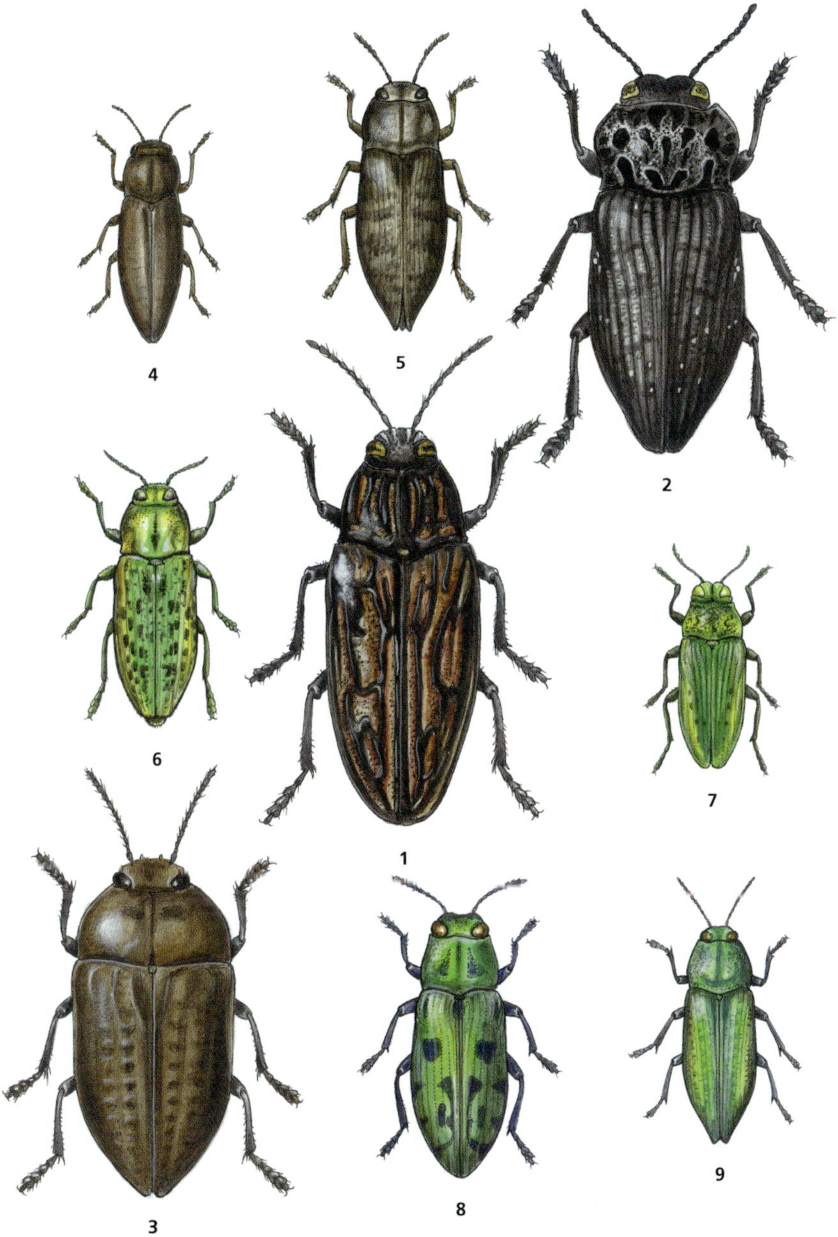
4
5
2
6
1
7
3
8
9

UNTERFAMILIE CHRYSOCHROINAE

1 | *Dicerca alni*
Kupferfarbener Erlenprachtkäfer, 16–22 mm.

Die Gattung ist mit 6 Arten im mitteleuropäischen Raum vertreten. Die Flügeldecken der Käfer sind meist schwanzförmig ausgezogen. Die Art *alni* meidet den atlantischen Bereich und ist nach Osten hin häufiger, sonst nur an wenigen Stellen und selten. Die Larve lebt in totem Holz von Erlen, seltener von anderen Laubbäumen. Die Käfer fliegen von Juni bis August.

2 | *Dicerca berolinensis*
Berliner Prachtkäfer, 20–24 mm.

Die bronzefarben oder grün-metallischen Tiere tragen auf ihren Flügeldecken klar rechteckig abgegrenzte, glatte Flächen. Ihre wärmeliebenden Larven entwickeln sich im Kronenbereich von Buchen. Stabile Populationen existieren u. a. in der Rheinebene und auf der Schwäbischen Alb.

UNTERFAMILIE POLYCESTINAE

3 | *Ptosima undecimmatulata*
Variabler Prachtkäfer, 7–13 mm.

Die einzige, seltene Art der Gattung in Mitteleuropa, in älteren Werken auch unter dem Namen *undecimmaculata* bekannt, kommt von Südosteuropa bis ins südliche Rheinland vor. Die Larven leben in Rosengewächsen, vor allem in Obstbäumen.

4 | *Acmaeodera degener*
Gelbgefleckter Prachtkäfer, 8–12 mm.

Aus dieser Gattung gibt es eine ganze Reihe von Arten im Mittelmeergebiet, von denen nur 2 auch aus Mitteleuropa nachgewiesen sind. Die Käfer zeichnen sich dadurch aus, dass sie kein Schildchen besitzen und dass die Flügeldecken miteinander verwachsen sind. Man findet sie auf Blüten, vorzugsweise auf gelben Kompositen. Die abgebildete Art kommt in einer Ostrasse von Südeuropa bis nach Österreich und Schlesien vor. Neue Funde sind aber nicht bekannt. Eine Westrasse reicht bis ins südwestdeutsche Gebiet nach Nordbaden. Man findet die Käfer von Juni bis August auf Eiche und auf Blüten, aber nicht häufig. Die Larven entwickeln sich in Eiche.

UNTERFAMILIE BUPRESTINAE

5 | *Eurythyrea austriaca*
Metallgrüner Tannenprachtkäfer, 15–23 mm.

Die 2 Arten der Gattung in Mitteleuropa sehen den *Buprestis-Arten* ähnlich, sind aber meist lebhaft grün glänzend. Die abgebildete Art kommt stellenweise und selten in Tschechien vor. Aus Deutschland sind nur alte Meldungen bekannt, heute ist der Käfer bei uns wohl nicht mehr zu erwarten. Die Larven entwickeln sich in Tannenholz.

6 | *Buprestis rustica*
12–20 mm.

5 Arten dieser Gattung kommen in Mitteleuropa vor. Die Käfer haben sehr kleine Schildchen. Die abgebildete Art ist boreomontan in Mittel- und Nordeuropa, dem nördlichen Südeuropa, dem Kaukasus und Südsibirien verbreitet und meidet bei uns den atlantischen Bereich. Die Larve lebt 2 Jahre in totem Fichten-, Tannen- und Kiefernholz. Von Juni bis September kann man die Käfer in heißen Mittagsstunden oft nicht selten an den Brutbäumen finden. Sie fliegen nicht gleich fort, wenn man näherkommt.

7 | *Buprestis octoguttata*
Achtfleckiger Prachtkäfer, 9–18 mm.

2 Arten der Gattung *Buprestis* aus Mitteleuropa sind gelb gefleckt. Die abgebildete Art ist bei uns im Osten selten, nach Westen wird sie sogar sehr selten. Man findet sie vor allem in Moorgebieten auf Latschen, in denen sich die Larven entwickeln. Die Käfer fliegen von Mai bis August.

8 | *Melanophila acuminata*
Bleischwarzer Prachtkäfer, 8–11 mm.

Von den beiden in Mitteleuropa lebenden Arten der Gattung zeichnet sich die abgebildete Art dadurch aus, dass sie nach Waldbränden an dem angekohlten Holz auftritt. Die Larven entwickeln sich unter der Rinde brandgeschädigter Bäume, vor allem bei Nadelholz, aber auch bei Laubholz. Die Art kommt in der ganzen Holarktis vor. Bei uns findet man sie meist nur einzeln von Mai bis September. Wenn die Sonne scheint, sind die Käfer sehr flüchtig und schwer zu finden.

9 | *Phaenops cyanea*
Blauer Kiefernprachtkäfer, 7–12 mm.

Die 3 Arten dieser Gattung in Mitteleuropa sind denen der vorigen Gattung recht ähnlich. Die Art *cyanea* kann blau, grün oder schwarz gefärbt sein. Bei uns ist sie im atlantischen Bereich selten, nach Osten wird sie häufiger. Die Käfer findet man von Mai bis Juli an totem Kiefern-, selten Fichtenholz, in dem sich die Larve unter der Rinde entwickelt. Die Käfer sind bei Sonnenschein sehr flüchtig.

1

2

3

4

5

6

7

8

9

UNTERFAMILIE BUPRESTINAE

1 | *Anthaxia salicis*
Weiden-Prachtkäfer, 5–8 mm.

Kopf und Halsschild glänzen blau oder violett, während die Flügeldecken feuerrot mit meist blaugrünem Skutellarfleck gefärbt sind. Auf dem Bauch glänzt der Käfer grün. Er ist von Mai bis Juli vor allem in Südwest-Deutschland und der West-Schweiz auf Eichenholz und Hahnenfußblüten zu finden.

2 | *Anthaxia nitidula*
Zierlicher Prachtkäfer, 5–6 mm.

Diese Art der Gattung *Anthaxia* fehlt bei uns im Nordwesten, nach Süden zu wird sie häufiger. Die Käfer findet man von Mai bis August auf Blüten, die Larven entwickeln sich unter der Rinde von Obstbäumen und Schlehen. Die Männchen sind einheitlich grün, nur die Flügeldecken können nach hinten erzfarbig werden.

3 | *Anthaxia candens*
Kirschen-Prachtkäfer, 7–11 mm.

Die Flügeldecken dieser leuchtend bunt gefärbten Art glänzen rotkupfern mit einer blauschwarzen Naht. Diese relativ große *Anthaxia*-Art entwickelt sich in Kirsche und Weißdorn. Sie tritt selten von Mai bis September u. a. in Mittel- und Südwestdeutschland und der West-Schweiz auf.

4 | *Anthaxia helvetica*
5–8 mm.

Diese montane Art ähnelt von der Färbung her *quadripunctata*, hat jedoch keine Grübchen auf dem Halsschild. Von den Alpen strahlt sie auch in die benachbarten Mittelgebirge (Harz, Thüringer Wald, Schwarzwald) aus.

5 | *Anthaxia quadripunctata*
Vierpunkt-Kiefernprachtkäfer, 4,5–8 mm.

Die Gattung ist in Mitteleuropa mit 24 Arten vertreten. Die meist kleinen Käfer sind flach und entweder einfarbig dunkel oder bunt gefärbt. Die Larven entwickeln sich unter der Rinde von Laub- und Nadelbäumen, viele gehen zur Verpuppung tief ins Holz hinein. Die Käfer findet man vor allem auf gelben Blüten, nicht selten in großer Anzahl. Die abgebildete Art ist die häufigste Art der Gattung bei uns. Sie kommt in der ganzen Paläarktis vor. Die Larven entwickeln sich zwischen Bast und Splint von Tannen, Fichten und Lärchen.

6 | *Chrysobothris solieri*
7–12 mm.

Diese breite, bronzefarbene Art besitzt große, regelmäßig geformte Grübchen auf den Flügeldecken. Sie tritt in Mitteleuropa vereinzelt in Deutschland, in Tirol und vor allem in der Schweiz auf. Ihre Larven entwickeln sich in Kiefern. Die Käfer fliegen von Juni bis August.

7 | *Chrysobothris affinis*
Goldgruben-Eichenprachtkäfer, 10,5–15 mm.

In Mitteleuropa gibt es 3 Arten dieser Gattung. Die Larven entwickeln sich unter Baumrinde und im Holz. Die abgebildete Art fehlt bei uns nur im Nordwesten, sonst findet man die Käfer von Mai bis Juli überall meist nicht selten, stellenweise sogar häufig auf Laubholzstämmen. In der Sonne sind die Tiere sehr flüchtig. Die Larven entwickeln sich polyphag in Laubholz.

UNTERFAMILIE AGRILINAE

8 | *Coraebus undatus*
10–14 mm.

Die grün-bronzene Grundfärbung wird markant durch 3 weißliche Querbinden auf den Flügeldecken unterbrochen. Die Käfer fliegen von Juni bis September, vornehmlich in der Wipfelregion alter Eichen und Buchen. Schwerpunkt ihrer Verbreitung sind Südwest-Deutschland und die West-Schweiz.

9 | *Coroebus elatus*
4,5–7,2 mm.

Die Gattung ist in Mitteleuropa mit 4 Arten vertreten. Die Käfer gleichen den *Agrilus-Arten,* besitzen aber nur einen einfachen, nicht doppelten Halsschildrand. Die Tiere sind oberseits auch gewölbter. Die abgebildete Art heißt in älteren Werken auch *aeruginosus, lampsanae* oder *sinuatus.* Bei uns findet man die Art vor allem im Osten, sehr selten im Rheinland, Harz und bei Magdeburg. Die Käfer kann man von Mai bis August, meist in den Blüten von Sonnenröschen finden. Die Larven entwickeln sich in den Wurzeln von Rosaceen.

1

2 ♀

3

4

5

6

7

8

9

UNTERFAMILIE AGRILINAE

1 | *Agrilus angustulus*
Schmaler Prachtkäfer, 4–6,5 mm.

Mit 39 Arten in Mitteleuropa ist *Agrilus* die artenreichste Buprestidengattung bei uns. Die meist kleinen Käfer sind langgestreckt, ihr Halsschild hat eine doppelte Seitenrandkante. Die Bestimmung vor allem der Weibchen ist oft nicht einfach. Die Unterschiede sind nicht sehr groß innerhalb der Arten kann es zu erheblichen Variationen kommen. Die Larven entwickeln sich ausschließlich in Laubgewächsen. Die Käfer findet man oft in Anzahl auf der Brutpflanze. Die abgebildete Art ist bei uns die häufigste der Gattung. Die Käfer findet man von Mai bis August, vor allem auf den Brutpflanzen, besonders Eiche, aber auch Buche, Hainbuche und Hasel.

2 | *Agrilus biguttatus*
Zweifleckiger Eichenprachtkäfer, 8–13 mm.

Diese für einen *Agrilus* verhältnismäßig große Art ist durch den weißen Haarfleck hinter der Flügeldeckenmitte sehr charakteristisch. Außer grünen Tieren kommen auch goldgrüne und blaue vor. Die Männchen sind einfarbig, die Weibchen haben goldgrüne Halsschilde. Bei uns findet man die Käfer von Mai bis Juni. Nach Norden werden sie seltener. Die Larven entwickeln sich in dicker Rinde von Eichen.

3 | *Agrilus sinuatus*
Birnenprachtkäfer, 4,5–10 mm.

Die Art tritt bei uns von Mai bis Juli meist nur im Südwesten auf, nach Norden und Osten wird sie selten oder fehlt ganz. Die Larve entwickelt sich in Baum-Rosengewächsen und kann an Obstbäumen schädlich werden.

4 | *Aphanisticus pusillus*
2,2–3 mm.

Es gibt in Mitteleuropa 3 Arten dieser Gattung. Die abgebildete Art wird bei uns nach Norden selten. Man findet die Käfer von Juli bis September. Dann überwintern sie und kommen noch einmal im April und Mai zum Vorschein. Die Larven entwickeln sich in Riedgräsern und Binsengewächsen.

5 | *Aphanisticus emarginatus*
2,5–4,2 mm.

Die glänzend schwarze Art weist im Gegensatz zu *pusillus* ein herzförmiges Halsschild auf. Ihre Verbreitung erstreckt sich vom westlichen Nordamerika durch Süd- und Mitteleuropa bis nach Turkmenistan. Den Schwerpunkt im Berichtsgebiet stellt der Bereich der Oberrheinischen Tiefebene dar.

6 | *Cylindromorphus filum*
3,2–5 mm.

Die beiden in Mitteleuropa vorkommenden Arten sind lang und schmal, ihr Körper ist walzenförmig. Bei uns findet man *C. filum* von Juni bis August selten an trockenwarmen Hängen. Die Art strahlt nur von Südosteuropa ins mitteleuropäische Gebiet ein. Die Larven entwickeln sich vermutlich in Gräsern.

7 | *Habroloma nanum*
2–3 mm.

Die einzige Art der Gattung in Mitteleuropa sieht einer *Trachys* ähnlich. Der Körper ist kurz und gedrungen, aber auf den Flügeldecken verläuft eine feine Kiellinie. Bei uns fehlt sie im Nordwesten. Sonst sind die Käfer meist nur stellenweise und selten zu finden, nur an trockenwarmen Stellen zuweilen häufiger. Die Käfer überwintern und kommen im Mai zum Vorschein. Die Larven entwickeln sich in Storchschnabel, sie rufen Platzminen hervor.

8 | *Trachys troglodytes*
Goldhalsiger Kleinprachtkäfer, 2–3,5 mm.

Die deutlich zweifarbige Art besitzt einen schwarz oder kupfrig farbenen Halsschild und dunkelblaue Flügeldecken. Ihr winziger Körper ist wie bei allen 11 mitteleuropäischen Arten von tropfenförmiger Gestalt. Die Art tritt nur stellenweise und selten, nach Norden sehr selten auf.

9 | *Trachys minutus*
Gemeiner Zwergprachtkäfer, 2,8–3,5 mm.

In Mitteleuropa kommen 6 Arten dieser Gattung vor. Die Larven minieren in den Blättern verschiedener Pflanzen. Man erkennt die Minen daran, dass sie mit einem lackschwarzen Fleck beginnen. Das ist die Kittmasse, mit der das abgelegte Ei bedeckt wurde. Die abgebildete Art ist bei uns überall zu finden und nicht selten. Die Larven entwickeln sich in vielen, vor allem wolligen Laubbaumblättern.

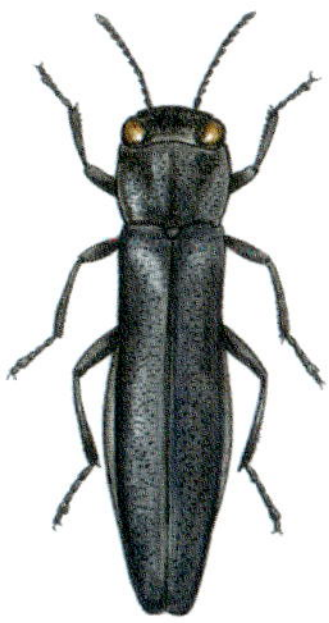

1

2

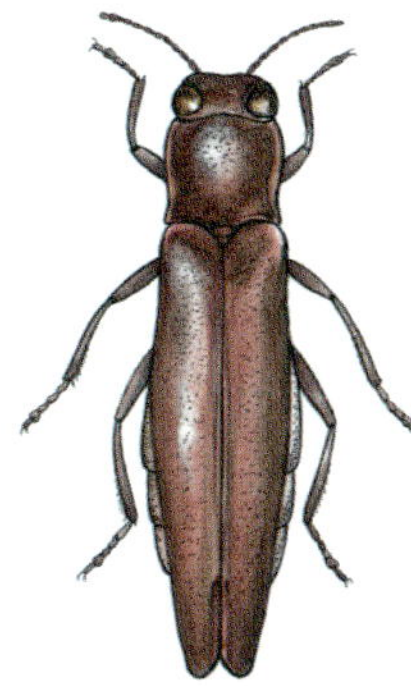

3

4

5

6

7

8

9

FAMILIE DASCILLIDAE – MOORWEICHKÄFER

Diese Familie ist in Mitteleuropa mit nur einer Art vertreten.

UNTERFAMILIE DASCILLINAE

1 | *Dascillus cervinus*

Behaarter Moorweichkäfer, 9–11,5 mm.

Diese laufkäferähnliche Art ist bei uns im Nordwesten selten oder fehlt ganz. In montanen Gebieten ist sie häufiger. Man findet die Käfer im Frühjahr auf Blüten und Büschen. Im Gebirge sind die Käfer auch noch im Sommer vorhanden. Die Larven fressen Pflanzenwurzeln.

FAMILIE SCIRTIDAE – SUMPFKÄFER

In Mitteleuropa kommen aus dieser Familie 25 Arten aus 6 Gattungen vor. Die Familie ist auch unter dem Namen *Scirtidae* bekannt. Die ovalen oder rundlichen, nur schwach chitinisierten Käfer findet man in der Nähe von Gewässern, in denen sich die asselförmigen Larven entwickeln. Die Verpuppung erfolgt meist an Land.

UNTERFAMILIE SCIRTINAE

2 | *Microcara testacea*

3,2–6 mm.

Die einzige Art der Gattung in Mitteleuropa sieht den *Helodes*- und *Cyphon*-Arten ähnlich. Man findet die Käfer von Mai bis Juli an Sümpfen im Wald und an schattigen, stehenden Gewässern. Sie sind nicht selten

3 | *Contacyphon palustris*

Gemeiner Sumpfkäfer, 3,2–3,4 mm.

Die beiden in Mitteleuropa vorkommenden Arten der Gattung sind vor allem durch den langen, säbelförmigen Enddorn der Hinterschienen ausgezeichnet. Die abgebildete Art findet man von Mai bis August auf Pflanzen in der Nähe von Wasser, zuweilen häufig und in großer Zahl.

4 | *Scirtes hemisphaericus*

Kurzovaler Sumpfkäfer, 3–3,8 mm.

Die beiden in Mitteleuropa vorkommenden Arten der Gattung sind durch den langen, säbelförmigen Enddorn der Hinterschienen ausgezeichnet. Die abgebildete Art findet man von Mai bis August auf Pflanzen in der Nähe von Wasser, zuweilen häufig.

FAMILIE DRYOPIDAE – HAKENKÄFER

Die Familie ist in Mitteleuropa mit 14 Arten aus 2 Gattungen, *Dryops, Helichus*, vertreten. Sie besitzen, wie auch die *Elmidae*, auffällig lange Klauenglieder mit 2 großen Klauen. Die Käfer leben die meiste Zeit, die Larven ganz, unter Wasser. Sie halten sich mit den Klauen an Steinen und Holz fest. Ihre Nahrung besteht aus Algen, Moos und Detritus.

5 | *Dryops similaris*

Gemeiner Hakenkäfer, 4,2–4,6 mm.

In Mitteleuropa gibt es aus dieser Gattung 13 Arten. In der starken Körperbehaarung wird die Luft unter Wasser gehalten. Die abgebildete Art ist bei uns überall häufig. Man findet die Käfer an stehenden und fließenden Gewässern der Ebene und der Mittelgebirge.

FAMILIE ELMIDAE – KLAUENKÄFER

Die Familie ist in Mitteleuropa mit 10 Gattungen und 28 Arten vertreten. Früher wurden sie als eine Unterfamilie (*Elminae*) der Dryopiden angesehen. Larven und Käfer leben an Steinen und Moosen in kleinen Fließgewässern. Mit ihren Klauen halten sie sich an der Unterlage fest.

UNTERFAMILIE ELMINAE

6 | *Elmis aenea*

Gedrungener Klauenkäfer, 1,9–2,2 mm.

Die Gattung heißt in älteren Werken *Helmis*. 6 Arten kommen in Mitteleuropa vor, die man vor allem in schnell fließenden Bächen im Gebirge unter Steinen und im Moos findet. Die Art *aenea* ist in den Gebirgsbächen Nord- und Mitteleuropas sehr häufig. Die Käfer findet man vor allem in der Forellenzone, an Steinen und in Quellmoos.

7 | *Esolus angustatus*

1,8–2,0 mm.

3 Arten dieser Gattung sind in Mitteleuropa beheimatet. Die Käfer findet man in fließendem Wasser unter Steinen. Die abgebildete Art lebt bei uns in kleinen Bächen des Berglandes und in Waldbächen. Dort sind sie nicht selten. Sie fehlt in der Tiefebene und im Hochgebirge.

8 | *Oulimnius tuberculatus*

1,7–1,9 mm.

Die Gattung, von der es in Mitteleuropa 2 Arten gibt, hieß früher *Limnius*. Die Käfer leben im Moos und unter Steinen fließender Gewässer. Die abgebildete Art ist bei uns weit verbreitet. Man findet sie in Bächen und Flüssen in Moos und anderer Vegetation.

9 | *Limnius volckmari*

2,8–3,2 mm.

Die Gattung ist in Mitteleuropa mit 5 Arten vertreten. Sie heißt in älteren Werken *Latelmis* oder *Lathelmis*. Die Käfer leben in fließendem Wasser. Die abgebildete Art ist bei uns überall häufig. Man findet die Käfer in Bächen an Steinen und zwischen Pflanzen.

1

2

3

4

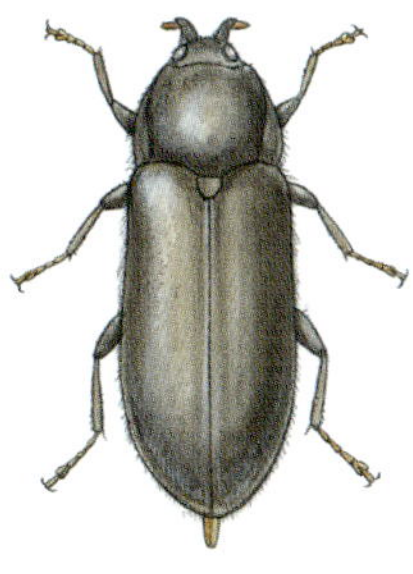

5

6

7

8

9

FAMILIE HETEROCERIDAE – SÄGEKÄFER

Die Familie ist in Mitteleuropa mit 15 Arten aus 2 Gattungen vertreten. Die Käfer und ihre Larven leben gesellig in selbstgegrabenen Gängen an Gewässerufern.

UNTERFAMILIE HETEROCERINAE

1 | *Heterocerus fenestratus*
Gemeiner Sägekäfer, 3–4,5 mm.

Von den 15 Arten der Familie gehören 14 zu dieser Gattung. Die Zeichnung auf den Flügeldecken lässt bei allen Arten ein Grundmuster erkennen: 3 helle, gezackte Querbinden und ein heller Fleck neben dem Schildchen. Die abgebildete Art ist bei uns die häufigste Art der Gattung.

FAMILIE DERMESTIDAE – SPECKKÄFER

Zu dieser Familie zählen in Mitteleuropa 48 Arten aus 12 Gattungen, von denen viele gefürchtete Schädlinge im Haus sind. Während sich die Larven von tierischen Stoffen ernähren, bevorzugen die Käfer oft Blütenpollen. Man findet sie darum häufig in Blüten.

UNTERFAMILIE DERMESTINAE

2 | *Dermestes lardarius*
Gemeiner Speckkäfer, 7–9,5 mm.

18 Arten aus dieser Gattung kommen in Mitteleuropa vor. Außer an tierischen Stoffen leben die Larven in Raupen- oder Vogelnestern. Viele bewohnen unsere Häuser. Die abgebildete Art ist ein Schädling, der in Häusern und Lagerhallen tierische Produkte befällt.

UNTERFAMILIE ATTAGENINAE

3 | *Attagenus pellio*
Gemeiner Pelzkäfer, 3,5–6 mm.

In der Form sind die 5 in Mitteleuropa beheimateten Arten dieser Gattung den *Dermestes* ähnlich. Die Art *pellio* findet man im Freien selten, aber in Wohnungen überall häufig. An Pelzen und Teppichen können die Larven großen Schaden anrichten.

UNTERFAMILIE MEGATOMINAE

4 | *Trogoderma granarium*
Khaprakäfer, 1,7–3 mm.

Die 4 in Mitteleuropa vorkommenden Arten der Gattung sind oval. Die abgebildete Art kann bei uns nur in warmen Gebäuden leben, da die Larven zur Entwicklung 17 Grad benötigen. Die Käfer werden ständig eingeschleppt. Als gefährliche Vorratsschädlinge sind sie aus Malzsilos der Brauereien bekannt.

5 | *Anthrenus verbasci*
Wollkrautblütenkäfer, 1,7–3,5 mm.

Die 10 in Mitteleuropa heimischen Arten dieser Gattung sind klein und rundlich. Die Larven sind Chitin- und Keratinfresser, die Käfer fressen Pollen. Die Art *verbasci* ist in Insektensammlungen der häufigste Schädling.

FAMILIE NOSODENDRIDAE – SAFTKÄFER

Die Familie ist bei uns mit nur einer Art vertreten.

6 | *Nosodendron fasciculare*
Schwarzer Saftkäfer, 4–4,5 mm.

Die Käfer sehen aus wie Byrrhiden. Man findet sie an ausfließendem Baumsaft. Die Art ist bei uns nur stellenweise, vor allem im Süden vertreten.

FAMILIE BYRRHIDAE – PILLENKÄFER

Die Familie ist in Mitteleuropa mit 35 Arten aus 11 Gattungen vertreten. Die Pillenkäfer sind oval oder rundlich, stark gewölbt. Vielfach sind alle Körperextremitäten eng anlegbar. Die Larven fressen meist in der Erde an Mooswurzeln. Die Käfer sind Moosfresser.

UNTERFAMILIE BYRRHINAE

7 | *Simplocaria semistriata*
Halbstreifiger Pillenkäfer, 2,5–3 mm.

Die 5 in Mitteleuropa heimischen Arten der Gattung leben von Moos. Die abgebildete Art ist bei uns überall vorhanden und meist häufig.

8 | *Cytilus sericeus*
Veränderlicher Pillenkäfer, 4,5–5,5 mm.

Die beiden in Mitteleuropa vorkommenden *Cytilus-Arten* leben auf nassen, moosreichen Wiesen und in Sümpfen. Die asselförmigen Larven laufen als einzige Byrrhiden-Larven frei umher. Die abgebildete Art ist bei uns überall häufig.

9 | *Byrrhus pilula*
Gemeiner Pillenkäfer, 6,7–9,3 mm.

Diese Käfer, von denen es in Mitteleuropa 10 Arten gibt, legen bei Beunruhigung die Beine in Gruben und Rinnen am Körper ein und stellen sich tot. *B. pilula* kommt bei uns überall vor und ist meist häufig.

1

2

3

4

9

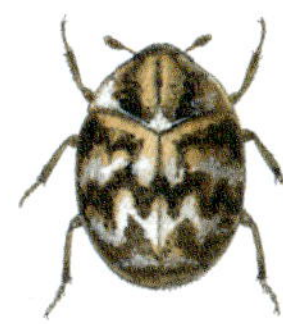

5

6

7

8

FAMILIE TROGOSSITIDAE – JAGDKÄFER
Diese Familie (auch *Trogositidae* genannt) ist in Mitteleuropa mit 4 Arten aus 3 Gattungen vertreten. Die Käfer besitzen eine gestreckte Gestalt. Der Kopf ist so breit wie der Halsschild. Larven und Käfer leben unter der Rinde von Laub- und Nadelbäumen und machen Jagd auf andere Insekten. Als Kulturfolger kommen sie in Lagerhallen vor. Früher wurden sie mit den *Peltidae* zur Familie der *Ostomidae* zusammengefasst.

UNTERFAMILIE TROGOSSITINAE

1 | *Tenebroides mauritanicus*
Getreide-Finsterkäfer, 6–11 mm.

Aus dieser Gattung – auch der Name *Tenebrioides* wird verwendet – kommen 2 Arten in unserer Fauna vor. Die abgebildete Art ist Kosmopolit und tritt als Schädling in Getreideprodukten, Reis, Zucker und dergleichen auf.

FAMILIE BYTURIDAE – BLÜTENFRESSER
Aus dieser Familie gibt es in Mitteleuropa nur 2 sehr ähnliche Arten. Eine davon frisst in reifen Himbeeren. Die Käfer findet man in Blüten.

UNTERFAMILIE BYTURINAE

2 | *Byturus tomentosus*
Himbeerkäfer, 3,2–4 mm.

Die walzenförmigen Käfer fressen Pollen, die Larven entwickeln sich in Himbeeren und Brombeeren. Nur diese Art trägt den Namen Himbeerkäfer zu Recht. Die verwandte Art *aestivus* entwickelt sich nur in Nelkenwurz. Beide Arten sind bei uns sehr häufig.

FAMILIE KATERETIDAE – RIEDGRASGLANZKÄFER
Die Familie ist in Mitteleuropa mit 22 Gattungen und 146 Arten vertreten. Die Körperform der meist kleinen Käfer kann recht verschieden sein: Meist ist sie oval bis eiförmig. Sie leben sehr unterschiedlich.

UNTERFAMILIE CATERETINAE

3 | *Kateretes pedicularius*
Riedgras-Glanzkäfer, 1,6–3 mm.

3 Arten dieser Gattung sind aus Mitteleuropa bekannt. Wahrscheinlich leben die Larven auf Binsen, Seggen und Riedgras. Dort findet man meist auch die Käfer. Man kann sie aber auch in feuchtem Gelände an Blüten und Sträuchern entdecken. Die abgebildete Art ist bei uns überall häufig.

4 | *Heterhelus scutellatus*
1,9–2,7 mm.

In Mitteleuropa kommen 2 Arten aus dieser Gattung vor. Die abgebildete Art trifft man vor allem im Gebirge und im Bergvorland häufig an, im Norden ist sie nur sporadisch vertreten oder fehlt ganz.

5 | *Brachypterus urticae*
Gemeiner Brennesselglanzkäfer, 1,5–2,3 mm.

Von dieser Gattung gibt es in Mitteleuropa 4 Arten. Die Larven entwickeln sich an blühenden Brennesseln. Die Verpuppung findet in der Erde statt. Die abgebildete Art ist bei uns überall sehr häufig.

6 | *Brachypterolus pulicarius*
2–3 mm.

Die Gattung wurde in älteren Werken als *Heterostomus* bezeichnet. In Mitteleuropa kommen 3 Arten vor. Ihre Larven leben an Frauenflachs und Löwenmaul und verpuppen sich ebenfalls in der Erde. Die abgebildete Art kommt bei uns überall und meist häufig vor.

FAMILIE NITIDULIDAE – GLANZKÄFER
UNTERFAMILIE CARPOPHILINAE

7 | *Carpophilus hemipterus*
Gelbgefleckter Glanzkäfer, 2–4 mm.

Die Flügeldecken der 9 in Mitteleuropa beheimateten Arten der Gattung sind verkürzt. Der unbedeckte Teil des Hinterleibs ist aber kürzer als der Halsschild. Die Art *hemipterus* ist Kosmopolit. Sie wurde bei uns eingeschleppt und eingebürgert und tritt nur sporadisch auf.

UNTERFAMILIE MELIGETHINAE

8 | *Pria dulcamarae*
1,6–1,8 mm.

Die Larven der einzigen Art der Gattung bei uns entwickeln sich an Bittersüßem Nachtschatten. Die Käfer sind überall verbreitet.

9 | *Brassicogethes aeneus*
Rapsglanzkäfer, 1,5–2,7 mm.

Die Gattung ist in Mitteleuropa mit 60 Arten vertreten, die sich meist sehr ähnlich sehen. Die Hauptunterscheidungsmerkmale liegen in den bezahnten Vorderschienen und im männlichen Geschlechtsorgan. Larven und Käfer leben in Blüten, wo sie meist Pollen fressen, gelegentlich aber auch Stempel und Fruchtknoten benagen und beschädigen. Dies verursacht Verkrümmungen der Schoten und führt zu Ernteausfällen. Die Käfer überwintern und treten oft in ungeheuren Mengen auf. Sie leben an verschiedenen Kreuzblütlern, darunter an Raps. Die abgebildete Art ist bei uns überall gemein.

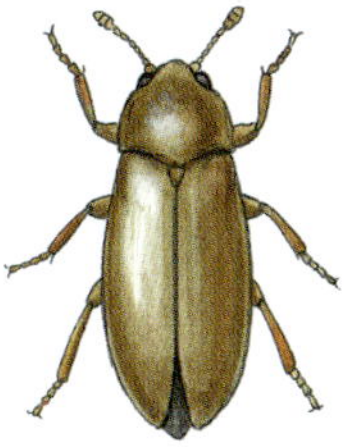

2

3

4

5

1

6

8

7

9

FAMILIE NITIDULIDAE
UNTERFAMILIE EPURAEINAE

1 | *Epuraea depressa*
Flacher Glanzkäfer, 2,5–3,5 mm.

Die Gattung ist in Mitteleuropa mit 37 Arten vertreten. Über die Biologie der einzelnen Arten weiß man noch wenig. Die meisten Larven findet man in Borkenkäfergängen, an ausfließendem Baumsaft oder in Pilzen. Ob die Tiere aber als Räuber leben, ist noch nicht sicher bekannt. Die Käfer sitzen oft in Blüten. Die Arten sind mitunter schwer voneinander zu unterscheiden. Vielfach muss man zur sicheren Bestimmung die Geschlechtsorgane untersuchen. Die abgebildete Art kommt in weiten Teilen der Paläarktis, aber auch in Alaska vor. Bei uns ist es die häufigste Art der Gattung, die überall sehr zahlreich auftritt. Die Larven – wenigstens ein Teil von ihnen – entwickeln sich in Hummelnestern. Im Winter findet man die Käfer in Maulwurfsnestern.

UNTERFAMILIE NITIDULINAE

2 | *Omosita colon*
Aas-Glanzkäfer, 2–3,6 mm.

Die 3 in Mitteleuropa vorkommenden Arten der Gattung findet man an Knochen, trockenem Aas und ähnlichen Stoffen, zum Beispiel an alten Häuten. Die Art *colon* ist aus der ganzen Holarktis bekannt. Sie ist bei uns die häufigste Art der Gattung und überall zu finden.

3 | *Nitidula rufipes*
2–4,6 mm.

4 Arten aus dieser Gattung gibt es in Mitteleuropa. Alle leben an trockenem Aas, an Knochen und Tierhäuten. Die Art *rufipes* ist in der ganzen Holarktis zu Hause und bei uns überall verbreitet. Im Osten sind die Käfer seltener als im Westen.

4 | *Amphotis marginata*
4–4,5 mm.

Die einzige Art der Gattung in Mitteleuropa ist durch das ungewöhnlich breite 1. Fühlerglied, die starken Rippen auf den Flügeldecken und den breiten Seitenrand sehr charakteristisch. Die Käfer leben bei der Ameise *Lasius fuliginosus.* Sie kommen in ganz Europa – mit Ausnahme des Nordens – vor und sind bei uns überall anzutreffen, aber im Süden häufiger.

5 | *Pocadius ferrugineus*
2,6–4,6 mm.

Die einzige Art der Gattung in Mitteleuropa ähnelt der vorigen Art, trägt aber am Halsschild und an den Flügeldecken einen auffallend langen Haarsaum. Larven und Käfer leben in Staubpilzen (Bovisten). Bei uns sind die UmbruchKäfer überall zu finden, meist sogar häufig.

6 | *Thalycra fervida*
3–5 mm.

Diese einzige Art der Gattung in Mitteleuropa ist sehr breit gebaut. Die Larven leben wahrscheinlich in Trüffeln, Kartoffelbovisten und anderen Staubpilzen. Die Käfer kann man gegen Abend von Gräsern und Blüten und vor allen Dingen auf Waldlichtungen treffen. Bei uns findet man sie überall, in gebirgigen Gebieten sind sie häufiger.

7 | *Cychramus luteus*
3–5,6 mm.

Der kurze und breite Körper der beiden in Mitteleuropa beheimateten Arten ist hoch gewölbt, nahezu kugelig. Sie besitzen fast ein Kugelvermögen, allerdings kein vollständiges. Die Arten leben wahrscheinlich an Pilzen. Die abgebildete Art ist bei uns überall häufig. Man findet die Käfer auf Blüten.

UNTERFAMILIE CRYPTARCHINAE

8 | *Glischrochilus quadripunctatus*
Vierfleckiger Kiefernglanzkäfer, 3–6,5 mm.

Zu dieser Gattung zählen heute 3 Arten in Mitteleuropa. Sie werden in älteren Werken noch als 2 eigene Gattungen aufgefasst, neuerdings aber höchstens als Untergattungen angesehen. Die langovalen, schwarzen Käfer tragen auf den Flügeldecken jeweils 2 gelbe oder rötliche Flecken. Man findet sie an ausfließendem Baumsaft, in den Gängen von Borkenkäfern und anderen im Holz lebenden Käfern. Die abgebildete Art heißt in älteren Werken auch *quadripustulatus.* Sie ist bei uns überall häufig, nur im Westen seltener.

9 | *Pityophagus ferrugineus*
Rostroter Kiefernglanzkäfer, 4–6 mm.

Die Gattung ist in Mitteleuropa mit 3 Arten vertreten. Die Käfer sind langgestreckt und rostrot, bei der abgebildeten Art sind der Kopf, die Oberseite des Halsschildes und das Flügeldeckenende gewöhnlich dunkel. *P. ferrugineus* findet man bei uns überall und meist nicht selten unter der Rinde von Nadelbäumen. In montanen Regionen ist die Art häufiger als in der Ebene.

1

2

3

4

8

5

6

7

9

FAMILIE NITIDULIDAE – GLANZKÄFER

UNTERFAMILIE CYBOCEPHALINAE

Die in Mitteleuropa vorkommenden 5 Arten einer einzigen Gattung wurden früher meist zu den Nitiduliden gezählt. Im Gegensatz zu diesen Pflanzenfressern sind sie aber Räuber, die Schildläuse fressen. Man erkennt Cybocephaliden sehr leicht, weil sie ein typisches breites, dreieckiges Schildchen, einen großen geneigten Kopf und Kugelvermögen besitzen.

1 | *Cybocephalus politus*

Dunkler Schildlauskäfer, 1,3–1,6 mm.

Diese Art ist die häufigste Cybocephalide bei uns. Sie kommt in fast ganz Europa vor und ist bei uns überall zu finden.

FAMILIE RHIZOPHAGIDAE – RINDENGLANZKÄFER

Diese Familie, in Mitteleuropa mit 14 Arten aus einer Gattung vertreten, wurde in älteren Werken als Unterfamilie zu den Nitiduliden gestellt. Die Käfer sind langgestreckt, nur 2,5–5,5 mm lang und leben meist unter Baumrinde, wo sie von Eiern, Larven und Puppen von Borkenkäfern oder auch von Pilzmycel leben.

2 | *Rhizophagus bipustulatus*

Gefleckter Rindenglanzkäfer, 2,3–3,5 mm.

Diese Art ist in Mitteleuropa die häufigste Art der Familie. Die Käfer findet man unter der Rinde von Laubhölzern.

FAMILIE MONOTOMIDAE – DETRITUSKÄFER

In Mitteleuropa nur eine Gattung mit 9 Arten. Körperlänge nur 1,4–3 mm, mit knopfförmiger Fühlerkeule. Man findet die Käfer in faulenden Pflanzenhaufen, in der Bodenstreu und auch in Ameisenhaufen.

3 | *Monotoma picipes*

Gemeiner Detrituskäfer, 1,9–2,5 mm.

9 Arten dieser Gattung kommen in Mitteleuropa vor. Sie sehen den Rhizophagiden sehr ähnlich. Die Käfer leben unter faulenden Pflanzen. Einige Arten sind Ameisengäste. Die abgebildete Art ist bei uns die häufigste der Gattung.

FAMILIE SILVANIDAE – RAUBPLATTKÄFER

In Mitteleuropa kommen 7 Gattungen mit 10 Arten vor. Sie leben unter Rinde, in trockenem Reisig, in schimmelnden Pflanzenhaufen und als Schädlinge in Nahrungsmitteln. Sie sind Schimmelfresser oder leben räuberisch.

UNTERFAMILIE SILVANINAE

4 | *Ahasverus advena*

2–2,6 mm.

Diese einzige Art der Gattung in Mitteleuropa wurde mit Pflanzenwaren überallhin verschleppt. Man findet die Art in Gebäuden, aber auch im Freien unter schimmelnden Grashaufen. Die Tiere sind Schimmelfresser.

5 | *Oryzaephilus surinamensis*

Getreideplattkäfer, 2,5–3,5 mm.

2 Arten dieser Gattung sind in Mitteleuropa beheimatet. Der abgebildete Käfer ist über die ganze Erde verbreitet. Er ernährt sich nicht nur von Getreide und Mehl, sondern lebt vorzugsweise karnivor. Auch im Freiland.

UNTERFAMILIE BRONTINAE

6 | *Silvanus unidentatus*

2,4–2,8 mm.

Aus Mitteleuropa kennt man 2 Arten der Gattung. Die Käfer ähneln dem Getreideplattkäfer, aber die Halsschildseiten sind nicht gezähnt. Die abgebildete Art ist bei uns unter der Rinde von Laubholz häufig, in den Alpen selten.

7 | *Psammoecus bipunctatus*

2,3–2,8 mm.

Die einzige Art der Gattung in Mitteleuropa ist bei uns – bis auf die Alpen – nicht selten. Man findet die Käfer in Sumpfgebieten unter Schilfabfall.

FAMILIE CUCUJIDAE – PLATTKÄFER

In Mitteleuropa kommen 8 Gattungen und 27 Arten vor. Die sehr flachen Käfer leben meist unter der Rinde von toten Bäumen und Stubben. Selten auch in Getreidevorräten.

UNTERFAMILIE CUCUJINAE

8 | *Pediacus depressus*

Rostbrauner Plattkäfer, 3,5–4,5 mm.

In Mitteleuropa gibt es 2 Arten aus dieser Gattung. Die Käfer leben unter der Rinde von Laubbäumen. Die abgebildete Art ist meist nicht selten unter der Rinde vertrockneter Laubbäume, selten von Nadelbäumen zu finden.

9 | *Cucujus cinnaberinus*

Scharlachkäfer, Scharlachroter Plattkäfer, 11-15 mm.

Der sehr seltene Käfer hat zinnoberrot gefärbte Elytren und einen stark abgeplatteten, schwarzen Körper. Sein Kopf verfügt hinter den Augen über backenartig entwickelte Schläfen. Er bevorzugt feuchte Flussniederungen.

1

2

3

4

5

6

7

8

9

FAMILIE EROTYLIDAE – PILZKÄFER

Die Familie ist in Mitteleuropa mit 16 Arten aus 4 Gattungen vertreten. Die kleinen gewölbten und ovalen Käfer sehen den Cryptophagiden ähnlich und wurden mit diesen auch gelegentlich in einer Familie vereint. Larven und Käfer leben in Baumschwämmen.

UNTERFAMILIE EROTYLINAE

1 | *Tritoma bipistulata*
Rotfleckiger Pilzkäfer, 3,5–4 mm.

Die beiden Arten der Gattung in Mitteleuropa sind gegenüber den anderen Familienangehörigen recht kurz oval gebaut. Die schwarz-rote Färbung der abgebildeten Art kann variieren. *T. bipustulata* ist bei uns das ganze Jahr über an Baumschwämmen überall häufig.

2 | *Triplax russica*
Schwarzfühleriger Pilzkäfer, 5–6,5 mm.

Die Gattung kommt mit 9 Arten in Mitteleuropa vor. Halsschild und Beine der Tiere sind immer rot oder gelb. Larven und Käfer leben oft in großer Zahl in Baumschwämmen. Die abgebildete Art ist bei uns überall häufig. Man findet die Käfer in und an Baumschwämmen von Laubbäumen, vor allem von Buchen.

3 | *Dacne bipustulata*
Zweifleckiger Pilzkäfer, 2,5–3,3 mm.

Die 4 in Mitteleuropa heimischen Arten der Gattung sind denen der vorigen Gattung ähnlich, aber meist kleiner. Die Art *D. bipustulata* ist bei uns überall sehr häufig, vor allem an Schwämmen von Laubhölzern, die auch ganz trocken sein können.

FAMILIE CRYPTOPHAGIDAE – SCHIMMELKÄFER

In Mitteleuropa gibt es von dieser Familie 133 Arten aus 15 Gattungen. Sehr kleine, selten mehr als 3,5 mm, nie über 5,5 mm große längliche, selten rundliche Käfer mit 3- oder 2-gliedriger Fühlerkeule. Die Tiere leben vor allem in faulenden und schimmelnden Pflanzenstoffen, seltener in hohlen Bäumen, an Pilzen oder in Tiernestern. Mehrere Arten leben in Gesellschaft des Menschen in Ställen, Vorratslagern und Kellern.

UNTERFAMILIE CRYPTOPHAGINAE

4 | *Telmatophilus typhae*
Schwarzer Schimmelkäfer, 1,5–2,6 mm.

Die 5 Arten der Gattung aus Mitteleuropa gleichen den *Cryptophagus*-Arten. Man findet sie oft gesellig an den Blütenständen von Rohrkolben und Igelkolben, in deren Samen sich die Larven entwickeln. Im Winter findet man die Käfer zwischen den Blattscheiden dieser Pflanzen. Die abgebildete Art ist bei uns die bei weitem häufigste der Gattung.

5 | *Cryptophagus pseudodentatus*
Gemeiner Schimmelkäfer, 2–2,7 mm.

56 Arten dieser Gattung sind bisher aus Mitteleuropa bekannt. Sie leben alle von Pilzen, vor allem von Schimmelpilzen. Man findet die Käfer an faulendem Laub, an schimmelnden pflanzlichen Stoffen, in Tiernestern und hohlen Bäumen, vielfach auch in Gesellschaft des Menschen in Ställen, Kellern, vor allem in Strohrückständen der Scheunen. Die abgebildete Art ist bei uns überall häufig. Man findet die Käfer auf Blüten, in schimmelndem Heu, auch synanthrop.

6 | *Antherophagus pallens*
3,5–5 mm.

Die Gattung ist in Mitteleuropa mit 3 Arten vertreten. Die Käfer findet man auf blühenden Sträuchern und Kräutern, vor allem auf weißen Lippenblütlern. Sie lassen sich wohl von Hummeln in deren Nester eintragen, wo sich die Larven entwickeln. Die abgebildete Art ist bei uns weit verbreitet und die häufigste Art der Gattung.

7 | *Caenoscelis subdeplanata*
Gelbroter Schimmelkäfer, 2–2,4 mm.

Von dieser Gattung gibt es in Mitteleuropa 3 Arten, die man in Bergwäldern unter altem faulem Buchenlaub findet. Die abgebildete Art lebt bei uns überall an verpilztem Holz, in Abfallhaufen und an vielen faulenden Substanzen.

8 | *Atomaria fuscata*
1,4–1,9 mm.

In Mitteleuropa sind 54 Arten dieser Gattung beheimatet. Es sind kleine, 1–2,5 mm lange Arten. Die Käfer leben vor allem in schimmelnden Stoffen, aber auch in Anspülicht, Dung und an Pilzen. Die Art *fuscata* ist bei uns überall sehr häufig.

UNTERFAMILIE ATOMARIINAE

9 | *Ephistemus globulus*
Kurzovaler Schimmelkäfer, 0,8–1,3 mm.

2 Arten dieser Gattung sind aus Mitteleuropa bekannt. Sie leben unter faulenden Pflanzenstoffen. Die abgebildete Art ist bei uns im Dünger und an faulenden Stoffen überall häufig.

1

2

3

4

5

6

7

8

9

FAMILIE PHALACRIDAE – GLATTKÄFER

Die Familie ist mit 22 Arten aus 3 Gattungen in Mitteleuropa vertreten. Es sind kleine, rundlichovale, stark glänzende und meist schwarze Tiere mit stark gewölbter Oberseite. Die Käfer findet man meist in Blüten.

UNTERFAMILIE PHALACRINAE

1 | *Phalacrus coruscus*

Getreide-Glattkäfer, 1,5–3 mm.

Diese Art heißt in älteren Werken auch *fimetarius*. Sie ist bei uns wohl die häufigste von 7 in Mitteleuropa vorkommenden Arten der Gattung. Die Tiere leben von Brand- und Rostpilzen an Gramineen und Cyperaceen. Die abgebildete Art ist an brandigem Getreide nicht selten.

2 | *Olibrus millefolii*

1,5–1,8 mm.

12 Arten dieser Gattung sind in Mitteleuropa beheimatet. Die Entwicklung erfolgt in den Blütenköpfen von Compositen. Die Art *millefolii* kommt bei uns überall häufig an Schafgarbe vor.

3 | *Stilbus testaceus*

Schwarzbrauner Glattkäfer, 1,8–2,3 mm.

3 Arten gibt es aus dieser Gattung in Mitteleuropa. Alle sind bei uns häufig. Trotzdem ist über die Entwicklung der Käfer bisher nichts bekannt. Die abgebildete Art lebt bei uns vor allem an trockenem Gras. Sie ist nur in den Alpen selten, sonst überall häufig.

FAMILIE LATHRIDIIDAE – MODERKÄFER

Die Familie ist in Mitteleuropa mit 7 Gattungen und 64 Arten vertreten. Ihr deutscher Name weist auf den Lebensraum der Tiere hin. Die Käfer sind in Biotopen zu finden, in denen sich Stoffe zersetzen oder es feucht ist. Auch in Wohnungen und Ställen können sie auftreten, zuweilen in Mengen. Die Käfer sind als Schimmelfresser völlig harmlos.

UNTERFAMILIE LATHRIDIINAE

4 | *Cartodere nodifer*

Schwarzbrauner Rippenmoderkäfer, 1,5–2 mm.

Die Gattung kommt mit 11 Arten in Mitteleuropa vor. Man erkennt sie leicht an den starken Rippen auf den Flügeldecken. Als Schimmelfresser findet man sie an Rinde, Holz und Laub, an Heu- und Strohabfällen, zuweilen auch in feuchten Wohnungen an schimmelnder Tapete. Die abgebildete Art ist Kosmopolit und bei uns überall häufig.

5 | *Latridius minutus*

1,2–2,4 mm.

13 Arten dieser Gattung sind in Mitteleuropa heimisch. Die Käfer sehen den *Lathridius*-Arten ähnlich, aber die Längsrippen auf den Flügeldecken sind nicht so deutlich. Die Käfer und ihre Larven ernähren sich vor allem von niederen Pflanzen und kommen dort oft in Massen vor, wo totes Pflanzenmaterial von Pilzen befallen ist. Die Art *minutus* ist Kosmopolit und bei uns die häufigste Art der Gattung, die man überall findet.

UNTERFAMILIE CORTOCARLIINAE

6 | *Cartodere elongata*

Gemeiner Moderkäfer, 1,3–1,8 mm.

In Mitteleuropa gibt es 7 Arten aus dieser Gattung. Die kleinen, schmalen und flachen Käfer tragen auf den Flügeldecken je 2 Rippen. Sie leben wie die Vertreter der beiden vorigen Gattungen. Immer wieder werden aus anderen Faunengebieten Arten bei uns importiert, die nach einiger Zeit wieder verschwinden. Die Art *elongata* ist die häufigste Art der Gattung. Man findet sie überall zahlreich in Baummulm, Scheunen, Vogelnestern, Hühnerställen und an schimmelnder Tapete in Wohnungen.

7 | *Corticaria pubescens*

Brauner Großaugenmoderkäfer, 2–2,8 mm.

23 Arten dieser Gattung sind aus Mitteleuropa bekannt. Der Halsschild der Käfer ist an den Seiten meist stark gekerbt oder gesägt. Die Lebensweise entspricht ebenfalls der der vorigen Gattung. Die abgebildete Art fehlt bei uns im Nordwesten und Westen, sonst ist sie aber sehr häufig bis gemein.

8 | *Corticarina gibbosa*

1–1,6 mm.

Die 6 in Mitteleuropa heimischen Arten der Gattung haben große Augen. Ihre Lebensweise entspricht meist der der vorigen Gattungen, aber die Käfer kommen auch häufig auf blühenden Sträuchern vor. Die Art *gibbosa* ist Kosmopolit und bei uns überall sehr häufig.

9 | *Melanophthalma curticollis*

1,3–2 mm.

Von den beiden in Mitteleuropa beheimateten Arten der Gattung ist nur die abgebildete bei uns überall sehr häufig. Sie kommt in der ganzen Paläarktis vor. Ihre Lebensweise entspricht der der vorigen Gattung.

2

3

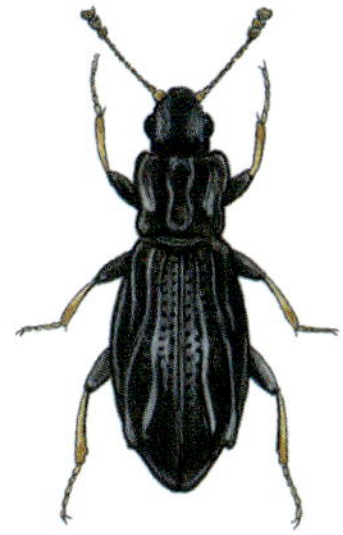
4

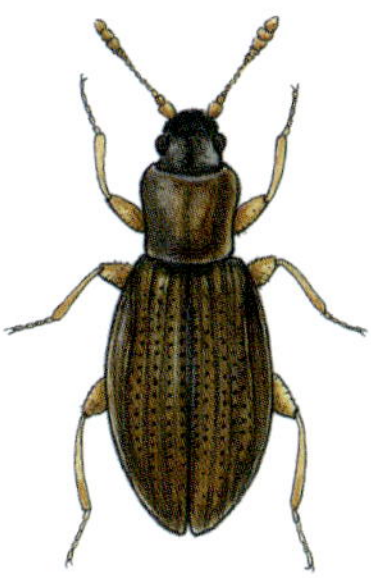
5

1

6

8

7

9

FAMILIE MYCETOPHAGIDAE – BAUMSCHWAMMKÄFER

Die Familie ist in Mitteleuropa mit 5 Gattungen und 14 Arten vertreten. Die Käfer sind Pilzfresser und leben meist in Baumschwämmen, einige auch unter Stroh.

UNTERFAMILIE MYCETOPHAGINAE

1 | *Litargus connexus*
Binden-Baumschwammkäfer, 2,4–2,8 mm.

Die einzige Art der Gattung in Mitteleuropa lebt an Baumschwämmen und unter verpilzter Baumrinde. Sie ist bei uns meist häufig.

2 | *Mycetophagus quadripustulatus*
Vierfleckiger Baumschwammkäfer, 5–6 mm.

In Mitteleuropa gibt es 10 Arten aus dieser Gattung, Sie leben in Baumpilzen und verpilztem Holz. Diese Art hat nicht immer die gelbroten Flecken. Bei uns häufig.

3 | *Typhaea stercorea*
Gelbbrauner Baumschwammkäfer, 2,5–3 mm.

Diese einzige Art der Gattung in Mitteleuropa hat auffällig gewölbte Flügeldecken. Bei uns findet man sie an schimmelnden Pflanzenresten. Dort sind sie überall häufig.

FAMILIE TETRATOMIDAE – KEULENDÜSTERKÄFER
UNTERFAMILIE EUSTROPHINAE

Die Familie ist mit 32 Arten aus 20 Gattungen in Mittel-Europa vertreten. Sie leben unter Baumrinde, in morschem Holz, an Baumstämmen sowie unter Falllaub.

4 | *Eustrophus dermestoides*
4–5 mm.

Nur diese Art der Gattung kommt in Mitteleuropa vor. Man findet sie bei uns vom späten Frühjahr bis in den Sommer an verpilzten Eichen und Weiden nicht selten.

FAMILIE ZOPHERIDAE – GEPANZERTE DÜSTERKÄFER
UNTERFAMILIE COLYDIINAE

5 | *Bitoma crenata*
Gekielter Rindenkäfer, 2,6–3,5 mm.

Die einzige Art der Gattung in Mitteleuropa ist an den Längskielen auf Flügeldecken und Halsschild zu erkennen. Man findet sie häufig unter abgestorbener Baumrinde. Sie und ihre Larven leben von anderen Insekten.

FAMILIE CERYLONIDAE – GLATTRINDENKÄFER

In Mitteleuropa nur die Gattung *Cerylon* mit 7 Arten. Körperlängen 1,7–2,6 mm. Mit gekeulten Fühlern.

UNTERFAMILIE CERYLONINAE

6 | *Cerylon histeroides*
Gemeiner Glattrindenkäfer, 1,8–2,3 mm.

Die 7 in Mitteleuropa vorkommenden Arten der Gattung erinnern wegen ihrer kompakten Körperform und der unbehaarten Oberseite stark an schmale Histeriden. Die Käfer leben unter loser Baumrinde oder in schimmelndem Holz. Sie machen Jagd auf Borkenkäfer. Die abgebildete Art ist unter der Rinde von Laub- und Nadel Hölzern sehr häufig.

FAMILIE ALEXIIDAE – KUGELKÄFER

7 | *Sphaerosoma pitosum*
Kugeliger Stäublingskäfer, 1,4–1,6 mm.

Die 8 in Mitteleuropa lebenden Arten sind fast halbkugelig geformt. Sie leben in Bodenstreu, unter Moos oder in Reisig, wenn diese Substrate von Pilzmyzel durchsetzt sind. Die abgebildete Art ist bei uns sehr häufig.

FAMILIE ENDOMYCIDAE – STÄUBLINGSKÄFER

In Mitteleuropa gibt es aus dieser Familie 23 Arten aus 12 Gattungen. Die kleinen Käfer sind gedrungen gebaut und oberseits gewölbt. Sie erinnern an Marienkäfer. Käfer und Larven leben von Pilzen.

UNTERFAMILIE MYCETAEINAE

8 | *Mycetaea subterranea*
Behaarter Stäublingskäfer, 1,5–1,8 mm.

In Mitteleuropa kommt nur diese häufige Art der Gattung vor. Die Käfer leben meist in Kellern, vor allem an Hausschwamm, in Scheunen und Ställen. Im Freiland selten in hohlen Bäumen.

UNTERFAMILIE ENDOMYCHINAE

9 | *Endomychus coccineus*
Scharlachroter Stäublingskäfer, 5–6 mm.

Diese einzige Art der Gattung in Mitteleuropa ist bunt gefärbt. Auch die Larven sind bunt und kriechen auf Baumschwämmen umher. Bei uns findet man die Käfer überall nicht selten an Pilzen und an verpilztem Holz.

1

2

3

4

5

9

6

8

7

FAMILIE COCCINELLIDAE – MARIENKÄFER

Diese Familie ist mit 88 Arten aus 35 Gattungen in Mitteleuropa vertreten. Die meisten sind nützliche Helfer gegen Pflanzenläuse aller Art, die den Larven und Käfern als Nahrung dienen. Nur wenige Arten ernähren sich von Pflanzen oder Mehltau. Feinden gegenüber stellen sich Marienkäfer gern tot und lassen zudem eine übelriechende Flüssigkeit als Abwehrstoff aus einer Öffnung zwischen Schenkel und Schienen austreten. Eine genaue Bestimmung der Arten ist oft nicht einfach, da die Variabilität – vor allem der Färbung – innerhalb einer Art außerordentlich groß sein kann.

UNTERFAMILIE SCYMNINAE

1 | *Scymnus abietis*
Fichten-Kugelmarienkäfer, 2,2–3 mm.

27 Arten dieser Gattung sind aus Mitteleuropa bekannt. Die Larven fressen vor allem Blattläuse, aber auch Milben. Die abgebildete Art lebt auf Fichten. Im Süden unseres Gebietes ist die Art häufiger als im Norden.

2 | *Stethorus pusillus*
Schwarzer Kugelmarienkäfer, 1,2–1,5 mm.

Die Gattung wird in älteren Werken als Untergattung zu *Scymnus* gestellt. In Mitteleuropa gibt es nur eine Art. Durch Vertilgen der schädlichen Spinnmilben und kleiner Blattläuse ist sie sehr nützlich. Die Käfer leben vor allem auf Sträuchern und Laubbäumen. Bei uns findet man die Tiere vorzugsweise auf der Blattunterseite von Linden, wo sie eine *Tetranychus*-Art jagen. Meist sind die Käfer nicht selten

UNTERFAMILIE COCCINELLINAE

3 | *Subcoccinella vigintiquatuorpunctata*
Vierundzwanzigpunkt, 3–4 mm.

Diese einzige Art der Gattung in Mitteleuropa gehört zu den wenigen Pflanzenfressern unter den Marienkäfern. Käfer und Larven findet man auf vielen Pflanzen, die stark geschädigt werden können. Bei uns ist die Art sehr häufig, besonders auf trockenen Wiesen.

4 | *Cynegetis impunctata*
Ockerfarbener Marienkäfer, 3–4,5 mm.

Diese einzige Art der Gattung in Mitteleuropa ist der Vorigen ähnlich, aber ihre Grundfärbung ist nicht so rötlich, mehr ocker. Während die vorige Art von ganz unpunktiert bis schwarz variiert, sind bei dieser Art die unpunktierten Tiere häufiger. Ganz schwarze kommen kaum vor. Auch sie sind Pflanzenfresser. Bei uns findet man die Käfer vor allem auf feuchten Wiesen und in Auwäldern.

5 | *Coccidula rufa*
Glänzender Schlankmarienkäfer, 2,5–3 mm.

In Mitteleuropa gibt es 2 Arten aus dieser Gattung. Die Käfer sind für Marienkäfer sehr langgestreckt. Sie leben auf Sumpf- und Wasserpflanzen, vor allem auf Schilf, und fressen die darauf sitzenden Blattläuse. Bei uns sind die Käfer überall sehr häufig. Sie überwintern im Schilf.

6 | *Rhizobius chrysomeloides*
Länglichovaler Marienkäfer, 2,5–3,5 mm.

In Mitteleuropa kommen 2 Arten dieser Gattung vor, die ebenfalls eine etwas länglich ovale Körperform besitzen. Käfer und Larven leben auf Obst- und Nadelbäumen. Dort fressen sie Blattläuse. Im Winter findet man sie im Moos und unter Rinde. Die abgebildete Art ist in Mittel- wie in Ostdeutschland häufiger als die andere Art *(litura)*. Man findet die Käfer vor allem auf Kiefern und Sträuchern.

7 | *Chilocorus bipustulatus*
Zweigefleckter Kugelmarienkäfer, 2,7–4 mm.

Die Gattung ist in Mitteleuropa mit 2 Arten vertreten. Käfer und Larven der abgebildeten Art fressen bei uns Blatt- und Schildläuse und sind nicht selten.

8 | *Exochomus quadripustulatus*
Vierfleckiger Kugelmarienkäfer, 3–5 mm.

2 Arten dieser Gattung leben in Mitteleuropa. Die Käfer sind oberseits ganz kahl. Die sehr variablen, halbkugeligen Käfer sind bei uns vor allem auf Nadelholz häufig, aber auch von Weißdorn, Ahorn und Kreuzdorn bekannt. Sie fressen Blatt- und Schildläuse und sind darum sehr nützlich.

9 | *Hippodamia variegata*
Veränderlicher Marienkäfer, 3–5,5 mm.

Die Färbung dieser einzigen Art der Gattung in Mitteleuropa ist außerordentlich variabel. Bei uns sind die Käfer sehr häufig, vor allem an der Küste, wo sie oft in großen Mengen in den Spülsäumen zu finden sind. Sie vertilgen Blattläuse.

1

2

3

4

5

6

7

8

9

UNTERFAMILIE COCCINELLINAE

1 | *Aphidecta obliterata*
Gelbbrauner Marienkäfer, 3,3–5 mm.

Die einzige mitteleuropäische Art der Gattung ist oberseits schmutziggelb bis bräunlich gefärbt. Der dunkle Wisch auf den Flügeldecken kann auch ganz fehlen oder vergrößert sein. Die Art ist bei uns auf Nadelholz überall nicht selten. Dort vertilgt sie Koniferenblattläuse.

2 | *Hippodamia tredecimpunctata*
Dreizehnpunkt-Marienkäfer, 4,5–7 mm.

Die Gattung ist in Mitteleuropa mit 2 Arten vertreten. Wenn auch die roten Flügeldecken meist zahlreiche schwarze Makel tragen, kann der Käfer einerseits auch ganz rot, andererseits (sehr selten) ganz schwarz sein. Die Variabilität ist sehr groß. Bei uns findet man die Käfer in Sumpfwiesen auf Igelkolben, Rohr, Segge, Riedgras und Weiden. Außerdem kommen sie aber auch auf *Prunus-Ar*ten vor, wo sie die dort vorhandenen Blattläuse vertilgen. Sie machen offenbar einen Wirtswechsel durch.

3 | *Anisosticta novemdecimpunctata*
Neunzehnpunkt-Marienkäfer, 3–4 mm.

In Mitteleuropa ist diese Art wahrscheinlich die einzige der Gattung, denn eine zweite im Hohen Norden zirkumpolar verbreitete Verwandte kommt wohl nicht bis ins mitteleuropäische Gebiet. Die langgestreckten gelben Käfer mit vielen schwarzen Punkten sind bei uns häufig und kommen an Sumpf- und Wasserpflanzen vor.

4 | *Tytthaspis sedecimpunctata*
Siebzehnpunkt-Marienkäfer, 2,5–3 mm.

Die einzige Art der Gattung in Mitteleuropa ist leicht an ihrem äußerst kleinen Schildchen zu erkennen. Die schwarzen Punkte auf den gelben, hochgewölbten Flügeldecken können ineinanderfließen. Bei uns bewohnt die Art vor allem Sandgebiete und ist an der Küste in Dünen und an Flüssen nicht selten. Im Gebirge geht sie nicht höher als 400 bis 500 m.

5 | *Adalia decempunctata*
Zehnpunkt-Marienkäfer, 3,5–5 mm.

In älteren Werken sind die Arten der Gattung – in Mitteleuropa kommen 4 vor – zur Gattung *Coccinella* gestellt. Wenn die Zeichnung der Käfer auch sehr variabel ist, lassen sich die Arten doch an der Zeichnungsanlage erkennen. Die abgebildete Art kommt in der ganzen Paläarktis vor. Bei uns findet man die Käfer auf Laubhölzern und auf Wiesen überall häufig oder sehr häufig.

6 | *Adalia bipunctata*
Zweipunkt, 3,5–5,5 mm.

Die Art ist in der ganzen Holarktis verbreitet und bei uns überall sehr häufig. Man bekommt die Tiere vor allem deswegen oft zu sehen, weil sie gern in Wohnungen überwintern – in Fensternischen, auf Hausböden und dergleichen. Findet man im Winter einen Käfer im warmen Zimmer, dann sollte man ihn in einen kalten Raum setzen, am besten auf einen ungeheizten Dachboden. Frost schadet den Tieren überhaupt nicht. Bleiben sie aber in der Wärme, dann wachen sie im Frühjahr nicht mehr auf. Sie spielen als Vertilger vieler Blattlausarten eine wichtige Rolle.

7 | *Adalia bipunctata*
Zweipunkt.

Die Art ist besonders farbvariabel. Auch diese schwarzen Tiere mit roten Flecken gehören zur Art *bipunctata*. Mehrere Gene bestimmen die Färbung der Käfer, aber außer der Vererbung spielen auch Umwelteinflüsse eine Rolle. So überdauern die roten Formen den Winter besser, während die schwarzen Formen sich aktiver fortpflanzen.

8 | *Coccinella septempunctata*
Siebenpunkt, 5,2–8 mm.

In Mitteleuropa gibt es 7 Arten dieser Gattung, die alle rote oder gelbe Flügeldecken mit variabler schwarzer Zeichnung haben. Der Siebenpunkt gehört bei uns zu den bekanntesten Marienkäfern. Er variiert nur wenig. Käfer und Larven fressen Blattläuse. Die Art ist bei uns überall sehr häufig.

9 | *Coccinella quinquepunctata*
Fünfpunkt, 3–5 mm.

Diese Art ist dem Siebenpunkt recht ähnlich. Man kann beide aber schon an der Größe gut unterscheiden. Der Fünfpunkt ist in den schwarzen Punkten auf den Flügeldecken variabler. Einige Punkte können nahezu ganz verschwinden, andererseits aber auch zusammenfließen. Der Fünfpunkt kommt in der ganzen Paläarktis vor. Bei uns ist er überall nicht selten. Besonders häufig findet man ihn an Gewässerufern, aber auch an Trockenhängen.

1

2

3

4

5

6

7

8

9

UNTERFAMILIE COCCINELLINAE

1 | *Oenopia conglobata*

Kugeliger Marienkäfer, 3,5–5 mm.

Die 3 in Mitteleuropa vorkommenden Arten der Gattung werden in älteren Werken zur Gattung *Coccinella* gestellt. Sie unterscheiden sich von ihr aber dadurch, dass die Schienen bei *Coccinella* 2 deutliche Sporne tragen, bei *Synharmonia* nur kleine Endsporne. Die abgebildete Art, bei der sich die schwarzen Flecken sehr stark ausdehnen können, ist bei uns überall meist sehr häufig, besonders auf Prunus-Arten und Pappeln.

2 | *Harmonia quadripunctata*

Kopfvierpunkt-Marienkäfer, 5,5–6 mm.

Die in Mitteleuropa einzige Art der Gattung wird in älteren Werken ebenfalls zur Gattung *Coccinella* gezählt. Die Schienen tragen bei diesen Käfern gar keine Sporne. Die Art ist aus dem südlichen Nordeuropa, aus Süd- und Mitteleuropa bekannt. Bei uns sind die Käfer an Kiefern nicht selten. Im Winter findet man sie unter Rindenschuppen. Sie kommen auch ans Licht.

3 | *Harmonia axyridis*

Asiatischer Marienkäfer, 6-8 mm.

Der erst seit 2002 in Deutschland heimische Käfer ist äußerst variabel gefärbt (gelb, orange, rot oder schwarz) und gezeichnet (0-19 Punkte). Im Spätherbst bildet die Art oft große Ansammlungen an besonnten Hauswänden oder um Fensterrahmen zur frostgeschützten Überwinterung.

4 | *Myrrha octodecimguttata*

Achtzehnfleckiger Marienkäfer, 3,5–5 mm.

In älteren Werken ist die Gattung, die in Europa nur mit einer Art vertreten ist, als Untergattung zu *Halyzia* gestellt. Die Färbung der Käfer ist variabel. Das Verbreitungsgebiet der Art erstreckt sich über Europa, das Mittelmeergebiet bis Transbaikalien. Bei uns findet man die Käfer auf Nadelholz nicht selten. Besonders häufig sind sie in den oberbayerischen Hochmooren auf Latschen. Einzelne dieser Käfer kommen ans Licht.

5 | *Calvia quatuordecimguttata*

Vierzehnpunkt-Marienkäfer, 4,5–6 mm.

Auch diese Gattung – in Mitteleuropa gibt es 3 Arten – ist in älteren Werken eine Untergattung von *Halyzia*. Typisch für die abgebildete Art sind die 3 in einer Querreihe vor der Flügeldeckenmitte stehenden hellgelben Flecken. Die Art kommt in Europa, Sibirien und Nordamerika vor. Bei uns sind die Käfer überall häufig. Im Frühjahr kann man sie von blühenden Pflanzen und Laubbäumen klopfen, im Winter aus Laub und Moos sieben.

6 | *Propylea quatuordecimpunctata*

Schwarzgefleckter Marienkäfer, 3,5–4,5 mm.

Auch diese Gattung ist in älteren Werken eine Untergattung von *Halyzia* und kommt in Mitteleuropa nur in dieser Art vor. Die Färbung ist sehr variabel. Die Tiere werden leicht mit *Synharmonia conglobata* (diese Tafel, Nr. 1) verwechselt. *P. quatuordecimpunctata* gehört bei uns zu den häufigsten Marienkäfern; sie vertilgt die verschiedensten Blattlausarten.

7 | *Myzia oblongoguttata*

Längsstreifiger Marienkäfer, 7–9 mm.

Die einzige Art der Gattung in Mitteleuropa findet man in älteren Werken in der Gattung *Paramysia.* Die Käfer sind an ihrer Färbung leicht zu erkennen, sie gehören zu den größten einheimischen Marienkäfern. Bei uns findet man die Käfer in Nadelwäldern häufig oder sogar sehr häufig, vor allem auf Kiefern.

8 | *Anatis ocellata*

Augenmarienkäfer, 8–9 mm.

Typische Exemplare dieser einzigen Art der Gattung in Mitteleuropa sind unverkennbar, aber das Schwarz in den hellen Höfen kann auch fehlen. Dadurch kommt es zu einer starken Färbungsvariabilität. Der Halsschild ist immer schwarzgelb gezeichnet. Dieser größte heimische Marienkäfer ist aus der ganzen Holarktis bekannt. Bei uns sind die Käfer häufig oder sogar sehr häufig. Man findet sie auf Nadelholz. Dort jagen sie Koniferenblattläuse.

9 | *Psyllobora vigintiduopunctata*

Zweiundzwanzigpunkt-Marienkäfer, 3–4,5 mm.

Die Gattung ist in Mitteleuropa mit 1 Art vertreten; in älteren Werken ist *Thea* nur Untergattung bei *Halyzia.* Die zitronengelben Käfer mit schwarzen Punkten sind sehr auffällig. Sie kommen in der ganzen Paläarktis vor. Bei uns findet man sie überall häufig, in warmen Gebieten sogar sehr häufig. Sie fressen Mehltaupilze.

1

2

3

6

4

5

8

7

9

FAMILIE SPHINDIDAE – STAUBPILZKÄFER

Diese Familie ist in Mitteleuropa mit nur einer Gattung und einer Art vertreten. Sie wird zuweilen auch mit der folgenden Familie vereint.

UNTERFAMILIE SPHIDINAE

1 | *Sphindus dubius*

Schwarzbrauner Staubpilzkäfer, 1,8–2 mm.

Die länglich-walzenförmigen Käfer leben an Schleim- und Staubpilzen. Bei uns sind die Tiere in der Ebene und im niedrigen Bergland nicht selten. In höheren Lagen kommen sie nur ausnahmsweise vor. Eine etwas größere (3 mm) verwandte Art ist vom Balkan bekannt.

2 | *Aspidiphorus orbiculatus*

Schwarzer Kugelpilzkäfer, 1,2–1,5 mm.

Die Käfer haben einen rundlichen, fast halbkugeligen Körper. Die abgebildete Art ist bei uns meist noch häufiger als *Sphindus dubius*, mit dem sie oft vergesellschaftet auftritt. Die Käfer schwärmen abends. Sie leben ebenfalls an Schleim- und Staubpilzen.

FAMILIE CIIDAE – SCHWAMMKÄFER

Die Familie ist in Mitteleuropa mit 45 Arten aus 9 Gattungen vertreten. Die meist sehr ähnlichen Arten sind braun oder schwarz, ihr Körper ist walzenförmig. Man findet die Käfer oft in großer Zahl in Baumschwämmen. Im Hochsommer ist ihre Zahl am größten, aber man kann sie auch das ganze Jahr über erbeuten. Einige Cisiden findet man in Mulm oder in Borkenkäfergängen. Auch dort leben sie wahrscheinlich von Pilzen.

UNTERFAMILIE CIINAE

3 | *Octotemnus glabriculus*

Ovaler Schwammkäfer, 1,5–1,8 mm.

Typisch für die länglich-ovalen Käfer sind die nur aus 8 Gliedern bestehenden Fühler, deren 3 Endglieder keulig verdickt sind. 2 Arten dieser Gattung kommen in Mitteleuropa vor, von der die abgebildete bei uns weit verbreitet und in harten Baumschwämmen überall nicht selten ist.

4 | *Rhopalodontus perforatus*

Punktierter Schwammkäfer, 1,8–2,2 mm.

Die Gattung ist in Mitteleuropa mit 2 Arten vertreten. Bemerkenswert sind die an der Spitze rundlich erweiterten Schienen mit kammartigen Zähnchen. Die abgebildete Art ist bei uns gesellig in Porlingen (*Fomes*-Arten). Sie ist zwar weit verbreitet, aber nicht häufig.

5 | *Sulcacis affinis*

1–1,3 mm.

Von dieser Gattung gibt es in Mitteleuropa 4 Arten, die in älteren Werken zur Gattung *Ennearthron* oder *Entypus* gestellt werden. In der Form der Beine erinnern sie etwas an die vorige Art. *S. affinis* kommt in Europa und Sibirien vor. Bei uns sind die Käfer, die auch bräunlich-schwarz gefärbt sein können, in Baumschwämmen überall sehr häufig.

6 | *Cis boleti*

Gemeiner Schwammkäfer, 2,8–4 mm.

Die Gattung ist in Mitteleuropa mit 28 Arten vertreten. Das ist mehr als die Hälfte der ganzen Familie. Die 10gliedrigen Fühler besitzen eine 3-gliedrige Keule an der Spitze, die Schienen sind einfach ausgebildet. Die Käfer sind braun bis schwarzbraun, haben aber rötlich-gelbe Fühler und Beine. Sie leben in Baumschwämmen. Die abgebildete Art ist über die ganze Paläarktis verbreitet. Bei uns ist sie im Süden in Baumschwämmen überall sehr häufig, im Norden dagegen oft seltener als andere Arten der Gattung.

7 | *Cis jacquemarti*

1,5–2 mm.

Die Art ist vor allem in Baumschwämmen, die auf Buchen vorkommen, häufig. In älteren Werken wird die Art vielfach nur als Variation der Art *nitidus* angesehen. Sie ist aus Nord- und Mitteleuropa bekannt und kommt bei uns wohl überall häufig vor.

8 | *Cis micans*

2–2,4 mm.

Diese ziemlich schlanken Käfer findet man bei uns vor allem in trockenen Baumschwämmen. Sie sind wohl überall sehr häufig.

9 | *Ennearthron cornutum*

1,4–2 mm.

In Mitteleuropa gibt es 5 Arten aus dieser Gattung. Die Tiere sind mit den *Cis*-Arten nahe verwandt. Meist leben sie in Baumschwämmen, einige aber auch in den Gängen von *Cryphalus-Arten* in dünnen Ästen.
Die abgebildete Art ist bei uns zwar weit verbreitet, aber meist nicht häufig.

1

2

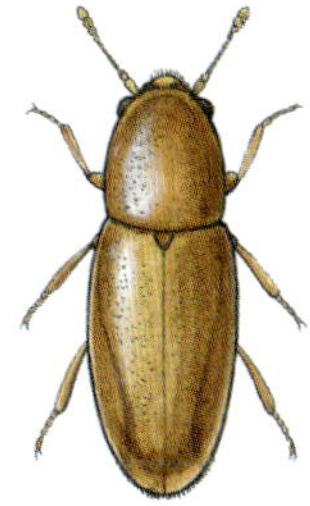

3

5

4

6

7

8

9

FAMILIE BOSTRICHIDAE – BOHRKÄFER

Von dieser Familie gibt es in Mitteleuropa 18 Arten aus 13 Gattungen. Die Käfer haben einen zylindrischen Körper und gleichen den Borkenkäfern. Ihr Kopf wird aber kapuzenartig vom Halsschild überdeckt. Vielfach werden mit Hölzern Arten aus anderen Faunengebieten bei uns eingeführt. Die einheimischen Arten sind meist wärmeliebend oder Urwaldrelikte. Die Käfer können ziemlich alt werden. Sie bohren im Holz und dann sind die Oberflächenstrukturen vielfach stark abgerieben.

UNTERFAMILIE LYCTINAE

Die Splintholzkäfer waren ehemals eigenständig (*Lyctidae*), stehen mittlerweile aber bei den *Bostrichidae*. Ihre Weibchen besitzen eine besonders lange Legeröhre, mit der sie die Eier in Holzspalten ablegen. Die Larven fressen in trockenem Splintholz, das sie ähnlich wie Nagekäfer zerstören. 14 Arten aus 4 Gattungen in Mitteleuropa.

1 | *Lyctus brunneus*
Brauner Splintholzkäfer, 2,5–8 mm (meist 4–5 mm).

Die Gattung kommt mit 3 Arten in Mitteleuropa vor. Die abgebildete Art ist Kosmopolit. Bei uns wurde sie immer wieder importiert und hat sich schließlich eingebürgert. Heute ist der Braune Splintholzkäfer einer der schlimmsten Schädlinge an trockenem Holz. Man findet ihn vor allem in Holzlagern, Schreinereien und Häusern.

UNTERFAMILIE DINODERINAE

2 | *Stephanopachys substriatus*
3,5–6,5 mm.

Aus dieser Gattung kennt man in Mitteleuropa 2 Arten, die boreoalpin verbreitet sind. Die Käfer variieren dadurch, dass sie sich die Borsten und Raspelzähne im Laufe ihres Lebens abreiben. Man findet die Tiere vor allem an Nadelholz, besonders an Kiefern.

3 | *Rhizopertha dominica*
Getreidekapuziner, 2–3 mm.

Die einzige Art der Gattung in Mitteleuropa ist Kosmopolit und wird bei uns immer wieder mit Pflanzenprodukten, Getreide oder Ölkuchen eingeführt. Der Käfer kann aber nicht als eingebürgert gelten. Er überlebt nur in Gesellschaft des Menschen in warmen Gebäuden.

4 | *Dinoderus minutus*
Bambusbohrer, 2,4–3,8 mm.

Die Gattung kommt in Mitteleuropa mit 5 Arten vor. Die abgebildete ist die häufigste und wurde am weitesten verschleppt. Alle Arten bohren in Bambus. Ihr Auftreten in Mitteleuropa hat mit wachsender Beliebtheit des Bambus immer mehr zugenommen. Der abgebildete Bambusbohrer kommt aus tropischen und subtropischen Gebieten. Er ist besonders unangenehm. Außer Bambus befällt er auch Zuckerrohr, Getreide und Mais und greift infolge seiner Bohrlust zudem Materialien an, in denen er sich gar nicht entwickelt.

UNTERFAMILIE BOSTRYCHINAE

5 | *Bostrychus capucinus*
Kapuzinerkäfer, 6–15 mm.

Diese einzige Art der Gattung in Mitteleuropa ist durch ihre Färbung leicht zu erkennen. Bei uns leben die Käfer vor allem an warmen Plätzen. Sie entwickeln sich in Eichensplintholz und im Holz von Obstbäumen, vor allem in trockenen Wurzeln und vertrockneten Weinstöcken. Nur selten tritt der Käfer in Holzlagern schädlich auf.

6 | *Heterobostrychus brunneus*
5–11 mm.

Diese Gattung ist in den Tropen mit 6 Arten vertreten, die sehr schädlich werden können und häufig verschleppt werden. Die abgebildete Art wurde schon mehrfach nach Mitteleuropa importiert.

7 | *Bostrychoplites cornutus*
Hornbohrkäfer, 7–18 mm.

Die Gattung kommt mit 15 Arten in Afrika und in den arabischen Ländern vor. Die Käfer zeichnen sich durch die Hörner am Brustschild aus.
Die abgebildete Art wurde mehrfach mit Hölzern nach Mitteleuropa eingeschleppt.

8 | *Sinoxylon perforans*
5–8 mm.

Die Gattung ist mit ungefähr 50 Arten in Afrika und Asien verbreitet. Die abgebildete Art ist aus Rebholz nachgewiesen. Bei den Funden aus Deutschland handelt es sich wahrscheinlich um importierte, nicht eingebürgerte Käfer.

9 | *Xylopertha retusa*
3–6 mm.

Die Gattung heißt in älteren Werken auch *Xylonites* und kommt bei uns in Mitteleuropa nur mit 1 Art vor. Bei uns findet man die Käfer nur an Wärmestellen in der Ebene an trockenem Eichen- und Rebholz. Sie ist meist nicht häufig, oft nur selten.

1

2

5

3

7

4

6

8

9

FAMILIE PTINIDAE – NAGEKÄFER

Die Familie ist mit 23 Arten aus 4 Gattungen in Mitteleuropa vertreten. Viele Arten sind Kosmopoliten und leben in Gesellschaft des Menschen. Immer wieder werden bei uns Arten aus fremden Faunenregionen importiert, manche sind heimisch geworden. Wenige Arten können auch als Schädlinge auftreten, doch die meisten sind nur lästige Mitbewohner in unseren Häusern. Die Käfer leben vielfach an trockenen Substanzen. Die Larven entwickeln sich vor allem an Getreide, Getreideprodukten und trockenen Pflanzenteilen. Zur Verpuppung bohren sie sich in härtere Substanzen ein. Die Käfer sind nachts aktiv.

UNTERFAMILIE EUCRADINAE

1 | *Hedobia pubescens*
Gelbbrauner Nagekäfer, 5–7,5 mm.

Aus der Gattung sind 3 Arten in Mitteleuropa beheimatet. Im Gegensatz zu den meisten anderen Nagekäfern sind bei ihnen die Fühlerendglieder nicht vergrößert. Die Tiere leben in abgestorbenem Holz, vor allem in dünneren Ästen von Laubbäumen. Die abgebildete Art kommt nur an warmen Stellen im Süden unseres Gebietes selten vor. Aus neuerer Zeit gibt es keine Funde mehr. Die Entwicklung erfolgt in Misteln.

2 | *Ptinomorphus imperialis*
Hellfarbener Nagekäfer, 3,1–5,2 mm.

Diese Art ist bei uns überall nicht selten. Im Frühjahr findet man die Käfer auf blühenden Sträuchern, vor allem auf Weißdorn. Später lassen sie sich von Laubholzreisig klopfen. Abends schwärmen die Käfer.

UNTERFAMILIE DRYOPHILINAE

3 | *Grynobius planus*
Variabler Nagekäfer, 4–6 mm.

Aus der Gattung, die in älteren Werken *Priobium* heißt, gibt es in Mitteleuropa nur 1 Art. Sie ist aber so variabel, dass sie mehrfach beschrieben wurde. Sie trägt daher auch die Namen *tricolor, excavatum* und *eichhoffi* . Die für Anobien sehr großen Käfer leben an trockenem Laubholz und laufen abends auf Stubben und Stämmen umher.

4 | *Dryophilus pusillus*
Schwarzer Zwergnagekäfer, 1,7–2,5 mm.

2 Arten dieser Gattung kommen in Mitteleuropa vor. Die abgebildete Art ist bei uns die häufigste der Gattung. Im Frühjahr findet man die Käfer an Nadelholz und Nadelholzreisig.

UNTERFAMILIE ERNOBIINAE

5 | *Ochina ptinoides*
2,5–3,8 mm.

Die beiden aus Mitteleuropa bekannten Arten der Gattung zeichnen sich durch gesägte Fühler und den nicht unter den Halsschild zurückziehbaren Kopf aus. Die abgebildete Art ist nicht gleichmäßig verbreitet. In weiten Gebieten fehlt sie ganz, in anderen kann sie – vor allem an warmen Stellen – häufig sein. Man findet die Käfer an trockenem Efeu.

6 | *Xestobium rufovillosum*
Bunter Pochkäfer, Totenuhr, 5–9 mm.

3 Arten aus dieser Gattung sind in Mitteleuropa vertreten. Der Bunte Pochkäfer ist bei uns im Freien der häufigste Nagekäfer. Im Frühjahr findet man ihn auf Blüten. Die Entwicklung erfolgt vor allem in Eichen und Weiden, deren Holz er völlig durchsieben kann. Auch an verbautem Holz kann die Art schwere Schäden anrichten.

7 | *Episernus striatellus*
2–3 mm.

Die Gattung kommt in Mitteleuropa mit 5 Arten vor. Die Käfer sind denen der folgenden Gattung ähnlich. Sie leben an Nadelholz. Die abgebildete Art ist aus dem südwestlichen Mitteleuropa bekannt, wo sie verstreut und selten vorkommt. Auch im Osten ist sie selten.

8 | *Ernobius mollis*
Weicher Nagekäfer, 2,8–6,2 mm.

10 Arten dieser Gattung leben in Mitteleuropa. Die Käfer können den Kopf nicht unter die Vorderbrust versenken. Wegen der starken Größen- und Geschlechtsunterschiede ist zur Bestimmung der Arten eine Untersuchung der Geschlechtsorgane nötig. Die Käfer entwickeln sich in Koniferenzapfen und im Inneren von Nadelholzzweigen. Bei uns ist die abgebildete Art die einzige häufige der Gattung. Sie kommt nicht nur im Freien vor, sondern auch in Häusern an berindetem Bauholz, an dem sie schädlich werden kann.

UNTERFAMILIE ANOBIINAE

9 | *Oligomerus brunneus*
5–6,5 mm.

Die beiden heimischen mitteleuropäischen Arten der Gattung ähneln *Anobium,* aber der Halsschild trägt keinen Höcker. Die abgebildeten Käfer sind am Vormittag aktiv. Bei uns findet man sie in der Ebene an rindenlosen Partien hoher Laubbäume. Im Norden und Westen sind sie seltener.

1

2

3

4

5

6

7

8

9

UNTERFAMILIE ANOBIINAE

1 | *Stegobium paniceum*
Brotkäfer, 2–4 mm.

Die Gattung, in älteren Werken *Sitodrepa* genannt, ist in Mitteleuropa mit nur 1 Art vertreten. Der Brotkäfer ist Kosmopolit. Seinen deutschen Namen trägt er nur zum Teil zu Recht, denn außer in Brot und Backwaren entwickelt er sich in allen pflanzlichen und tierischen Produkten, sogar in scharfen Gewürzen und giftigen Drogen.
Er tritt bei uns überall in Häusern und Vorratslagern auf, zuweilen in großen Mengen.
Er ist einer der schlimmsten Haushaltsschädlinge

2 | *Gastrallus laevigatus*
2–2,5 mm.

2 Arten dieser Gattung leben in Mitteleuropa. Die schwarz- oder heller rotbraunen Käfer sind auf der Oberseite fein staubartig behaart. Die abgebildete Art findet man bei uns nur selten oder sehr selten. Sie lebt an Misteln und nur ausnahmsweise an alten Laubbäumen.

3 | *Nicobium castaneum*
4–6 mm.

Die einzige Art der Gattung in Mitteleuropa ist in Süd- und Westeuropa heimisch. Bei den Funden aus Mitteleuropa handelt es sich wohl nur um importierte Tiere.

4 | *Anobium punctatum*
Gemeiner Holzwurm, 2,5–5 mm.

Aus dieser Gattung gibt es in Mitteleuropa 12 Arten.
Die abgebildete Art heißt in älteren Werken *striatum.*
Im Freien sind die Käfer verhältnismäßig selten. Sie leben dort an trockenem Laub- und Nadelholz, gern an Efeu. Schädlich werden sie vor allem an verarbeitetem Bauholz und in alten Möbeln, die von den Larven, den „Holzwürmern", stark zerstört werden können.

5 | *Microbregma emarginatum*
3,5–4,5 mm.

Die Art ist aus dem südlichen Nordeuropa und aus Mitteleuropa bekannt. In der Ebene ist sie bei uns selten, vielfach fehlt sie neuerdings ganz. In den Bergwäldern des mittleren und südlichen Mitteleuropas leben die Käfer vor allem an trockenen Fichten. Im Osten sind sie häufiger als im Westen.

6 | *Hadrobregmus pertinax*
Trotzkopf, 4,5–6 mm.

Die abgebildete Art ist bei uns vor allem im Freien zu finden, sie war überall vorhanden, gebietsweise auch nicht selten. In neuerer Zeit geht sie offenbar mehr und mehr zurück. In Gebäuden findet man die Käfer seltener als im Freien. Sie können aber vor allem verbautes Nadelholz befallen, nur ausnahmsweise auch Laubholz.

7 | *Priobium carpini*
3–5 mm.

In Mitteleuropa gibt es nur 1 Art dieser in älteren Werken *Trypopitys* genannten Gattung. Bei uns ist die Art weit verbreitet, man findet sie in verbautem Nadelholz, allerdings nicht häufig. Im Freiland sind die Käfer von Mai bis August an trockenen Laub- und Nadelholzstämmen noch seltener.

UNTERFAMILIE PTILINAE

8 | *Ptilinus pectinicornis*
Gekämmter Nagekäfer, 3,5–5,5 mm.

Die beiden Arten der Gattung in Mitteleuropa sind dadurch besonders bemerkenswert, dass die Fühlerglieder der Männchen lang gekämmt, bei den Weibchen dagegen nur gesägt sind. Die Art *pectinicornis* findet man von Mai bis Juli bei uns überall nicht selten an harten Laubhölzern, vor allem an Buche. In Gebäuden befällt die Art auch verarbeitetes Holz. Sie kann an Möbeln sehr schädlich werden. Zusammen mit dem Gemeinen Holzwurm vermögen die Käfer Möbelstücke siebartig zu durchlöchern.

9 | *Ptilinus fuscus*
3–5,5 mm.

Diese Art unterscheidet sich von ersterer vor allem durch die stärker gekörnte Oberseite. Die Fortsätze an den Fühlergliedern sind weniger lang. Bei uns findet man die Käfer im Freien von Mai bis Juni an weichem Laubholz, vor allem an Weiden und Pappeln dort, wo die Rinde fehlt. In der Ebene sind die Käfer nicht selten.

2

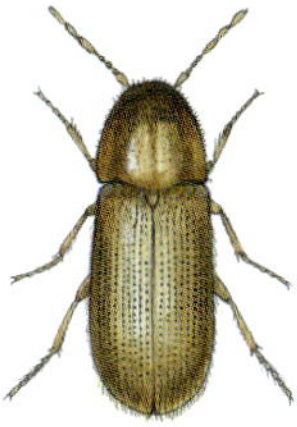

1

4

3

5

6

7

8

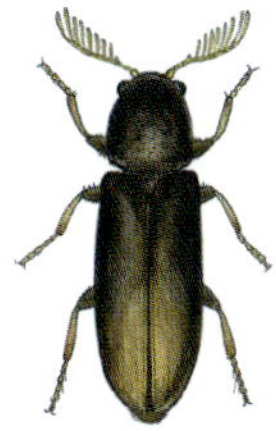

9

UNTERFAMILIE XYLETINAE

1 | *Pseudoptilinus fissicollis*
5–7 mm.

Diese einzige Art der Gattung in Mitteleuropa wird in älteren Werken zur Gattung *Ptilinus* gezählt. Die Fühler der Männchen sind nicht so lang gekämmt wie bei *Ptilinus*. Zudem besitzt der Halsschild eine Mittelfurche. Die Art entwickelt sich in Lindenästen, die am Boden liegen. Aus dem mitteleuropäischen Raum gibt es einige Einzelfunde.

2 | *Xyletinus laticollis*
4 mm.

Die Gattung ist in Mitteleuropa mit 10 Arten vertreten. Die 11-gliedrigen Fühler der Käfer sind bei beiden Geschlechtern dick und stark gesägt. Die Tiere können den Kopf fast ganz in die Mittelbrust einlegen. Dann haben sie einen geschlossenen Körperumriss wie Pillenkäfer. Die Entwicklung erfolgt in trockenem Holz und in Rinde von Laubbäumen. Einige Larven leben auch in Dünger. Die Biologie einiger Arten ist noch unbekannt. Meist sieht man die Käfer von Mitte Mai bis Anfang Juli. Die abgebildete Art findet man bei uns vor allem im südlichen Mitteleuropa, allerdings nicht häufig. Im Küstengebiet Nordwestdeutschlands sind sie an trockenem Dünger selten.

3 | *Xyletinus pectinatus*
3,5–5 mm.

Diese Art kommt bei uns überall vor, allerdings insgesamt recht selten. Die nachts aktiven Käfer leben an trockenem Holz, vor allem an Eiche.

4 | *Xyletinus ater*
Schwarzer Sägehornkäfer, 2,6–4 mm.

Bei uns ist es die wohl häufigste Art der Gattung.
Man findet die Käfer vor allem an Eichenstämmen und Eichengebüsch.

5 | *Lasioderma serricorne*
Tabakkäfer, 2–2,7 mm.

Aus dieser Gattung kennt man 4 Arten in Mitteleuropa. Die rundlich- bis länglich-ovalen Käfer haben gesägte Fühler; sie können den Kopf weit unter die Mittelbrust biegen und ihren Körper kugelförmig zusammenrollen. Die Entwicklung erfolgt in Stängeln krautiger Gewächse. Die abgebildete Art ist Kosmopolit. Sie ist mit Handelsgütern überallhin verschleppt worden. Gern befallen die Tiere Tabak. Bei uns ist die Art nicht eingebürgert. Sie kann sich nur in warmen Gebäuden halten, lebt also in Gesellschaft des Menschen, ist aber keineswegs selten.

UNTERFAMILIE MESOCOLEOPODINAE

6 | *Mesocoelopus niger*
1,8–4,2 mm.

Die einzige in Mitteleuropa vorkommende Art der Gattung ist kurzoval und gleichmäßig gewölbt. Bei uns sind die Käfer außer in der Ebene wohl überall vertreten, gebietsweise allerdings noch nicht nachgewiesen.
Sie leben an Efeu.

UNTERFAMILIE DORCATOMINAE

7 | *Dorcatoma flavicornis*
1,5–2,4 mm.

In Mitteleuropa gibt es 7 Arten dieser Gattung. Die kurzen oder länglichovalen, schwarzen, selten braunen, glänzenden Käfer sind stark gewölbt. Die Fühler haben 3 sehr große, sägeartig erweiterte Endglieder. Die Arten sehen sich sehr ähnlich und leben in harten Baumschwämmen oder in Holz, das das Myzel dieser Schwämme enthält. Man kann sie meist in großer Zahl aus den Pilzen züchten. Die abgebildete Art ist in Europa beheimatet. Bei uns tritt sie im Norden und Osten recht häufig auf. Nach Süden und Westen wird sie seltener. Man findet die Käfer vor allem an Schwämmen, die an Laubbäumen sitzen, vorzugsweise an Eichen.

8 | *Caenocora bovistae*
Mattschwarzer Bovistnagekäfer,
1,6–2,5 mm.

3 Arten dieser Gattung kommen in Mitteleuropa vor. Sie gleichen den Tieren der vorigen Gattung, sind aber fast kreisrund. Die Käfer leben in Bovisten. Im Sommer findet man sie auch in niedriger Vegetation. Die abgebildete Art kommt bei uns überall vor, aber nur stellenweise und keineswegs häufig.

9 | *Anitys rubens*
2,2–2,8 mm.

Die einzige Art der Gattung in Mitteleuropa – früher glaubte man, es seien 2 voneinander getrennte Arten – ähnelt den beiden vorigen. Sie ist aber rötlichbraun gefärbt. Die Käfer sind bei uns weit verbreitet, aber nicht häufig. Im Süden und Westen fehlen sie gebietsweise ganz. Sie leben in rotfaulem Holz oder im Mulm hoher Laubbäume, vor allem in Eichen. Die Käfer verlassen ihre Brutstätte kaum.

1

2

3

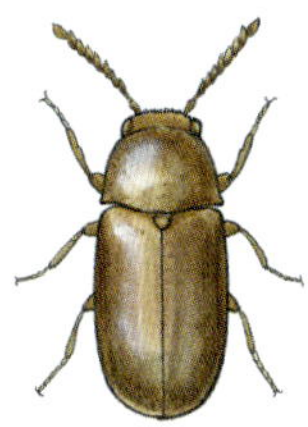

5

4

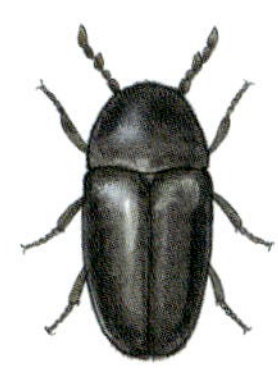

6

8

7

9

FAMILIE PTINIDAE – NAGEKÄFER

Die Familie ist mit 76 Arten aus 23 Gattungen in Mitteleuropa vertreten. Der Kopf der zylindrischen Käfer liegt meist unter dem Halsschild verborgen. In der Regel bohren die Käfer in totem Holz oder in anderen festen Substanzen, wie Baumschwämmen oder Koniferenzapfen. Einige sind aber auch Vorratsschädlinge oder Bewohner trockenen Dungs von Bovisten. Bei manchen Arten sind im Darmtrakt Mikroorganismen nachgewiesen, die bei der Aufschließung des Holzes für die Ernährung helfen bzw. eine solche überhaupt ermöglichen.

UNTERFAMILIE GIBBIINAE – BUCKELKÄFER

1 | *Gibbium psylloides*

Buckelkäfer, 2–3,2 mm.

Die in Mitteleuropa einzige Art der Gattung ist Kosmopolit und tritt bei uns nur in Gesellschaft des Menschen auf, aber sehr sporadisch und dann oft in großen Mengen. Die Käfer sind sehr langlebig, sie können über 18 Monate alt werden. Die Larven entwickeln sich gern in Zwischenböden alter Häuser. Dort leben sie von den eingefüllten Dreschabfällen. Man findet sie aber auch in Lagerhäusern, Bäckereien und in Komposthaufen. Zur Verpuppung bohren sie sich in Holz ein. Sie fressen es aber nicht.

2 | *Mezium affine*

Spinnenkäfer, 1,9–3,3 mm.

Diese und eine weitere Art der Gattung werden immer wieder aus Südeuropa und Afrika bei uns eingeschleppt. Sie haben sich aber nicht eingebürgert. Ihre Lebensweise ist der des vorigen Käfers ähnlich.

UNTERFAMILIE PTININAE – DIEBSKÄFER

3 | *Trigonogenius globulus*

3 mm.

Die Art ist in Amerika beheimatet und wird bei uns immer wieder importiert. Vor allem kennt man sie aus den Küstenstädten Deutschlands, Dänemarks und Hollands.

4 | *Sphaericus gibbioides*

1,3–2,7 mm.

Auch diese Art ist bei uns nicht eingebürgert. Sie wurde aber schon oft nach Deutschland, Holland und Frankreich eingeschleppt. Die Käfer und ihre Larven leben an Saatgut und an trockenen Pflanzen.

5 | *Niptus hololeucus*

Messingkäfer, 2,6–4,6 mm.

Seinen deutschen Namen trägt der Käfer nach der goldgelben Behaarung auf dem ganzen Körper. Erst 1838 wurde er aus Südrussland nach England importiert. Inzwischen ist die Art zum Weltbürger geworden. Bei uns findet man die Käfer überall, in Wohnungen und Lagerhäusern und oft in großen Mengen. Die Larven entwickeln sich vor allem in stärkehaltigen Stoffen, gern in Getreideabfällen, die in Zwischenböden vorhanden sind, die mit Dreschabfällen gefüllt wurden. Zur Verpuppung bohren sie sich in härtere Substanzen ein. Dadurch können sie größere Schäden anrichten, vor allem an Textilien.

6 | *Tipnus unicolor*

1,7–3,1 mm.

Die einzige Art der Gattung in Mitteleuropa ist weniger dicht behaart als der Messingkäfer. Seine Behaarung ist mehr graubraun. Bei uns findet man die Käfer nur stellenweise und nicht häufig in Scheunen und Ställen sowie im Freien in Murmeltierbauten, Mäuse- und Hummelnestern.

7 | *Niptodes globulus*

2 mm.

Die Art gleicht ebenfalls dem Messingkäfer, ist aber nur schwach behaart. Die Heimat des Käfers liegt in Südwesteuropa und Nordafrika. Er wurde nach Hamburg und Bremen importiert, bürgert sich aber noch nicht ein.

8 | *Ptinus fur*

Kräuterdieb, Männchen, 2,6–4,3 mm.

Aus dieser Gattung gibt es in Mitteleuropa 20 Arten. Bei der abgebildeten Art ist der Geschlechtsunterschied besonders groß. Dieser Käfer ist in der ganzen Holarktis verbreitet. Bei uns findet man die Tiere überall häufig. In Südeuropa sind sie dagegen selten. Es ist die häufigste Art der Gattung. Er ist im Freien in Vogelnestern und in alten Bäumen zu finden, lebt aber meist aber in Gesellschaft des Menschen von pflanzlichen und tierischen Substanzen aller Art lebt. Gelegentlich tritt er als Schädling in Getreidevorräten auf.

9 | *Ptinus fur*

Weibchen, 2,6–4,3 mm.

Die Weibchen des Kräuterdiebs sind nicht nur anders geformt als die Männchen, auch die Zeichnung ist verschieden. Die Käfer kommen vor allem nachts zum Vorschein. Den Namen „Kräuterdieb" haben die Käfer bekommen, weil sie nicht selten in den Kräutervorräten von Apotheken auftreten.

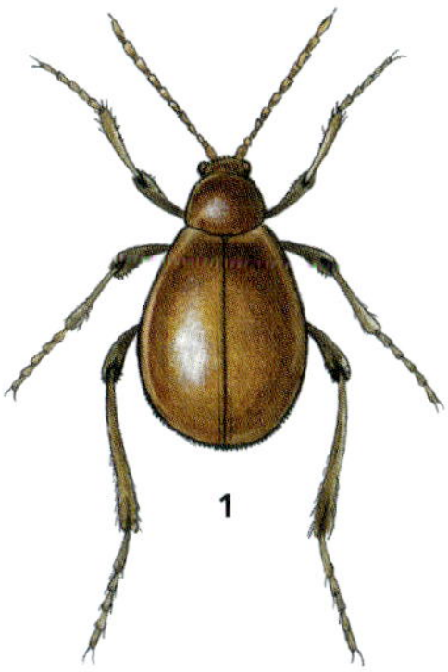

1

2

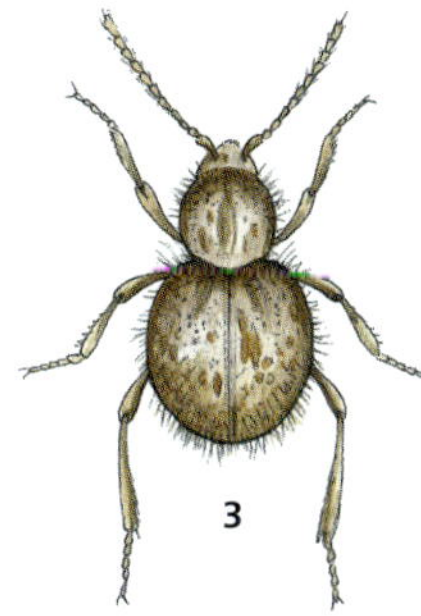

3

4

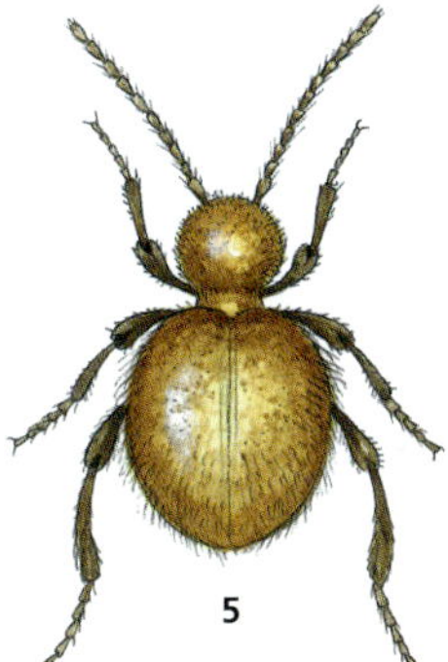

5

6

7

8

9

FAMILIE OEDEMERIDAE – SCHEINBOCKKÄFER

Die Familie ist in Mitteleuropa mit 30 Arten aus 10 Gattungen vertreten. Der Name weist auf ihre Ähnlichkeit mit Bockkäfern hin. Die Käfer sind nur schwach chitinisiert und darum sehr weich. Die Fühler sind meist lang und dünn. Die gerippten Flügeldecken laufen nach hinten oft spitz zu. Man findet die Käfer auf Blüten, wo sie Pollen fressen. Die Larven entwickeln sich in morschem Holz und in trockenen Stängeln von Kräutern.

UNTERFAMILIE NACERDINAE

1 | *Anogcodes melanurus*
8–12 mm.

7 Arten dieser Gattung sind in Mitteleuropa zu Hause. Die Käfer gleichen Bockkäfern. Die abgebildete Art ist bei uns im Sommer überall auf Blüten nicht selten.

2 | *Chrysanthia geniculata*
5–8 mm.

In Mitteleuropa gibt es 2 Arten aus dieser Gattung. Die Käfer sind meist glänzend blau, grün oder kupferfarben. Die langen schmalen, mit 4 Längsrippen versehenen Flügeldecken sind nach hinten leicht verengt und klaffen an der Spitze etwas. Die abgebildete Art heißt in älteren Werken *viridis.* Sie wird bei uns nach Süden zu seltener, ist aber überall vertreten.

UNTERFAMILIE OEDIMERINAE

3 | *Ischnomera caerulea*
Blauer Scheinbockkäfer, 6–10 mm.

Aus der Gattung sind 3 Arten in Mitteleuropa beheimatet. Die abgebildete Art, die in älteren Werken als *cyanea* bezeichnet wird, ist bei uns überall häufig, nur in höheren Gebirgslagen selten. *Asclera* wird auch als Untergattung von *Ischnomera* geführt.

4 | *Oedemera femorata*
Gemeiner Scheinbockkäfer, 8–10 mm.

In Mitteleuropa gibt es 11 Arten aus dieser Gattung. Die Flügeldecken verschmälern sich nach hinten meist stark und klaffen daher an der Naht. Während die Beine der Weibchen normal ausgebildet sind, sind die Hinterschenkel bei den Männchen oft sehr stark keulenförmig verdickt. Die Larven entwickeln sich in dürren Stängeln und oberen Wurzelteilen verschiedener Kräuter. Die Käfer können gut fliegen. Man findet sie vor allem an sonnigen Waldrändern auf blühenden Sträuchern, auf Wiesenblumen und Gräsern. Die abgebildete Art – in älteren Werken heißt sie auch *flavescens* – kommt bei uns überall, stellenweise sogar häufig vor, vor allem im Süden.

5 | *Oedemera lurida*
5–7 mm.

Die Art kann in Ausnahmefällen auch 9 mm lang werden. Sie ist in der ganzen Paläarktis verbreitet und bei uns überall häufig.

FAMILIE SALPINGIDAE – SCHEINRÜSSLER

Die Familie ist mit 14 Arten aus 6 Gattungen in Mitteleuropa vertreten. Früher wurden sie als eine Unterfamilie – *Salpinginae* – der *Phytidae* angesehen. Der Kopf der Käfer kann rüsselförmig verlängert und am Ende verbreitert sein. Die Käfer und ihre Larven leben unter der Rinde von Laub- und Nadelholz oder in den Gängen von Borkenkäfern. Sie sind Räuber und fressen im Holz lebende Käfer und Insektenlarven.

UNTERFAMILIE SALPINGINAE

6 | *Lissodema cursor*
2,5–3,6 mm.

2 Arten dieser Gattung kommen in Mitteleuropa vor. Sie leben in dürren Ästen verschiedener Laubbäume. Die abgebildete Art ist bei uns nicht selten und weit verbreitet.

7 | *Sphaeriestes castaneus*
Kastanienbrauner Scheinrüssler, 3–3,3 mm.

Von dieser Gattung gibt es in Mitteleuropa 5 Arten. Die Gattung heißt in älteren Werken *Sphaeriestes.* Der Kopf der Käfer ist nicht rüsselförmig verlängert. Die abgebildete Art ist bei uns überall ziemlich häufig. Man findet die Käfer unter der Rinde von Nadelholz. Käfer und Larven jagen dort Borkenkäfer.

8 | *Vincenzellus ruficollis*
2,5–3,5 mm.

Die einzige mitteleuropäische Art der Gattung heißt in älteren Werken *viridipennis. Vincenzellus* ist dort eine Untergattung von *Rhinosimus.* Der Kopf ist kaum rüsselförmig verlängert. Bei uns findet man die Käfer überall nicht selten unter loser Rinde verschiedener Laubbäume.

9 | *Salpingus ruficollis*
Gelbrotköpfiger Scheinrüssler, 3,3–4,5 mm.

Die 3 in Mitteleuropa beheimateten Arten zeichnen sich durch den vorn rüsselförmig verlängerten Kopf aus. Dieser Rüssel ist flach. Die abgebildete Art ist bei uns häufig in morschem Laubholz, das von Borkenkäfern befallen ist.

2

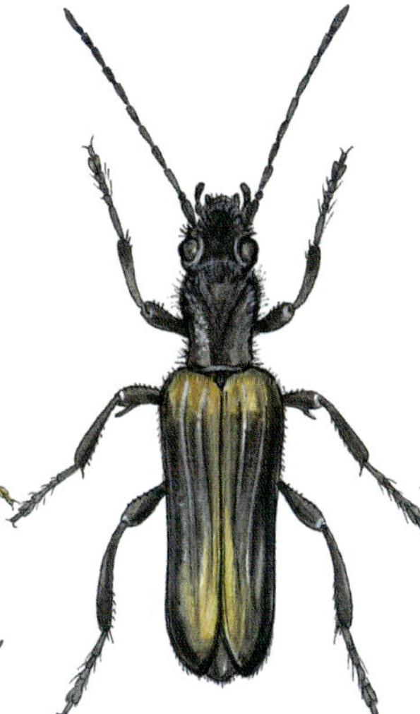

1

3

4

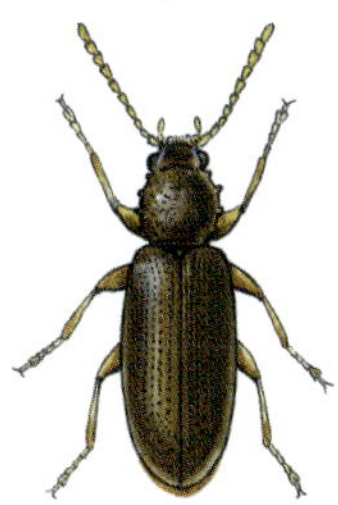

6

5

7

8

9

FAMILIE PYROCHROIDAE – FEUERKÄFER

Die Familie ist in Mitteleuropa mit 3 Arten aus 2 Gattungen vertreten. Charakteristisch sind die roten Flügeldecken. Die Larven entwickeln sich unter der Rinde trockener Laubbäume. Sie fressen andere Insekten. Wenn es keine gibt, werden sie zu Kannibalen. Die Käfer findet man auf blühenden Sträuchern oder an gefällten Baumstämmen.

UNTERFAMILIE PYROCHROINAE

1 | *Pyrochroa coccinea*
Scharlachroter Feuerkäfer, 14–18 mm.

2 Arten dieser Gattung sind in Mitteleuropa beheimatet. *Coccinea* ist die größere. Bei uns ist sie überall häufig. Man findet die Käfer vor allem an Waldrändern auf Blüten. Die Larve lebt unter der Rinde trockener Bäume.

2 | *Schizotus pectinicornis*
Orangefarbener Feuerkäfer, 8–9 mm.

Diese Gattung ist in älteren Werken eine Untergattung von *Pyrochroa*. In Mitteleuropa ist es die einzige Art. Sie ist weit verbreitet, vor allem im Bergland, aber nicht häufig.

FAMILIE SCRAPTIIDAE – SEIDENKÄFER

In älteren Werken zählt diese Familie, die in ganz Mittel-Europa mit nur 2 Arten aus einer Gattung vertreten ist, als Unterfamilie zu den Mordelliden. Die kleinen, weichen Käfer sehen Mordelliden auch ähnlich. Die Larven entwickeln sich in morschem Holz, die Käfer findet man an Waldrändern auf Bäumen, Büschen und blühenden Sträuchern.

UNTERFAMILIE SCRAPTIINAE

3 | *Scraptia fuscula*
Gelbbrauner Seidenkäfer, 2,3–2,8 mm.

Die abgebildete Art ist bei uns zwar weit verbreitet, aber selten.

UNTERFAMILIE ANASPIDINAE

4 | *Anaspis frontalis*
Gemeiner Scheinstachelkäfer, 2,8–4 mm.

In Mitteleuropa gibt es 29 Arten aus dieser Gattung. Bei uns die häufigste Art der Gattung.

FAMILIE ADERIDAE –BAUMMULMKÄFER

Die Familie ist in Mitteleuropa mit 9 Arten aus 2 Gattungen vertreten. Die Tiere wurden früher als Unterfamilie *Hylophilinae* zur Familie der *Anthicidae* gestellt. Sie leben unter dürrem Laub, am Fuße alter Bäume, in Baummulm unter Rinde, unter Stroh und Heu, an Sträuchern und Kräutern.

FAMILIE ADERIDAE – BAUMMULMKÄFER

5 | *Anidorus nigrinus*
Gemeiner Baummulmkäfer, 1,6–2,5 mm.

Aus dieser Gattung, die in älteren Werken *Hylophilus* heißt, kommen in Mitteleuropa 8 Arten vor. *A. nigrinus* ist bei uns die häufigste Art der Gattung.

FAMILIE ANTHICIDAE – BLÜTENMULMKÄFER

In Mitteleuropa gibt es von dieser Familie 32 Arten aus 5 Gattungen. Die Käfer sind klein und sehen wegen ihres schmalen Halsschildes ähnlich aus wie Ameisen. Die Beine sind lang und dünn, nur die Schenkel kräftig, zuweilen sogar verdickt. Die meisten Arten leben im Detritus. Sie ernähren sich vor allem von anderen toten Käfern.

UNTERFAMILIE NOTOXINAE

6 | *Notoxus monoceros*
Gemeiner Einhornkäfer, 3,7–5,5 mm.

Die 5 in Mitteleuropa vorkommenden Arten der Gattung sind durch ein langes, nach vorn zeigendes Horn auf dem kugeligen Halsschild charakterisiert. Dieses Horn ist an den Seiten gezähnt. Die abgebildete Art ist bei uns weit verbreitet und überall häufig.

7 | *Mecynotarsus serricornis*
1,5–2,2 mm.

Die bei uns einzige Art der Gattung hat auf dem Halsschild ebenfalls ein Horn. Man findet die Käfer auf feinkörnigem Sand an Ufern und in Dünen.

UNTERFAMILIE ANTHICINAE

8 | *Anthelephila pedestris*
Ameisen-Blütenmulmkäfer, 3,5–5 mm.

Die einzige Art der Gattung in Mitteleuropa ist einer Ameise besonders ähnlich. In Niederösterreich und dem Burgenland findet man die Käfer stellenweise nicht selten. Ob die Art auch in Deutschland vorkommt, ist fraglich. Häufig ist sie nur in Südeuropa.

9 | *Anthicus flavipes*
2–2,5 mm.

24 Arten dieser Gattung sind aus Mitteleuropa bekannt. Der Halsschild trägt keinen Dorn. Die abgebildete Art ist bei uns besonders im Norden und Osten häufig. Man findet die Käfer an trocken, sandigen Fluss- und Seeufern.

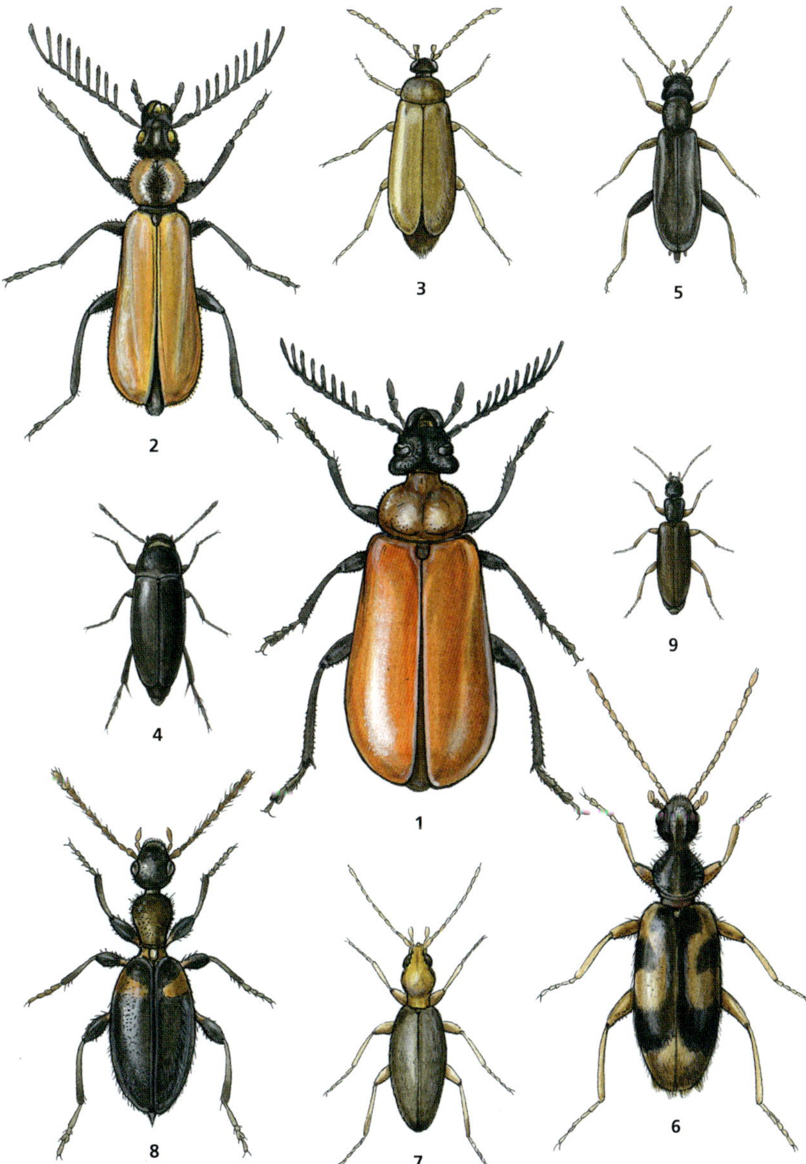
3
5
2
9
4
1
6
8
7

FAMILIE ANTHICIDAE – BLÜTENMULMKÄFER
UNTERFAMILIE ANTHICINAE

1 | *Omonadus floralis*
Gemeiner Blütenmulmkäfer, 3–3,5 mm.

Die Art ist in der ganzen Paläarktis verbreitet und bei uns überall vorhanden und meist sehr häufig.

FAMILIE MELOIDAE – ÖLKÄFER
Die Familie ist in Mitteleuropa mit 33 Arten aus 12 Gattungen vertreten. Meist lieben sie Trockenheit oder Wärme. Darum findet man sie vor allem an südlich exponierten Hängen, auf Trockenrasen und an warmen Waldrändern. Ihre Nahrung besteht vorwiegend aus Blättern, Pollen oder Nektar. Die Entwicklung zum Käfer ist sehr kompliziert. Die Larven sind Parasiten von Erdbienen und lassen sich in deren Nester eintragen. Andere leben in den Kokons von Heuschrecken im Boden.

UNTERFAMILIE MELOINAE

2 | *Lytta vesicatoria*
Spanische Fliege, 9–21 mm.

Die Gattung hat in Mitteleuropa nur einen Vertreter. Die Art ist vor allem in Südeuropa verbreitet und häufig. In Mitteleuropa tritt der Käfer nur zeitweise und vereinzelt, mitunter aber plötzlich in Mengen auf. Dann findet man ihn vor allem auf Esche, Flieder und Liguster. Er ist besonders reich an dem Giftstoff Cantharidin, das früher als blasenziehendes Mittel verwendet wurde.

3 | *Cerocoma muehlfeldi*
11–13 mm.

Die 3 in Mitteleuropa nachgewiesenen Arten der Gattung zeichnen sich dadurch aus, dass die Fühler der Männchen eigenartig gestaltet sind. Die abgebildete Art dringt bei uns vom Osten des Mittelmeergebietes bis Österreich und Ungarn vor.

4 | *Meloe proscarabaeus*
Schwarzblauer Ölkäfer, 11–35 mm.

Aus dieser Gattung kommen in Mitteleuropa 13 Arten vor. Vor allem die Weibchen haben dicke, lange und aufgetriebene Hinterleiber. Die abgebildete Art ist bei uns die häufigste Art der Gattung.

5 | *Meloe rugosus*
Mattschwarzer Maiwurmkäfer, 6–18 mm.

Dieser Ölkäfer ist bei uns überall in der Ebene und im Bergvorland nicht selten. Man findet die Käfer im frühen Frühjahr und im Herbst an warmen Plätzen.

UNTERFAMILIE NEMOGNATHINAE

6 | *Sitaris muralis*
Schmalflügliger Pelzbienenölkäfer, 8–10 mm.

Die einzige Art der Gattung in Mitteleuropa ist unverkennbar durch die Form der Flügeldecken. Die Art, in älteren Werken auch als Untergattung zu *Apalus* gestellt, findet man bei uns im späten Sommer und frühen Herbst nur sehr sporadisch und selten. Die Larven sind Parasiten bei Mauerbienen.

FAMILIE RIPIPHORIDAE – FÄCHERKÄFER
Die Fächerkäfer werden in älterer Literatur auch als *Ripiphoridae* bezeichnet. In Mitteleuropa treten nur 5 Arten aus 4 Gattungen auf. Sie sind selten und leben als Larven parasitär bei verschiedenen Insekten.

UNTERFAMILIE RIPIPHORINAE

7 | *Metoecus paradoxus*
Wespenfächerkäfer, 8–12 mm.

Die einzige Art der Gattung in Europa ist farblich sehr variabel. Bei uns leben die Tiere in Erdnestern von *Vespa vulgaris*. Man kann sie überall von August bis Oktober finden.

FAMILIE MORDELLIDAE – STACHELKÄFER
Mit 13 Gattungen und 87 Arten in Mitteleuropa vertreten. Bei vielen ist der Hinterleib in eine hornige Spitze ausgezogen. Die Entwicklung erfolgt in verpilztem Holz, in Gallen oder den Stängeln krautiger Pflanzen. Viele Arten sind wärmeliebend. Die Käfer findet man meist in Blüten. Sie fliegen schnell auf und machen purzelnde Bewegungen, wenn man sie fangen will.

UNTERFAMILIE MORDELLINAE

8 | *Mordella brachyura*
Gemeiner Stachelkäfer, 5,8–6,5 mm.

8 Arten dieser Gattung leben in Mitteleuropa. Die abgebildete Art heißt in älteren Werken auch *brevicauda*. Bei uns sind die Käfer überall sehr häufig.

9 | *Mordellistena brevicauda*
Wolfsmilchstachelkäfer, 4–5,5 mm.

Die 62 in Mitteleuropa beheimateten Arten der Gattung sind meist sehr schwer zu unterscheiden. Die abgebildete Art ist bei uns sehr häufig, man findet die Käfer auf der Wolfsmilch *Euphorbia cyparissias*.

1
2
4
5
6
7
3
8
9

FAMILIE MELANDRYIDAE – DÜSTERKÄFER

Diese Familie ist in Mitteleuropa mit 38 Arten aus 17 Gattungen vertreten. In manchen Werken trägt die Familie den Namen *Serropalpidae.* Die Käfer findet man vor allem versteckt unter loser Rinde alter Bäume, in Baumschwämmen, in Baummulm, nur wenige frei an blühenden Pflanzen und Sträuchern.

UNTERFAMILIE MELANDRYINAE

1 | *Orchesia micans*
4–5 mm.

In Mitteleuropa gibt es aus dieser Gattung 8 Arten. Die Käfer ähneln Mordelliden. Mit Hilfe eines langen Enddorns an den Hinterschienen sind sie auch in der Lage, ähnlich wie diese zu springen. Die abgebildete Art ist bei uns weit verbreitet und nicht selten. Man findet die Käfer vom Frühling bis zum Juli, manchmal auch noch im Herbst in Baumschwämmen an Laubbäumen oder unter verpilzter Baumrinde.

2 | *Serropalpus barbatus*
8–18 mm.

Die einzige Art der Gattung in Mitteleuropa ist boreomontan verbreitet. Die Larven fressen in kranken oder frisch gefällten Tannen und Fichten tiefe, senkrechte Gänge. Da deren Entwicklung lange dauert, können sie bei starkem Befall schwere Schäden anrichten.

3 | *Melandrya caraboides*
Laufkäferartiger Düsterkäfer, 10–16 mm.

Die 3 in Mitteleuropa beheimateten Arten der Gattung haben sehr kräftige Beine. Die Käfer sind sehr flüchtig, wenn sie auf trockenem Holz herumlaufen. Greift man nach ihnen, machen sie heftige, purzelnde Bewegungen. Die abgebildete Art ist bei uns in verpilztem, morschem Laubholz nicht selten.

UNTERFAMILIE OSPHYINAE

4 | *Conopalpus testaceus*
5–7 mm.

2 Arten dieser Gattung sind in Mitteleuropa beheimatet. Die abgebildete Art ist in Europa (bis auf den Norden) weit verbreitet und bei uns stellenweise nicht selten. Man findet die Käfer besonders in alten Wäldern an Laubbäumen, vorzugsweise an Ästen von Eichen und Buchen.

FAMILIE TENEBROINIDAE – SCHWARZKÄFER

Nur 2 Arten aus einer Gattung dieser Familie leben in Mitteleuropa. Der deutsche Name weist darauf hin, dass die Käfer meist dicht behaart sind. Die Larven ernähren sich von abgefallenen Blättern. Die Käfer findet man auf Pflanzen.

UNTERFAMILIE LAGRIINAE – WOLLKÄFER

5 | *Lagria hirta*
Gemeiner Wollkäfer, 7–10 mm.

2 Arten dieser Gattung kommen in Mitteleuropa vor. Die abgebildete Art ist bei uns weit verbreitet und im Sommer überall sehr häufig.

UNTERFAMILIE CTENIOPODINAE – PFLANZENKÄFER

Die Familie ist in Mitteleuropa mit 33 Arten aus 11 Gattungen vertreten. Die Lebensweise ist sehr verschieden: Die einen sind nachtaktiv, die anderen wärme- und sonnenliebend. Man findet die Käfer in Baumschwämmen, in verpilztem Holz, unter loser Baumrinde, auf Blüten und an Bäumen. Die Larven entwickeln sich in Baumschwämmen, in morschem Holz oder im Boden zwischen Pflanzenwurzeln.

6 | *Allecula morio*
6–8 mm.

Die 3 in Mitteleuropa beheimateten Arten der Gattung sind meist schwarz oder braun gefärbt. Die abgebildete Art ist bei uns in morschem Holz und im Mulm hohler Bäume überall vorhanden und meist nicht selten.

7 | *Prionychus ater*
Mattschwarzer Pflanzenkäfer, 12–14 mm.

Aus der Gattung sind 2 Arten in Mitteleuropa beheimatet. Die Käfer leben unter loser trockener Baumrinde und in Baummulm. Die abgebildete Art ist bei uns weit verbreitet. Die Käfer sind Nachttiere. Man findet sie unter loser Baumrinde von Laubhölzern.

8 | *Gonodera luperus*
Veränderlicher Pflanzenkäfer, 6,5–9 mm.

Die einzige Art der Gattung in Mitteleuropa findet man bei uns auf blühenden Büschen an Waldrändern häufig.

UNTERFAMILIE DIAPERINAE

9 | *Myrmechixenus subterraneus*
Ameisen-Rindenkäfer, 1,3–1,6 mm.

Die beiden Arten der Gattung aus Mitteleuropa sind klein und oberseits unregelmäßig punktiert. Die abgebildete Art findet man überall und nicht selten bei Ameisen der Gattunf Formica. Im Hochgebirge fehlt die Art.

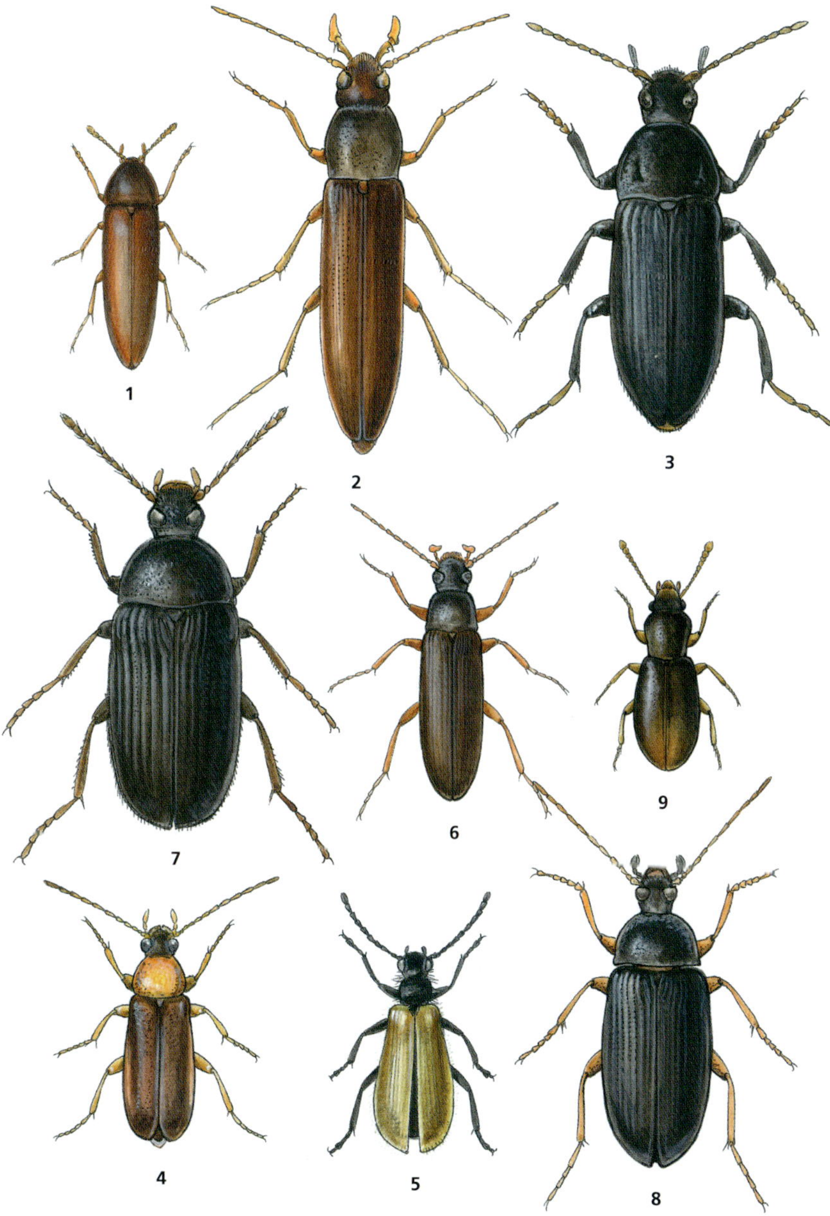
1
2
3
7
6
9
4
5
8

FAMILIE TENEBRIONIDAE – SCHWARZKÄFER

Die Familie ist in Mitteleuropa mit 74 Arten aus 37 Gattungen vertreten. Der Körperbau ist so verschieden, dass es kaum eine Käferfamilie gibt, der Tenebrioniden nicht gleichen. Der Name Schwarzkäfer trifft für unsere einheimischen Arten weitgehend zu, nicht aber für Formen der Tropen. Auch in der Lebensweise sind die Schwarzkäfer sehr verschieden. Die meisten sind wärmeliebend. Man findet sie in faulenden oder morschen Pflanzenteilen, in Baumschwämmen, verpilztem Holz, unter Baumrinde in Baummulm, unter Falllaub, Stroh und Heu, in Kellern und Ställen, in Vogelnestern und Säugetiernestern. Eine ganze Reihe von Arten kommt außer im Freien in Häusern als Vorratsschädlinge vor.

UNTERFAMILIE DIAPERINAE

1 | *Diaperis boleti*
Gelbbindiger Schwarzkäfer, 6–8 mm.

Die einzige Art der Gattung in Mitteleuropa hat einen hochgewölbten kurzen eiförmigen Körper. Man findet die Käfer in verschiedenen Baumschwämmen. Bei uns sind die Tiere überall zu finden und meist häufig.

2 | *Phaleria cadaverina*
Hellfarbener Schwarzkäfer, 5,5–7 mm.

Die einzige Art der Gattung in Mitteleuropa ist für einen Schwarzkäfer sehr hell gefärbt. Sie bevorzugt eine salzreiche Umgebung und ist an den Küsten des Atlantiks und der Nordsee sowie an der Westküste der Ostsee verbreitet. Die Käfer leben an sandigen Stellen hauptsächlich von Aas. Man findet sie aber auch unter Tang. Zuweilen vergraben sie sich tief im Sand. Bei uns sind sie an den Fundstellen nicht selten.

3 | *Crypticus quisquilius*
4,5–6 mm.

In Mitteleuropa kommt nur diese Art der Gattung vor. Die eiförmigen Käfer gleichen Laufkäfern der Gattungen *Amara* und *Harpalus.* Sie laufen – wie diese – auch sehr schnell. Die harten, zylindrischen Larven erinnern dagegen an die Larven der Schnellkäfer (Drahtwürmer). Käfer und Larven leben an trockenen, sandigen Stellen unter Pflanzen und unter Steinen. Bei uns sind die Käfer im Allgemeinen häufig.

4 | *Scaphidema metallicum*
Metallfarbener Schwarzkäfer, 4–5 mm.

In Mitteleuropa kommt nur diese Art der Gattung vor. Die Färbung der Käfer ist etwas variabel. Die Larven entwickeln sich in Baumschwämmen. Der Käfer ist bei uns an verpilzten und morschen Laubbäumen überall häufig.

5 | *Alphitophagus bifasciatus*
Zweibindiger Pilzschwarzkäfer, 2,2–2,5 mm.

Die einzige Art der Gattung in Mitteleuropa ist fast Kosmopolit. Bei uns ist der Käfer im Freien in alten morschen Laubbäumen oder unter schimmelndem und faulendem Pflanzenmaterial zu finden, allerdings nicht häufig. Seine weite Verbreitung verdankt er ständiger Verschleppung. Die Larven leben auch in feuchtem Maismehl und schimmelndem Getreide oder in Getreideabfällen. Regelmäßig findet man die Käfer darum auf Schiffen und bei uns nicht selten in Tierställen.

6 | *Corticeus linearis*
2,5–2,8 mm.

Die Gattung ist in Mitteleuropa mit 10 Arten vertreten. Käfer und Larven leben unter der Rinde von Bäumen, die von Borkenkäfern befallen sind. Bei uns ist die abgebildete Art weit verbreitet, tritt aber nur stellenweise häufiger auf. Man findet die Käfer in Kiefernästen bei *Pityo*genes-Arten, vor allem in der Wipfelregion.

7 | *Gnathocerus cornutus*
Vierhornkäfer, 3,5–4 mm.

Die einzige Art der Gattung in Mitteleuropa ist durch die Kopfform gut gekennzeichnet. Sie ist in Mühlen, Getreidespeichern und Bäckereien ein häufiger Schädling. Käfer und Larven leben von Getreide und Getreideprodukten.

UNTERFAMILIE TENEBRIONINAE

8 | *Opatrum sabulosum*
Gemeiner Staubkäfer, 7–10 mm.

In Mitteleuropa sind 2 Arten dieser Gattung beheimatet, die an trockenen, sandigen und öden Plätzen unter Steinen sitzen oder auch frei umherlaufen. Die abgebildete Art ist bei uns überall häufig.

9 | *Melanimon tibiale*
3–4 mm.

Die einzige Art der Gattung in Europa hat etwa die Körpergestalt wie *Opatrum,* aber die Vorderschienen sind noch breiter als Grabbeine ausgebildet. Die Art kommt bei uns in Sandgebieten häufig vor.

1

2

3

4

5

6

7

8

9

UNTERFAMILIE TENEBRIONINAE

1 | *Tenebrio molitor*
Mehlkäfer, 12–18 mm.

In Mitteleuropa leben 3 *Tenebrio*-Arten, von denen die abgebildete die häufigste ist. Der Mehlkäfer ist bei uns auch im Freien nicht selten. Man findet ihn im Mulm alter Bäume und in Vogelnestern. Als Schädling kommt er an Getreide, Mehl und Mehlprodukten vor. Die Käfer fliegen abends ans Licht. Findet man einzelne Mehlkäfer im Haus, können es auch ins Fenster eingeflogene Tiere sein. Ist der Befall stärker, muss man die Brutstätte ausfindig machen. Mehlwürmer, die Larven der Mehlkäfer, werden als Futter für Kleintiere in sogenannten „Mehlwurmhecken" gezüchtet.

2 | *Pedinus femoralis*
Grassteppen-Schwarzkäfer, 7–9 mm.

In Mitteleuropa gibt es aus dieser Gattung 2 Arten. Eigentümlich sind die Augen, die völlig in 2 Hälften, eine obere und eine untere, geteilt sind. Die Art *femoralis* findet man bei uns als Charakterart trockenwarmer Grassteppen. Die Tiere ernähren sich von Pflanzenwurzeln und können bei starkem Auftreten (vor allem im Osten) an Pflanzenkulturen erhebliche Schäden anrichten.

3 | *Blaps mortisaga*
Großer Totenkäfer, 20–31 mm.

Zu dieser Gattung gehören große schwarze Käfer, von denen 6 Arten auch in Mitteleuropa vertreten sind. Die Käfer leben an dunklen Plätzen, meist unter Brettern und Steinen in der Nähe von Gebäuden. Die abgebildete Art findet man in alten Kellern, Ställen und Scheunen.

4 | *Phylan gibbus*
7,5–8,5 mm.

Die in Mitteleuropa einzige Art der Gattung ist eine salzliebende Form der sandigen Meeresküste von Westeuropa und dem südlichen Nordeuropa. Bei uns sind die Käfer an der Nord- und Ostseeküste nicht selten.

5 | *Eledona agaricola*
2,2–2,5 mm.

Die einzige Art der Gattung in Mitteleuropa ist durch ihren Körperbau gut charakterisiert. Die kleinen Käfer leben in Baumschwämmen, vor allem in *Polyporus sulphureus*, an verschiedenen Laubbäumen, besonders auf Weiden. Bei uns kommen sie nicht selten vor. Meist findet man sie dann in großer Zahl.

6 | *Palorus ratzeburgi*
Kleinäugiger Getreidemehlkäfer, 2,8–3 mm.

3 Arten der Gattung sind aus Mitteleuropa bekannt. Sie leben bei uns auch im Freien, aber oft in großen Mengen in Mehl und Getreide, wo sie beachtliche Schäden anrichten können. Die Käfer findet man unter morscher Rinde alter Laubbäume, vor allem der Buchen. Synanthrop lebt die Art bei uns in Getreide, Mehl und Kleie.

7 | *Tribolium confusum*
Amerikanischer Reismehlkäfer, 3,5 mm.

Aus dieser Gattung kommen 4 Arten in Mitteleuropa vor. Nur gelegentlich findet man einen Käfer auch im Freien, zum Beispiel im Mulm alter Bäume, normalerweise sind sie aber Vorratsschädlinge. Ganze Getreidekörner greifen sie kaum an. Sobald solche aber verletzt oder zerbrochen sind, kommt *Tribolium* als Sekundärschädling. Besonders gefährdet sind alle Mahlprodukte, in denen es von diesen Käfern geradezu wimmeln kann. Die abgebildete Art ist bei uns überall verbreitet und häufig.

8 | *Alphitobius diaperinus*
Getreideschimmelkäfer, 5,5–6 mm.

Von dieser Gattung gibt es in Mitteleuropa 2 Arten. *A. diaperinus* heißt in älteren Werken *piceus*. Sie ist die häufigere der beiden Arten. Bei uns findet man die Käfer nur in Gesellschaft des Menschen und nur in verdorbener Ware. Als Primärschädling können die Käfer nicht gelten. Sie zeigen bei ihrem Auftreten aber an, dass die Mehl- und Getreideprodukte von schlechter Qualität sind.

9 | *Stenomax aeneus*
12–16 mm.

2 Arten dieser Gattung sind in Mitteleuropa beheimatet. In älteren Werken werden sie zur Gattung *Helops* oder *Cylindronotus* gezählt; die abgebildete Art trägt auch den Namen *incurvus*. Die abgebildete Art findet man bei uns nur im Süden, nicht in Norddeutschland. An verpilzten Ästen und unter loser Rinde von Laubbäumen sind sie zuweilen nicht selten.

1

2

4

5

3

6

7

8

9

FAMILIE TROGIDAE – ERDKÄFER

Früher wurden die Trogidae als eine Unterfamilie (*Troginae*) der Scarabaeiden geführt. In Mitteleuropa kommt nur die Gattung *Trox* mit 7 Arten vor: Gedrungene, stark gewölbte Käfer mit Längen von 3–13 mm. Flügeldecken mit buckelartigen Skulpturen. Die Larven ernähren sich von Aas und faulenden Stoffen. Die Käfer findet man in Exkrementen, an Knochen, in Baumhöhlen und in Vogelnestern.

UNTERFAMILIE TROGINAE

1 | *Trox sabulosus*

Breitstreifiger Erdkäfer, 8–9 mm.

7 Arten dieser Gattung kommen in Mitteleuropa vor. Die Käfer können durch Reiben des Hinterleibes gegen die Flügeldecken ein zirpendes Geräusch verursachen. Sie leben an trockenen tierischen Stoffen, wie Fellen, Hufen, Federn, Knochen, Kadavern und dergleichen. Die abgebildete Art ist bei uns in sandigen Gebieten nicht selten.

2 | *Trox scaber*

5–8 mm.

Die Art lebt in Vogelnestern. Sie ist beinahe über die ganze Welt verbreitet. Bei uns findet man die Käfer in niedrigen Lagen nicht selten, in den Alpen nur sporadisch.

FAMILIE GEOTRUPIDAE – MISTKÄFER

Die Familie der *Geotrupidae* ist in Mitteleuropa mit 5 Gattungen und 11 Arten vertreten. Früher wurden sie als eine Unterfamilie, *Geotrupinae*, der Scarabaeiden betrachtet. Die Größe schwankt zwischen 7 und 26 mm. Meist dunkle Färbungen, zum Teil mit Metallglanz. Bei manchen Arten ist ein ausgeprägter Geschlechtsdimorphismus festzustellen. Tag- und nachtaktive Vertreter. Als Nahrung dienen in der Regel Exkremente. Mit Brutfürsorge.

UNTERFAMILIE BOLBOCERATINAE

3 | *Odontaeus armiger*

7–10 mm.

Die einzige Art der Gattung in Mitteleuropa hat einen kurzen, stark gewölbten Körper. Die Männchen tragen auf dem Kopf ein langes, schlankes und an der Basis bewegliches Horn, während der Kopf der Weibchen eine kurze Querleiste und 2 Höckerchen besitzt. Bei uns sind die Käfer in niedrigen Lagen selten.

UNTERFAMILIE GEOTRUPINAE

4 | *Typhaeus typhoeus*

Stierkäfer. Männchen, 15–24 mm.

Bei dieser einzigen Art der Gattung in Mitteleuropa ist der Geschlechtsunterschied groß. Je größer die Käfer sind, umso stärker sind die Auszeichnungen der Männchen. Sehr kleine Käfer sind nur schwach gehörnt. Man findet die Käfer bei uns in sandigen Heidegebieten, in lichten Kiefernwäldern, aber nur selten.

5 | *Typhaeus typhoeus*

Weibchen, 15–24 mm.

Die Stierkäfer graben einen 1–1,5 m tiefen Stollen,von dem mehrere Nebenstollen abzweigen. Darin wird Kot, bevorzugt Kaninchenkot eingebracht. Das Weibchen legt seine Eier nicht an die Brutpille, sondern abseits in die Erde. Die Larven müssen sich zu den Kotpillen vorarbeiten.

6 | *Geotrupes stercorarius*

Gemeiner Mistkäfer, 16–25 mm.

Aus dieser Gattung leben 7 Arten in Mitteleuropa. Die Käfer können durch Reiben der Hinterhüften Zirptöne erzeugen. An windstillen Abenden schwärmen sie und fliegen mit brummendem Ton dicht über der Erde. Sie graben unter Kothaufen Gänge, in deren Ende sie Mist bringen und die Eier ablegen. Die abgebildete Art ist bei uns oft häufig, nur nicht in gebirgigen Gegenden.

7 | *Anoplotrupes stercorosus*

Waldmistkäfer, 12–19 mm.

Die Art, die in älteren Werken auch *silvaticus* heißt, ist ein Waldbewohner. Bei uns sind die Käfer meist häufig. Sie brüten im Frühjahr und finden sich an Menschenkot ein.

8 | *Trypocopris vernalis*

Frühlingsmistkäfer, 12–20 mm.

Diese Art ist farblich sehr variabel. Bei uns sind die Käfer überall vorhanden, meist häufig. Die Brutstollen sind 7–8 cm tief und gehen schräg in die Erde. Am Grunde werden Seitengänge angelegt und mit Kot gefüllt. Die Entwicklung dauert etwa 10 Monate.

UNTERFAMILIE LETHRINAE

9 | *Lethrus apterus*

Rebenschneider, 15–24 mm.

Die einzige Art der Gattung in Mitteleuropa ist durch ihren großen Kopf und Halsschild gut charakterisiert. Die Käfer leben im Südosten Mitteleuropas auf trockenen, sandigen Böden. In die etwa 40 cm tiefen Gänge werden frische Blätter eingetragen, die nach einem Gärungsprozess den Käfern und Larven als Nahrung dienen. Da auch junge Rebentriebe abgebissen werden, kann der Käfer in Weinbaugebieten schädlich werden.

1

2

6

4

5

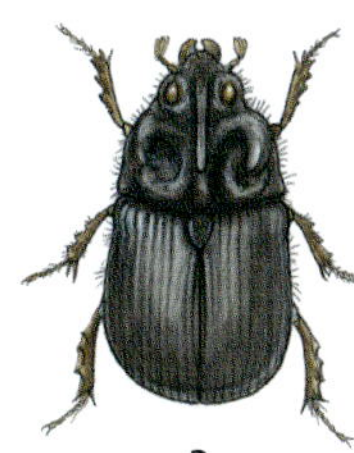

3

8

7

9

FAMILIE OCHODAEIDAE

In Mitteleuropa nur mit einer Gattung *(Ochodaeus)* und einer Art (*O. chrysomeloides)* vertreten. Sie werden häufig nur als eine Unterfamilie, *Ochodaeinae*, der *Scarabaeidae* geführt.

1 | *Ochodaeus chrysomeloides*
4–6 mm.

Dies ist die einzige Art der Gattung in Mitteleuropa. Die Käfer schwärmen abends. Bei uns kommen sie vor allem im Osten vor. Sie leben unterirdisch an Pilzen auf warmen, grasigen Hängen, in Flussauen und an Waldrändern. Zuweilen sind sie nicht selten.

FAMILIE SCARABAEIDAE – BLATTHORNKÄFER

Die Familie ist mit 197 Arten aus 40 Gattungen in Mitteleuropa vertreten. Typisch für die Käfer sind die Fühler, deren 3 letzte Glieder nach einer Seite kamm- oder keulenförmig erweitert sind. Die Beine der Blatthornkäfer sind kurz, aber kräftig, die Vorderschienen tragen am Außenrand Zähne und sind vielfach als Grabbeine ausgebildet. Die Larven, Engerlinge, entwickeln sich im Boden und leben von Pflanzenwurzeln, pflanzlichem Abfall oder Dung.

UNTERFAMILIE SCARABAEINAE

2 | *Gymnopleurus mopsus*
Breiter Pillendreher, 10–15 mm.

Von dieser Gattung kommen 3 Arten in Mitteleuropa vor. Die Käfer sind breit und flach und erinnern an Heilige Pillendreher der Gattung *Scarabaeus*. Die abgebildete Art lebt bei uns nur im Südosten. Sie formt aus frischem Kuhmist Kotkugeln, die für die Brut eingegraben werden. Mit geschlossenen Flügeldecken fliegen die Käfer sehr rasch.

3 | *Sisyphus schaefferi*
Langbeiniger Pillendreher, 6,5–12 mm.

Diese einzige Art der Gattung in Mitteleuropa ist vor allem durch die langen und schlanken Mittel- und Hinterbeine ausgezeichnet. Auch bei dieser Art bleiben die Flügeldecken im Flug geschlossen. Bei uns kommt *schaefferi* stellenweise und nicht häufig nur an warmen Plätzen auf Kalkboden vor. Der Käfer formt vor allem aus Schafkot Pillen, die er fortwälzt und eingräbt.

4 | *Euoniticellus fulvus*
7–12 mm.

2 Arten dieser Gattung leben in Mitteleuropa. Die Käfer ähneln der artenreichen Gattung *Onthophagus*, haben aber längere Körper. Die abgebildete, seltene Art lebt in Pferde- und Rinderkot.

5 | *Copris lunaris*
Mondhornkäfer, 16–24 mm.

Die einzige Art der Gattung in Mitteleuropa ist im männlichen Geschlecht durch das lange spitze Kopfhorn und die Halsschildbildung gut gekennzeichnet. Die Weibchen tragen auf dem Kopf ein kurzes Horn, und der Halsschild hat in der Mitte einen Buckel. Bei uns wird die Art von Süden nach Norden immer seltener. Man findet die Käfer besonders unter frischem Rindermist, weniger unter Pferdekot.

6 | *Caccobius schreberi*
4–7 mm.

Zu dieser Gattung zählen 2 pontisch-ostmediterrane Arten, von denen die abgebildete weit nach Mitteleuropa reicht. Die andere berührt unseren Raum kaum. Die Käfer sehen den *Onthophagus*-Arten ähnlich. Bei uns sind die Käfer an warme Plätze mit Steppenformation gebunden. Im Osten sind sie häufiger, aber auch aus dem Westen, wie vom Kaiserstuhl und vom Mainzer Sand, bekannt. Die Käfer findet man von April bis August an Pferde- und Rinderkot.

7 | *Onthophagus taurus*
Stierkotfresser, Männchen, 6–11,5 mm.

Die Gattung der Kotfresser ist mit 19 Arten in Mitteleuropa vertreten. Männchen und Weibchen unterscheiden sich meist dadurch, dass beim Männchen der Kopfschild gehörnt oder gehöckert ist. Beim Weibchen sind nur 1 oder 2 Querleisten vorhanden. Die Käfer sind Kotfresser. Die abgebildete Art ist bei uns südlich des Mains nicht selten, weiter im Norden nur stellenweise und selten zu finden.

8 | *Onthophagus nuchicornis*
6–9 mm.

Die Art ist bei uns im Norden und Osten häufig, im Westen und Südwesten dagegen seltener. Die Käfer bevorzugen Rinderkot.

UNTERFAMILIE APHODIINAE

9 | *Aegialia arenaria*
5–6 mm.

3 Arten dieser Gattung sind in Mitteleuropa heimisch. Sie erinnern an die Aphodien. Die abgebildete Art lebt in West- und Nordeuropa an sandigen Meeresküsten. An der Nord- und Ostseeküste nicht selten, stellenweise sogar häufig. Die Käfer laufen im Sand der Düne umher oder sitzen unter Brettern, Tang, Steinen und an Graswurzeln.

2

4

3

6

5

7

8

9

1

UNTERFAMILIE APHODIINAE

1 | *Oxyomus sylvestris*
2,5–3,7 mm.

Die einzige Art der Gattung in Mitteleuropa sieht den Aphodien ähnlich, aber der Halsschild trägt bei *Oxyomus* eine Mittelfurche, die allerdings nicht ganz nach vorn reicht. Zudem besitzen die Flügeldecken breite Streifen und dazwischen rippenförmige, schmale Erhabenheiten. Die Art ist bei uns überall häufig. Die Käfer leben in faulenden Pflanzenstoffen, Kompost, Strohmist und verrottetem Kot. Besonders gern halten sie sich darum in Kaninchenaborten auf. Mitunter findet man sie auch in faulenden Pilzen und in Baumschwämmen.

2 | *Colobopterus erraticus*
6–7,5 mm.

Mit 80 Arten in Mitteleuropa ist dies die bei weitem artenreichste Scarabaeiden-Gattung. Die kleinen bis mittelgroßen Tiere sind oberseits gewölbt, glatt und kahl. Nur die Flügeldecken sind teilweise kurz behaart. Oft kann man verwandte Arten nur schwer voneinander unterscheiden, manchmal nur an den männlichen Genitalien. Wie der deutsche Name Dungkäfer sagt, sind die meisten Arten Dungbewohner. Einige leben in fetter Gartenerde oder in faulenden Pflanzenstoffen. Die Käfer graben für ihre Brut keine Gänge in die Erde, sondern legen ihre Eier direkt ins Substrat. Die abgebildete Art kommt fast in der ganzen Holarktis mit Ausnahme des Nordens vor. Bei uns sind die Käfer in Kuh- und Pferdemist meist nicht selten. In den Alpen findet man sie bis in 1700 m Höhe.

3 | *Teuchestes fossor*
Großer Dungkäfer. 10–13 mm.

Diese kahlen, glänzenden Käfer können auch rotbraune Flügeldecken haben. Die Art ist im Norden der Paläarktis und in Nordamerika zu Hause. Bei uns kommt sie überall vor, besonders in waldreichen und gebirgigen Regionen. Die Käfer lieben vor allem frischen Kuhdung.

4 | *Melinopterus prodromus*
4–7 mm.

Diese Art ist in den größten Teilen der ganzen Holarktis zu Hause. Bei uns ist sie überall häufig, im Gebirge bis in subalpine Lagen. Die Käfer ziehen Pferdedung vor, sind aber in allen Kotarten und faulenden Pflanzenstoffen zu finden.

5 | *Esymus merdarius*
4,5 mm.

Diese Art fliegt im zeitigen Frühjahr. Bei uns ist sie zwar überall aber recht unregelmäßig zu finden, nur zuweilen und stellenweise häufig oder sogar sehr häufig. Die Käfer leben vor allem in frischem Kuhdung, aber auch in Pferde- und Menschenkot. Sie fliegen manchmal ans Licht.

6 | *Aphodius fimetarius*
Gemeiner Dungkäfer, 5–8 mm.

Diese Art mit roten Flügeldecken bewohnt fast die ganze Holarktis und ist bei uns eine der häufigsten Arten der Gattung. Man findet sie sogar in höheren Gebirgslagen der Schweiz und Bayerns, wo sie aber eine besondere Unterart, *monticola*, bildet, bei der die Flügeldecken kräftige und tiefe Punktstreifen tragen.

7 | *Agrilinus ater*
3–5,5 mm.

Bei diesem Käfer können Flügeldecken und Halsschild auch rotbraun gefärbt sein. Die Art findet man in Schaf- und Rindermist auf Viehweiden ziemlich häufig.

8 | *Agrilinus rufus*
5–7 mm.

Die Art kann in der Färbung ebenfalls stark variieren. Bei uns ist sie überall häufig. Man findet die Käfer vor allem in Rinder- und Pferdedung. Auch Schafdung verschmähen sie nicht.

9 | *Euheptaulacus sus*
14–5 mm.

Während die *Aphodius-Arten* auf den Flügeldecken 10 Streifen tragen, besitzen die 5 in Mitteleuropa vorkommenden *Heptaulacus-Arten* nur 7–9 flache Streifen. Im Übrigen gleichen die einfarbig braunen oder dunkel gefleckten Käfer den Aphodien, auch in ihrer Lebensweise. Die abgebildete Art ist bei uns die verbreitetste Art der Gattung, aber nur sporadisch und selten zu finden. Dabei lebt sie in allen Kotarten, ist also nicht spezialisiert.

1

2

3

4

5

6

7

8

9

UNTERFAMILIE APHODIINAE

1 | *Psammodius asper*
2,6–4 mm.

2 Arten dieser Gattung kommen in Mitteleuropa vor. Die Käfer haben einen gewölbten und nach hinten verbreiterten Körper. Auffallend sind die Querwülste auf dem Halsschild, die hinten durch eine Mittelfurche unterbrochen sind. Die abgebildete Art ist bei uns lokal auf warmen Sandböden zu Hause, aber nicht häufig.

2 | *Rhyssemus germanus*
2,5–3,5 mm.

Die beiden in Mitteleuropa beheimateten Arten der Gattung sind der vorigen Gattung ähnlich, aber länger gestreckt. Die abgebildete Art, die in älteren Werken auch *asper* heißt, ist bei uns nur stellenweise zu finden und stets mehr oder weniger selten. Die Käfer leben an Graswurzeln oder unter faulenden Blattrosetten, auch unter Steinen in faulenden Pflanzenstoffen, in Kompost, unter Salzpflanzen auf Salzböden sowie in Erdbauten von Maulwurf, Fuchs und Nagetieren.

3 | *Diastictus vulneratus*
2,8–3,5 mm.

In Mitteleuropa gibt es 2 Arten aus dieser Gattung. Die abgebildete Art kommt bei uns zwar überall vor, ist aber selten. Man findet die Käfer zusammen mit der Ameise *Formica fusca* auf Sandboden, an sandigen Ufern, in faulenden Pflanzenstoffen und in Moosrasen.

4 | *Pleurophorus caesus*
2,5–3,2 mm.

2 Arten der Gattung sind in Mitteleuropa zu Hause. Beide sind pontisch-mediterrane Arten, die ins südöstliche Mitteleuropa vordringen. So vor allem die abgebildete Art, die in Oberösterreich noch stellenweise recht häufig sein kann, im übrigen Gebiet aber nur sehr sporadisch und selten auftritt und zwar nur an warmen Plätzen. Man findet die Käfer vor allem unter trockenem Kuhmist und faulenden Pflanzenstoffen.

UNTERFAMILIE MELOLONTHINAE

5 | *Serica brunnea*
Gelbbrauner Laubkäfer, 8–10 mm.

Die einzige Art der Gattung in Mitteleuropa erinnert an einen kleinen Maikäfer. Der Körper ist aber mehr eiförmig und gewölbt. *Serica brunnea* ist bei uns vor allem im Hügel- und Bergland nicht selten, zuweilen häufig. Die Käfer sind abends und nachts aktiv und fliegen ans Licht. Bei Tag kann man sie unter Moos und Steinen finden, wo sie sich versteckt halten. Die Larven brauchen zu ihrer Entwicklung 2 Jahre. Sie leben an Pflanzenwurzeln und können in Forstkulturen schädlich werden.

6 | *Maladera holosericea*
6–9 mm.

Die einzige Art der Gattung in Mitteleuropa ist der vorigen Art sehr ähnlich, meist aber dunkler gefärbt. Bei uns findet man die Käfer in trockenen Sandgebieten in der Ebene und in den Vorbergen. Sie meiden das atlantische Küstengebiet und fehlen auf Kalk- und Tonböden. Im Allgemeinen findet man die Art bei uns nur vereinzelt und nicht häufig.

7 | *Omaloplia ruricola*
Geränderter Laubkäfer, 5–7,5 mm.

In Mitteleuropa kommen 3 Arten dieser Gattung vor. Die Käfer schwärmen bei Tag niedrig über Gräsern und Pflanzen. Die abgebildete Art kommt bei uns an trockenwarmen Hängen stellenweise nicht selten vor. Die Käfer fliegen im Juni und Juli, vereinzelt auch noch im Mai, August und September, vormittags und mittags.

8 | *Holochelus aequinoctialis*
Rotbrauner Brachkäfer, 13–18 mm.

4 Arten der Gattung leben in Mitteleuropa. Die abgebildete Art wird in älteren Werken als Untergattung zur Gattung *Rhizotrogus* gestellt. Sie strahlt ins südöstliche Mitteleuropa ein. Auch aus Südostdeutschland gibt es einzelne Meldungen. Die Käfer erscheinen schon Anfang April und fliegen nachmittags, vor allem auf Kultursteppen. Die Entwicklung dauert 3 Jahre.

9 | *Amphimallon solstitiale*
Gerippter Brachkäfer,
(Junikäfer, Kleiner Maikäfer),
14–18 mm.

Den Namen „Kleiner Maikäfer“ oder Junikäfer tragen viele der dem Maikäfer verwandten Arten, auch die 7 in Mitteleuropa heimischen Arten dieser Gattung. Sie werden vielfach als Untergattung zu *Rhizotrogus* gestellt. Die abgebildete Art fliegt, wie die Maikäfer, abends in der Dämmerung. Meist sind die Käfer häufig, vor allem auf lockeren Böden. Im Gebirge fehlen sie meist. Die Entwicklung dauert 2 Jahre.

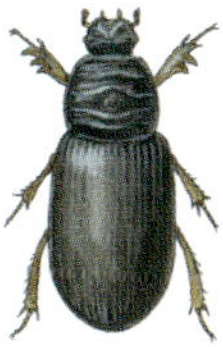

1

2

8

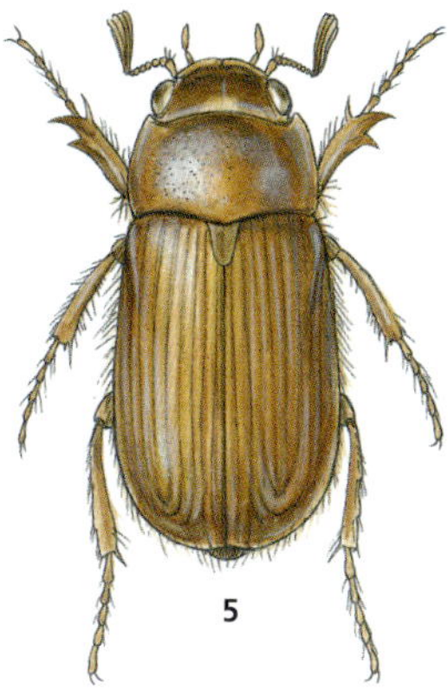

5

6

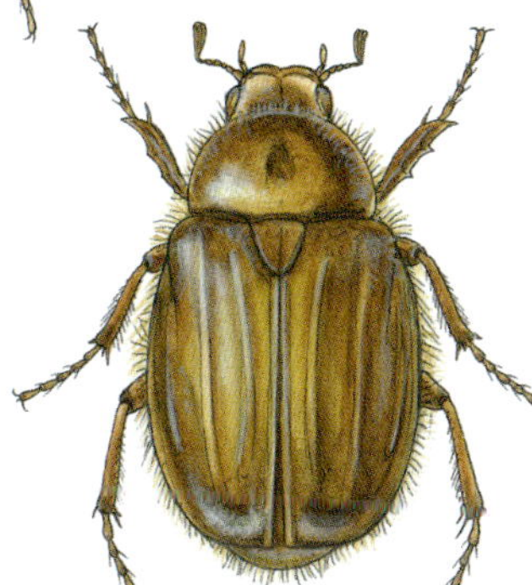

9

3

7

4

UNTERFAMILIE MELOLONTHINAE

1 | *Rhizotrogus aestivus*

Gelbbrauner Brachkäfer, 12–18 mm.

Von dieser Gattung kommen 4 Arten in Mitteleuropa vor. Die Engerlinge leben im Boden auf öden, sandigen Grasplätzen oder Brachfeldern. Die abgebildete Art ist bei uns weit verbreitet, fehlt aber in der Ebene. Auf trockenwarmen Hängen können die Käfer stellenweise häufig sein, vor allem auf Kalkboden. Sie fliegen in der Dämmerung.

2 | *Rhizotrogus marginipes*

14–18 mm.

Diese Art ähnelt dem Gerippten Brachkäfer (*Amphimallon solstitiale*), hat jedoch keine langen, in Reihen angeordneten Wimperborsten an den Seiten der Flügeldecken. Gegenüber ihrer Schwester-Art (*R. aestivus*) ist sie ohne dunkelbraune Ränder an den Flügeldecken und ohne Saum an der Halsschildbasis.

3 | *Anoxia villosa*

23–29 mm.

Die Gattung *Anoxia* ist im südlichen Europa und in Vorderasien zu Hause und ersetzt dort unsere Maikäfer.
2 Arten der Gattung erreichen auch unser Gebiet. Die abgebildete Art wurde bis Hanau und Kehl nachgewiesen. Sie geht damit am weitesten nach Norden.
Man findet die Käfer in Sandgebieten. Sie fliegen in der Dämmerung. Bei uns sind sie selten, im eigentlichen Verbreitungsgebiet können sie durch Blattfraß an Obstbäumen und Weinstöcken schädlich werden.

4 | *Melolontha melolontha*

Feldmaikäfer, 20–30 mm.

Bei dieser Art ist das Pygidium in einen schmalen, lanzettförmigen Fortsatz verlängert. In älteren Werken heißt der Käfer *vulgaris.* Bei uns ist es die häufigste Art der Gattung. Sie fehlt nur im Gebirge über 1000 m Höhe.

5 | *Melolontha hippocastani*

Waldmaikäfer, 22–26 mm.

Unter dem Namen „Maikäfer" verbergen sich bei uns 3 Arten, von denen eine, *Melolontha pectoralis,* allerdings äußerst selten und nur noch reliktär im Südwesten vorkommt. Die Engerlinge, deren Entwicklung 3–4 Jahre dauert, leben im Boden von Wurzeln und können bei Massenauftreten erhebliche Schäden anrichten. Die Käfer fressen die Blätter von Laubbäumen. Den Waldmaikäfer erkennt man daran, dass das Pygidium an der Spitze knotenartig verdickt ist. Bei uns lebt die Art vor allem in sandigen Heidegebieten und Wäldern.

6 | *Melolontha pectoralis*

20–28 mm.

Die südliche Art tritt sehr selten auch bis Südwestdeutschland auf. Von den beiden anderen Maikäfern kann sie durch die Form der Hinterleibsspitze (Pygidium) unterschieden werden. Diese ist in beiden Geschlechtern doppelt behaart und beim Männchen wenig und schmal verlängert, beim Weibchen dagegen kurz und stumpf.

7 | *Polyphylla fullo*

Walker, 25–36 mm.

Die einzige Art der Gattung in Mitteleuropa ist durch ihre Größe und Färbung gut gekennzeichnet und unverwechselbar. Sie kommt in Mitteleuropa und dem angrenzenden Südeuropa vor, aber keineswegs überall, meist selten. Man findet die Käfer nur in sandigen Ebenen, wo sie abends fliegen. Sie fressen Kiefernnadeln. Ihre Entwicklung dauert 3–4 Jahre.

UNTERFAMILIE HOPLIINAE

8 | *Hoplia praticola*

Braunschwarzer Purzelkäfer, 9–11 mm.

Die Gattung ist in Mitteleuropa mit 11 Arten vertreten. Ihr kurzer, oberseits meist flacher Körper ist ganz oder teilweise mit farbigen oder metallisch glänzenden Schuppen bedeckt. Dazwischen können auch noch lange Haare vorhanden sein. Die Beine sind sehr kräftig, vor allem die Hinterschienen der Männchen. Die abgebildete Art ist bei uns meist selten und tritt nur sporadisch auf, nur stellen- und zeitweise einmal häufiger. Im Norden fehlt sie ganz. Die Käfer findet man im Mai und Juni am Vormittag auf verschiedenen Sträuchern oder im Gras. Weibchen bekommt man nur selten zu sehen. Sie graben sich nach der Kopulation sofort wieder in die Erde ein.

9 | *Hoplia philanthus*

8–9 mm.

Die Art, in manchen Werken auch als *farinosa* bezeichnet, ist bei uns vor allem in hügeligem oder gebirgigem Gelände auf Weiden, Obstbäumen, jungen Kiefern, an Getreidehalmen oder auf Blüten zu finden. Die Käfer schwärmen von Juni bis August in den Vormittagsstunden. Im Westen ist die Art häufiger. Die Entwicklung dauert 2–3 Jahre.

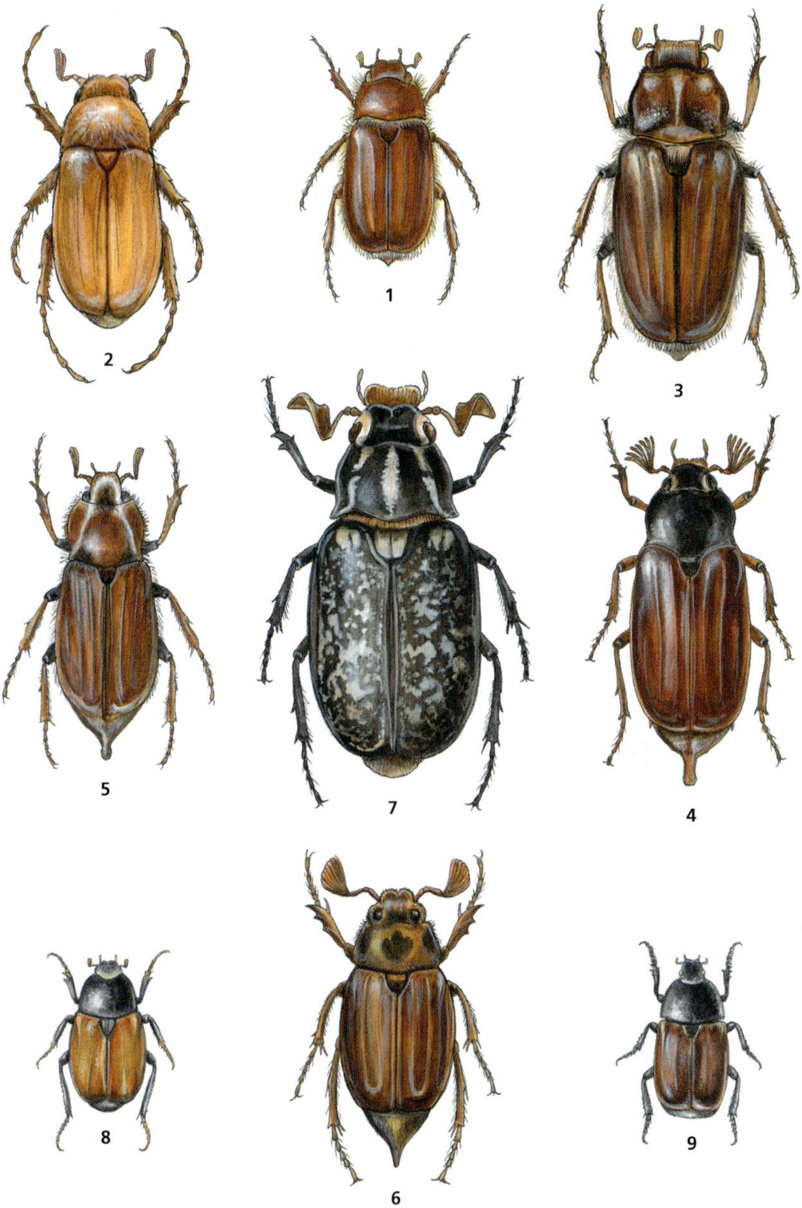
2
1
3
5
7
4
8
6
9

UNTERFAMILIE MELOLOTHINAE

1 | *Hoplia argentea*
Gelbgrüner Purzelkäfer, 9–11 mm.

Die Art, die in manchen Werken auch *farinosa, sulphurea* oder *griseola* heißt, ist oberseits gelblich, grünlich oder bräunlich beschuppt. Bei uns findet man die Käfer im Gebirge und im Bergvorland im Südosten sowie von Bayern bis Baden meist häufig auf Blüten an Waldrändern und auf Wiesen. Die Flugzeit ist von Mai bis Juli.

2 | *Hoplia coerulea*
8–10 mm.

Die Oberseite der Männchen ist mit azurblauen Schuppen besetzt, während sie beim Weibchen weniger dicht und braun beschuppt ist. Die Unterseite ist einheitlich gold- bis silberfarben. Die Tiere treten von Mai bis August auf Wiesen in Westeuropa bis in die Schweiz hinein auf.

UNTERFAMILIE RUTELINAE

3 | *Anomala dubia*
Kleiner Julikäfer, 12–15 mm.

Die beiden in Mitteleuropa vorkommenden Arten der Gattung kann man je nach Witterung von Mai bis August finden. Die abgebildete Art, die in älteren Werken auch *aenea* oder *oblonga* heißt, findet man bei uns überall. Vor allem in sandigen Gebieten ist sie oft nicht selten. Die Käfer leben im Süden vor allem auf Weiden, im Norden auf Birken, aber auch auf anderen Pflanzen. Die Entwicklungsdauer der Wurzeln fressenden Larven beträgt 2 Jahre.

4 | *Anomala vitis*
Weinkäfer, 14–18 mm.

Der metallisch-grüne Körper (Bauch: kupferig) verbreitert sich zum Ende hin bauchig. Die Art tritt von Juni bis Juli in Wärmegebieten Südosteuropas auf sandigen Böden auf.

5 | *Phyllopertha horticola*
Gartenlaubkäfer, 8,5–11 mm.

Die einzige Art der Gattung in Mitteleuropa trägt viele deutsche Namen: Gartenkäfer, Gartenlaubkäfer oder Junikäfer. Bei uns ist die Art sehr häufig. Die Käfer fressen Blätter und können an Obstbäumen oder an Rosen schädlich werden. Die Larven leben an Wurzeln von Gräsern, Getreide und Klee. Da sie nicht sehr groß werden, richten sie kaum Schäden an.

6 | *Anisoplia villosa*
Zottiger Getreidekäfer, 10–11 mm.

10 Arten dieser Gattung sind aus Mitteleuropa bekannt. Ihr deutscher Name besagt, dass sie vor allem bei Getreide und Gras die Staubbeutel fressen. Die Engerlinge leben im Boden besonders an Graswurzeln. Die abgebildete Art heißt in älteren Werken auch *agricola.* Bei uns findet man die Käfer vor allem auf trockenwarmen Hängen mit lockeren oder sandigen Böden. Die Käfer treten von Ende Mai bis Mitte August auf Gräsern und Getreideähren auf.

UNTERFAMILIE DYNASTINAE – NASHORNKÄFER

7 | *Oryctes nasicornis*
Nashornkäfer Männchen, 20–40 mm.

Diese einzige Art der Gattung in Mitteleuropa stammt aus Südeuropa. Sie kam aber bei uns vor allem in Eichenlohehaufen vor, da die Larven Wärme benötigen. Weil in den Gerbereien immer mehr Chemikalien verwendet wurden, nahm der Bestand der Art bei uns mehr und mehr ab. Jetzt hat der Käfer aber in Kompost, verrottetem Sägemehl, Stroh und dergleichen neue Entwicklungsstätten gefunden und kommt vielfach nicht selten, zuweilen in großen Mengen vor. Bei uns fliegen die Nashornkäfer im Juni und Juli.

8 | *Oryctes nasicornis*
Nashornkäfer Weibchen, 20–40 mm.

Die Weibchen haben ein kleineres Horn auf dem Kopf als die Männchen.

9 | *Pentodon idiota*
14–22 mm.

Die einzige Art der Gattung in Mitteleuropa kann, wie auch der Nashornkäfer, mit einem Stridulationsorgan auf dem Propygidium weithin hörbare Töne erzeugen. Selten und vereinzelt kommt der Käfer in der Slowakei und in Niederösterreich vor

1

2

3

4

5

6

7

8

9

UNTERFAMILIE CETONIINAE – ROSENKÄFER

1 | *Tropinota hirta*
Zottiger Rosenkäfer, 8–11 mm.

Die Gattung, die in älteren Werken den Namen *Epicometis* trägt, gehört zur Gruppe der Rosen- oder Goldkäfer, bei denen die Flügeldecken im Fluge geschlossen bleiben. Die Käfer fliegen im Sonnenschein oder sitzen auf Blüten. Die Larven leben in faulem Holz. Die abgebildete Art ist sehr wärmeliebend. Sie ist bei uns nur an trockenwarmen Hängen und in Steppengebieten zu Hause und fehlt im atlantischen Bereich. Die Käfer findet man im Mai und Juni Pollen fressend in Blüten. Die Larven leben in der Erde von Humus und faulenden Pflanzenstoffen.

2 | *Oxythyrea funesta*
8–12 mm.

Diese durch ihre Färbung charakteristische einzige Art der Gattung in Mitteleuropa kommt bei uns nur im Süden sehr sporadisch an warmen Plätzen vor.
Man findet die Käfer von Mai bis Juli auf Blüten und blühenden Sträuchern.

3 | *Cetonia aurata*
Gemeiner Rosenkäfer, 14–20 mm.

Einzige Art der Gattung in Mitteleuropa. Die Färbung der Oberseite ist variabel, sie kann grün oder golden sein, dunkler oder verschiedenfarbig. Auch die weißen Flecken variieren. Die Larven entwickeln sich in Baummulm und Humus. Die Käfer sitzen gern in Blüten und fliegen von April bis September. Nach Norden wird die Art seltener.

4 | *Protaetia marmorata*
Marmorierter Rosenkäfer, 19–25 mm.

Die einzige Art der Gattung in Mitteleuropa ist den anderen Rosenkäfern auch in der Lebensweise sehr ähnlich. In älteren Werken heißt sie *marmorata.* Bei uns tritt die Art nur lokal und nicht häufig auf. Die Larven entwickeln sich im Mulm alter Laubbäume. Die Käfer sieht man im Juni und Juli vereinzelt an ausfließendem Baumsaft und auf Blüten.

5 | *Protaetia morio*
17–20 mm.

Die Gattung ist in Mitteleuropa mit neun Arten vertreten. Alle diese verwandten Arten unterscheiden sich vor allem durch Kiele, Fortsätze und Rinnen auf der Körperunterseite. Die abgebildete Art ist in Südwesteuropa und Nordafrika beheimatet, kommt aber nördlich bis zum Elsass vor. Im Juni und Juli findet man die Käfer vielfach auf Blüten, aber auch an reifen Früchten.

6 | *Protaetia speciosissima*
Großer Goldkäfer, 22–28 mm.

Diese und die folgende Art waren früher unter dem Gattungsnamen *Potosia* bekannt. Früher war auch der Artnamen *aeruginosa* gebräuchlich. Diese größte Art der Gattung bei uns findet man in Mitteleuropa nur im kontinentalen Bereich, sie meidet das atlantische Gebiet und ist darum im Osten häufiger als im Westen. Die Larven leben im Mulm alter Eichen, vor allem in der Wipfelregion, nicht am Grunde. Die Entwicklung dauert 3 Jahre. Die Käfer findet man im Mai und Juni auf blühenden Sträuchern an sonnigen Waldrändern.

7 | *Protaetia cuprea*
Variabler Goldkäfer, 14–23 mm.

Die Art ist die häufigste und verbreitetste in Europa. Sie kommt vom Nordkap bis zum Mittelmeer vor. Bei uns findet man die Käfer überall von Mai bis Juli nicht selten an Blüten, ausfließendem Baumsaft und reifen Früchten. Die Larven leben in Ameisennestern, wo sie sich von den vermodernden Holzteilen ernähren.

8 | *Protaetia metallica*
14–23 mm.

Die früher als *Protaetia cuprea metallica* geführte Art ist oberseits matt grün mit weißen Flecken, die aber auch fehlen können. Der Bauch glänzt violett bis rotviolett. Die Käfer sind von Mai bis Juli an Blüten, Baumsäften oder reifen Früchten zu finden. Ihre Larven ernähren sich in Ameisennestern von den vermodernden Holzabfällen.

9 | *Protaetia affinis*
Ähnlicher Rosenkäfer, 17–23 mm.

Die Art ähnelt *speciosissima*, bleibt jedoch etwas kleiner und schlanker. Die Färbung ist einheitlich hell- oder goldgrün ohne weiße Flecken am Körper. Der Innenrand der Hinterschenkel weist einen stumpfen Zahn auf. Südeuropäische Art, die bis nach Niederösterreich auftritt.

3

1

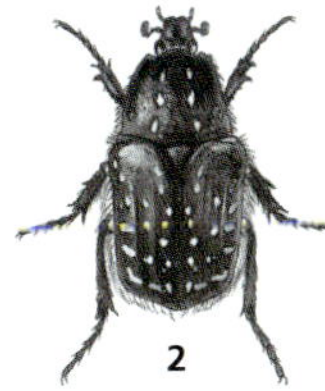

2

5

4

6

8

7

9

UNTERFAMILIE CETONIINAE – ROSENKÄFER

1 | *Valgus hemipterus*
Stolperkäfer, Männchen, 6–10 mm.

Die einzige Art der Gattung in Mitteleuropa hat verkürzte Flügeldecken, die einen Teil des Hinterleibs unbedeckt lassen. Die Art ist aus Süd- und Mitteleuropa, dem westlichen Nordafrika, dem Kaukasus und Kleinasien bekannt. Nördlich tritt sie bis Holland auf. Nur stellenweise findet man die Käfer vereinzelt. Meist sind sie mehr oder weniger häufig. Die Larven entwickeln sich einjährig in morschem Holz abgestorbener Laubbäume. Der Käfer überwintert in der Puppenwiege und ist im Mai und Juni auf Blüten oder auf Holz zu finden.

2 | *Valgus hemipterus*
Weibchen.

Die Weibchen dieser Art sind unverkennbar durch das nach hinten spießartig verlängerte Pygidium.

3 | *Osmoderma barnabita*
Eremit, Östlicher Juchtenkäfer, 24–30 mm.

Neuere genetische Untersuchungen haben ergeben, dass es in Mitteleuropa zwei getrennte Arten gibt, deren Areal sich in Deutschland überschneidet. *Osmoderma barnabita* ist vom Balkan aus nördlich bis ins Baltikum und östlich bis weit nach Russland hinein verbreitet. Wegen sehr geringer Ausbreitungsfähigkeiten (1–2km vom Brutbaum entfernt) und oft jahrzehntelanger Nutzung geeigneter Bäume ist die Art besonders von Lebensraumzerstörung bedroht.

4 | *Osmoderma eremita*
Eremit, Juchtenkäfer, 24–30 mm.

Der deutsche Name Juchtenkäfer rührt daher, dass die lebenden Käfer nach Juchtenleder riechen. Die Art ist von Italien nordwestwärts über Frankreich bis Nordspanien und Skandinavien verbreitet. Die Käfer sind von Juni bis September nur lokal und selten auf Blüten oder an ihren Brutbäumen anzutreffen. Die meiste Zeit leben sie wie ihre Larven im Mulm alter Laubbäume.

5 | *Gnorimus nobilis*
Variabler Edelkäfer, 15–18 mm.

Die beiden in Mitteleuropa vorkommenden Arten der Gattung erinnern wieder stark an die Rosenkäfer. Die abgebildete Art ist in der Färbung sehr variabel. Sie kommt im südlichen Nordeuropa, in Mittel- und Südeuropa vor. Bei uns findet man die Käfer in niedrigen Gebirgslagen nur sporadisch und selten. Nach Süden zu werden sie häufiger. Die Käfer fliegen von Mai bis Juli. Man findet sie auf Blüten. Die Larven leben im Mulm hohler Bäume.

6 | *Gnorimus variabilis*
Schwarzer Edelkäfer, 17–22 mm.

Die Art heißt in älteren Werken auch *variabilis*, was auf eine sehr variable Färbung hinweist. Die Ausdehnung der weißen Flecken ist sehr verschieden. Die Entwicklung ist ähnlich wie bei der vorigen Art. *G. octopunctatus* ist auch ähnlich verbreitet wie *nobilis*. Bei uns in Mitteleuropa tritt die Art nur sehr sporadisch auf. Vor allem im Westen und Norden ist sie sehr selten.

7 | *Trichius fasciatus*
Gebänderter Pinselkäfer, 9–12 mm.

Die Oberseite der Käfer ist mit Ausnahme der bunten, farblich sehr variablen Flügeldecken lang und wollig behaart (Hummel-Mimikry). Während sich die Larven in moderndem Holz von Laubbäumen vermehren, findet man die Käfer im Juni und Juli auf Blüten. Weibchen dieser Art unterscheiden sich von den beiden anderen Arten durch ein eingebuchtetes Pygidium, bei *gallicus* und *sexualis* ist es rund. Männchen besitzen auf halber Höhe der Mittelschiene am Mittelbein eine kräftige quer verlaufende Leiste, die in einem Zahn endet. Den beiden anderen Arten fehlt dieser Zahn.

8 | *Trichius gallicus*
Glattschieniger Pinselkäfer, 10–12 mm.

Kopf und Halsschild sind bräunlich behaart. Die Flügeldecken sind gewöhnlich gelb mit drei schwarzen Querbinden, die nicht bis zur Flügeldeckennaht reichen. Die Flügelmusterung kann jedoch sehr variabel sein. Die Art ist nur am vorletzten Sternit weiß beschuppt, während T. sexualis auf den vier vorletzten Sterniten weißlich beschuppt ist

9 | *Trichius sexualis*
Südöstlicher Pinselkäfer, 9–13 mm.

Männchen dieser Art können von der im westlichen Europa verbreiteten *gallicus* auf der Bauchseite unterschieden werden: *sexualis* ist auf den vier vorletzten Sterniten weißlich beschuppt, *gallicus* nur auf dem vorletzten. Weibchen, die anhand der deutlich breiteren Schiene des Vorderbeines mit kräftigen Außenzähnen unterschieden werden, haben ein abgerundetes Pygidium.

1 ♂

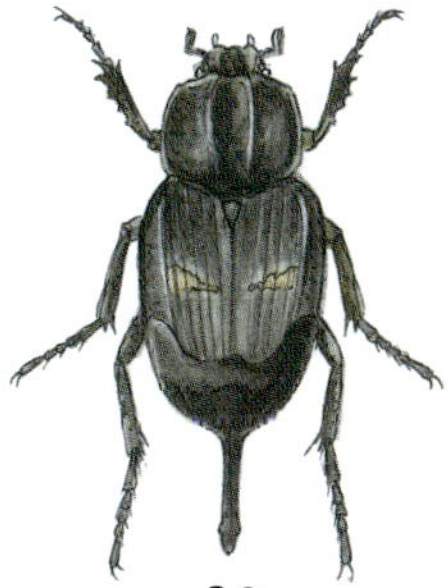

2 ♀

3

4

5

6

7

8

9

FAMILIE LUCANIDAE – HIRSCHKÄFER, SCHRÖTER

Die Familie ist in Mitteleuropa mit 6 Arten aus 5 Gattungen vertreten. Sie sind hier alle abgebildet. Die mittelgroßen oder großen Käfer haben gekniete Fühler. Das 1. Glied ist auffallend lang und schlank, die letzten Glieder sind wie bei den Scarabaeiden einseitig, oft fächerförmig erweitert. Die Kiefer sind vor allem bei den Männchen oft stark vergrößert. Die Entwicklung dauert mehrere Jahre. Die Larven verpuppen sich in einem aus Holz- und Erdteilchen gebauten Gehäuse.

UNTERFAMILIE LUCANINAE

1 | *Lucanus cervus*
Hirschkäfer, Männchen, 25–75 mm.

Das Männchen der einzigen Art der Gattung in Mitteleuropa ist der größte und imposanteste Käfer der heimischen Fauna. Die geweihartig vergrößerten Oberkiefer sind bei großen Tieren überproportional groß. Kümmerformen haben nur kurze, spießartige Oberkiefer. Sie wurden zuerst als eigene Art *capreolus* beschrieben. Sie entstehen, wenn die Larven nicht genügend Nahrung bekommen. Die Larven leben in den Wurzelstöcken von Laubbaum- ,seltener von Nadelbaumstubben. Die Entwicklung dauert mindestens 5 Jahre. Vor allem bewohnt der Hirschkäfer Eichenwälder. Er leckt gern ausfließenden Baumsaft und schwärmt in der Dämmerung. Heute ist er fast überall selten geworden.

2 | *Lucanus cervus*
Weibchen.

Bei den Weibchen sind die Oberkiefer normal entwickelt. Mit ihnen können sie kräftig beißen.

3 | *Dorcus parallelipipedus*
Balkenschröter, Männchen, 19–32 mm.

Die Männchen haben einen besonders großen und breiten Kopf. Die einzige Art der Gattung in Mitteleuropa ist bei uns überall verbreitet, manchmal sogar häufig. Die Larven leben in faulendem, morschem Holz von Laubbäumen.

4 | *Platycerus caraboides*
Kleiner Rehschröter, 9–13 mm.

Die Gattung, in älteren Werken auch *Systenocerus* genannt, ist in Mitteleuropa mit 2 Arten vertreten. Die Farbe der Oberseite ist bei beiden Arten recht variabel, meist metallisch grün oder blau. Sie sind nicht leicht zu unterscheiden. Das abgebildete Tier hieß in älterer Literatur auch *cribratus. P. caraboides* ist kleiner, kürzer und gedrungener als *P. caprea.* Bei uns in Mitteleuropa kommen die Käfer mehr in ebener und niedriger Lage vor.

5 | *Platycerus caprea*
Großer Rehschröter, 13–15 mm.

Die Art, die heute diesen Namen trägt, ist in älteren Werken auch unter dem Namen *caraboides zu* finden. Bei uns findet man die Käfer in Mittel- und Süddeutschland vor allem in gebirgigen Lagen.

UNTERFAMILIE SYNDESINAE

6 | *Ceruchus chrysomelinus*
Rindenschröter, 11–16 mm.

Die Männchen der einzigen Art der Gattung in Mitteleuropa haben verlängerte Oberkiefer. Die Art ist bei uns im Süden vorhanden, aber auch hier nicht häufig. Die Larve entwickelt sich 2–3 Jahre lang in rotfaulem Holz von Laub- und Nadelbäumen.

7 | *Sinodendron cylindricum*
Kopfhornschröter, Männchen, 12–16 mm.

Die einzige Art der Gattung in Mitteleuropa zeichnet sich durch den walzenförmigen Körper und das Horn auf dem Kopf aus. Die Art ist bei uns nur noch sehr lokal und selten zu finden. Die Entwicklung erfolgt in morschem, faulem Holz von Laubbäumen, vor allem in Buchen. Der Käfer überwintert in der Puppenwiege.
Seine Entwicklung dauert 3 Jahre.

8 | *Sinodendron cylindricum*
Weibchen.

Die Weibchen des Kopfhornschröters tragen auf dem Kopf ein kürzeres und schwächeres Horn. Die Aushöhlungen auf dem Halsschild sind beim Weibchen seichter als beim Männchen.

UNTERFAMILIE AESALINAE – KURZSCHRÖTER

Die Gattung ist in Mitteleuropa mit nur einer Art vertreten. Sie wurde früher als Unterfamilie zu den Lucaniden gerechnet. Man nimmt heute an, dass eine engere Verwandtschaft zu den Trogiden besteht. Der gedrungene Körper ähnelt demjenigen der Trogiden.

9 | *Aesalus scarabaeoides*
Schwarzbrauner Kurzschröter, 5–7 mm.

Von den Lucaniden unterscheidet sich diese einzige Art der Gattung in Mitteleuropa durch die gedrungene, an *Trox* erinnernde Körperform. Bei uns tritt der Käfer in Wäldern der Ebene und der Vorgebirge nur selten auf. Die Larve lebt in faulen Eichenstümpfen, seltener in Buche. Die Entwicklung dauert wahrscheinlich 3 Jahre.

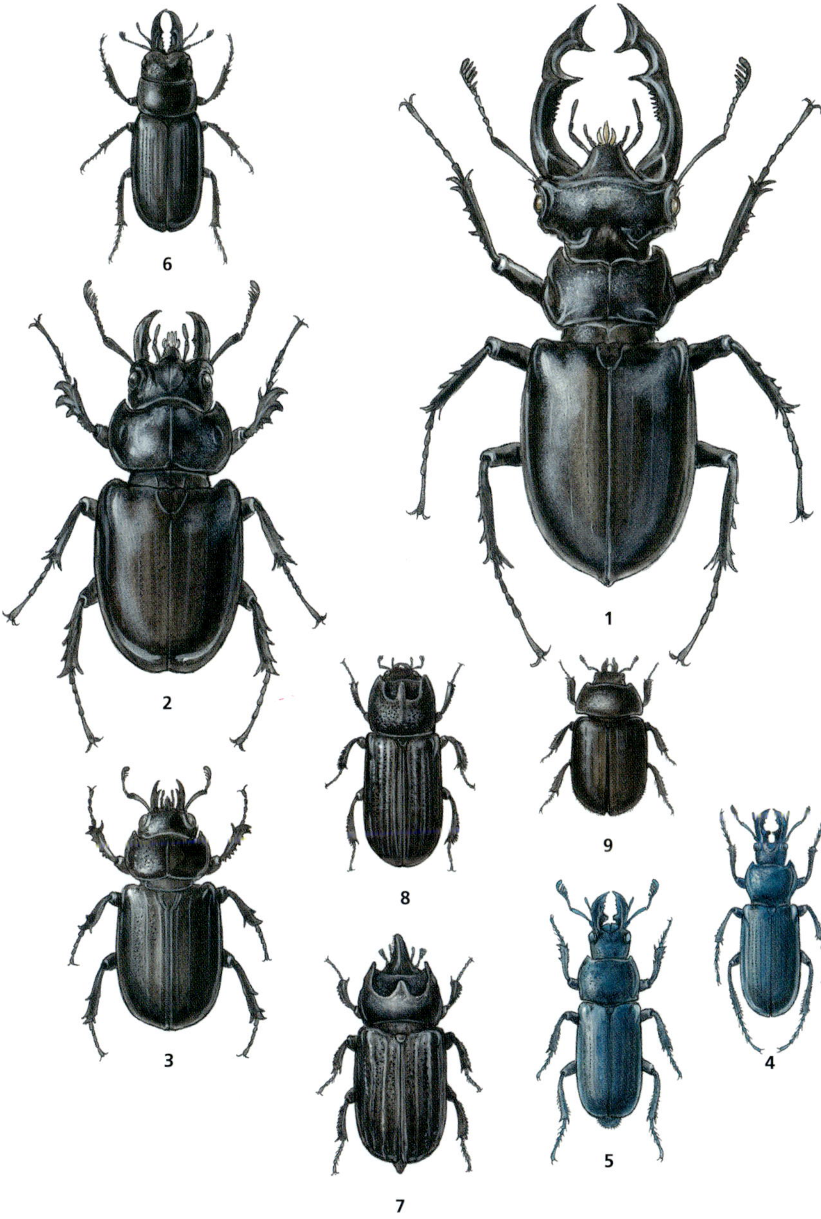
6
2
3
1
8
9
7
5
4

FAMILIE CERAMBYCIDAE – BOCKKÄFER

Die Familie der Bockkäfer ist in Mitteleuropa mit 231 Arten aus 85 Gattungen vertreten. Sie waren wegen ihrer durchschnittlich beachtlichen Größe und ihrer schönen Farben schon immer beliebte Sammelobjekte. Bockkäfer heißen sie wegen ihrer meist langen, häufig knotigen Fühler. Sie sind Pflanzenfresser und viele von ihnen sind Blütenbesucher. Die Larven leben entweder im Holz oder in krautigen Pflanzen. Nur wenige fressen im Boden Pflanzenwurzeln. Die meisten Bockkäfer sind sonnenliebende Tagtiere. Einige sind aber auch nur abends oder in der Nacht aktiv, und nur wenige fliegen Licht an.

UNTERFAMILIE PRIONINAE

1 | *Neandra brunnea*

10–24 mm.

Die Gattung war in Mitteleuropa nicht heimisch. Die meisten Arten leben in Nord- und Südamerika. Die abgebildete Art wurde 1916 aus Nordamerika bei Dresden eingeschleppt und hat sich dort eingebürgert. Die Larven entwickeln sich in den unteren Stammpartien von anbrüchigen Linden, seltener von Pappeln. Die Käfer findet man von August bis September.

2 | *Aegosoma scabricornis*

Körnerbock, 30–50 mm.

Die Gattung, die in Mitteleuropa mit einer Art vertreten ist, heißt in älteren Werken *Aegosoma.* Bei uns ist der Käfer sehr selten. Er fliegt im Juli und August in der Dämmerung. Tagsüber sitzt er versteckt unter der Rinde oder in den Larvengängen der Brutbäume, vor allem von Weiden und Pappeln.

3 | *Ergates faber*

Mulmbock, Männchen, 25–60 mm.

Dieser große robuste Käfer ist als einzige Art der Gattung in Mitteleuropa unverkennbar. Die Männchen sind durch die langen Fühler und die Struktur des Halsschildes leicht von den Weibchen zu unterscheiden. Bei uns wird der Käfer von Osten nach Westen seltener. Die Käfer sind von Juli bis September nachts aktiv. Tagsüber halten sie sich versteckt. Die Larve entwickelt sich mehrjährig in alten Kiefernstöcken, seltener in Fichte.

4 | *Ergates faber*

Weibchen.

Beim Weibchen reichen die Fühler nur etwa bis zur Körpermitte. Der Halsschild ist auf der ganzen Oberfläche stark gerunzelt.

5 | *Prionus coriarius*

Sägebock, 18–45 mm.

Ihren deutschen Namen trägt diese einzige Art der Gattung in Mitteleuropa nach den dicken, beim Männchen stark gesägten Fühlern. Das Weibchen hat dünnere, nur schwach gesägte Fühler. Bei uns sind die Käfer einzeln, aber überall und meist nicht selten zu finden. Im Juli und August schwärmen sie abends und fliegen ans Licht. Die Larven entwickeln sich in Wurzeln von Laub-, seltener von Nadelbäumen.

6 | *Tragosoma depsarium*

Zottenbock, 15–30 mm.

Die einzige Art der Gattung in Mitteleuropa ist bei uns sehr selten. Im Juli und August sitzen die Käfer im Gebirge unter loser Rinde der Brutbäume, an schwülen Abenden fliegen sie. Die Larven entwickeln sich in anbrüchigen Stämmen und Stubben von Kiefern, Tannen und Fichten.

UNTERFAMILIE SPONDYLIDINAE

7 | *Spondylis buprestoides*

Waldbock, 12–24 mm.

Die einzige Art der Gattung in Mitteleuropa ist bei uns in Kieferwäldern nicht selten. Von Juni bis September lebt der Käfer tagsüber meist versteckt unter loser Rinde. In der Dämmerung wird er aktiv. Die Larve entwickelt sich in trockenen Stümpfen von Kiefern, selten auch von Fichten.

8 | *Nothorhina punctata*

7–15 mm.

Die einzige Art der Gattung in Mitteleuropa heißt in älteren Werken *muricata.* Bei uns ist sie sehr selten. Im Juni und Juli fliegen die Käfer in der Mittagssonne an freistehenden lebenden Kiefern, in deren Rinde sich die Larven entwickeln.

9 | *Criocephalus rusticus*

Dunkelbrauner Halsgrubenbock, 10–30 mm.

Aus dieser Gattung kommen in Mitteleuropa 2 langgestreckte große Arten vor, die sich sehr ähnlich sehen. Die Gattung wird auch *Arhopalus* genannt. Die abgebildete Art ist bei uns nicht selten. Die Käfer fliegen von Juni bis September abends und nachts. Tagsüber halten sie sich verborgen. Die Larven leben zuerst im Bast, später im Holz von anbrüchigen Kiefern, seltener auch von anderen Nadelhölzern.

2

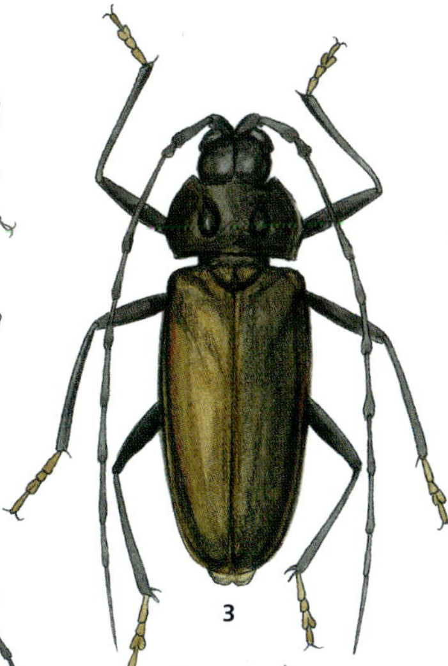

3

9

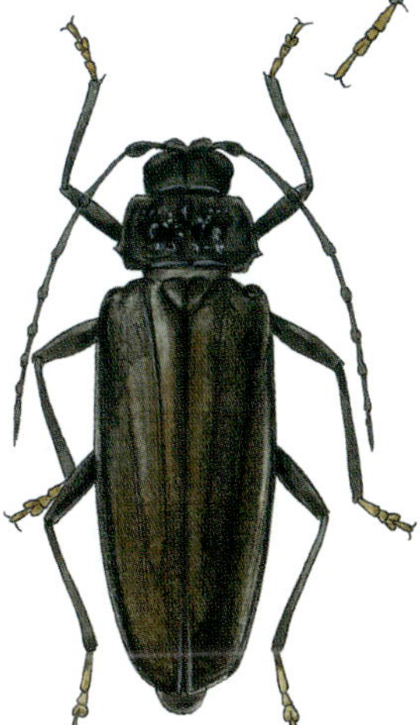

4

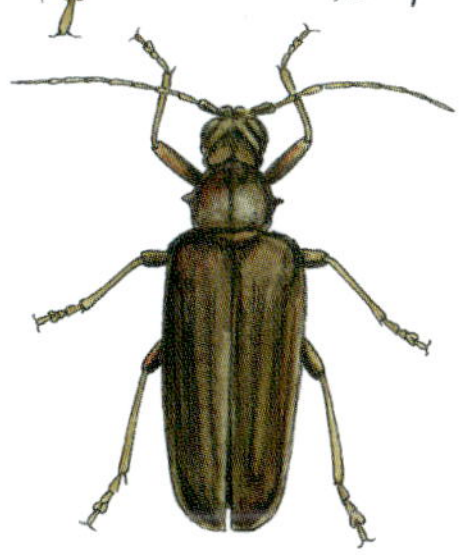

6

7

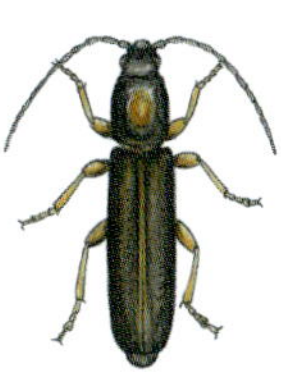

8

1

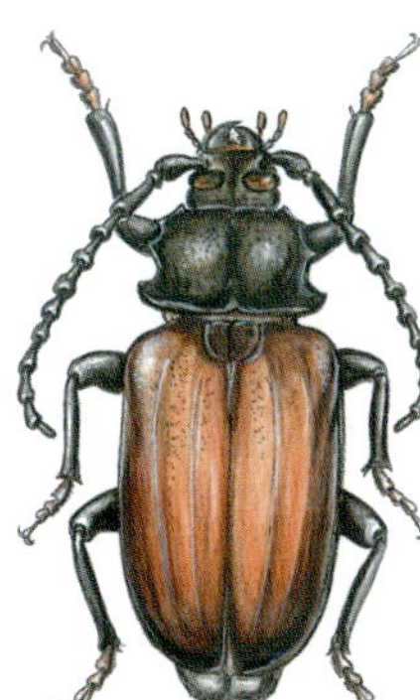

5

UNTERFAMILIE SPONDYLIDINAE

1 | *Asemum striatum*
Düsterbock, 8–23 mm.

Die einzige Art der Gattung in Mitteleuropa ist bei uns nicht selten. Sie ist nicht immer ganz schwarz gefärbt. Die Flügeldecken können auch rötlich-braun sein. Man findet sie von Mai bis August. Die Larve entwickelt sich in anbrüchigen Nadelbäumen, vor allem in Kiefern. Das Holz wird durch den Fraß der Larve technisch entwertet. *Asemum* kann noch aus bereits verbautem Kiefernholz schlüpfen.

2 | *Tetropium castaneum*
Gemeiner Fichtensplintbock, 9–18 mm.

In Mitteleuropa gibt es 3 Arten der Gattung. Die Färbung ist bei allen sehr variabel. Die Larven sind die schlimmsten Forstschädlinge unter den Bockkäfern. Sie befallen stehende, meist allerdings kränkelnde Nadelbäume – Fichte, selten auch Kiefer. Sie leben im Splintholz und fressen darin breite, unregelmäßige Gänge. Zur Verpuppung gehen sie ins Holzinnere. Dazu nagen sie einen hakenförmigen Gang. Nach Borkenkäferbefall oder Windbruch können sie ganze Bestände in 3 Jahren zum völligen Absterben bringen. Die abgebildete Art ist bei uns die häufigste Art. Die Käfer fliegen von Mai bis Juli.

3 | *Saphanus piceus*
Schwarzer Bergbock, 14–19 mm.

Die einzige Art der Gattung in Mitteleuropa ist nur aus den Bergen des südöstlichen Mitteleuropa bekannt und auch selten. Die Flügeldecken der Männchen werden zur Spitze hin etwas schmaler, bei den Weibchen sind sie dort etwas breiter. Man kann die Käfer von Mai bis August auf liegendem Holz oder auf dem Boden herumkriechen sehen. Nur abends fliegen sie. Die Larven entwickeln sich in Wurzeln und Stubben von Laub- und Nadelbäumen.

UNTERFAMILIE LEPTURINAE – SCHMALBÖCKE

4 | *Rhagium bifasciatum*
Gelbbindiger Zangenbock, 12–22 mm.

Zangenbockarten sind in Mitteleuropa beheimatet. Die abgebildete Art ist die einzige Art der Gattung, die als Larve ins Holz von Fichtenstöcken und anderen Nadelbäumen, seltener auch von Laubbäumen geht. Die Käfer sind bei uns von Mai bis August nicht selten. Man findet sie auf Blüten und auf dem Brutholz.

5 | *Rhagium inquisitor*
Schrotbock, 10–21 mm.

Diese und die beiden nachfolgenden Arten der Gattung wurden in älteren Werken in der Gattung *Harpium* (heute nur Untergattung) zusammengefasst. *R. inquisitor* ist aus der ganzen Paläarktis und aus Nordamerika bekannt. Die Larven leben unter der Rinde von Nadelhölzern. Schon ab September findet man dort die frisch geschlüpften Tiere in der Puppenwiege. Die Käfer sind bei uns von April bis August überall auf Blüten und auf dem Brutholz häufig.

6 | *Rhagium sycophanta*
Eichenzangenbock, 17–30 mm.

Größte Art der Gattung. Die Larven entwickeln sich unter der Rinde von Eichenstubben, weniger von anderen Laubbäumen. Dort findet man die Käfer von Mai bis Juli bei uns überall nicht selten und auch auf Blüten oder auf anderem Holz.

7 | *Rhagium mordax*
Schwarzfleckiger Zangenbock, 13–22 mm.

Diese Art ist bei uns überall häufig. Von Mai bis August findet man die Käfer auf Blüten und auf dem Brutholz, vor allem auf Baumstubben. Die Larve entwickelt sich unter der Rinde von Laub-, selten von Nadelbäumen. Die geschlüpften Käfer überwintern in der Puppenwiege.

8 | *Rhamnusium bicolor*
15–23 mm.

Die Färbung der Tiere ist sehr variabel, meist gelb oder rotbraun. Die Flügeldecken – vor allem bei den Weibchen – sind schwarzblau. Bei uns ist die einzige in Mitteleuropa beheimatete Art der Gattung nicht häufig. Die Larven entwickeln sich in verschiedenen Laubbäumen, vor allem in hohlen Weiden, Pappeln und Kastanien. An diesen Bäumen findet man auch im Juni oder Juli die Käfer, allerdings nur 14 Tage lang.

9 | *Xylosteus spinolae*
14–16 mm.

Die Männchen der einzigen Art der Gattung in Mitteleuropa sind schlank, die Weibchen breiter gebaut. Die Art kommt nur in Südosteuropa vor und strahlt von dort nach dem südlichen Kärnten ein. Dort ist sie selten. Die Larve entwickelt sich 2 Jahre lang in Haselnuss. Der Käfer überwintert nach dem Schlüpfen in der Puppenwiege.

2

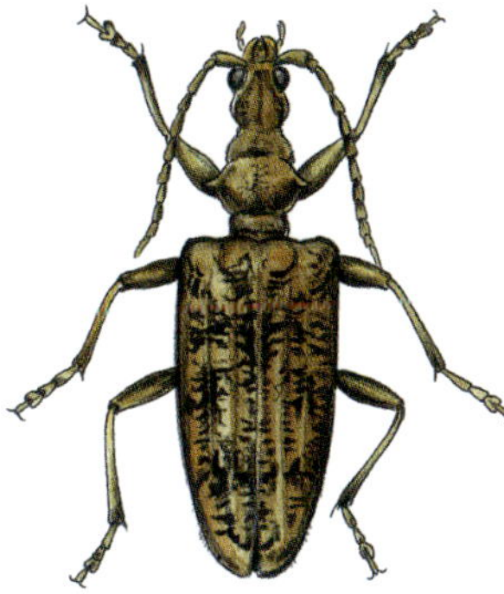

6

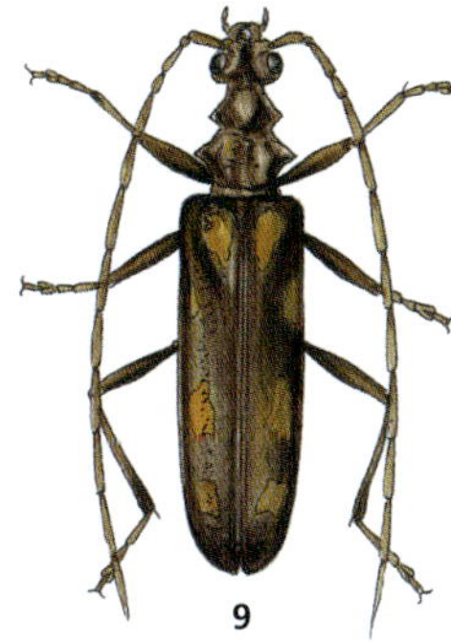

9

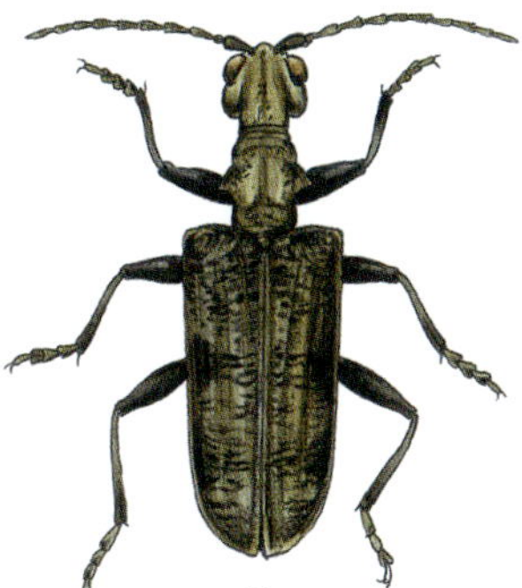

7

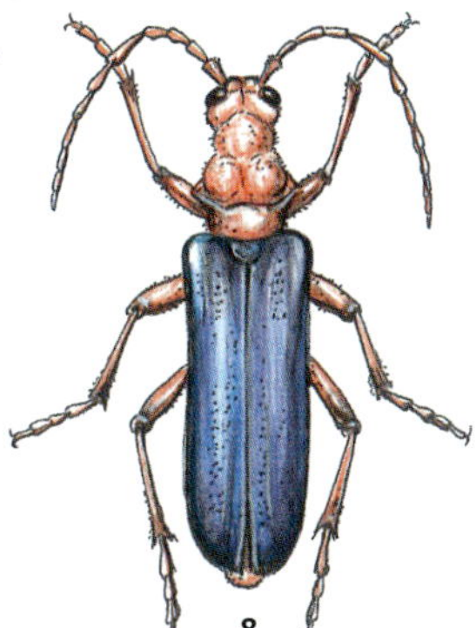

8

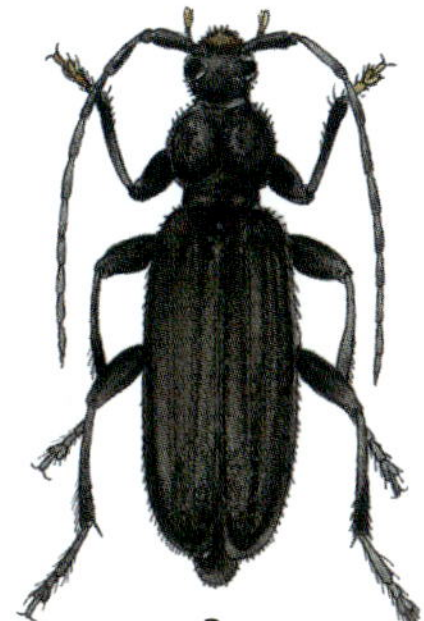

3

1

4

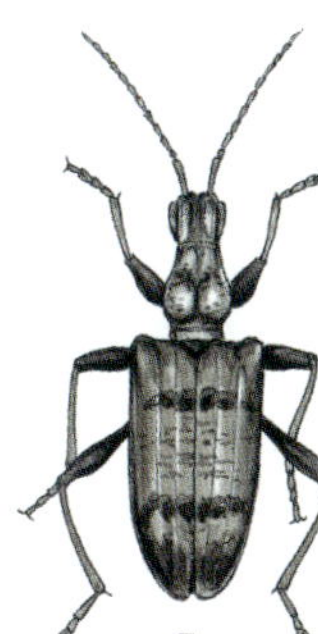

5

UNTERFAMILIE LEPTURINAE – SCHMALBÖCKE

1 | *Oxymirus cursor*
Schulterbock, 16–30 mm.

Die Gattung heißt in älteren Werken *Toxotus*. Nur eine Art kommt in Mitteleuropa vor. Die Käfer sind sehr farbvariabel. Außer ganz schwarzen und roströtlichen Tieren kommen längsgestreifte vor. Die Larven entwickeln sich in altem Nadelholz, vor allem in Fichtenstubben. Die Käfer sind bei uns von Mai bis August nicht selten, man findet sie auf blühenden Sträuchern oder auf dem Brutholz.

2 | *Stenocorus meridianus*
Variabler Stubbenbock, 15–25 mm.

Die Gattung heißt in älteren Werken auch *Stenochorus*. In Mitteleuropa kommen 2 Arten vor. Die Käfer sehen den *Toxotus* ähnlich, sind aber etwas schlanker. Die Larven entwickeln sich in anbrüchigem Holz verschiedener Laubbäume. Die Käfer findet man auf Sträuchern oder Blüten. Die abgebildete Art variiert in der Farbe von Schwarz bis Gelb in allen möglichen Kombinationen. Bei uns sind die Käfer von Mai bis Juli an Waldrändern nicht selten. Die Larven leben in kranken Laubbäumen.

3 | *Akimerus schaefferi*
15–24 mm.

Die einzige Art der Gattung in Mitteleuropa ist breiter gebaut als die vorhergehenden Arten, vor allem an den Schultern. Die Geschlechter sind verschieden gefärbt. Die Flügeldecken der Männchen sind einfarbig rotbraun, die der Weibchen rotbraun oder schwarz, in der Mitte mit einer blassgelben Querbinde. Im Allgemeinen sind die Käfer selten. Von Juni bis Juli kann man sie auf blühenden Eichen und Ulmen finden, aber fast nur in der Wipfelregion. Die Larve entwickelt sich in alten Eichen, selten in Ulmen und Weißbuchen.

4 | *Pachyta quadrimaculata*
Gelber Vierfleckbock, 11–20 mm.

2 Arten der Gattung sind in Mitteleuropa beheimatet. Die abgebildete Art ist boreomontan verbreitet. Sie kommt von Mitteleuropa bis zum Amur vor. Bei uns sind die Käfer von Juni bis August im Bergland nicht selten. Man findet sie auf Blüten. Die Larven entwickeln sich in Nadelholz, besonders in Fichte.

5 | *Evodinus clathratus*
Fleckenbock, 10–12 mm.

Die Gattung ist in Mitteleuropa mit 3 Arten vertreten, aber nur im Gebirge. Dort findet man die Käfer von Mai bis Juli auf Blüten. Die abgebildete Art ist bei uns die häufigste Art der Gattung. Über die Entwicklung der Larven ist bislang noch nichts bekannt.

6 | *Gaurotes virginea*
Blaubock, 9–12 mm.

2 Arten der Gattung kommen in Mitteleuropa vor. Die abgebildete Art lebt bei uns nur in Bergwäldern. Dort sind die Käfer von Mai bis Juli oft in großer Zahl auf Blüten zu finden. Die Larven entwickeln sich in Kiefern, vielleicht auch in anderem Holz.

7 | *Dinoptera collaris*
Blauschwarzer Kugelhalsbock, 7–9 mm.

Die Gattung ist in Mitteleuropa mit 4 Arten vertreten. *A. collaris* sieht einem *Gaurotes* ähnlich. Bei uns ist die abgebildete Art meist nicht selten. Nur nach Norden und vor allem nach Nordwesten wird sie seltener oder fehlt gebietsweise auch ganz. Die Käfer findet man von April bis Juli auf Blüten. Die Larven entwickeln sich in Eichen, vielleicht auch in anderen Laubhölzern.

8 | *Acmaeops pratensis*
Gelbbrauner Kugelhalsbock, 6–10 mm.

Die Art kann auch ganz schwarz gefärbt sein. Bei uns ist sie boreomontan verbreitet und kommt im Juni und Juli in Bergwäldern auf Blüten vor, vor allem auf Doldengewächsen. Die Larve entwickelt sich mehrjährig in Fichte.

9 | *Pidonia lurida*
Schnürhalsbock, 9–11 mm.

Die einzige Art der Gattung in Mitteleuropa ist aus Süd- und Mitteleuropa bekannt. Bei uns sind die Käfer im Süden nicht selten. Man findet sie im Juni und Juli auf Blüten, vor allem auf Waldwiesen im Bergland. Nach Norden nimmt die Häufigkeit der Art mehr und mehr ab, gebietsweise fehlt sie dann ganz. Die Larven entwickeln sich in Nadelholz.

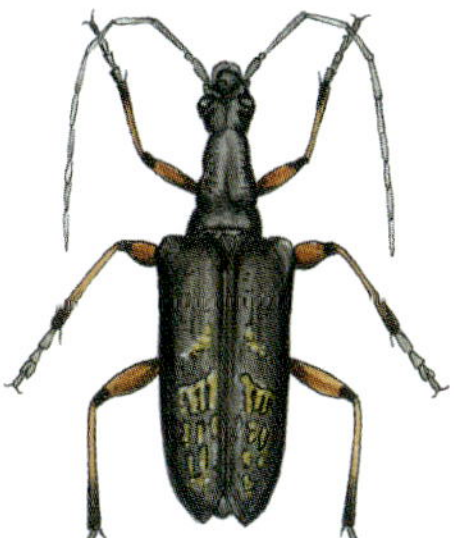
5

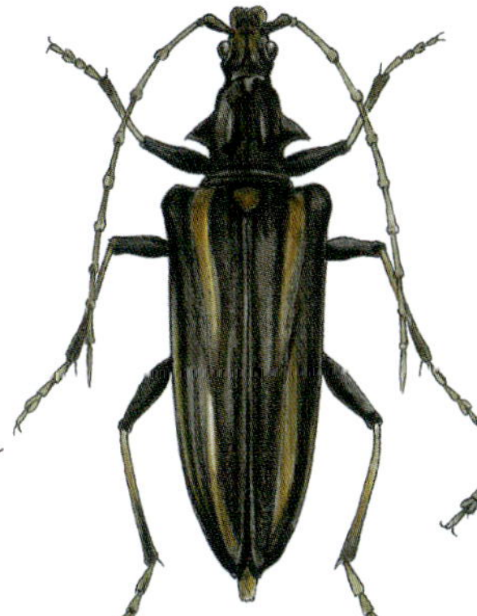
1

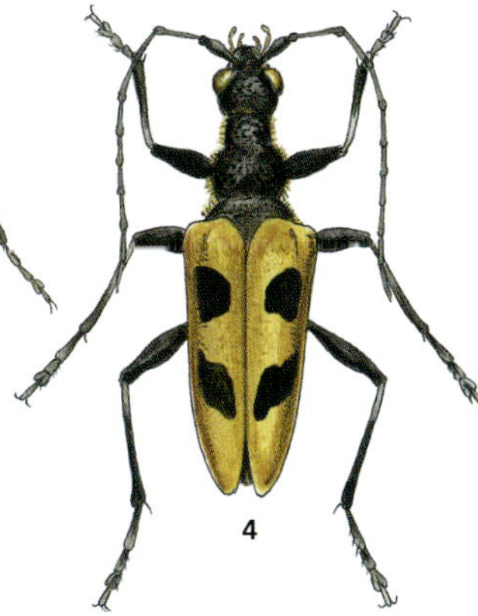
4

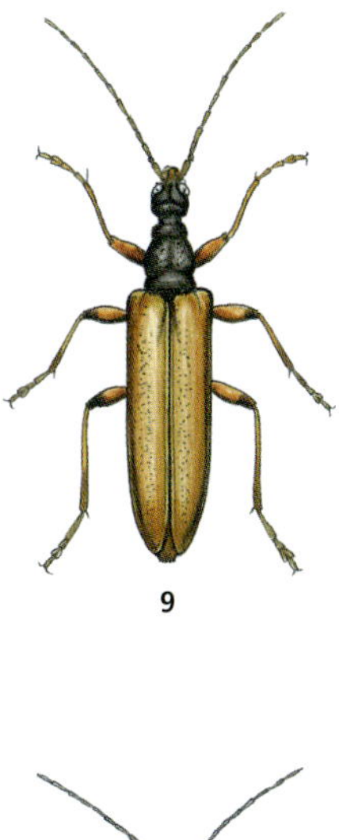
9

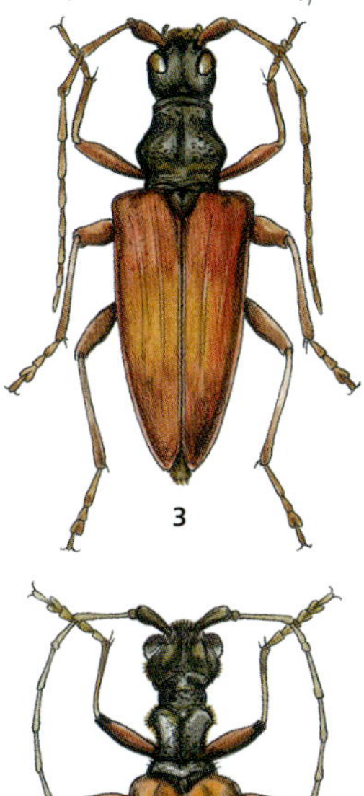
3

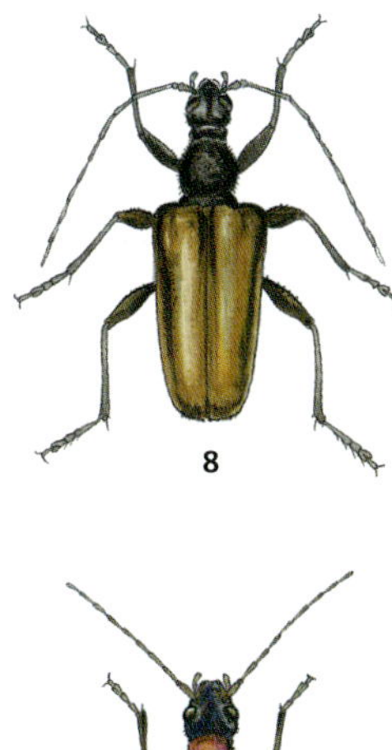
8

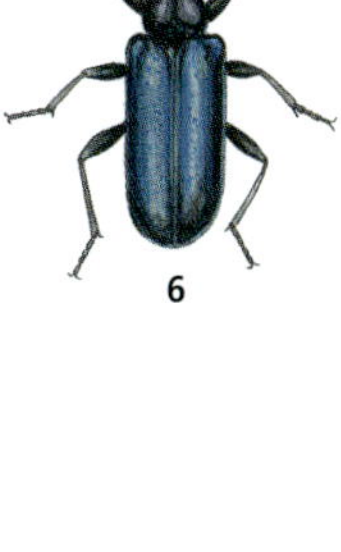
6

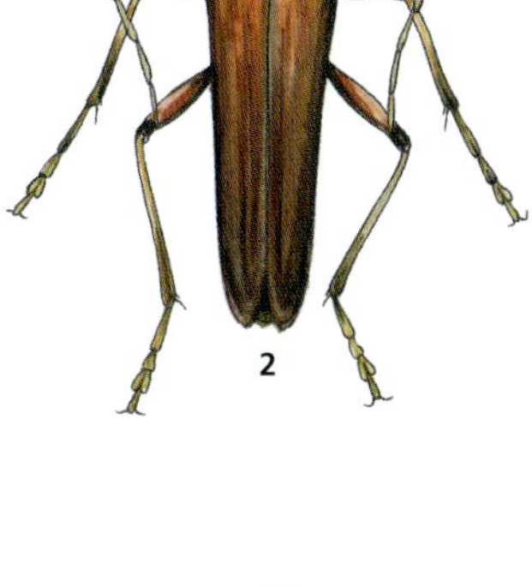
2

7

UNTERFAMILIE LEPTURINAE – SCHMALBÖCKE

1 | *Cortodera femorata*
Schwarzer Tiefaugenbock, 8–11 mm.

In Mitteleuropa gibt es 5 Arten dieser Gattung, die kleinen Lepturen ähnlich sehen. Bis heute kennt man bei einigen Arten die Futterpflanzen der Larven noch nicht. Die abgebildete Art ist – wie alle Käfer dieser Gattung – nicht häufig. Die Käfer halten sich vor allem in den Wipfeln der Bäume auf. Im Sonnenschein sind sie sehr lebhaft. Sie sind von April bis Juli auf blühenden Kiefern zu finden. Die Larven entwickeln sich in Kiefernholz, vielleicht auch in anderen Nadelhölzern.

2 | *Grammoptera ruficornis*
Mattschwarzer Blütenbock, 4,5–7 mm.

In Mitteleuropa kommen 4 Arten aus dieser Gattung vor, aber nur die abgebildete ist häufig und überall vorhanden. Die 3 anderen Arten sind weit seltener. Alle sind zart gebaut und recht klein. *G. ruficornis findet* man bei uns überall im Mai und Juni auf Blüten, vor allem auf Weißdorn. Die Larven entwickeln sich in Zweigen verschiedener Laubbäume.

3 | *Alosterna tabacicolor*
6–8 mm.

Die einzige Art der Gattung in Mitteleuropa ist im Körperbau der vorigen Gattung recht ähnlich, aber durch die helle Färbung gleich kenntlich. Ihr Verbreitungsgebiet erstreckt sich von Europa über Sibirien bis nach Japan. Bei uns sind die Käfer von Mai bis August überall sehr häufig. Man findet sie auf Blüten, vor allem in Waldgebieten. Die Larve entwickelt sich in der Rinde verschiedener Laubbäume. Sie bevorzugt offenbar Ahorn und Eiche.

4 | *Anoplodera sexguttata*
Gefleckter Halsbock, 7–12 mm.

Die Gattung *Leptura,* Halsböcke, ist in Mitteleuropa mit 18 Arten vertreten. Die kleinen bis mittelgroßen Käfer gehören zusammen mit der ebenfalls artenreichen Gattung *Strangalia* zu den häufigsten Arten blütenbesuchender Cerambyciden. Die Vertreter der beiden Gattungen kann man am besten am Halsschild unterscheiden. Bei *Leptura* ist er hinten nicht in Spitzen ausgezogen, *Strangalia* besitzt dagegen zugespitzte Hinterwinkel. Bei der abgebildeten Art *sexguttata* variieren die rotgelben Flecken auf den Flügeldecken. Bei uns nimmt die Häufigkeit der Art nach Norden stark ab. Die Käfer findet man von Mai bis Juli auf Blüten. Die Larven entwickeln sich in Eichen und Buchen.

5 | *Pseudovadonia livida*
Kleiner Halsbock, 7–9 mm.

Dies ist die kleinste Art der Gattung. Bei uns sind die Käfer von Juni bis August auf Blüten überall häufig. Die Larven entwickeln sich in Eichen und anderen Laubbäumen.

6 | *Paracorymbia maculicornis*
8–10 mm.

Auch Tiere dieser Art können sehr klein sein und dann Käfern der vorigen Art ähnlich sehen. Charakteristisch sind aber die an der Basis hellen mittleren Fühlerglieder, die den Fühler geringelt erscheinen lassen. *L. maculicornis* hat eine boreomontane Verbreitung. Bei uns findet man die Tiere im Bergland, wo sie im Juni und Juli auf Blüten meist häufig sind. Die Larve entwickelt sich vor allem in Eiche, seltener auch in anderen Laubhölzern, vielleicht in Nadelholz.

7 | *Stictoleptura rubra*
Rothalsbock, Männchen, 10–19 mm.

Diese Art findet man bei uns sehr häufig. Die Männchen sitzen von Juni bis September oft auf Blüten, vor allem auf Doldengewächsen. Gelegentlich laufen sie auch auf Holz umher.

8 | *Stictoleptura rubra*
Weibchen.

Die Weibchen sind nicht nur anders gefärbt als die Männchen, sondern auch wesentlich robuster und breiter gebaut. Eine ganze Anzahl von *Leptura*-Arten zeigt einen ähnlichen Geschlechtsunterschied in Färbung und Körperbau. Die Weibchen findet man weniger auf Blüten, mehr am Brutholz, an alten Stubben, Stämmen und Wurzeln von Nadelbäumen, in denen sich die Larven entwickeln. Früher war die Art ein Schädling in Telegrafenmasten.

9 | *Stictoleptura scutellata*
14–20 mm.

Diese Art ist aus ganz Mitteleuropa bekannt, bei uns aber nirgends häufig. Die Käfer findet man vor allem in Gebirgsgegenden im Juni und Juli auf Blüten. Die Larven entwickeln sich in Laubholz, vor allem in Buche.

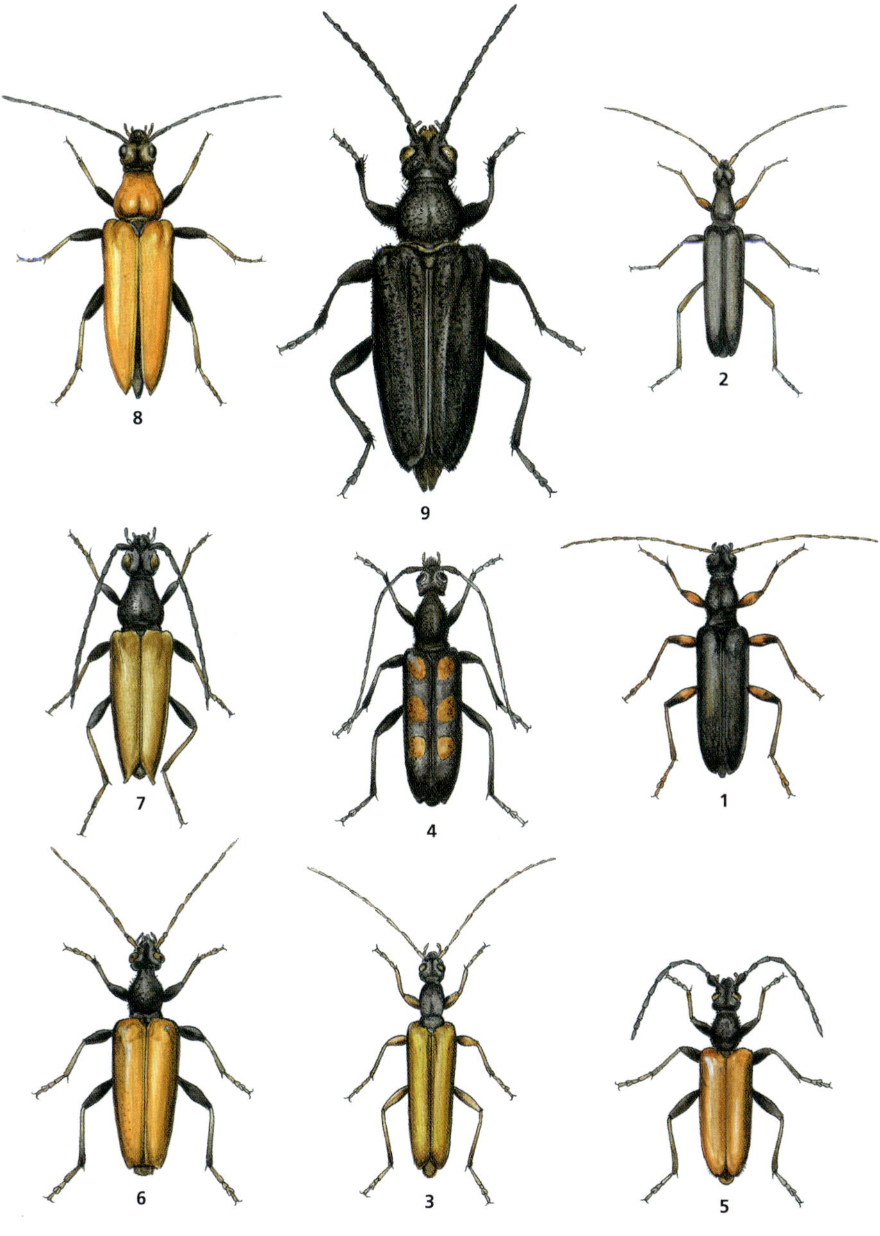
8
9
2
7
4
1
6
3
5

UNTERFAMILIE LEPTURINAE – SCHMALBÖCKE

1 | *Lepturobosca virens*
Dichtbehaarter Halsbock, 14–22 mm.

Bei diesem Käfer ist die schwarze Färbung seines Körpers und der Flügeldecken nicht erkennbar. Er ist mit dichten, langen grünen oder grauen Haaren bedeckt. Das boreomontane Verbreitungsgebiet umfasst die Alpen, Nordeuropa, Sibirien, Sachalin, Korea und Japan. Bei uns findet man die Käfer von Juni bis August auf Blüten im Gebirge, oft in subalpinen Lagen. Die Larven entwickeln sich in Nadelholz.

2 | *Judolia cerambyciformis*
7–11 mm.

Aus der Gattung, die in älteren Werken nur eine Untergattung von *Leptura* ist, gibt es in Mitteleuropa 3 Arten. Die Käfer sind nicht so langgestreckt wie die *Leptura*- und *Strangalia*-Arten, die Flügeldecken sind breiter und kürzer. Alle Arten haben gelbbraune Flügeldecken mit schwarzen Flecken und Binden, die sehr variabel sind. Die abgebildete Art ist bei uns von Juni bis August auf Blüten überall vorhanden und oft häufig. Trotzdem kennt man die Entwicklungsstadien und ihre Lebensweise noch nicht. Wahrscheinlich leben die Larven in Laubholz.

3 | *Leptura aethiops*
Mohren-Schmalbock, 10,5–15 mm.

Die Gattung *Strangalia* ist in Mitteleuropa mit 14 Arten vertreten. Der deutsche Name bezieht sich auf die schlanke Gestalt der Tiere. Die Flügeldecken sind nach hinten meist verschmälert. Die Arten haben die gleiche Lebensweise wie die Lepturen. Beide bezeichnet man auch als Blütenböcke. Einige *Strangalia*-Arten sind bei uns sehr häufig. Die abgebildete Art ist bei uns überall vertreten und von Mai bis Juli auf Blüten oft häufig. Die Larven entwickeln sich in verschiedenen Laubhölzern.

4 | *Stenurella nigra*
Schwarzer Schmalbock, 6,5–9 mm.

Diese viel kleinere Art ist nicht ganz schwarz. Der Hinterleib ist mindestens teilweise rot. Bei uns sind die Käfer im Juni und Juli überall auf Blüten vorhanden und oft häufig. Die Larven entwickeln sich in Laubhölzern.

5 | *Leptura quadrifasciata*
Vierbindiger Schmalbock, 11–19 mm.

Die gelbroten zackigen Binden auf den schwarzen Flügeldecken können stark reduziert oder aber noch breiter sein als bei dem abgebildeten Tier. Bei uns kommt die Art überall vor, aber meist vereinzelt. Die Käfer findet man im Juli und August an altem Holz oder auch auf Blüten. Die Larven entwickeln sich in altem Holz verschiedener Laubbäume, vor allem in Weiden.

6 | *Leptura maculata*
Gefleckter Schmalbock, 14–20 mm.

Die gelb-schwarze Zeichnung der Käfer ist sehr variabel. Bei dieser Art kommen einerseits nahezu einfarbig helle Exemplare vor, andererseits fast ganz schwarze. Bei uns ist die Art überall einer der häufigsten Bockkäfer. Von Mai bis August findet man die Tiere auf Blüten. Die Larven entwickeln sich in verschiedenen Laubhölzern, aber auch in Fichte.

7 | *Leptura annularis*
12–17 mm.

Die Art gleicht der vorigen. Die gelben Binden sind ebenfalls sehr variabel, aber die Basalbinde ist immer hakenförmig ausgebildet. Die Art ist in fast der ganzen Paläarktis verbreitet. Bei uns kennt man sie aus vielen Gebieten, aber sie ist nur selten. Die Käfer findet man im Juni und Juli auf Blüten. Die Larven entwickeln sich in Nadelholz, gelegentlich auch in Laubholz.

8 | *Stenurella melanura*
Gemeiner Schmalbock, Männchen, 6–9 mm.

Bei dieser Art sind die Unterschiede der Geschlechter sehr groß. Es gibt noch eine sehr ähnliche andere Art, *bifasciata*, die einen roten Hinterleib hat. Bei uns ist *melanura* überall einer der häufigsten Bockkäfer. Die Käfer findet man von Mai bis September auf Blüten. Die Larven entwickeln sich sowohl in Nadel- als auch in Laubhölzern.

9 | *Stenurella melanura*
Weibchen.

Die Variabilität der Färbung ist bei diesen Tieren verhältnismäßig gering. Ähnlich wie bei *Leptura rubra* sind auch bei dieser Art die Weibchen nicht nur farblich anders als die Männchen, sie sind auch breiter gebaut.

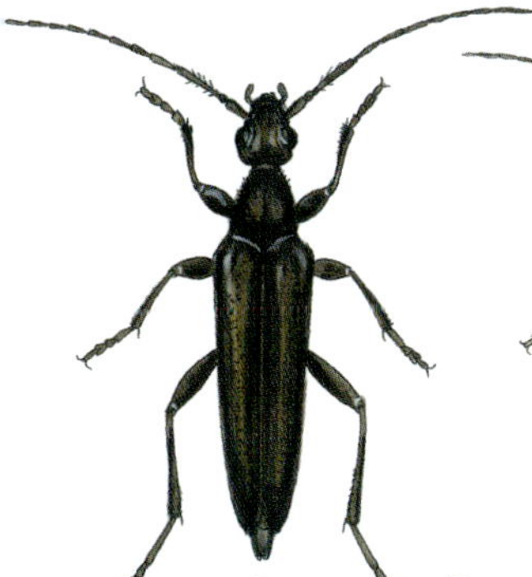
3

2

6

7

5

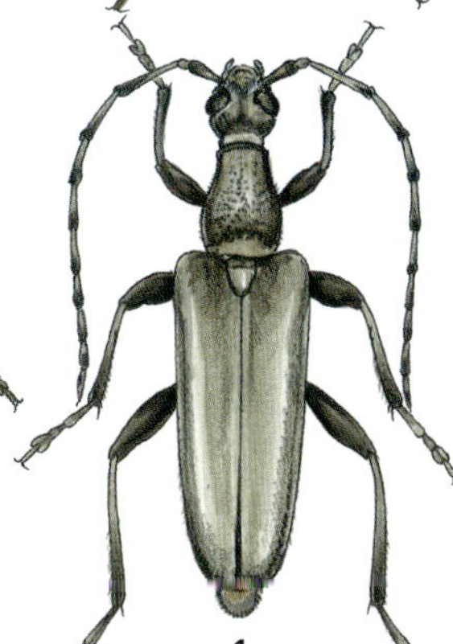
1

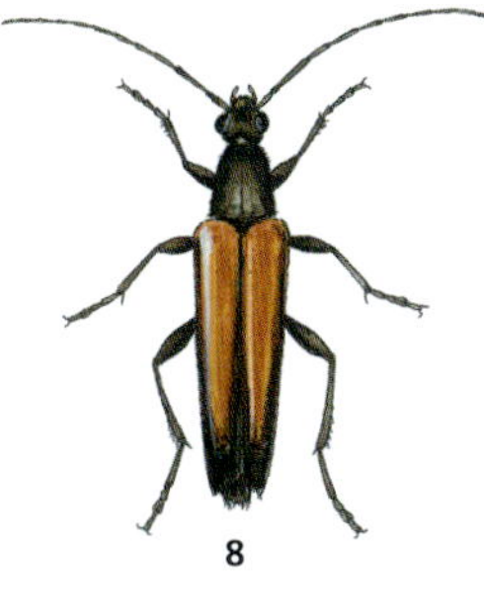
8

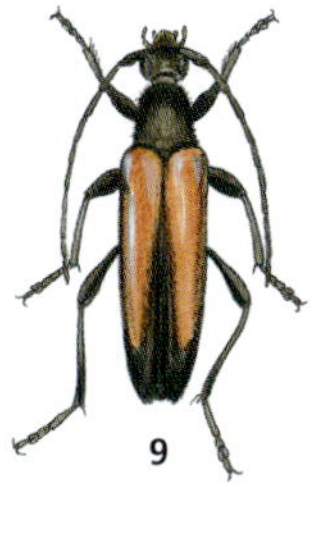
9

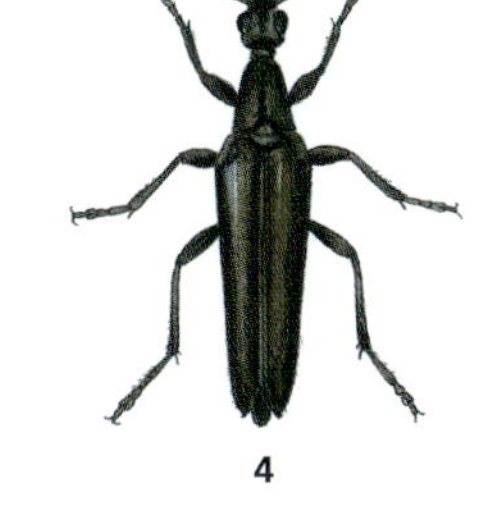
4

UNTERFAMILIE LEPTURINAE – SCHMALBÖCKE

1 | *Strangalia attenuata*
11–15 mm.

Diese Art stellt man heute allgemein in eine eigene Untergattung, *Strangalina*, zur Gattung *Strangalia*. In Älteren Werken hat man ihr den Rang einer eigenen Gattung, *Typocerus*, zuerkannt. Bei uns wird die Art nach Norden hin selten. Man findet die Käfer von Juni bis August auf Blüten. Die Larven entwickeln sich in verschiedenen Laubbäumen, vor allem in anbrüchigen Eichen.

2 | *Necydalis major*
Schwarzbrauner Wespenbock, 19–32 mm.

Die beiden in Mitteleuropa vorkommenden Arten der Gattung sind durch ihre Größe und die kurzen Flügeldecken sehr charakteristisch. Man bezeichnet sie – wie auch viele andere gelb und schwarz gefärbte Bockkäfer – als „Wespenböcke". Die *Necydalis-Arten* sind bei uns selten. *N. major* findet man im Juni und Juli an den Brutbäumen, gelegentlich auch auf Blüten. Die Larven entwickeln sich in verschiedenen Laubbäumen, besonders in Kirsche und Hainbuche, zuweilen auch in Nadelholz.

3 | *Necydalis ulmi*
Panzers Wespenbock, 19–21 mm.

Diese sehr seltene Art ähnelt der Schwesterart, ist jedoch seitlich am Pronotum dicht und lang abstehend gelblich behaart. Außerdem weist das fünfte Hinterleibssegment des Männchens auf der Unterseite über die ganze Länge eine tiefe Furche auf, bei *major* dagegen nur am Ende. Bei Weibchen ist das fünfte Hinterleibssegment gröber, aber weniger dicht punktiert als das vierte. Bei *major* sind diese Segmente nahezu gleich punktiert.

UNTERFAMILIE CERAMBYCINAE

4 | *Cerambyx cerdo*
Heldbock, Großer Eichenbock, 24–53 mm.

Die Gattung ist in Mitteleuropa mit 3 Arten vertreten. Die Larven der abgebildeten Art entwickeln sich in 3–5 Jahren in Eichenholz, das sie bis in den Kern durchbohren und es dadurch als Nutzholz wertlos machen. Seltener findet man sie auch in anderen Laubbäumen. Die Käfer fliegen von Mai bis August, vor allem abends und in der Nacht. Sie sind in den meisten Gebieten Mitteleuropas heute selten geworden oder schon ganz verschwunden.

5 | *Cerambiyx scopolli*
Kleiner Eichenbock, Buchenbock, Buchenspießbock, 17–28 mm.

Unsere häufigste Art der Gattung ist einfarbig schwarz mit einer sehr feinen grauen Behaarung. Die Flügeldecken sind gekörnt und das Halsschild ist gerunzelt. Imagines treten im gesamten Gebiet von Mai bis Juli auf blühenden Sträuchern, an sonnigen Waldrändern oder an Obstbäumen auf.

6 | *Gracilia minuta*
Weidenböckchen, Kleinbock, 3–7 mm.

Die einzige Art der Gattung in Mitteleuropa zählt zu den kleinsten Bockkäfern. Die Larven entwickeln sich in dünnen trockenen Ästen von Laubhölzern, vor allem in Weidenruten. Zuerst fressen die Larven unter der Rinde, später im Holz. Ihre Entwicklung dauert 1-2 Jahre.

7 | *Nathrius brevipennis*
Kleiner Kurzdeckenbock, Fliegenböckchen, 3–6 mm.

Die Gattung ist in älteren Werken unter den Namen *Leptidea* oder *Leptidia* bekannt. Das charakteristische Merkmal dieses Käfers sind seine stark verkürzten Flügeldecken. Das Tier wird immer wieder mit Weidenkörben nach Mitteleuropa eingeschleppt. Zusammen mit *Gracilia minuta* kommt er daraus im Juni und Juli oft in großen Mengen daraus hervor. Die Larven entwickeln sich außer in Weidenruten auch in anderen Laubhölzern. Man hat sie auch aus Kiefern gezogen.

8 | *Molorchus minor*
Dunkelschenkliger Kurzdeckenbock, 6–16 mm.

In älteren Werken heißt die Gattung *Caenoptera.* Sie kommt in Mitteleuropa mit 4 Arten vor. Die Käfer sind an den kurzen Flügeldecken leicht zu erkennen. Die abgebildete Art ist die bei weitem häufigste. Bei uns ist der Käfer von Mai bis Juli überall häufig. Man findet ihn auf Blüten. Oft schlüpft er aus gelagertem Brennholz. Die Larven entwickeln sich in der Rinde und im Splintholz von Nadelbäumen, besonders von Fichte und Kiefer.

9 | *Stenopterus rufus*
Braunrötlicher Spitzdeckenbock, 8–16 mm.

Die 2 in Mitteleuropa vorkommenden Arten der Gattung sind an ihren Flügeldecken kenntlich. Sie sind vorn an der Schulter sehr breit und laufen nach hinten spitz zu. Im Sommer – von Mai bis August findet man die Käfer gelegentlich in großer Zahl auf Blüten, vor allem auf Schafgarbe und Wilder Möhre. Die abgebildete Art wird bei uns von Westen nach Osten seltener. Die Larven entwickeln sich in verschiedenen Laubbäumen wie Eiche und Nussbaum.

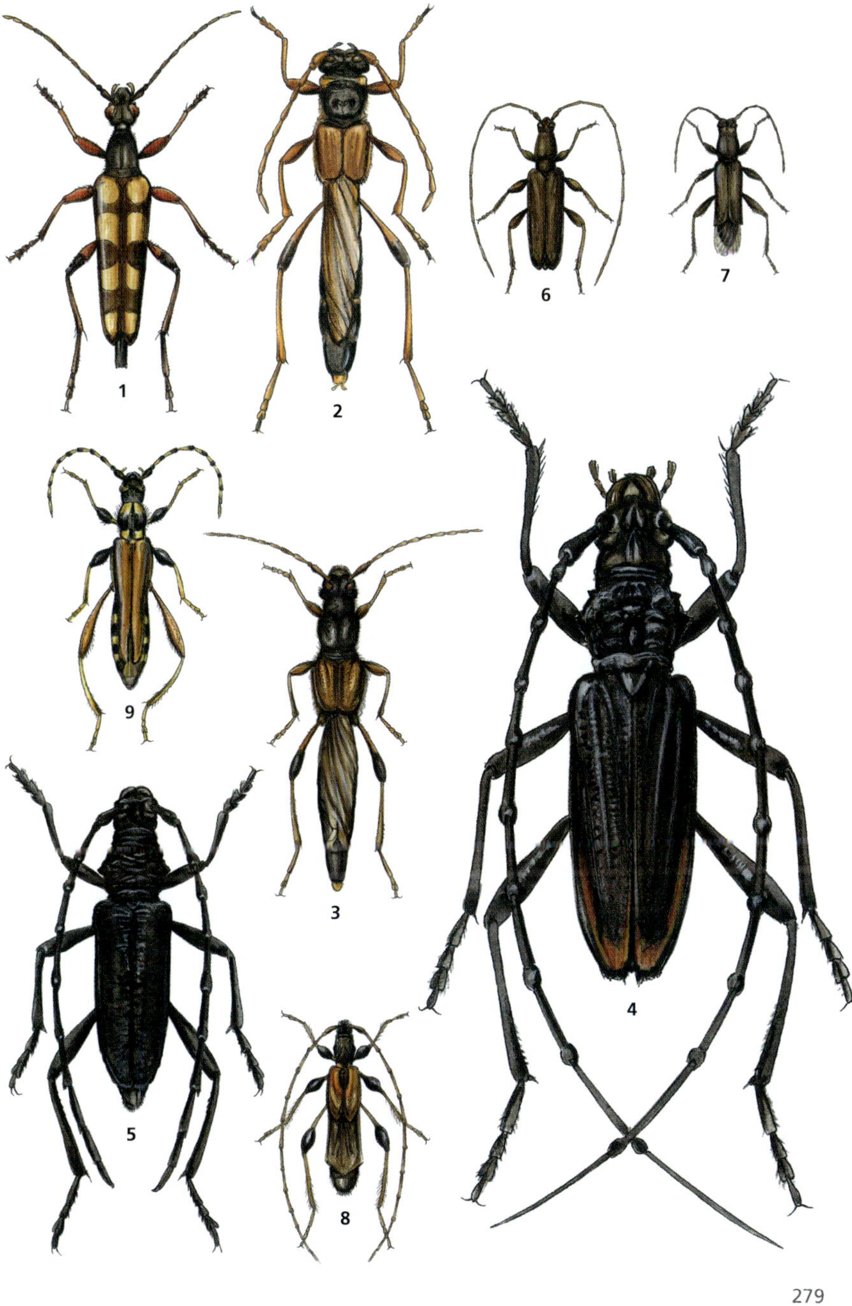
1
2
6
7
9
3
4
5
8

UNTERFAMILIE CERAMBYCINAE

1 | *Obrium brunneum*
Gemeiner Reisigbock, 4–7 mm.

In Mitteleuropa gibt es von dieser Gattung 3 Arten. Man findet die Käfer in schattigen Gebirgswäldern von Mai bis August auf Blüten, vor allem auf Umbelliferen. Die abgebildete Art ist bei uns die bei weitem häufigste der Gattung. Nach Norden wird sie seltener. Die Larven entwickeln sich in Nadelholz, vor allem in Fichten und Tannen.

2 | *Callimus angulatus*
7–9 mm.

Die Gattung heißt in älteren Werken *Callimus.* Die Art ist in Südeuropa zu Hause, kommt aber auch in der Slowakei, in Österreich und sehr selten im südlichen Deutschland vor. Die Käfer findet man von April bis Juni auf Blüten oder an den Brutbäumen. Die Larven entwickeln sich in Eichen und Buchen.

3 | *Deilus fugax*
6–11 mm.

Die einzige Art der Gattung in Mitteleuropa – der Gattungsname ist zuweilen auch *Dilus* – tritt selten in der Slowakei und Österreich auf. Die Käfer findet man auf Blüten oder auf den Brutpflanzen. Die Larven entwickeln sich in verschiedenen Sträuchern wie Goldregen und Besenstrauch.

4 | *Aromia moschata*
Moschusbock, 13–34 mm.

Die einzige Art der Gattung in Mitteleuropa ist durch ihre Größe und metallische Färbung leicht kenntlich. Bei uns tritt der Moschusbock überall und meist nicht selten auf. Man findet den Käfer von Juni bis August an Weiden oder auf Blüten. Er sondert ein stark riechendes aromatisches Sekret ab, dem er seinen Namen „Moschusbock" verdankt. Die Larven entwickeln sich in Weiden, vor allem in alten Kopfweiden, seltener in Pappeln und Erlen.

5 | *Rosalia alpina*
Alpenbock, 15–38 mm.

Die einzige Art der Gattung in Mitteleuropa ist durch die hellblaue Behaarung großer Körperteile unverkennbar. In Deutschland kennt man nur noch wenige Fundorte in Bayern und Württemberg. Sonst ist der Käfer bei uns ausgestorben. Von Juni bis September kann man die Käfer an den Brutbäumen finden oder an sonnigen Stellen an geschlagenem Buchenholz. Die Larven entwickeln sich im Holz anbrüchiger Buchen, selten anderer Laubbäume wie Ahorn.

6 | *Hylotrupes bajulus*
Hausbock, 7–21 mm.

Die einzige Art der Gattung in Mitteleuropa tritt bei uns vor allem in Häusern auf. Im Freien ist sie selten. Der Käfer gilt als einer der gefürchtetsten Schädlinge unter den Insekten, denn die Larven zerfressen altes, verbautes Nadelholz völlig. Die Entwicklungszeit beträgt je nach Alter des Holzes 3–10 Jahre oder noch länger. Die Käfer findet man von Mai bis September.

7 | *Rhopalopus ungaricus*
Metallfarbener Rindenbock, Ahornbock, 16–24 mm.

In Mitteleuropa kommen 5 Arten aus dieser Gattung vor. Sie alle sind bei uns nur vereinzelt, selten oder sehr selten zu finden. Die abgebildete Art, in älteren Werken *hungaricus* genannt, findet man bei uns nur selten im Gebirge. Von Mai bis Juli kann man sie auf Blüten oder an den Brutbäumen sehen. Die Larven entwickeln sich zweijährig in Ahorn und anderen Laubhölzern. Sie leben erst unter der Rinde, später nagen sie im Holz einen Hakengang.

8 | *Rhopalopus femoratus*
8–13 mm.

Die Art ist nur aus Mitteleuropa bekannt; sie kommt zwar überall vor, ist aber nicht häufig. Man findet die Käfer im Mai und Juni auf Blüten. Die Larven entwickeln sich in verschiedenen Laubhölzern.

9 | *Ropalopus macropus*
Kleiner Ahornbock, 8–14 mm.

Entgegen seines Namens findet man den Käfer praktisch nie an Ahorn, dafür aber an anbrüchigen Laubbäumen wie Eiche, Walnuss, Weide oder Linde und Reisighaufen. Die seltene, wärmeliebende Art hat einen flachen, einfarbig schwarzen und glanzlosen Körper. Auffällig sind die keulenartig verdickten Schenkel.

5

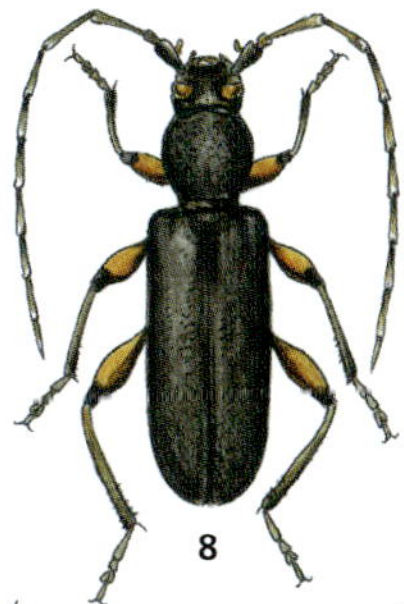

8

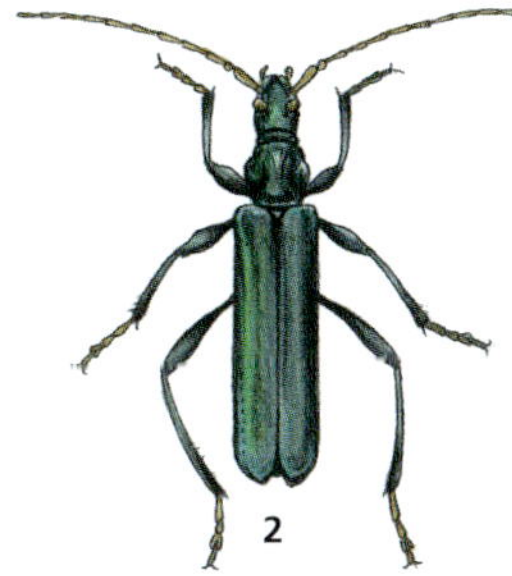

2

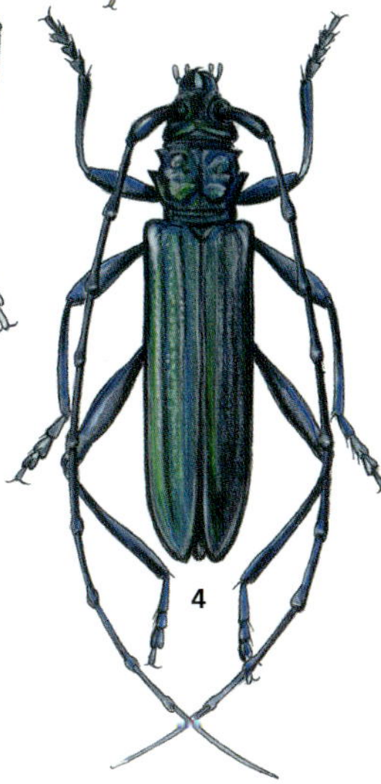

4

6

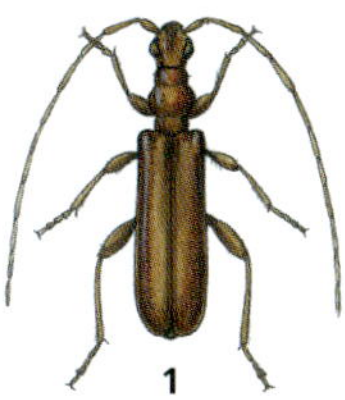

1

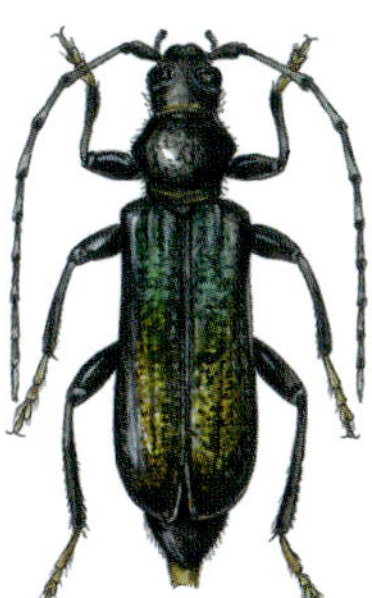

7

9

3

UNTERFAMILIE CERAMBYCINAE

1 | *Semanotus undatus*
Nadelholz-Wellenbock, 7–14 mm.

Die Gattung ist in Mitteleuropa mit 2 Arten vertreten. Die abgebildete Art ist bei uns boreomontan verbreitet. In Österreich und in Tschechien ist sie bodenständig, wenn auch selten oder sogar sehr selten. Ob sie auch in Bayern heimisch ist oder nur einzelne Funde auf Einschleppung beruhen, ist unsicher. Man findet die Käfer von April bis August auf den Stämmen der Brutbäume. Die Larven entwickeln sich in Nadelholz, vor allem in Kiefer, Tanne und Fichte. Zuerst leben sie unter der Rinde, zur Verpuppung nagen sie sich aber 4 cm tief ins Holz ein.

2 | *Callidium violaceum*
Blauvioletter Scheibenbock, Veilchenbock, 8–16 mm.

Die 3 in Mitteleuropa beheimateten Arten dieser Gattung zeichnen sich durch einen breiten, flachen Halsschild aus. *C. violaceum* ist bei uns überall vertreten und meist nicht selten. Von Mai bis August findet man die Käfer am Brutholz. Gelegentlich schlüpfen sie sogar aus verbautem Holz. Die Larven entwickeln sich in trockenem Nadelholz, selten auch in Laubholz. Zunächst fressen sie unter der Rinde. Zur Verpuppung nagen sie einen hakenförmigen Gang ins Holz.

3 | *Callidium aeneum*
Blaufarbener Scheibenbock, 9–15 mm.

Die Art ist bei uns vor allem montan vertreten und wird nach Norden hin seltener. Die Käfer kann man von Mai bis Juli finden, die Larven entwickeln sich in Nadel- und Laubhölzern.

4 | *Pyrrhidium sanguineum*
Rothaarbock, 8–12 mm.

Die einzige Art der Gattung in Mitteleuropa ist *Callidium* ähnlich, durch ihre Farbe aber sehr auffällig. Bei uns ist der Käfer überall nachgewiesen. Mitunter ist er stellenweise recht häufig. Von April bis Juni kann man die Käfer an den Bruthölzern finden. Die Larve entwickelt sich in geschlagenen Stämmen und Stubben von Eichen, gelegentlich auch in anderen Laubbäumen. Sie lebt zuerst unter der Rinde und geht zur Verpuppung bis zu 6 cm ins Holz.

5 | *Phymatodes testaceus*
Variabler Schönbock, 6–17 mm.

Die Gattung ist in Mitteleuropa mit 7 Arten vertreten. Ihre Körper sind länger und schlanker als bei *Callidium.* Die abgebildete Art ist sehr farbvariabel. Bei uns sind die Käfer überall häufig. Von Juni bis Juli fliegen sie in der Dämmerung. Die Larve entwickelt sich in Laubholz, vor allem in Eiche. Nicht selten schlüpfen die Käfer aus eingelagertem Brennholz. Die Entwicklung ist einjährig.

6 | *Phymatodes glabratus*
Dunkler Schönbock, 5–9 mm.

Die Art ist bei uns aus vielen Gebieten nachgewiesen, meist aber nicht häufig. Die Käfer treten im April und Mai auf. Die Larven entwickeln sich unter der Rinde von Wacholder und Kiefer.

7 | *Phymatodes alni*
Kleiner Schönbock, 4–6,5 mm.

Diese sehr kleinen Bockkäfer kann man von April bis Juni nicht regelmäßig und nicht überall finden. Zuweilen treten sie jedoch massenhaft auf. Wenn sie auf Reisig herumlaufen, erinnern sie an Ameisen. Die Larve lebt unter der Rinde von Laubholz wie Eiche, Esche, Ahorn und Erle.

8 | *Xylotrechus rusticus*
Dunkler Holzklafterbock, 9–20 mm.

6 Arten dieser Gattung gibt es in Mitteleuropa, aber sie sind meist nicht häufig, oft sogar selten. Die Käfer laufen auf Holzklaftern umher. Sie sind bei warmem Wetter sehr flink und fliegen schnell fort. Die abgebildete Art ist bei uns überall nachgewiesen, aber es gibt nur ältere und wenige neuere Funde. Die Käfer kann man im Juni und Juli finden. Die Larven entwickeln sich in verschiedenen Laubhölzern. Die Puppenwiege wird im Holz angelegt.

9 | *Xylotrechus arvicola*
Sauerkirschen-Widderbock, 8–17 mm.

Diese Art kann leicht mit *Xylotrechus antilope* und *Clytus* Arten verwechselt werden, trägt auf der Stirn jedoch 4 Kiele, wobei die Fläche zwischen den mittleren kahl und jene zwischen den mittleren und äußeren dicht gelb kurz und nach außen anliegend behaart ist. Die Flügeldecken tragen drei gelbe Binden und ebenso gefärbte Spitzen, Fühler und Beine sind gelbrot. Die Entwicklung erfolgt in Totholz von Obstbäumen.

2

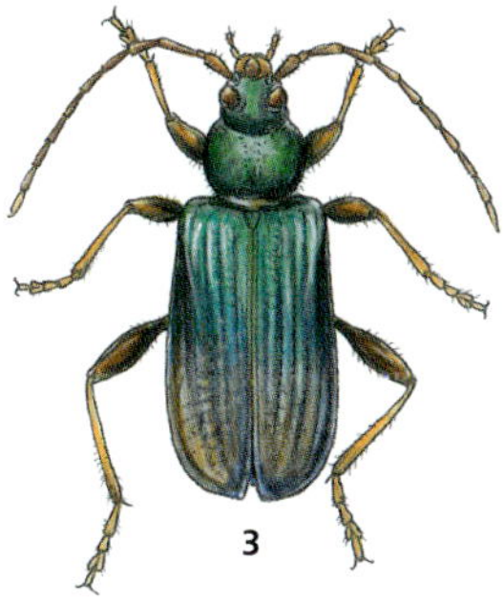

3

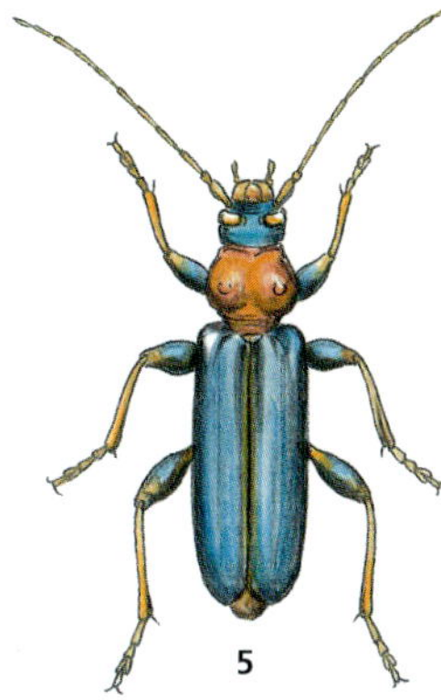

5

4

9

6

1

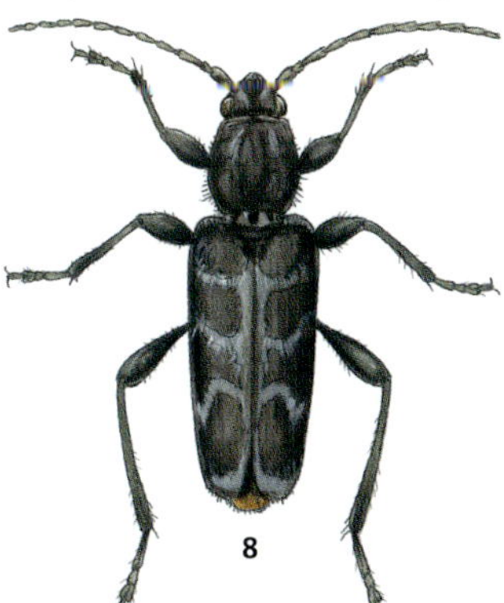

8

7

UNTERFAMILIE CERAMBYCINAE

1 | *Clytus arietis*
Gemeiner Widderbock, 7–14 mm.

4 Arten aus dieser Gattung kommen in Mitteleuropa vor. Die Käfer kann man auf Holzklaftern und Reisig finden, gelegentlich auch auf Blüten. Die Tiere sind sehr flüchtig. Die abgebildete Art ist bei uns die bei Weitem häufigste der Gattung. Sie kommt überall vor und ist nicht selten. Die Käfer findet man von Mai bis Juli auf Holz, vor allem auf Buche und auf Blüten. Die Larven entwickeln sich in verschiedenen Laubhölzern.

2 | *Clytus lama*
Schmalfühleriger Widderbock, 8–14 mm.

Die Art unterscheidet sich von der vorigen vor allem dadurch, dass die Fühler zum Ende hin nicht verdickt sind. Die Käfer sind aus den meisten Gebieten nachgewiesen, Zurzeit vor allem im Süden. Nach Norden hin wird die Art seltener oder fehlt ganz. Die Käfer treten im Juni und Juli auf. Die Larve entwickelt sich in Fichten, Tannen und Lärchen. Anfangs lebt sie zwischen Rinde und Holz, später nagt sie zur Verpuppung einen tiefen, hakenförmigen Gang ins Holz, das dadurch stark entwertet wird.

3 | *Plagionotus arcuatus*
Eichenwidderbock, 6–20 mm.

In Mitteleuropa sind 3 Arten der Gattung beheimatet. Die Käfer gleichen den *Clytus,* sind aber viel robuster gebaut. Die abgebildete Art sieht man bei uns von Mai bis August überall und oft häufig auf dem Brutholz herumlaufen, meist auf Eiche, seltener auf anderen Laubhölzern. Die Larven leben zuerst in der Rinde, gehen aber später zur Verpuppung bis 7 cm tief ins Holz. Wenn sie in größeren Mengen berindete, liegende Stämme befallen, können sie starke Schäden verursachen.

4 | *Plagionotus detritus*
Hornissenbock, 10–19 mm.

Diese Art ist bei uns vor allem im Osten vertreten und wird nach Westen hin selten oder fehlt ganz. Die Biologie ist die gleiche wie bei *arcuatus.*

5 | *Cyrtoclytus capra*
Haarbock, 9–15 mm.

Die einzige Art der Gattung in Mitteleuropa ist den *Clytus*-Arten sehr ähnlich, aber an der langen Behaarung des ganzen Körpers von diesen zu unterscheiden. Bei uns findet man die Käfer im Juni und Juli sehr selten und nur im südöstlichen Mitteleuropa, in Tschechien, Österreich und Bayern. Die Larven entwickeln sich wahrscheinlich in Laubholz.

6 | *Isotomus speciosus*
12–22 mm.

Die Gattung, in älteren Werken auch als Untergattung *Caloclytus* zu *Clytanthus* gestellt, ist in Mitteleuropa mit nur 1 Art vertreten. Sie ist den Arten der Gattung *Chlorophorus* – in älteren Werken *Clytanthus* – sehr ähnlich. Die hellen Flecken auf den Flügeldecken variieren stark. Die Art strahlt von Südosten her ins südöstliche Mitteleuropa ein und ist in Tschechien und Österreich selten. Im Juni und Juli kann man die Käfer vor allem in der Dämmerung auf Blüten oder an altem Holz finden. Die Larven entwickeln sich in Laubholz, vor allem in Eiche und Esskastanie.

7 | *Anaglyptus mysticus*
Dunkler Zierbock, 6–13 mm.

Dies ist die einzige Art der Gattung in Mitteleuropa. Eine zweite Art lebt im Mittelmeerraum. Die Zeichnung ist zwar variabel, in der Anlage aber sehr typisch. Bei uns kommt der Käfer von Mai bis Juli überall auf Weißdorn, seltener auf anderen Blüten vor. Meist ist er nicht selten. Die Larven entwickeln sich in verschiedenen Laubhölzern.

8 | *Chlorophorus sartor*
5,5–9 mm.

Die Gattung trägt in älteren Werken den Namen *Clytanthus.* In Mitteleuropa gibt es 6 Arten. *C. sartor* wird nach Norden zu seltener oder fehlt ganz. Die Käfer findet man im Juni und Juli auf Blüten. Die Larven entwickeln sich in verschiedenen Laubhölzern wie Esskastanie und Robinie.

9 | *Chlorophorus figuratus*
7–13 mm.

Bei uns nimmt die Art nach Norden und Osten ab und fehlt schließlich ganz. Die Käfer kann man von Juni bis August auf verschiedenen Blüten finden. Die Larven entwickeln sich in verschiedenen Laubbäumen.

1
3
2
7
4
6
9
5
8

UNTERFAMILIE CERAMBYCINAE

1 | *Trichoferus pallidus*
14–21 mm.

Aus der Gattung, die in älteren Werken *Hesperandrius* oder *Hesperophanes* heißt, kommt im südlichen Mitteleuropa nur diese sehr seltene Art vor. Im Juli und August fliegen die Käfer bei Nacht. Die Larven entwickeln sich in alten Eichen.

2 | *Trichoferus holosericeus*
13–24 mm.

Die braunen Flügeldecken weisen eine graue, fleckige kurze Behaarung auf, während der Körper rotbraun bis dunkelbraun gefärbt ist. Die nachtaktiven Tiere fliegen von Juni bis August und erreichen nordwärts die Schweiz und Österreich.

3 | *Trichoferus campestris*
9–20 mm.

Im Gegensatz zu den beiden anderen Arten sind die Flügeldecken neben der fleckigen Grundbehaarung mit lang abstehenden Haaren besetzt. Diese ostasiatische Art wurde mit Importholz nach Westeuropa verschleppt und hat sich eingebürgert.

4 | *Purpuricenus budensis*
10–20 mm.

Die Halsschildoberseite dieser Art verfügt im Gegensatz zu den beiden anderen Arten über eine dichte, aufgerichtete Behaarung. Die Flügeldecken sind typischerweise rot mit einer schwarzen Nahtbinde, die mittig beginnt und sich nach hinten über die Flügelspitzen verbreitert.

5 | *Purpuricenus kaehleri*
Blutbock, Kahler Purpurbock,
9–20 mm.

Diese nur gelegentlich ins südliche Mitteleuropa einstrahlende Art besitzt einen meist deutlich ausgebildeten Halsschildseitendorn. Kopf, Beine und Fühler sind schwarz, während das Halsschild zwischen einfarbig schwarz oder mit unterschiedlich ausgebildeter, roter Färbung variiert. Die Tiere sind von Mai bis August an den Brutbäumen (meist Obstbäume) oder auf Blüten zu finden.

6 | *Purpuricenus globulicollis*
8,5–19 mm.

Die blut- bis zinnoberrote Färbung der Flügeldecken und des Halsschildes dieser ebenfalls sehr wärmeliebenden Art ähnelt *kaehleri*, der Halsschildseitendorn ist jedoch meist nur schwach ausgebildet. Wie bei ihrer Schwesterart fehlen samtartig behaarte Flecken auf dem Halsschild. Von Südeuropa dringen die Käfer selten bis zur Slowakei vor.

7 | *Axinopalpis gracilis*
Messerbock, 6,5–12 mm.

Dies ist die einzige Art der Gattung in Mitteleuropa. Bei uns nimmt die Häufigkeit von Ost nach West ab. Im Westen ist sie sehr selten oder fehlt ganz. Von Mai bis Juli kann man die Käfer vor allem in der Dämmerung an den Brutbäumen oder auf Blüten finden. Die Larven entwickeln sich in trockenen Ästen von Eiche, Linde und Ahorn.

8 | *Callimoxys gracilis*
7–13 mm.

Dieser kleine, früher der Gattung *Stenopterus* zugeordnete Käfer weist reduzierte, sich nach außen hin verjüngende Flügeldecken und eine mattschwarze Grundfärbung auf. Beim Weibchen kontrastiert das blutrote Halsschild. Die in Südost-Europa lebende, seltene Art kann von April bis Juni nördlich bis Kroatien angetroffen werden.

UNTERFAMILIE LAMIINAE – WEBERBÖCKE

9 | *Anoplophora glabripennis*
Asiatischer Laubholzbockkäfer,
17–40 mm.

Ursprünglich in Ostasien beheimatet, wurde die Art mit Bau- und Verpackungsholz erstmals 2001 in Österreich, 2005 in Deutschland und 2011 in der Schweiz festgestellt. Freiland-Nachweise führen zu aufwändigen Quarantäne- und Bekämpfungsmaßnahmen, da die polyphage Art zu den schädlichsten invasiven Neobiota gezählt wird.

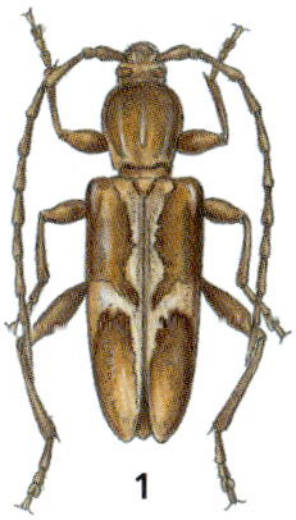

1

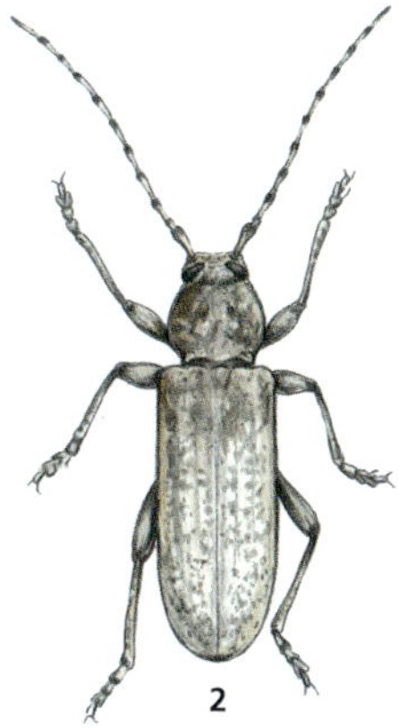

2

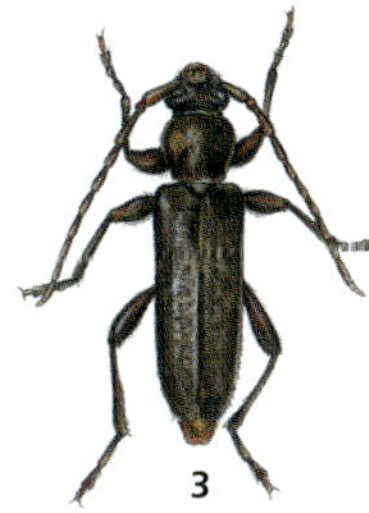

3

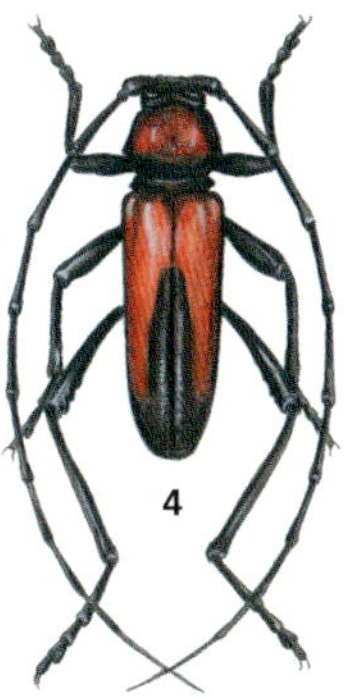

4

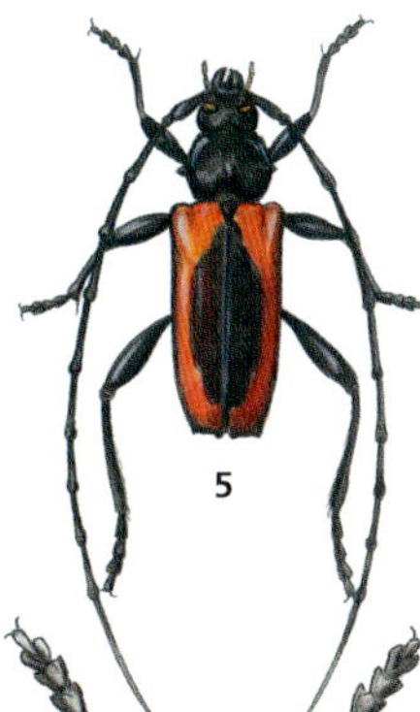

5

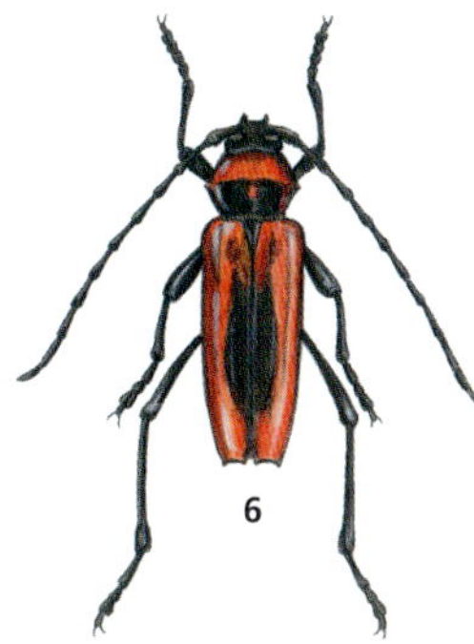

6

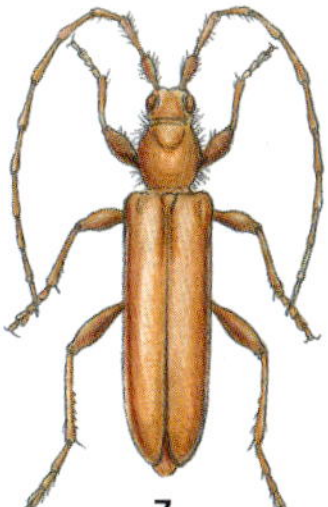

7

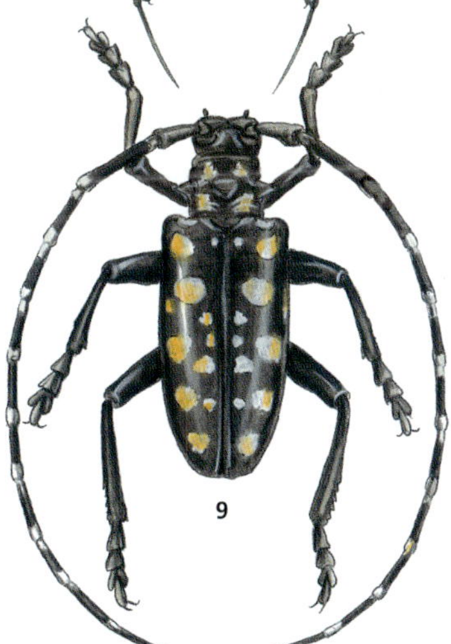

9

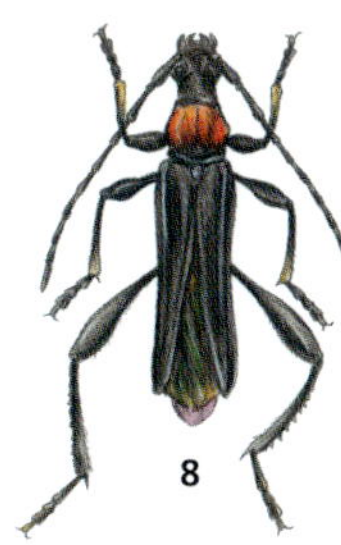

8

UNTERTAMILIE LAMIINAE

1 | *Dorcadion fuliginator*
Variabler Erdbock, 10–15 mm.

Die nur in der Paläarktis vertretene Gattung *Dorcadion*, Erd- oder Grasböcke, ist im Körperbau sehr einheitlich. Es sind aus Marokko, aus dem südlichen Europa, Kleinasien und Sibirien bis nach China weit mehr als 350 verschiedene Arten beschrieben. Die Käfer können nicht fliegen. Im Frühjahr kriechen sie träge am Boden im Gras umher. Sie sind in Steppen beheimatet und sehr wärmeliebend. In Mitteleuropa kommen nur 7 Arten vor. Die Larven entwickeln sich im Boden an Graswurzeln. Die abgebildete Art dringt von Südwesteuropa aus bis Mitteldeutschland vor, fehlt aber in Österreich, Polen und Tschechien. Die Käfer sind sehr variabel gefärbt. Man findet sie an warmen Plätzen von April bis Juni, aber nur stellenweise und sehr sporadisch.

2 | *Dorcadion fulvum*
Braunroter Erdbock, 13–16 mm.

Die Art ist im Südosten verbreitet und strahlt von dort aus ins südöstliche Mitteleuropa ein. Man kann die Käfer von März bis Juli finden. In Tschechien ist die Art sehr häufig In Österreich ist sie noch an vielen Stellen vorhanden.

3 | *Morimus funereus*
Trauerbock, 20–38 mm.

Diese stattliche Art hat im Süden noch einen Verwandten, der nördlich aber nur bis ins südliche Tessin vorstößt. Die abgebildete Art kommt von Südeuropa sporadisch ins südliche Mitteleuropa, zum Beispiel nach Österreich und in Tschechien. Im mittleren Mitteleuropa gefundene Käfer sind dort importiert. Die Käfer findet man im Mai und Juni auf Stubben, Stämmen und altem Holz. Die Larven entwickeln sich in Buchen und Eichen.

4 | *Lamia textor*
Weberbock, 15–30 mm.

In der Körperform ist diese einzige Art der Gattung in Mitteleuropa der vorigen ähnlich. Bei uns ist der Käfer überall nachgewiesen, häufig ist er allerdings nirgends. Von Mai bis August sitzen die Käfer an Wurzeln und Ästen der Brutbäume und werden erst abends aktiv. Die Larven entwickeln sich in Stöcken und Wurzeln von Weiden und Zitterpappeln.

5 | *Monochamus sutor*
Einfarbiger Langhornbock, Schusterbock, 15–24 mm.

Die 4 in Mitteleuropa vorkommenden Arten der Gattung sind recht groß und durch ihre langen Fühler auffällig. Die abgebildete Art ist die häufigste der Gattung. Bei uns fehlt sie in manchen Gebieten, vor allem in der Ebene. Der Käfer ist von Juli bis September an berindetem Nadelholz zu finden. Die Larven entwickeln sich in Nadelbäumen, vor allem in Fichte, aber auch in Tanne. Anfangs leben die Larven unter der Rinde, später bohren sie sich ins Holz ein und entwerten es dadurch.

6 | *Monochamus galloprovincialis*
Gefleckter Langhornbock, Bäckerbock, 12–25 mm.

Die Art ist bei uns meist seltener als die vorhergehende, kommt aber im Westen, zum Beispiel bei Frankfurt vor. Die Flugzeit reicht von Juni bis September. Die Käfer fressen auch an der Rinde junger Zweige und an Trieben. Die Larven entwickeln sich vor allem in Kiefern, an denen sie ähnliche Schäden anrichten wie die vorige Art an Fichten.

7 | *Mesosa nebulosa*
Binden-Augenfleckenbock, 9–15 mm.

Die Gattung heißt in älteren Werken auch *Haplocnemia* und ist in Mitteleuropa mit 2 Arten vertreten. Die abgebildete Art ist bei uns überall nachgewiesen, aber meist nicht häufig. Die Käfer sind von April bis August zu finden. Die Larven entwickeln sich in trockenen Zweigen verschiedener Laubbäume, vor allem in Eiche, Linde, Ulme und Nussbaum.

8 | *Mesosa curculionoides*
Großer Augenfleckenbock, 10–17 mm.

Diese markanter gekennzeichnete Art ist ähnlich verbreitet wie die vorhergehend und auch in der Biologie nicht unterschieden. Die Flugzeit reicht von Mai bis September. Die Art ist noch seltener als die vorige.

9 | *Oplosia cinerea*
Lindenbock, 11–13 mm.

Die Gattung heißt in älteren Werken auch *Hoplosia* und kommt mit nur einer Art in Mitteleuropa vor. Bei uns sind die Käfer von Mai bis Juli an trockenen Zweigen überall nachgewiesen, aber nicht häufig. Die Larven entwickeln sich in alten, morschen Zweigen verschiedener Laubbäume, besonders in Linden.

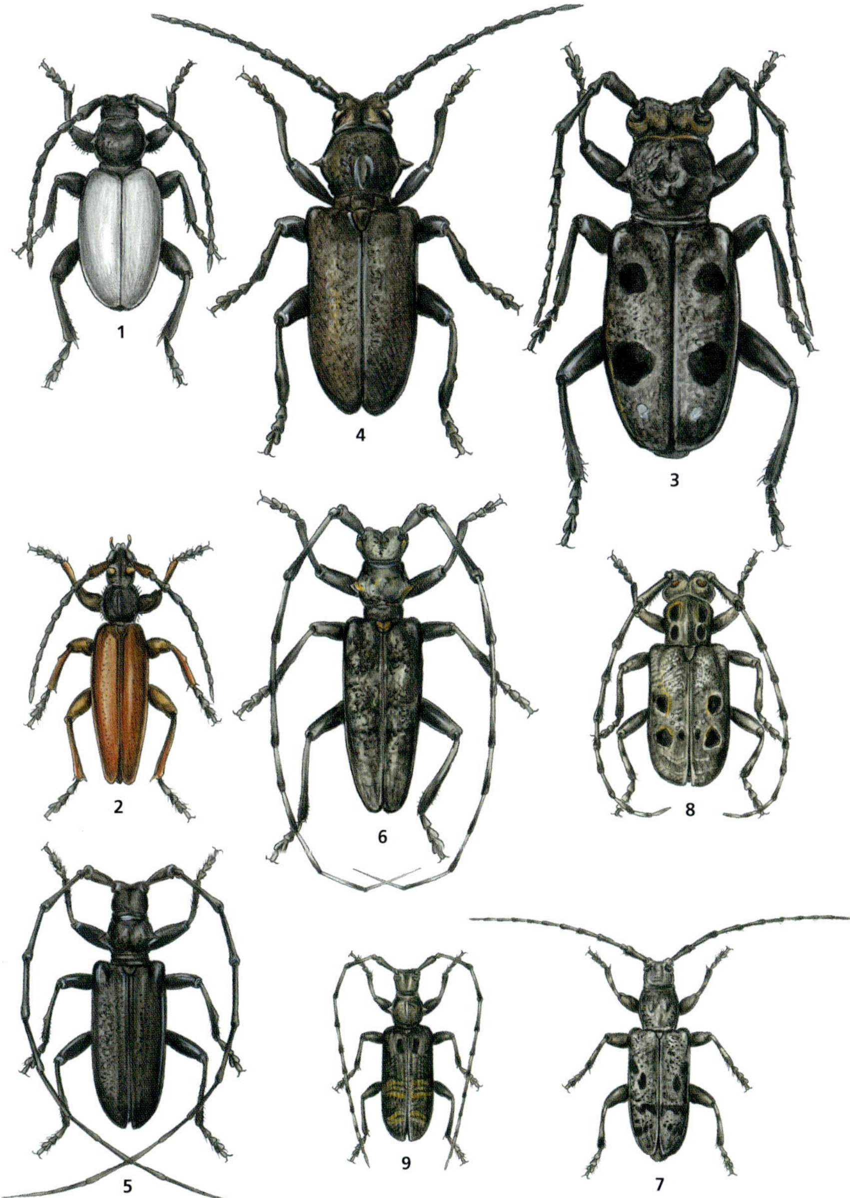
1
4
3
2
6
8
5
9
7

UNTERFAMILIE LAMIINAE – WEBERBÖCKE

1 | *Anaesthetis testacea*
Kragenbock, 5–10 mm.

Die abgebildete Art ist in Mitteleuropa die einzige Art der Gattung. Bei uns ist sie vielfach nachgewiesen, aber nur einzeln und nicht häufig. Tagsüber sitzen die Käfer an Zweigen. Erst am Abend fliegen sie. Die Larven entwickeln sich in trockenen Zweigen verschiedener Laubhölzer, zum Beispiel in Eiche, Nussbaum und Kastanie.

2 | *Pogonocherus fasciculatus*
Gemeiner Wimperbock, Kiefernzweigbock, 5–8 mm.

In Mitteleuropa gibt es 6 Arten aus dieser Gattung, die in älteren Werken auch als *Pogonochaerus* bezeichnet wird. Die kleinen Käfer tragen als eindeutiges Bestimmungsmerkmal schwarze, pinselförmige Haarbüschel auf den Flügeldecken. Sie schlüpfen bereits im Herbst in den Bruthölzern und überwintern darin. Die abgebildete Art ist bei uns wohl überall die häufigste Art der Gattung. Die Käfer findet man von März bis Oktober an den Bruthölzern. Die Larven entwickeln sich in Nadelholz, vor allem in Kiefer und Fichte.

3 | *Pogonocherus hispidus*
Dorniger Wimperbock, 4–6 mm.

Die Art kann man bei uns von Mai bis Oktober überall finden, allerdings nicht sehr häufig. Die Larven entwickeln sich in Laub- und Nadelholz.

4 | *Pogonocherus hispidulus*
Doppeldorniger Wimperbock, 6–7 mm.

Während die vorige Art am Außenrand der Flügeldeckenspitze einen Dorn trägt, hat diese Art auch noch einen kleinen weiteren Dorn am Ende der Flügeldeckennaht. Die Käfer kann man von März bis Juli bei uns überall finden, aber nicht häufig. Die Larven entwickeln sich in trockenen Zweigen verschiedener Laubhölzer; einige Autoren geben als Brutbaum auch Kiefer an.

5 | *Calamobius filum*
Getreidebock, 5–11 mm.

Ganz charakteristisch für die einzige Art der Gattung in Mitteleuropa sind die außerordentlich schlanke Körperform und die langen Fühler. Die Art ist südeuropäisch mediterran, kommt aber lokal im südlichen Mitteleuropa vor, so in der Slowakei, Niederösterreich, Bayern und Baden. Zum Teil fehlen neue Nachweise. Mitunter tritt die Art in Mengen auf. Die Käfer findet man von Mai bis Juli an Gras. Die Larven entwickeln sich in den Stängeln von Getreide und Gräsern. Die Verpuppung erfolgt in der Erde.

6 | *Aegomorphus clavipes*
Scheckenbock, 12–17 mm.

Die einzige Art der Gattung in Mitteleuropa fällt durch das 1. keulenförmig verdickte Fühlerglied auf. Auch die Schenkel sind keulenförmig verdickt. In Mitteleuropa wurde der Käfer fast überall nachgewiesen, meist aber selten, nur im Bergland häufiger. Die Käfer findet man von Juni bis August an geschlagenen Stämmen, wo sie lebhaft in der Sonne umherlaufen. Die Larven entwickeln sich in trockenen Ästen verschiedener Laubbäume, vor allem in Buche und Eiche.

7 | *Leiopus nebulosus*
Braungrauer Splintbock, Braungrauer Laubholzbock, 6–10 mm.

In älteren Werken heißt die Gattung auch *Liopus*. In Mitteleuropa gibt es 2 Arten, von denen die abgebildete im südlichen Nordeuropa und in Süd- und Mitteleuropa beheimatet ist. Bei uns sind die Käfer überall nicht selten, zuweilen sogar häufig. Man findet sie von Mai bis August an trockenen Ästen. Die Larven entwickeln sich unter der Rinde verschiedener Laubbäume, wie in Eichen, Buchen und Obstbäumen. Sie überwintern nach dem Schlüpfen im Holz.

8 | *Acanthocinus aedilis*
Zimmermannsbock, Männchen, 12–20 mm.

In Mitteleuropa gibt es 5 Arten aus dieser Gattung. Die abgebildete Art ist die häufigste. Alle anderen kommen nur lokal und sehr selten vor. Den Zimmermannsbock findet man bei uns ab März, und im Herbst in den Puppenwiegen bereits die frisch geschlüpften Tiere der nächsten Generation. Die Käfer sitzen an Kiefernstubben, auf Holzklaftern und unter der Borke stehender toter oder absterbender Kiefern. Die Fühler können bei den Männchen die fünffache Körperlänge erreichen.

9 | *Acanthocinus aedilis*
Weibchen.

Die Fühler der Weibchen sind etwa doppelt so lang wie der Körper. Man erkennt die Weibchen aber auch noch an der weit vorstehenden Legeröhre.

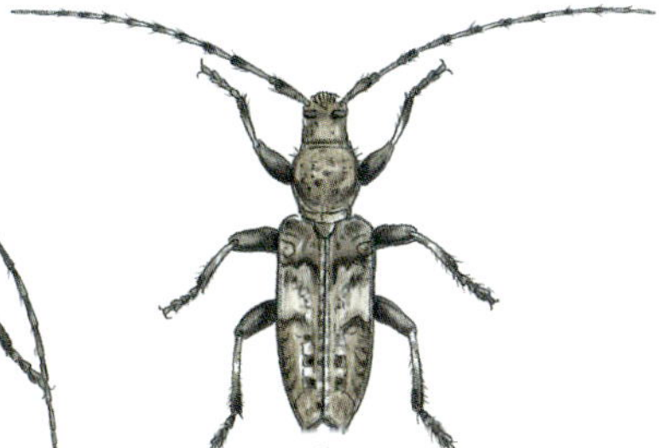

2

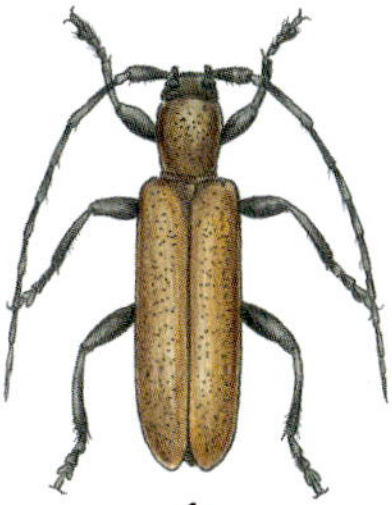

1

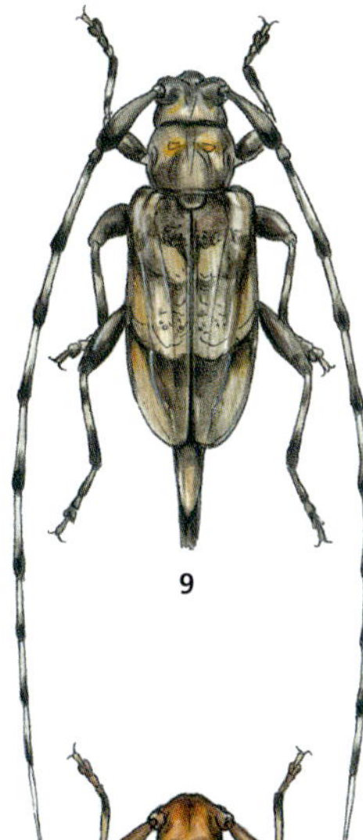

9

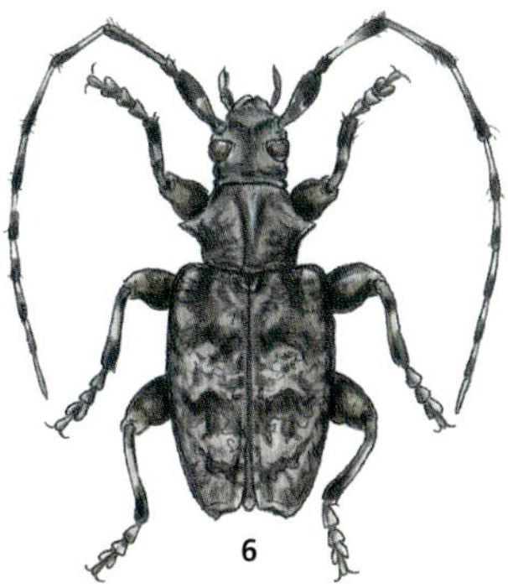

6

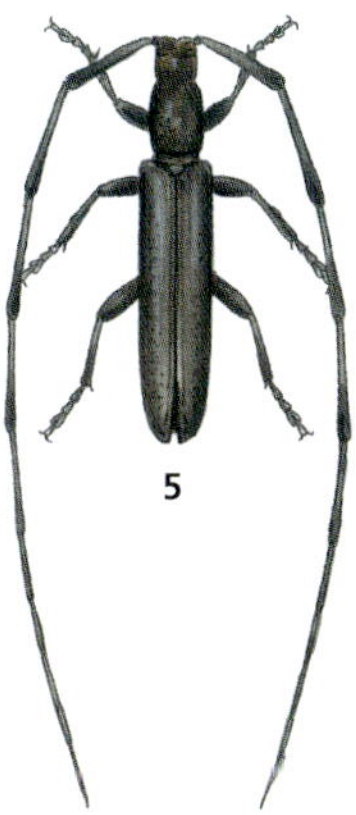

5

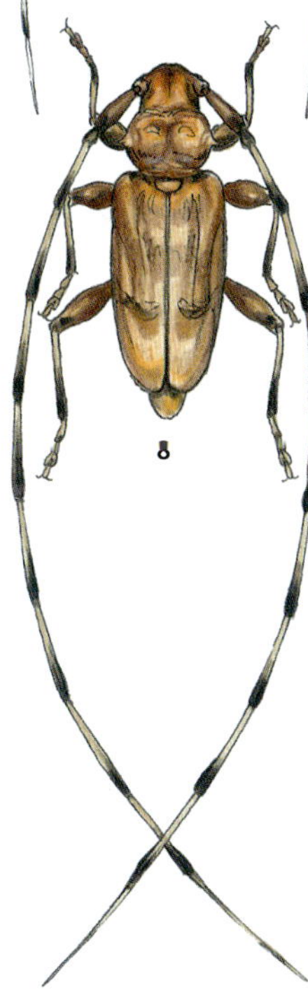

8

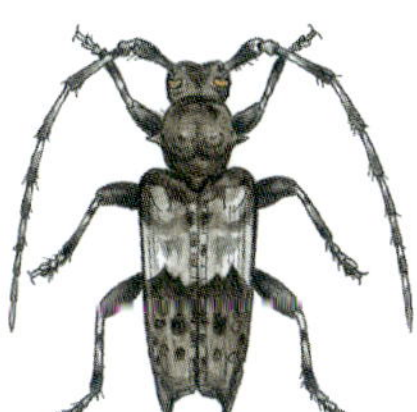

4

7

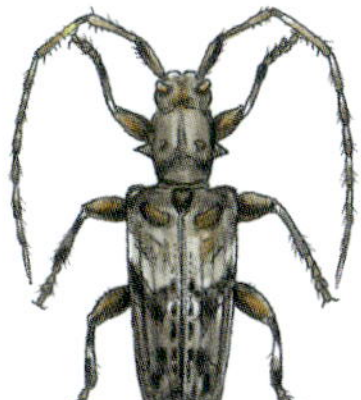

3

UNTERFAMILIE LAMIINAE

1 | *Agapanthia villosoviridescens*
Scheckhorn-Distelbock, 10–20 mm.

In Mitteleuropa kommen 8 Arten aus dieser Gattung vor. Die abgebildete Art ist bei uns von Juni bis September überall vorhanden und oft häufig. Man findet die Käfer an den Brutpflanzen. Die Larven entwickeln sich in verschiedenen krautigen Pflanzen, vor allem in Disteln.

2 | *Agapanthia violacea*
Metallfarbener Distelbock, 8–13 mm.

Die Färbung dieses Käfers ist variabel. Die Tiere können nicht nur blau, sondern auch grün oder violett gefärbt sein. Bei uns ist die Art überall vorhanden, aber nicht häufig. Die Käfer findet man von Mai bis August auf Blüten. Die Larven entwickeln sich in den Stängeln verschiedener Pflanzen, darunter auch Disteln.

3 | *Agapanthia cardui*
Weißstreifiger Distelbock, 7–13 mm.

Die Art ist besonders durch den dünnen weißen Haarstreifen entlang der Flügeldeckennaht charakteristisch. Man findet die Tiere vor allem im Mittelmeerraum. Immer wieder wird die Art aber auch im südlichen Mitteleuropa, nördlich bis zum Rheinland gefangen. Die Käfer sitzen von Mai bis Juli an den Brutpflanzen, vor allem an Disteln. Die Larve entwickelt sich aber auch in Umbelliferen und anderen krautigen Pflanzen.

4 | *Exocentrus adspersus*
Weißgefleckter Wimpernhornbock, 5–8 mm.

In Mitteleuropa sind 4 Arten aus dieser Gattung beheimatet. Die Käfer leben an dürren Ästen von Laubbäumen. Tagsüber halten sie sich versteckt, abends fliegen sie umher. Die abgebildete Art ist bei uns überall vorhanden und meist die häufigste der Gattung. Die Käfer sind von Mai bis August zu finden. Die Larven entwickeln sich in trockenen Ästen von Laubbäumen, vor allem von Eichen.

5 | *Saperda populnea*
Kleiner Pappelbock, Aspenbock, 9–15 mm.

Die Gattung ist in Mitteleuropa mit 7 Arten vertreten. Die Käfer findet man auf Sträuchern, Bäumen und geschlagenem Holz. Die Larven entwickeln sich in Laubholz. Der Kleine Pappelbock ist von Mai bis Juli bei uns überall vorhanden und oft häufig. Die Weibchen nagen in den Ästen von Zitterpappeln, seltener von anderen Pappeln und Salweiden, einen hufeisenförmigen Bogen, um die Saftzufuhr nach oben zu unterbinden, bevor sie ein Ei darin ablegen. Das führt zu einer Gallbildung an den Ästen. Die Larven entwickeln sich zuerst in dieser Galle und fressen deren Gewebe, später gehen sie ins Mark der Äste. Die Entwicklung dauert 2 Jahre.

6 | *Saperda carcharias*
Großer Pappelbock, 20–30 mm.

Diese größte Art der Gattung kann gelblich oder auch grau behaart sein. Bei uns kommt die Art überall vor und ist örtlich häufig. Die von Juni bis September an Pappeln lebenden Käfer verraten ihre Anwesenheit dadurch, dass sie in die Pappelblätter große Löcher fressen. Die Larven entwickeln sich in 2 Jahren im Holz von Pappeln und können vor allem an jungen Pappeln erhebliche Schäden anrichten.

7 | *Saperda scalaris*
Leiterbock, 12–18 mm.

Die gelbgrünen oder grauen Haarflecken auf den schwarzen Flügeldecken sind sehr variabel. Bei uns kommt die Art überall vor, von der Ebene bis ins Gebirge, aber meist einzeln. Die Käfer findet man von April bis August an den Bruthölzern, selten auf Blüten. Die Larven entwickeln sich in verschiedenen Laubbäumen, vor allem im Holz abgestorbener Stämme.

8 | *Saperda similis*
15–22 mm.

Diese Käfer sehen wie kleine *carcharias* aus, aber die Flügeldecken sind am Ende jeweils abgerundet und nicht wie bei den großen Verwandten zähnchenförmig zugespitzt. *S. similis* ist bei uns zwar überall nachgewiesen, aber selten. Die Käfer fliegen im Juni und Juli abends. Die Larven entwickeln sich in Salweiden und Zitterpappeln, vor allem in gesunden Bäumen.

9 | *Saperda perforata*
Gefleckter Pappelbock, 12–20 mm.

Die Flecken auf den Flügeldecken variieren bei dieser Art an Größe und Zahl. Bei uns ist die Art aus verschiedenen Gebieten bekannt, meist aber selten. Die Käfer fliegen von Juni bis August abends, auch ans Licht. Sonst findet man sie an den Bruthölzern. Die Larven entwickeln sich in verschiedenen Laubbäumen, vor allem Pappeln.

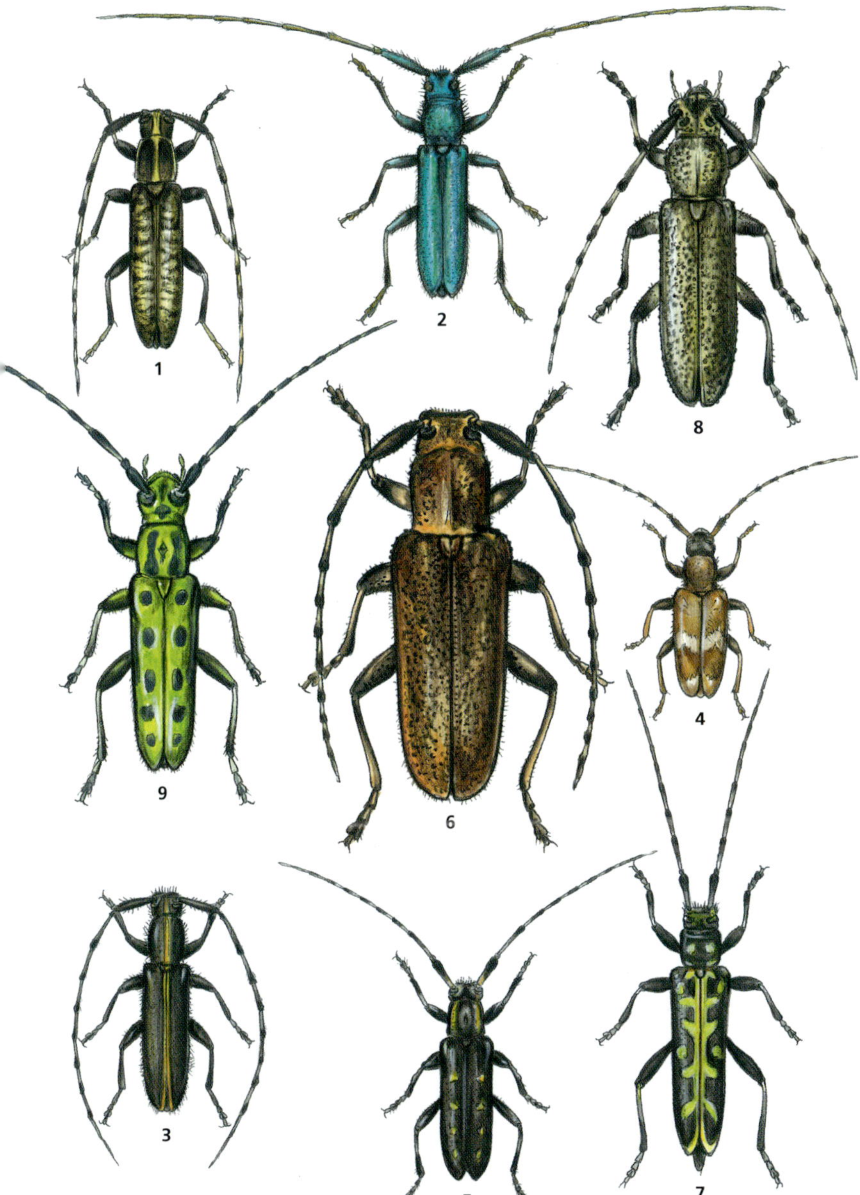
1
2
8
9
6
4
3
5
7

UNTERFAMILIE LAMIINAE

1 | *Menesia bipunctata*
Schwarzbock, 6–9 mm.

Die einzige Art der Gattung in Mitteleuropa sieht einer *Saperda* ähnlich, nur ist das Schildchen viereckig und schneeweiß behaart. Auch die weißen Haarflecken vor der Flügeldeckenspitze sind charakteristisch. Bei uns findet man die Käfer von Mai bis Juli vor allem an Faulbaum. Im südlichen Mitteleuropa sind sie selten, im Norden sogar sehr selten. Die Larven entwickeln sich außer in Faulbaum gelegentlich auch in Kreuzdorn und Nussbaum.

2 | *Oberea oculata*
Weiden-Linienbock, Rothalsiger Weidenbock, 15–21 mm.

In Mitteleuropa gibt es 4 Arten der Gattung, die durch ihren langen, schmalen Körper auffallen. Die kräftigen Fühler sind beim Männchen fast körperlang, bei den Weibchen überragen sie die Flügeldeckenmitte. Die abgebildete Art ist bei uns die häufigste Art der Gattung, die bis ins Gebirge vorkommt, im Norden aber selten wird. Die Käfer kann man von Juni bis September an den Brutpflanzen finden. Die Larven entwickeln sich in den Ruten verschiedener Weiden und können daran Schäden anrichten.

3 | *Oberea linearis*
Haselbock, Hasel-Linienbock, 11–14 mm.

Diese Art ist bei uns überall nachgewiesen, aber nirgends häufig. Die Käfer fliegen von Mai bis August in der Dämmerung, sonst findet man sie an Hasel. Die Larven entwickeln sich in dünnen trockenen Ästen von Hasel, seltener in Nussbaum, Linde und Ulme.

4 | *Oberea pupillata*
Geißblatt-Linienbock, 16–18 mm.

Bei uns kommt die Art nur lokal und nicht häufig vor. Die Käfer kann man von Mai bis Juli finden. Die Larven entwickeln sich in Geißblatt.

5 | *Stenostola dubia*
Metallfarbener Lindenbock, 10–13 mm.

In Mitteleuropa sind 2 Arten dieser Gattung beheimatet. Die beiden sehen sich so ähnlich, dass die Namen *dubia* und *ferrea* in der Literatur immer wieder wechselweise verwendet wurden. Dazu kommt noch ein 3. Name, *nigripes*, der heute der Art *ferrea* zugerechnet wird. Auch die Biologie und Verbreitung beider Arten ist die gleiche. Bei uns findet man die Käfer im Mai und Juni wohl überall auf den Brutpflanzen, aber meist selten. Die Larven entwickeln sich in Linden, seltener auch in anderen Laubbäumen.

6 | *Phytoecia coerulescens*
Dichtpunktierter Walzenhalsbock, 8–14 mm.

Die 15 Arten der Gattung *Phytoecia* (Walzenhalsböcke) die aus Mitteleuropa bekannt sind, haben eine walzenförmige Gestalt. Die Tiere entwickeln sich in den Stängeln krautiger Pflanzen, auf denen man die Käfer findet. Die abgebildete Art ist bei uns zwar die häufigste Art der Gattung, aber sie ist doch überall recht selten. Man findet die Käfer von Mai bis Juli. Die Larven entwickeln sich in den Wurzeln verschiedener Pflanzen, zum Beispiel Natternkopf und Steinsame.

7 | *Phytoecia affinis*
Schwarzfüßiger Walzenhalsbock, 10–16 mm.

Diese Art sieht einer *Oberea oculata* ähnlich, ist aber kürzer und nicht so langgestreckt. In der älteren Literatur heißt sie *affinis*. Sie kommt in Südosteuropa, im Kaukasus und in Sibirien vor und dringt ins südöstliche Mitteleuropa bis nach Bayern und Württemberg ein, wo sie stellenweise nicht selten ist. Die Käfer findet man von Mai bis Juli auf Doldenblüten. Die Larven entwickeln sich in den Stängeln verschiedener Doldenpflanzen.
Die Verpuppung erfolgt in den Wurzeln.

8 | *Phytoecia nigricornis*
Schwarzgrauer Walzenhalsbock, 8–12 mm.

Das Verbreitungsgebiet der Art reicht vom südlichen Nordeuropa, von Süd- und Mitteleuropa über den Kaukasus bis Armenien und Sibirien. Bei uns ist die Art an vielen Stellen nachgewiesen, aber nicht häufig.
Die Käfer findet man von Mai bis Juli. Die Larven entwickeln sich in Rainfarn, Goldrute und Beifuß.

9 | *Tetrops praeustus*
Gelber Pflaumenbock, 3–5 mm.

In Mitteleuropa sind 2 Arten der Gattung vertreten. Sie sehen sich sehr ähnlich. Die abgebildete Art ist die weitaus häufigere und weiter verbreitete. Bei uns ist sie überall nachgewiesen. Man findet die Käfer von April bis Juli an den Brutbäumen und auf Blüten, besonders häufig auf Pflaumenbäumen. Die Larven entwickeln sich in trockenen Ästen von Obstbäumen und anderen Laubhölzern.

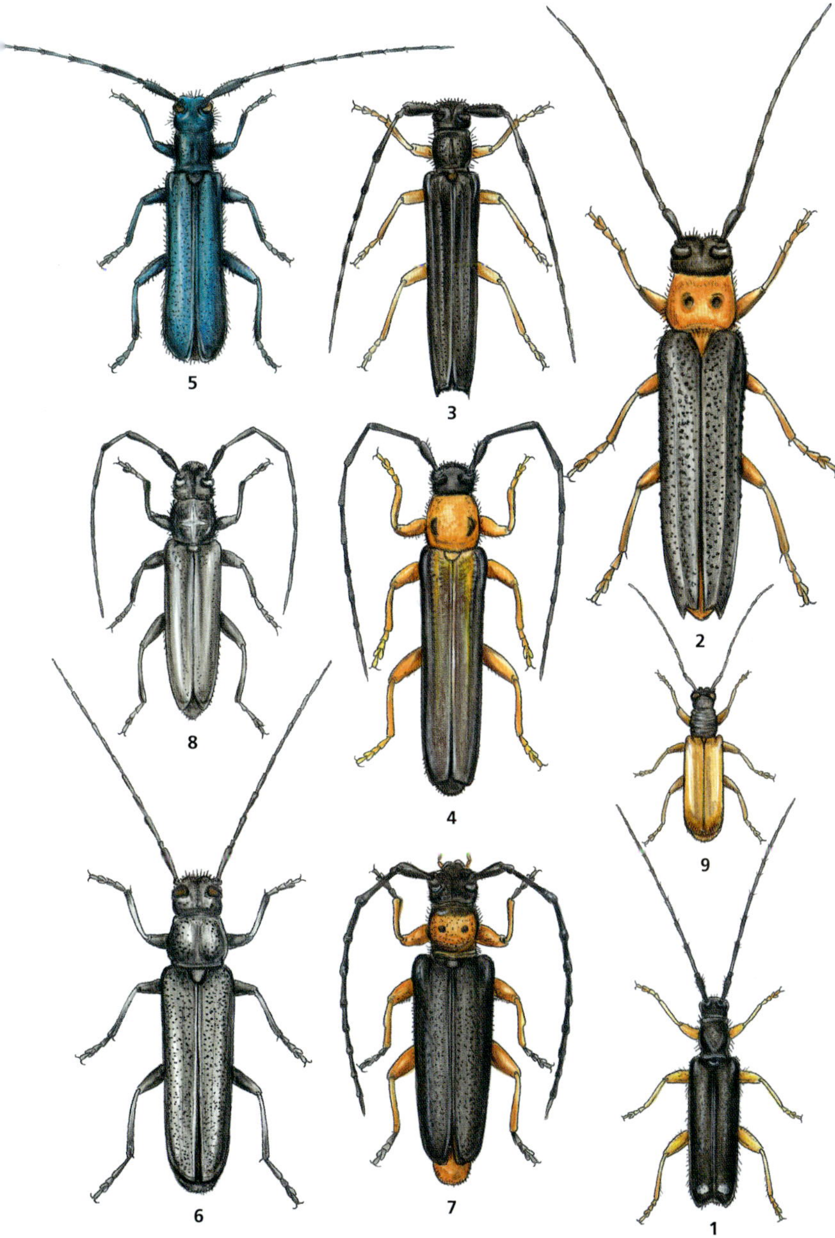
5
3
2
8
4
9
6
7
1

FAMILIE MEGALOPODIDAE

Sie wurden früher als eine Unterfamilie *Megalopodinae* der *Chrysomelidae* geführt. In Mitteleuropa kommt nur die Gattung *Zeugophora* vor.

UNTERFAMILIE ZEUGOPHORINAE

1 | *Zeugophora subspinosa*
Zweifarbiger Blattminierkäfer, 3 mm.

In Mitteleuropa gibt es 4 Arten aus dieser Gattung. Die Käfer findet man vor allem auf Pappeln, die Larven minieren in deren Blättern. Die abgebildete Art ist bei uns von Mai bis September und im November an Weiden, Pappeln und Hasel nicht selten.

FAMILIE CHRYSOMELIDAE – BLATTKÄFER

Die Blattkäfer gehören zu den artenreichsten Käferfamilien der Welt und auch Mitteleuropas. Dort kommen 539 Arten aus 71 Gattungen vor. Über den Umfang der Familie gibt es sehr unterschiedliche Auffassungen. Die Unterfamilien *Orsodacninae* und *Criocerinae* werden gelegentlich auch als selbständige Familien betrachtet. Die Blattkäfer sind mit den Bockkäfern verwandt und wie diese vorwiegend Pflanzenfresser. Manche Arten haben auch eine ähnliche Körperform. Die meisten Blattkäfer sind aber mehr rundlich oval oder ganz rund. Die Larven leben frei an Blättern, minieren oder fressen an Wurzeln im Boden, andere sind Stängelbewohner. Die Larven der Rohrkäfer leben unter Wasser. Es gibt aber auch eine Gattung *(Clytra)*, deren Larven in Ameisennestern leben und sich von deren Brut ernähren.

UNTERFAMILIE DONACIINAE

2 | *Donacia vulgaris*
Grünkupferner Rohrkäfer, 6–8 mm.

Die Gattung *Donacia* (Rohrkäfer, Schilfkäfer) ist mit 21 Arten in Mitteleuropa vertreten. Man findet die Käfer auf Pflanzen, die im Wasser stehen oder auf dem Wasser schwimmen. Die Larven leben im Wasser und decken ihren Luftbedarf aus den Leitungsbahnen der Wasserpflanzen. Die abgebildete Art findet man im Mai und Juni an Igelkolben, Rohrkolben, Seggen und Binsen.

UNTERFAMILIE CRIOCERINAE

3 | *Oulema melanopus*
Großes Getreidehähnchen, 4–4,5 mm.

4 Arten dieser Gattung kommen in Mitteleuropa vor. Die Käfer sind entweder einfarbig blau oder grün, oder Halsschild und Beine sind rot. Käfer und Larven fressen zwischen den Blattnerven von Gras- und Getreideblättern. Da die Oberfläche der Larven glänzend und schleimig ist, kann man sie mit kleinen Nacktschnecken verwechseln. Meist tragen sie auf dem Körper aber eigene Exkremente. Die abgebildete Art ist bei uns von April bis September sehr häufig.

4 | *Crioceris asparagi*
Gemeines Spargelhähnchen, 5–6,5 mm.

4 Arten dieser Gattung sind in Mitteleuropa beheimatet. Bei allen Arten ist die Flügeldeckenzeichnung sehr variabel. „Hähnchen" heißen die Tiere, weil sie durch Aneinanderreiben von Chitinleisten des Hinterleibes und der Flügeldeckenunterseite zirpende Töne hervorbringen können. Käfer und Larven leben an Spargel. Die abgebildete Art ist bei uns überall von April bis September nicht selten.

5 | *Crioceris duodecimpunctata*
Zwölfpunkt-Spargelkäfer, 5–6,5 mm.

Diese Art tritt von April bis Oktober in Spargelkulturen auf.

6 | *Lilioceris lilii*
Lilienhähnchen, 6–8 mm.

Die 3 Arten der Gattung in Mitteleuropa sind mit den *Crioceris*-Arten nahe verwandt, nur rot gefärbt, und leben vor allem an Lilien, aber auch an Kaiserkrone, Maiglöckchen oder Zwiebeln. Die abgebildete Art ist nicht selten. Man findet die Käfer von April bis Juni und wieder im September auf den Fraßpflanzen. Die Larven lagern ihren Kot auf dem Rücken ab.

UNTERFAMILIE CRYPTOCEPHALINAE – FALLKÄFER

7 | *Clytra quadripunctata*
Vierpunktiger Ameisen-Sackkäfer, 7–11 mm.

In Mitteleuropa kommen 3 Arten der Gattung vor. Die abgebildete Art frisst von Mai bis August an Birken, Weißdorn, Weiden und Eichen. Die Larven entwickeln sich bei Ameisen, vor allem bei Arten der Gattung *Formica*.

8 | *Smaragdina salicina*
4,5–6,5 mm.

6 Arten der Gattung sind in Mitteleuropa zu Hause. Die abgebildete Art findet man bei uns vielfach, meist aber nicht häufig von April bis August an Weißdorn und Weiden.

9 | *Coptocephala unifasciata*
4–7 mm.

Die Gattung ist in Mitteleuropa mit 4 Arten vertreten. Die abgebildete Art findet man in Mitteleuropa von April bis Oktober überall an Pastinak und Wilder Möhre.

1
2
6
7
4
5
8
9
3

UNTERFAMILIE CRYPTOCEPHALINAE

1 | *Pachybrachis hieroglyphicus*
Hieroglyphen-Scheckenkäfer, 3–4,5 mm.

In Mitteleuropa gibt es 7 Arten dieser Gattung. Die Flügeldecken der Käfer sind gelb und schwarz gescheckt; danach haben sie ihren deutschen Namen erhalten. Die einzelnen Arten sind in dieser Zeichnung sehr variabel. Die Käfer leben auf Sträuchern. Die abgebildete Art findet man bei uns in den südlichen Bereichen Mitteleuropas von Mai bis Juli an Silberweide; nach Norden hin fehlt die Art, oder es liegen nur alte Meldungen vor, die aus neuerer Zeit nicht mehr bestätigt werden konnten.

2 | *Cryptocephalus sericeus*
Seidiger Fallkäfer, Grünblauer Fallkäfer, 6–8 mm.

Die Gattung ist in Mitteleuropa mit 72 Arten vertreten. Die Käfer haben eine zylindrische Körperform und sind vorn und hinten gestutzt. Der Kopf ist nach unten gebogen, die Fühler sind fadenförmig. Die Larven leben in einem Larvensack, den sie beim Herumkriechen mit sich tragen. Die Käfer findet man auf Büschen oder Blüten. Sie sind meist schwarz, gelb oder metallisch gefärbt und tragen auf Kopf, Halsschild und Flügeldecken oft ganz charakteristische Zeichnungen. Die abgebildete Art ist bei uns überall nicht selten. Die Käfer findet man von Mai bis Juli auf gelbblütigen Kompositen.

3 | *Cryptocephalus distinguendus*
5–6 mm.

Die Art ist aus Nord- und Mitteleuropa bekannt. Bei uns ist sie aus vielen Gebieten gemeldet, oft aber nicht häufig. Die Käfer findet man im Mai auf Birken.

4 | *Cryptocephalus quinquepunctatus*
Fünfpunkt-Fallkäfer, 4,5–7 mm.

Die Art heißt in älteren Werken auch *signatus*. Die Flecken auf den Flügeldecken stehen meist getrennt, können aber auch in verschiedener Form zusammenfließen; die Zeichnung ist recht variabel. Die Art ist aus Mitteleuropa bekannt, im Norden fehlt sie, in den übrigen Gebieten ist sie nicht häufig. Die Käfer findet man von Mai bis Juli an Weiden, seltener an Erlen.

5 | *Cryptocephalus flavipes*
Gelbfüßiger Weißdorn-Fallkäfer, 3–5,5 mm.

Die Käfer sind in der Größe sehr verschieden. Die Weibchen erreichen zuweilen die doppelte Größe der Männchen. Bei uns ist die Art überall verbreitet und nicht selten. Man findet die Käfer von April bis August an Weißdorn, Eiche, Hasel und Weide.

6 | *Cryptocephalus vittatus*
Gebänderter Fallkäfer, 3–4,5 mm.

Die Art ist aus dem südlichen Nordeuropa, Süd- und Mitteleuropa bekannt. Bei uns nimmt die Häufigkeit von Süden nach Norden ab. Man findet die Käfer von Mai bis August auf Wucherblumen und Besenginster.

UNTERFAMILIE LAMPROSOMATINAE

7 | *Oomorphus concolor*
Schwarzer Kugelblattkäfer, 2–2,8 mm.

Die einzige Art der Gattung in Mitteleuropa wurde vor gut 50 Jahren fälschlicherweise in 2 Arten aufgespalten. Die Käfer sind klein, oval und hochgewölbt. Bei uns ist die Art fast überall nachgewiesen, aber nicht häufig. Nach Norden wird sie selten oder fehlt gebietsweise auch ganz. Die Käfer findet man an Geißfuß.

UNTERFAMILIE EUMOLPINAE

8 | *Bromius obscurus*
Reven-Fallkäfer, Weinlaub-Fallkäfer, 5–6 mm.

Die einzige Art der Gattung kommt in Mitteleuropa mit 2 Unterarten vor. In älteren Werken heißt die Gattung *Bromius*. Die Flügeldecken sind meist schwarz, können aber auch rötlich sein. Man findet die Käfer von Mai bis Oktober. Das Verbreitungsgebiet reicht fast über die ganze Holarktis. Die Larven entwickeln sich am Schmalblättrigen Weidenröschen und an Nachtkerzen sowie an den Wurzeln vom Rebstock, an deren jungen Trieben die Käfer Schäden anrichten können.

9 | *Pachnephorus pilosus*
Erzfarbener Grasblattkäfer, 2,5–3,5 mm.

3 Arten der Gattung sind aus Mitteleuropa bekannt. Die kleinen länglichen Käfer sind meist fein beschuppt. Man findet sie an Gewässerufern; dort kriechen sie von März bis Juli im Sand oder im kurzen Gras umher. Die abgebildete Art ist aus Süd- und Mitteleuropa bekannt, bei uns ist sie meist selten. Ihr Verbreitungsgebiet reicht nördlich bis Schlesien, Brandenburg, Niedersachsen, fraglich ist noch Westfalen.

2

1

3

4

5

8

6

9

7

UNTERFAMILIE CHRYSOMELINAE

1 | *Leptinotarsa decemlineata*
Kartoffelkäfer, 10 mm.

Die in Amerika heimische Gattung ist bei uns mit 1 Art vertreten. Der Käfer und seine Larve leben in Colorado an wildem Nachtschatten. Als dort die Kartoffel angebaut wurde, ging der Käfer auch auf diese Pflanze über und wurde dann mit der Kartoffel überallhin verschleppt. Schon 1877 erreichte die Art von Amerika kommend mitteleuropäisches Gebiet. In der folgenden Zeit wurde der Käfer nach Einschleppungen hier immer wieder ausgerottet; erst 1922 faßte er in Südfrankreich festen Fuß; seit 1936 waren ständige Einflüge nach Deutschland zu beobachten, und seit 1948 ist das ganze deutsche Gebiet befallen. Heute ist die Art schon tief in die Sowjetunion eingedrungen, und es ist nur eine Frage der Zeit, wann sie die ganze Holarktis besiedelt hat. Bei starkem Auftreten können Larven und Käfer Kartoffelfelder völlig kahlfressen.

2 | *Chrysolina cerealis*
Längsgestreifter Blattkäfer, 5,5–10 mm.

Die Gattung Chrysolina, ehemals unter dem Namen *Chrysomela bekannt,* kommt mit 46 Arten in Mitteleuropa vor. Die Männchen sind meist etwas kleiner als die Weibchen und länglicher, nicht ganz so rund. Die Larven leben frei auf ihren Futterpflanzen und fressen Löcher in die Blätter. Die abgebildete Art bildet viele Unterarten. Bei uns ist sie vielfach nachgewiesen worden, ist aber nicht häufig, wird nach Norden und Nordosten zu selten und fehlt gebietsweise ganz. Käfer und Larven leben an Langblättriger Minze, Bergminze und Thymian. Die Käfer findet man von Juni bis September.

3 | *Chrysolina polita*
6,5–8,5 mm.

Die Art ist in der ganzen Paläarktis verbreitet. Bei uns kommen die Käfer überall bis in subalpine Lagen vor. Von März bis Oktober treten sie an Wasserminze, Katzenminze, Melisse, Wolfsfuß, Salbei, Dost und Gundelrebe überall und nicht selten auf.

4 | *Chrysolina varians*
Johanniskraut-Blattkäfer, 4,5–6 mm.

Die sehr farbvariable Art ist bei uns überall häufig. Die Flügeldecken können grün, blau, violett oder kupferrot, selten sogar schwarz sein. Man findet die Käfer von Mai bis September auf Johanniskraut.

5 | *Chrysolina fastuosa*
Ovaläugiger Blattkäfer, 5–6 mm.

Die in Mitteleuropa einzige Art der Gattung wird in älteren Werken zur Gattung *Chrysomela* gestellt. Sie ist bei uns überall häufig. Man findet die Käfer von April bis August an Hohlzahn und Taubnessel.

6 | *Gastrophysa polygoni*
Zweifarbiger Blattkäfer, 4–5 mm.

In Mitteleuropa gibt es 2 Arten dieser Gattung, die meist metallisch grün oder blau gefärbt sind. Vor der Eiablage ist der Hinterleib der Weibchen besonders stark aufgetrieben und kann über die Flügeldecken hinausragen. Die abgebildete Art ist bei uns von Mai bis September an Ampfer und Knöterich überall sehr häufig.

7 | *Phaedon cochleariae*
3,5–4 mm.

6 Arten der Gattung kommen in Mitteleuropa vor. Die Oberseite der kleinen Käfer ist fein punktiert, auf den Flügeldecken sind zarte, regelmäßige Punktstreifen erkennbar. Die Käfer und ihre Larven leben an Wasserpflanzen. Die abgebildete Art findet man bei uns fast das ganze Jahr über nicht selten an feuchten Orten an Brunnenkresse und Wasserkresse.

8 | *Prasocuris glabra*
Hahnenfuß-Blattkäfer, 3–4 mm.

Die Gattung ist in Mitteleuropa mit 3 Arten vertreten. Die Flügeldecken der Käfer haben meist einen roten Rand. Die Tiere leben anfeuchten Orten. Die abgebildete Art heißt in älteren Werken auch *aucta.* Bei uns sind die Käfer von März bis August überall an verschiedenen Hahnenfuß-Arten zu finden und nicht selten.

9 | *Prasocuris phellandrii*
5–6 mm.

In Mitteleuropa gibt es 2 Arten der Gattung. Die Käfer haben einen fast quadratischen Halsschild, der Körper ist für Blattkäfer ausgesprochen schmal und lang. Sie leben an feuchten Stellen. Die abgebildete Art ist bei uns allgemein verbreitet. Man findet die Käfer auf verschiedenen im Wasser stehenden Umbelliferen, von Februar bis September und wieder im November. Die Larven sollen sich in den Stängeln von Wasserschierling, Merk und Rebendolde-Arten entwickeln.

5

6

1

4

2

9

3

7

8

UNTERFAMILIE CHRYSOMELINAE

1 | *Plagiodera versicolora*
Breiter Weidenblattkäfer, 2,5–4,5 mm.

Die einzige Art der Gattung in Mitteleuropa ist sehr verschieden gefärbt, die Oberseite glänzt blau, grün oder kupfern. Die Art ist in den größten Teilen der Holarktis verbreitet. Die Käfer sind bei uns von April bis September überall zu finden. Die Larven fressen an Weide, seltener an Pappel. Die Blätter werden oft völlig skelettiert.

2 | *Chrysomela vigintipunctata*
Gefleckter Weidenblattkäfer, 6,5–8,5 mm.

In Mitteleuropa gibt es 8 Arten aus dieser Gattung. Sie leben auf Pappel, Weide, Birke und Erle. Ehemals wurden diese und die folgende Art unter dem Gattungsnamen *Melasoma* geführt. Die abgebildete Art ist bei uns von April bis August auf Weide zu finden, allerdings nicht häufig.

3 | *Chrysomela populi*
Großer Pappelblattkäfer, 10–12 mm.

Die Art ist in der ganzen Paläarktis verbreitet und bei uns von Mai bis August auf Weide und Pappel häufig. Wie die anderen Arten der Gattung scheidet der Käfer bei Beunruhigung ein stark nach Blausäure oder Karbol riechendes Sekret ab, das ihn schützen soll und dessen Grundlage die Salizylsäure der Pappel- und Weidenblätter ist, die die Larven fressen.

4 | *Gonioctena viminalis*
Roter Salweiden-Blattkäfer, Korbweiden-Blattkäfer, Veränderlicher Weidenblattkäfer, 5,5–7 mm.

Die 14 in Mitteleuropa beheimateten Arten der Gattung haben eine ähnliche Körperform wie die *Chrysolina*-Arten. Charakteristisch sind die punktierten Flügeldecken. Die Variabilität ist bei allen Arten außerordentlich groß, häufig reicht sie von einfarbig hellen bis nahezu ganz schwarz gefärbten Tieren. Die Unterscheidung der einzelnen Arten ist darum oft nicht leicht und nur mit Hilfe von Untersuchungen des männlichen Geschlechtsorganes möglich. Die abgebildete Art ist aus Nord- und Mitteleuropa, Sibirien und Nordamerika bekannt.
Bei uns sind die Käfer von Mai bis Juli überall an Weide nicht selten.

5 | *Phratora vulgatissima*
Blauer Weidenblattkäfer, 4–5 mm.

Die in Mitteleuropa vorkommenden Arten der Gattung sind von länglicher Gestalt und nur mäßig gewölbt. Die abgebildete Art ist in Europa, Sibirien und Nordamerika verbreitet. Bei uns findet man die Käfer von April bis Oktober überall an Weide recht häufig.

6 | *Timarcha tenebricosa*
Großer Tatzenkäfer, Labkraut-Blattkäfer, 12–20 mm.

Die größte Blattkäfer-Art Mitteleuropas ist schwarz mit leicht bläulichem Schimmer gefärbt. Ihre mittig verwachsenen Flügeldecken haben eine fein punktierte Struktur, während die sehr breiten Fußglieder namensgebend sind. Die flugunfähigen, überwinternden Tiere treten wie ihre Larven an Labkräutern auf.

7 | *Timarcha goettingensis*
Kleiner Tatzenkäfer, Bläulich-violetter Tatzenkäfer, 8–11 mm.

Aus Mitteleuropa sind 6 Arten dieser Gattung bekannt. Die Käfer fallen durch ihren großen, fast kugeligen Körper und die breiten Tarsen auf, die den Käfern den deutschen Namen eingebracht haben. Die bei uns heimischen Arten findet man meist auf dem Boden oder auf niedriger Vegetation kriechend oder unter Moos und Steinen verborgen. Die oberseits metallisch blauen, grünen oder bronzefarbigen Larven fressen an niedrigen Pflanzen, vor allem an Labkraut. Die abgebildete Art ist aus West-, Süd- und Mitteleuropa bekannt. Bei uns sind die Käfer von März bis Oktober zu finden, ihre Häufigkeit nimmt nach Norden und Osten zu ab. Die Art heißt in älteren Werken *coriaria*.

UNTERFAMILIE GALERUCINAE

8 | *Galerucella lineola*
Rotbrauner Erlenblattkäfer, Behaarter Weidenblattkäfer, 4,5–6 mm.

Die 7 in Mitteleuropa heimischen Arten der Gattung gehören zu den Blattkäfern, die oberseits fein behaart sind. Käfer und Larven leben von Blättern, von denen sie nicht selten nur die dickeren Blattrippen stehenlassen. Die abgebildete Art ist bei uns von April bis Dezember überall nicht selten an Weide, Haselnuss, Erle und Schwarzpappel.

9 | *Galeruca tanaceti*
Schwarzer Rainfarn-Blattkäfer, 6–10 mm.

In Mitteleuropa gibt es 7 Arten aus dieser Gattung. Die Käfer tragen auf den Flügeldecken deutliche oder wenigstens angedeutete Rippen. Man findet sie meist an trockenen, sonnigen Plätzen. Die abgebildete Art findet man bei uns von Juni bis September überall nicht selten auf niedrigen Pflanzen.

1

3

2

5

6

8

4

9

7

UNTERFAMILIE GALERUCINAE

1 | *Phyllobrotica quadrimaculata*
Helmkraut-Blattkäfer, 5–7 mm.

Die beiden in Mitteleuropa beheimateten Arten der Gattung sind gelb und tragen schwarze Flecken. Die Käfer leben an schattigen, feuchten Plätzen. Bei Beunruhigung legen sie die Beine an den Körper und lassen sich fallen. Die abgebildete Art findet man bei uns – allerdings nicht häufig – von Juni bis Oktober auf niedriger Vegetation. Die Larven entwickeln sich offenbar an Helmkraut.

2 | *Luperus luperus*
Schwarzer Weidenblattkäfer, 4–4,5 mm.

In Mitteleuropa gibt es 10 Arten aus dieser Gattung. Die Käfer sind weich und zart. Die Fühler sind meist sehr lang, vor allem bei den schlankeren Männchen, die Beine dünn. Die abgebildete Art heißt in älteren Werken auch *niger* oder *dispar.* Bei uns tritt der Käfer vor allem im Westen und Süden auf, nach Norden wird er seltener. Man findet die Tiere von Mai bis Juli an Weide.

3 | *Agelastica alni*
Blauer Erlenblattkäfer, 6–7 mm.

Die einzige Art der Gattung in Mitteleuropa kann oberseits schwarzblau oder violett gefärbt sein. Sie ist bei uns meist überall sehr häufig, mit Ausnahme der Alpen, wo sie stellenweise fehlt. Käfer und Larven fressen hauptsächlich an Erle und können nicht selten die ganzen Blätter bis auf die dicken Rippen fressen.

4 | *Sermylassa halensis*
Hallescher Blattkäfer, Labkraut-Blattkäfer, 5–7 mm.

Die einzige Art der Gattung in Mitteleuropa hat metallisch glänzende blaue, grüne oder seltener kupferne Flügeldecken. Man findet die Käfer von Juli bis September. Die Larven fressen hauptsächlich an Labkraut, sollen aber auch Weiden, Wachtelweizen und Rosen nicht verschmähen.

5 | *Phyllotreta undulata*
Gewelltstreifiger Kohlerdfloh, 1,8–2,5 mm.

In Mitteleuropa gibt es 23 Arten aus dieser Gattung. Die Käfer gehören zu einer Unterfamilie der Blattkäfer, der man den Namen Flohkäfer oder Erdflöhe gegeben hat. Alle zeichnen sich durch die stark verdickten Hinterschenkel aus, mit deren Hilfe die Käfer weite Sprünge ausführen können. Die Flohkäfer sind wirtschaftlich wichtig. Wenn die überwinterten Käfer im Frühling die junge Saat befallen, können sie Kahlfraß anrichten.
Die *Phyllotreta-Arten* sind schwarz oder tragen gelbe Längsbinden auf den Flügeldecken. Sie leben an Kreuzblütlern und Resede. Viele Arten sind als „Kohlerdflöhe" gefürchtete Schädlinge, deren Larven an Wurzeln und Stängeln leben oder in Blättern minieren. Die Art *undulata* ist bei uns überall verbreitet und häufig. Von April bis August findet man die Käfer auf Kreuzblütlern; in Gärten und Gemüsekulturen werden sie oft sehr schädlich.

6 | *Phyllotreta atra*
Schwarzer Kohlerdfloh, 1,7–2,6 mm.

Die Art ist bei uns überall häufig. Man findet sie von März bis Oktober an Kreuzblütlern, Resede und Kapuzinerkresse. Auch diese Art wird in Gemüsekulturen oft sehr schädlich.

7 | *Phyllotreta cruciferae*
Grünglänzender Kohlerdfloh, 1,8–2,5 mm.

Die Art ist vom südlichen Nordeuropa über Mitteleuropa und Südeuropa bis Nord- und Ostafrika und über den Kaukasus bis West- und Mittelasien verbreitet. Bei uns gehört sie zu den häufigsten Gemüseschädlingen. Man findet die Käfer von März bis Oktober auf verschiedenen Kreuzblütlern.

8 | *Longitarsus anchusae*
Schwarzer Beinwell-Erdfloh, 1,5–2,4 mm.

Die Gattung ist mit 57 Arten in Mitteleuropa vertreten. Die Käfer sind sehr leicht an dem besonders langen 1. Tarsenglied der Hinterbeine zu erkennen – danach trägt die Gattung ihren Namen „*Longitarsus*". Die Käfer und ihre Larven leben an verschiedenen Pflanzen, vor allem an Raublattgewächsen, Braunwurzgewächsen und Lippenblütlern. Die abgebildete Art ist in Mitteleuropa weit verbreitet. Bei uns nimmt die Häufigkeit nach Norden zu ab, sonst ist es bei uns eine an Raublattgewächsen sehr häufige Art.

9 | *Longitarsus pellucidus*
Rotbeiniger Ackerwinden-Erdfloh, 2–2,5 mm.

Die Art ist aus dem südlichen Nordeuropa, aus Mittel- und Südeuropa, dem Mitelmeergebiet und Turkestan bekannt. Bei uns nimmt die Häufigkeit von Süden nach Norden ab; im Norden wird die Art sehr selten oder fehlt ganz. Sonst ist sie an Ackerwinde häufig.

1
2
6
3
5
8
4
9
7

UNTERFAMILIE GALERUCINAE

1 | *Altica oleracea*
Unechter Kohlerdfloh, 3,2–3,7 mm.

Die Gattung ist mit 13 Arten in Mitteleuropa vertreten. In älteren Werken hieß die Gattung Haltica und dementsprechend die Unterfamilie Halticinae, Ihre Wirtspflanzen sind wildwachsende Kräuter und Büsche. Die Arten sind recht groß, lassen sich oft aber nur sehr schwer voneinander unterscheiden. Die Art *oleracea* ist in ihrer Färbung sehr variabel. Sie kann außer grün auch blau oder golden sein. Bei uns ist sie überall verbreitet und nicht selten. Die freilebenden Larven entwickeln sich an Nachtkerzen, Ampfer und Heidekraut.

2 | *Batophila rubi*
Himbeerflohkäfer, 1,4–2 mm.

In älteren Werken trägt die Gattung den Namen *Glyptina.* 3 Arten kommen in Mitteleuropa vor. Die Käfer sind eiförmig und stark gewölbt. Die abgebildete Art ist überall häufig. Man findet die Käfer von April bis Oktober an Brombeeren, Himbeeren und Erdbeeren.

3 | *Lythraria salicariae*
Gilbweiderich-Flohkäfer, 1,8–2,3 mm.

Die einzige Art der Gattung in Mitteleuropa ist heller oder dunkler gelbbraun. Bei uns wird sie von Norden nach Süden seltener. Die Käfer findet man an feuchten Stellen auf *Lysimachia*-Arten.

4 | *Neocrepidodera femorata*
Hohlzahn-Flohkäfer, 3–4,5 mm.

In Mitteleuropa gibt es 17 Arten aus dieser Gattung. Die Käfer haben gelbe, braune oder schwarz-, grün- oder blau-metallische Flügeldecken. Die abgebildete Art ist in Nord- und Mitteleuropa boreomontan verbreitet und meist nicht häufig. Die Käfer findet man von Mai bis Oktober auf Hohlzahn.

5 | *Hippuriphila modeeri*
Schachtelhalm-Flohkäfer, 2–2,5 mm.

Die einzige Art der Gattung in Mitteleuropa lebt an feuchten Stellen auf Schachtelhalmarten. Die Art ist bei uns überall vertreten und nicht selten.

6 | *Chaetocnema hortensis*
1,5–2,3 mm.

In Mitteleuropa gibt es 20 Arten aus dieser Gattung. Die in Größe und Färbung unterschiedlichen Käfer leben auf verschiedenen Gräsern. Da die Larven einiger Arten in der Basis von Getreidehalmen bohren, können sie erhebliche Schäden anrichten. Die abgebildete Art, die in älteren Werken auch *aridella* heißt, gehört bei uns zu den häufigsten Arten der Gattung und ist überall zu finden.

UNTERFAMILIE HISPINAE

Diese in den wärmeren Klimazonen sehr zahlenreiche Gruppe wird zu den *Chrysomelidae* gestellt. In Mitteleuropa kommt nur die Gattung *Hispa* (ehemals Hispella) mit 1 Art vor.

7 | *Hispa atra*
Schwarzer Stachelkäfer, 3–4 mm.

Die einzige Art der Gattung in Mitteleuropa ist wegen ihrer Stacheln unverkennbar. Eine verwandte Art aus einer anderen Gattung *(Hispa)* sieht ähnlich aus, ist braun, aber nur im Mittelmeergebiet zu Hause. Die abgebildete Art findet man an Gräsern trockener Standorte. Die Larven minieren in Grasarten, zum Beispiel in Rispengras und Quecke. Die Häufigkeit nimmt nach Norden ab.

UNTERFAMILIE CASSIDINAE

In Mitteleuropa werden 5 Gattungen mit 37 Arten zu dieser den *Chrysomelidae* zugeordneten Gruppe gezählt. Ihre Flügeldecken und das Halsschild bilden eine breite, abgeflachte Einheit, die den Körper überdeckt und lediglich Teile der Fühler und Beine sichtbar lässt. Die Larven schützen sich mit einer Hülle aus Kot und Larvenhäuten und leben frei auf Blättern.

8 | *Cassida viridis*
Grüner Schildkäfer, 8,5–10 mm.

In Mitteleuropa gibt es 30 Schildkäfer, von denen 28 zur Gattung *Cassida* gehören. Sie sind durch ihren flachen, schildförmig verbreiterten Körper, unter den Beine, Kopf und Fühler völlig eingezogen werden können, gut gekennzeichnet. Die stacheligen Larven leben zusammen mit den Käfern auf verschiedenen krautigen Pflanzen. Die abgebildete Art ist über die ganze Paläarktis verbreitet. Die Käfer sind mattgrün gefärbt und tragen an der Flügelbasis einen schmalen Silbersaum. Bei uns sind die Käfer und Larven überall nicht selten auf Salbei, Ziest, Minze, Hohlzahn, Wolfstrapp und verschiedenen Kompositen.

9 | *Cassida nebulosa*
Nebelschildkäfer, 6–7 mm.

Die Art ist ebenfalls in der ganzen Paläarktis vertreten. Der Käfer lebt an Gänsefußgewächsen und soll zuweilen an Rüben schädlich auftreten.

1

2

3

4

6

7

9

8

5

FAMILIE BRUCHIDAE – SAMENKÄFER

In dieser Familie, die in älteren Werken auch *Lariidae* heißt, gibt es in Mitteleuropa 7 Gattungen und 30 Arten. Die Käfer sind meist klein und gedrungen gebaut, die heimischen Arten sind nicht größer als 5 mm. Charakteristisch ist, dass die Flügeldecken das Hinterleibsende (das Pygidium) nicht bedecken und dass der Kopf vorn ein wenig rüsselförmig verlängert ist. Die Larven entwickeln sich in den Früchten von Leguminosen. Bei den meisten Arten legen die Weibchen ihre Eier auf dem Feld an die heranreifenden Hülsen der Leguminosen. Die aus dem Ei schlüpfende Larve hat gut entwickelte Beine. Sie frisst sich durch die Hülse zum Samen, dringt in den Samen ein und entwickelt sich dort. Nach der ersten Häutung entsteht eine ganz andere Larve, die keine Beine mehr besitzt. Die fertigen Käfer können erst aus den reifen, geernteten Samen auskriechen. Ein sekundärer Befall ist jedoch nicht mehr möglich. Anders ist die Entwicklungsbiologie verschiedener bei uns eingeschleppter Arten, die sich in reifen Früchten entwickeln und darum als gefährliche Haushalts- und Speicherschädlinge auftreten können.

UNTERFAMILIE AMBLYCERINAE

1 | *Spermophagus sericeus*
Zistrosen-Samenkäfer,
Silbergrauer Samenkäfer, 1,2–2,8 mm.

Aus dieser Gattung, in manchen Werken auch als *Euspermophagus* bezeichnet, kommt nur eine Art in Mitteleuropa vor, eine 2. ist aus dem südlichen Europa, eine 3. aus dem östlichen Europa bekannt. *S. sericeus* ist bei uns überall häufig, in älteren Werken heißt die Art auch *cisti.* Sie lebt an Acker-, Zaun-und Meerstrand-Winde.

UNTERFAMILIE BRUCHINAE

2 | *Bruchus affinis*
Knollenplatterbsen-Samenkäfer,
Dunkler Samenkäfer, 3–5 mm.

Von dieser Gattung gibt es in Mitteleuropa 12 Arten. In älteren Werken trägt die Gattung auch den Namen *Laria.* Es sind meist größere, oft bunt gefärbte Arten.
Die abgebildete Art ist bei uns meist nicht selten. Sie lebt an verschiedenen Platterbsen und an der Ackererbse.

3 | *Bruchus rufipes*
Rotbeiniger Samenkäfer, 2,8–3,5 mm.

Diese häufigste Art der Gattung bei uns heißt in älteren Werken auch *nubilus.* Sie lebt an Wicken der Gattung *Vicia.*

4 | *Bruchus rufimanus*
Sauerbohnenkäfer, Ackerbohnenkäfer,
Pferdebohnenkäfer, 4–5 mm.

Es ist eine der größten Arten der Familie bei uns. Überall in Mitteleuropa kommen die Käfer vor. Sie leben an Pferdebohnen, selten auch an anderen Bohnen oder Erbsen.

5 | *Bruchus ervi*
Weißbindiger Linsenkäfer, 3–3,8 mm.

Die Art ist in Mitteleuropa nicht im Freien zu finden. Sie lebt in Südeuropa an Linsen und der Breitblättrigen Platterbse. Bei uns werden die Käfer aber immer wieder mit Linsen importiert, ähnlich wie die verwandte Art *lentis,* der eigentliche Linsenkäfer.

6 | *Bruchus pisorum*
Gemeiner Erbsenkäfer, 4–5 mm.

Von dieser großen Art kann sich in einem Samen nur ein Käfer entwickeln. Die Larven leben in Erbsen, befallen aber nur die jungen Samen im Freien. Die Käfer sind bei uns zwar überall nachgewiesen, aber nicht häufig.

7 | *Bruchidius marginalis*
Bärenschoten-Samenkäfer,
2,8–3,2 mm.

In Mitteleuropa sind 13 Arten aus dieser Gattung bekannt. Meist sind diese Käfer kleiner als die der vorigen Gattung, und die Männchen besitzen vielfach stark gesägte oder gezähnte Fühler. Die abgebildete Art ist im südlichen und mittleren Bereich Mitteleuropas meist häufig, im Norden fehlt sie gebietsweise auch ganz.
Sie lebt an Bärenschote.

8 | *Bruchidius villosus*
Ginster-Samenkäfer, 1,7–3,5 mm.

Die Art, die in älteren Werken auch *cisti* heißt, ist durch ganz besonders starke Größenvariabilität gekennzeichnet. Sie ist bei uns überall häufig und lebt an Ginster.

9 | *Acanthoscelides obtectus*
Speisebohnenkäfer, 3,2–4 mm.

Die Art, in älteren Werken auch *obsoletus* genannt, wird mit verschiedenen anderen Arten der Gattung immer wieder mit Hülsenfrüchten aus wärmeren Regionen bei uns eingeschleppt. Sie sind alle Vorrats- und Speicherschädlinge. Nur die abgebildete Art hat sich auch in Mitteleuropa eingebürgert und entwickelt sich bei uns schon im Freien, speziell an Bohnen.

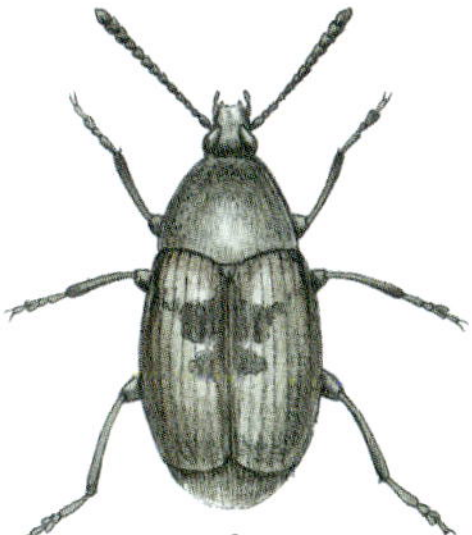

1

2

3

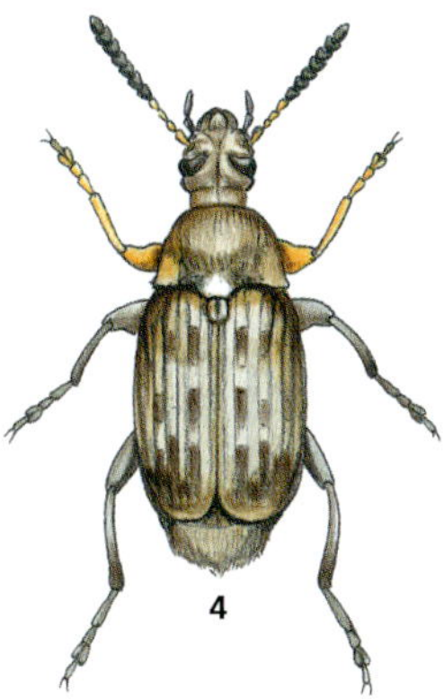

4

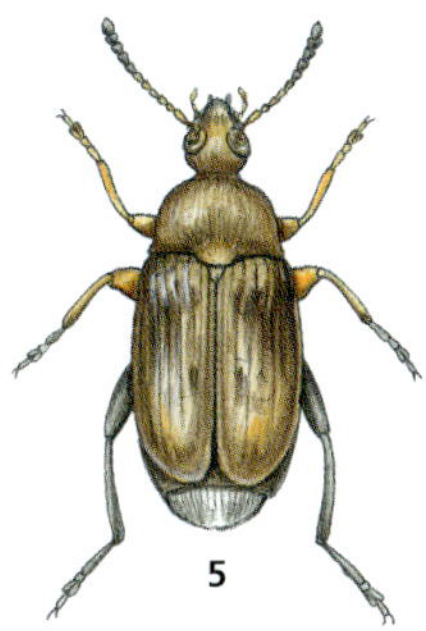

5

6

7

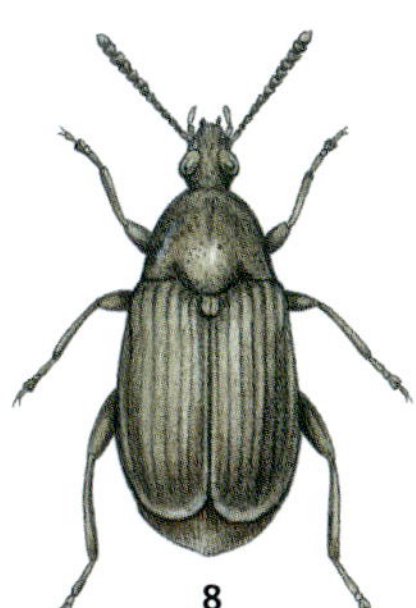

8

9

FAMILIE NEMONYCHIDAE – SCHLANKRÜSSLER
UNTERFAMILIE CIMBERIDINAE

1 | *Cimberis attelaboides*
Heller Kiefernblütenrüssler, Kiefernblütenstandsrüssler 3–5 mm.

Die einzige Art der Gattung in Mitteleuropa kommt bei uns recht selten in Sandgebieten vor. Die Käfer findet man auf Kiefern. Die Larven entwickeln sich in den männlichen Blütenständen.

FAMILIE ANTHRIBIDAE – BREITRÜSSLER
UNTERFAMILIE URODONTINAE – RÜSSELSAMENKÄFER

2 | *Bruchela suturalis*
Resede-Rüsselsamenkäfer, 2–3 mm.

Die Art kommt in Süd- und Mitteleuropa vor und wird nach Norden immer seltener. Die Entwicklung findet in den Kapseln der Wilden Resede (*Reseda lutea*) statt.

UNTERFAMILIE ANTHRIBINAE

3 | *Tropideres albirostris*
Eichen-Breitrüssler, 3–6 mm.

Aus Mitteleuropa sind 2 Arten bekannt. *T. albirostris* Findet man vor allem an Eichen, gelegentlich auch an Buchen. Bei uns treten die Käfer überall auf, mit Ausnahme des atlantischen Bereichs im Nordwesten.

4 | *Platystomos albinus*
Großer Breitrüssler, 6–12 mm.

Die einzige Art der Gattung ist die göße und häufigste Art der Familie. Bei uns treten die Käfer im Sommer vorwiegend an verpilzten Buchen- und Erlenstümpfen auf. Nach Norden hin nimmt die Häufigkeit ab.

5 | *Anthribus nebulosus*
Gemeiner Schildlaus-Breitrüssler, 1,5–4 mm.

4 Arten dieser Gattung kommen in Mitteleuropa vor. Man findet die Käfer im Frühjahr und Sommer auf Holz, seltener auf Blüten. Sie überwintern – oft gesellig – unter loser Baumrinde. Nur die abgebildete Art ist bei uns regelmäßig zu finden, es ist die häufigste Art der ganzen Familie.

FAMILIE BRACHYCERIDAE
UNTERFAMILIE ERIRHININAE

6 | *Notaris scirpi*
6–7,5 mm.

In Mitteleuropa gibt es 7 Arten dieser Gattung. Meist sind die Käfer gar nicht häufig. Sie leben an Sumpfpflanzen. Die abgebildete Art, die aus der ganzen paläarktischen Region von Europa über Sibirien bis Japan verbreitet ist, gehört zu den wenigen häufigen Arten der Gattung. Man findet die Käfer an Seggen und Binsen am Rande stehender Gewässer.

7 | *Notaris acridulus*
3–4 mm.

Auch diese Art ist bei uns an sumpfigen Stellen meist häufig. Sie lebt auf Seggen und Süßgras. Die Käfer überwintern oft in größeren Mengen unter Baumrinde, in morschem Holz oder unter abgefallenem Laub.

8 | *Grypus equiseti*
Großer Schachtelhalmrüssler, 4,8–6 mm.

3 Arten dieser Gattung kommen in Mitteleuropa vor. In älteren Werken heißt die Gattung auch Grypidius. Alle Arten sind nicht häufig. Die abgebildete Art, die auch aus Nordamerika bekannt ist, lebt an Ufern stehender und fließender Gewässer auf Schachtelhalm.

9 | *Thryogenes festucae*
Braungrauer Riedgrasrüssler, 4–7,5 mm.

Von dieser Gattung, die in älterer Literatur auch *Erirrhinus* heißt, gibt es in Mitteleuropa 4 Arten. Die Käfer leben an sumpfigen Stellen und an Flussufern auf Riedgräsern. Die abgebildete Art kommt bei uns zwar überall vor, oft aber gar nicht so häufig. Sie lebt an Binsen und Seggen.

1

2

3

4

5

6

7

8

9

FAMILIE ATTELABIDAE – DICKKOPFRÜSSLER
UNTERFAMILIE ATTELABINAE

1 | *Attelabus nitens*
Roter Eichenkugelrüssler, 4–6,5 mm.

Die einzige Art der Gattung in Mitteleuropa wird auch Tännchenwickler (Querroller) genannt, weil die Weibchen tännchenartige, quergerollte Wickel für ihre Brut anlegen. Eichen werden bevorzugt, gelegentlich können aber auch Blätter von Esskastanie, Erle und Hasel aufgewickelt werden. Bei uns ist die Art überall häufig. Man findet die Käfer von Mai bis August. Die Larven entwickelnäsich in den Tännchen, überwintern und verpuppen sich im Frühjahr auch darin.

UNTERFAMILIE APODERINAE

2 | *Apoderus coryli*
Haselblattroller, 6–8 mm.

Von den beiden in Mitteleuropa vertretenen Arten der Gattung ist die abgebildete die weitaus häufigere. Sie ist bei uns überall nicht selten. Man findet die Käfer von Mai bis September auf Hasel, viel seltener auf anderen Laubhölzern wie Erle und Birke. Die Weibchen legen Blattwickel an, die am Strauch bleiben und in denen sich die Larven entwickeln. Sie verpuppen sich auch darin, und schon im Sommer schlüpfen die Käfer aus, die überwintern.

UNTERFAMILIE RHYNCHITINAE

3 | *Deporaus betulae*
Schwarzer Birkenblattroller, 3–5 mm.

Aus dieser Gattung kommen 4 Arten in Mitteleuropa vor. Die abgebildete Art ist bei uns häufig und verwendet vor allem Birkenblätter zur Brut.

4 | *Neocoenorrhinus pauxillus*
Blattrippenstecher, Rotbrauner Fruchtstecher, 2,7–4,5 mm.

Zu dieser Gattung gehören in Mitteleuropa 4 Arten. *C. aequatus* findet man bei uns überall häufig an Rosengewächsen, vor allem an Weißdorn. An Obstbäumen trifft man ihn ebenfalls an, besonders an Apfelbäumen.

5 | *Byctiscus betulae*
Blattrippenstecher, Rebenstecher, 4,8–7 mm.

Beide in Mitteleuropa beheimateten Arten der Gattung *Byctiscus* (*Bytiscus*) werden hier vorgestellt. Der Rebenstecher ist bei uns überall nicht selten. Brutpflanzen sind die verschiedensten Laubhölzer. Da er auch an Reben geht, wird er daran gelegentlich schädlich.

6 | *Byctiscus populi*
Pappelblattroller, 4–5,5 mm.

Diese Art ist in ihrer Verbreitung und Biologie der vorigen sehr ähnlich, bei uns aber meist noch häufiger. Brutpflanzen sind Pappeln, an denen die Käfer von April bis Oktober zu finden sind.

FAMILIE BRENTIDAE – LANGKÄFER

Die Familie wurde früher als eine Unterfamilie (Apioninae) der Curculioniden geführt. Heute sieht man sie als eine selbständige Familie an, die eine vermittelnde Stellung zwischen den Dickkopfrüsslern und den Rüsselkäfern einnimmt. In Mitteleuropa kommt nur die Gattung *Apion* mit 144 Arten vor. Die Käfer weisen Längen von 1,2 – 4,5 mm auf und sind meist auf den Nahrungspflanzen ihrer Larven zu finden. Die meisten Arten kommen an Schmetterlingsblütlern vor.

7 | *Oxystoma pomonae*
Großer Wicken-Spitzmausrüssler, Metallblauer Spitzmausrüssler, 2,5–3,6 mm.

Die Larven der Gattung Apion entwickeln sich in verschiedenen Pflanzenteilen. Mehr als die Hälfte der heimischen Arten lebt an Schmetterlingsblütlern. Meist überwintern die Käfer. Die abgebildete Art ist bei uns überall verbreitet und häufig. Man findet die Käfer vor allem von April bis November an Platterbsen- und Wickenarten, in deren Schoten sich die Larven entwickeln.

8 | *Protapion apricans*
Dunkler Klee-Spitzmausrüssler, Rotklee-Spitzmausrüssler, 2,2–2,7 mm.

Die Art lebt vermutlich nur an Rotklee und ist bei uns überall häufig. Die Käfer findet man von April bis November an der Futterpflanze, die Larven entwickeln sich in den Blüten und können erhebliche Schäden anrichten.

9 | *Apion frumentarium*
Mennigroter Ampfer-Spitzmausrüssler, 2,2–3,1 mm.

Im Allgemeinen sind die heimischen Apion-Arten dunkel, metallisch gefärbt, nur ein paar Arten auch rot, zu denen die abgebildete zählt. *A. frumentarium* ist auf trockenen Böden bei uns überall häufig. Die Käfer findet man von April bis September. Die Larven entwickeln sich im Wurzelhals oder in den oberen Teilen der Wurzeln vom Kleinen Sauerampfer.

1
2
3
4
5
6
7
8
9

FAMILIE DRYOPHTHORIDAE
UNTERFAMILIE DRYOPHTORINAE

1 | *Sitophilus granarius*
Kornkäfer, 2,7–3,7 mm.

In Mitteleuropa sind 4 Arten dieser ehemals auch *Calandra* genannten Gattung zu Hause. Es sind gefürchtete Speicherschädlinge, vor allem an Weizen und Roggen. Ursprung dieser Art ist vermutlich der Nahe Osten, inzwischen ist sie weltweit in der gemäßigten Zone verbreitet. Nicht in den Tropen und Subtropen anzutreffen.

2 | *Sitophilus oryzae*
Reiskäfer, 2,3–3 mm.

Dieser nahe Verwandte des Kornkäfers hat voll ausgebildete Hautflügel. Beim Kornkäfer sind sie verkümmert. Für die Tropen und Subtropen ist er der wichtigste Schädling. Bei uns tritt er nur in warmen Lagerhäusern und im Freien gar nicht auf. Sein deutscher Name ist irreführend, da er nicht nur Reis, sondern auch Getreide aller Art (Mais, Roggen, Weizen, Hirse usw.) befällt.

3 | *Rhynchophorus ferrugineus*
Roter Palmrüssler, 19–42 mm.

Der in Südostasien beheimatete, überwiegend rostrot gefärbte Käfer wurde durch Palmen-Importe im gesamten Mittelmeergebiet eingeschleppt und stellt eine erhebliche Bedrohung gebietsansässiger Palmen dar. Die Larven des meldepflichtigen Tieres entwickeln sich in der Blattbasis und im Stamm und führen meist zum Tod der Wirtspflanze.

FAMILIE CURCULIONIDAE – RÜSSELKÄFER

In Mitteleuropa gibt es 168 Gattungen mit etwa 1200 Arten. Damit sind sie bei uns nach den Staphyliniden die artenreichste Käferfamilie. Sie sind sehr gut charakterisiert, denn ihr Kopf ist in einen mehr oder weniger langen Rüssel verlängert. Die in Pflanzen lebenden Larven sind walzenförmig, sie haben keine Beine, nur Kriechwülste. Während die Larven fast ausschließlich in pflanzlichem Gewebe – von der Wurzel über Stängel bis in die Blätter – leben, fressen die Käfer meist außen an den Pflanzen.

UNTERFAMILIE LIXINAE

4 | *Leucophyes pedestris*
10–15 mm.

Die einzige Art der Gattung in Mitteleuropa ist bei uns in Kalkgebieten zuweilen nicht selten. Die Larven leben an Weiden.

5 | *Bothynoderes affinis*
Weiß-schuppiger Gänsefußgallenrüssler, 6–11 mm.

2 Arten dieser Gattung sind aus Mitteleuropa bekannt. Die abgebildete Art ist bei uns im Osten stärker vertreten, nach Westen und Süden wird sie seltener. Die Käfer findet man auf Schafgarbe, sandige Gebiete werden bevorzugt.

6 | *Cleonus pigra*
Distelgallenrüssler, 10–16 mm.

Früher stellte man 5 Arten aus Mitteleuropa in diese Gattung (=Cleonis). Sie wurde aber aufgespalten, und heute ist nur die abgebildete Art in der Gattung verblieben. Die großen Käfer leben an verschiedenen Distel-Arten. Bei uns kommen die Käfer vor allem im Osten häufiger vor, nach Westen hin werden sie seltener.

7 | *Lixus fasciculatus*
Marmorierter Sumpfrüssler, Wermut-Stängelrüssler, 4–9,5 mm.

Aus dieser Gattung kommen 22 Arten in Mitteleuropa vor. Die Männchen haben kürzere Rüssel als die Weibchen. Sie leben an verschiedenen Pflanzen. Die Larven entwickeln sich in den Stängeln. Die abgebildete Art ist bei uns vor allem im Süden weit verbreitet und zuweilen recht häufig. Nach Norden hin werden diese Käfer seltener und fehlen gebietsweise auch ganz.

8 | *Larinus planus*
Länglicher Distelrüssler, 5–8 mm.

Von dieser mit 15 Arten in Mitteleuropa vertretenen Gattung werden die Arten *planus* und *turbinatus* am häufigsten gefunden. Es sind hoch spezialisierte Bewohner von Disteln, wobei mehrere Arten an der gleichen Pflanze in ökologischen Nischen (Blüte, Blatt, Stengel, Wurzel) auftreten können. Frisch geschlüpfte Tiere sind oft stark gelb bestäubt.

9 | *Rhinocyllus conicus*
Distelkurzrüssler, 4–6,5 mm.

Die einzige Art der Gattung ist länglicher als die verwandten *Larinus*-Arten, der Körper ist mehr parallelseitig, der Rüssel sehr kurz und kantig. Der Käfer lebt ebenfalls an Disteln. Bei uns nimmt sein Vorkommen nach Norden hin ab, im Norden fehlt die Art gebietsweise ganz.

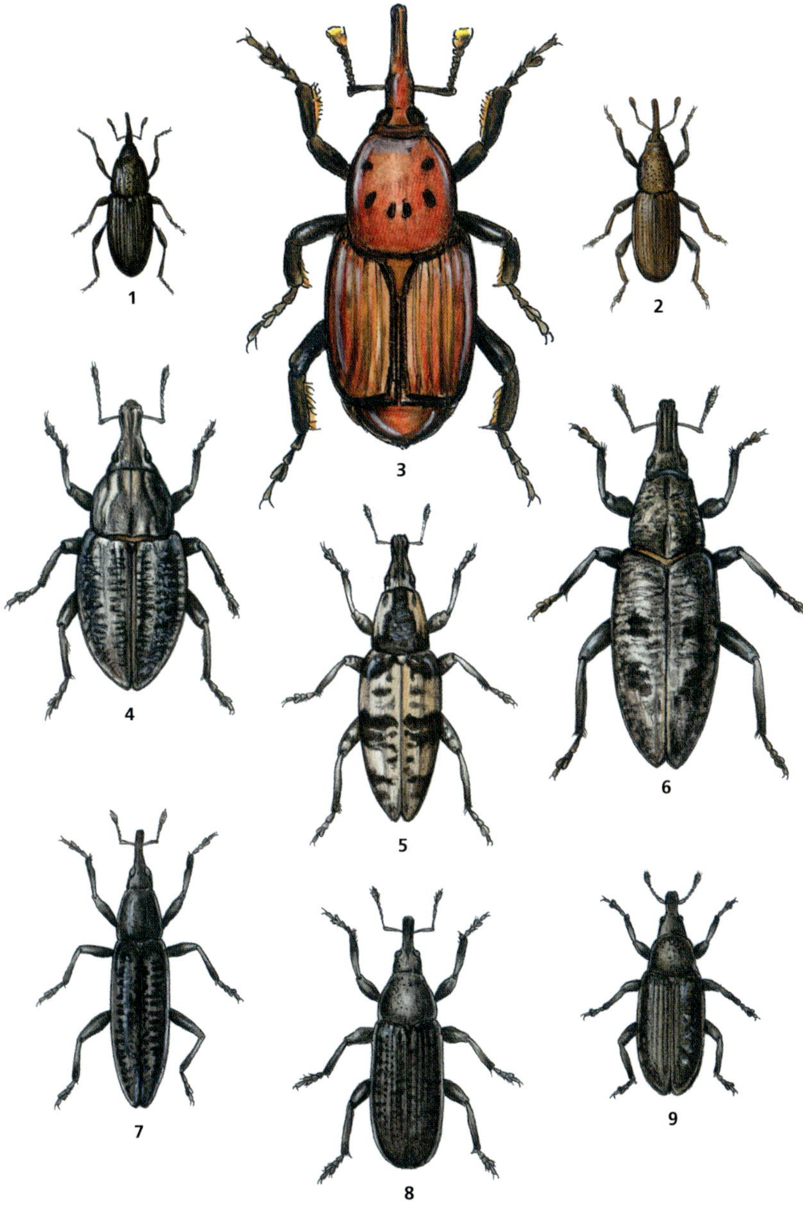
1
2
3
4
5
6
7
8
9

UNTERFAMILIE MESOPTILIINAE

1 | *Magdalis ruficornis*
Mattschwarzer Zweigrüssler, 2,2–3,8 mm.

Aus dieser Gattung gibt es in Mitteleuropa 21 Arten. Die Larven leben ähnlich wie die Pissodes-Arten in Ästen und Stämmchen von Laub- und Nadelhölzern. Die Puppenwiegen reichen oft tief ins Holz. Die entstehenden Forstschäden sind ähnlich wie bei Pissodes. Die abgebildete Art lebt an Obstbäumen und Vogelbeere und ist bei uns überall häufig.

UNTERFAMILIE ENTIMINAE

2 | *Chlorophanus viridis*
Dunkelgrüner Gelbrandrüssler, 8–11 mm.

Die 4 in Mitteleuropa vorkommenden Arten dieser Gattung sind am Seitenrand des Halsschildes und der Flügeldecken dicht gelbgrün beschuppt. Sie leben an verschiedenen Bäumen, vor allem an Erlen und Weiden. Die Larven fressen wahrscheinlich an Wurzeln, endgültig geklärt ist das allerdings noch nicht. Die abgebildete Art ist bei uns nicht selten. Sie lebt vor allem an Erlen.

3 | *Tanymecus palliatus*
Echter Streckrüssler, 8–12 mm.

2 Arten der Gattung sind in Mitteleuropa beheimatet. Die abgebildete Art ist bei uns weiterverbreitet und lebt an verschiedenen Pflanzen. Sie ist zwar polyphag, Disteln und Nesseln werden jedoch bevorzugt.

4 | *Graptus triguttatus*
Gewöhnlicher Dreimakelrüssler, 5,7–10 mm.

Von den 3 in Mitteleuropa vorkommenden Arten ist die abgebildete bei uns am weitesten verbreitet. Auch sie ist sehr variabel. Bei uns sind die Käfer meist nicht selten. Über ihre Lebensweise ist noch sehr wenig bekannt. Man findet die Käfer unter Steinen und unter Laub verschiedener krautiger Pflanzen, vor allem in Flussauen. Auch an Rüben hat man sie schon gefunden.

5 | *Otiorhynchus coecus*
Schwarzer Fichten-Dickmaulrüssler, Rotbein, 10–12 mm

Die Gattung ist eine der artenreichsten Rüsselkäfergattungen in Europa. In Mitteleuropa gibt es etwa 170 Arten. Viele Arten pflanzen sich allgemein oder in bestimmten Gebieten parthenogenetisch fort. Wenn Männchen auftreten sind diese meist schlanker als Weibchen. Die abgebildete Art lebt bei uns montan bis subalpin und kommt im Norden und in der Ebene nicht mehr vor. Man findet die Käfer häufig an Fischten und auf den Blättern niedriger Pflanzen

6 | *Otiorhynchus scaber*
Borstiger Dickmaulrüssler, 4–6 mm.

Von diesen Käfern sind nur die Weibchen bekannt. Man findet sie an Nadelbäumen, auf Gesträuch, Kräutern, unter Falllaub, Moos und Steinen. Die Art ist in Gebirgsgegenden nicht selten. In Gärten tritt sie gelegentlich schädlich an Primeln auf.

7 | *Otiorhynchus sulcatus*
Gefurchter Lappenrüssler, 8–10,5 mm.

Die Art ist als Schädling von Kulturpflanzen gefürchtet. Nicht selten kommen die Käfer in Wohnungen vor, da sich die Larven in den Wurzeln von Topfpflanzen entwickeln. Die Käfer sind in der Dämmerung aktiv.

8 | *Otiorhynchus gemmatus*
Hellgefleckter Dickmaulrüssler, 8–12 mm.

An den hellen Schuppenflecken auf den Flügeldecken erkennt man diese Art sehr leicht. Sie bewohnt vor allem die Ostalpen.

9 | *Otiorhynchus ligustici*
Luzerne-Dickmaulrüssler, 8–12 mm.

Die Art ist bei uns überall zu finden, stellenweise häufig. Sie lebt gern an trockenen Plätzen und tritt gelegentlich an Kulturpflanzen schädlich auf.

1

2

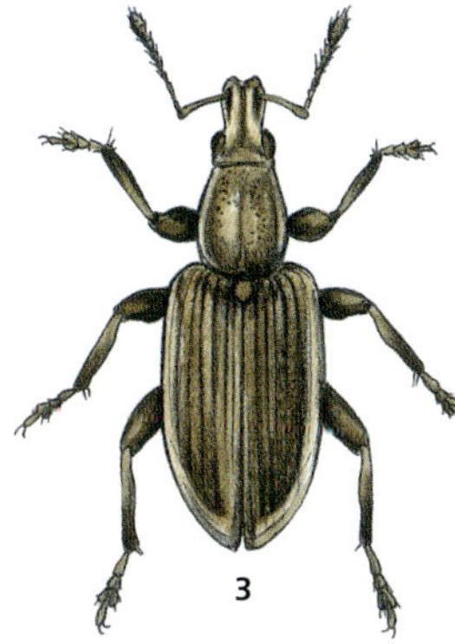

3

4

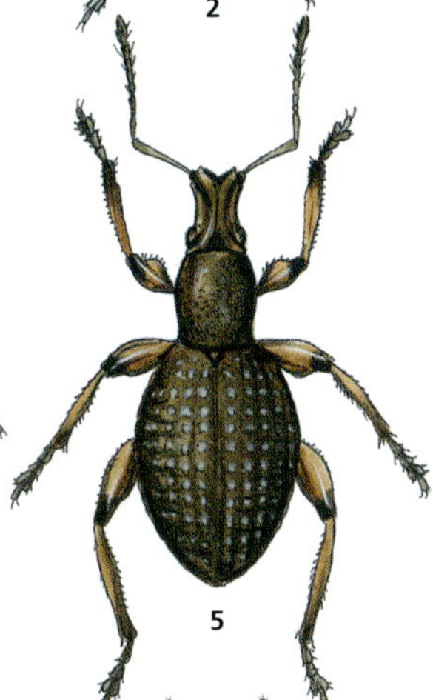

5

6

7

8

9

UNTERFAMILIE ENTIMINAE

1 | *Centricnemus leucogrammus*
Silberfarbener Graurüssler, 2–3,5 mm.

In Mitteleuropa gibt es 3 Arten dieser Gattung. Sie leben polyphag an Sträuchern und krautigen Pflanzen. Die abgebildete Art findet man vor allem an trockenwarmen Stellen im mittleren und südöstlichen Mitteleuropa.

2 | *Omias rotundatus*
Feinpunktierter Kugelrüssler, 2–3 mm.

Die 3 in Mitteleuropa beheimateten Arten sind klein, kugelig und schwärzlich gefärbt, aber mehr oder weniger dicht grau behaart. Schon sehr zeitig im Frühjahr findet man die Käfer an trockenwarmen Stellen, vorzugsweise in Steppengebieten. Sie leben wie die Arten der vorigen Gattung auch polyphag an verschiedenen Pflanzen. Die Art *rotundatum* findet man bei uns nur in den wärmeren Gebieten des südlichen und mittleren Mitteleuropas, nördlich etwa bis zum Nordrand der Mittelgebirge.

3 | *Phyllobius glaucus*
Gespornter Glattrüssler, 7–12 mm.

Die Gattung wird in 10 Untergattungen aufgeteilt und ist mit 25 Arten im mitteleuropäischen Raum vertreten. Die Oberseite der Käfer kann grün, grau oder scheckig beschuppt oder behaart sein. Sie leben auf Bäumen, Sträuchern und krautigen Pflanzen. Im Frühjahr oder frühen Sommer findet man sie oft in großen Mengen. Die Larven leben im Boden und fressen Pflanzenwurzeln. Die Art *calcaratus,* die von fast schwarz bis grün variieren kann, ist bei uns überall häufig und geht im Gebirge sehr hoch. Die Käfer sind zwar polyphag, bevorzugen aber offenbar doch Erle und Birke.

4 | *Phyllobius pyri*
Birnen-Grünrüssler, 6–7 mm.

Die Männchen sind gestreckter, länglicher als die Weibchen. Die Art ist bei uns überall häufig. Auch sie variiert in der Färbung der Beschuppung sehr stark. Meist findet man die Käfer auf Gras und niedrigen Pflanzen. Die Larven entwickeln sich wahrscheinlich an Graswurzeln.

5 | *Phyllobius argentatus*
**Silberner Grünrüssler,
Goldgrüner Blattnager, 3,5–6 mm.**

Seinen Namen hat dieser Käfer nach der dichten goldgrünen Beschuppung bekommen. Gewöhnlich sind Fühler und Beine rot, die Schenkel und zuweilen die ganzen Beine auch dunkel gefärbt. Die Art hat eine besonders weite Verbreitung und kommt von Europa (vom Norden bis zum Süden) über ganz Sibirien bis Japan vor. Bei uns sind die Käfer überall sehr häufig. Man findet sie auf Laubbäumen, gelegentlich sogar auf Nadelholz.

6 | *Phyllobius oblongus*
Zweifarbiger Schmalbauchrüssler, 3–6 mm.

Diese Art gehört zu den wenigen *Phyllobius,* die oberseits ganz schuppenlos sind; die Käfer haben nur eine dünne graue Behaarung. Wie die meisten Phyllobien sind auch sie recht farbvariabel. Die Art ist bei uns überall häufig. Man findet die Käfer an Bäumen und Sträuchern. Sie sind zwar polyphag, bevorzugen aber Baumrosaceen.

7 | *Eusomus Ovulum*
Eiförmiger Grünrüssler, 5–7,5 mm.

Die einzige Art der Gattung in Mitteleuropa ist dicht grün beschuppt. Die Käfer pflanzen sich parthenogenetisch fort. Bei uns liegen die nördlichsten Fundorte in Westfalen, Sachsen, Brandenburg und im Harz. Die Käfer leben an sonnigen Hängen.

8 | *Sciaphilus asperatus*
Borstiger Wurzelrüssler, 4,5–6 mm.

Diese einzige Art der Gattung in Mitteleuropa ist mit der vorigen nahe verwandt. Die Flügeldecken sind jedoch anders gezeichnet. Sie können grau oder braun marmoriert sein. Die Art ist aus Europa bekannt, kommt auch montan und subalpin vor, meidet aber die Olivenanbaugebiete. Bevorzugt werden feuchte und schattige Plätze. Der Käfer lebt polyphag an Büschen und Kräutern.

9 | *Brachysomus echinatus*
Brauner Trägrüssler, 2,2–3 mm.

In Mitteleuropa gibt es 8 Arten aus dieser Gattung. Alle sind klein, nur 1,5–3 mm groß. Die Weibchen sind viel breiter als die Männchen. Die Käfer sind sehr träge und leben unter abgefallenem Laub, im Moos, oft an trockenen Hängen mit kurzem Rasen. Die abgebildete Art vermehrt sich parthenogenetisch. Sie ist bei uns überall häufig.

1
2
3
4
5
6
7
8
9

UNTERFAMILIE ENTIMINAE

1 | *Exomias araneiformis*
Glänzender Knospenrüssler, 3–4 mm.

Die mit 16 Arten in Mitteleuropa vertretene Gattung heißt in älteren Werken auch *Barypithes*. Die Käfer unterscheiden sich von allen näher verwandten Arten durch das völlige Fehlen von Schuppen. Ihre Oberseite ist nackt, glänzend braunrot bis schwarz, nur spärliche Haare sind erkennbar. Die Käfer sind nachts aktiv. Sie klettern auf niedrige Kräuter. Tagsüber halten sie sich unter Laub und Moos versteckt. Die Art findet man bei uns vor allem im Westen, nach Osten nimmt die Häufigkeit immer mehr ab.

2 | *Brachyderes incanus*
Schwarzer Kiefernnadel-Rüsselkäfer, 7–10,5 mm.

Die einzige Art der Gattung in Mitteleuropa ist vor allem in Kiefernheidegebieten zu Hause. Die Käfer überwintern unter den Borkenschuppen der Kiefern. Das Weibchen legt im Frühjahr die Eier in die Erde. Die Larven fressen an den Wurzeln der Kiefer, die Käfer benagen Kiefernnadeln. Diese Art kann in 8-15jährigen Kiefernkulturen durch den Fraß der Käfer zu Schäden führen oder aber auch durch Larvenfraß an Wurzeln, der die jungen Kulturen (Saatbeete) gefährdet.

3 | *Polydrusus cervinus*
Braungrauer Glanzrüssler, 3,9–5,7 mm.

Die Gattung heißt in manchen Werken auch *Polydrusus*. In Mitteleuropa gibt es 26 Arten dieser Glanzrüssler. Sie leben an Laub- und Nadelbäumen, Sträuchern oder niedrigen Pflanzen. Die Larven fressen an den Wurzeln der Wirtspflanzen. Die abgebildete Art findet man bei uns überall an Laubbäumen, besonders an Eichen und Birken.

4 | *Polydrusus picus*
Perlfleck-Glanzrüssler, 2,5–4,5 mm.

Diese Art lebt bei uns vor allem im Osten und Südosten, wo sie häufig sein kann. Aus dem Südwesten sind nur alte Meldungen bekannt. Man findet die Käfer an Eiche, Birke und Buche.

5 | *Liophloeus tessulatus*
Variabler Plumprüssler, 7–11 mm.

In Mitteleuropa gibt es aus dieser Gattung 2 sehr variable Arten. Die großen plumpen Käfer sind sehr träge und nur nachts aktiv. Dann laufen sie auf niedrigen Kräutern, gern an Huflattich herum und fressen daran. Sie bevorzugen feuchte Stellen. Man findet sie besonders an den Ufern von Gebirgsbächen. Die abgebildete Art tritt im Gebirge meist in beiden Geschlechtern auf, sonst vermehrt sie sich parthenogenetisch. Bei uns kommt der Käfer überall vor, oft an Efeu.

6 | *Strophosoma melanogrammum*
Kranzrüssler, Schwarzfleckiger Trapezrüssler, 4–5,5 mm.

Die Gattung (in manchen Werken auch *Strophosoma* genannt) ist in Europa mit 6 Arten vertreten. Die Käfer leben an Bäumen oder an Heidekraut. Der abgebildete Käfer lebt und frisst an verschiedenen Laub- und Nadelbäumen und kann an jungen Kiefern schädlich werden. Die Larven ernähren sich von der Wurzel des Stumpfblättrigen Ampfers und der Draht-Schmiele.

7 | *Sitona sulcifrons*
Furchenkopf-Blattrandrüssler, 3–4 mm.

25 Arten dieser Gattung kommen in Mitteleuropa vor. Die Käfer fressen besonders bei Nacht an den Blättern der Futterpflanzen. Die Larven leben meist in den Wurzelknöllchen von Schmetterlingsblütlern. Die abgebildete Art ist bei uns überall verbreitet und häufig. Sie lebt an Luzerne, Wiesen- und Mittlerem Klee, sowie an Linse. An Klee und an Luzerne kann sie Schaden anrichten.

8 | *Romualdius scaber*
2,8–5 mm.

Die 12 in Mitteleuropa vorkommenden Arten der Gattung sind klein, bis 5 mm lang. Die Käfer leben polyphag an Kräutern. Sie halten sich meist unter Gras, Laub und Steinen auf. Man findet sie vor allem in kalkhaltigen oder sandigen Gebieten oder an sonnigen Hängen. Die Fortpflanzung erfolgt parthogenetisch. Die abgebildete Art kommt bei uns stellenweise nicht selten vor.

9 | *Tropiphorus elevatus*
5,3–7,5 mm.

Die Gattung mit 9 Arten in Mitteleuropa ist – soweit bekannt – nur in Europa vertreten. Diese bewohnen hier vor allem die Gebirge Nordeuropas, die Alpen und die Berge der Balkanhalbinsel. Viele Arten pflanzen, sich parthenogenetisch fort, einige offenbar nur in einem Teil ihres Verbreitungsgebietes. Die Käfer leben an vielen verschiedenen Pflanzen. Die Larven und ihre Lebensweise sind noch nicht bekannt. Die abgebildete Art ist die häufigste der Gattung und ist bei uns weit verbreitet. Als Fraßpflanzen sind Bingelkraut und Kälberkropf bekannt.

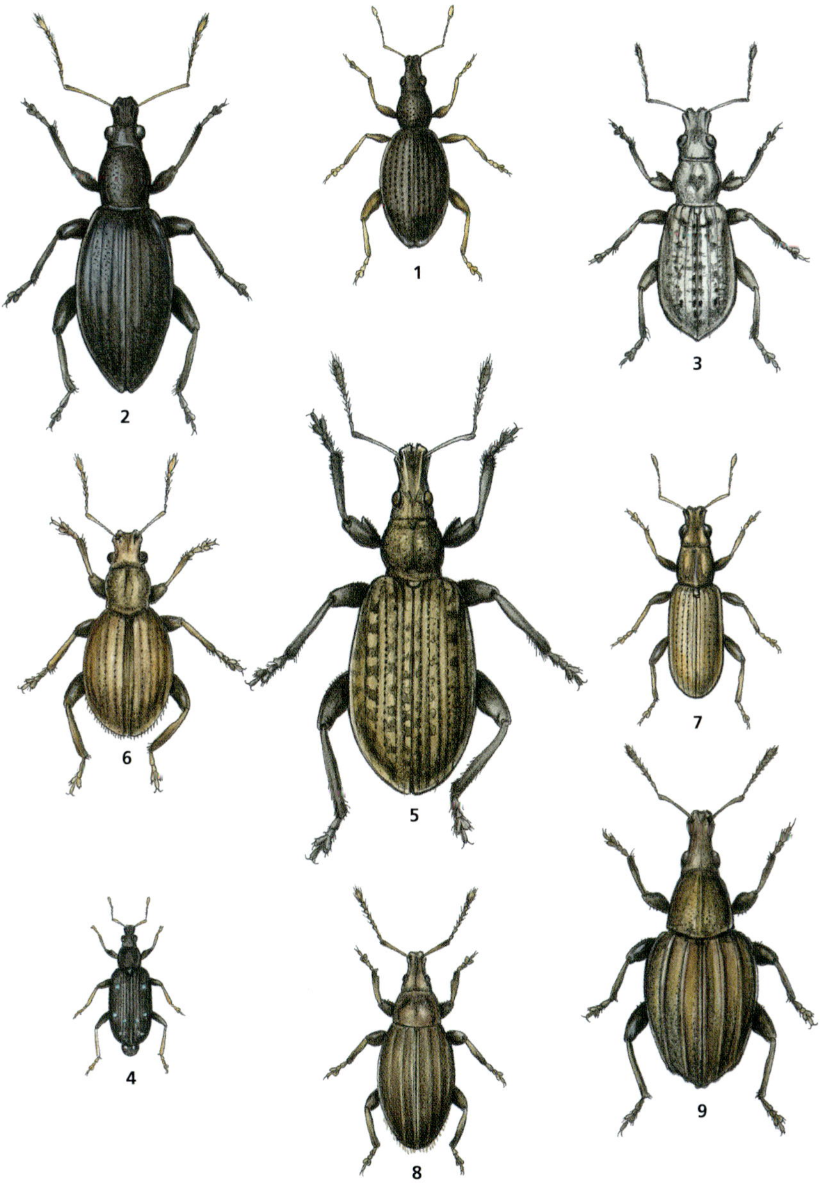
1
2
3
4
5
6
7
8
9

UNTERFAMILIE HYPERINAE

1 | *Donus comatus*
Kerbel-Gespinstrüssler, 6,5–9,5 mm.

In Mitteleuropa gibt es 11 Arten aus dieser Gattung, die bisher als *Hypera* bekannt war. Sie leben auf verschiedenen niedrigen Pflanzen. Die abgebildete Art ist nur aus Mitteleuropa bekannt, wo sie montan bis subalpin vorkommt. Im Norden fehlt sie ganz. Man findet sie auf Huflattich.

2 | *Brachypera zoilus*
Großer Klee-Kokonrüssler, 6–9 mm.

In Europa sind 25 Arten aus dieser Gattung, die bisher *Phytonomus* hieß, beheimatet. Sie leben auf verschiedenen niedrigen Pflanzen. Zur Verpuppung fertigen die Larven einen durchsichtigen, gitterartigen Kokon, der an den Blättern oder am Stängel der Futterpflanze befestigt wird. Die abgebildete Art, in manchen Werken auch als *Phytonomus punctatus* bezeichnet, ist bei uns überall häufig und lebt auf Klee.

3 | *Hypera meles*
3,7–4,5 mm.

Diese kleine Art ist in ganz Europa zu Hause. Bei uns kommt sie überall vor. Die Käfer findet man auf verschiedenen Kleegewächsen.

4 | *Hypera arator*
Nelken-Kokonrüssler, 4,5–6 mm.

In älterer Literatur heißt die Art auch *schusteri*. Sie kommt bei uns überall recht häufig vor, in den Alpen steigt sie bis in alpine Höhen auf. Die Larven leben an Nelkengewächsen.

5 | *Hypera postica*
Luzerne-Kokonrüssler, 4–5,3 mm.

Die Art ist vor allem auf der Oberseite sehr variabel. Sie kann einheitlich grau oder braun oder vielfach gefleckt sein. *H. postica* ist bei uns überall sehr häufig und geht hoch in die Alpen hinauf. In manchen Werken wird auch der Artname *variabilis* für diese Art verwendet.

UNTERFAMILIE MOLYTINAE

6 | *Lepyrus capucinus*
Kapuzinerrüssler, Erdbeer-Wurzelrüssler 8–12 mm.

Aus dieser Gattung kommen in Mitteleuropa 4 Arten vor. Die Käfer leben auf Weiden. Die abgebildete Art ist bei uns überall recht häufig, aus Österreich wird sie als selten gemeldet.

7 | *Hylobius abietis*
Fichtenrüsselkäfer, Großer Brauner Rüsselkäfer, 7,5–13 mm.

Aus dieser Gattung gibt es in Mitteleuropa 4 Arten. Die abgebildete Art und der im Durchschnitt etwas kleinere (6,2–9 mm) Kleine Braune Rüsselkäfer *Hylobius pinastri* sind nur schwer voneinander zu unterscheiden und auch in ihrer Biologie sehr ähnlich. Käfer treten vor allem von April bis Juni auf, aber man kann sie auch in der ganzen warmen Jahreszeit bis September noch finden. Die Weibchen legen die Eier an absterbende Wurzeln von Kiefern und Fichten. Die Larven fressen zunächst im Bast, berühren später auch das Splintholz und gehen zur Verpuppung mit einem hakenförmigen Gang ins Holz hinein. Die Käfer schlüpfen erst im nächsten Jahr. Während die Larven keine Schäden anrichten, sind die Käfer umso gefürchteter. Nach ihrer Winterruhe befressen sie von Mai bis September das Kambium und die Rinde von Nadelhölzern. Sie sind zwar sehr polyphag, bevorzugen aber Kiefern und Fichten, die 3–6 Jahre alt sind. Bei Massenauftreten werden auch jüngere befallen. Solche Bäumchen kümmern und sterben bei starkem Käferauftreten ab. Die abgebildete Art tritt bei uns überall sehr häufig auf und gilt als der größte Schädling an jungen Koniferen. Der kleinere Verwandte kommt bei uns viel seltener vor.

8 | *Liparus glabrirostris*
Großer Pestwurzrüssler, Großer Trägrüssler, 14–19 mm.

7 Arten dieser Gattung sind aus Mitteleuropa bekannt. Es sind unsere größten heimischen Rüssler. Sie entwickeln sich in den Wurzeln verschiedener Doldengewächse. Die abgebildete Art lebt in Mitteleuropa, vor allem in montanen Gebieten bis subalpin in den Alpen. Man findet die Käfer an Huflattich. Zwar ist es die häufigste Art bei uns, aber nur in Bayern und Schlesien sind sie nicht selten. Aus vielen Gebieten, vor allem aus dem Norden, liegen keine Meldungen aus neuerer Zeit vor.

9 | *Leiosoma deflexum*
Hahnenfuß-Porenrüssler, 2,5–2,8 mm.

8 Arten dieser Gattung kommen in Mitteleuropa vor. Die kleinen Käfer leben in Gebirgsgegenden an Waldrändern. Man findet sie an Hahnenfußgewächsen, aber auch unter Moos und feuchtem, abgefallenem Laub. Die abgebildete Art ist bei uns die häufigste Art der Gattung. Ihre Häufigkeit nimmt nach Norden hin ab. Man findet die Käfer auf Buschwindröschen, Kriechendem Hahnenfuß und anderen Pflanzen.

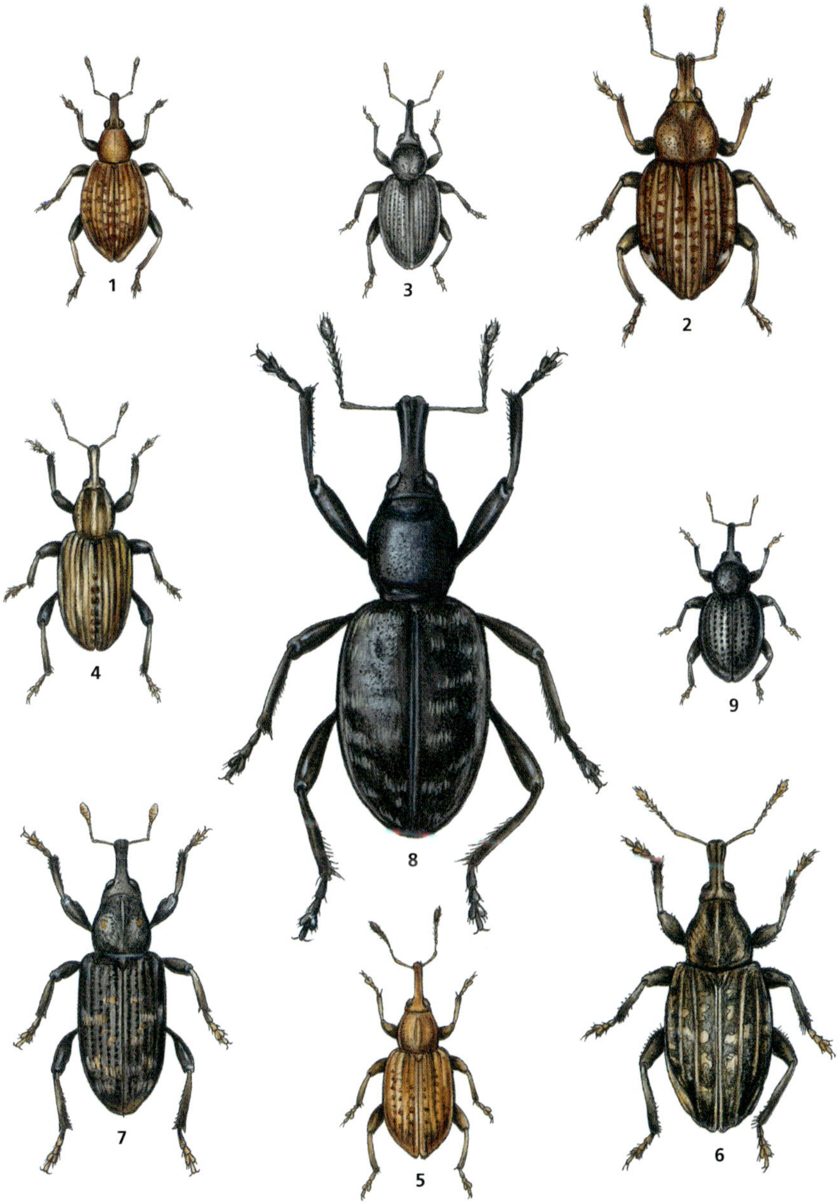
1
3
2
4
8
9
7
5
6

UNTERFAMILIE MOLYTINAE

1 | *Pissodes piceae*
Weißtannenrüssler 7–10 mm.

Die Gattung ist mit 8 Arten in Mitteleuropa vertreten. Die Larven leben unter der Rinde verschiedener Nadelhölzer und verpuppen sich in einem faserigen Gespinst dicht unter der Rinde im Holz. Die Arten gehören zu den gefürchtetsten Forstinsekten. Die einzelnen Arten sind auf je eine Nadelholzart spezialisiert. Die abgebildete Art lebt an Weißtanne. Bei uns findet man sie vor allem montan. Nach der Eiablage sehen die Stämme wie mit Kalk bespritzt aus, weil aus den Löchern, die die Weibchen in die Rinde bohren, Harz quillt. Die Larven fressen im Bast unregelmäßige Gänge. Der Weißtannenrüssler bevorzugt 40-80jähriges Stangenholz. Vor allem werden kranke, beschädigte oder schlecht wachsende Bäume befallen, gesunde weniger, weil darin die Larven am starken Harzfluss ersticken können. Der Weißtannenrüssler kann am „Tannensterben" mitverantwortlich sein.

2 | *Pissodes pini*
Kiefernaltholzrüssler, 6,2–8,5 mm.

Dieser Käfer ist in seiner Lebensweise der vorigen Art ähnlich, aber er befällt vor allem die Kronen älterer Kiefern. Bei uns ist die Art in Kieferngebieten überall häufig.

3 | *Anoplus plantaris*
Gewöhnlicher Stummelrüssler, 1,7–1,9 mm.

In Mitteleuropa kommen 3 Arten aus dieser Gattung vor. *A. plantaris* ist bei uns überall häufig auf Birkenblättern zu finden.

UNTERFAMILIE NANOPHYINAE

4 | *Nanophyes marmoratus*
Marmorierter Zwergrüssler, 1,4–2,1 mm.

Aus dieser Gattung gibt es in Mitteleuropa 18 Arten. Die Larven leben in Blüten- und Fruchtböden oder in Stängeln verschiedener Pflanzen. Die Käfer findet man in den Blüten. Die abgebildete Art ist bei uns überall auf Weiderich häufig.

UNTERFAMILIE COSSONINAE

5 | *Cossonus linearis*
Schlanker Faulholzrüssler, 4–6 mm.

Die 3 in Mitteleuropa beheimateten Arten der Gattung leben als Larven in lebendem oder abgestorbenen Laub- und Nadelbäumen, und zwar in faulendem Holz.
Die abgebildete Art wird bei uns von Süden nach Norden hin seltener. Man findet die Käfer in Pappel- und Weidenholz.

6 | *Rhyncolus ater*
Schwarzer Baumhöhlenrüssler, 3–4,5 mm.

Die 6 in Mitteleuropa lebenden Arten der Gattung, die bisher *Eremotes* hieß, finden sich in anbrüchigem Holz von Laub-und Nadelbäumen, und zwar an den äußeren Holzteilen, nicht in der Rinde. Die abgebildete Art kennt man bei uns vor allem im Osten, ansonsten nur sporadisch. Die Käfer leben in anbrüchigen Laub- und Nadelbäumen, vor allem an oberirdischen Wurzelpartien.

7 | *Hexarthrum exiguum*
Grubenholzkäfer, 2,8–3,4 mm.

Die einzige Art der Gattung in Mitteleuropa stand bisher in der Gattung *Rhyncolus*. Die Lebensweise der Tiere entspricht der der vorigen Gattung. Die abgebildete Art lebt in den inneren Holzteilen hohler Eichen, Buchen und Ulmen. Sie ist bei uns nicht immer und überall vorhanden, wird aber vielfach importiert.

UNTERFAMILIE CRYPTORHYNCHINAE

8 | *Cryptorhynchus lapathi*
Erlenwürger, 5–8,5 mm.

Die einzige Art der Gattung in Mitteleuropa. Als Gattungsname wird auch *Cryptorrhynchus* oder auch *Cryptorrhynchidius* verwendet. Fraß- und Brutpflanzen sind Erlen, seltener Weiden, Pappeln und Birken. Die Käfer fressen an der Rinde, die Larven nagen zunächst unter der Rinde, gehen später in Bast, Splint und Holz. Junge Bäumchen können bei starkem Befall eingehen oder Deformationen zeigen.

9 | *Acalles camelus*
Kamel-Holzrüssler, 2,6–4,6 mm.

9 Arten dieser Gattung kommen in Mitteleuropa vor. Die Käfer leben und entwickeln sich an abgestorbenen Ästen von Laub- und Nadelbäumen. Man findet sie auch an Reisig und trockenem Holz. Die abgebildete Art kommt bei uns vor allem montan vor. Im südlichen Bereich ist sie häufiger, vor allem an Rindenstücken alter Eichen. Nach Norden hin wird sie recht selten.

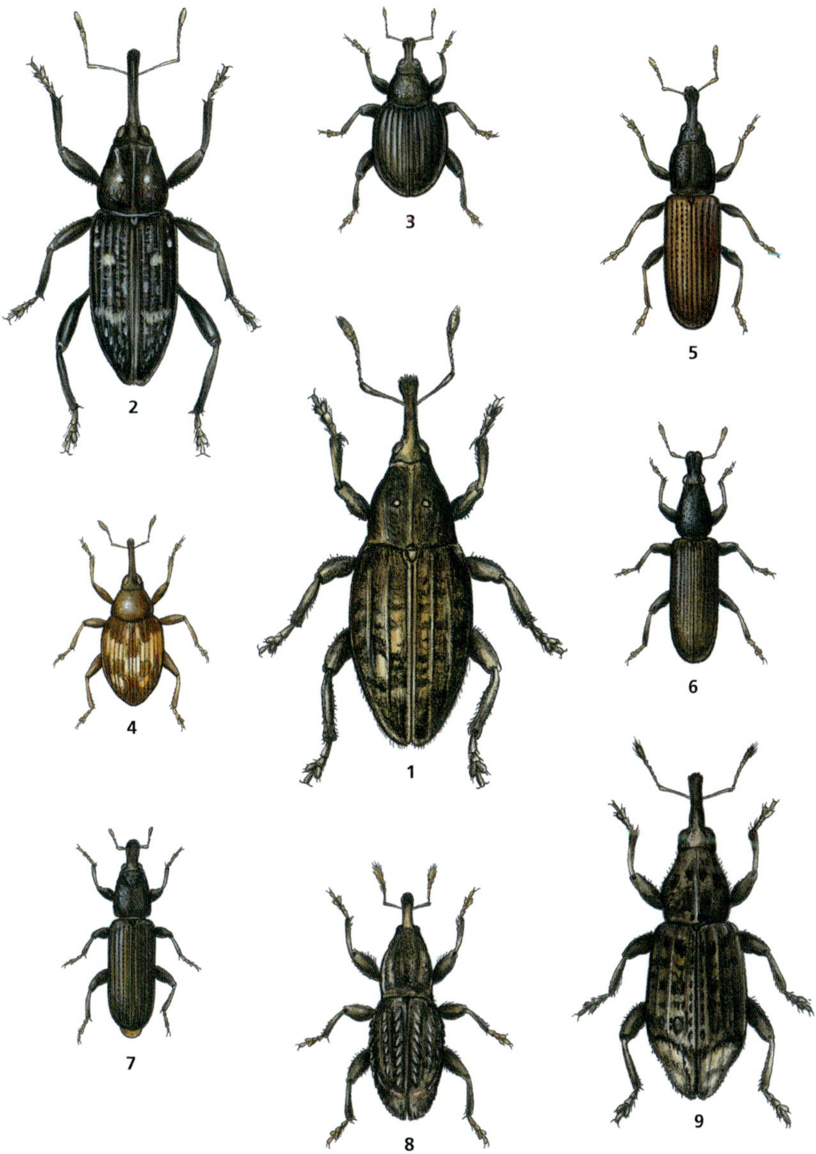

2
3
5
1
4
6
7
8
9

UNTERFAMILIE CONODERINAE

1 | *Zacladus geranii*
Feinkörniger Storchschnabel-Rüssler, 2,5–3,2 mm.

2 Arten dieser Gattung kommen in Mitteleuropa vor. In älteren Werken heißt die Gattung *Allodactylus*. Der Name musste geändert werden, da eine Reptiliengattung bereits diesen Namen trug. Die Käfer leben auf Storchschnabel-Arten. Sie sind schwarz und erscheinen auf der Oberseite kahl. Die abgebildete Art ist die häufigere der Gattung. Im Süden ist sie häufiger, nach Norden hin wird sie seltener und fehlt gebietsweise auch ganz.

2 | *Coeliodes rana*
Dunkler Eichenrüssler, 2,1–2,7 mm.

Die Gattung ist in Mitteleuropa mit 9 Arten vertreten. Sie leben auf verschiedenen Laubhölzern, vor allem auf jungen Eichen. Die abgebildete Art, in älteren Werken auch als *quercus* bezeichnet, ist bei uns überall zu finden und auf Eichenlaub meist häufig.

3 | *Auleutes epilobii*
Weidenröschen-Gallrüssler, 2,3–2,9 mm.

Die einzige Art der Gattung in Mitteleuropa trägt in älteren Werken verschiedene Gattungsnamen wie *Craponius*, *Cnemogonus* oder *Auletes*. Bei uns sind die Käfer überall nicht selten; sie leben an Waldweidenröschen.

4 | *Nedyus quadrimaculatus*
Schwarzer Brennesselrüssler, 2,6–3,2 mm.

Die einzige Art der Gattung in Mitteleuropa kommt bei uns überall häufig vor. in den Alpen steigt sie bis in subalpine Höhen auf. Man findet die Käfer auf Brennesseln.

5 | *Ceutorhynchus typhae*
Blüten-Kleinrüssler, 1,5–2,2 mm.

Die Gattung *Sirocalus* wird heute vielfach in 2 selbständige Gattungen, *Neosirocalus und Sirocalodes*, unterteilt. Es sind die kleinsten Käfer des ganzen Verwandtschaftskreises. In Europa gibt es davon 9 Arten, die auf verschiedenen niedrigen Pflanzen leben. Die abgebildete Art kommt bei uns überall vor, bis subalpin im Alpengebiet. Die Käfer leben auf Kreuzblütlern wie Täschelkraut, Schotendotter usw. und sind dort oft häufig. Die Larven entwickeln sich in den Schoten von Feld-Kresse.

6 | *Trichosirocalus troglodytes*
Spitzwegerich-Borstenrüssler, 2,3–2,9 mm.

6 Arten kommen aus dieser Gattung in Mitteleuropa vor. Sie sind den Käfern der folgenden Gattung sehr ähnlich. Die abgebildete Art ist bei uns auf Wiesen, an Flussufern, an Dämmen, überall dort, wo reichlich Vegetation vorhanden ist, häufig. Die Larven entwickeln sich in den Stielen des Spitzwegerichs.

7 | *Mogulones geographicus*
Landkarten-Raublattrüssler, 4–5 mm.

Diese Gattung ist in Mitteleuropa mit 104 Arten vertreten. Es ist die artenreichste Gattung der ganzen Tribus. Die Käfer leben auf krautigen Pflanzen, in deren Stängeln oder Wurzeln die Entwicklung stattfindet. Die abgebildete Art findet man bei uns überall und nicht selten auf Natternkopf.

8 | *Trichosirocalus rufulus*
Rötlicher Wegerich-Borstenrüssler, Hundszungenrüssler, 3,7–4,6 mm.

Die Häufigkeit dieser Art nimmt bei uns von Süden nach Norden stark ab, im Norden fehlt die Art stellenweise ganz. Man findet die Käfer in grasreichen Auen auf Hundszunge.

9 | *Hadroplontus litura*
Gelbfüßiger Kratzdistelrüssler, 3–3,7 mm.

Die Käfer kommen auf Distel *(Carduus)* und Kratzdistel *(Cirsium)* vor, vorzugsweise an der Ackerkratzdistel. Sie sind nicht selten.

2

1

3

4

7

5

6

8

9

UNTERFAMILIE CONODERINAE

1 | *Microplontus campestris*
2,6–2,9 mm.

Das Verbreitungsgebiet der Art umfasst das südliche Nordeuropa, Mittel- und Südeuropa. In den Alpen findet man die Käfer auch noch in subalpinen Lagen. Bei uns sind sie überall auf der Gemeinen Wucherblume häufig.

2 | *Datonychus melanostictus*
2,2–3,4 mm.

Die Art ist außer aus dem südlichen Nordeuropa, Mittel- und Südeuropa auch noch aus Algerien und Kleinasien bekannt. Bei uns sind die Käfer vor allem an feuchten Plätzen und dort an Wolfstrapp und Minze-Arten überall häufig.

3 | *Ceutorhynchus napi*
Großer Rapsstängelrüssler, 3,3–4 mm.

Das Verbreitungsgebiet der Art ist dem der Vorigen recht ähnlich, aber bei uns findet man den Käfer vor allem im Süden und dort nicht selten. Im nördlichen und mittleren Mitteleuropa ist die Art recht selten. Die Käfer leben auf Kreuzblütlern, vor allem an Barbarakraut, Lauchkraut und Brunnenkresse. Außerdem können Rapspflanzen befallen werden, an deren Stängeln dann Missbildungen auftreten, vor allem Verkrümmungen. An den oberen und unteren Abschnitten sind diese Stängel massiv, sonst ausgehöhlt. Darin findet man die gelblichweißen Larven. Während der Schaden an Raps gering bleibt, kann durch den Befall an Kohlsetzlingen schwerer Schaden entstehen.

4 | *Ceutorhynchus assimilis*
Kohlschotenrüssler, 2,2–3,3 mm.

Die in ganz Europa beheimateten Käfer überwintern als Imago zusammen mit Rapsglanzkäfern und Rapserdflöhen. Wenn sich die Knospen des Rapses gelb färben, erscheinen sie auf den Feldern. Nach einem Reifungsfraß bohrt das Weibchen ein Loch in die Schotenwand und belegt den Samen mit einem Ei. Eine Larve vermag bis zu 10 Samen zu zerstören. Bei starkem Befall kann der angerichtete Schaden erheblich sein. Die erwachsenen Larven bohren sich aus den Schoten heraus, lassen sich fallen und verpuppen sich im Boden. Die Larven in den Schoten wildwachsender und angebauter Kreuzblütler.

5 | *Ceutorhynchus pallidactylus*
Gefleckter Kohltriebrüssler,
Gefleckter Kohlstängelrüssler,
2,3–3,5 mm.

Diese Art befällt den Winterraps Ende April oder Anfang Mai. Die Weibchen legen die Eier an die Basis der Blattstiele. Die Larven fressen im Inneren von Blattstielen und Mittelrippen sowie in Haupt- und Nebentrieben. Äußerlich ist den Pflanzen nichts anzusehen, aber sie bleiben schwach, können auch leicht abbrechen. Die bei uns überall häufige Art lebt auch noch an vielen anderen wildwachsenden und angebauten Kreuzblütlern.

6 | *Ceutorhynchus erysimi*
Hirtentäschel-Kleinrüssler,
Metallischer Verborgenrüssler,
2–2,6 mm.

Die aus ganz Europa, Sibirien, Kleinasien und Algerien bekannte Art ist bei uns überall häufig und geht in den Alpen bis in subalpine Lagen. Man findet die Käfer auf vielen Kreuzblütlern, besonders auf Hirtentäschel.

7 | *Rhinoncus pericarpius*
Ampfer-Dicknase, 2,5–3,4 mm.

In Mitteleuropa kommen 8 Arten dieser Gattung vor. Man findet die Käfer vorzugsweise an feuchten Stellen auf Ampfer. Die abgebildete Art, bei uns die häufigste der Gattung, ist nicht nur aus der ganzen paläarktischen Region, sondern auch aus Nordamerika nachgewiesen.

8 | *Eubrychius velutus*
Tausendblatt-Schwimmrüssler,
2,4–2,9 mm.

Die einzige Art der Gattung in Mitteleuropa, auch *velatus* genannt, wurde früher zur Gattung *Litodactylus* gestellt, allerdings in eine eigene Untergattung. Die Käfer sind in Nord- und Mitteleuropa zwar überall nachgewiesen, aber meist selten. Man findet sie in sauberem, stehendem Wasser an Tausendblatt.

9 | *Pelenomus comari*
Fingerkraut-Sumpfrüssler, 2–2,6 mm.

Die Gattung ist in Mitteleuropa mit 11 Arten vertreten. Man findet die Käfer an Flussufern und am Rande stehender Gewässer, wo sie oft im Sand herumlaufen. Die abgebildete Art findet man vielfach auf krautigen Rosengewächsen, zum Beispiel Blutauge, Wiesenknopf und Frauenmantel. Bei uns ist sie vor allem im Norden und Osten vertreten. Im Westen und Süden ist sie selten oder fehlt auch gebietsweise.

1

2

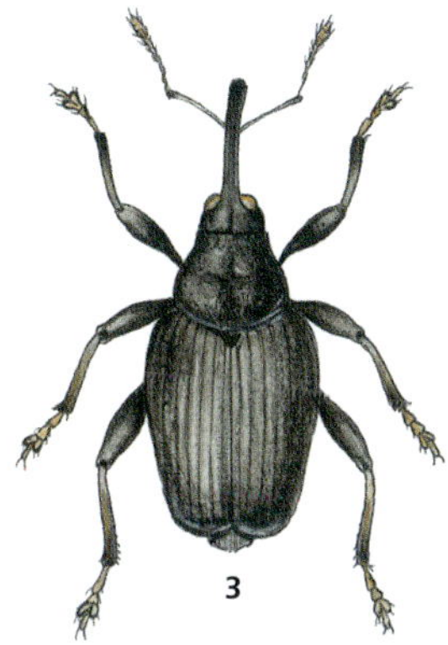

3

4

5

6

7

8

9

UNTERFAMILIE CONODERINAE

1 | *Poophagus sisymbrii*
Gewöhnlicher Sumpfkresserüssler, 2,6–3,7 mm.

Die Gattung ist in Mitteleuropa mit 2 Arten vertreten. Die Käfer leben auf Sumpfpflanzen an Gewässerufern. Die abgebildete Art, die aus dem südlichen Nordeuropa und aus Mitteleuropa bekannt ist, kennt man bei uns aus allen Gebieten, vielfach ist sie allerdings gar nicht häufig. Die Larven entwickeln sich in den Stängeln von Brunnenkresse und Sumpfkresse. An diesen Pflanzen findet man gewöhnlich auch die Käfer.

2 | *Mononychus punctumalbum*
Weißpunktiger Schwertlilienrüssler, 3,8–5,2 mm.

Die einzige mitteleuropäische Art ist recht farbvariabel. Sie kommt im Süden unseres Gebietes regelmäßig vor, wo man die Käfer auf Schwertlilien findet. Nach Norden hin wird die Art aber seltener.

3 | *Aulacobaris chlorizans*
Kohl-Zahnrüssler, 3,5–4 mm.

In Mitteleuropa gibt es 21 Arten dieser Gattung. Man findet die Käfer auf verschiedenen Kreuzblütlern, Korbblütlern und Gänsefußgewächsen. Die abgebildete Art ist aus Mittel- und Südeuropa bekannt; bei uns kommt sie zwar überall vor, meist aber nicht häufig. Nach Norden hin wird sie noch seltener.

UNTERFAMILIE CUCULIONINAE

4 | *Anthonomus rubi*
Erdbeerblütenstecher, Beerenstecher, 2–3,5 mm.

Aus dieser Gattung kommen in Mitteleuropa 18 Arten vor. Die Käfer überwintern gewöhnlich unter Moos, unter Rinde oder in der Erde. Im Frühjahr kommen sie aus ihren Verstecken heraus und fliegen zu blühenden Bäumen oder Sträuchern. Sie befressen meist Blütenteile, wodurch die Blüten unfruchtbar werden. Auch die Larven verursachen Schäden. Sie fressen die Knospen aus, die bald abfallen, ohne sich zu öffnen. Die ausgewachsenen Larven gehen in die Erde und verpuppen sich dort. Die abgebildete Art ist bei uns überall häufig. Sie lebt vor allem an Himbeeren und Erdbeeren, aber auch an weiteren *Rubus*-Arten.

5 | *Anthonomus pomorum*
Apfelblütenstecher, 3,4–4,3 mm.

Nach der Überwinterung kommen die Käfer schon sehr zeitig im Frühjahr – meist im März – hervor und fliegen auf Apfelbäume, gelegentlich auch Birnbäume. Die Weibchen legen an die jungen Knospen ein Ei. Die Larve frisst die Knospe aus und schneidet die Blütenblätter an. Die Blüten entfalten sich nicht. Da sie aber zunächst weiterwachsen, werden die Blütenblätter braun und sehen wie erfroren aus. Der Apfelblütenstecher ist bei uns überall verbreitet und häufig. Bei starkem Auftreten kann er schwere Schäden im Obstbau anrichten.

6 | *Dorytomus longimanus*
Langarmiger Pappelkätzchenrüssler, 4,7–7,5 mm.

Die Gattung ist in Mitteleuropa mit 22 Arten vertreten. Die Käfer und Larven leben an Pappeln und Weiden. Unter dem abgefallenen Laub ihrer Wirtspflanze überwintern die Käfer, zuweilen aber auch in Ritzen der Stämme. Die abgebildete Art ist bei uns überall sehr häufig. Sie lebt an Pappeln.

7 | *Dorytomus melanophthalmus*
Gewöhnlicher Weiden-Kätzchenrüssler, 3–4 mm.

Die Art ist in ganz Europa beheimatet. Darum recht farbvariabel. Darum sind mehrere Aberrationen beschrieben worden. Bei uns ist die Art überall auf Weiden sehr häufig.

8 | *Dorytomus taeniatus*
Gefleckter Weiden-Kätzchenrüssler, 3–4,5 mm.

Diesen Käfer findet man auf Weiden und Pappeln. In Mitteleuropa ist die Art überall sehr häufig und kommt in den Alpen auch noch in subalpinen Lagen vor.

9 | *Dorytomus dorsalis*
Blutroter Weiden-Kätzchenrüssler, Schwarzroter Weidenrüssler, 3–4 mm.

Die Art ist aus Nord- und Mitteleuropa bekannt. Bei uns sind die Käfer vor allem im Südosten und Südwesten zu finden, in den mittleren und nördlichen Gebieten Mitteleuropas werden sie selten oder fehlen auch ganz. Sie leben an Weiden und können dort, wo sie vorkommen, auch recht häufig sein.

1

2

3

4

6

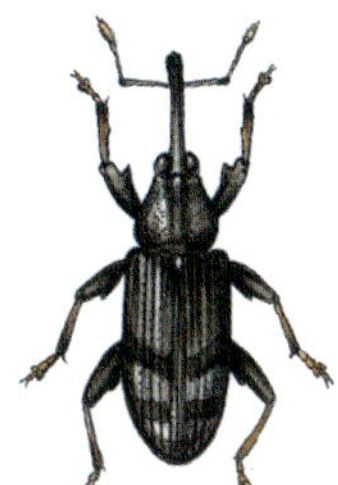

5

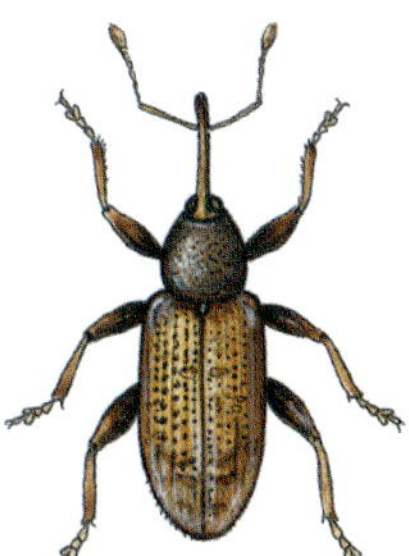

7

8

9

UNTERFAMILIE CURCULIONINAE

1 | *Curculio nucum*
Haselnussbohrer, 6–8,5 mm.

Die Gattung, in älteren Werken auch *Balaninus* genannt, ist in Mitteleuropa mit 11 Arten vertreten. Auffallend ist der lange Rüssel, der bei den Weibchen länger ist als bei den Männchen. Man findet die Käfer vor allem auf Haselnusssträuchern und Eichen. Die abgebildete Art ist bei uns überall zu finden und nicht selten. Die Weibchen legen ihre Eier an die jungen Haselnüsse, die von den Larven ausgefressen werden. Sind sie erwachsen, bohren sie sich aus den Nussschalen heraus, lassen sich fallen und verpuppen sich im Boden.

2 | *Curculio villosus*
3,8–4,5 mm.

Diese Art ist bei uns wieder überall verbreitet und nicht selten. Man findet die Käfer auf Eichengebüsch. Die Larven entwickeln sich aber nicht in den Eicheln, sondern in den jungen Gallen der Gallwespe *Biorhiza terminalis*.

3 | *Archarius crux*
Kreuz-Gallenbohrer, 2,2–2,7 mm.

In älteren Werken wurde diese Art mit 2 verwandten Arten in eine eigene Gattung, *Balanobius*, gestellt, die heute nur als Untergattung angesehen wird. Die Käfer findet man auf Weiden. Bei uns sind sie überall häufig. Die Larven entwickeln sich in den Gallen von an Weide lebenden Blattwespen.

4 | *Ellescus bipunctatus*
Zweipunkt-Weidenrüssler, Zweifleckiger Weidenkätzchenrüssler, 2,3–2,7 mm.

3 Arten dieser Gattung sind in Mitteleuropa beheimatet. Die abgebildete Art ist bei uns auf Weiden überall häufig, vor allem in Gebirgsgegenden. Die Larven leben in Weidenkätzchen.

5 | *Tychius quinquepunctatus*
Fünfpunkt-Blütenrüssler, 2,8–3,8 mm.

In Mitteleuropa kommen die Käfer vor allem im Süden und im mittleren Bereich vor, nach Norden zu werden sie selten. Die Art lebt an Frühlings-Platterbse und Wicken-Arten.

6 | *Tychius stephensi*
Rotklee-Blütenrüssler, 2–2,5 mm.

In Mitteleuropa gibt es 23 Arten dieser Gattung. Sie leben auf verschiedenen Schmetterlingsblütlern. Die abgebildete Art ist in Mitteleuropa überall vertreten und häufig. Man findet sie auf Klee-Arten.

7 | *Tychius picirostris*
Weißklee-Blütenrüssler, 2–2,3 mm.

Die abgebildete Art kommt in ganz Mitteleuropa vor, in den Alpen bis in subalpine Höhen hinauf und ist an Klee-Arten häufig. Die Larven leben in Blütenköpfen.

8 | *Sibinia viscariae*
Pechnelkenrüssler, 2,5–3,2 mm.

Die Gattung ist mit 13 Arten in Mitteleuropa vertreten. Die einzelnen Arten leben auf verschiedenen niedrigen Pflanzen. Die abgebildete Art kommt im südlichen und mittleren Bereich Mitteleuropas überall vor und meist nicht selten. Nach Norden hin und ebenso in den Alpen vermisst man sie häufig. Die Käfer findet man an vielen Kräutern, zum Beispiel an Pechnelke, Lichtnelke und Leimkraut.

9 | *Miarus ajugae*
Hügel-Glockenblumenrüssler, 2,5–3,6 mm.

In Mitteleuropa gibt es 9 Arten dieser Gattung, deren Lebensweise den Arten der Gattung *Gymnaetron* ähnlich ist. Die abgebildete Art, in älteren Werken auch unter dem Namen *rotundicollis* geführt, ist bei uns überall häufig. Man findet die Käfer in den Blüten von Glockenblumengewächsen.

2
5
3
4
1
6
7
8
9

UNTERFAMILIE CURCULIONINAE

1 | *Orchestes quercus*
Rotbrauner Eichen-Springrüssler, 2,7–3,7 mm.

In Mitteleuropa kommen aus dieser Gattung, die manchmal auch Orchestes heißt, 31 Arten vor. Käfer und Larven leben an verschiedenen Sträuchern und befressen die Blätter, die zuweilen skelettiert werden. Die abgebildete Art, die aus dem südlichen Nordeuropa, Mittel-und Südeuropa bekannt ist, ist bei uns überall vertreten, lebt an jungen Eichen und ist oft häufig. Die Larve erzeugt eine Blasenmine am Blatt, in der sie sich auch verpuppt.

2 | *Orchestes fagi*
Buchen-Springrüssler, 2,4–2,8 mm.

Da die Larvenentwicklung des Buchenspringrüsslers an die Rotbuche gebunden ist, kommt die Art nur im Verbreitungsgebiet dieses Baumes vor. Bei uns in Mitteleuropa ist der Buchenspringrüssler überall vertreten und oft sehr häufig. Die Käfer fressen an den Blättern, Blattstielen und Blüten, gehen aber auch an andere Pflanzen, Obstbäume und Beerensträucher. Nach der Überwinterung erscheinen im Frühjahr die Käfer und fressen an den Buchenblättern. Die Weibchen legen dann die Eier an die Blattrippen. Die Larven erzeugen im Blatt eine Mine, erst eine Gang-, dann eine Platzmine, die zunächst blassgelb, später braun gefärbt ist. Bei starkem Befall sehen die Buchen aus, als ob ein Spätfrost Schaden angerichtet hätte.

3 | *Tachyerges salicis*
Weiden-Springrüssler, 2,2–2,8 mm.

Die Art ist aus der ganzen Holarktis bekannt und bei uns überall sehr häufig. Die Biologie ist die gleiche wie bei den anderen Tieren der Gattung. *R. salicis* lebt an Weiden, seltener auch an Pappeln.

4 | *Isochnus sequensi*
Pappelspringrüssler, Schwarzer Springrüssler, 2,2–2,6 mm.

Die bei uns überall sehr häufige Art lebt nicht nur – wie ihr Name sagt – an Pappeln, sondern auch an Weiden.

5 | *Gymnetron beccabungae*
Weißhals-Ehrenpreisrüssler, Ehrenpreis-Blütenrüssler, 1,8–2,1 mm.

Die Gattung, in älteren Werken als *Gymnetron* bezeichnet, kommt in Mitteleuropa mit 24 Arten vor. Man findet die Käfer in Blüten verschiedener niedriger Pflanzen. Die Larven entwickeln sich in den Blüten- und Fruchtböden. Die abgebildete Art, von der in älteren Werken *squamicolle* als eigene Art abgetrennt wurde, tritt in ganz Mitteleuropa auf, örtlich fehlt sie zuweilen. Sie lebt an Ehrenpreis-Arten.

6 | *Rhinusa tetra*
Veränderlicher Gallenrüssler, 1,5–5,5 mm.

Diese Art ist nicht nur aus der Paläarktis, sondern auch aus Nordamerika bekannt, Sie tritt in Mitteleuropa vor allem im Süden und im mittleren Bereich auf. Nach Norden hin wird sie selten und fehlt zuweilen ganz. Die Larven leben in den Samenkapseln von Königskerze und Braunwurz.

7 | *Rhinusa antirrhini*
Löwenmaul-Gallenrüssler, Leinkraut-Blütenrüssler, 2,5–3,1 mm.

Diese in Mitteleuropa überall häufige Art findet man an Leinkraut *Linaria* und Kleinem Leinkraut *Chaenorrhinum*, in deren Sammelkapseln sich die Larven entwickeln.

8 | *Cionus scrophulariae*
Weißkragen-Braunwurzschaber, Weißschildiger Braunwurzschaber, 4,5–5 mm.

Aus dieser Gattung leben 15 Arten in Mitteleuropa auf Königskerze und Braunwurz. Die Larven verpuppen sich in einem durchsichtigen, faserigen, rundlichen Gespinst auf den Blättern. Sie fallen dort aber gar nicht auf, sind vielmehr gut getarnt, da man sie als Früchte ansieht. Die abgebildete Art ist in ganz Mitteleuropa auf Braunwurz sehr häufig.

9 | *Cionus tuberculosus*
Dunkler Braunwurzschaber, Glänzendschildiger Braunwurzschaber, 3,5–4 mm.

Auch diese Art ist im südlichen Nordeuropa, Mittel- und Südeuropa überall häufig auf Braunwurz zu finden.

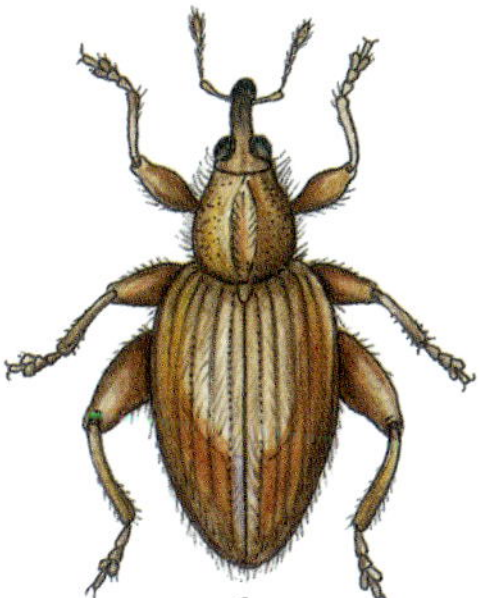

1

2

3

4

5

6

7

8

9

UNTERFAMILIE BAGOINAE

1 | *Bagous glabrirostris*
Kleiner Krebsscherenrüssler, 2,3–3,2 mm.

Die Gattung ist in Mitteleuropa mit 20 Arten vertreten. Die Käfer leben in Sümpfen und am Rand stehender Gewässer, meist auf niedrigen Pflanzen, gelegentlich aber auch ganz unter Wasser – wenn sie auch äußerlich keine Anpassung an diese Lebensweise zeigen. Die abgebildete Art ist in ganz Mitteleuropa vertreten und bei uns an Gewässerufern und in Lehmgruben überall häufig. Die Larven leben in den Stängeln von Laichkraut, Froschlöffel und besonders Krebsschere.

2 | *Bagous alismatis*
Froschlöffelrüssler, Froschlöffelminierrüssler, 2,8–3 mm.

Diese auch unter dem Gattungsnamen *Hydronomus* bekannte Art kommt in Mitteleuropa überall an stehenden Gewässern, Tümpeln und Gräben vor. Käfer und Larven leben auf Froschlöffel. Eine verwandte Art, *H. berolinensis*, wurde aus Berlin beschrieben, ist dann aber nicht weiter bekanntgeworden. Vielleicht handelte es sich um ein importiertes Tier.

UNTERFAMILIE SCOLYTINAE

3 | *Scolytus scolytus*
Großer Ulmensplintkäfer, 3,2–5,5 mm.

Zu dieser Gattung, die in älteren Werken auch *Eccoptogaster* heißt, zählen in Mitteleuropa 14 Arten, die vorwiegend zwischen Rinde und Splint von Laubhölzern brüten und darum als Splintkäfer bezeichnet werden. Die abgebildete Art lebt vorwiegend an Ulme und ist überall vertreten. Bei starkem Auftreten ist der Käfer am Ulmensterben beteiligt.

4 | *Scolytus mali*
Großer Obstbaumsplintkäfer, 3–4 mm.

Diese Art kommt bei uns überall vor. Sie brütet in Ästen und Stämmen von Obstbäumen, gelegentlich auch in anderen Laubhölzern und hat im Jahr 2 Generationen.

5 | *Scolytus rugulosus*
Kleiner Obstbaumsplintkäfer, 1,8–2,5 mm.

Der kleinere Verwandte von mali hat eine ähnliche Biologie wie dieser. Nicht selten finden sich beide Brutplätze beisammen. *Rugulosus* bevorzugt allerdings mehr die Äste und Zweige der Krone.

6 | *Phloeotribus rhododactylus*
1,4–1,8 mm.

Die einzige Art der Gattung in Mitteleuropa brütet vor Allem in Schmetterlingsblütlern und Ölbaumgewächsen. Bei uns ist die Art im Westen überall vorhanden und wird nach Osten hin selten.

7 | *Phloeosinus thujae*
Wacholderborkenkäfer, 1,5–2,4 mm.

3 Arten dieser Gattung kommen in Mitteleuropa vor, von denen nur die abgebildete bei uns endemisch ist. Die Arten brüten in Zypressengewächsen, zu denen auch der Wacholder gehört. *P. thujae* kommt endemisch an Wacholder vor, außerdem an eingeführten Zypressengewächsen wie Thuja und *Chamaecyparis*.

8 | *Hylesinus crenatus*
Großer Schwarzer Eschenbastkäfer, 4–6 mm.

2 Arten dieser Gattung sind aus Mitteleuropa bekannt. Beide leben vorwiegend an Eschen, ausnahmsweise auch an anderen Laubhölzern. Die abgebildete Art ist die größere der beiden. Der Kleine Schwarze Eschenbastkäfer *H. oleiperdam* misst nur 2,5–3,0 mm.

9 | *Hylesinus varius*
Bunter Eschenbastkäfer, 2,5–3,5 mm.

Die einzige Art der Gattung in Mitteleuropa heißt in manchen Werken auch *fraxini*. Eschen jeglichen Alters werden befallen, nur gelegentlich auch andere Laubhölzer. Die Larven fressen zwischen Rinde und Splintholz. Die Käfer benagen die Rinde, dadurch kommt es zur Bildung krebsähnlicher Grindstellen, der sogenannten Rinden- oder Eschenrose.

2

1

3

4

5

6

9

7

8

UNTERFAMILIE SCOLYTINAE – BORKENKÄFER

1 | *Dendroctonus micans*
Riesenbastkäfer, 7–9 mm.

Die einzige Art der Gattung in Mitteleuropa ist die größte Borkenkäferart der ganzen Paläarktis. Sie ist bei uns überall häufig, wo es Fichten gibt. In dieser Nadelholzart brütet der Riesenbastkäfer – nur ausnahmsweise auch in anderen Nadelbäumen. Der Käfer kommt in der ganzen Fichtennadelzone von Westeuropa bis Japan vor und tritt auch dort auf, wo die Fichte angepflanzt ist.

2 | *Tomicus piniperda*
Großer Waldgärtner, 3,5–4,8 mm.

Die Gattung, in älteren Werken auch *Myelophilus* genannt, ist in Mitteleuropa mit 2 Arten vertreten, die beide an Kiefer vorkommen. Es sind Rindenbrüter, die nur selten andere Nadelhölzer als Kiefern befallen. Zu Schäden kann es – außer durch die Larven – auch durch die Käfer kommen, die Löcher in die vorjährigen Triebspitzen fressen. Die Triebspitzen brechen dann leicht ab. Man findet sie als sogenannte Abbrüche oder Abfälle unter den Kiefern. Bei starkem Befall sieht die Baumkrone wie beschnitten aus. Danach tragen die Käfer ihren Namen „Waldgärtner". Die abgebildete Art ist in der ganzen Paläarktis zu Hause und oft häufig.

3 | *Hylurgus ligniperda*
Rothaariger Kiefernbastkäfer, 5–5,7 mm.

Die einzige Art der Gattung in Mitteleuropa ist in der ganzen Paläarktis verbreitet und in viele andere Erdteile verschleppt. Die Tiere brüten in der Rinde von Kiefern. Die Hauptschäden werden durch die Jungkäfer angerichtet, die an den unteren Stammteilen fressen.

4 | *Hylastes cunicularius*
Schwarzer Fichtenbastkäfer, 3,2–4,5 mm.

Aus dieser Gattung gibt es in Mitteleuropa 6 Arten, die unter der Rinde von Nadelhölzern brüten. Ähnlich wie bei der vorher genannten Art treten bei dem Reifungsfraß der Käfer durch Benagen der Rinde Schäden auf. Die abgebildete Art ist in der gesamten Fichtenzone der Paläarktis häufig. Zur Brut wird die Fichte bevorzugt. Nur ausnahmsweise werden auch andere Nadelbäume angenommen.

5 | *Polygraphus poligraphus*
Doppeläugiger Fichtenbastkäfer, 2,2–3 mm.

In Mitteleuropa sind 3 Arten dieser Gattung beheimatet, die unter der Rinde von Nadelbäumen brüten. Die abgebildete Art, die beinahe in der ganzen Holarktis verbreitet ist, befällt bei uns vor allem Fichten, zuweilen aber auch Kiefern. Sie kann bei Massenauftreten schwere Schäden verursachen.

6 | *Crypturgus cinereus*
Kleiner Kiefernborkenkäfer, 1,1–1,5 mm.

Die Gattung ist mit 3 Arten in Mitteleuropa vertreten. Die *Crypfurgus*-Weibchen benutzen die Einbohrlöcher und Gangsysteme anderer Borkenkäfer, um von dort aus ihre Gänge anzulegen. Die abgebildete Art ist in der Paläarktis weit verbreitet und befällt bei uns vor allem Kiefern und Fichten.

7 | *Cryphalus abietis*
Gekörnter Fichtenborkenkäfer, 1,2–1,7 mm.

In Mitteleuropa gibt es 4 Arten aus dieser Gattung, die in Zweigen und Ästen, seltener in Stämmen von Laub- und Nadelholz brüten. Die Verpuppung findet in der Rinde statt. Die abgebildete Art ist im ganzen Nadelholzgürtel der Paläarktis verbreitet. Bei uns findet man sie außer an Fichten auch an Kiefern, Tannen und anderen Nadelhölzern.

8 | *Ernoporicus fagi*
Kleiner Buchenborkenkäfer, 1,5–2 mm.

Die beiden in Mitteleuropa vorkommenden Arten der Gattung leben in Zweigen von Laubhölzern. Die abgebildete Art brütet bei uns in Zweigen und dünnen Ästen von Buchen, seltener auch Hainbuchen, Eichen und Birken.

9 | *Xyloterus domesticus*
Laub-Nutzholzborkenkäfer, 3,1–3,8 mm.

Aus der Gattung sind 3 Arten in Mitteleuropa beheimatet. Sie befallen vor allem gefälltes Holz (Laub- und Nadelholz). Die Larven ernähren sich nicht vom Holz der von ihnen genagten Gänge, sondern von Ambrosia-Pilzen, die an den Gangwänden wachsen. Die abgebildete Art brütet bei uns vor allem in Buchen, außerdem aber auch noch in vielen anderen Laubhölzern. Bei starkem Auftreten kann die Art in anbrüchigen Stämmen und geschlagenem Holz schwere Schäden anrichten.

2

1

5

6

4

3

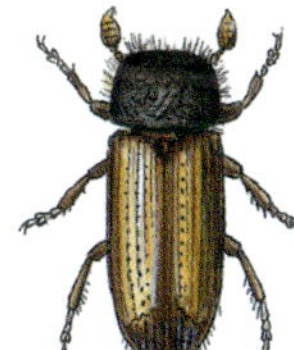

9

7

8

UNTERFAMILIE SCOLYTINAE – BORKENKÄFER

1 | *Dryocoetes autographus*
Zottiger Fichtenborkenkäfer, 3,5–4,2 mm.

In Mitteleuropa gibt es 3 Arten aus dieser Gattung. Die abgebildete Art ist in der Nadelholzzone der gesamten Holarktis heimisch. Die Larven leben in der Rinde von Fichten, selten von anderen Nadelbäumen. Die Puppenwiege wird im Bast angelegt.

2 | *Xyleborus dispar*
Ungleicher Holzbohrer, Männchen, 1,8–2,1 mm.

Die Gattung ist mit 7 Arten in Mitteleuropa vertreten. Fast alle Arten leben in Laubholz und haben ihre Brutgänge im Holz. Sie ernähren sich aber nicht von Holz, sondern von Ambrosia-Pilzen, die an den Gangwänden wachsen. Die abgebildete Art ist in der ganzen Holarktis verbreitet und befällt die verschiedensten Laubhölzer, mit Vorliebe Obstbäume, vor allem Apfel und Pflaume. Darum richtet der Ungleiche Holzbohrer mitunter schwere Schäden im Obstbau an. Die Männchen sind flugunfähig. Sie begatten die flugfähigen Weibchen und sterben an dem Baum, in dem sie sich entwickelt haben.

3 | *Taphrorychus bicolor*
Kleiner Buchenborkenkäfer, 1,6–2,5 mm.

Der überwiegend auf Hain- und Rotbuche lebende Käfer ist einfarbig rotbraun bis schwarz gefärbt, walzenförmig sowie mit sparsam und kurz behaarter Stirn. Sein Brutbild weist eine undeutliche Rammelkammer und unregelmäßig stern- oder netzartig verzweigte Brutröhren auf. Die Art ist in Mittel- und Südeuropa verbreitet.

4 | *Xyleborus monographus*
Gehöckerter Eichenholzbohrer, Männchen 2–2,5 mm, Weibchen 2,6–3,2 mm.

Die Art brütet bei uns vor allem in Eiche, nur gelegentlich auch in Buche, Ulme und Kastanie. Im Jahr werden 2 Generationen hervorgebracht. Die eine fliegt im März/April, die nächste im Juli. Meist befällt der Gehöckerte Eichenholzbohrer frisch geschlagene Eichen, gelegentlich aber auch alte Bäume, in die der Blitz eingeschlagen hat oder die anderweitig anbrüchig sind.

5 | *Pityophthorus pityographus*
Furchenflügliger Fichtenborkenkäfer, 1,1–1,6 mm.

8 Arten der Gattung sind in Mitteleuropa beheimatet. Die abgebildete Art heißt in älterer Literatur meist *micrographus*. Das ist aber nicht richtig, denn *micrographus* ist eine nordische, nicht in unserer Fauna vertretene Art. Der Furchenflüglige Fichtenborkenkäfer ist ein Rindenbrüter in Fichte und anderen Nadelbäumen. Er ist bei uns meist häufig.

6 | *Pityogenes chalcographus*
Kupferstecher, 2–2,3 mm.

In Mitteleuropa gibt es 6 Arten aus dieser Gattung. Alle brüten in der Rinde von Zweigen und Ästen von Kiefern, Fichten, selten anderer Koniferen. Die abgebildete Art wird auch „Sechszähniger Fichtenborkenkäfer" genannt. Der Käfer ist im ganzen Fichtengürtel der Paläarktis häufig. Meist tritt er zusammen mit dem Buchdrucker auf.

7 | *Pityokteines curvidens*
Krummzähniger Tannenborkenkäfer, 2,5–3 mm.

Aus Mitteleuropa kennt man 3 Arten dieser Gattung, die in älterer Literatur auch in der Gattung *Ips* steht. Die abgebildete Art brütet in der Rinde von Tannen, seltener von anderen Koniferen. Die Puppenwiege liegt bis 1 cm tief im Splintholz. Da die Art zu Massenvermehrungen neigt, können die von ihr verursachten Schäden erheblich sein. Sie ist zuweilen am „Tannensterben" mitbeteiligt.

8 | *Ips typographus*
Buchdrucker, 4,2–5,5 mm.

Die Gattung ist in Mitteleuropa mit 7 Arten vertreten. Die abgebildete Art, auch „Großer Achtzähniger Fichtenborkenkäfer" genannt, brütet in der Rinde von Fichte, gelegentlich auch von Kiefer und Lärche. Der Buchdrucker gehört bei uns zu den häufigsten und schädlichsten Borkenkäfern, da er besonders zu Massenvermehrungen neigt. Vor allem werden Bäume nach Wind- oder Schneebrüchen befallen.

UNTERFAMILIE PLATYPODINAE – KERNKÄFER

Diese Familie ist in Mitteleuropa mit nur 1 Art vertreten:

9 | *Platypus cylindrus*
Eichenkernkäfer, 5–5,5 mm.

Der Käfer ist mit den Borkenkäfern verwandt, unterscheidet sich aber durch seine langgestreckte Gestalt von diesen. Auch in der Biologie ähnelt der Eichenkernkäfer bestimmten *Scolytiden*. Er brütet meist an Eiche, nur gelegentlich auch an anderen Laubhölzern. Die Brutgänge führen tief ins Holz. Darum verursacht die Art beachtliche technische Schäden am Holz. Meist ist sie bei uns jedoch nicht häufig.

1

2

3

4

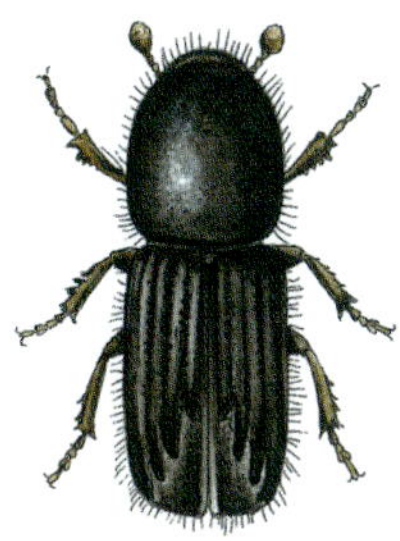

8

5

6

9

7

BRUTBILDER VERSCHIEDENER SCOLYTIDEN ARTEN

Abgesehen von den wenigen sich in Samen oder in den Stängeln und Wurzeln krautiger Pflanzen entwickelnden Scolytiden gibt es in dieser Familie nach der Art der Larvenernährung 2 verschiedene Typen: Die einen entwickeln sich in oder unter der Rinde, die anderen im Holz. Die durch den Fraß von Altkäfern und Larven entstehenden Brutbilder sind so verschieden und vielfach so charakteristisch, dass man nach ihnen die Art bestimmen kann.

RINDENBRÜTER

1 | *Dendroctonus micans*
Riesenbastkäfer

Das Weibchen bohrt sich in die Rinde ein, frisst sich bis auf den Bast hinunter, erweitert den Gang zu einer geräumigen Höhle und legt die Eier häufchenweise ab. Die ausschlüpfenden Larven fressen dann gemeinsam kolonnenartig im Bast, so dass eine flächenförmige Aushöhlung entsteht (Platzfraß), die hinter den Larven mit Kot und Bohrmehl vollgestopft wird. Die Verpuppung findet in der Borke statt.

2 | *Cryphalus piceae*
Kleiner Tannenborkenkäfer

Auch bei dieser Art nagt das Weibchen einen platzartigen Muttergang, der verschiedene Ausbuchtungen haben kann. Die ausschlüpfenden Larven fressen nicht in Kolonnen, sondern einzeln im Bast. Dadurch kommt es zu einem strahlenförmigen Brutbild. Die Verpuppung findet auch hier in der Rinde statt.

3 | *Scolytus scolytus*
Großer Ulmensplintkäfer

Das Weibchen dieser Art nagt von einer Kammer in der Rinde oder im Bast aus – der sogenannten Rammelkammer – einen Muttergang, dessen Länge – 2–10 cm – sehr verschieden sein kann. An die Seiten dieses Ganges werden die Eier abgelegt. Die Larven fressen von dort aus strahlenförmig 10–15 cm lange Larvengänge. Die Verpuppung erfolgt in der Rinde oder im Splint.

4 | *Leperisinus varius*
Bunter Eschenbastkäfer

Das Weibchen dieser Art legt gewöhnlich einen doppelarmigen Muttergang an, der 6–10 cm lang sein kann. Die davon ausgehenden Larvengänge sind bis 4 cm kurz und schürfen den Splint. Die Verpuppung erfolgt im Holz.

5 | *Pityophthorus pityographus*
Furchenflügliger Fichtenborkenkäfer

Diese Art ist polygam, ein Männchen hat mehrere Weibchen. Von einer zentralen Rammelkammer aus fressen die einzelnen Weibchen strahlenförmig die Muttergänge und legen darin die Eier ab. Die Larven nagen dann von den Muttergängen aus wieder strahlenförmig oder in Längsrichtung die Larvengänge.

6 | *Taphrorychus villifrons*
Kleiner Eichenborkenkäfer

Auch diese Art ist polygam, doch die einzelnen Weibchen eines Männchens bevorzugen für die Anlage der Muttergänge von der Rammelkammer aus eine bestimmte Richtung. Wie bei allen polygamen Arten werden die Eier in den Gängen regelmäßig in Nischen gelegt. Dadurch wird die Raumkonkurrenz der Larvengänge nach Möglichkeit gering gehalten.

HOLZBRÜTER

Bei den Holzbrütern nagt das Weibchen die Brutröhre ins Holz hinein und bringt Pilzsporen an die Gangwände. Die Larven leben in dem Gangsystem, fressen aber kein Holz, sondern weiden die angesiedelten Ambrosia-Pilze ab.

7 | *Xyleborus dryographus*
Gekörnter Eichenholzbohrer

Hier nagt das Weibchen eine kurze Einbohrröhre und dann zweidimensional geweihartig verteilte Brutröhren, in die wahllos die Eier gelegt werden. Die Larven erweitern die Brutröhre nicht.

8 | *Xyleborus dispar*
Ungleicher Holzbohrer

Das Brutbild dieser Art wird dadurch kompliziert, dass es dreidimensional ist. Auch hier erfolgt keine Erweiterung der Brutröhre durch die Larven.

9 | *Xyloterus lineatus*
Linierter Nutzholzborkenkäfer

Bei dieser Art nagt das Weibchen eine Eingangsröhre ins Holz, von der aus in der Regel zwei entgegengesetzt verlaufende und in einer Ebene (Richtung Jahresringe) liegende Brutröhren abgehen. Die Abbildung zeigt ein bisweilen vorkommendes Fraßbild mit einer einzelnen, senkrecht in das Holz verlaufenden Brutröhre. In den Brutröhren werden in regelmäßigen Abständen Einischen angelegt, die jeweils mit einem Ei beschickt werden. Die ausschlüpfenden Larven erweitern die Nischen. Bohrmehl und Kot werden in die Brutröhre abgegeben.

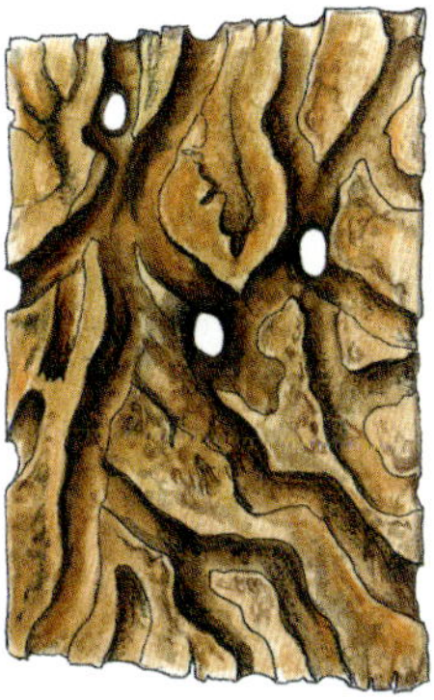

1

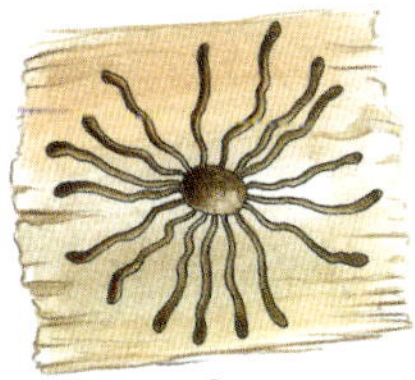

2

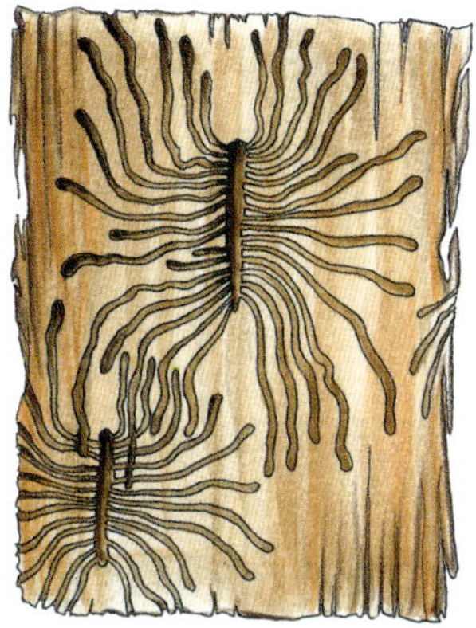

3

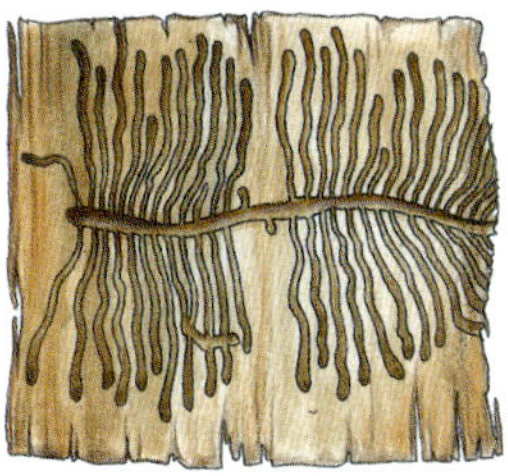

4

6

5

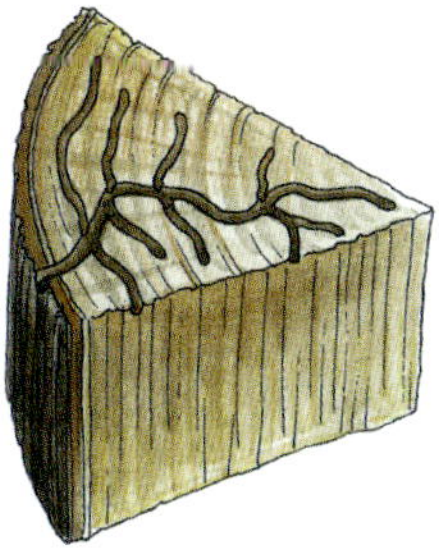

7

8

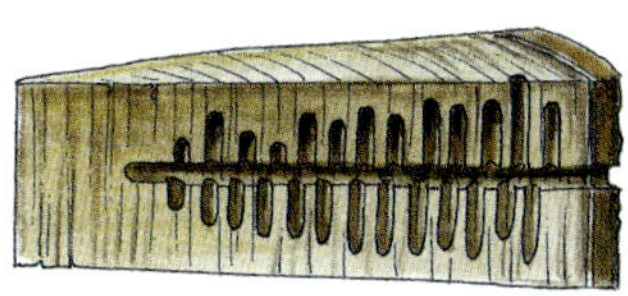

9

—Anhang

von M. Helb genutzte Quellen für die Überarbeitung der Neuausgabe

1. Internet-Seiten mit sehr umfangreichen Datenbanken

- https://www.biolib.cz/en/main/
- https://www.kerbtier.de/
- http://coleonet.de/coleo/html/start.htm
- http://www.cerambyx.uochb.cz/index.php
- https://www.cerambycoidea.com/
- https://www.natur-in-nrw.de/index.html
- https://www.insekten-sachsen.de/Default.aspx

2. Publikationen zu einzelnen Arten

Audisio, P. et al. (2007): Updating the taxonomy and distribution of the european *Osmoderma*, and strategies for their conservation. (Coleoptera, Scarabaeidae, Cetoniinae). Fragmenta entomologica, Roma 39 (2): 273–290.

Audisio, P. et al. (2009): Data on molecular taxonomy and genetic diversification of the European Hermit beetles, a species complex of endangered insects (Coleoptera: Scarabaeidae, Cetoniinae, *Osmoderma*). Journal of Zoological Systematics and Evolutionary Research 47 (1): 88–95.

Bense, U. (1995): Bockkäfer. Illustrierter Schlüssel zu den Cerambyciden und Vesperiden Europas. Margraf, Weikersheim, 512 S.

Bense, U. (2017): *Trichoferus campestris* (Faldermann, 1835) – eine auch in Baden-Württemberg neu auftretende Bockkäferart (Coleoptera, Cerambycidae) – Mitteilungen des Entomologischen Vereins Stuttgart 52: 85–88.

Freude, H., Harde, K. W., Lohse, G. A. (1965-1998): Die Käfer Mitteleuropas. Goecke & Evers, Krefeld bzw. Keltern-Weiler, 15 Bände.

Frieß, T., Holzinger, W.E. (2017): Artenschutzprojekt Juchtenkäfer in der Steiermark (Scarabaeidae, Cetoniinae: *Osmoderma eremita* s. l.) - Ein Naturschutzprojekt der Österreichischen Entomologischen Gesellschaft. Entomologica Austriaca 24: 197–202.

Frieß, T., Bund, A., Holzinger, W.E., Sauseng, G. (2020): Der Juchtenkäfer in der Steiermark, Österreich (Scarabaeidae, Cetoniinae: *Osmoderma eremita* s.l.). Entomologica Austriaca 27: 51–63.

Gebert, J. (2015): *Calosoma (Callisthenes) reticulatum* (FABRICIUS, 1787) (Coleoptera, Carabidae) in Deutschland und Europa. Entomologische Nachrichten und Berichte 59 (3-4): 203–211.

Germain, J.-F. (2007): *Rhynchophorus ferrugineus* and *Rhynchophorus palmarum*. European and Mediterranean Plant Protection Organization, OEPP/EPPO Bulletin 37: 571–579.

Gnjatović, I., Žikić, V. (2011): New data on longhorn beetles for the territories of Serbia and Montenegro (Coleptera, Cerambycidae) with the detailed description of *Callimoxys gracilis* (Brullé 1832). Biologica Nyssana 2 (2): 119–122.

Grebennikov, V. V., Gill, B. D., Vigneault, R. (2010): *Trichoferus campestris* (Faldermann) (Coleoptera: Cerambycidae), an Asian Wood-Boring Beetle recorded in North America. The Coleopterists Bulletin 64 (1): 13–20.

https://www.cabi.org/isc/datasheet/47472#todescription (für *Rhynchophorus ferrugineus*; abgerufen am 2.2.2021)

Krell, F.-T. (2012): On nomenclature and synonymy of *Trichius rosaceus*, *T. gallicus*, and *T. zonatus* (Coleoptera: Scarabaeidae: Cetoniinae: Trichiini). Zootaxa 3278: 61–68.

Landvik, M., Wahlberg, N., Roslin, T. (2013): The identity of the Finnish *Osmoderma* (Coleoptera: Scarabaeidae, Cetoniinae) population established by COI sequencing. Entomologica Fennica 24: 147–155.

Lückmann, J., Niehuis, M. (2009): Die Ölkäfer in Rheinland-Pfalz und im Saarland. Gesellschaft für Naturschutz und Ornithologie Rheinland-Pfalz e.V. (GNOR), 480 S.

McKenna, D. D. et al. (2015): The beetle tree of life reveals that Coleoptera survived end-Permian mass extinction to diversify during the Cretaceous terrestrial revolution. Systematic Entomology 40: 835–880.

Niehuis, M. (2001): Die Bockkäfer in Rheinland-Pfalz und im Saarland. Gesellschaft für Naturschutz und Ornithologie Rheinland-Pfalz e.V. (GNOR), 604 V.

Niehuis, M. (2004): Die Prachtkäfer in Rheinland-Pfalz und im Saarland. Gesellschaft für Naturschutz und Ornithologie Rheinland-Pfalz e.V. (GNOR), 712 S.

Niehuis, M. (2013): Die Buntkäfer in Rheinland-Pfalz und im Saarland. Gesellschaft für Naturschutz und Ornithologie Rheinland-Pfalz e.V. (GNOR), 684 S.

Ranius, T. et al. (2005): *Osmoderma eremita* (Coleoptera, Scarabaeidae, Cetoniinae) in Europe. Animal Biodiversity and Conservation 28.1. 44 S.

Rheinheimer, J., Hassler, M. (2013): Die Rüsselkäfer Baden-Württembergs. Verlag regionalkultur & Staatliche Naturschutzverwaltung Baden-Württemberg, 944 S.

Rheinheimer, J., Hassler, M. (2018): Die Blattkäfer Baden-Württembergs. Kleinsteuber BOOKS, Karlsruhe, 928 S.

Schacht, W. (2016): Erstnachweis von *Cylindera arenaria viennensis* (SCHRANK, 1781) für Niedersachsen (Coleoptera, Carabidae, Cicindelinae). Entomologische Nachrichten und Berichte 60 (1): 62–64.

Schaffrath, U. (2018): Artensteckbrief des Scharlachkäfers (*Cucujus cinnaberinus*) in Hessen. Hessisches Landesamt für Naturschutz, Umwelt und Geologie, 19 S.

Schaffrath, U. (2019): Artensteckbrief des Eremit (*Osmoderma barnabita*) in Hessen. Hessisches Landesamt für Naturschutz, Umwelt und Geologie, 10 S.

Scheunemann, P. (2010): Wiederfund von *Necydalis ulmi* CHEVROLAT, 1838 für Mecklenburg- Vorpommern (Coleoptera, Cerambycidae). Virgo, Mitteilungsblatt des Entomologischen Vereins Mecklenburg 13 (1): 72–73.

Scheunemann, P. (2011): Erneuter Nachweis von *Necydalis ulmi* Chevrolat, 1838 (Coleoptera: Cerambycidae) auf Usedom. Virgo, Mitteilungsblatt des Entomologischen Vereins Mecklenburg 14 (1): 57–59.

Schmidl, J. (2019): Präparation von Wirbellosen. Skript zu den Zoologischen Freilandübungen, Universität Erlangen. 9 S.

Tauzin, P. (2008): „Chorologie de *Protaetia (Eupotosia) affinis* en France" in Cetoniimania Vol. 3 & 4: 114–147.

Trautner, J. [Hrsg.] (2017): Die Laufkäfer Baden-Württembergs. Ulmer, Stuttgart, 2 Bände.

Trautner, J., Schüle, P. (1996): Zur Verbreitung von *Leistus fulvibarbis* DEJEAN, 1826 und seinem Vorkommen in Deutschland (Coleoptera, Carabidae). Mitteilungen der Arbeitsgemeinschaft Rheinischer Koleopterologen (Bonn) 6 (1): 37–42.

—C

—O

—P

Impressum

Mit 1130 Zeichnungen von Kay Elzner

Umschlaggestaltung von Populärgrafik unter Verwendung.
von 3 Zeichnungen von Kay Elzner.
Sie zeigen von links nach rechts: Orangefarbener Feuerkäfer *Schizotus pectinicornis*,
Walker *Polyphylla fullo*, Kleiner Julikäfer *Anomala Dubia*
Foto auf der Rückseite von Heiko Bellmann. Es zeigt einen Alpenbock *Rosalia alpina.*

Bild Karl Wilhelm Harde Seite 6 aus Privatbesitz
Fotos auf Seite 2/3, Nashornkäfer *Oryctes nasicornis*, auf Seite 74/75, Moschusbock
Aromia moschata und Seite 344/345, Rotdeckenkaefer *Dictyoptera aurora* von Frank Hecker.

Alle Fotos auf den Klappen und im Einleitungsteil von Heiko Bellmann/Frank
Hecker, bis auf: von Herbert Frei auf den Seiten 13 unten links und Seite 18; von
Frank Hecker auf den Seiten 2/3, 13 u. r., 16, 35, 37, 46, 53, 54, 65, 67, 75, 94/95;
von Elfi und Jürgen Miller auf Seite 20; von Frieder Sauer/Frank Hecker auf den
Seiten 11 und 62; von Matthias Helb auf Seite 76; von Andreas Vietmeier auf Seite 51;

Gestaltung der Klappen von Populärgrafik
Foto auf der hinteren Klappenoberseite von Frank Hecker.
Es zeigt einen Pappelblattkäfer *Chrysomela populi.*

Text von Dr. Karl Wilhelm Harde †.
Vollständig überarbeitet und erweitert von Matthias Helb
Mit 50 Federzeichnungen von František Severa sowie 139 Umrisszeichnungen,
zum größten Teil (136) aus Freude/Harde/Lose, „Die Käfer Mitteleuropas" mit
Genehmigung des Verlages Goecke und Evers, Krefeld.

Gedruckt auf chlorfrei gebleichtem Papier

ISBN: 978-3-440-16759-5
Redaktion: Monika Weymann
Layout: Peter Schmidt Group
Gestaltung und Satz: Populärgrafik Stuttgart
Produktion: Markus Schärtlein
Druck und Bindung: Printer Trento
Printed in Italy / Imprimé en Italie

Rothalsbock
Stictoleptura rubra
—Seite 274

Gemeiner Schmalbock
Stenurella melanura
—Seite 276

Dunkelschenkliger Kurzdeckenbock
Molorchus minor
—Seite 278

Moschusbock
Aromia moschata
—Seite 280

Gemeiner Widderbock
Clytus arietis
—Seite 284

Alpenbock
Rosalia alpina
—Seite 280

Rothaarbock
Pyrrhidium sanguineum
—Seite 282

Eichenwidderbock
Plagionotus arcuatus
—Seite 284

Geißblatt-Linienbock
Oberea pupillata
—Seite 294